普通高等教育土建学科专业“十二五”规划教材
高等学校给排水科学与工程学科专业指导委员会规划推荐教材

水工程施工

（第二版）

张　勤　李俊奇　主编
常志续　主审

中国建筑工业出版社

图书在版编目(CIP)数据

水工程施工/张勤等主编. —2版. —北京：中国建筑工业出版社，2018.8（2023.12重印）

普通高等教育土建学科专业“十二五”规划教材. 高等学校给排水科学与工程学科专业指导委员会规划推荐教材

ISBN 978-7-112-22341-1

Ⅰ.①水… Ⅱ.①张… Ⅲ.①水利工程-工程施工-高等学校-教材 Ⅳ.①TV52

中国版本图书馆CIP数据核字(2018)第125626号

本书主要介绍水工程施工中常见的施工技术、工程施工组织与管理问题。全书分为3篇，共13章。其中，第1篇主要介绍水工程构筑物的施工技术；第2篇介绍水工程管道施工技术与常用设备安装；第3篇阐述水工程施工组织与管理、施工组织计划技术、施工组织设计等有关工程项目管理基本知识。

本书可供高等学校给排水科学与工程专业师生使用，亦可供从事本专业施工与管理的工程技术人员参考。

为便于教学，作者特制作了与教材配套的电子课件，如有需求，可发邮件（标注书名、作者名）至jckj@cabp.com.cn索取，或到http：//edu.cabplink.com//index下载，电话（010）58337285。

* * *

责任编辑：王美玲 刘爱灵
责任设计：韩蒙恩
责任校对：刘梦然

普通高等教育土建学科专业“十二五”规划教材
高等学校给排水科学与工程学科专业指导委员会规划推荐教材
水 工 程 施 工
（第二版）
张 勤 李俊奇 主编
常志续 主审
*
中国建筑工业出版社出版、发行（北京海淀三里河路9号）
各地新华书店、建筑书店经销
北京红光制版公司制版
北京同文印刷有限责任公司印刷
*
开本：787×1092毫米 1/16 印张：29½ 字数：725千字
2018年9月第二版 2023年12月第三十一次印刷
定价：**59.00**元（赠教师课件）
ISBN 978-7-112-22341-1
（32208）

第二版前言

《水工程施工》（第二版）基本保持了原版的总体框架和结构，对书中的部分内容进行了更新，根据全国高等学校给排水科学与工程学科专业指导委员会编制的《高等学校给排水科学与工程本科指导性专业规范》中“水工程施工”课程教学基本要求，在2004年10月出版的《水工程施工》第一版基础上，结合近年来有关水工程施工的新标准和新技术进行编写。

本书由重庆大学张勤、北京建筑大学李俊奇担任主编，重庆大学翟俊，兰州交通大学张国珍担任副主编，重庆大学翟俊，北京建筑大学王俊岭，兰州交通大学宋小三、未碧贵，昆明理工大学施永生、徐冰峰共同编写。具体分工为：张勤编写第6章、第8章；翟俊编写第9章、第11章和第4章4.3节；李俊奇编写了第2章、第10章、第12章、第13章；张国珍编写了第1章；宋小三编写了第4章4.1节、4.2节；未碧贵编写了第4章4.4节和4.5节；施永生编写了第3章3.1节至3.3节，第5章；徐冰峰编写了第3章3.4节至3.7节；王俊岭编写了第7章。全书最后由张勤、李俊奇整理和修改。

本书由常志续先生担任主审。

本书在编写过程中得到了有关单位的支持，他们提出了许多宝贵意见和建议。同时，编者还参考了有关文献和资料，吸收了其中的技术成就和丰富的实践经验（见书末所附主要参考书目），在此一并表示衷心的感谢。

限于编者的理论水平和实践经验，书中难免存在缺点和欠妥之处，恳请读者批评指正。

编者

2018年5月

第一版前言

本教材根据全国高等学校给水排水工程专业指导委员会确定的原则和《水工程施工》课程教学基本要求，在1998年6月出版的《给水排水工程施工》（第三版）的基础上进行修订。重新组成编写人员并将新教材更名为《水工程施工》。但是原《给水排水工程施工》（第一、二、三版）的主编徐鼎文、常志续、郑达谦先生以及所有编者对本教材所做的贡献是永存的，在本书中也采用了前版的许多资料。

本书由重庆大学张勤、北京建筑工程学院李俊奇担任主编和兰州交通大学张国珍、北京建筑工程学院王俊岭、昆明理工大学施永生、王琳、徐冰峰共同编写。具体分工为：张勤：第六、八、九、十一章和第四章第三节；李俊奇：第二、十、十二、十三章；张国珍：第一章和第四章第一、二、四、五节；施永生：第五章；王琳、徐冰峰：第三章；王俊岭：第七章。全书最后由张勤、李俊奇整理和修改。

本书由常志续先生担任主审。

本书在编写过程中得到了有关单位的支持，他们曾提出许多宝贵意见和建议。同时，编者还参考了有关文献和资料，吸收了其中的技术成就和丰富的实践经验（见书末所附主要参考书目），在此一并表示衷心的谢意。

限于编者的理论水平和实践经验，书中难免存在缺点和欠妥之处，恳请读者批评指正。

编　者

2004年10月

目　　录

第1篇
水工程构筑物施工技术

第1章　土石方工程与地基处理

土石方工程是水工程施工中的主要项目之一，土方开挖、填筑、运输等工作所需的劳动量和机械动力消耗均很大，往往是影响施工进度、成本及工程质量的主要因素。

土石方工程施工具有以下特点：

（1）影响因素多且施工条件复杂。土是天然物质，种类多且成分较为复杂，性质各异，是影响施工的基本因素。组织施工直接受到所在地区的地形、地物、水文地质以及气候诸多条件的影响极大。施工必须具有针对性。

（2）量大面广且劳动繁重。如给水排水管道施工属线形工程，长度常达数千米，甚至数万米，某些大型污水处理工程，在场地平整和基坑开挖中，土石方施工工程量可达数十万到百万立方米。对于量大面广的土石方工程，为了减轻劳动强度，提高劳动生产率，加快工程进度，降低工程成本，应尽可能采用机械化施工来完成。

（3）质量要求高，与相关施工过程紧密配合。土石方施工，不仅要求标高和断面准确，也要求土体有足够强度和稳定性。常需施工排水、沟槽支撑和基坑护壁、坚硬岩土的爆破开挖等施工过程密切配合。

为此，施工前要做好调查研究，搜集足够的资料，充分了解施工区域地形、地物、水文地质和气象资料；掌握土的种类和工程性质；明确土石方施工质量、工程成本、施工工期等施工要求，并作为拟订施工方案、计算土石方工程量、选择土壁边坡和支撑、进行排水或降水设计、选择土方开挖机械、运输工具及施工方法等的依据。

此外，在给水排水管道和构筑物工程施工中，常会遇到一些软弱土层，当天然地基的承载力不能满足要求时，就需要针对当地地基条件，采用合理、有效和经济的施工方案，对地基进行加固或处理。

本章将围绕上述特点叙述：土的工程性质及分类、土石方平衡与调配、土石方开挖与机械化施工、沟槽及基坑支撑、土方回填、地基处理等内容。

1.1　土的工程性质及分类

1.1.1　土的组成

土是由岩石风化生成的松散沉积物。是由颗粒（固相）、水（液相）和气（气相）所组成的三相体系。土体中颗粒大小和矿物成分差别很大，各组成部分的数量比例也不相同，土粒与其周围的水又发生复杂的作用。因此，要研究土的工程性质就必须了解土的组成。

1. 土的固体颗粒

（1）土的颗粒级配

天然土是由无数大小不同的土粒所组成，通常把大小相近的土粒合并为一组，称为粒组。不同的粒组具有不同的性质，工程上采用的粒组为六大粒组，即漂石、卵石、圆砾、砂粒、粉粒及黏粒，各粒组的进一步细分的粒径范围见表1-1。

土粒粒组的划分　　　　　　　　**表 1-1**

粒组名称	粒径范围（mm）	一　般　特　性
漂石或块石颗粒	＞200	透水性大，无黏性，无毛细水
卵石或碎石颗粒	200～20	透水性大，无黏性，无毛细水
圆砾或角砾颗粒	20～2	透水性大，无黏性，毛细水上升高度不超过粒径大小
砂　粒	2～0.05①	易透水，当混入云母等杂物时透水性减小，而压缩性增加；无黏性，遇水不膨胀，干燥时松散；毛细水上升高度不大，随粒径变小而增大
粉　粒	0.05①～0.005	透水性小；湿时稍有黏性，遇水膨胀小，干时稍有收缩；毛细水上升高度较大较快，极易出现冻胀现象
黏　粒	＜0.005	透水性很小；湿时有黏性，可塑性，遇水膨胀大，干时收缩显著；毛细水上升高度大，且速度较慢

① 砂粒和粉粒的界限粒径，规范 GB 50007—2011 采用 0.075mm。

土中某粒组的土粒含量为该粒组中土粒质量与干土总质量之比，常以百分数表示。而土中各粒组相对含量百分比称为颗粒级配。

为了确定土的级配，可用筛分法和比重计法测定。前者适用于粒径大于 0.075mm 的土，后者适于粒径小于 0.075mm 的土。

根据土粒分析试验结果，在半对数坐标纸上，以纵坐标表示小于某粒径的土粒含量百分比，横坐标表示粒径（用对数坐标），绘出如图 1-1 所示的颗粒级配曲线。

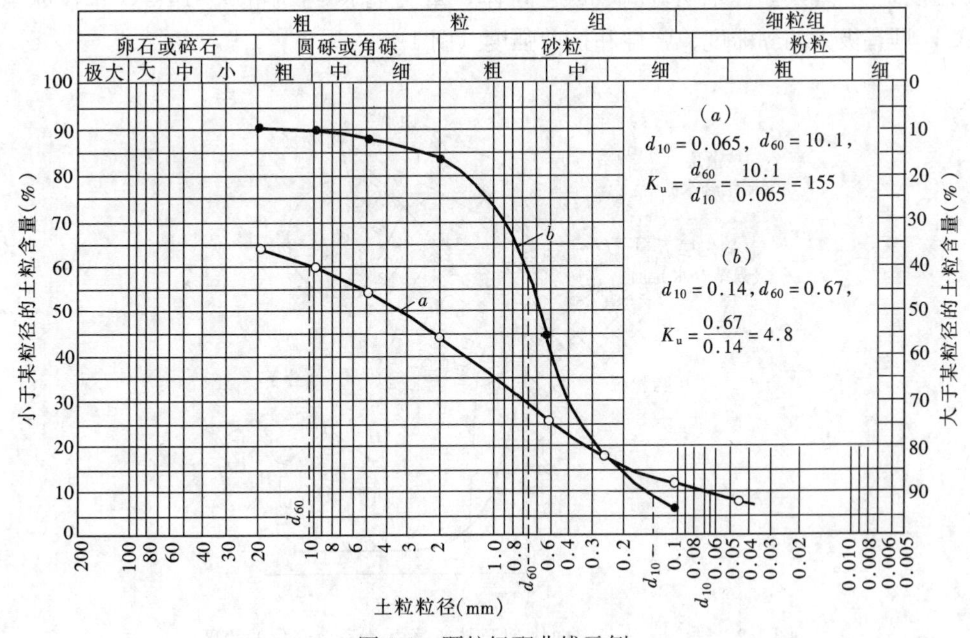

图 1-1　颗粒级配曲线示例

(2) 土粒的矿物成分

土的固体颗粒构成土的骨架，主要由矿物组成。组成固体颗粒的矿物有原生矿物、次生矿物和有机化合物。

碎石土和砂土颗粒由原生矿物所组成，即由石英、长石和云母等组成。

粉粒的矿物成分是多样的，主要是石英和难溶的盐类 $CaCO_3$、$MgCO_3$ 等颗粒。

黏粒的矿物成分主要有黏土矿物、氧化物、氢氧化物和各种难溶盐类。它的颗粒很小，在电子显微镜下观察到的形状为鳞片状或片状。黏土矿物依据晶片结合情况不同，有蒙脱石、伊里石和高岭石三类。

黏粒组除上述矿物外，还有腐殖质等胶态物质，它的颗粒很微小，能吸附大量水分子。

2. 土中水和气体

(1) 土中水

土中水可以处于液态、固态和气态。当土中温度在0℃以下时，土中水冻结成冰，形成冻土，其强度增大。但冻土融化后，强度急剧降低。至于土中气态水，对土的性质影响不大。

土中液态水可分为结合水和自由水。

1) 结合水

结合水是指受电分子吸引力吸附于土粒表面的土中水。由于黏粒表面一般带有负电荷，使土粒周围形成电场，在电场范围内的水分子和水溶液中的阳离子一起被吸附在土粒表面。

结合水又可分为强结合水和弱结合水。

强结合水指紧靠土粒表面的结合水。它没有溶解能力，不能传递静水压力，只有在105℃温度时才蒸发。这种水性质接近固体，重力密度约为 12～24kN/m^3，冰点为 −78℃，具有极大的黏滞度、弹性和抗剪强度（图1-2）。

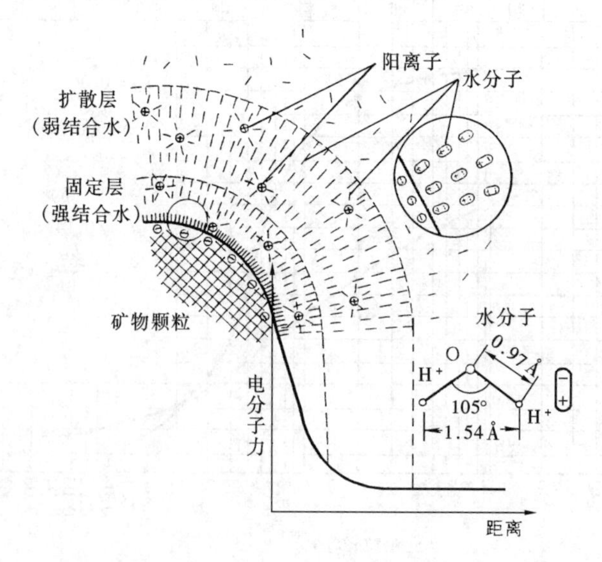

图1-2　结合水分子定向排列及其所受电分子力变化的简图

弱结合水指存在于强结合水外围的一层结合水。它仍不能传递静水压力，但水膜较厚的弱结合水能向邻近较薄水膜缓慢转移。黏性土中含有较多的弱结合水时，土具有一定的可塑性。

2）自由水

自由水是存在于土粒表面电场范围以外的水。它的性质与普通水一样，服从重力定律，能传递静水压力，冰点为0℃，有溶解能力。

自由水按其移动所受作用力的不同，可分为重力水和毛细水。

重力水：指受重力作用而移动的自由水。它存在于地下水位以下的透水层中。

毛细水：毛细水受到它与空气交界面处表面张力的作用，它存在于潜水位以上的透水土层中。当土孔隙中局部存在毛细水时，毛细水的弯液面和土粒接触处的表面张力反作用于土粒，使土粒之间由于这种毛细力而挤紧，土因而具有微弱的黏聚力，称为毛细黏聚力。在施工现场常常可以看到稍湿状态的砂堆，能保持垂直陡壁达几十厘米高而不塌落，就是因为具有毛细黏聚力的缘故。

(2) 土中气体

土中气体有与大气相连通的和封闭的。在粗粒土中常见到与大气相连通的空气，它对土的力学性质影响不大。在细粒土中则常存在与大气隔绝的封闭气泡，它在外力作用下具有弹性，并使土的透水性减小。

1.1.2　土的工程分类

我国《建筑地基基础设计规范》规定：粗粒土按颗粒级配分类，细粒土按塑性指数分类。

1. 碎石土

碎石土是粒径大于2mm的颗粒超过总重50%的土。

碎石土根据颗粒级配及形状分为漂石或块石、卵石或碎石、圆砾或角砾，其分类标准见表1-2。

碎石土的分类　　表1-2

土的名称	颗粒形状	粒组含量
漂　石 块　石	圆形及亚圆形为主 棱角形为主	粒径大于200mm的颗粒超过全重的50%
卵　石 碎　石	圆形及亚圆形为主 棱角形为主	粒径大于20mm的颗粒超过全重的50%
圆　砾 角　砾	圆形及亚圆形为主 棱角形为主	粒径大于2mm的颗粒超过全重的50%

2. 砂土

砂土是指粒径大于2mm的颗粒含量不超过全重50%、粒径大于0.075mm的颗粒超过全重50%的土。

砂土按颗粒级配分为砾砂、粗砂、中砂、细砂和粉砂。其分类标准见表1-3。

砂 土 分 类　　表1-3

土的名称	颗 粒 级 配
砾　砂	粒径大于2mm的颗粒占全重25%～50%
粗　砂	粒径大于0.5mm的颗粒超过全重50%
中　砂	粒径大于0.25mm的颗粒超过全重50%
细　砂	粒径大于0.075mm的颗粒超过全重85%
粉　砂	粒径大于0.075mm的颗粒超过全重50%

3. 粉土

粉土是指塑性指数 I_p 小于或等于10，而粒径大于0.075mm的颗粒含量不超过全重50%的土。

粉土含有较多粒径为0.05～0.005mm的粉粒，其工程性质介于黏性土和砂土之间。

4. 黏性土

黏性土是指塑性指数 I_p 大于10的土。这种土含有大量的黏粒（<0.005mm颗粒）。其工程性质不仅与粒度成分和黏土矿物的亲水性等有关，而且与成因类型及沉积环境等因素有关。

黏性土按塑性指数 I_p 分为粉质黏土和黏土，其分类标准见表1-4。

黏性土按塑性指数分类　　表1-4

土的名称	粉质黏土	黏　土
塑性指数	$10<I_p\leqslant17$	$I_p>17$

5. 人工填土

人工填土是指人类活动而形成的堆积物，其物质成分较杂乱，均匀性差。按堆积物的成分，人工填土分为素填土、杂填土和冲填土，其分类标准见表1-5。

人工填土按组成物质分类　　表1-5

土的名称	组 成 物 质
素填土	由碎石土、砂土、粉土、黏性土等组成的填土
杂填土	含有建筑垃圾、工业废料、生活垃圾等杂物的填土
冲填土	由水力冲填泥砂形成的填土

在土石方工程施工中，还常按土的坚硬程度、开挖难易，将土分为8类16级，见表1-6。

土按照坚硬程度和开挖难易程度分类　　表1-6

土的分类	土的级别	土（岩）的名称	坚实系数 f	质量密度（kg/m^3）	开挖方法及工具	用轻钻孔机钻进1m耗时（min）
一类土（松软土）	Ⅰ	略有黏性的砂土；粉土腐殖土及疏松的种植土；泥炭（淤泥）	0.5～0.6	600～1500	用锹，少许用脚蹬或用板锄挖掘	

续表

土的分类	土的级别	土（岩）的名称	坚实系数 f	质量密度（kg/m^3）	开挖方法及工具	用轻钻孔机钻进 1m 耗时（min）
二类土（普通土）	Ⅱ	潮湿的黏性土和黄土；软的盐土和碱土；含有建筑材料碎屑、碎石、卵石的堆积土和种植土	0.6～0.8	1100～1600	用锹、条锄挖掘，需用脚蹬，少许用镐	
三类土（坚土）	Ⅲ	中等密实的黏性土或黄土；含有碎石、卵石或建筑材料碎屑的潮湿的黏性土或黄土	0.8～1.0	1800～1900	主要用镐、条锄，少许用锹	
四类土（砂砾坚土）	Ⅳ	坚硬密实的黏性土或黄土；含有碎石、砾石（体积在 10%～30%，质量在 25kg 以下石块）的中等密实黏性土或黄土；硬化的重盐土；软泥灰岩	1～1.5	1900	全部用镐、条锄挖掘，少许用撬棍挖掘	
五类土（软石）	Ⅴ～Ⅵ	硬的石炭纪黏土；胶结不紧的砾岩；软的、节理多的石灰岩及贝壳石灰岩；坚实的白垩岩；中等坚实的页岩、泥灰岩	1.5～4.0	1200～2700	用镐或撬棍、大锤挖掘，部分使用爆破方法	≤3.5
六类土（次坚石）	Ⅶ～Ⅸ	坚硬的泥质页岩；坚实的泥灰岩；角砾状花岗岩；泥灰质石灰岩；黏土质砂岩；云母页岩及砂质页岩；风化的花岗岩、片麻岩及正长岩；滑石质的蛇纹岩；密实的石灰岩；硅质胶结的砾岩；砂岩、砂质石灰质页岩	4～10	2200～2900	用爆破方法开挖，部分用风镐	6～11.5
七类土（坚石）	Ⅹ～ⅩⅢ	白云岩，大理石；坚实的石灰岩、石灰质及石英质的砂岩；坚硬的砂质页岩；蛇纹岩，粗粒正长岩；有风化痕迹的安山岩及玄武岩；片麻岩、粗面岩；中粗花岗岩；坚实的片麻岩，粗面岩；辉绿岩；玢岩；中粗正长岩	10～18	2500～2900	用爆破方法开挖	15～27.5
八类土（特坚石）	ⅩⅣ～ⅩⅥ	坚实的细粒花岗岩，花岗片麻岩；闪长岩；坚实的玢岩、角闪岩、辉长岩、石英岩；安山岩、玄武岩；最坚实的辉绿岩；石灰岩及闪长岩；橄榄石质玄武岩；特别坚实的辉长岩、石英岩及玢岩	18～25 以上	2700～3300	用爆破方法开挖	32.5～60 以上

注：1. 土的级别为相当于一般 16 级土石分类级别。

2. 坚实系数 f 为相当于普氏岩石强度系数。

1.1.3　土石的工程性质

1. 土的密度

(1) 土的天然密度

土在天然状态下单位体积的质量，称为土的天然密度。一般黏性土和粉土的天然密度约为1.8～2.0t/m³，砂土的天然密度约为1.6～2.0t/m³，腐殖土的天然密度约为1.5～1.7t/m³。土的天然密度（ρ）按下式计算：

$$\rho = \frac{m}{V} \tag{1-1}$$

式中　ρ——土的天然密度（t/m³）；

m——土的总质量，$m = m_s + m_w$（t）；

V——土的体积，$V = V_s + V_w + V_a$（m³）；

m_s——土粒的质量（t）；

m_w——土中水的质量（t）；

V_s——土粒的体积（m³）；

V_w——土中水的体积（m³）；

V_a——土中气的体积（m³）。

(2) 土的干密度

单位体积内土的固体颗粒质量与总体积之比，称为土的干密度，用ρ_d表示。干密度越大，表面土越坚实。在土方填筑时，常以土的干密度来控制土的夯实标准。土的干密度一般为1.3～1.8t/m³。

$$\rho_d = \frac{m_s}{V} \tag{1-2}$$

式中　ρ_d——土的干密度（t/m³）；

m_s——土的固体颗粒的质量（105℃，烘干3～4h）（t）；

V——土的体积（m³）。

(3) 土的相对密度

土粒密度（单位体积土粒的质量）与4℃时纯水密度ρ_{wl}之比，称为土的相对密度，并以d_s表示。常见土粒相对密度见表1-7。

$$d_s = \frac{m_s}{V_s} \cdot \frac{1}{\rho_{wl}} \tag{1-3}$$

式中　d_s——土的相对密度；

m_s——土的固体颗粒的质量（105℃，烘干3～4h）（t）；

ρ_{wl}——4℃时纯水密度，t/m³，实际计算中，可取$\rho_{wl} \approx \rho_w$；

V_s——土粒的体积（m³）。

土粒相对密度参考值　　**表1-7**

土的类别	砂土	粉土	黏性土	
			粉质黏土	黏土
土粒相对密度	2.65～2.69	2.70～2.71	2.72～2.73	2.73～2.74

(4) 土的饱和密度

土的饱和密度是指土的孔隙中充满水时单位体积的质量，即：

$$\rho_{sat} = \frac{m_s + V_v \cdot \rho_w}{V} \tag{1-4}$$

式中　ρ_{sat}——土的饱和密度（t/m^3）；

m_s——土的固体颗粒的质量（105℃，烘干3～4h）（t）；

V_v——土的孔隙体积，$V_v = V_w + V_a$（m^3）；

ρ_w——水的密度（t/m^3）；

V——土的体积，$V = V_s + V_w + V_a$（m^3）；

V_w——土中水的体积（m^3）；

V_a——土中气的体积（m^3）。

(5) 土的有效密度

土的有效密度是指在地下水位以下，单位土体积中土粒的质量扣除同体积水的质量后的土粒的有效质量。即：在地下水位以下，土体受水的浮力作用时，单位体积的质量，其有效密度等于土的质量减去与土相同体积水的质量除以体积。

$$\rho' = (m_s - V_s\rho_w)/V = \rho_{sat} - \rho_w \tag{1-5}$$

2. 土的含水量 w

土中水的质量与土粒质量之比（用百分数表示）称为土的含水量，并以 w 表示：

$$w = \frac{m_w}{m_s} \times 100\% \tag{1-6}$$

含水量的数值和土中水的重力与土粒重力之比（用百分数表示）相同，即：

$$w = \frac{G_w}{G_s} \times 100\% \tag{1-7}$$

含水量是表示土的湿度的一个指标。天然土的含水量变化范围很大。含水量小，土较干；反之土很湿或饱和。土的含水量对黏性土、粉土的性质影响较大，对粉砂、细砂稍有影响，而对碎石土等没有影响。

3. 土的孔隙度 n 和孔隙比 e

孔隙度和孔隙比是表明土的松密程度的指标。孔隙度（又称孔隙率）表示土内孔隙所占的体积，用百分数表示；孔隙比为土内孔隙体积与土粒体积之比值。分别表示为：

$$n = \frac{V_v}{V} \times 100\% \tag{1-8}$$

$$e = \frac{V_v}{V_s} \tag{1-9}$$

式中　n——土的孔隙度；

e——土的孔隙比；

V_v——土的空隙体积（m^3）；

V——土的体积，$V = V_s + V_w + V_a$（m^3）。

孔隙比和孔隙率是反应土的密实程度的指标，孔隙比和孔隙率越小土越密实。一般孔隙比小于0.6的土是密实的低压缩性土，大于1.0的土是高压缩性土。

但是，土样的孔隙度在土样被压缩前后是变化的。孔隙度无法表示压缩量多少，因为土被压缩后，土的总体积改变了，土的空隙体积也变了。压缩量 Δh 用孔隙比 e 表示为：

$$\Delta h=\frac{(e_1-e_2)h}{1+e_1} \tag{1-10}$$

式中　h——压缩前土层厚度；

Δh——压缩量；

e_1——压缩前土的孔隙比；

e_2——压缩后土的孔隙比。

孔隙度和孔隙比是根据土的密度、含水量和相对密度实验的结果，经计算求得。

4. 土的可松性

土的可松性为土经挖掘以后，组织破坏，体积增加的性质。在自然状态下的土经过开挖后，土的体积因松散而增加，称为最初的可松性；以后经过压实，仍不能恢复原来的体积，称为最终可松性。松散土的体积与天然状态下原土的体积之比称为土的可松性系数。

最初的可松性系数用 K_1 表示，最终可松性系数用 K_2 表示，即：

$$K_1=\frac{V_2}{V_1} \tag{1-11}$$

$$K_2=\frac{V_3}{V_1} \tag{1-12}$$

式中　K_1——最初可松性系数；

K_2——最终可松性系数；

V_1——开挖前土的自然体积（m^3）；

V_2——开挖后土的松散体积（m^3）；

V_3——运至填方处压实后的体积（m^3）。

在土方工程中，最初可松性系数 K_1 是用计算开挖土方装运车辆及挖土机械的重要参数；最终可松性系数 K_2 是计算填方时所需挖土方量的重要参数。各种土的可松性参考数值见表 1-8。

各种土的可松性参考数值　　表 1-8

土的类别	体积增加百分比（%）		可松性系数	
	最初	最终	K_1	K_2
一类（种植土除外）	8～17	1～2.5	1.08～1.17	1.01～1.03
一类（植物性土、泥炭）	20～30	3～4	1.20～1.30	1.03～1.04
二类	14～28	1.5～5	1.14～1.28	1.02～1.05
三类	24～30	4～7	1.24～1.30	1.04～1.07
四类（泥炭岩、蛋白石除外）	26～32	6～9	1.26～1.32	1.06～1.09
四类（泥炭岩、蛋白石）	33～37	11～15	1.33～1.37	1.11～1.15
五～七类	30～45	10～20	1.30～1.45	1.10～1.20
八类	45～50	20～30	1.45～1.50	1.20～1.30

5. 土的压实性与压缩性

压实是指用机械的方法，如静力的、振动的、冲击的设备使土密实。土的压实过程时间比较短。其目的是使地基土密实，提高承载力，减少土的压缩性。

压缩是指地基土在压力作用下体积减小的性质。土的压缩过程时间的长短，随土质、压力和含水量的不同而不同。引起地基变形，从而使建筑物等产生一定的沉降量和沉降差，对建筑物等的使用和安全造成危害。

压实与压缩都可以认为是土的孔隙减少和固体颗粒变形的结果。

（1）土的压实

当所施加的能量一定时，压实效果取决于含水量。在一定的压实能量下使土最容易密实，并能达到最大密实度时的含水量，称为最优含水量，用 w_{op} 表示。相对应的干密度称最大干密度，以 ρ_{dmax} 表示。

最优含水量可用室内击实试验确定。在标准的击实方法的条件下，不同含水量的土样，可得到不同的干密度，从而可绘制干密度 ρ_d 和含水量 w 的关系曲线，称为击实曲线，如图1-3所示，图上最大干密度相对应的含水量即最优含水量 w_{op}。

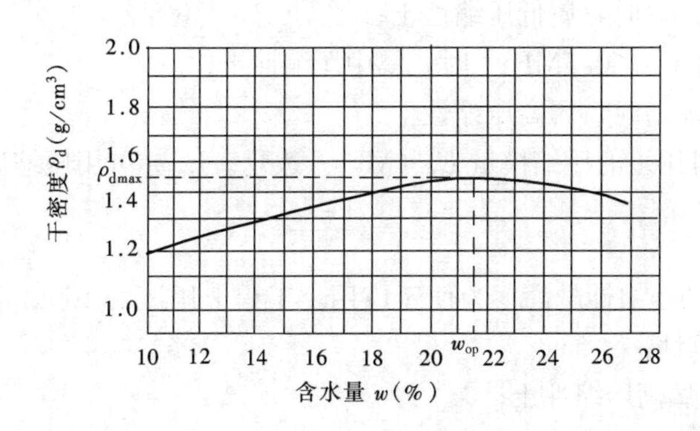

图1-3　土的干密度与含水量的关系

对同一种土，若改变击实能量，则曲线的基本形态不变，如图1-4所示，但位置却发生移动，随着击实能量的增大，曲线向斜上方移动，也即加大击实能量，最大干密度增大，最优含水量却减小。

当无击实试验资料时，最大干密度可按下式计算：

$$\rho_{d\max}=\eta\frac{\rho_w d_s}{1+0.01w_{op}d_s}\quad(1\text{-}13)$$

式中　$\rho_{d\max}$——压实填土最大干密度；

η——经验系数，黏土取0.95，粉质黏土取0.96，粉土取0.97；

ρ_w——水的密度；

d_s——土粒相对密度；

w_{op}——最优含水量（%），可按当地经验或土的塑

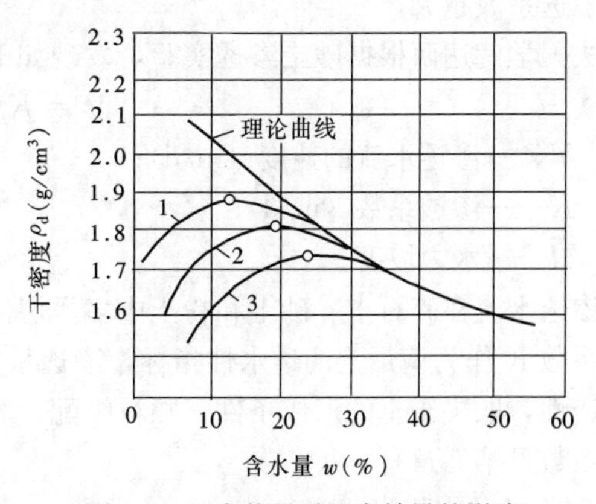

图1-4　压实能量对压实效果的影响

1，2—机械压实；3—人力压实

限含水量 w_P+2，粉土取14～18。

当压实填土为碎石或卵石时，其最大干密度可取2.0～2.2t/m³。

施工时所控制的土的干密度 ρ_d 与最大干密度 $\rho_{d\max}$ 之比称为压实系数 λ_c。在地基主要受力层范围内，按不同结构类型，要求压实系数达到0.94～0.96以上。

（2）土的压缩

当构（建）筑物及管道建筑在压缩性大的地基土上，发生地基沉降会破坏构（建）筑物及管道接口。因此，了解地基土的压缩性十分必要。

土的压缩性可用土的压缩系数 a（MPa^{-1}）表示。a 可用压缩试验来计算：

$$a=\frac{e_1-e_2}{p_2-p_1} \tag{1-14}$$

式中　e_1——压力 p_1 下土的孔隙比；

e_2——压力 p_2 下土的孔隙比；

p_1——e_1 下土的压缩试验压力，工程实践中取100kPa；

p_2——e_2 下土的压缩试验压力，工程实践中取200kPa。

当 $a_{1-2}<0.1MPa^{-1}$ 时，属低压缩性土；

当 $0.1MPa^{-1}\leqslant a_{1-2}<0.5MPa^{-1}$ 时，属中压缩性土；

当 $0.5MPa^{-1}\leqslant a_{1-2}$ 时，属高压缩性土。

土的压缩性还可用土的压缩模量 E_s（MPa）表示。E_s 亦可用压缩试验来计算：

$$E_s=\frac{1+e_1}{a} \tag{1-15}$$

E_s 值越小，土的压缩性越高。为便于应用，工程上用压力100kPa至200kPa间的压缩模量区分土的压缩性：

$E_{s1-2}<4MPa$，属高压缩性土；

$4MPa\leqslant E_{s1-2}<15MPa$，属中压缩性土；

$15MPa\leqslant E_{s1-2}<40MPa$，属低压缩性土。

6. 土的渗透性

土的渗透性是指土体被水透过的性能，它与土的密度程度有关，土的孔隙比越大，则土的渗透系数越大。

法国学者达西根据砂土渗透实验，发现如下关系（达西定律）：

$$V=K\cdot I \tag{1-16}$$

式中　V——渗透水流的速度（m/d）；

K——渗透系数（m/d）；

I——水力坡度。

渗透水流在碎石土、砂土和粉土中多呈层流状况，其运动速度服从达西定律。一般用渗透系数 K 作为衡量土的透水性指标，渗透系数 K 就是在水 $I=1$ 的土中的渗透速度。土的渗透性，取决于土的形成条件、颗粒级配、胶体颗粒含量和土的结构等因素（部分土的渗透系数见第2章）。

7. 土的状态指标

土的状态指标就是土的松密程度和软硬程度的指标。

（1）无黏性土的松密程度指标

砂土、碎石土统称为无黏性土，标准贯入试验锤击数是非黏性土的松散程度指标。砂土密实程度标准见表 1-9。

砂土的密实度　　表 1-9

密实度	松散	稍密	中密	密实
标准贯入试验锤击数	$N\leqslant10$	$10<N\leqslant15$	$15<N\leqslant30$	$N>30$

这种分类方法简便，但是没有考虑砂土颗粒级配对砂土分类可能产生的影响。实践证明，有时较疏松的级配良好的砂土孔隙比，比较密的颗粒均匀的砂土空隙比还小 。因此，国内不少单位都用砂土的相对密度 D_r 作为砂土密实状态指标。

$$D_r=\frac{e_{max}-e}{e_{max}-e_{min}} \tag{1-17}$$

式中　D_r——砂土的相对密度；

e——砂土的天然孔隙比；

e_{max}——砂土的最大孔隙比；

e_{min}——砂土的最小孔隙比。

砂土密实与相对密度 D_r 见表 1-10。

砂土密实与相对密度 D_r　　表 1-10

砂土密度	松散	中密	密实
相对密度 D_r	$0.33\geqslant D_r>0$	$0.67\geqslant D_r>0.33$	$1\geqslant D_r>0.67$

碎石土可以根据野外鉴别方法分为密实、中密、稍密三种。

（2）黏性土的软硬程度指标

天然状态下黏性土的软硬程度取决于含水量的多少：干燥时呈密实固体状态；在一定含水量时具有塑性，称塑性状态，在外力作用下能沿力的作用方向变形，但不断裂也不改变体积；含水量继续增加，大多数土颗粒被自由水隔开，颗粒间摩擦力减少，土具有流动性，力的强度急剧下降，称为流动状态。按含水量的变化，黏性土可呈 4 种状态：流态、塑态、半固体、固态。流态、塑态、半固态和固态之间分界的含水量，分别称为流性限界（又称液限）w_L 、塑性限界（又称塑限）w_P 和收缩限界 w_S ，习惯上用不带%的数值表示。见图 1-5。

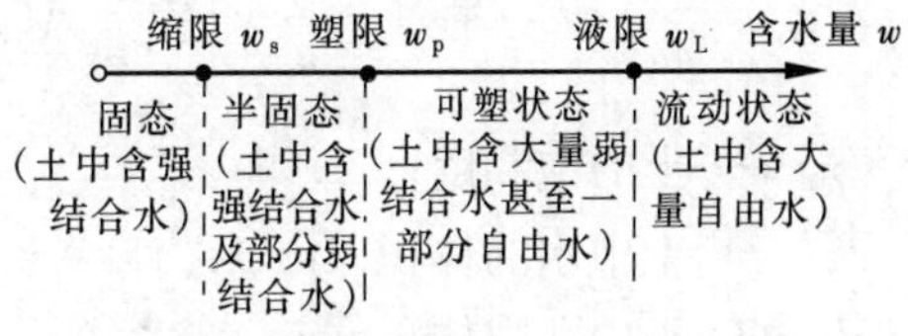

图 1-5　黏性土的物理状态与含水量的关系

土的组成不同，塑限和液限也不同。应用液性指数 I_L 表示土的软硬程度，即：

$$I_L=\frac{w-w_P}{w_L-w_P} \tag{1-18}$$

式中　I_L——土的液性指数；

w——土的天然含水量；

w_P——土的塑限含水量；

w_L ——土的液限含水量；

当 $I_L \leqslant 0$ 时，土处于固体或半固体；当 $0 < I_L \leqslant 1$ 时，土处于塑态；当 $I_L \geqslant 1$ 时，土处于流态。根据液性指数值，可将黏性土划分为坚硬、硬塑、可塑、软塑及流塑五种状态，其划分标准见表1-11。

黏性土状态划分　　表1-11

状态	坚硬	硬塑	可塑	软塑	流塑
液性指数	$I_L \leqslant 0$	$0 < I_L \leqslant 0.25$	$0.25 < I_L \leqslant 0.75$	$0.75 < I_L \leqslant 1.0$	$I_L > 1.0$

在土的流限和塑限之间，土呈塑态。流限与塑限之差称为塑性指数 I_P，即：

$$I_P = w_L - w_P \quad (1\text{-}19)$$

式中　I_P ——塑性指数；

w_P ——土的塑限含水量；

w_L ——土的液限含水量。

塑性指数是反应土的粒径级配、矿物成分和溶解于水中盐分等土组成情况的一个指标。黏性土可按塑性指数值来分类，见表1-12。

黏性土分类　　表1-12

黏性土分类	轻亚黏土	亚黏土	黏土
塑性指数 I_P	$3 < I_P \leqslant 10$	$10 < I_P < 17$	$I_P \geqslant 17$

8. 土的饱和度 S_r

土中水的体积与孔隙体积之比（用百分数表示）称为土的饱和度，并以 S_r 表示：

$$S_r = \frac{V_w}{V_v} \times 100\% \quad (1\text{-}20)$$

式中　S_r ——土的饱和度；

V_w ——土中水的体积（m^3）；

V_v ——土中孔隙体积（m^3）。

根据饱和度 S_r 的数值可把细砂、粉砂等土分为稍湿、很湿和饱和三种湿度状态，详见表1-13。

砂土湿度状态的划分　　表1-13

湿度	稍湿	很湿	饱和
饱和度 S_r（%）	$S_r \leqslant 50$	$50 < S_r \leqslant 80$	$S_r > 80$

9. 土中应力及分布

土体中的应力，就其产生的原因主要有两种：由土体本身质量引起的自重应力和由外荷载引起的附加应力。作为附加应力，除构（建）筑物等荷载外，还有因地震等引起的惯性力。除此两种应力外，渗流引起的渗透力也是土中的一种应力。

如果地面下土质均匀，土自重应力沿水平面均匀分布，与深度成正比，即随深度按直线规律分布。

附加应力是引起地基沉降的主要因素，附加应力分布计算比较复杂，应力分布与荷载的形状有关，应力分布一般为轴对称空间分布。一般地，作用点下，应力值随深度增加而减少；在同一深度下，距作用点越远应力值越小；作用点以外，应力最大值出现在附加荷载影响线处，随深度的增加而减少。

10. 土的抗剪强度

土的抗剪强度是土抵抗剪切破坏的性能。确定地基承载力、评价地基稳定性、分析边坡稳定性以及计算挡土墙的土压力，都需要研究土的抗剪强度。其大小可由剪切试验求得。

砂土的抗剪强度：

$$\tau = \sigma \cdot \tan\varphi \tag{1-21}$$

式中 τ——剪切面上产生的剪应力（MPa）；

σ——剪切试验中土的法向应力值（MPa）；

φ——土的内摩擦角。

砂是散粒体，颗粒间没有相互的黏聚作用，砂的抗剪强度来源于颗粒间摩擦力。由于摩擦力来源于土内部，称内摩擦力。

黏性土的抗剪强度：

$$\tau = \sigma \cdot \tan\varphi + c \tag{1-22}$$

式中 c——黏性土的黏聚力（MPa）。

黏性土的抗剪强度由颗粒间内摩擦力和土的黏聚力两部分组成。

内摩擦力 $\sigma \cdot \tan\varphi$ 来源于两个方面：一是土剪切面上颗粒与颗粒粗糙面产生的滑动摩擦阻力，二是颗粒间的相互嵌入和连锁作用而产生的咬合力。黏聚力 c 是由于土颗粒之间的胶结作用、结合水膜以及分子引力等作用而形成的，土颗粒越细，塑性愈大，其黏聚力也愈大。

土的内摩擦角 φ 和黏聚力 c 的参考值见表 1-14。

砂土与黏性土的 c、φ 参考值 **表 1-14**

土的名称	塑限含水量（%）	土的指标	孔隙比											
			0.41～0.50		0.51～0.60		0.61～0.70		0.71～0.80		0.81～0.95		0.96～1.00	
			饱和状态含水量（%）											
			14.8～18.0		18.4～21.6		22.0～25.2		25.6～28.8		29.2～34.2		34.6～39.6	
			标准	计算	标准	计算	标准	计算	标准	计算	标准	计算	标准	计算
粗砂		c（kPa）	2		1									
		φ（度）	43	41	40	38	38	36						
中砂		c（kPa）	3		2		1							
		φ（度）	40	38	38	36	35	33						
细砂		c（kPa）	6	1	4		2							
		φ（度）	38	36	36	34	32	30						
粉砂		c（kPa）	8	2	6		4							
		φ（度）	36	34	34	32	30	28						

续表

土的名称	塑限含水量（%）	土的指标	孔隙比											
			0.41～0.50		0.51～0.60		0.61～0.70		0.71～0.80		0.81～0.95		0.96～1.00	
			饱和状态含水量（%）											
			14.8～18.0		18.4～21.6		22.0～25.2		25.6～28.8		29.2～34.2		34.6～39.6	
			标准	计算	标准	计算	标准	计算	标准	计算	标准	计算	标准	计算
黏性土	＜9.4	c（kPa）	10	2	7	1	5							
		φ（度）	30	28	28	26	27	25						
	9.5～12.4	c（kPa）	12	3	8	1	6							
		φ（度）	25	23	24	22	23	21						
	12.5～15.4	c（kPa）	24	14	21	7	14	4	7	2				
		φ（度）	24	22	23	21	22	20	21	19				
	15.5～18.4	c（kPa）			50	19	25	11	19	8	11	4	8	2
		φ（度）			22	20	21	19	20	18	19	17	18	16
	18.5～22.4	c（kPa）					68	28	34	19	28	10	19	6
		φ（度）					20	18	19	17	18	16	17	15
	22.5～26.4	c（kPa）							82	36	41	25	36	12
		φ（度）							18	16	17	15	16	14
	26.5～30.4	c（kPa）									94	40	47	22
		φ（度）									16	14	13	13

11. 土压力

各种用途的挡土墙，地下构筑物的墙壁和池壁，地下管沟的侧壁，工程施工中沟槽的支撑，顶管工作坑的后背等，都受到土从侧向施加的压力（图1-6）。这种压力称土压力，又称挡土墙土压力，或称侧土压力。

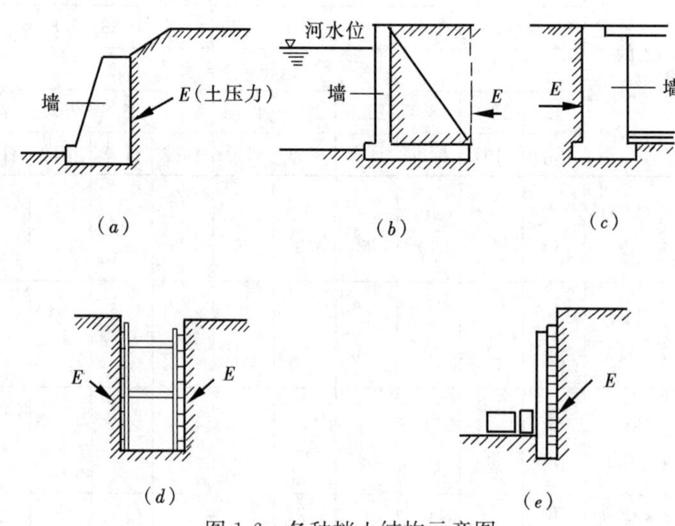

图1-6　各种挡土结构示意图

（a）挡土墙；（b）河堤；（c）池壁；（d）支撑；（e）顶管工作坑后背

土压力 E 可由下式确定

$$E = \frac{1}{2} \cdot \gamma \cdot h^2 \cdot k \quad (\text{kN/m}) \tag{1-23}$$

式中　γ——土的重度（kN/m^3）；

h——挡土墙高度（m）；

k——土的压力系数。

挡土结构在土压力作用下，会产生位移。根据位移的性质不同，土压力可分为：主动土压力、被动土压力和静止土压力。

如图 1-7（a）所示，在土推力作用下，挡土结构可能稍微向前移动，并绕墙角 C 转动。当位移量导致土体 ABC 有沿潜在滑移面 BC 向下滑移的趋势，此时在滑移面上产生抗剪强度，而抗剪强度有助于减弱土体对挡土结构的推力，达到极限平衡状态。在这种情况下，产生的位移称正位移，产生的极限平衡状态称主动极限状态，产生的土压力 E_a 称为主动土压力。

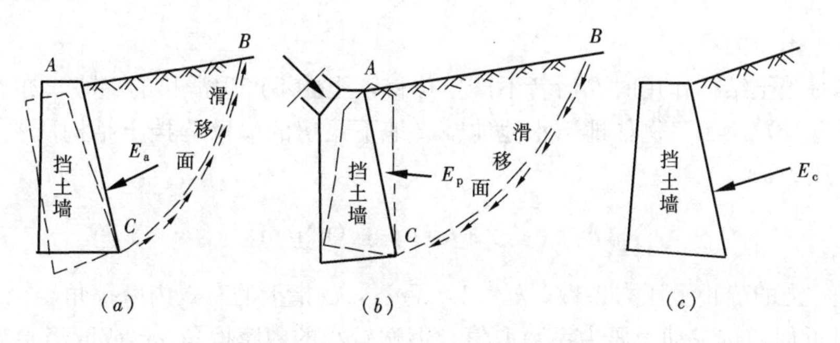

图 1-7　挡土墙位移和侧土压力作用

（a）挡土墙位移导致的主动土压力；（b）挡土墙位移导致的被动土压力；

（c）挡土墙没有位移的静止土压力

若挡土结构在荷载作用下，如图 1-7（b）所示，推向土体 ABC，使土体产生负位移。挡土结构稍微向土体移动，当位移量导致土体 ABC 有沿潜在滑移面 BC 向上滑移的趋势，在滑移面上产生抗剪强度。此时，土体对挡土结构的作用方向和 BC 面上剪应力的方向一致，抗剪强度有助于土体对挡土结构的推力增加，达到极限平衡状态。在这种情况下，土压力 E_p 称为被动土压力。

设挡土墙背是直立的，挡土墙背与土体之间没有摩擦力，墙后土体顶面是水平的，并与挡土结构顶是等高的，土体表面没有荷载，墙产生一定量位移，使墙后土体达到主动或被动极限状态。此时：

（1）主动土压力 E_a

砂性土对挡土结构的主动土压力值 E_a 为：

$$E_a = \frac{1}{2}\gamma h^2 \cdot k_a = \frac{1}{2}\gamma h^2 \tan^2\left(45° - \frac{\varphi}{2}\right) \quad (\text{kN/m}) \tag{1-24}$$

式中　k_a——土的主动土压力系数；$k_a = \tan^2\left(45° - \frac{\varphi}{2}\right)$；

φ——土的内摩擦角。

黏性土对挡土结构的主动土压力值 E_a 为：

$$E_a = \frac{1}{2}\gamma \cdot h^2 \cdot k_a - 2ch\sqrt{k_a} + \frac{2c^2}{\gamma} \quad (\mathrm{kN/m}) \tag{1-25}$$

式中 c——土的黏聚力（$\mathrm{kN/m^2}$）。

（2）被动土压力 E_p

砂性土对挡土结构的被动土压力值 E_p 为：

$$E_p = \frac{1}{2}\gamma h^2 \cdot k_p = \frac{1}{2}\gamma h^2 \tan^2\left(45° + \frac{\varphi}{2}\right) \quad (\mathrm{kN/m}) \tag{1-26}$$

式中 k_p——土的被动土压力系数；$k_p = \tan^2\left(45° + \frac{\varphi}{2}\right)$。

黏性土对挡土结构的被动土压力值 E_p 为：

$$E_p = \frac{1}{2}\gamma \cdot h^2 \cdot k_p + 2ch\sqrt{k_p} \quad (\mathrm{kN/m}) \tag{1-27}$$

（3）静止土压力 E_0

若土体对挡土结构作用时，后者不产生位移，土体不产生滑移的趋势，亦不存在滑移面，如图 1-7（c）所示。例如地下水池池壁、地下泵房的墙壁等挡土结构所受的土压力，称为静止土压力 E_0。

$$E_0 = \frac{1}{2}\gamma \cdot h^2 \cdot k_0 \quad (\mathrm{kN/m}) \tag{1-28}$$

式中 k_0——土的静止土压力系数，$k_0 = 1 - \sin\varphi'$，φ'指土的有效内摩擦角。

k_0 还可近似地按主动土压力系数取值，但选较小的内摩擦角 φ；或取经验数值。

1.1.4 土石的工程性质指标换算

土石的性质指标都是量的相互比例关系。因此，可以通过一些指标间的相互比例关系进行计算，得出另一些指标。表 1-15 列出了常用的土石的三相比例指标换算公式。

土的三相指标常用换算公式　　表 1-15

名称	符号	三相比例表达式	常用换算公式	单位	常用的数据范围
土粒的相对密度	d_s	$d_s = \frac{m_s}{V_s} \cdot \frac{1}{\rho_{wl}}$	$d_s = \frac{S_r e}{V_s \rho_w}$		黏性土：2.72～2.76 粉　土：2.70～2.71 砂　土：2.65～2.69
含水量	w	$w = \frac{m_w}{m_s} \times 100\%$	$w = \frac{S_r e}{d_s}$ $w = \frac{S_r e}{d_s} w = \frac{\rho}{\rho_d} - 1$		
密度	ρ	$\rho = \frac{m}{V}$	$\rho = \frac{d_s(1+w)}{1+e}\rho_w$ $\rho = (1+w)\rho_d$	$\mathrm{t/m^3}$	1.6～2.0
干密度	ρ_d	$\rho_d = \frac{m_s}{V}$	$\rho_d = \frac{\rho}{1+w}$ $\rho_d = \frac{d_s \rho_w}{1+e}$	$\mathrm{t/m^3}$	1.3～1.8

续表

名称	符号	三相比例表达式	常用换算公式	单位	常用的数据范围
饱和密度	ρ_{sat}	$\rho_{sat}=\frac{m_s+V_v\cdot\rho_w}{V}$	$\rho_{sat}=\frac{(d_s+e)\rho_w}{1+e}$	t/m³	1.8～2.3
重度	γ	$\gamma=\rho g$	$\gamma=\frac{d_s(1+w)}{1+e}\gamma_w$	kN/m³	16～20
干重度	γ_d	$\gamma_d=\frac{m_s g}{V}=\rho_d g$	$\gamma_d=\frac{d_s\gamma_w}{1+e}$	kN/m³	13～18
饱和重度	γ_{sat}	$\gamma_{sat}=\frac{m_s g+V_s\gamma_w}{V}$	$\gamma_{sat}=\frac{(d_s+e)\gamma_w}{1+e}$	kN/m³	18～23
有效重度	γ'	$\gamma'=\frac{m_s g-V_s\gamma_w}{V}$	$\gamma'=\frac{(d_s-1)\gamma_w}{1+e}$	kN/m³	8～13
孔隙比	e	$e=\frac{V_v}{V_s}$	$e=\frac{d_s(1+w)\rho_w}{\rho}-1$ $e=\frac{d_s\rho_w}{\rho_d}-1$		黏性土和粉土：0.40～1.20 砂土：0.30～0.90
孔隙率	n	$n=\frac{V_v}{V}\times100\%$	$n=\frac{e}{1+e}$ $n=1-\frac{\rho_d}{d_s\rho_w}$		黏性土和粉土：30%～60% 砂土：25%～45%
饱和度	S_r	$S_r=\frac{V_w}{V_v}\times100\%$	$S_r=\frac{wd_s}{e}$ $S_r=\frac{w\rho_d}{n\rho_w}$		0～100%

1.2　土石方平衡与调配

在土石方工程施工之前，必须计算土石方的工程量，以便选择和确定施工量。但各施工项目的土石方工程的形体有时很复杂，而且非常不规则。一般情况下，应将其划分为一定的几何形体，采用具有一定精度而又和实际情况近似的方法进行计算。

常用的计算方法主要有：基坑沟槽土方量计算、场地平整土方量计算与平衡调配等。

1.2.1　土石方工程量的计算

1. 基坑土方量计算

如图 1-8 所示，基坑土方量的计算，可近似地按拟柱体体积公式计算，即

$$V=\frac{H}{6}(A_1+4A_0+A_2)\tag{1-29}$$

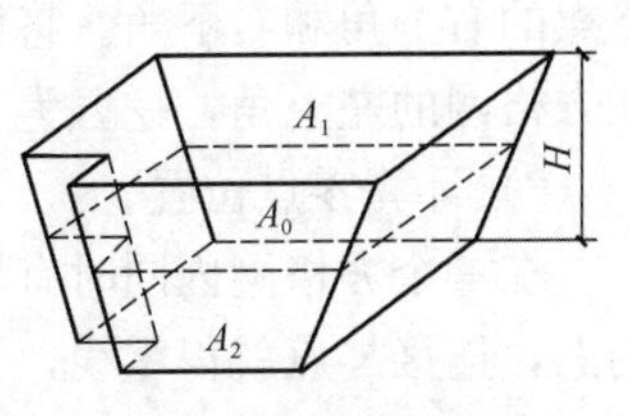

图 1-8　基坑土方量计算

式中　V ——土方工程量（m^3）；

H ——基坑深度（m）；

A_1，A_2 ——基坑上下两底面积（m^2）；

A_0 ——基坑中截面面积（m^2）。

2. 基槽土方量计算

如图 1-9 所示，基槽（沟槽）土方量计算可沿长度方向分段计算：

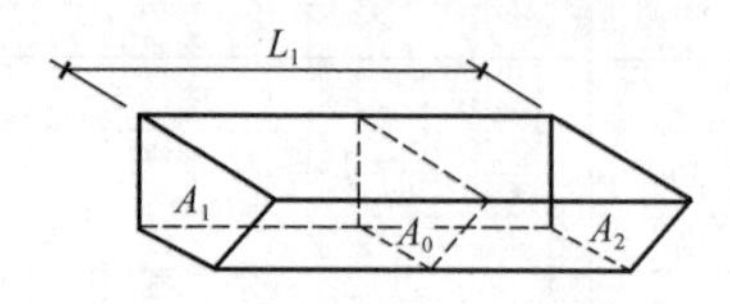

图 1-9　基槽土方量计算

$$V_1 = \frac{L_1}{6}(A_1 + 4A_0 + A_2) \tag{1-30}$$

式中　V_1 ——第一段土方量（m^3）；

L_1 ——第一段的长度（m）；

A_1，A_2 ——基槽两端截面面积（m^2）；

A_0 ——基槽中段截面面积（m^2）。

各土方量为各段土方量之和。

$$V = V_1 + V_2 + \cdots + V_n \tag{1-31}$$

式中　V_1、V_2、…、V_n ——各分段的土方量（m^3）。

若该段内基坑横截面形状、尺寸不变时，其土方量即为该段横截面的面积乘以该段基坑长度。

$$V = AL \tag{1-32}$$

式中　L——基槽各分段长度（L_1、L_2、…、L_i）之和（m）。

3. 场地土方量计算

场地平整土方量的计算，是为了制订施工方案，对填挖方进行合理调配，同时也是检查及验收实际土方数量的依据。土方量的计算方法，通常有方格网法、断面法和三棱柱法。

（1）方格网法

这种方法适用于场地平缓或在台阶宽度较大的场地采用。计算时可采用专门的土方工程量计算表。在大规模场地土方量计算时，则需应用电子计算机进行计算。其计算步骤如下。

1）划分方格网

根据已有地形图（一般用 1/500），将需要进行土方工程量计算的范围划分成若干方格网，尽量与测量的纵、横坐标网对应，方格网法是根据地形图将整个场地划分称若干方格网，方格一般采用 20m×20m 或 40m×40m，将设计标高和自然地面标高分别标注在方格点的右上角和右下角。将设计标高与自然标高的差值及各角点的施工高度（挖或填）写在方格网的左上角，挖方为（−），填方为（+）。

2）计算零点位置

在一个方格网内同时有填方或挖方时，要先算出方格网边的零点位置，并标注于方格网上，连接零点就得零线，它是填方区与挖方区的分界线，如图 1-10 所示。

零点的位置按下式计算：

$$x_1 = \frac{h_1}{h_1 + h_2} \times a;\ x_2 = \frac{h_2}{h_1 + h_2} \times a \tag{1-33}$$

式中　x_1、x_2——角点至零点的距离（m）；

a——方格网的边长（m）；

h_1、h_2——相邻两角点的施工高度（m），均用绝对值。

在实际工作中，为省略计算，常采用图解法直接求出零点，如图 1-11 所示，方法是用尺在各角上标出相应的比例，用尺连接，与方格角点即为零点位置，同时可避免计算或查表出错。

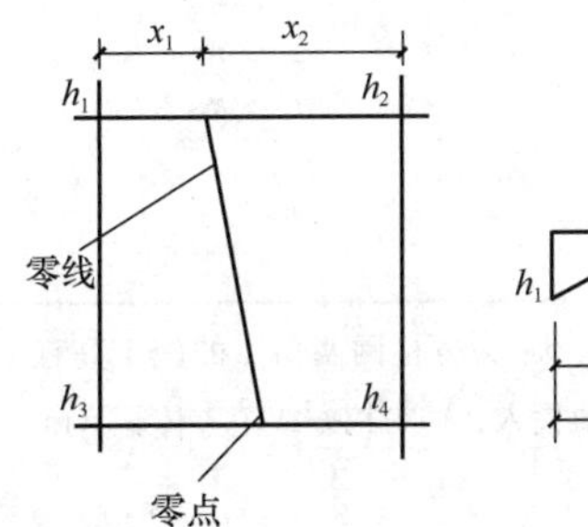

图 1-10　零点位置计算示意图

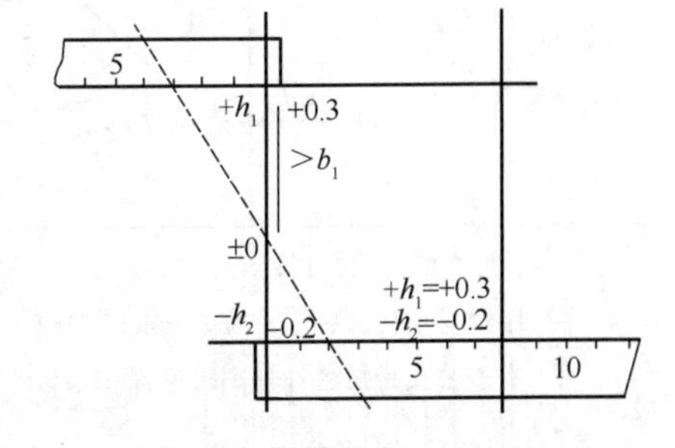

图 1-11　零点位置图解法（单位：m）

3）计算土方工程量

按方格网底面积图形和表 1-16 所列公式计算每个方格内的挖方或填方量法计算，有关计算用表分别见表 1-17。

① 方格四个角点全部为挖或填方时（图 1-12），其挖方或填方体积为：

$$V = \frac{a^2}{4}(h_1 + h_2 + h_3 + h_4) \tag{1-34}$$

式中　a——方格网的边长（m）；

h_1、h_2、h_3、h_4——方格四个角点挖或填的施工高度，以绝对值代入（m）。

常用方格网点计算公式　**表 1-16**

项　目	图　式	计算公式
一点填方或挖方（三角形）		$V = \frac{1}{2}bc \times \frac{\sum h}{3} = \frac{bch_3}{6}$ 当 $b = a = c$ 时，$V = \frac{a^2h_3}{6}$
二点填方或挖方（梯形）		$V- = \frac{b+c}{2} \times a \times \frac{\sum h}{4} = \frac{a}{8}(b+c)(h_1+h_3)$ $V+ = \frac{d+c}{2} \times a \times \frac{\sum h}{4} = \frac{a}{8}(b+c)(h_2+h_4)$

续表

项　目	图　式	计算公式
三点填方或挖方（五角形）	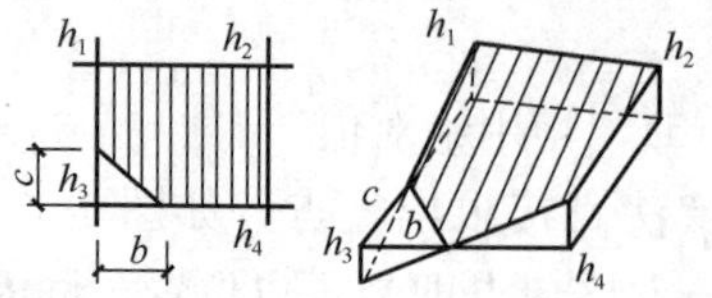	$V=\left(a^2-\frac{bc}{2}\right)\frac{\sum h}{5}=\left(a^2-\frac{bc}{2}\right)\frac{h_1+h_2+h_4}{5}$
四点填方或挖方（正方形）	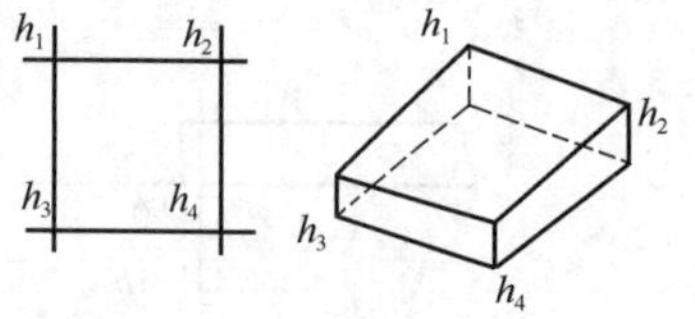	$V=\frac{a^2}{4}\sum h=\frac{a^2}{4}(h_1+h_2+h_3+h_4)$

注：1. a 为方格网的边长；b、c 为零点到一角的边长（m）；h_1、h_2、h_3、h_4 为方格网四角点的施工高程（m），用绝对值代入；$\sum h$ 为填方或挖方施工高程的总和（m），用绝对值代入；V 为挖方或填方体积（m^3）。
2. 本表公式是按各计算图形底面积乘以平均施工高程而得出的。

施工高度总和按 0.1m 时地面为梯形的截棱柱体积（a=20m）（m^3）　表 1-17

计算边长之和 $b+c$	高度总和 0.1m	计算边长之和 $b+c$	高度总和 0.1m	计算边长之和 $b+c$	高度总和 0.1m
2	0.500	15	3.750	28	7.000
3	0.750	16	4.000	29	7.250
4	1.000	17	4.250	30	7.500
5	1.250	18	4.500	31	7.750
6	1.500	19	4.750	32	8.000
7	1.750	20	5.000	33	8.250
8	2.000	21	5.250	34	8.500
9	2.250	22	5.500	35	8.750
10	2.500	23	5.750	36	9.000
11	2.750	24	6.000	37	9.250
12	3.000	25	6.250	38	9.500
13	3.250	26	6.500	39	9.750
14	3.500	27	6.750	40	10.000

② 方格四个角点中，部分是挖方，部分是填方时（图 1-13），其挖方或填方体积分别为：

$$V_{挖}=\frac{a^2}{4}\left(\frac{h_2^2}{h_1+h_4}+\frac{h_2^2}{h_2+h_3}\right) \tag{1-35}$$

$$V_{填}=\frac{a^2}{4}\left(\frac{h_3^2}{h_2+h_3}+\frac{h_4^2}{h_1+h_4}\right) \tag{1-36}$$

式中　a——方格网的边长（m）；
h_1,h_2,h_3,h_4——方格四个角点挖或填的施工高度，以绝对值代入（m）。

③ 方格三个角点为挖方，另一个角点为填方时（图 1-14），其填方体积为：

$$V_4 = \frac{a^2}{6} \times \frac{h_4^3}{(h_1 + h_2)(h_3 + h_4)} \tag{1-37}$$

式中　V_4 ——填方体积（m^3）；

h_1, h_2, h_3, h_4 ——方格四个角点挖或填的施工高度，以绝对值代入（m）。

其挖方体积为：

$$V_{1,2,3} = \frac{a^2}{6}(2h_1 + h_2 + 2h_3 - h_4) + V_4 \tag{1-38}$$

式中　a ——方格网的边长（m）；

h_1, h_2, h_3, h_4 ——方格四个角点挖或填的施工高度，以绝对值代入（m）。

V_4 ——填方体积（m^3）；

$V_{1,2,3}$ ——挖方体积（m^3）。

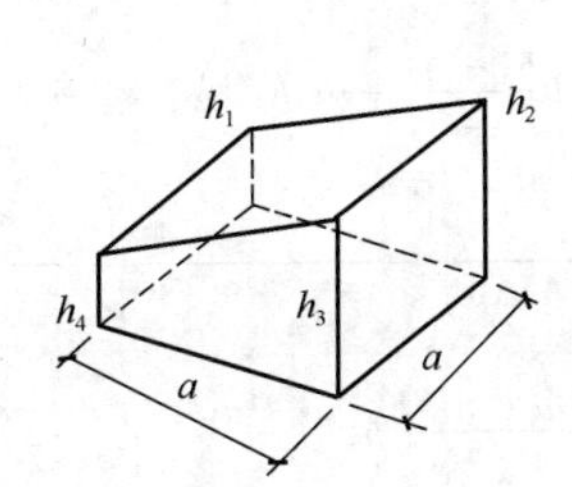

图 1-12　角点全填或全挖图

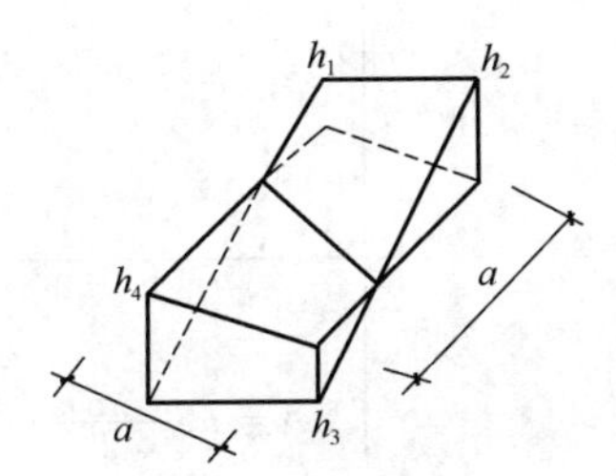

图 1-13　角点二填或二挖

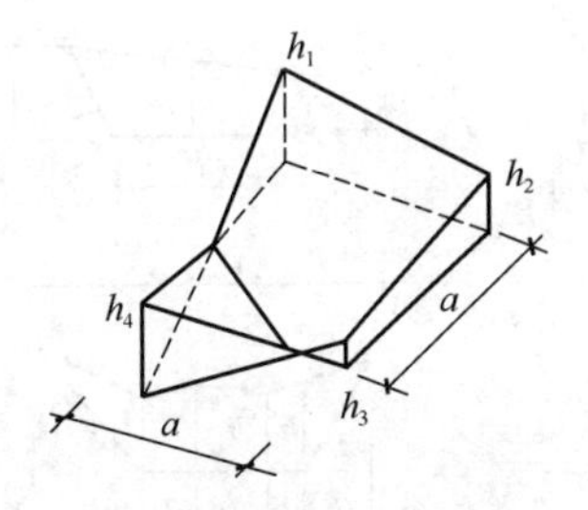

图 1-14　角点一填三挖

（2）横断面法

横断面法适用于地形起伏变化较大的地区，或挖填深度较大又不规则的地区，对于长条形的挖方或填方更为方便。计算步骤如下：

1）划分横断面

根据地形图、布置图，将要平整的场地划分若干个横断面，划分原则是垂直等高线或垂直主要建筑物的边长，各断面间的间距可以不等，一般可用 10m 或 20m，在平坦地区可以大些。

2）画横断面图形

按比例绘制每个横断面（包括边坡断面）的自然地面和设计地面的轮廓线。两轮廓线之间的面积，即为挖方或填方的断面，如图 1-15 所示。

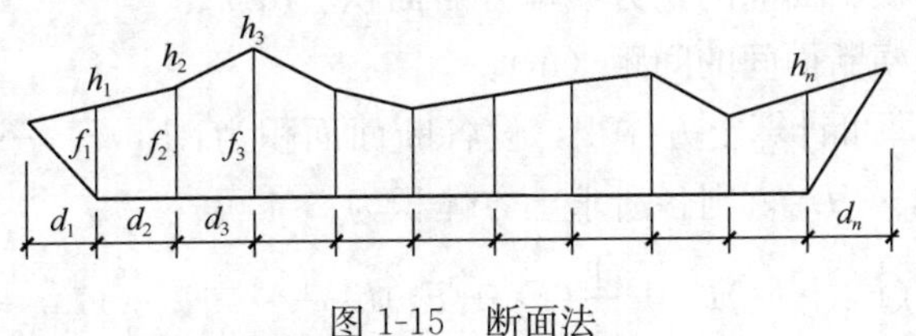

图 1-15　断面法

3）计算横断面积

① 积计法。按表 1-18 横断面积计算公式，计算每个断面的挖方或填方断面面积。

② 求积仪法。用米厘方格纸绘出横断面图后，用求积仪量出横断面的挖方或填方面积。

常用横断面计算公式　　**表 1-18**

横断面图式	断面积计算公式
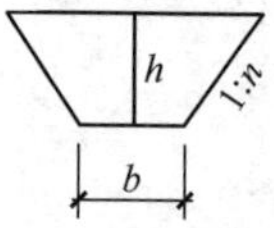	$A=h(b+nh)$
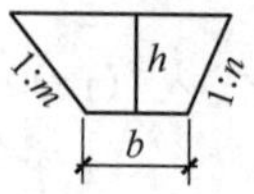	$A=h\left[b+\frac{h(m+n)}{2}\right]$
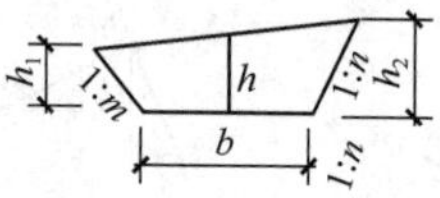	$A=b\frac{h_1+h_2}{2}+nh_1h_2$
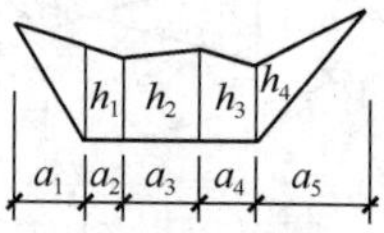	$A=h_1\frac{a_1+a_2}{2}+h_2\frac{a_2+a_3}{2}+h_3\frac{a_3+a_4}{2}+h_4\frac{a_4+a_5}{2}$
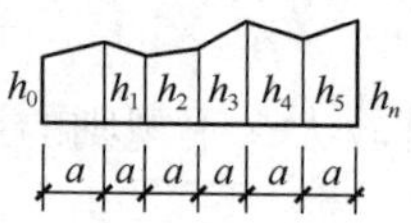	$A=\frac{a}{2}(h_0+2h+h_n)$ $h=h_1^2+h_2+h_3+h_4+h_5$

注：1∶n，1∶m 是边坡坡度。

4）计算土方量

根据横断面面积计算土方量。

$$V=\frac{A_1+A_2}{2}\times S \tag{1-39}$$

式中　V——相邻两横断面间的土方量（m^3）；

A_1、A_2——相邻两横断面间的挖方或填方断面积（m^2）；

S——相邻两横断面间的间距（m）。

断面积求出后，即可计算土方体积，设各断面面积为：$F_1,F_2,\cdots,F_n$，相邻两断面间的距离依次为 $L_1,L_2,\cdots,L_n$，则各所求土方体积为：

$$V=\frac{1}{2}(F_1+F_2)L_1+\frac{1}{2}(F_2+F_3)L_2+\cdots+\frac{1}{2}(F_{n-1}+F_n)L_n \tag{1-40}$$

5）计算土方量

按表 1-19 的格式汇总土方量。

土方量汇总表　　　　表1-19

断面	填方面积（m^2）	挖方面积（m^2）	断面间距（m）	填方体积（m^3）	挖方体积（m^3）	断面	填方面积（m^2）	挖方面积（m^2）	断面间距（m）	填方体积（m^3）	挖方体积（m^3）
Ⅰ-Ⅰ						Ⅲ-Ⅲ					
Ⅱ-Ⅱ						合　计					

（3）三棱柱法

三棱柱法计算时先把方格网顺地形等高线将各个方格划分成三角形（图1-16），每个三角形的三个角点的填挖施工高度用h_1、h_2、h_3表示。

① 当三角形三个角如图1-17（a）所示，点全部为挖或填时，其挖填方体积为：

$$V=\frac{a^2}{6}(h_1+h_2+h_3) \tag{1-41}$$

式中　a——方格网的边长（m）；

h_2、h_2、h_3——为三角形各角点的施工高度（m），取绝对值代入。

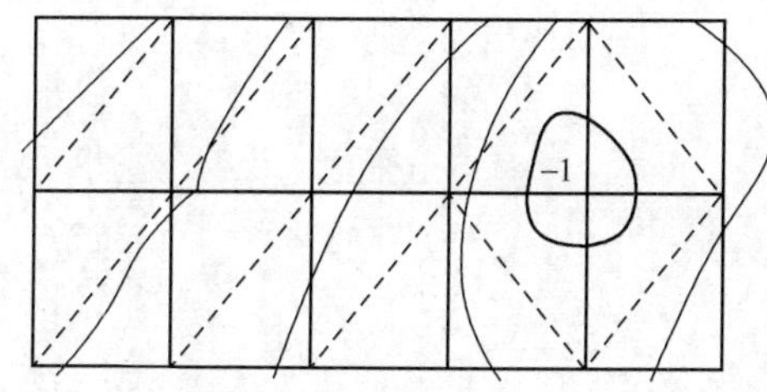

图1-16　按地形方格划分成三角形

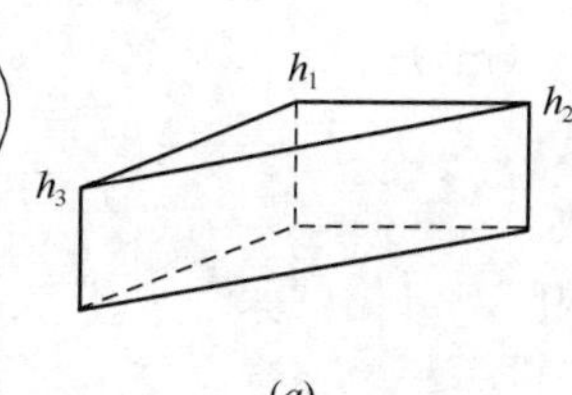

图1-17　三角棱柱体的体积计算

（a）全挖或全填；（b）锥体部分为填方

② 三角形三个角点有挖有填时

如图1-17（b）所示，零线将三角形分成两部分，一个是底面为三角形的锥体，一个是底面为四边形的楔体，其锥体部分的体积为：

$$V_{锥}=\frac{a^2}{6}\times\frac{h_3^3}{(h_1+h_2)(h_2+h_3)} \tag{1-42}$$

$$V_{楔}=\frac{a^2}{6}\times\left[\frac{h_3^3}{(h_1+h_2)(h_2+h_3)}-h_3+h_2+h_1\right] \tag{1-43}$$

式中　h_1、h_2、h_3——三角形各角点的施工高度，m，其中h_3指的是锥体顶点的施工高度。

4. 边坡土方量计算

图1-18是场地边坡的平面示意图，从图中可以看出，边坡的土方量可以划分为两种近似的几何形体进行计算，一种为三角形棱锥体（如图中①、②、③…），另一种为三角棱柱体（如图中的④）。

（1）三角形棱锥体边坡体积

图1-18中①其体积为：

$$V=\frac{1}{3}F_1l_1 \tag{1-44}$$

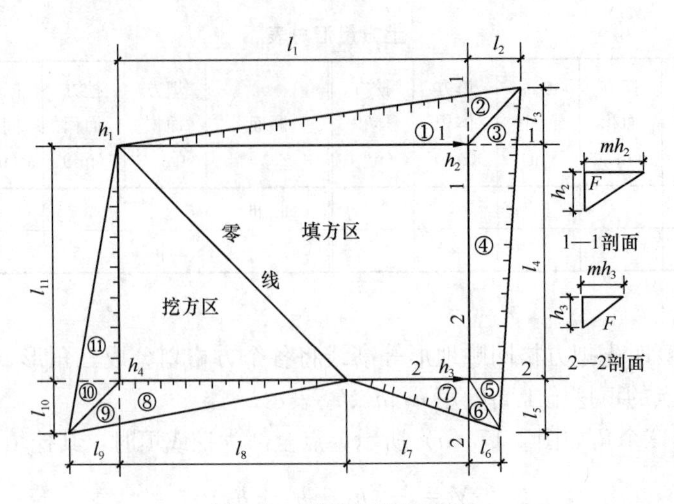

图 1-18　场地边坡平面图

$$F_1 = \frac{1}{2}mh_2h_2 = \frac{1}{2}mh_2^2 \tag{1-45}$$

式中　l_1——边坡①的长度（m）；

F_1——边坡①的端面积（m^2）；

h_2——角点的挖土高度；

m——边坡的坡度系数。

（2）三角棱柱体边坡体积

图 1-18 中④其体积为：

$$V_4 = \frac{F_3 + F_5}{2}l_4 \tag{1-46}$$

当两端横断面面积相差很大的情况下：

$$V_4 = \frac{L_4}{6}(F_3 + 4F_0 + F_5) \tag{1-47}$$

式中　l_4——边坡④的长度（m）；

F_3，F_5，F_0——边坡④的两端及中部横断面面积。

1.2.2　土方的平衡调配

土方调配就是对挖土的利用、堆弃和填土三者之间的关系进行综合协调处理。土方工程中，通过土方调配计算确定施工区域中的填挖方区土方的调配方向和数量，以达到缩短工期和降低成本，提高经济效益的目的。

当土方的施工标高、挖填区面积、挖填区土方量算出后，应考虑各种变化因素（如土的可松性、压缩率、沉降量等）进行调整，然后进行土方的平衡调配工作。进行土方调配，必须根据现场具体情况、有关技术资料、工期要求、土方施工方案与运输方法综合考虑，经过计算比较，以选择经济合理的调配方案。

1. 土方的调配原则

（1）力求达到挖填基本平衡，在挖方的同时进行填方，较少重复利用；

（2）近期施工与后期利用相结合，尽可能与地下建筑、构筑物的施工相结合；

（3）挖（填）方量与运距乘积之和尽可能最小，节约运输成本；

（4）好土用在回填质量要求较高的地区；

（5）取土或弃土尽量不占或少占农田；

（6）合理布置挖填方向分区线，选择恰当的调配方向、运输路线，无对流和乱流现象，便于机具调配，机械化施工。

2. 土方调配的编制

（1）划分调配区

在场地平面图上线划出挖、填区的分界线，即零线。然后根据地形条件、施工顺序及施工作业面等因素，将挖方区和填方区分别划分为若干调配区。调配区的大小应使土方机械和运输车辆的功效得到充分发挥，且满足工程施工顺序和分期分批施工的要求，使近期施工和后期利用相协调。如场地范围内土方不平衡时，可考虑就近借土或弃土，此时每个借土区或弃土区可作为独立的调配区。调配区划好后，计算出各区的土方量，并标在图上，如图 1-19 所示。

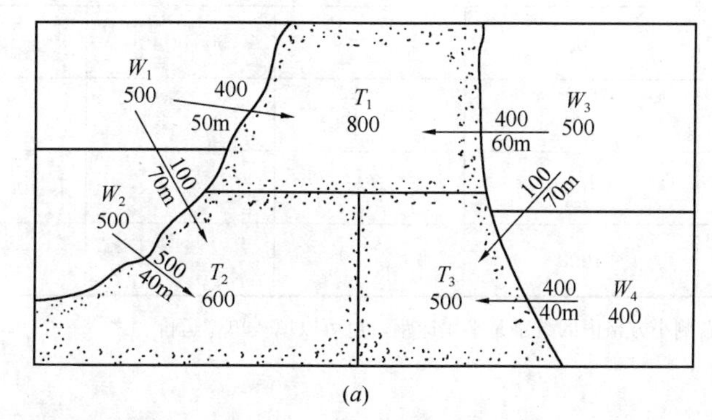

(*a*)

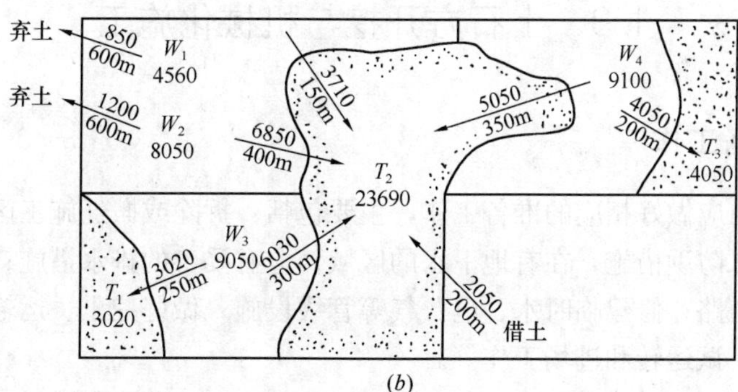

(*b*)

图 1-19　土方调配图

箭头上面的数字表示土方量（m^3），箭头下面数字表示运距（m）

（*a*）场地内挖、填平衡的调配图；（*b*）有弃土和借土的调配图

（2）求出每对调配区之间的平均运距

平均运距即挖土区土方重心至填土区土方重心的距离。一般情况下，可用作图法近似地求出调配区的几何中心（即形心位置）代替重心位置。重心求出后，用比例尺量出每对调配区之间的平均距离。当挖、填方调配区距离较远，采用铲机或其他运土机具沿现场道路或规定路线运土时，其运距应按实际情况进行计算。

（3）确定最优调配方案

调配方案可拟订几个方案，比较各方案的总运输量（即各调配区土方量与运距乘积的总和），其最小值方案即为最优调配方案。将这个方案的调配方向土方数量及平均运距标在土方调配图上，如图 1-19 所示。

（4）列出土方量平衡表

为便于安排作业计划和统筹工作等，将土方调配计算结果列入土方量平衡表。表 1-20 为图 1-19（*a*）的调配方案的土方量平衡表。

调配方案的土方量平衡表　　表 1-20

挖方区编号	挖方数量/m^3	填方区编号、填方数量/m^3			
		T_1	T_2	T_3	总计
		800	600	500	1900
W_1	500	400 [50]	100 [70]		
W_2	500		500 [40]		
W_3	500	400 [60]		100 [70]	
W_4	400			400 [40]	
总计	1900				

注：填方数量栏右侧小方格内的数字是平均运距，也可以填入单位运价。

1.3　土石方开挖与机械化施工

1.3.1　准备工作

土石方开挖前应做好相应的准备工作，主要包括：拆除或搬迁施工区域内有碍施工的障碍物；修建排水防洪措施，在有地下水的区域，应有妥善的排水措施；修建运输道路和土方机械的运行道路；修建临时水、电、气等管线设施；做好挖土、运输车辆及各种辅助设备的维修检查、试运转和进场工作等。

1.3.2　基坑（沟槽）边坡坡度与开挖断面

基坑（沟槽）边坡坡度与开挖断面的选择通常依据：土的种类及其物理力学性质（内摩擦角、黏聚力、湿度、密度等）、地下水情况、开挖深度、断面尺寸、施工方法、晾槽时间、周边的环境条件等，并按照设计规定的基础、管道的断面尺寸、长度和埋设深度等进行。正确选定边坡坡度和开挖断面，可以为后续施工过程创造良好的条件，保证工程质量和施工安全，减少开挖土方量。

现以管道工程开挖为例（图 1-20）。

沟槽底宽由式（1-48）决定：

$$W = B + 2b \quad (1\text{-}48)$$

式中　B——管道基础宽（m）；

b——工作宽度（m）。

工作宽度根据管径大小确定，一般不大于 0.8m。

沟槽开挖深度按管道设计纵断面图确定。

土方开挖的边坡常以 1∶n 表示，如图 1-21 所示。

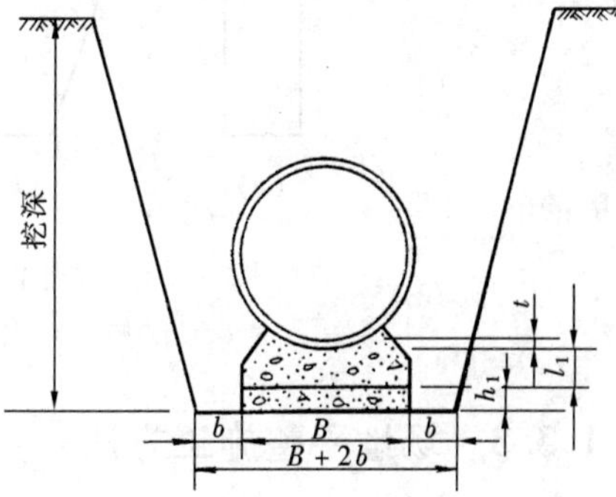

$$n = \frac{a}{h} \quad (1\text{-}49)$$

式中　n——边坡率；

a——边坡水平长度（m）；

h——边坡垂直高度（m）。

图 1-20　管沟底宽和挖深

B—管基础宽度；b—槽底工作宽度；t—管壁厚度；l_1—管座厚度；h_1—基础厚度

显然，n 值愈小，边坡愈陡，土体的下滑力大，一旦下滑力大于该土体的抗剪强度，土体会下滑引起边坡坍塌。

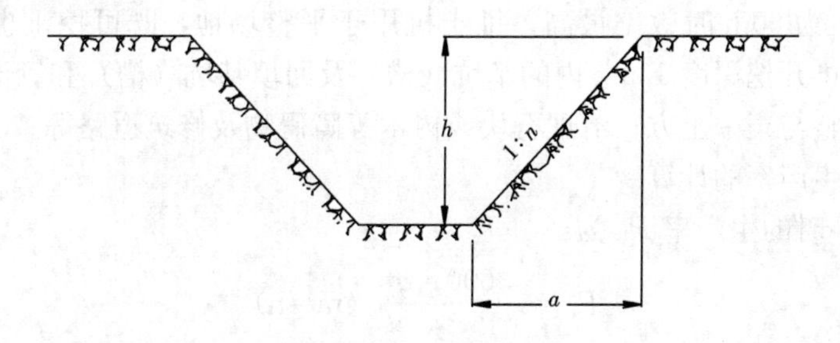

图 1-21　挖方边坡

含水量大的土，土颗粒间产生润滑作用，使土粒间的内摩擦力或黏聚力减弱，因此应留有较缓的边坡。含水量小的砂土，颗粒间内摩擦力减少，亦不宜采用陡坡。当沟槽上荷载较大时，土体会在压力下产生滑移，因此边坡应缓，或采取支撑加固。深沟槽的上层槽应为缓坡。

当采用梯形槽，地质条件良好，且地下水位低于基坑（槽）底面标高时，其最陡坡度应符合表 1-21 的规定。设支撑的直槽边坡一般采用 1∶0.05。

梯形槽的边坡允许值　　**表 1-21**

土的类别	密实度或状态	坡度允许值（高宽比）	
		深度在 5m 以内	深度 5～10m
碎石土	密　实	1∶0.35～1∶0.50	1∶0.50～1∶0.75
	中　实	1∶0.50～1∶0.75	1∶0.75～1∶1.00
	稍　实	1∶0.75～1∶1.00	1∶1.00～1∶1.25
粉　土	$S_r \leqslant 0.5$	1∶1.00～1∶1.25	1∶1.25～1∶1.50
黏性土	坚　硬	1∶0.75～1∶1.00	1∶1.00～1∶1.25
	硬　塑	1∶1.00～1∶1.25	1∶1.25～1∶1.50

对给水排水管道施工中的沟槽，常用的断面形式有直槽、梯形槽、混合槽等。当有两条或多条管道共同埋设时，还需采用联合槽（图 1-22）。

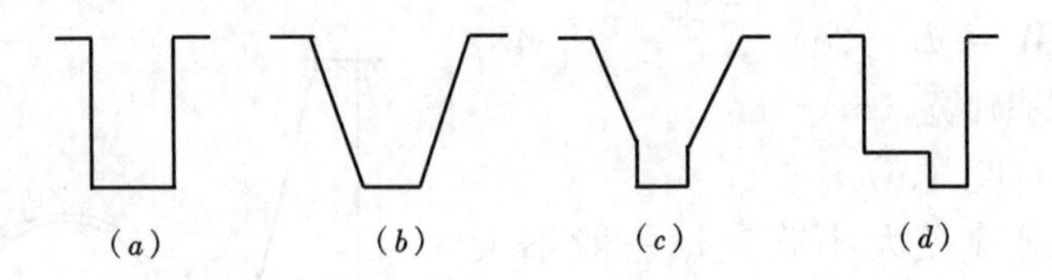

图 1-22　沟槽断面形式

(a) 直槽；(b) 梯形槽；(c) 混合槽；(d) 联合槽

1.3.3　场地平整施工方法

场地平整的施工过程包括：土方开挖、运输、填筑与压实等，当遇有坚硬土层、岩石或障碍物时，还常需爆破。

场地平整的施工方法，在大面积平整时，通常采用机械施工。常用的机械有推土机、铲运机和挖土机等。

1. 推土机施工

推土机操作灵活，运行方便，所需工作面较小，适于开挖一～三类土。经济运距为100m 以内，运距为 60m 时效率最高，推土机用于平整场地，既可挖土也可作短距离运土，移挖作填；可开挖深度 1.5m 内的基坑（槽）及回填基坑（槽）和管沟土方，以及配合挖土机从事平整与集中土方；清理石块或树木等障碍物及修筑道路等。

（1）推土机生产率的计算

1）推土机小时的生产率 P_h 为：

$$P_h = \frac{3600 \cdot q}{T \cdot K_1} \quad (m^3/h) \tag{1-50}$$

式中　T——从推土到将土送至填土地点的循环延续时间（s）；

q——推土机每次的推土量（m^3）；

K_1——土的最初可松性系数（土壤松散体积与原自然体积之比值）。

2）推土机台班生产率 P_d 为：

$$P_d = 8 \cdot P_h \cdot K_B (m^3/\text{台班}) \tag{1-51}$$

式中　K_B——时间利用系数，一般在 0.72～0.75 之间。

（2）推土机的施工方法

1）下坡推土。推土机顺下坡方向切土及推运，借助机械自身的重力作用以增加推土能力，但坡度不宜超过 15°，以免后退时爬坡困难。

2）并列推土。采用 2～3 台推土机并列作业（图 1-23），铲刀相距 15～30cm。一般采用两机并列推土，能提高生产率 15%～30%。平均运距不宜超过 50～75m，亦不宜小于 20m。一般用于大面积场地平整。

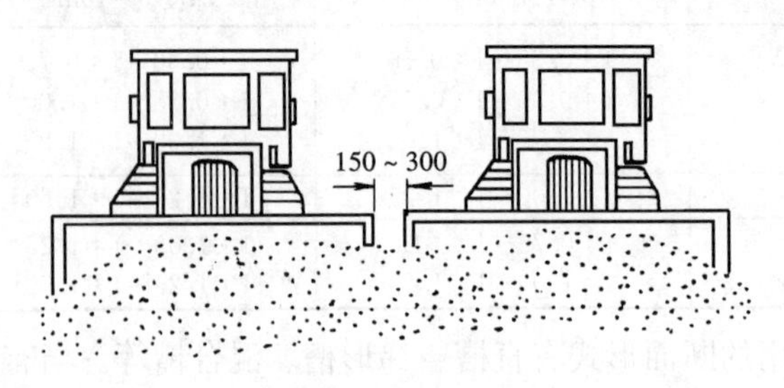

图 1-23　并列推土

3）槽形推土。在挖土层较厚、推土运距较远时，采用槽形推土（图 1-24），能减少土壤散失，可增加10%～30%推土量。槽的深度约1m为宜，两槽间的土埂宽度约50cm。

4）分批集中、一次推送。当推土运距较远而土质比较坚硬时，因推土机的切土深度不大，可采用多次铲土，分批集中，一次推送。以便在铲刀前保持满载，有效地利用推土机的功率，缩短运输时间。

图1-24 槽形推土

5）铲刀加置侧板。当推运疏松土壤而运距较远时，在铲刀两边装上侧板，以增加铲刀前的土体，减少土壤向两侧漏失。

2. 铲运机施工

铲运机有拖式铲运机和自行式铲运机两种。拖式铲运机是由拖拉机牵引，工作靠拖拉机油泵或卷扬机进行操纵。自行式铲运机的行驶和工作，均靠自身的动力设备进行操纵。

铲运机操纵灵活，运转方便，对行驶道路要求较低，能综合完成铲土、运土、卸土、填筑、压实等多项工作。适合于开挖一～三类土。适用运距为600～1500m。常用于地形起伏不大，坡度在20°以内的大面积场地平整，开挖大型基坑、沟槽，以及填筑路基、堤坝等工程。不适于砾石层和冻土地带以及土壤含水量超过27%和沼泽区工作。

铲运机工作的示意图，如图1-25所示。

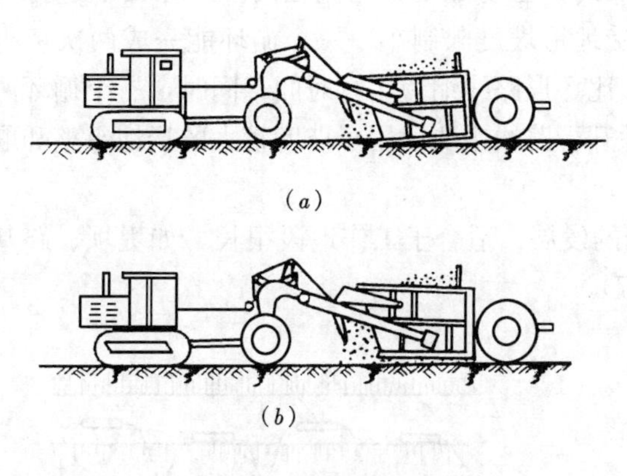

图1-25 铲运机工作示意图

(*a*) 铲土将结束；(*b*) 卸土开始

（1）铲运机生产率的计算

1）铲运机小时生产率 P_h 为：

$$P_h=\frac{3600\cdot q\cdot K_c}{T\cdot K_1}\quad(m^3/h)\tag{1-52}$$

式中 T——从挖土开始至卸土完毕，循环延续的时间（s）；

q——铲斗容量（m^3）；

K_c——铲斗装土的充盈系数（一般砂土为0.75，其他土为0.85～1.0，最高为1.3）；

K_1——土的最初可松性系数。

2）铲运机台班产量 P_d 为：

$$P_d=8\cdot P_h\cdot K_B\quad(m^3/\text{台班})\tag{1-53}$$

式中 K_B——时间利用系数（一般为0.65～0.75）。

影响铲运机作业效率的因素有运土坡度、填筑高度及运行路线距离等。一般上坡运土坡度在5%～15%时，增加的台班系数为1.05～1.14；填筑路基填土高度5m以上时，降低台班产量系数为0.95；铲运机运行路线距离愈长则生产率愈低。

（2）铲运机的施工方法

1）铲运机的开行路线

铲运机的开行路线，对提高生产效率影响很大，应根据填、挖方区的分布情况并结合现场具体条件合理选择。一般可有以下几种形式：

① 环形路线。对于地形起伏不大，施工地段在100m以内和填土高度1.5m以内的路堤、基坑及场地平整施工常采用的开行路线。当填、挖交替，且相互之间距离不大时，则可采用大环形路线。每一个循环能完成多次铲土和卸土，减少了铲运机的转弯次数，相应提高了工作效率。

采用环形路线时，铲运机应每隔一定时间按顺、反时针的方向交换行驶，避免长时间沿一侧转弯导致机件单侧磨损。

②“8”字形开行路线。这种开行路线的铲土与卸土，轮流在两个工作面上进行（图1-26），铲运机在上下坡时是斜向行驶，受地形坡度限制小。一个循环能完成两次铲土和卸土，减少了转弯次数及空车行驶距离，比环形路线缩短运行时间。同时，一个循环两次转弯方向不同，机械磨损较为均匀。这种开行路线主要适用于坡度较大的场地平整和取土坑较长的路基填筑作业。

③ 锯齿形路线。这是“8”字形路线的发展。适合于工作地段很长，如堤坝、路基填筑，采用这种开行路线最为有效（图1-27）。

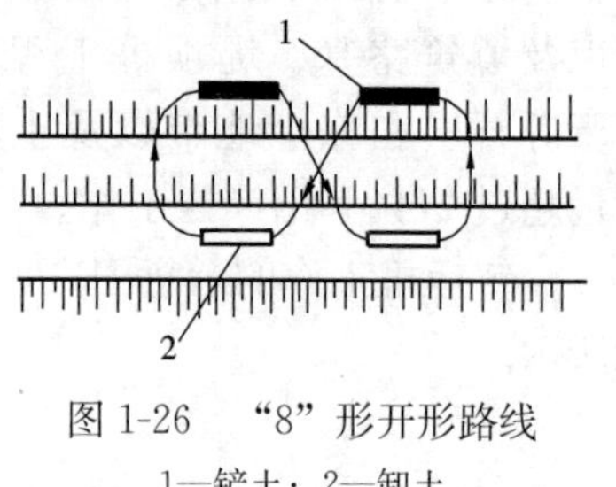

图1-26　“8”形开形路线

1—铲土；2—卸土

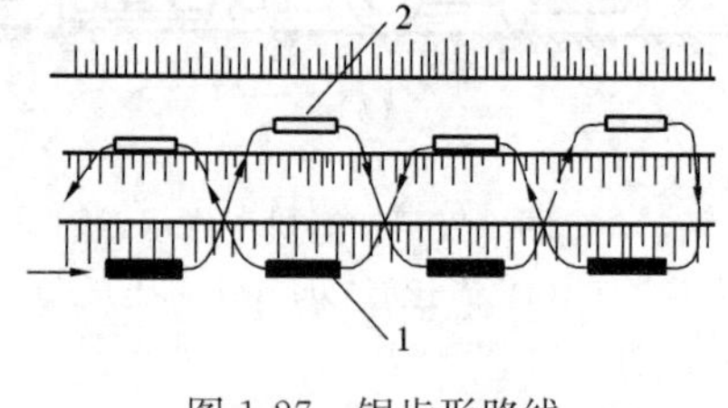

图1-27　锯齿形路线

1—铲土；2—卸土

2）提高铲运机生产率的措施

为了提高铲运机的生产率，除应合理规划开行路线外，还必须充分利用和发挥拖拉机的牵引能力，通常要根据不同施工条件，采用下列方法。

① 下坡铲土

利用机械重力作用所产生的附加牵引力加大切土深度，坡度一般为3°～9°，最大不得超过20°，铲土厚度以20cm左右为宜，其效率可提高25%左右。当在平坦地形铲土时，可将取土地段的一端先铲低，并保持一定坡度向后延伸，逐步创造一个下坡铲土的地形。

② 跨铲法

在较坚硬土层铲土时，采用预留土埂间隔铲土法（图1-28），可使铲运机在挖土埂时增加两个自由面，阻力减小，铲土快，易于充满铲斗。比一般方法约提高效率10%。

③ 交错铲土法

在铲较坚硬土层时，为了减少铲土阻力，可采用此法（图1-29）。由于铲土阻力的大小与铲土宽度成正比，交错铲土法就是随铲土阻力的增加而适当减小铲土宽度。

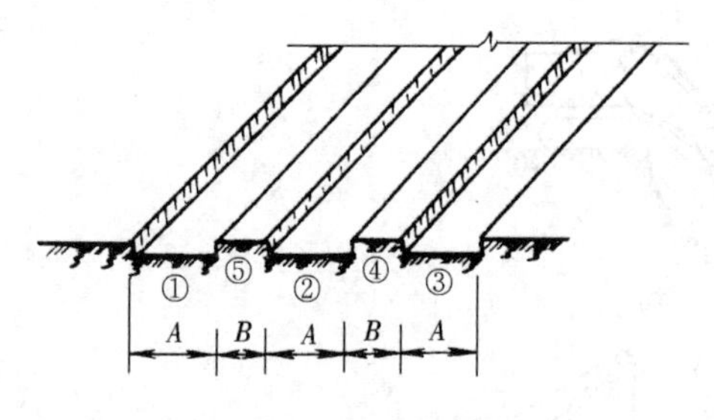

图 1-28　跨铲法

①、②、③、④、⑤—铲土顺序；

A—铲斗宽；B—土埂宽（不大于拖拉机履带净距）

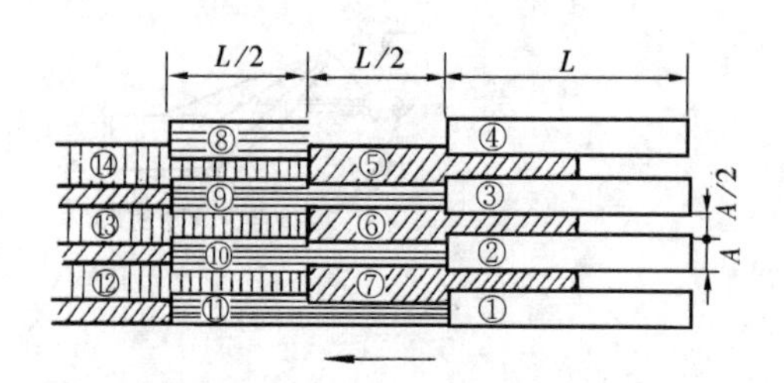

图 1-29　交错铲土法

①、②、③…⑭—铲土顺序；

L—铲土长度

④ 助铲法

在坚硬土层中，采用另配推土机助铲（图 1-30），以缩短铲土时间。一般每台推土机配 3～4 台铲运机。

图 1-30　助铲法

3. 挖土机施工

挖土机适用于开挖场地为一～四类、含水量不大于 27%的丘陵地带土壤及经爆破后的岩石和冻土。多使用在挖土高度一般在 3m 以上（使每次挖土可装满铲斗），运输距离超过 1km，且土方量大而集中的工程。一般挖土机作业时，需配合自卸汽车运土，并在卸土区配备推土机平整土堆。

1.3.4　沟槽与基坑开挖施工

沟槽、基坑土方的开挖，除工程量不大而又分散时可采用人工或小型机械施工外，应尽量采用机械化施工，以减轻繁重的体力劳动并加快施工速度。

沟槽与基坑机械开挖，应依施工具体条件，选择单斗挖土机和多斗挖土机。

1. 单斗挖土机施工

单斗挖土机是给水排水工程中常用的一种机械，根据其工作装置不同，可分为正铲、反铲、拉铲和抓铲等（图 1-31）。

（1）正铲挖土机

正铲挖土机的工作特点是，开挖停机面以上的土壤，其挖掘力大，生产率高。适用于无地下水，开挖高度在 2m 以上，一～四类土的基坑，但需设置下坡通道。

正铲挖土机有液压传动和机械传动两种。机身可回转 360°，动臂可升降，斗柄能伸缩，铲斗可以转动，当更换工作装置后还可进行其他施工作业。正铲的主要技术性能及工作尺寸可参考有关施工手册。

正向铲的挖土和卸土方式，根据挖土机的开挖路线与运输工具的相对位置不同，可分为正向挖土、侧向卸土和正向挖土、后方卸土两种（图 1-32）。其中侧向卸土，动臂回转

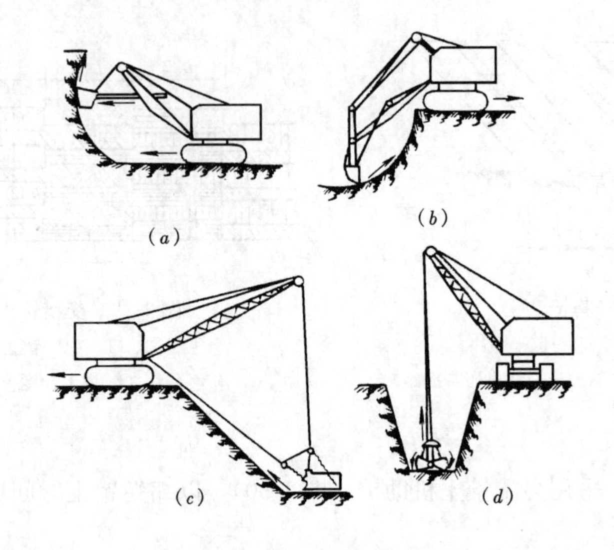

图1-31　挖土机的工作简图

(a) 正铲挖土机；(b) 反铲挖土机；(c) 拉铲挖土机；(d) 抓铲挖土机

角度小，运输工具行驶方便，生产率高，采用较广。当沟槽、基坑宽度较小，而深度较大时，才采用后方卸土方式。

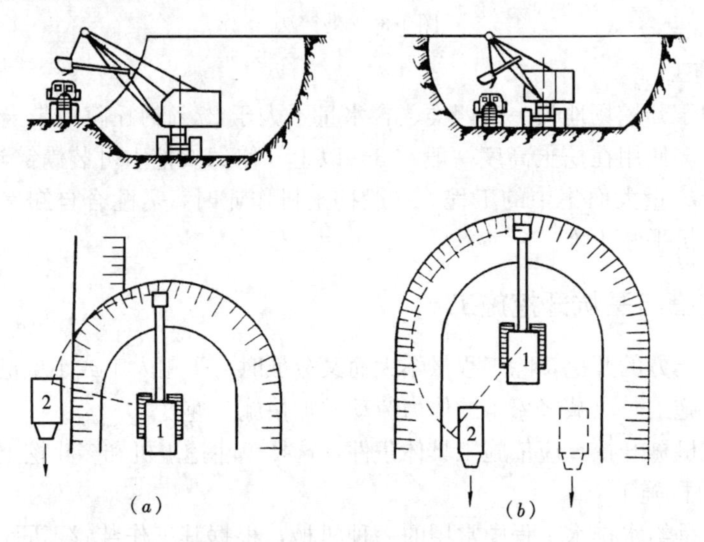

图1-32　正铲挖土机开挖方式

(a) 侧向卸土；(b) 后方卸土

1—正铲挖土机；2—自卸汽车

(2) 反铲挖土机

反铲挖土机是开挖停机面以下的土壤，不需设置进出口通道。适用于开挖管沟和基槽，也可开挖小型基坑。尤其适用于开挖地下水位较高或泥泞的土壤。

反铲挖土机也有液压传动和机械传动两种。反铲挖土机的主要技术性能及工作尺寸可参考有关施工手册。

反铲挖土机的开挖方式有沟端开挖和沟侧开挖（图1-33）。

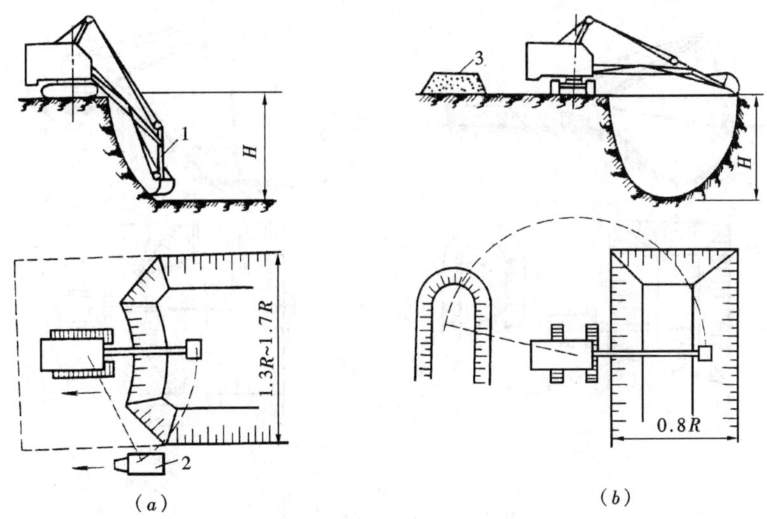

图 1-33　反铲挖土机开挖方式

（a）沟端开挖；（b）沟侧开挖

1—反铲挖土机；2—自卸汽车；3—弃土堆

R—挖土机最大挖掘半径；H—挖土机最大挖掘深度

沟端开挖：挖土机停在沟槽一端，向后倒退挖土，汽车可在两旁装土，此法采用较广。其工作面宽度较大，单面装土时为 1.3R，双面装土时为 1.7R，深度可达最大挖土深度 H。

沟侧开挖：挖土机沿沟槽一侧直线移动挖土。此法能将土弃于距沟边较远处，可供回填使用。由于挖土机移动方向与挖土方向相垂直所以稳定性较差，而且开挖深度和宽度（一般为 0.8R）也较小，也不能很好控制边坡。

（3）拉铲挖土机

拉铲挖土机的工作装置简单，可由起重机改装。拉铲的开挖方式，基本上与反铲挖土机相似，也可分为沟端开挖和沟侧开挖（图 1-34）。图 1-35 为拉铲三角形挖土法示意。拉铲挖土机的主要技术性能及工作尺寸可参考有关施工手册。

（4）抓铲挖土机

抓铲挖土机一般由正、反铲液压挖土机的铲土斗换上合瓣式抓斗而成，也可由履带式起重机改装。可用以挖掘面积较小，深度较大的沟槽、沉井或独立柱基的基坑，最适宜于进行水下挖土，如放置在驳船上，开挖地面水取水构筑物基础水下土石方。

图 1-36 为合瓣铲挖土机示意图。

（5）单斗挖土机生产率计算

单斗挖土机纯工作小时生产率 P_h 可按下列公式计算：

$$P_h = 60 \cdot q \cdot n \cdot K \quad (m^3/h) \tag{1-54}$$

式中　q——土斗容量（m^3）；

n——每分钟挖土次数，$n=\dfrac{60}{T_p}$；

T_p——挖土机每次循环延续时间（s）；

K——系数，一般为 0.6～0.87。

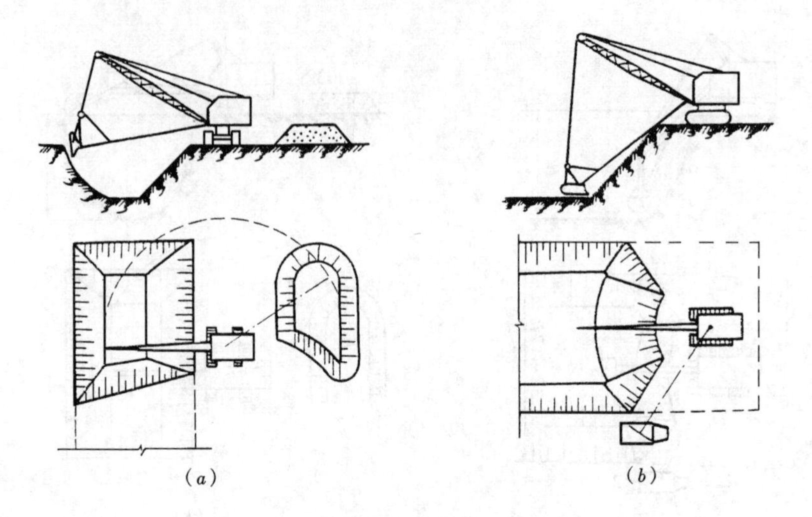

图 1-34　拉铲开挖方式

（a）沟侧开挖；（b）沟端开挖

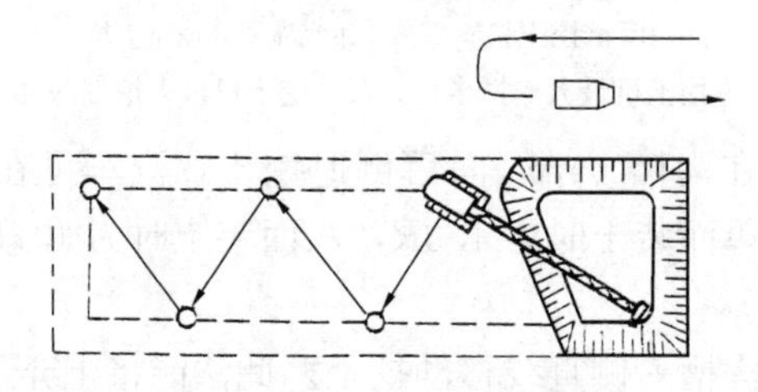

图 1-35　拉铲三角形挖土法

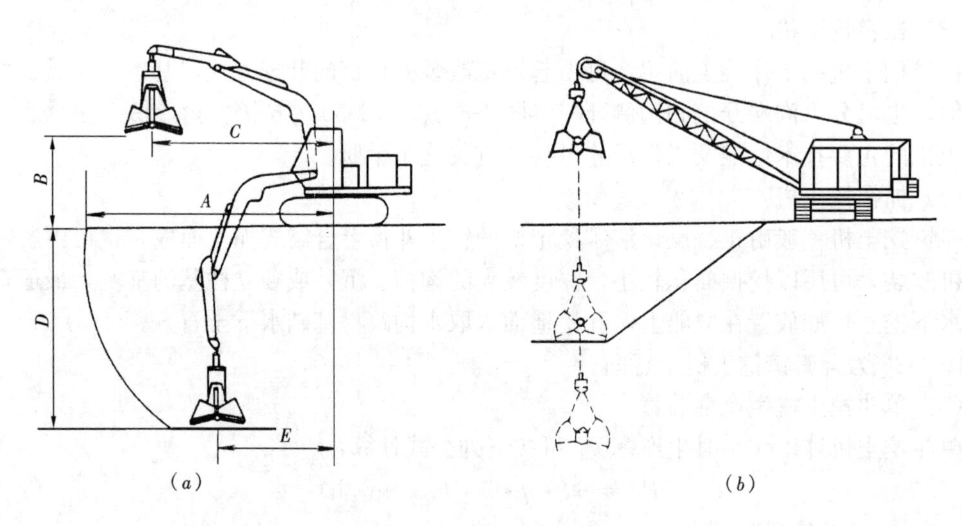

图 1-36　合瓣铲挖土机

（a）液压式合瓣铲；（b）绳索式合瓣铲

A—最大挖土半径；B—卸土高度；C—卸土半径；D—最大挖土深度；

E—最大挖土深度时的挖土半径

单斗挖土机台班生产率 P_d 按下式计算：

$$P_d = 8 \cdot P_h \cdot K_B \quad (1\text{-}55)$$

式中　K_B——工作时间利用系数：

在向汽车装土时，K_B 为 0.68～0.72；

在侧向堆土时，K_B 为 0.78～0.88；

挖爆破后的岩石时，K_B 为 0.60。

土斗容量愈小，K_B 值愈低。

2. 多斗挖土机施工

(1) 多斗挖土机的性能及其开挖方式

多斗挖土机又称挖沟机、纵向多斗挖土机。与单斗挖土机比较，它有下列优点：挖土作业是连续的，在同样条件下生产率较高；开挖每单位土方量所需的能量消耗较低；开挖沟槽的底和壁较整齐；在连续挖土的同时，能将土自动卸在沟槽一侧。

挖沟机不宜开挖坚硬的土和含水量较大的土。它宜于开挖黄土，粉质黏土等。

挖沟机由工作装置、行走装置和动力、操纵及传动装置等部分组成。

挖沟机的类型，按工作装置分为链斗式和轮斗式两种。按卸土方法分为装有卸土皮带运输器的和未装卸土皮带运输器的两种。通常挖沟机大多装有皮带运输器。行走装置有履带式、轮胎式和履带轮胎式三种。动力一般为内燃机。

链斗式挖沟机的构造如图 1-37 所示。

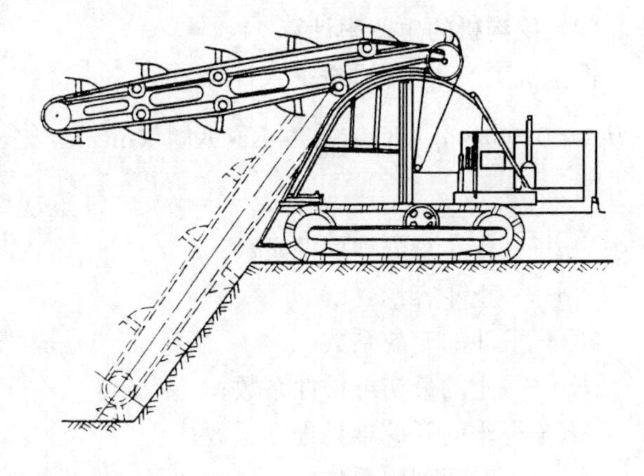

图 1-37　挖沟机的构造

挖沟机土斗装设有围绕斗架的无级斗链上。土斗前端用铰链连接于斗链，后端自由地悬挂。斗架位于机械后部，前端有钢索连接于升降斗架的卷筒，并有滚子嵌在凹槽形的导轨内。开动卷筒，通过钢索使斗架沿导轨升降，改变沟槽开挖深度。

动力装置通过传动机构使主动链轮转动，带动斗链转动，于是没入土中的土斗切土。当土斗上升至主动链轮处，其后端即与斗链分开而卸土，土沿堆土板滑下，由装设在堆土板下方的皮带运输器卸至机器一侧。皮带运输器由电动机带动，其运行的方向与挖沟机的开行方向垂直。

沟槽开挖宽度与土斗宽度相同。为加大开挖宽度，可在土斗两旁各装设一铸钢制的括耳，使开挖宽度由 0.8m 加大至 1.1m。如要增加挖深，可更换较长的斗架。

挖沟机开挖的沟槽断面一般为直槽，但更换工作装置（图 1-38）后，也可挖成梯形槽。

轮斗式与链斗式挖沟机的主要区别，在于前者的土斗是固定在圆形的斗轮上，斗轮旋转使土斗连续挖土。当土斗旋升到斗轮顶点时，土即卸至皮带运输器上被运出卸在沟槽一

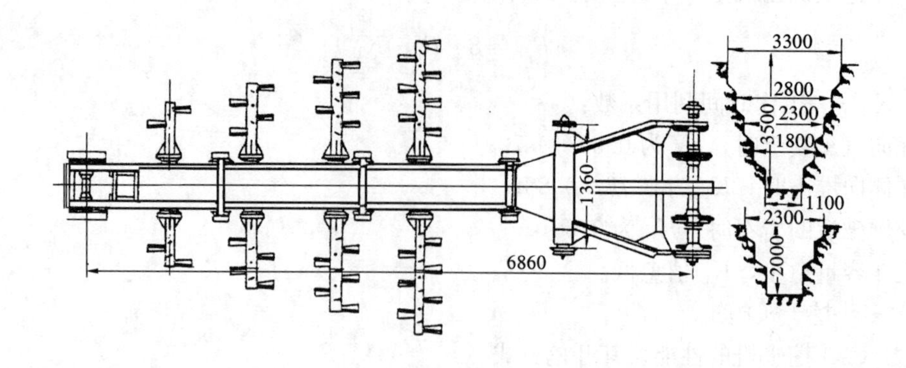

图1-38　开挖阶梯形的斗架（单位：mm）

侧。斗轮通过钢索升降改变挖土深度。

当地面具有较大横向坡度时，采用可调节轮轴的挖沟机（图1-39）。

（2）挖沟机的生产率计算

挖沟机生产率 P_h 可按下式计算：

$$P_h = 0.06n \cdot q \cdot K_c \cdot \frac{1}{K_1} \cdot K \cdot K_B \quad (m^3/h) \tag{1-56}$$

式中　n——土斗每分钟挖掘次数；

q——土斗容量（L）；

K_c——斗的充盈系数；

K_1——土的最初可松性系数；

K——土的开挖难易程度系数；

K_B——时间利用系数。

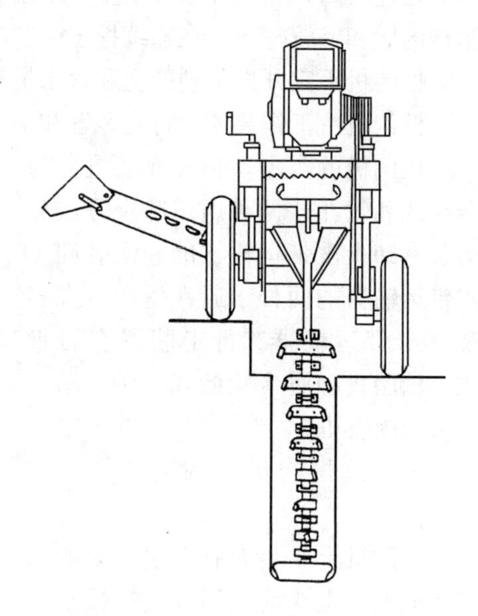

图1-39　倾斜地面开挖的挖沟机

1.3.5　土方机械与运输车辆的配合

前面已经叙述了主要挖土机械的性能和适用范围，实际应用时应根据下列条件进行比选确定：1）土方工程的类型及规模：不同类型的土方工程，如场地平整、基坑（槽）开挖、大型地下室土方开挖、构筑物填土等施工各有其特点，应依据开挖或填筑的断面（深度及宽度）、工程范围的大小、工程量多少来选择土方机械；2）地质水文及气候条件：如土的类型、地下水等条件；3）机械设备条件：现有土方机械的种类、数量及性能；4）工期要求等。

如果有多种机械可供选择时，应当进行技术经济比较，选择效率高费用低的机械进行施工。一般可选用土方施工单价最小的机械进行施工，但在大型建设项目中，土方工程量很大，而现有土方机械的类型及数量常受限制，此时必须将所有的机械进行最优分配，使施工总费用最少，可应用线性规划的方法来确定土方机械的最优分配方案。

当挖土机挖出的土方需要运土车辆运走时，挖土机的生产率不仅取决于本身的技术性能，而且还决定于所选的运输工具是否与之协调。

为了使挖土机充分发挥生产能力，应使运土车辆的载质量 Q 与挖土机的每斗土重保持一定的倍数关系，并有足够数量车辆以保证挖土机连续工作。从挖土机方面考虑，汽车的载质量越大越好，可以减少等待车辆调头的时间。从车辆方面考虑，载重小，台班费便宜但使用数量多；载重大，则台班费高但数量可减少。最适合的车辆载质量应当是使土方施工单价位最低，可以通过核算确定。一般情况下，汽车的载质量以每斗土重的3～5倍为宜。运土车辆的数量 N，可按下式计算：

$$N=\frac{T}{t_1+t_2} \tag{1-57}$$

式中 T——运输车辆每一工作循环延续时间（s），由装车、重车运输、卸车、空车开回及等待时间组成；

t_1——运输车辆调头而使挖土及等待的时间（s）；

t_2——运输车辆装满一车土的时间（s）：

$$t_2=nt$$

$$n=\frac{10K_1Q}{K_c q\gamma} \tag{1-58}$$

式中 n——运土车辆每车装土次数；

t——运土车辆每装一次土所需时间（s）；

Q——运土车辆的载质量（t）；

q——挖土机斗容量（m^3）；

K_1——土的最初可松性系数；

K_c——土的充盈系数，可取0.8～1.1；

γ——实土重度（kN/m^3）。

为了减少车辆的调头、等待和装土时间，装土场地必须考虑调头方法及停车位置。如在坑边设置两个通道，使汽车不用调头，可以缩短调头、等待时间。

1.3.6 土方施工发生塌方与流砂的处理

在土石方开挖施工中，由于处理不当，常会发生边坡塌方和产生流砂现象。

1. 边坡塌方

沟槽、基坑边坡的稳定，主要是由土体的内摩阻力和黏结力来保持平衡的。当土地失去平衡，边坡就会塌方。边坡塌方会引起人身事故，同时也妨碍施工正常进行，严重塌方还会危及附近建筑物的安全。

发生边坡塌方的原因，根据工程实践分析，主要有以下几点：

（1）基坑、沟槽边坡放坡不足，边坡过陡，使土体本身的稳定性不够。在土质较差、开挖深度较大时，常遇到这种情况；

（2）降雨、地下水或施工用水渗入边坡，使土体抗剪能力降低，这是造成塌方的主要原因；

（3）基坑、沟槽上边缘附近大量堆土或停放机具；或因不合理的开挖坡脚及受地表水、地下水冲蚀等，增加了土体负担，降低了土体的抗剪强度而引起滑坡和塌方等。

针对上述分析，为了防治滑坡和塌方，应采取如下措施：注意地表水、地下水的排除；严格遵守放坡规定，放足边坡；当开挖深度大，施工时间长、边坡有机具或堆置材料等情况，边坡应平缓；当因受场地限制，或因放坡增加土方量过大，则应采用设置支撑的施工方法（具体内容可参见1.4节）。

2. 流砂的防治

在沟槽、基坑开挖低于地下水位，且采用坑（槽）内抽水时，有时发生坑底及侧壁的土形成流动状态，随地下水涌进坑内而产生流砂。流砂严重时常会引起沟槽、基坑边坡塌方、滑坡，如附近有建筑物，会因地基被掏空而使建筑物下沉、倾斜，甚至倒塌。因此，在土方施工时必须消除地下水的影响。

流砂防治的措施有多种，如水下挖土法（此法在沉井不排水下沉施工中常用）、打钢板桩法、地下连续墙法（施工工艺复杂，成本较高）等，而采用较广并较可靠的方法是人工降低地下水位法。

3. 滑坡体施工中的作业方法

首先应对滑坡区的地质资料作好调查研究。据此正确选择施工程序，并拟订合理的施工方法，确定保持滑坡体稳定的边坡坡度，预防滑坡发生。在进行开挖和填方时，应注意以下几点：

(1) 在靠近滑坡边沿处开挖土方

一般不应切割滑坡体的坡脚，当必须切割坡脚时，应按切割深度，将坡脚随原自然坡度由上向下削坡，逐渐挖至要求的坡脚深度，如图1-40所示。

在正式开挖土方前，应先按确定保持滑坡体稳定的边坡坡度（即图1-40*a*中的*a*-*a*线)，将应削部分由上而下削除。

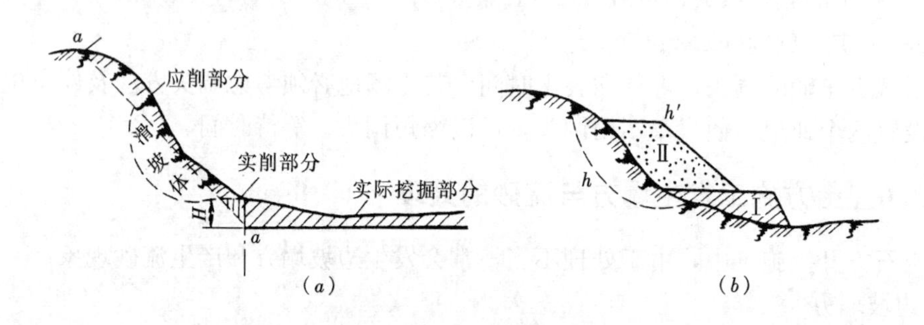

图1-40　防止滑坡措施

(*a*) 削坡方法；(*b*) 填土方法

(2) 在滑坡体上挖填土方

1) 当需在滑坡内挖方时，应遵守由上至下的开挖程序，如滑坡土方量不大，所有滑坡体应全部挖除；

2) 在滑坡体上进行填方时，应遵守由下至上的施工顺序。此外，尚须在滑坡体的坡脚处，填筑能抵抗滑坡体下滑的土体，如图1-40（*b*）所示的土体Ⅰ。图1-40（*b*）中土体Ⅱ为填土区域，施工程序是由下向上填筑。

1.3.7　土石方爆破施工

在土石方施工中，爆破技术常用于地下和水下工程、基坑（槽）、管沟开挖、坚硬土层或岩石的破除。此外，在场地平整、施工现场障碍物的清除以及开掘冻土等，也常要采用爆破方法施工。根据国家有关部门规定爆破作业必须由具有相关资质的专业人员实施，下面仅对爆破方法施工作一般性介绍。

常用的爆破方法有炮眼爆破、药壶爆破、深孔爆破、小洞室爆破、二次爆破、定向爆破及微差爆破等方法。选择爆破方法，应根据工程性质和要求、地质条件、工程量大小及施工机具等确定。在水工程中，通常为小面积爆破，一般多采用炮眼爆破法施工。

1. 炮眼爆破法

炮眼爆破，是在岩石内钻凿直径 25～46mm、深度 1～5m 的炮眼，然后装入药包进行爆破。具有操作简便、炸药消耗量较少，岩石破碎均匀，飞石距离近，不易损坏附近建筑物等优点。广泛用于各种地形或场地狭窄的工作面上作业，如岩层厚度不大的一般场地平整，开挖管沟、基坑（槽）、平整边坡、冻土松动及大块岩石的二次爆破等。

2. 管沟、基坑（槽）的爆破开挖

爆破开挖管沟、坑、槽时，炮眼深度不得超过沟（槽、坑）宽度的 0.5 倍。如需超过时，则应采用分层爆破。

（1）基坑爆破开挖一般分两次进行，第一次用斜孔爆破增加临空面，然后用垂直孔爆破成所需形状（图 1-41）。

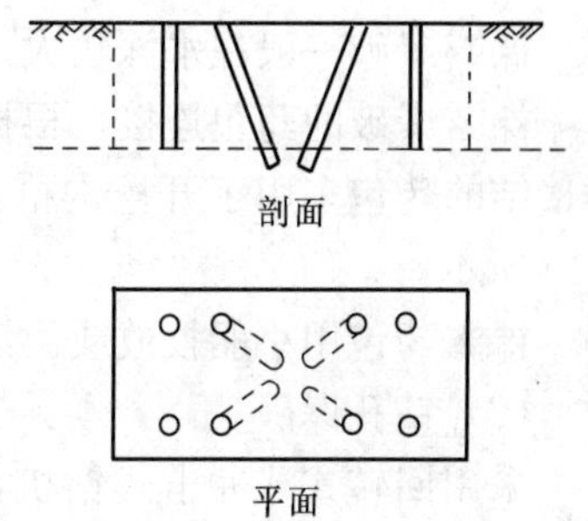

图 1-41　基坑开挖炮眼

（2）沟槽爆破开挖为满足沟槽宽度和堆土地点的要求，爆破可分为单列纵药包（图 1-42），多列纵药包（图 1-43）等。多列纵药包爆破时，需分两次进行，先爆破靠边部分，后爆破中间部分。一侧堆土也需分两次进行，第二次爆破在第一次爆破所抛起的土刚回落到地面时进行。

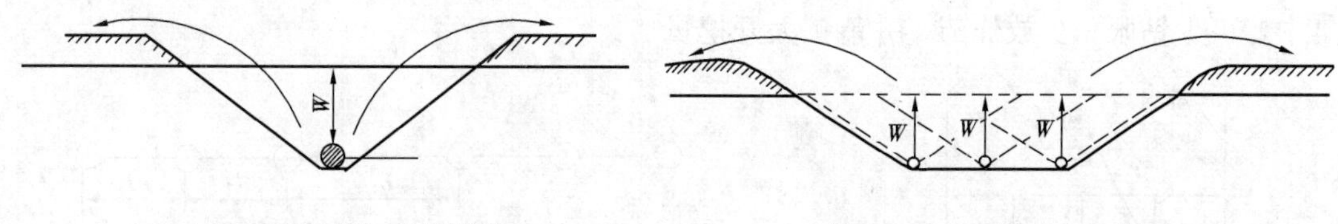

图 1-42　单列药包双向爆破　　　　图 1-43　多列药包双向爆破

（3）开挖渠道爆破：炮眼宜采用沟槽式布置。先沿渠道中心爆破成沟槽，创造出临空面，再沿沟槽布置斜孔进行爆破（图 1-44*a*），或用两个标准抛掷药包，其间距 $a=W$，W 为最小抵抗线，即从药包中心到自由面的最短距离，使爆破后形成一条整齐的沟槽（图 1-44*b*）。当渠道底宽还需加大时，可再沿沟槽布置斜孔进行爆破。

在同时需要起爆多个炮眼时，应采用电力起爆或传爆线起爆方法。

3. 水下爆破

水工程中，水下爆破常用于开挖水下管沟、构筑物基坑及除去障碍物等。

水下爆破应使用防水炸药，如常用的胶质猛炸药。如用其他炸药应采取密封防水

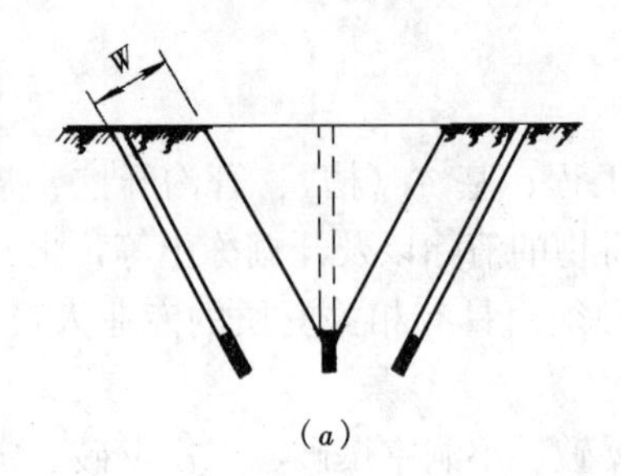

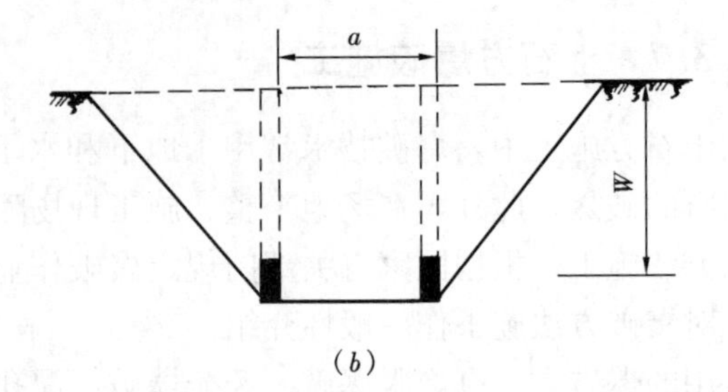

图 1-44　渠道开挖炮眼布置

(a) 先开沟槽创造临空面；(b) 用两个药包同时爆破沟槽

措施。

水下爆破方法有裸露爆破和钻眼爆破两种。须依水深、流速、河床地质构造、岩石硬度及沟槽（基坑）宽度、深度等选择爆破方法。

(1) 裸露爆破

裸露爆破一般在水深较大，但要求爆破深度较浅，或爆破量较小时采用。

裸露爆破的药包连接，根据被爆破物的大小、形状、位置而定。药包绑在长绳上。长串接结的药包多用于开挖沟槽、基坑或爆破礁石时，可将药包用绳网连接成平面，如图 1-45 所示。

裸露药包用小船投放或由潜水员投放。

(2) 钻孔爆破

采用回转式或冲击式钻机，在水中直接钻眼。水下常用套管钻眼，以防覆盖层孔壁坍塌。

风钻适用于浅水下（0.5～1.0m）岩石钻眼，如需深层爆破，可分层进行，即一层爆破后清渣，再进行下一层。

炮眼的深度，根据地质、水深、计划挖深等确定。炮眼布置分为稀孔密距及密孔稀距两种，如图 1-46 所示。前者炮眼布置均匀，岩石破碎均匀，易于清除；后者炮眼较少但集中，可少钻眼，少放炸药，并能扩大开挖量。

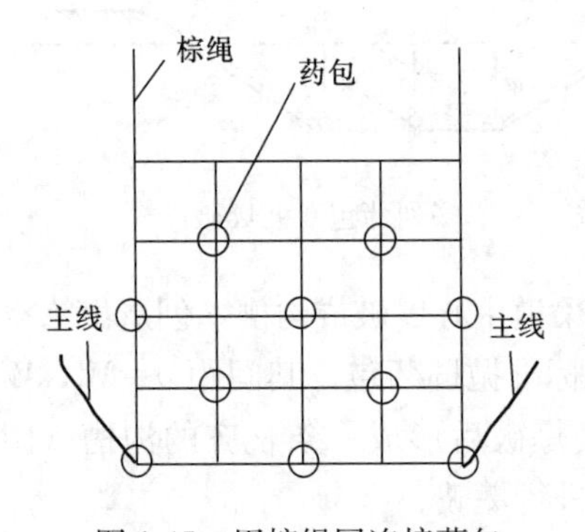

图 1-45　用棕绳网连接药包

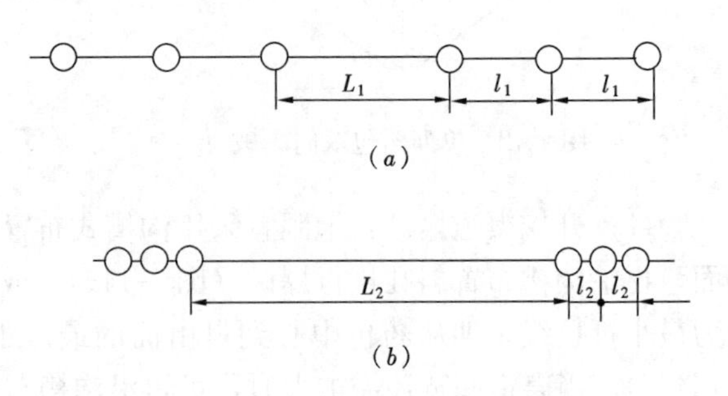

图 1-46　水下爆破钻孔布置

(a) 稀孔密距；(b) 密孔稀距

l_1、l_2——钻孔间距；L_1、L_2——钻孔组间距

爆破后，水中清渣量大时，可用空气吸泥导管、斗式或吸扬式挖泥船进行。

1.4　沟槽及基坑支撑

支撑是防止沟槽土壁坍塌的一种临时性挡土结构，由木材或钢材做成。支撑的荷载就是原土和地面荷载所产生的侧土压力。沟槽支撑设置与否应根据土质、地下水情况、槽深、槽宽、开挖方法、排水方法、地面荷载等因素确定。一般情况下，沟槽土质较差、深度较大而又挖成直槽时，或高地下水位砂性土质并采用表面排水措施时，均应支设支撑。支设支撑可以减少挖方量和施工占地面积，减少拆迁。但支撑增加材料消耗，有时影响后续工序的操作。

支撑结构应满足下列要求：

(1) 牢固可靠，进行强度和稳定性计算和校核。支撑材料要求质地和尺寸合格，保证施工安全。

(2) 在保证安全的前提下，节约用料，宜采用工具式钢支撑。

(3) 便于支设和拆除及后续工序的操作。

为了做到上述要求，支撑材料的选用、支设和使用过程，应严格遵守施工操作规程。

1.4.1　支撑种类及其适用条件

沟槽支撑形式有横撑、竖撑和板桩撑，另外还有锚碇式支撑和加固土壁措施等。

横撑和竖撑由撑板（挡土板）、立柱或横木、撑杠组成。横撑式支撑，根据撑板放置方式的不同，可分成：水平撑板断续式和连续式两种。断续式横撑是撑板之间有间距；连续式横撑是各撑板间密接铺设。竖撑为挡土板垂直连续放置。

断续式横撑（图 1-47）适用于开挖湿度小的黏性土及挖土深度小于 3m 时。连续式横撑用于较潮湿的或散粒土及挖深不大于 5m 的沟槽。竖撑（图 1-48）用于松散的和湿度高的土，挖土深度可以不限。

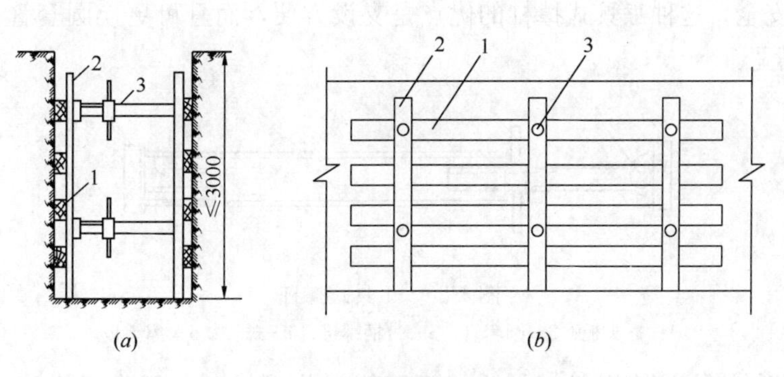

图 1-47　断续式横撑简图

(*a*) 横断面；(*b*) 纵断面

1—撑板；2—立柱；3—工具式撑杆

撑板（挡土板）分木制和金属制两种。木撑板不应有纹裂等缺陷；金属板由钢板焊接于槽钢上拼成，槽钢间用型钢连系加固（图 1-49)。金属撑板每块长度分 2m、4m、6m 几种类型。

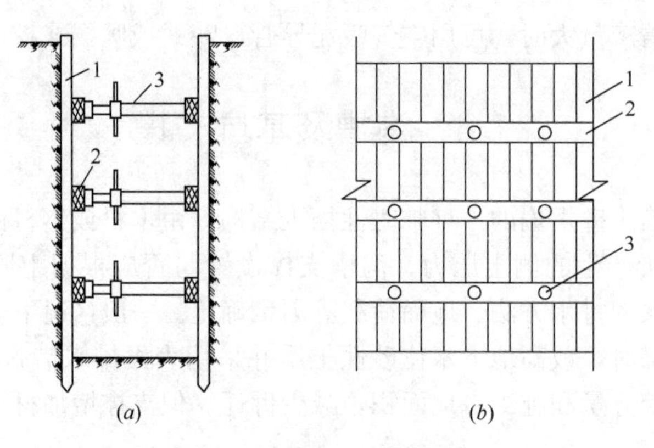

图 1-48　连续式竖撑简图

(a) 横断面；(b) 纵断面

1—撑板；2—横木；3—工具式撑杆

立柱和横木通常采用槽钢。

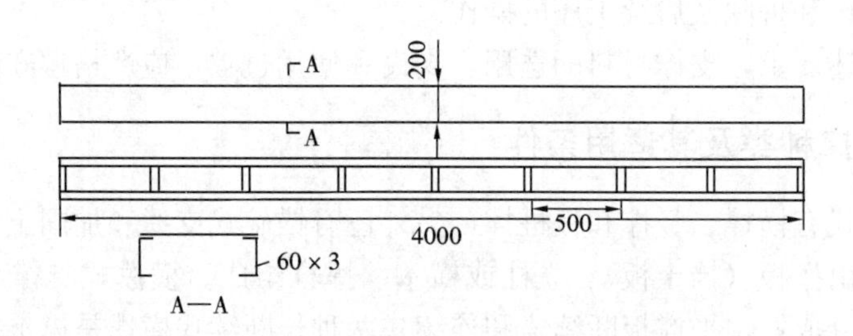

图 1-49　金属撑板（单位：mm）

撑杠由撑头和圆套管组成，如图 1-50 所示。撑头为一丝杆，以球铰连接于撑头板，带柄螺母套于丝杠。应用时，将撑头丝杠插入圆套管内，旋转带柄螺母，柄把止于套管端，而丝杠伸长，则撑头板就紧压立柱，使撑板固定。丝杠在套管内的最短长度应为 20cm 以保证安全。这种工具式撑杠的优点是支设方便，而且可更换圆套管长度，适用于各种不同的槽宽。

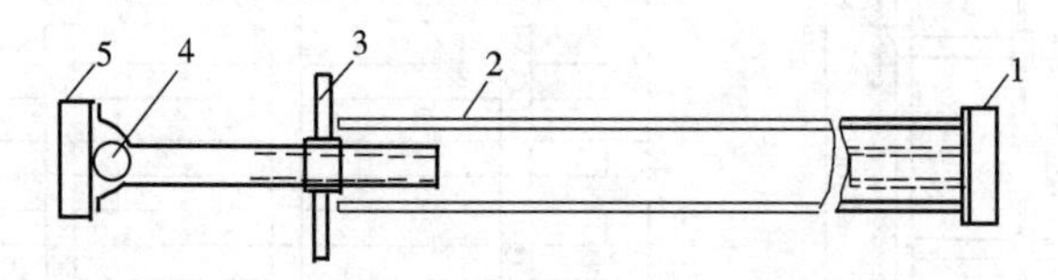

图 1-50　工具式撑杠

1—撑头板；2—圆套管；3—带柄螺母；4—球铰；5—撑头板

在开挖较大基坑或使用机械挖土，而不能安装撑杠时，可改用锚碇式支撑（图 1-51）。锚桩必须设置在土的破坏范围以外，挡土板水平钉在柱桩的内侧，柱桩一端打入土内，上端用拉杆与锚桩拉紧，挡土板内侧回填土。

在开挖较大基坑，当有部分地段下部放坡不足时，可以采用短桩横隔板支撑或临时挡土墙支撑，以加固土壁（图 1-52）。

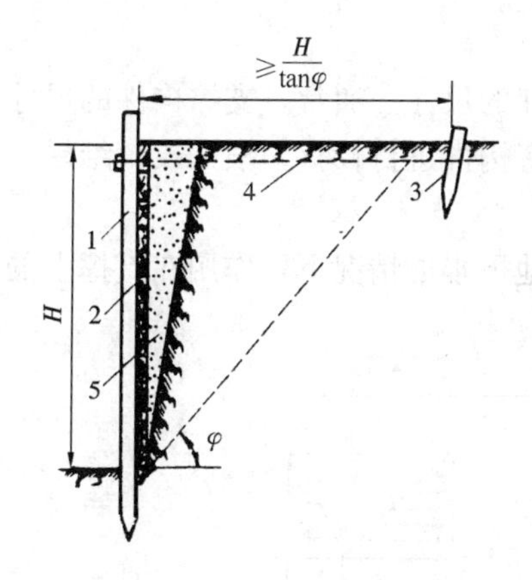

图 1-51　锚碇式支撑

1—柱桩；2—挡土板；3—锚桩；4—拉杆；5—回填土；φ—土的内摩擦角

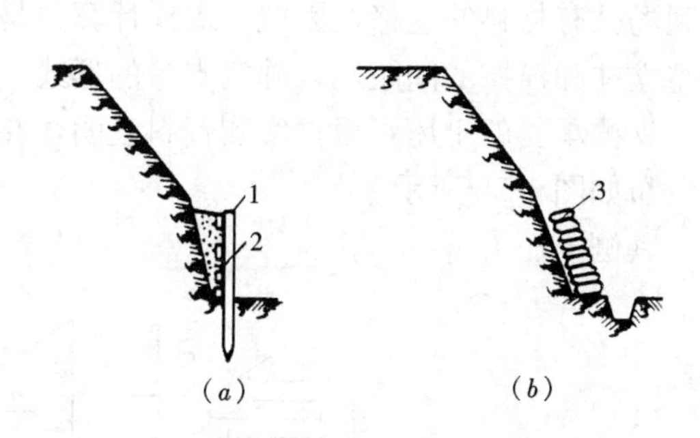

图 1-52　加固土壁措施

(a) 短桩横隔板支撑；(b) 临时挡土墙

1—短桩；2—横隔板；3—装土草袋

在开挖深度较大的沟槽和基坑，当地下水很多且有带走土粒的危险时，如未采用降低地下水位法，可采用打设钢板桩撑法。使板桩打入坑底以下一定深度，增加地下水从坑外流入坑内的渗流路径，减少水力坡度，降低动水压力，以防止流砂发生（图 1-53）。

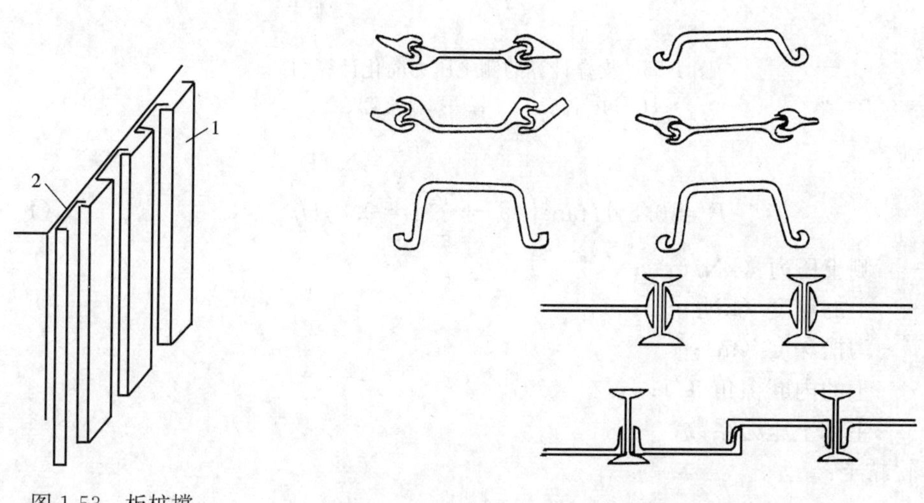

图 1-53　板桩撑

1—槽钢桩板；2—槽壁

图 1-54　桩板断面形式

施工中常用的钢板桩多是槽钢或工字钢组成，或用特制的钢桩板（图 1-54）。桩板与桩板之间均采用啮口连接，以便提高板桩撑的整体性和水密性。特殊断面桩板惯性矩大且桩板间啮合作用高，故常在重要工程上采用。

桩板在沟槽或基坑开挖前用打桩机打入土中，在开挖及其后续工序作业中，始终起保证安全作用。板桩撑一般可不设横板和撑杠，但当桩板入土深度不足时，仍应辅以横板与撑杠。

使用钢板桩支撑要消耗大量钢材，由于它在各种支撑中安全可靠度高，因此，在弱饱和土层中，常被采用。

1.4.2　支撑的计算

支撑计算包括确定撑板、立柱（或横木）和撑杠的尺寸。通常，支撑构件的尺寸取决于现场已有材料的规格，因此，支撑计算只是对已有构件进行校核，根据校核结果，适当调整立柱和横撑的间距，以确定支撑的形式。

支撑承受的土压，根据实测资料表明，在排除地下水的情况下，作用在支撑上的土压力分布如图1-55所示。

其侧土压力 P：

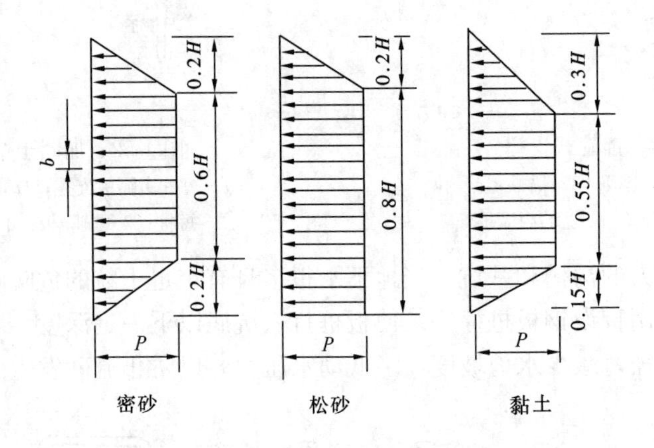

图1-55　支撑计算的侧土压力简化计算图

H—沟槽深度；b—每块撑板的宽度

对于砂：

$$P = 0.8\gamma H \tan^2\left(45° - \frac{\varphi}{2}\right) = 0.8\gamma H k_a \tag{1-59}$$

式中　P——侧土压力（kN/m²）；

γ——土的重度（kN/m³）；

H——沟槽深度（m）；

φ——土的内摩擦角（°）；

k_a——主动土压力系数；

对于软黏土：

$$P = \gamma H - 4c \tag{1-60}$$

式中　c——土的黏聚力（kN/m²）；

其他符号含义同前。

1. 撑板的计算

撑板按简支梁计算，如图1-56所示。

$$M_{max} = \frac{Pbl_1^2}{8} \tag{1-61}$$

$$W = \frac{bd^2}{6} \tag{1-62}$$

$$\sigma = \frac{M_{max}}{W} = \frac{3Pl_1^2}{4d^2} \leqslant [\sigma_w] \tag{1-63}$$

式中 M_{max}——撑板的最大弯矩（kN·m）；

l_1——计算跨度，等于立柱或横木的间距（m）；

b——每块撑板的宽度（m）；

Pb——撑板所承受的均布荷载（kN/m）；

d——撑板的厚度（m）；

W——撑板的抵抗矩（m^3）；

σ——撑板的最大弯曲应力（kPa）；

$[\sigma_w]$——材料容许弯曲应力（kPa）。

2. 立柱计算

立柱所受的荷载 q 等于撑板所传递的侧土压力，支点反力 R，如图 1-57 所示。计算时，假设在支座（横撑）处为简支梁，求其最大弯矩，校核最大弯曲应力。

3. 撑杠计算

撑杠为承受支柱或横木支点反力的压杆，计算时应考虑纵向弯曲，即将抗压强度乘以轴心受压构件稳定系数 φ 值（查手册可得）。

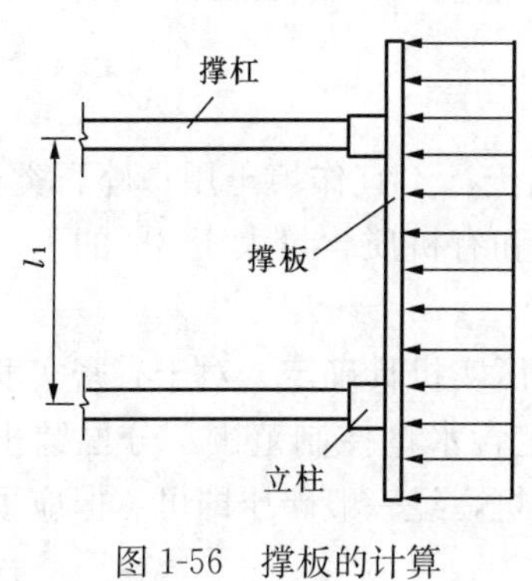

图 1-56　撑板的计算

l_1—撑杠间距

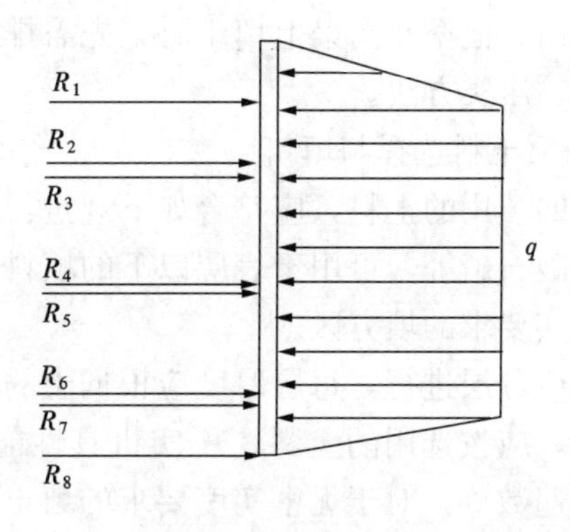

图 1-57　立柱计算

R_1～R_8—撑杠反力；q—侧土压力

施工现场常采用的支撑构件尺寸为：

木撑板一般长 2～6m，宽度 20～30cm，厚 5cm。横木的截面尺寸一般为 10cm×15cm～20cm×20cm（视槽宽而定）。立柱的截面尺寸为 10cm×10cm～20cm×20cm（视槽深而定）。槽深在 4m 以内时，立柱间距为 1.5m 左右；槽深 4～6m，立柱间距在断续式横撑中为 1.2m，连续式横撑为 1.5m；槽深 6～10m，立柱间距 1.5～1.2m。撑杠垂直间距一般为 1.2～1.0m。

1.4.3　支撑的设置和拆除

挖槽到一定深度或到地下水位以上时，开始支设支撑，然后逐层开挖、逐层支设。支设程序一般为：首先支设撑板并要求紧贴槽壁，而后安设立柱（或横木）和撑杠，必须横平竖直、支设牢固。竖撑支设过程为：将撑板密排立贴在槽壁，再将横木在撑板上下两端支设并加撑杠固定。然后随着挖土，撑板底端高于槽底，再逐块将撑板锤打到槽底。根据土质，每次挖深 50～60cm，将撑板下锤一次。撑板锤至槽底排水沟底为止。下锤撑板每到 1.2～1.5m，再加撑杠一道。

施工过程中，更换立柱和撑杠位置，称倒撑。当原支撑妨碍下一工序进行；原支撑不稳定；一次拆撑有危险；或因其他原因必须重新安设支撑时，均应倒撑。

在施工期间，应经常检查槽壁和支撑的情况，尤其在流砂地段或雨后，更应检查。如支撑各部件有弯曲、倾斜、松动时，应立即加固，拆换受损部件。如发现槽壁有塌方预兆，应加设支撑，而不应倒拆支撑。

沟槽内工作全部完成后，才可将支撑拆除。拆撑与沟槽回填同时进行，边填边拆。拆撑时必须注意安全，继续排除地下水，避免材料损耗。遇撑板和立柱较长时，可在还土后或倒撑后拆除。

1.5　土　方　回　填

1.5.1　场地平整回填

为了保证填土的强度和稳定性，填土前应对填土区基底的垃圾和软弱土层进行清理压实；在水田、池塘及沟渠上填土时，先需排水疏干，对基底进行处理。还必须正确选择土料及填筑、压实方法。

1. 回填土料选择与填筑

作为回填用的土料，应符合如下规定：含水量大的黏土，不宜作填土用；碎石类土、砂土和爆破石碴等，可用于表层以下的填料：对碎块草皮和有机质含量大于8%的土，仅用于无压实要求的填方区。

填土应分层进行，每层厚度应根据土的种类及选用的压实机具确定。对于有密实度要求的填方，应按选用的土料、压实机具性能，经试验确定含水量控制范围、分层铺土厚度、压实遍数等。对于无密实度要求的填土区，可直接填筑，经一般碾压即可。但应预留一定的沉陷量。

同一填方工程应尽量采用同类土填筑；如采用不同土料时，应按土类分层铺填，并应将透水性较大的土层置于透水性较小的土层之下。

当填土区位于倾斜的地面时，应先将斜坡挖成阶梯状，然后分层填土，防止填土滑动。

填方边坡的坡度应根据土的种类、填方高度及其重要性确定，通常对于永久性填方边坡应按设计规定或查阅有关资料选用。对使用时间较长的临时性填方边坡坡度，当填土高度在10m以内，可采用1∶1.5，高度超过10m可做成折线形，上部为1∶1.5，下部采用1∶1.75。

2. 填土压实方法

填土压实一般有：碾压、夯实、振动压实及利用运土工具压实等方法。

碾压机械一般有平碾压路机和羊足碾两种。压路碾按质量有轻型（小于5t）、中型（5～10t）和重型（大于10t）三种。平碾对砂类土和黏性土均可压实，羊足碾适宜压实黏性土。

碾压法主要用于大面积的填土，如场地平整、大型车间地坪填土等。碾压方向应从填土两侧逐渐压向中心。机械开行速度，一般平碾为2km/h；羊足碾3km/h。速度不宜过快，以免影响压实效果。填方施工应从场地最低处开始，水平分层整片回填碾压。上下层错缝应大于 1m。

利用运土工具压实法：对于密实度要求不高的大面积填方，可采用铲运机、推土机结合行驶、推（运）土方和平土进行压实。在最佳含水量的条件下，每层铺土厚度为 20～30cm 时，压 4～5 遍也能接近最佳密实度要求。但采用此法应合理组织好开行路线，能大体均匀地分布在填土的全部面积上。

在进行大规模场地平整时，可根据现场具体情况和地形条件、工程量大小、工期等要求，合理组织综合机械化施工。如采用铲运机、挖土机及推土机开挖土方；用松土机松土、装载机装土、自卸汽车运土；用推土机平整土壤；用碾压机械进行压实，如图 1-58 所示。

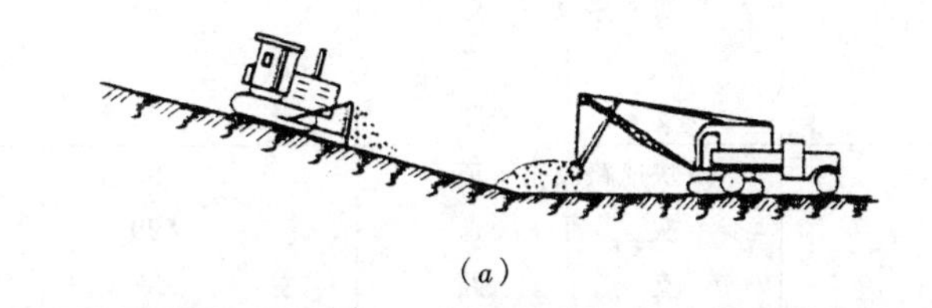

(*a*)

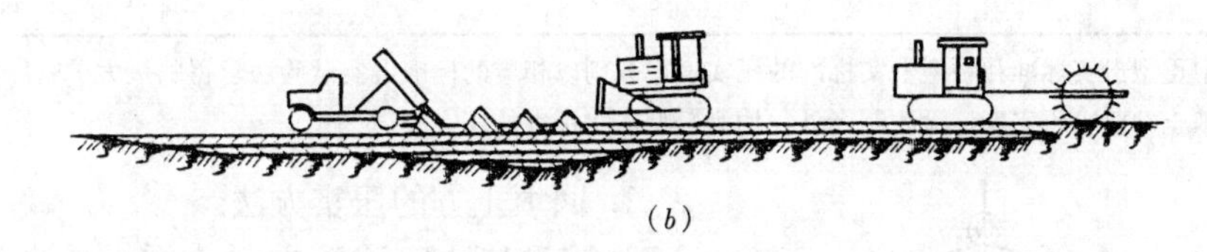

(*b*)

图 1-58　场地平整综合机械化施工

(*a*) 挖方区；(*b*) 填方区

组织综合机械化施工，应使各个机械或各机组的生产率协调一致，并将施工区划分若干施工段进行流水作业。

1.5.2　沟槽、基坑土方回填

沟槽回填应在管道验收后进行，基坑要在构筑物达到足够强度再进行回填土方。但回填也应及早开始，避免槽（坑）壁坍塌，保护已建管道的正常位置，而且尽早恢复地面平整。

回填的施工过程包括还土、摊平、夯实、检查等工序。其中关键工序是夯实，应符合设计所规定的压实度（回填土压实度要求和质量指标通常以压实系数 λ_C 表示）要求。

埋设在沟槽内的管道，承受管道上方及两侧土压和地面上的静荷载或动荷载。如果提高管道两侧（胸腔）和管顶的回填土压实度，可以减少管顶垂直土压力。管道顶部以上 50cm 内，管道结构外缘范围内，其压实度不应大于 85%；管道两侧回填土的压实度应符合表 1-22 的规定。其余部分不应小于 90%。

管顶部位，当管道沟槽位于路基范围内时，管顶以上 25cm 范围内回填土表层的压实度不应小于 87%，其他部位回填土的压实度应符合表 1-23 的规定。

基坑回填的压实度要求应由设计根据工程结构性质、使用要求以及土的性质确定。一般压实系数 λ_C 不小于0.9。

沟槽两侧回填土的最小压实度　　**表1-22**

管道类别	轻型击实标准的最低压实度（%）
混凝土管、钢筋混凝土管和铸铁圆形管	90
钢　　管	95
矩形或拱形管渠	90

沟槽回填土的最小压实度　　**表1-23**

由路槽底算起的深度范围（cm）	修建道路类别	最低压实度（%）	
		重型击实标准	轻型击实标准
≤80	快速路及主干道	95	98
	次　干　道	93	95
	支　　路	90	92
>80～150	快速路及主干道	93	95
	次　干　道	90	92
	支　　路	87	90
>150	快速路及主干道	87	90
	次　干　道	87	90
	支　　路	87	90

注：1. 表中重型击实标准和轻型击实标准的压实度，分别以相应的标准击实试验法求得的最大干密度为100%；

2. 回填土的要求压实度，除注明者外，均为轻型击实标准的压实度。

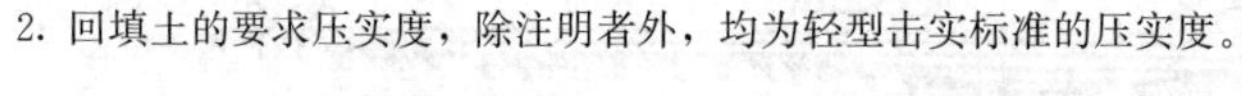

1. 回填土方的压实方法

沟槽和基坑回填压实方法有夯实和振动。振动法（图1-59）是将重锤放在土层表面或内部，借助振动设备使重锤振动，土壤颗粒即发生相对位移达到紧密状态。此法用于振实非黏性土壤。

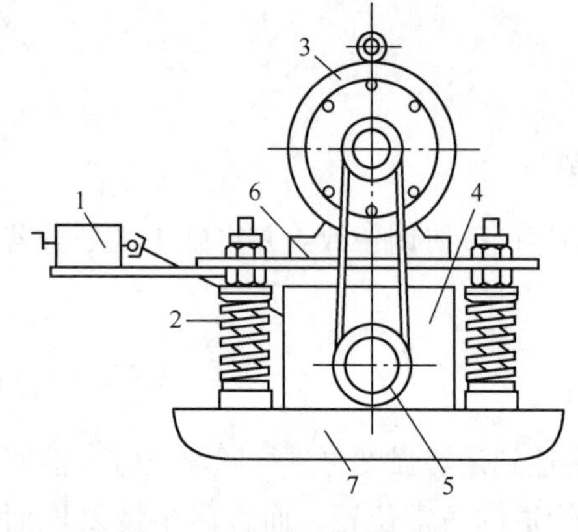

图1-59　振动压实机示意图

1—操纵机构；2—弹簧减振器；3—电动机；4—振动器；5—振动机槽轮；6—减振架；7—振动夯板

夯实法是利用夯锤自由下落的冲力来夯实土壤，是沟槽、基沟回填常用的方法。

夯实法使用的机具类型较多，常采用的机具有：蛙式打夯机、内燃打夯机、履带式打夯机以及压路机等。

（1）蛙式夯

由夯头架、托盘、电动机和传动减速机构组成（图1-60）。蛙式夯构造简单、轻便，在施工中广泛使用。

夯土时，电动机经皮带轮二级减速，使偏心块转动，摇杆绕拖盘上的连接铰转动，使拖盘上下起落。夯头架也产生惯性力，使夯板作上下运动，夯实土方。同时蛙式夯利用惯性作用自动向前移动。

夯土前，应根据压实度要求及土的含水量，由试验确定夯土制度。施工实践表明，采用功率2.8kW蛙式夯，在最佳含水量条件下，铺土厚20cm夯击3～4遍，可达到回填土

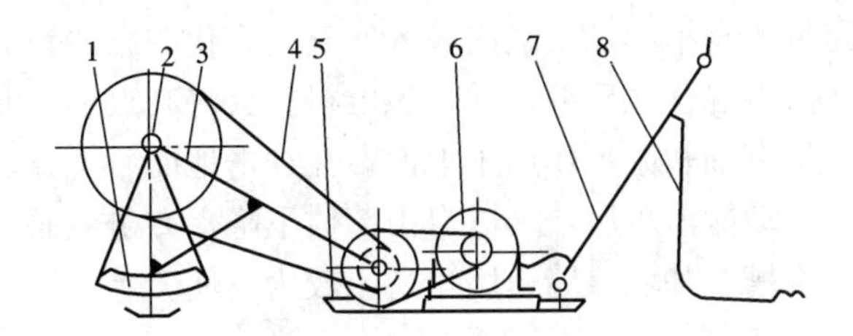

图 1-60　蛙式夯构造示意

1—偏心块；2—前轴装置；3—夯头架；4—传动装置；
5—拖盘；6—电动机；7—操纵手柄；8—电器控制设备

压实度要求的压实系数 $\lambda_C=0.95$ 左右。

（2）内燃打夯机

又称“火力夯”，由燃料供给系统、点火系统、配气机构、夯身夯足、操纵机构等部分组成（图 1-61）。

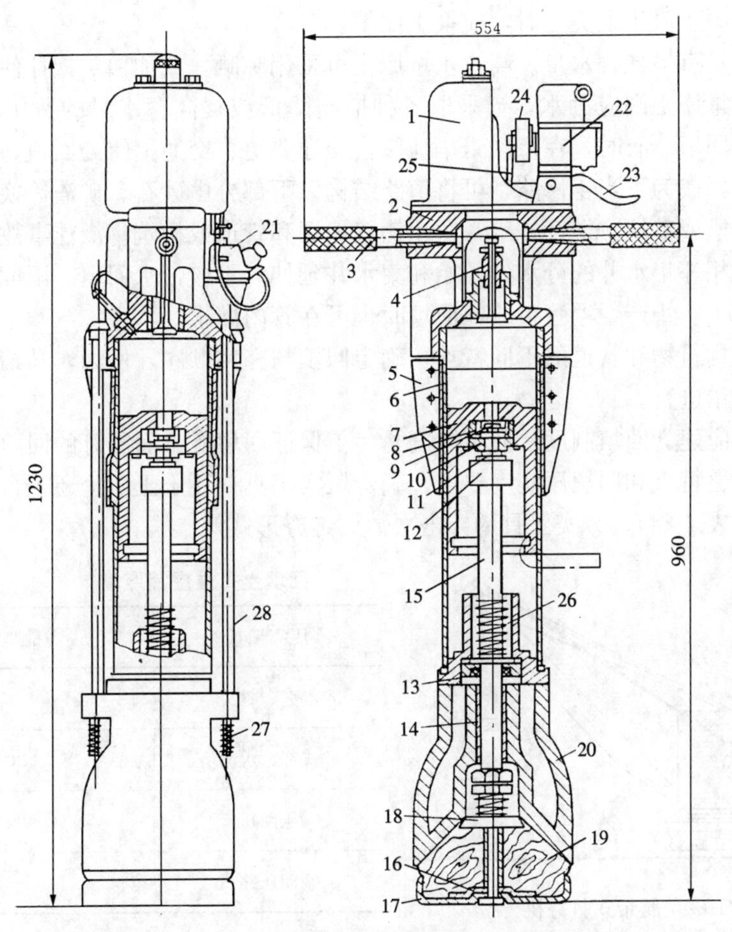

图 1-61　HN-80 型内燃式夯土机外形尺寸和构造示意

1—油箱；2—气缸盖；3—手柄；4—汽门导杆；5—散热片；6—气缸套；7—活塞；8—阀片；9—上阀门；10—下阀门；11—锁片；12、13—卡圈；14—夯锤衬套；15—连杆；16—夯底座；17—夯板；18—夯上座；19—夯足；20—夯锤；21—汽化器；22—磁电机；23—槽纵手柄；24—转盘；25—联杆；26—内部弹簧；27—拉杆弹簧；28—拉杆打夯机启动时，需将机身抬起，使缸内吸入空气，雾化的燃油和空气在缸内混合，然后关闭气阀，靠夯身下落将混合气压缩，并经磁电机打火将其点燃。混合气在缸内燃烧所产生的能量推动活塞，使夯轴和夯足作用于地面。在冲击地面后，夯足跳起，整个打夯机也离开地面，夯足的上升动能消尽后，又以自由落体下降，夯击地面。

火力夯可用以夯实沟槽、基坑、墙边墙角还土较为方便。

(3) 履带式打夯机

履带式打夯机（图1-62），可利用挖土机或履带式起重机改装重锤后而成。

打夯机的锤形有梨形、方形，锤重1～4t，夯击土层厚度可达1～1.5m。适用于沟槽上部夯实或大面积回填土方夯实。

2. 土方回填的施工要点

还土材料应符合设计要求，一般用沟槽或基坑原土。在构筑物及管道四周50cm范围内，土中不应含有有机物、冻土以及粒径大于50mm的砖、石块；粒径较小的石子含量不应超过10%。回填土土质应保证回填密实。不能采用淤泥土、液化状粉砂、细砂、黏土等回填。当原土属于上类土时，应换土回填。

回填土应具有最佳含水量。高含水量原土可采用晾晒，或加白灰掺拌使其达到最佳含水量。低含水量原土则应洒水，当采取各种措施降低或提高含水量的费用较换土费用高时，则应换土回填。有时，在市区繁华地段，交通要道、交通枢纽处回填，或为了保证附近建筑物安全，或为了当年修路，可将道路结构以下部分由砂石、矿渣等换土回填。

还土时沟槽或基坑应继续排水，防止槽壁坍塌和管道或构筑物漂浮事故。采用明沟排水，还土从两相邻集水井的分水处开始和集水井延伸。不应带水回填。雨期施工时，必须及时回填。为了防止产生浮管事故，回填时也可在管内灌水。

应该根据构筑物和管道的不同特点，确定回填与夯实顺序。例如，马蹄形砖拱沟，砌筑与回填应交错进行。

回填前，应建立回填制度。回填制度是为了保证回填质量而制订的回填规程。例如根据构筑物或管道特点和回填压实度要求，确定压实工具、还土土质、还土含水量、还土铺土厚度（参见表1-24）、夯实工具的夯击次数、走夯形式等。

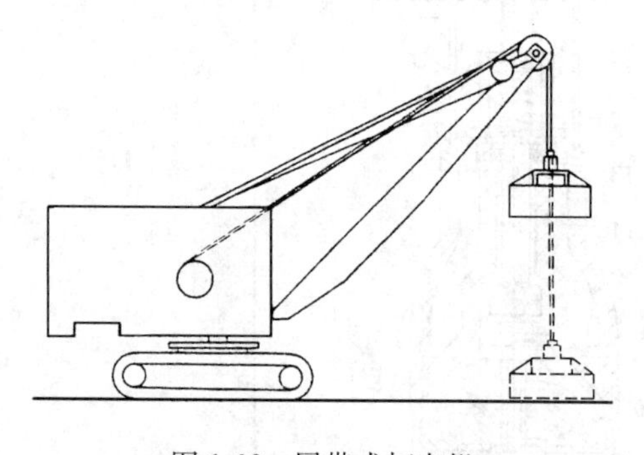

图1-62　履带式打夯机

回填土每层虚铺厚度　　**表1-24**

压实工具	虚铺厚度（cm）
木夯、铁夯	≤20
蛙式夯、火力夯	20～25
压路机	20～30
振动压路机	≤40

沟槽回填，应在管座混凝土强度达到5MPa后进行。回填时，两侧胸腔应同时分层还土摊平，夯实也应同时以同一速度进行。管子上方土的回填，从纵断面上看，在厚土层和薄土层之间，均应有一较长的过渡地段，以免管子受压不均发生开裂。相邻两层回填土的

分段位置应错开。夯间应有一定量的搭接。

胸腔和管顶上 50cm 内范围夯实时，夯击力过大，将会使管子壁或管沟壁开裂。因此，应根据管子和管沟的强度确定回填方法。管顶上 100～150cm 还土方可使用碾压机械压实。基坑回填时，也应是构筑物两侧回填土高度一致，并同时夯实。

每层土夯实后，应检测压实度。测定的方法有环刀法和贯入法两种。采用环刀法时，应确定取样的数目和地点。由于表面土常易夯碎，每个土样应在每层夯实土的中间部分切取。土样切取后，根据自然密度、含水量、干密度等数值，即可算出密实度。

回填应是槽上土面略呈拱形，以免日久因土沉降而造成地面下凹。拱高，亦称余填高，一般为槽宽的 1/20，常取 15cm。

1.6　地　基　处　理

在工程实际中，常遇到一些软弱土层如：土质松散、压缩性高、抗剪强度低的软土，松散砂土和未经处理的填土。当在这种软弱地基上直接修建建筑物不可能时，往往需要对地基进行加固或处理，提高地基允许承载力，满足荷载的要求。

地基处理的目的是：

(1) 改善土的剪切性能，提高抗剪强度；

(2) 降低软弱土的压缩性，减少基础的沉降或不均匀沉降；

(3) 改善土的透水性，起着截水、防渗的作用；

(4) 改善土的动力特性，防止砂土液化；

(5) 改善特殊土的不良地基特性（主要是指消除或减少湿陷性黄土的湿陷性和膨胀土的胀缩性等）。

地基处理的方法有换土垫层、挤密与振密、压实与夯实、排水固结和浆液加固等几类。各类方法及其原理与作用参见表 1-25，近二三十年来，国内外在地基处理技术方面发展很快，本节只结合我国某些处理方法进行介绍。应当指出，各种方法的具体采用，应从当地地基条件、目的要求、工程费用、施工进度、材料来源、可能达到的效果以及环境影响等方面进行综合考虑。并通过试验和比较，采用合理、有效和经济的地基处理方案，必要时还需要在构筑物整体性方面采用相应的措施。

地基处理方法分类及其适用范围　　**表 1-25**

分类	处理方法	原 理 及 应 用	适 用 范 围
换土垫层	素土垫层 砂垫层 碎石垫层	挖除浅层软土，用砂、石等强度较高的土料代替，以提高持力层土的承载力，减少部分沉降量；消除或部分消除土的湿陷性、胀缩性及防止土的冻胀作用；改善土的抗液化性能	适用于处理浅层软弱土地基、湿陷性黄土地基（只能用灰土垫层）、膨胀土地基、季节性冻土地基
挤密振实	砂桩挤密法 灰土桩挤密法 石灰桩挤密法 强夯法	通过挤密或振动使深层土密实，并在振动挤压过程中，回填砂、砾石等材料，形成砂桩或碎石桩，与桩周土一起组成复合地基，从而提高地基承载力，减少沉降量	适用于处理砂土、粉土或部分黏土颗粒含量不高的黏性土

续表

分类	处理方法	原理及应用	适用范围
碾压夯实	机械碾压法 振动压实法 重锤夯实法 强夯法	通过机械碾压或夯压实土的表层，强夯法则利用强大的夯击，能迫使深层土液化和动力固结而密实，从而提高地基土的强度，减少部分沉降量，消除或部分消除黄土的湿陷性，改善土的抗液化性能	一般适用于砂土、含水量不高的黏性土及填土地基。强夯法应注意其振动对附近（约30m范围内）建筑物的影响
排水固结	堆载预压法 砂井堆载预压法 排水纸板法 井点降水预压法	通过改善地基的排水条件和施加预压荷载，加速地基的固结和强度增长，提高地基的强度和稳定性，并使基础沉降提前完成	适用于处理厚度较大的饱和软土层，但需要具有预压的荷载和时间，对于厚的泥炭层则要慎重对待
浆液加固	硅化法 旋喷法 碱液加固法 水泥灌浆法 深层搅拌法	通过注入水泥、化学浆液、将土粒粘结；或通过化学作用机械拌合等方法，改善土的性质，提高地基承载力	适用于处理砂土、黏性土、粉土、湿陷性黄土等地基，特别适用于对已建成的工程地基事故处理

1.6.1　换土垫层

换土垫层是一种直接置换地基持力层软弱的处理方法。施工时将基底下一定深度的软弱土层挖除，分层填灰砂、石、灰土等材料，并加以夯实振密。换土垫层是一种较简易的浅层地基处理方法，在各地得到广泛应用。

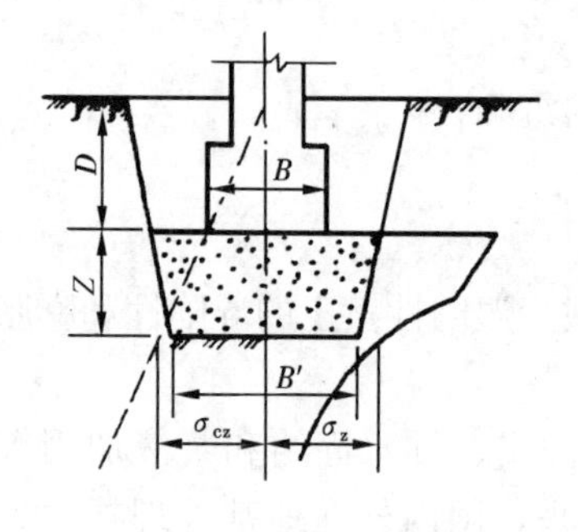

图1-63　砂垫层的厚度

B—基础宽度；D—基础深度；B'—砂垫层宽度；Z—砂垫层厚度；σ_z—竖向正应力；σ_{cz}—竖向自重应力（因土体自重产生的应力）

1. 砂垫层

砂垫层适用于处理浅层软弱地基及不均匀地基，如图1-63所示，其材料必须具有良好的加密性能。宜采用砾砂、中砂和粗砂。若只用细砂时，宜同时均匀掺入一定数量的碎石或卵石（粒径不宜大于50mm)。砂和砂石垫层材料的含泥量不应超过5%。

砂垫层施工的关键是将砂石材料振密加密到设计要求的密实度（如达到中密）。目前，砂垫层的施工方法有振密法、水撼法、夯实法、碾压法等多种，可根据砂石材料、地质条件、施工设备等条件选用，参见表1-26。

砂和砂石垫层的施工方法及每层铺筑厚度、最佳含水量　　表1-26

项次	捣实方法	每层铺筑厚度(mm)	施工时的最佳含水量(%)	施工说明	备注
1	平振法	200～250	15～20	用平板式振捣器往复振捣（宜用功率较大者）	不宜使用于细砂或含泥量较大的砂

续表

项次	捣实方法	每层铺筑厚度（mm）	施工时的最佳含水量（%）	施工说明	备注
2	插振法	振捣器插入深度	饱和	1. 用插入式振捣器 2. 插入间距可根据机械振幅大小决定 3. 不应插至下卧黏性土层 4. 插入振捣完毕后，所留的孔洞，应用砂填实	不宜使用于细砂或含泥量较大的砂
3	水撼法	250	饱和	1. 注水高度应超过每次铺筑面层 2. 用钢叉摇撼捣实，插入点间距为 100mm 3. 钢叉分四齿，齿的间距 80mm，长 300mm，木柄长 900mm	湿陷性黄土、膨胀土地区不得使用
4	夯实法	150～200	8～12	1. 用木夯或机械夯 2. 木夯质量 40kg，落距 400～500mm 3. 一夯压半夯，全面夯实	适用于砂垫层
5	碾压法	250～350	8～12	质量 6～10t 压路机往复碾压	1. 适用于大面积砂垫层 2. 不宜用于地下水位以下的砂垫层

2. 灰土垫层

素土或灰土垫层适用于处理湿陷性黄土，可消除 1～3m 厚黄土的湿陷性。而砂垫层不宜处理湿陷性黄土地基，因为砂垫层较大的透水性反而容易引起黄土的湿陷。

灰土的土料宜采用就地的基槽中挖出的土，不得含有有机杂质，使用前应过筛，粒径不得大于 15mm。用作灰土的熟石灰应在使用前一天浇水将生石灰粉化并过筛，粒径不得大于 5mm，不得夹有未熟化的生石灰块。灰土的配合比宜采用 3∶7 或 2∶8。

灰土垫层质量控制其压实系数不小于 0.93～0.95。

1.6.2　挤密桩与振冲法

1. 挤密桩

挤密桩可采用类似沉管灌注桩的机具和工艺，通过振动或锤击沉管等方式成孔，在管内灌料（砂、石灰、灰土或其他材料）、加以振实加密等过程而形成的。图 1-64 系砂桩施工的机械设备。

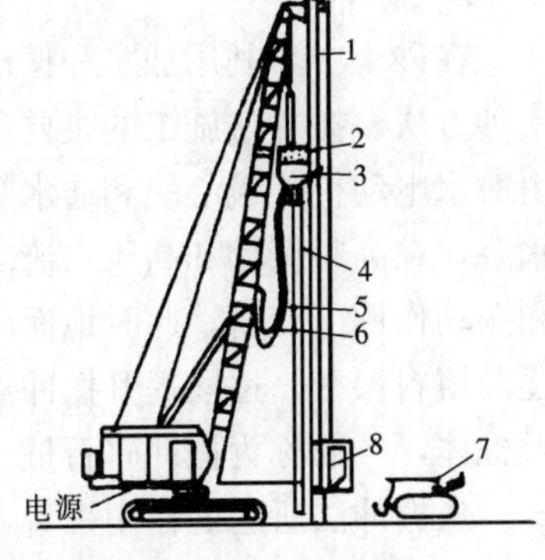

图 1-64　砂桩施工的机械设备

1—导架；2—振动机；3—砂漏斗；4—工具管；5—电缆；6—压缩空气管；7—装载机；8—提砂斗

（1）挤密砂石桩

挤密砂石桩用于处理松散砂土、填土以及塑性指数不高的黏性土。对于饱和黏土由于其透水性低，可能挤密效果不明显。此外，还可起到消除可液化土层（饱和砂土、粉土）发生振动液化。

砂石桩宜采用等边三角形或正方形布置，直径可采用300～800mm，根据地基土质情况和成桩设备等因素确定。对饱和黏土地基宜选用较大的直径。砂石桩的间距应通过现场试验确定，但不宜大于砂石桩直径的4倍。

砂石桩孔内的填砂石量可按下式计算：

$$S=\frac{A_{\mathrm{P}}l\rho}{1+e_1}(1+0.01w) \tag{1-64}$$

式中　S——填砂石量（以质量计）(t)；

A_{P}——砂石桩的截面积（m^2）；

l——桩长（m）；

ρ——砂石料的密度（t/m^3）；

e_1——桩孔中砂捣实后的孔隙比；

w——砂石料的含水量（%）。

桩孔内的填料宜用砾砂、粗砂、中砂、圆砾、角砾、卵石、碎石等。填料中含泥量不得大于5%，并不宜含有大于50mm的颗粒。

(2) 生石灰桩

在下沉钢管成孔后，灌入生石灰碎块或在生石灰中掺加适量的水硬性掺合料（如粉煤灰、火山灰等，约占30%），经密实后便形成了桩体。生石灰桩之所以能改善土的性质，是由于生石灰的水化膨发挤密、放热、离子交换、胶凝反应等作用和成孔挤密、置换作用。

生石灰桩直径采用300～400mm，桩距3～3.5倍桩径，超过4倍桩径的效果常不理想。

生石灰桩适用于处理地下水位以下的饱和黏性土、粉土、松散粉细砂、杂填土以及饱和黄土等地基。

湿陷性黄土则应采用土桩、灰土桩。

2. 振冲法

在砂土中，利用加水和振动可以使地基密实。振冲法就是根据这个原理而发展起来的一种方法。振冲法施工的主要设备是振冲器（图1-65），它类似于插入式混凝土振捣器，由潜水电动机、偏心块和通水管三部分组成。振冲器由吊机就位后，同时启动电动机和射水泵，在高频振动和高压水流的联合作用下，振冲器下沉到预定深度，周围土体在压力水和振动作用下变密，此时地面出现一个陷口，往口内填砂一边喷水振动，一边填砂密实，逐段填料振密，逐段提升振冲器，直到地面，从而在地基中形成一根较大直径的密实的碎石桩体，一般称为振冲碎石桩。

从振冲法所起的作用来看，振冲法分为振冲置换和振冲密实两类。振冲置换法适用于处理不排水抗剪强度不小于20kPa的黏性土、粉土、饱和黄土和人工填土等地基。它是在地基土中制造一群以石块、砂砾等材料组成的桩体，这些桩体与原地基土一起构成复合地基。而振动密实法适用于处理砂土、粉土等，它是利用振动和压力水使砂层发生液化，砂颗粒重新排列，孔隙减少，从而提高砂层的承载力和抗液化能力。

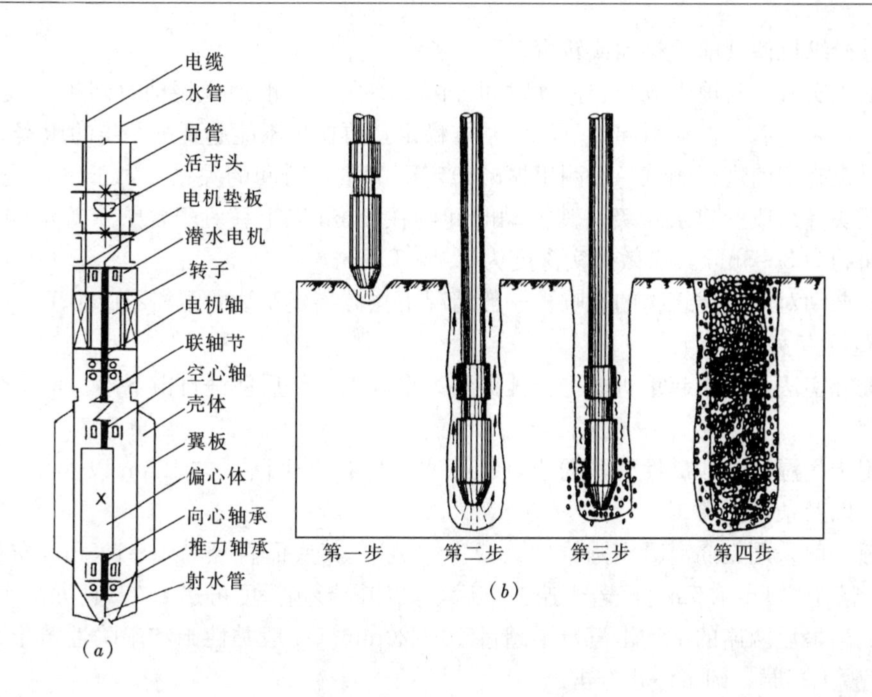

图 1-65　振冲法施工顺序图

(a) 振冲器构造图；(b) 施工顺序

1.6.3　碾压与夯实

1. 机械碾压

机械碾压法采用压路机、推土机、羊足碾或其他压实机械来压实松散土，常用于大面积填土的压实和杂填土地基的处理。

处理杂填土地基时，应首先将建筑物范围内一定深度的杂填土挖除，然后先在基坑底部碾压，再将原土分层回填碾压，还可在原土中掺入部分砂和碎石等粗粒料。

碾压的效果主要取决于压实机械的压实能量和被压实土的含水量。应根据具体的碾压机械的压实能量，控制碾压土的含水量，选择合适的铺土厚度和碾压遍数。最好是通过现场试验确定，在不具备试验的场合，可查有关手册。

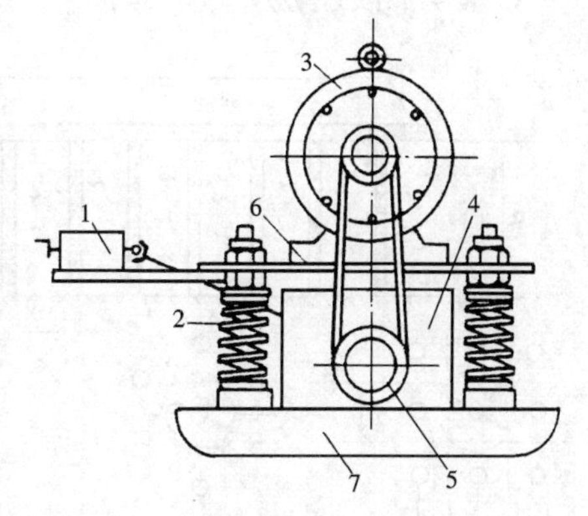

图 1-66　振动压实机示意

1—操纵机构；2—弹簧减振器；3—电动机；4—振动器；5—振动机槽轮；6—减振架；7—振动夯板

2. 振动压实法

振动压实法是利用振动机（图 1-66）振动压实浅层地基的一种方法。

适用于处理砂土地基和黏性土含量较少、透水性较好的松散杂填土地基。振动压实机的工作原理是由电动机带动两个偏心块以相同速度相反方向转动而产生很大的垂直振动力。这种振动机的频率为 1160～1180r/min，振幅为 3.5mm，自重 20kN，振动力可达 50～100kN，并能通过操纵机使其前后移动或转弯。

振动压实效果与填土成分、振动时间等因素有关，一般地说振动时间越长效果越好，但超过一定时间后，振动引起的下沉已基本稳定，再振也不能起到进一步的压实效果。因此，需要在施工前进行测试，以测出振动稳定下沉量与时间的关系。对于主要是由炉渣、碎砖、瓦块等组成的建筑垃圾，其振动时间约在 1min 以上。对于含炉灰等细颗粒填土，振动时间约为 3～5min，有效振实深度为 1.2～1.5m。

注意振动对周围建筑物的影响。一般情况下振源离建筑物的距离不应小于 3m。

3. 重锤夯实法

重锤夯实法是利用起重机械将夯锤提到一定高度，然后使锤自由下落，重复夯击以加固地基。

适用于稍湿的一般黏性土和粉土（地下水位应在夯击面下方 1.5m 以上）、砂土、湿陷性黄土以及杂填土等。

夯锤一般采用钢筋混凝土圆锥体（截去锥尖），其底面直径为 1～1.5m，质量为 1.5～3.0t，落距 2.5～4.5m。经若干遍夯击后，其加固影响深度可达 1.0～1.5m，均等于夯锤直径。当最后两遍的平均击沉量不超过 10～20mm（一般黏性土和湿陷性黄土）或 5～10mm（砂土）时，即可停止夯击。

4. 强夯法

强夯法亦称动力固结法。这种方法是将很重的锤（一般为 100～400kN）从高处自由下落（落距一般为 10～40m），给地基土施以很大的冲击力，在地基中所出现的冲击波和动应力，可提高土的强度，降低土的压缩性，改善土的振动液化条件和消除湿陷性等作用。同时还能提高土的均匀程度，减少将来可能出现的差异沉降。

强夯法适用于碎石土、砂土、黏性土、湿陷性黄土、填土等地基的加固。

1.6.4　预压法

在软土地基上建造构（建）筑物时常因地基强度低、变形大，或易于发生滑动，而需预先加固。

堆载预压法是在软土地区常用的方法之一。在预压堆载的过程中，饱和黏性土体孔隙水逐渐排出，地基土的强度得到了提高；而且由于预先使地基土排水固结，减少了构（建）筑物的沉降，改善地基条件。

土中孔隙水的排出与其渗透距离有关，当软土层很厚，单纯依靠堆载预压来排水需要很长时间，如果在土体中设置排水井，再加土堆载，就可加快排水，用排水井加堆载的方法就称为砂井堆载预压法（图 1-67）。

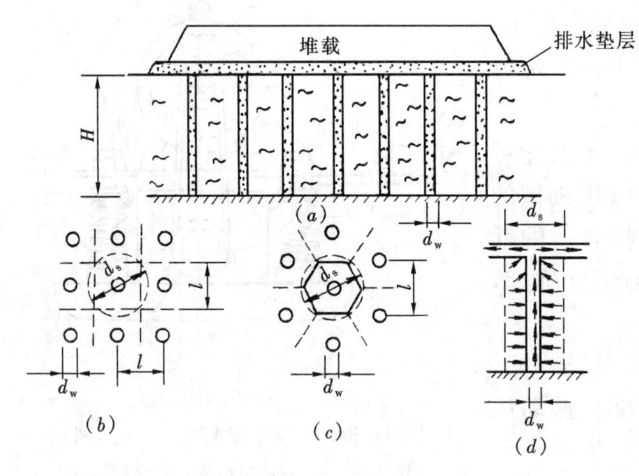

图 1-67　砂井布置图

（a）剖面图；（b）正方形布置；（c）梅花形布置；（d）砂井的排水途径

H—深度；d_w—砂井直径；d_s—砂井排水直径；l—砂井间距

砂井堆载预压是由排水系统和加压系统两部分共同组合而成的。

1. 排水系统

设置排水系统主要在于改变地基原有的排水条件，增加孔隙排出的途径，缩短排水距离。该系统由水平排水垫层和竖向排水体构成。竖向排水体常用的是砂井，它是先在地基中成孔，而后灌砂而成的。水平排水垫层一般采用塑料排水板、粗砂等材料构成。

2. 加压系统

（1）堆载法：加载材料常用的有砂、石料、土料等。对于油罐、水池等构筑物常利用其本身的容积进行充水预压。

（2）真空预压法：在地基中设置砂井等竖向排水体，其顶部采用砂垫层连通之后，在地表铺一层不透气的塑料膜，周边均埋在起封闭作用的黏土层中。砂垫层中埋置吸水滤管网，用真空泵抽气，使膜内气压低于大气压，形成负压，砂井中的孔隙水压力降低，被加固软土中的孔隙水流入砂井，进入汇水砂垫层排水。目前实际工程的真空度可达80kPa以上。

真空预压法通过抽气、降低孔隙水压力以达到固结排水的目的。这是一种实用的软土地基加固新技术。与常规堆载预压相比，可降低造价1/3，加固时间缩短1/3。

1.6.5　浆液加固

浆液加固法是指利用水泥浆液、黏土浆液或其他化学浆液，采用压力灌入、高压喷射或深层搅拌，使浆液与土颗粒胶结起来，以改善地基土的物理力学性质的地基处理方法。

1. 灌浆法

灌浆材料常可分为粒状浆液和化学浆液。

（1）粒状浆液

粒状浆液是指由水泥、黏土、沥青等以及它们的混合物制成的浆液。常用的是纯水泥浆、水泥黏土浆和水泥砂浆，以上称为水泥基浆液。水泥基浆液是以水泥为主的浆液，在地下水无侵蚀性条件下，一般都采用普通硅酸盐水泥。这种浆液能形成强度较高、渗透性较小的结石体。它取材容易，配方简单，价格便宜，不污染环境，故成为国内外常用的浆液。

（2）化学浆液

化学浆液是采用一些化学真溶液为注浆材料，目前常用的是水玻璃，其次是聚氨酯、丙烯酰胺类等。

1）水玻璃是最古老的一种注浆材料，它具有价格低廉、渗入性较高和无毒性等优点。而一般水玻璃是碱性的，由于碱性水玻璃的耐久性较差，对地下水有碱性污染，因而目前先后出现了酸性和中性水玻璃。

2）聚氨酯注浆是20世纪70年代之后发展起来的，分水溶性聚氨酯和非水溶性聚氨酯二类。注浆工程一般使用非水溶性聚氨酯，其黏度低，可灌性好，浆液遇水即反应成含水凝胶，故而可用于动水堵漏，其操作简便，不污染环境，耐久性亦好。非水溶性聚氨酯一般把主剂合成聚氨酯的低聚物（预聚体），使用前把预聚体和外掺剂按配方配成浆液。

3）丙烯酸胺类浆液亦称MG-646化学浆液，它是以有机化合物丙烯酰胺为主剂，配合其他外加剂，以水溶液状态灌入地层中，发生聚合反应，形成具有弹性的，不溶于水的聚合体，这是一种性能优良和用途广泛的注浆材料。但该浆液具有一定毒性，它对神经系统有毒，且对空气和地下水有污染作用。

水玻璃水泥浆也是一种用途广泛、使用效果良好的注浆材料。

灌浆方法主要有渗透灌浆、劈裂灌浆、压密灌浆。

1）渗透灌浆

渗透灌浆是在不改变土体颗粒间结构的前提下，浆液在灌浆压力作用下渗入土体孔隙，呈符合达西定律的层流运动。这种注浆所使用的压力一般较小，要求土层可灌性良好。

2）劈裂灌浆

劈裂灌浆是采用增大注浆压力的方法使土体产生剪切破坏，浆液进入剪切裂缝之后，在注浆压力的作用下裂缝不断被劈开，使注浆范围不断扩大，注浆量不断增加。这种注浆所需的压力较高，常适用于黏性土层的加固。

3）压密灌浆

压密灌浆是使用很稠的水泥砂浆作为注浆材料，采用高压泵将浆液压入周围土层，通过上提注浆管，形成连续的灌浆体，对土层起挤密和置换的作用。这种方法对浆材和注浆泵都有较高的要求。

2. 高压喷射注浆法

旋喷法的施工程序如图 1-68 所示。先用射水、锤击或振动等方式将旋喷管置入要求的深度处，或用钻孔机钻出直径为 100～200mm 的孔，再将旋喷管插至孔底。然后由下而上进行边旋转边喷射。旋喷法的主要设备是高压脉冲泵和特制的带喷嘴的钻头。从喷嘴喷出的高速喷流，把周围的土体破坏，并强制与浆液混合，待胶结硬化后便成为桩体，这种桩称为旋喷桩。

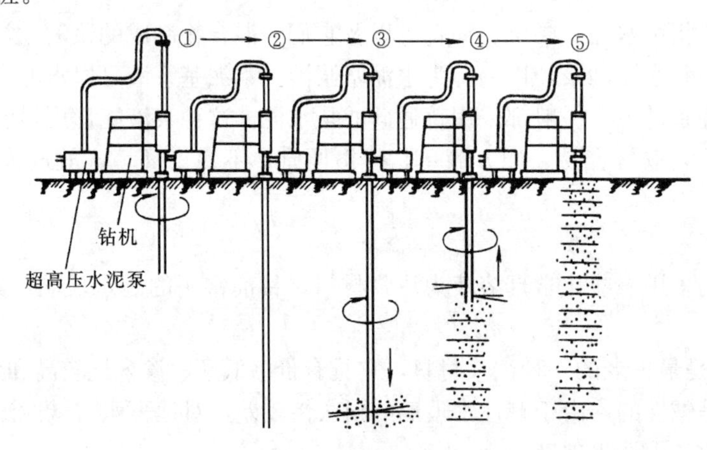

图 1-68　旋喷法施工顺序

①—开始钻进；②—钻进结束；③—高压旋喷开始；④—喷嘴边旋转边提升；⑤—旋喷结束

高压喷射注浆法的种类有：单管法、二重管法、三重管法等多种。它们各有特点，可根据工程需要和土质条件选用。

旋喷法适用于砂土、黏性土、人工填土和湿陷性黄土等土层。其作用有：旋喷桩与桩间土组成复合地基，作为连续防渗墙，防止贮水池、板桩体或地下室渗漏；制止流砂以及用于地基事后补强等。

3. 深层搅拌法

深层搅拌法是通过深层搅拌机将水泥、生石灰或其他化学物质（称固化剂）与软土颗粒相结合而硬结成具有足够强度、水稳性以及整体性的加固土。它改变了软土的性质，并满足强度和变形要求。在搅拌、固化后，地基中形成柱状、墙状、格子状或块状的加固体，与地基构成复合地基。

使用的固化剂状态不同，施工方法亦不同，把粉状物质（水泥粉、磨细的干生石灰粉）用压缩空气经喷嘴与土混合，称为干法；把液状物质（一定水胶比的凝胶浆液、水玻璃等）经专用压力泵或注浆设备与土混合，称为湿法。其中干法对于含水量高的饱和软黏土地基最为适合。

第2章 施 工 排 水

2.1 概 述

施工排水包括排除地下自由水、地表水和雨水。在开挖基坑或沟槽时，土壤的含水层常被切断，地下水将会不断地涌入坑内。雨期施工时，地面水也会流入基坑内。为了保证施工的正常进行，防止边坡坍塌和地基承载力下降，必须做好基坑排水工作。

地下含水层内的水分有水气、结合水和自由水3种状态。结合水没有流动性。自由水又分为潜水和承压水两种，如图2-1所示。

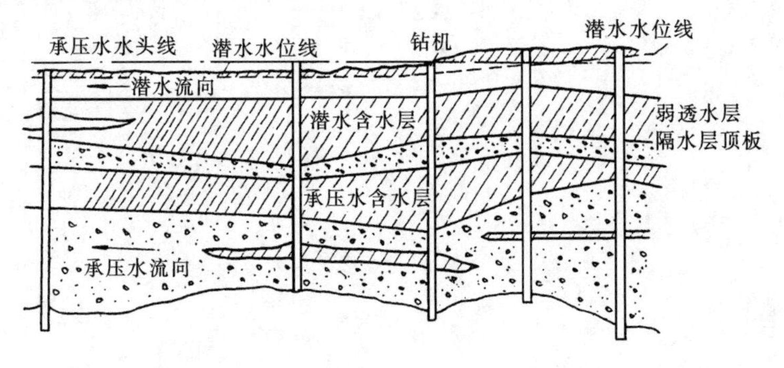

图2-1 含水层

潜水是存在于地表以下、第一个稳定隔水层顶板以上的地下自由水，有一个自由水面，其水面受当地地质、气候及环境的影响。雨季水位高，冬季水位下降，附近有河、湖等地表水存在时也会互相补给。

承压水亦称层间水，是埋藏于两个隔水层之间的地下自由水。承压水有稳定的隔水层顶板，水体承受压力，没有自由水面。承压水一般不是当地补给的，其水位、水量受当地气候的影响较潜水小。

施工排水方法分为明沟排水和人工降低地下水位两种。明沟排水是在沟槽或基坑开挖时在其周围筑堤截水或在其内底四周或中央开挖排水沟，将地下水或地面水汇集到集水井内，然后用水泵抽走。人工降低地下水位是在沟槽或基坑开挖之前，预先在周侧埋设一定数量的井点管利用抽水设备将地下水位降至基坑沟槽底面以下，形成干槽施工的条件。

2.2 明 沟 排 水

明沟排水包括地面截水和坑内排水。

2.2.1 地面截水

排除地表水和雨水，最简单的方法是在施工现场及基坑或沟槽周围筑堤截水。通常可以利用挖出之土沿四周或迎水一侧、二侧筑 0.5～0.8m 高的土堤。

地面截水应尽量保留、利用天然排水沟道，并进行必要的疏通。如无天然沟道，则在场地四周挖排水沟排泄，以拦截附近地面水。但要注意与已有建筑物保持一定安全距离。

2.2.2 坑内排水

在开挖不深或水量不大的沟槽或基坑时，通常采用坑内排水的方法。当基坑或沟槽开挖过程中遇到地下水和地表水时，在坑底随同挖方一起设置集水井，并沿坑底的周围开挖排水沟，使水流入集水井内，然后用水泵抽出坑外（图 2-2）。

排水沟可设置在坑内底四周或迎水一侧、二侧，离开坡脚不小于 0.3m。沟断面尺寸和纵向坡度主要取决于排水量大小，一般断面不小于 0.3m×0.3m，坡度 0.1%～0.5%。根据地下水量大小、基坑平面形状及水泵能力，集水井每隔 30～40m 设置一个，集水井的直径（或边长）不小于 0.7m，其深度随着基底的加深而加深，要低于排水沟 0.5～1.0m 或低于抽水泵的进水阀高度。井壁应用木板、铁笼、混凝土滤水管等简易支撑加固。

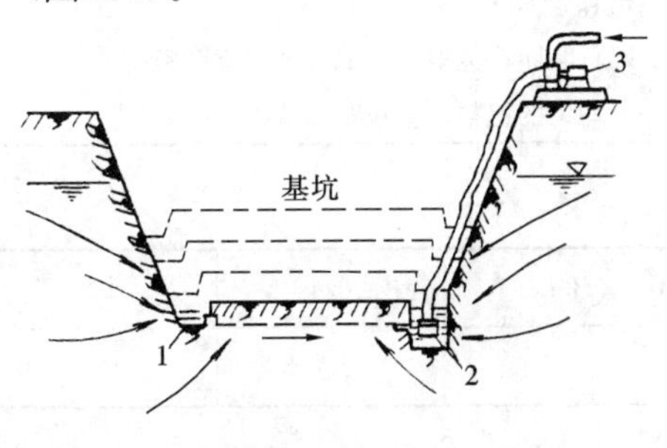

图 2-2 坑内排水
1—排水沟；2—集水井；3—水泵

当基坑挖至设计标高后，排水沟和集水井应设在基础范围以外，井底应低于坑底 1～2m，并铺设 30cm 左右碎石或粗砂滤水层，以免抽水时将泥沙抽出，并防止井底的土被搅动。

明沟排水法设备简单，排水方便，应用比较普遍，适用于除细砂、粉砂之外的各种土质。

如果基坑较深还可以采用分层明沟排水，即在基坑边坡的中部再设置一层排水沟和集水井，将两层集水井内的积水做接力式的抽取，此种方法只适用于粗粒土层和渗水量小的黏性土。

2.2.3 涌水量计算

明沟排水采用的抽水设备主要有离心泵、潜水泥浆泵、活塞泵和隔膜泵等。为了合理选择水泵型号，应对总涌水量进行计算。

1. 干河床时

$$Q=\frac{1.36KH^2}{\lg(R+r_0)-\lg r_0} \tag{2-1}$$

式中 Q——基坑总涌水量（m^3/d）；

K——渗透系数（m/d）（见表 2-1）；

H——稳定水位至坑底的深度（m）；当基底以下为深厚透水层时，H 值可增加 3～

4m，以保安全；

R——影响半径（m）（见表2-1）；

r_0——基坑半径（m）。矩形基坑，$r_0=u\frac{L+B}{4}$；不规则基坑，$r_0=\sqrt{\frac{F}{\pi}}$。其中L与B分别为基坑的长与宽，F为基坑面积；u值见表2-2。

各种岩层的渗透系数及影响半径　　表2-1

岩　层　成　分	渗透系数(m/d)	影响半径(m)
裂隙多的岩层	＞60	＞500
碎石、卵石类地层、纯净无细颗粒混杂均匀的粗砂和中砂	＞60	200～600
稍有裂隙的岩层	20～60	150～250
碎石、卵石类地层、混合大量细颗粒物质	20～60	100～200
不均匀的粗粒、中粒和细粒砂	5～20	80～150

u　值　　表2-2

B/L	0.1	0.2	0.3	0.4	0.6	1.0
u	1.0	1.0	1.12	1.16	1.18	1.18

2. 基坑近河沿时

$$Q=\frac{1.36KH^2}{\lg\frac{2D}{r_0}} \tag{2-2}$$

式中　D——基坑距河边线距离（m）；

其余同上式。

选择水泵时，水泵的总排水量一般采用基坑总涌水量Q的1.5～2.0倍。

2.3　人工降低地下水位

当基坑开挖深度较大，地下水位较高、土质较差（如细砂、粉砂等）等情况下，可采用人工降低地下水位的方法。

人工降低地下水位常采用井点排水的方法，具体做法是在基坑周围或一侧埋入深于基底的井点滤水管或管井，以总管连接抽水，使地下水位低于基坑底，以便在干燥状态下挖土，这样不但可防止流砂现象和增加边坡稳定，而且便于施工。

人工降低地下水位的方法，包括轻型井点、喷射井点、电渗井点、管井井点和深井井点等。可根据土层的渗透系数、要求降低水位的深度和工程特点，做技术经济和节能比较后适当加以选择。表2-3所列各类井点降水方法的适用范围可供参考。

各种井点的适用范围　　表2-3

井　点　类　别	渗透系数（m/d）	降低水位深度（m）
单层轻型井点	0.1～50	3～6

续表

井 点 类 别	渗透系数（m/d）	降低水位深度（m）
多层轻型井点	0.1～50	6～12
喷射井点	0.1～50	8～20
电渗井点	＜0.1	根据选用的井点确定
管井井点	20～200	根据选用的水泵确定
深井井点	10～250	＞15

2.3.1 轻型井点

轻型井点系统适用于在粗砂、中砂、细砂、粉砂等土层中降低地下水位。

1. 轻型井点系统的组成

轻型井点系统由滤管、井点管、弯联管、集水总管和抽水设备等组成，如图 2-3 所示。

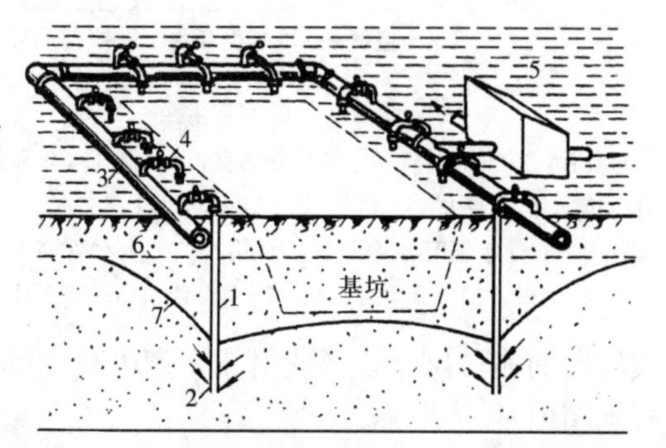

图 2-3 轻型井点法降低地下水位全貌图
1—井点管；2—滤管；3—总管；4—弯联管；5—水泵房；6—原有地下水位线；7—降低后地下水位线

(1) 滤管与井点管

滤管是进水设备，构造是否合理对抽水效果影响很大。滤管用直径 38～55mm 钢管制成，长度一般为 0.9～1.7m。管壁上有直径为 12～18mm，呈梅花形布置的孔，外包粗、细两层滤网。为避免滤孔淤塞，在管壁与滤网间用塑料管或镀锌钢丝绕成螺旋状隔开，滤网外面再围一层粗镀锌钢丝保护层。滤管下端配有堵头，上端同井点管相连，如图 2-4 所示。

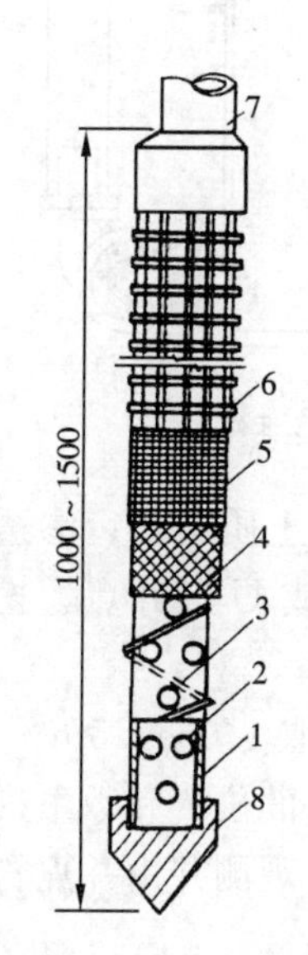

图 2-4 滤管构造
1—钢管；2—管壁上的小孔；3—缠绕的塑料管；4—细滤网；5—粗滤网；6—粗镀锌钢丝保护网；7—井点管；8—铸铁头

井点管直径同滤管，长度 6～9m；可整根或分节组成。井点管上端用弯联管和总管相连。

(2) 弯联管与集水总管

弯联管用塑料管、橡胶管或钢管制成，并且宜装设阀门，以便检修井点。

集水总管一般用直径 75～150mm 的钢管分节连接，每节长 4～6m，上面装有与弯联管连接的短接头（三通口），间距 0.8～1.6m。总管要设置一定的坡度坡向泵房。

(3) 抽水设备

轻型井点的抽水设备有干式真空泵、射流泵、隔膜泵等。干式真空泵井点，可根据含水层的渗透系数选用相应型号的真空泵及卧式水泵，在粉砂、粉质黏土等渗透系数较小的土层中可采用射流泵和隔膜泵。

2. 轻型井点系统的工作原理

轻型井点系统是利用真空原理提升地下水的。图 2-5 所示是真空泵——水泵联合机组的工作过程示意图。启动真空泵 6，使副气水分离室 4 内形成一定的真空度，进而使气水分离室 3 和井点管路产生真空，地

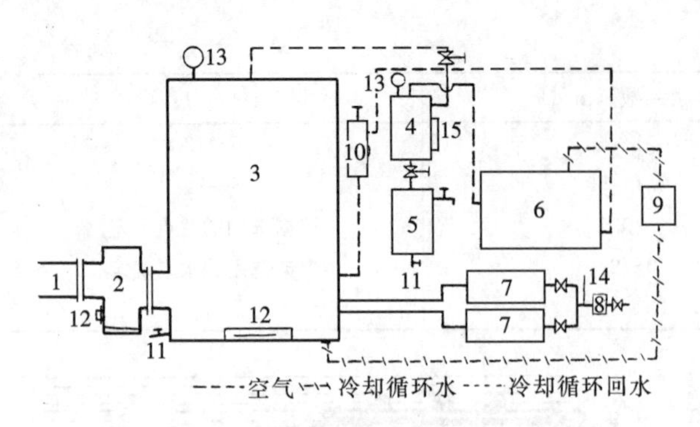

图 2-5　真空泵系统

1—总管；2—单向阀；3—气水分离室；4—副气水分离室（又名真空罐、集气罐）；5—沉砂罐；6—真空泵；7—水泵；8—稳压罐；9—冷却水循环水泵；10—水箱；11—泄水管嘴；12—清扫口；13—真空表；14—压力表管；15—液面计

下水和土中气体一起进入井点管，经过总管进入气水分离室3，分离室3内的地下水由水泵7抽吸排出，气体经副气水分离室4由真空泵6排出。在副气水分离室4中再一次水、气分离，剩余水泄入沉砂罐5，防止水分进入真空泵6，此外，真空泵还附有冷却循环系统。

为了减少抽水设备，提高抽水工作的可靠度，减少泵组的水头损失，便于设备的保养和维修，可采用射流泵抽水。其工作过程如图2-6所示。离心泵从水箱内抽水，泵压高压水在喷射器的喷口出流，形成射流，产生真空度，使地下水经由井点管、总管而至射流器，压到水箱内。

3. 轻型井点设计

轻型井点的设计包括：平面布置，高程布置，涌水量计算，井点管的数量、间距和抽水设备的确定等。井点计算由于受水文地质和井点设备等许多因素的影响，所计算的结果只是近似数值，对重要工程，其计算结果必须经过现场试验进行修正。

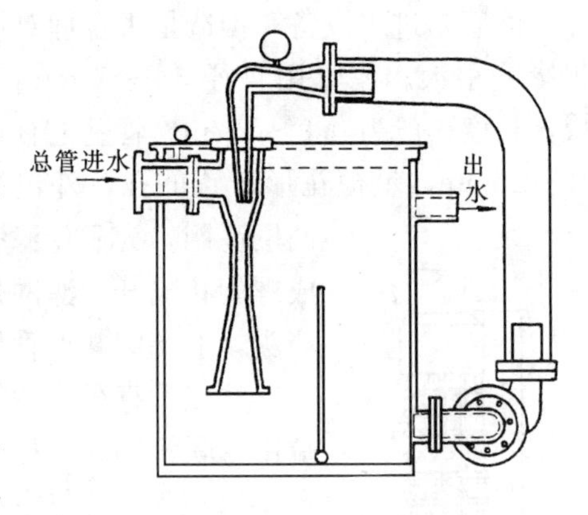

图 2-6　射流泵系统

（1）平面布置

根据基坑平面形状与大小、土质和地下水的流向，降低地下水的深度等要求而定。当基坑宽度小于6m，降水深度不超过5m时，可采用单排线状井点，布置在地下水流的上游一侧；当基坑或沟槽宽度大于6m，或土质不良、渗透系数较大时，可采用双排线状井点；当基坑面积较大时，应用环形井点或U形井点，挖土运输设备出入道路处可不封闭。如图2-7所示。

井点管距离基坑或沟槽上口宽不应小于1.0m，以防局部漏气，一般取1.0～1.5m。

为了观察水位降落情况，应在降水范围内设置若干个观测井，观测井的位置和数量视需要而定。一般在基础中心、总管末端、局部挖深处，均应设置观测井。观测井由井点管做成，只是不与总管相连。

（2）高程布置

井点管的入土深度应根据降水深度，含水层所在位置，集水总管的高程等决定，但必须将滤管埋入含水层内，并且比所挖基坑或沟槽底深0.9～1.2m。集水总管标高应尽量接近地下水位并沿抽水水流方向有0.25%～0.5%的上仰坡度，水泵轴心与总管齐平。

井点管埋深可按下式计算（如图2-7）：

$$H' = H_1 + \Delta h + iL + l \tag{2-3}$$

式中 H'——井点管埋设深度（m）；

H_1——井点管埋设面至基坑底面的距离（m）；

Δh——降水后地下水位至基坑底面的安全距离（m），一般为0.5～1m；

i——水力坡度，与土层渗透系数，地下水流量等因素有关，根据扬水试验和工程实测确定。对环状或双排井点可取1/15～1/10；对单排线状井点可取1/4；环状井点外取1/10～1/8；

L——井点管中心至最不利点（沟槽内底边缘或基坑中心）的水平距离（m）；

l——滤管长度（m）。

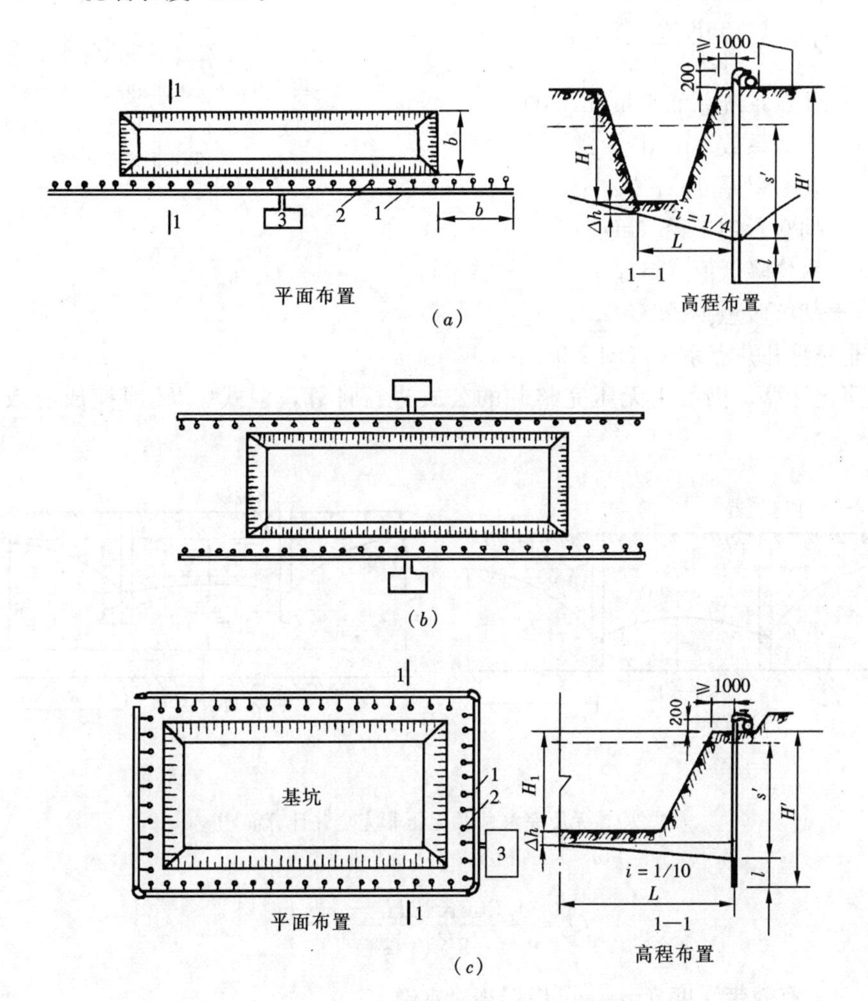

图2-7 井点布置简图

(*a*) 单排布置；(*b*) 双排布置；(*c*) 环形布置

1—总管；2—井点管；3—抽水设备

井点露出地面高度，一般取0.2～0.3m。

轻型井点的降水深度以不超过6m为宜。如求出的H值大于6m，则应降低井点管和抽水设备的埋置面，如果仍达不到降水深度的要求，可采用二级井点或多级井点，如图2-8所示。

(3) 总涌水量计算

井点系统是按水井理论进行计算的。水井根据不同情况分为：井底达到不透水层的称为完整井，井底未达到不透水层的称为非完整井；地下水有压力的是承压井，地下水无压力的是无压井，其中以无压完整井的理论较为完善，应用较普遍。

图 2-8　二级轻型井点降水示意

1—第一级井点；2—第二级井点；3—集水总管；4—弯联管；5—水泵；6—基坑；7—原有地下水位线；8—降水后地下水位线

无压完整井环形井点系统（图2-9a）：

$$Q=\frac{1.366K(2H-s)s}{\lg R-\lg x_0} \tag{2-4}$$

式中　Q——井点系统总涌水量(m^3/d)；

K——渗透系数（m/d）；

H——含水层厚度（m）；

R——抽水影响半径（m）；

s——水位降低值（m）；

x_0——基坑假想半径（m）。

无压非完整井井点系统（图 2-9b）：

为了简化计算，仍可用无压完整井的公式进行计算，但式中 H 应换成有效带深度 H_0。即

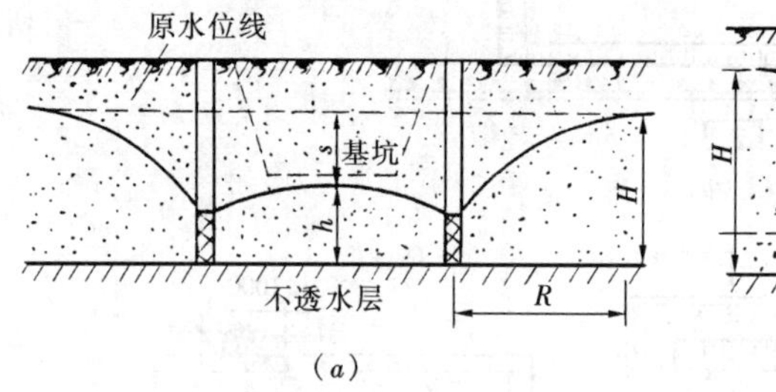

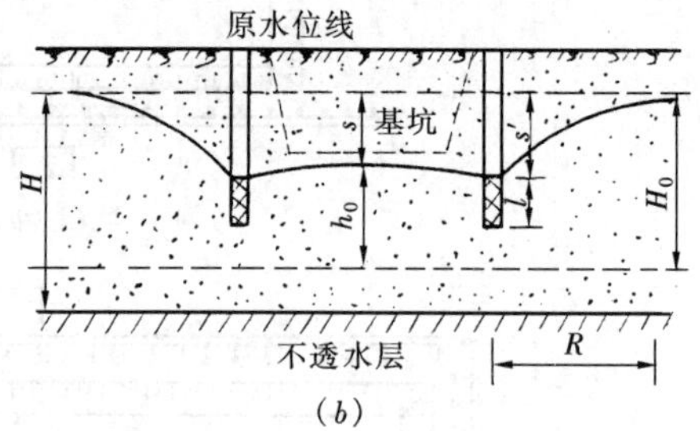

图 2-9　无压完整井及无压非完全井计算简图

(a) 无压完整井；(b) 无压非完整井

$$Q=\frac{1.366K(2H_0-s)s}{\lg R-\lg x_0} \tag{2-5}$$

式中　H_0——有效带深度（m），可根据表 2-4 确定。

H_0　值　　**表 2-4**

$\frac{s'}{s'+l}$	H_0	$\frac{s'}{s'+l}$	H_0
0.2	1.3 ($s'+l$)	0.5	1.7 ($s'+l$)
0.3	1.5 ($s'+l$)	0.8	1.85 ($s'+l$)

表中 l——滤管长度（m）；

s'——原地下水位至滤管顶部的距离。

计算涌水量时，R、x_0、K 值需预先确定。

1）抽水影响半径 R

井点系统抽水后地下水受到影响而形成降落曲线，降落曲线稳定时的影响半径即为计算用的抽水影响半径 R。

$$R = 1.95s\sqrt{HK}\text{（完整井）} \tag{2-6}$$

或

$$R = 1.95s\sqrt{H_0K}\text{（非完整井）} \tag{2-7}$$

2）基坑假想半径 x_0

假想半径指降水范围内环围面积的半径，根据基坑形状不同有以下几种情况：

① 环围面积为矩形（$L/B \leqslant 5$）时，

$$x_0 = \alpha \frac{L+B}{4}\text{(m)} \tag{2-8}$$

式中 α 值见表 2-5。

α 值 **表 2-5**

B/L	0	0.2	0.4	0.6～1.0
α	1.0	1.12	1.16	1.18

L、B——基坑的长度及宽度（m），为计算精确应各加 2m。

② 环围面积为圆形或近似圆形时，

$$x_0 = \sqrt{\frac{F}{\pi}}\text{(m)} \tag{2-9}$$

式中 F——基坑的平面面积（m^2）。

③ 当 $L/B>5$ 时，可划分成若干计算单元，长度按（4～5）B 考虑；当 $L>1.5R$ 时，也可取 $L=1.5R$ 为一段进行计算；当形状不规则时应分块计算涌水量，将其相加即为总涌水量。

3）渗透系数 K

渗透系数 K 值对计算结果影响很大。一般可根据地质报告提供的数值或参考表 2-6 所列数值确定。对重大工程应做现场抽水试验确定。

（4）单根井点管涌水量 q

$$q = 60\pi dl\sqrt[3]{K}\text{(m}^3\text{/d)} \tag{2-10}$$

式中 d——滤管直径（m）；

l——滤管长度（m）；

K——渗透系数（m/d）。

土的渗透系数 **K** 值 **表 2-6**

土的类别	K (m/d)	土的类别	K (m/d)
粉质黏土	<0.1	含黏土的粗砂及纯中砂	35～50
含黏土的粉砂	0.5～1.0	纯粗砂	60～75
纯粉砂	1.5～5.0	粗砂夹砾石	50～100
含黏土的细砂	10～15	砾石	100～200
含黏土的中砂及纯细砂	20～25		

(5) 确定井点管数量与间距。

井点管所需根数

$$n = 1.1\frac{Q}{q}(\text{根}) \tag{2-11}$$

式中 1.1——考虑井点管堵塞等因素的备用系数。

井点管的间距

$$D = \frac{L_1}{n-1}(\text{m}) \tag{2-12}$$

式中 L_1——总管长度 (m)，对矩形基坑的环形井点，$L_1 = 2(L+B)$；双排井点，$L_1 = 2L$ 等。

D 值求出后要取整数，并应符合总管接头的间距。

对环围井井点管数量与间距确定以后，可根据下式校核所采用的布置方式是否能将地下水位降低到规定的标高，即 h 值是否不小于规定的数值。

$$h = \sqrt{H^2 - \frac{Q}{1.366K}\left[\lg R - \frac{1}{n}\lg(x_1 x_2 \cdots x_n)\right]} \tag{2-13}$$

式中 h——滤管外壁处或坑底任意点的动水位高度 (m)，对完整井算至井底，对非完整井算至有效带深度；

$x_1,\cdots,x_n$——所核算的滤管外壁或坑底任意点至各井点管的水平距离 (m)。

(6) 确定抽水设备

常用抽水设备有真空泵（干式、湿式）、离心泵等，一般按涌水量、渗透系数、井点数量与间距来确定。

4. 轻型井点管的埋设与使用

轻型井点系统的安装顺序是：测量定位；敷设集水总管；冲孔；沉放井点管；填滤料；用弯联管将井点管与集水总管相连；安装抽水设备；试抽。

井点管埋设有射水法、套管法、冲孔或钻孔法。

(1) 射水法

图 2-10 是射水式井点管示意图。井点管下设射水球阀，上接可旋动节管与高压胶管，水泵等。冲射时，先在地面井点位置挖一小坑，将射水式井点管插入，利用高压水在井管

下端冲刷土体，使井点管下沉。下沉时，随时转动管子以增加下沉速度并保持垂直。射水压力一般为0.4～0.6MPa。当井点管下沉至设计深度后取下软管，与集水总管相连，抽水时，球阀自动关闭。冲孔直径不小于300mm，冲孔深度应比滤管深0.5～1m，以利沉泥。井点管与孔壁间应及时用洁净粗砂灌实，井点管要位于砂滤中间。灌砂时，管内水面应同时上升，否则可向管内注水，水如很快下降，则认为埋管合格。

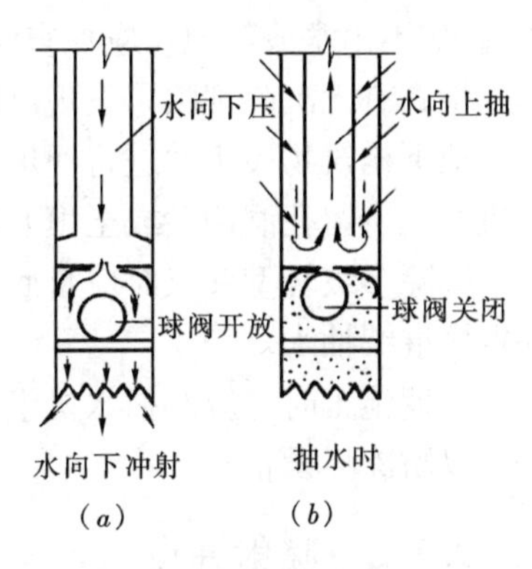

图2-10　射水式井点管示意图
(a) 射水时阀门位置；
(b) 抽水时阀门位置

(2) 套管法

套管水冲设备由套管、翻浆管、喷射头和贮水室四部分组成，如图2-11所示。套管直径150～200mm，(喷射井点为300mm)，一侧每1.5～2.0m设置250mm×200mm排泥窗口，套管下沉时，逐个开闭窗口，套管起导向、护壁作用。贮水室设在套管上、下。用4根ϕ38mm钢管上下连接，其总截面积是喷嘴截面积总和的三倍。为了加快翻浆速度及排除土块，在套管底部内安装2根ϕ25mm压缩空气管，喷射器是该设备的关键部件，由下层贮水室、喷嘴和冲头三部分组成。喷嘴布置有三种：最下部为8个ϕ10mm喷嘴作环形分布，垂直向下，构成环状喷射水流，似取土环刀；另两种为6个ϕ10mm或ϕ8mm喷嘴，分两组与垂线呈45°角交错布置，喷射水流从各不同方向切割套管内土体，泥浆水从排泥窗口排出。

套管冲枪的工作压力随土质情况加以选择，一般取0.8～0.9MPa。

当冲孔至设计深度，继续给水冲洗一段时间，使出水含泥量在5%以下。此时于孔底填一层砂砾，将井点管居中插入，在套管与井点管之间分层填入粗砂，并逐步拔出套管。

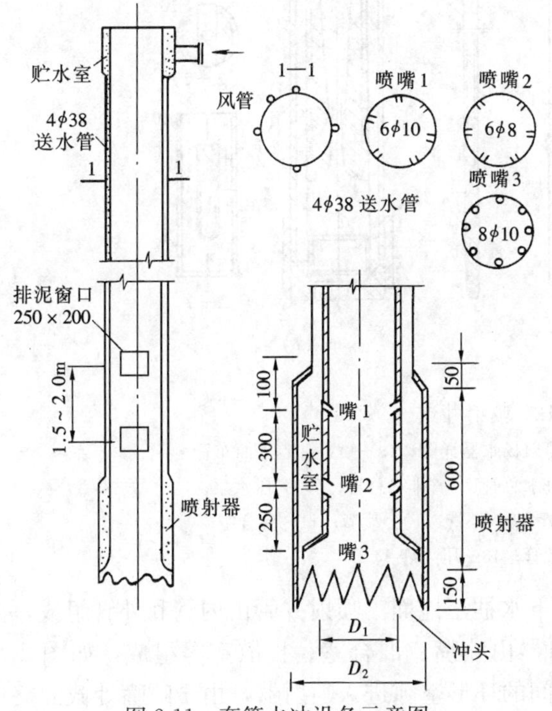

图2-11　套管水冲设备示意图

(3) 冲孔或钻孔法

采用直径为50～70mm的冲水管或套管式高压水冲枪冲孔，或用机械（人工）钻孔后再沉放井点管。冲孔水压采用0.6～1.2MPa。为加速冲孔速度，可在冲管两旁设置两根空气管，将压缩空气接入。

所有井点管在地面以下0.5～1.0m的深度内，应用黏土填实以防漏气。井点管埋设完毕，应接通总管与抽水设备进行试抽，检查有无漏气、淤塞等异常现象。

轻型井点使用时，应保证连续不断地抽水，并准备双电源或自备发电机。正常出水规律是“先大后小，先浑后清”。如不出水或浑浊，应检查纠正。在降水过程中，要对水位降低区域内的建（构）筑物，检查有无沉陷现象，发现沉陷或水平位移过大，应及时采取防护技术措施。

地下构筑物竣工并进行回填土后，方可拆除井点系统，拔出可借助于捯链，杠杆式起重机等，所留孔洞用砂或土填塞，对地基有特殊要求时，应按有关规定填塞。

拆除多级轻型井点时应自底层开始，逐层向上进行，在下层井点拆除期间，上部各层井点应继续抽水。

冬期施工时，应对抽水机组及管路系统采取防冻措施，停泵后必须立即把内部积水放净，以防冻坏设备。

2.3.2　喷射井点

当基坑开挖较深，降水深度要求大于6m或采用多级轻型井点不经济时，可采用喷射井点系统。它适用于渗透系数为0.1～50m/d的砂性土或淤泥质土，降水深度可达8～20m。

1. 喷射井点设备

喷射井点根据其工作介质的不同，分为喷水井点或喷气井点两种。其设备主要由喷射井点、高压水泵（或空气压缩机）和管路系统组成，如图2-12所示。

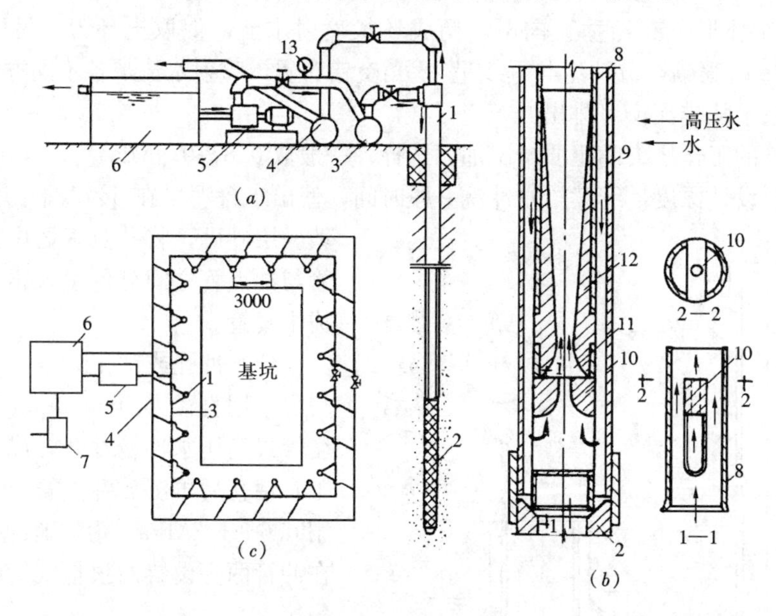

图2-12　喷射井点

(a) 喷射井点设备简图；(b) 喷射扬水器详图；(c) 喷射井点平面布置
1—喷射井管；2—滤管；3—进水总管；4—排水总管；5—高压水泵；
6—集水池；7—水泵；8—内管；9—外管；10—喷嘴；11—混合室；
12—扩散管；13—压力表

喷水井点是借喷射器的射流作用将地下水抽至地面。喷射井管由内管和外管组成，内管下端装有喷射器，并与滤管相连。喷射器由喷嘴、混合室、扩散室等组成，如图2-12(b)所示。工作时，高压水经过内外管之间的环形空隙进入喷射器，由于喷嘴处截面突然缩小，高压水高速进入混合室，使混合室内压力降低，形成一定的真空，这时地下水被吸入混合室与高压水汇合，经扩散管由内管排出，流入集水池中，用水泵抽走一部分水，另一部分由高压水泵压往井管循环使用。如此不断地供给高压水，地下水便不断地抽出。

高压水泵一般采用流量为 50～80m^3/h 的多级高压水泵，每套约能带动 20～30 根井点管。

如用压缩空气代替高压水，即为喷气井点。两种井点使用范围基本相同，但喷气井点较喷水井点的抽吸能力大，对喷射器的磨损也小，但喷气井点系统的气密性要求高。

2. 喷射井点的布置、埋设与使用

喷射井点的管路布置及井点管埋设方法、要求均与轻型井点基本相同，喷射井管间距一般为 2～3m，冲孔直径 400～600mm，深度比滤管底深 1m 以上。

喷射井点埋设时，宜用套管冲孔，加水及压缩空气排泥。当套管内含泥量小于 5%时方可下井管及灌砂，然后再将套管拔起。下管时水泵应先开始运转，以便每下好一根井管，立即与总管接通（不接回水管），之后及时进行单根试抽排泥，并测定真空度，待井管出水变清后为止，地面测定真空度不宜小于 93300Pa。全部井点管埋设完毕后，再接通回水总管，全面试抽，然后让工作水循环，进行正式工作。各套进水总管均应用阀门隔开，各套回水总管应分开。

开泵时，压力要小于 0.3MPa，以后再逐渐正常。抽水时如发现井管周围有泛砂冒水现象，应立即关闭井点管进行检修。工作水应保持清洁。试抽两天后应更换清水，以减轻工作水对喷嘴及水泵叶轮等的磨损。

3. 喷射井点的计算

喷射井点的涌水量计算及确定井点管数量与间距，抽水设备等均与轻型井点计算相同，水泵工作水需用压力按下式计算：

$$P = \frac{P_0}{a} \tag{2-14}$$

式中 P——水泵工作水压力（m）；

P_0——扬水高度（m），即水箱至井管底部的总高度；

a——扬水高度与喷嘴前面工作水头之比。

混合室直径一般为 14mm，喷嘴直径为 5～6.5mm。

2.3.3 电渗井点

在渗透系数小于 0.1m/d 的黏土、粉土、淤泥等土质中，使用重力或真空作用的一般轻型井点排水效果很差。此时宜用电渗井点排水。此法一般与轻型井点或喷射井点结合使用。降深也因选用的井点类型不同而变化。使用轻型井点与之配套时，降深小于 8m，用喷射井点时，降深大于 8m。

电渗排水的原理来自于电动作用。在含水的细颗粒土中，插入正、负电极并通以直流电后，土颗粒自负极向正极移动，水自正极向负极移动，前者称电泳现象，后者称电渗现象，全部现象称电动作用。

电渗井点利用井点管作阴极，用钢管、直径大于等于 25mm 的钢筋或其他金属材料作阳极。井点管沿基坑外围布置，用套管冲枪成孔埋设。阴极设在井点管内侧，埋设应垂

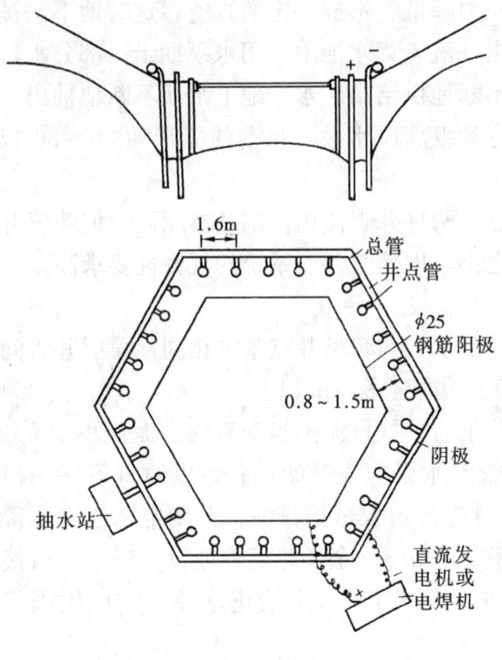

图 2-13　电渗井点系统

直，严禁与相邻阴极相碰。阳极应外露地面 20～40cm，入土深度比井点管深 50cm，以保证水位能降到所要求的深度。阴阳极的数量应相等，必要时阳极数量可多于阴极。阴阳极的间距一般为 0.8～1.0m（采用轻型井点时）或 1.2～1.5m（采用喷射井点时），并呈平行交错排列。阴阳极应分别由电线或扁钢、钢筋等连接成通路，并接到直流发电机或电焊机的相应电极上，如图 2-13 所示。

通电时，电压不宜超过 60V，土中的电流密度为 0.5～1.0A/m²。在电渗降水时，由于电解作用产生的气体附在电极附近使土体电阻加大而造成能耗增加，故应采用间歇通电，即通电 24h 后，停电 2～3h 再通电。

电渗井点设计同轻型井点或喷射井点。

直流电焊机功率按下式计算：

$$P=\frac{UJF}{1000} \tag{2-15}$$

式中　P——电焊机功率（kW）；

U——工作电压（V）；

J——电流密度（A/m²）；

F——电渗面积（m²），其值为导电深度和井点周长的乘积。

2.3.4　管井井点

管井适用于中砂、粗砂、砾砂、砾石等渗透系数大、地下水丰富的土、砂层或轻型井点不易解决的地方。

管井井点系统由滤水井管、吸水管、抽水机等组成，如图 2-14 所示。

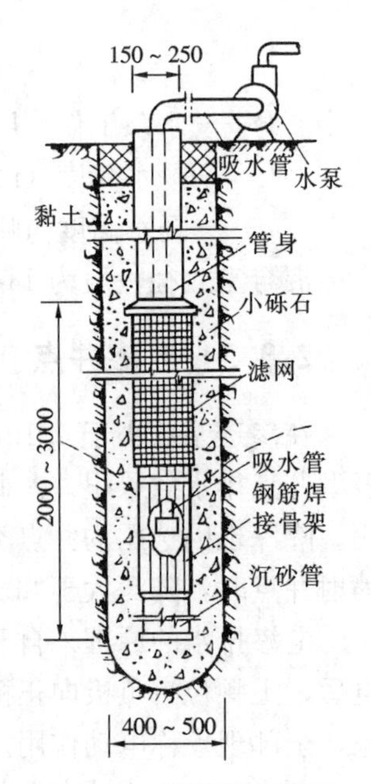

图 2-14　管井井点构造（单位：mm）

管井井点排水量大，降水深，可以沿基坑或沟槽的一侧或两侧作直线布置，也可沿基坑外围四周呈环状布设。井中心距基坑边缘的距离为：采用冲击式钻孔用泥浆护壁时为 0.5～1m；采用套管法时不小于 3m。管井埋设的深度与间距，根据降水面积、深度及含水层的渗透系数等而定，最大埋深可达 10 余米，间距 10～50m。

井管的埋设可采用冲击钻进或螺旋钻进，泥浆或套管护壁。钻孔直径应比滤水井管大200mm以上。井管下沉前应进行清洗。并保持滤网的畅通，滤水井管放于孔中心，用圆木堵塞管口。井壁与井管间用3～15mm砾石填充作过滤层，地面下0.5m以内用黏土填充夯实（详见4.4节）。

管井井点抽水过程中应经常对抽水机械的电机、传动轴、电流、电压等作检查，对管井内水位下降和流量进行观测和记录。

管井使用完毕，采用人工拔杆，用钢丝绳导链将管口套紧慢慢拔出，洗净后供再次使用，所留孔洞用砾砂回填夯实。

2.3.5 深井井点

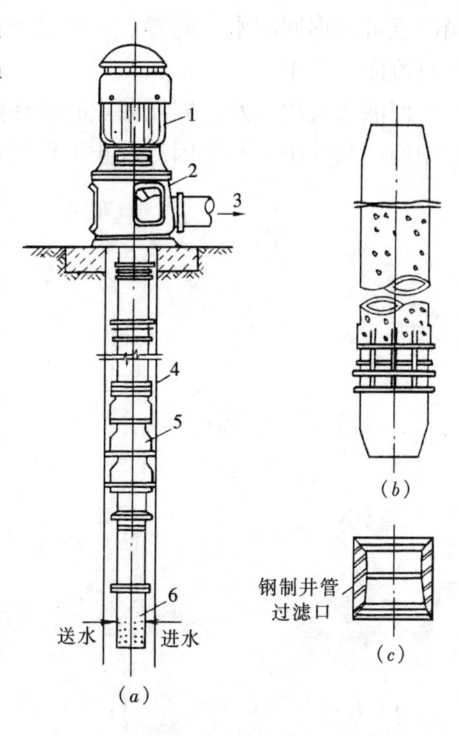

图2-15 深井井点

(a) 深井泵抽水设备系统；(b) 滤网骨架；(c) 滤管大样

1—电机；2—泵座；3—出水管；4—井管；5—泵体；6—滤管

深井井点适用于涌水量大，降水较深的砂类土质，降水深度可达50m。

深井井点系统由深井泵或深井潜水泵及井管滤网组成，如图2-15所示。

深井井点系统总涌水量可按无压完整井环形井点系统公式计算。一般沿基坑周围，每隔15～30m设一个深井井点。

深井井点的施工工序为：施工准备——钻机就位、钻孔——安装井管——回填滤料——洗井——安装泵体和电机——抽水试验——正常工作（详见4.4节）。

2.3.6 回灌井点

在软土中进行井点降水时，由于地下水位下降，使土层中黏性土含水量减少产生固结、压缩，土层中夹入的含水砂层浮托力减少而产生压密，致使地面产生不均匀沉降。为了减小地下水的流失和不均匀沉降对周围建（构）筑物的影响，一般在降水区和原有建筑物之间的土层中设置一道抗渗帷幕，除设置固体抗渗帷幕外，还可采用补充地下水的方法来保持建筑物下的地下水位，即在降水井点系统与需保护建（构）筑物之间埋设一道回灌井点，如图2-16所示。

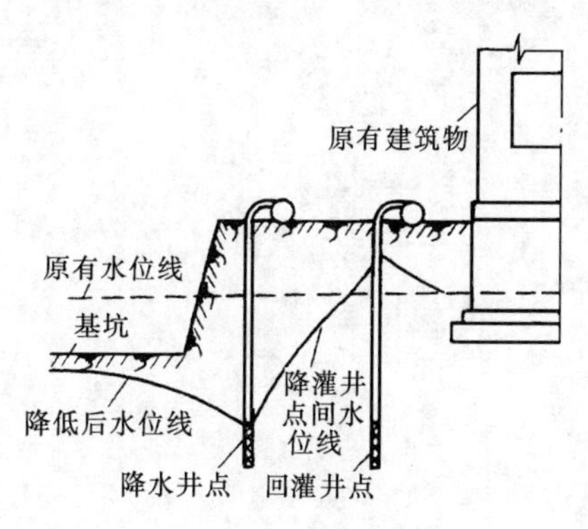

图2-16 回灌井点布置示意

回灌井点的井管滤管部分最好从地下水位线以上0.5m处开始一直到井管底部，也可采用与降水井点管相同的构造，但必须确保成孔及灌砂质量，回灌井点的埋设方法及质量要求与降水井点相同。回灌水量应根据水井理论进行计算。同时，还应根据地下水位的变化及时调节，保持抽灌平衡。回灌水箱高度可根据回灌水量配置，一般采用将水箱架高的办法提高回灌水压力，靠水位差借重力自流灌入土中。

回灌水宜用清水。回灌井点必须在降水井点启动前或在降水的同时向土中灌水，且不得中断，当其中有一方因故停止工作时，另一方亦应停止工作，恢复工作亦应同时进行。

第 3 章　钢筋混凝土工程

在水工程施工中，钢筋混凝土工程占有很重要的地位，贮水和水处理构筑物大多都是用钢筋混凝土建造的，同时，也有相当数量的管渠采用钢筋混凝土结构。

钢筋混凝土由混凝土和钢筋（或钢丝）两部分材料组成，具有抗压、抗拉强度高的特点，适合于作为构（建）筑物中的承力部分。混凝土具有可塑性，可以在现场进行整体浇筑，也可以是预制构件装配式结构。现场进行整体浇筑接合性好，防渗、抗震能力强，钢筋消耗量也较低，可不需大型起重运输机械等。但现场模板材料消耗量大、劳动强度高、现场运输量较大、建设周期长。预制构件装配式结构可以实现工厂化、机械化、流水线式施工，提高工程效率，降低劳动强度，提高劳动生产率，更好地保证工程质量并降低了成本，加快施工速度，并为改善现场施工管理和组织均衡施工提供了有利条件。

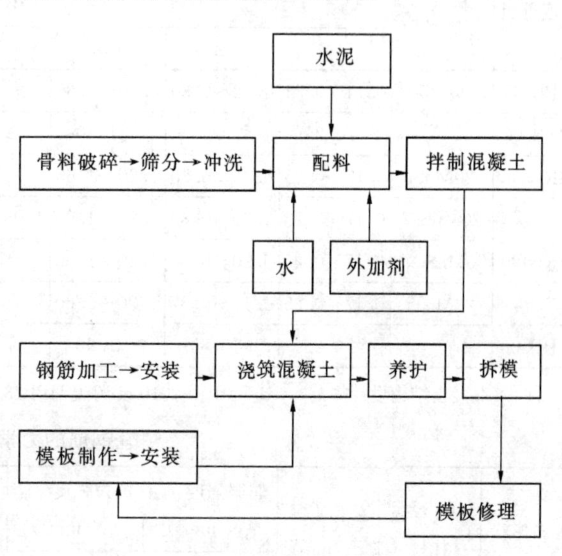

图 3-1　钢筋混凝土工程一般施工顺序

无论采用哪种形式，钢筋混凝土工程都是由各具特点的钢筋工程、模板工程和混凝土工程所组成。它们的施工都要针对具体工程实际，选择最适宜的施工工艺和方法，采用不同的机械设备和使用不同性质的材料，经过多项施工过程由多个工种密切配合而共同完成。其一般施工程序如图 3-1 所示。

随着我国科学技术的发展，在钢筋混凝土工程中，新结构、新材料、新技术和新工艺得到了广泛的应用与发展，并已取得了显著的成效。

3.1 钢　筋　工　程

3.1.1　钢筋的分类及级别

钢筋混凝土结构中使用的钢筋种类很多，通常按生产工艺、力学性能等分成不同的品种。

钢筋按生产工艺可分为：热轧钢筋、冷加工钢筋和热处理钢筋。热轧钢筋包括热轧光圆钢筋与热轧带肋钢筋（如螺旋肋、人字肋、月牙肋）；冷加工钢筋包括冷拉钢筋、冷拔钢丝、冷轧钢筋（冷轧扭钢筋、冷轧带肋钢筋）等；余热处理钢筋属于热处理钢筋。

热轧钢筋是经热轧成型并自然冷却的成品钢筋，按强度等级分为：HPB300级（即屈服点为300N/mm^2，下同）、HRB335级、HRB400级和HRB500级四级。钢筋的强度等级愈高，其抗拉强度愈高，但塑性韧性降低。热轧钢筋牌号和化学成分（熔炼分析）应符合表3-1的规定，其力学性能应符合表3-2的规定。热轧钢筋还可按轧制外形分为光圆钢筋和带肋钢筋（如月牙肋等）两种。

热轧钢筋的化学成分 **表3-1**

强度等级代号	牌号	化学成分（%）							
		C	Si	Mn	V	Nb	Ti	P	S
HPB235	Q235	0.14～0.22	0.12～0.30	0.30～0.65				≤0.045	≤0.050
HPB300		≤0.25	≤0.55	≤1.50				≤0.045	≤0.045
HRB335	20MnSi	0.17～0.25	0.40～0.80	1.20～1.60				≤0.045	≤0.045
HRB400	20MnSiV	0.17～0.25	0.20～0.80	1.20～1.60	1.04～0.12			≤0.045	≤0.045
	20MnSiNb	0.17～0.25	0.20～0.80	1.20～1.60		0.02～0.04		≤0.045	≤0.045
	20MnTi	0.17～0.25	0.17～0.37	1.20～1.60			0.02～0.05	≤0.045	≤0.045
HRB500		≤0.25	≤0.80	≤1.60				≤0.045	≤0.045

注：《混凝土结构设计规范》GB 50010—2010已淘汰HPB235级钢筋。

热轧钢筋的力学性能 **表3-2**

表面形状	强度等级代号	公称直径 d（mm）	屈服强度 f_{yk}（N/mm^2）	抗拉强度 f_{stk}（N/mm^2）	延伸率 d_5（%）	冷弯		符号
			不小于			弯曲角度	弯芯直径	
光圆钢筋	HPB235	5.5～20	235	370	23	180°	d	Φ
	HPB300	5.5～20	300	420	23	180°	d	Φ
带肋钢筋	HRB335 HRBF335	6～25 28～40 >40～50	335	455	17	180°	3d 4d 5d	Φ Φ^F
	HRB400 HRBF400 RRB400	6～25 28～40 >40～50	400	540	16	180°	4d 5d 6d	Φ Φ^F Φ^R
	HRB500 HRBF500	6～25 28～40 >40～50	500	630	15	180°	6d 7d 8d	Φ Φ^F

注：1.《混凝土结构设计规范》GB 50010—2010已淘汰HPB235级钢筋。

2. 采用d>40mm钢筋时，应有可靠的工程经验。

余热处理钢筋是经热轧后立即穿水，进行表面控制冷却，然后利用芯部余热自身完成回火处理所得的成品钢筋。余热处理钢筋的表面形状同热轧带肋钢筋，化学成分与20MnSi钢筋相同，强度等级代号为RRB400级。

此外，在水工程结构和构件中，常用的钢筋还有刻痕钢丝、碳素钢丝和冷拔低碳钢丝、钢绞线等。钢绞线是用符合标准的钢丝经绞捻制成，具有强度高、韧性好、质量稳定等优点，多用于大跨度结构和无粘结预应力水池。

钢筋加工一般先集中在车间加工，然后运至施工现场安装或绑扎。采用流水作业，以便于合理组织生产工艺和采用新技术，实现钢筋加工的联动化和自动化。钢筋加工过程取决于成品种类，一般包括钢筋的冷处理（冷拉、冷拔、冷轧）、调直、除锈、切断、弯曲、连接等工序。

3.1.2　钢筋的冷处理

1. 钢筋的冷处理原理

从钢筋应力—应变图（图 3-2）中可以看出，将钢筋冷拉到其应力超过屈服点，例如 k 点，然后卸去外力，由于钢筋产生塑性变形，卸荷过程中应力—应变曲线沿直线 ko_1 降至 o_1 点。如立即重新加荷，应力—应变曲线将沿着 o_1kde 变化，并在 k 点出现新的屈服点。钢筋冷拉后，经时效处理，再行加荷，则应力—应变曲线将沿 $o_1k'd'e'$ 变化，屈服点进一步提高到 k'，塑性再次降低。由于设计中不利用时效后提高的屈服点，因此施工中一般不作时效处理。

如图 3-2 所示，oa 阶段中应力与应变成正比，称之为弹性阶段。而当应力超过弹性极限后，应力与应变不再成比例关系，应力在很小的范围内波动，而应变却急剧增加，使混凝土出现很大裂缝，该过程称之为屈服阶段。并且钢筋混凝土结构计算以屈服强度作为钢筋强度的限值。过屈服点以后，继续加负荷的过程称为强化阶段，应力与应变的关系表现为上升曲线，对于 d 点的应力叫强度极限，也叫抗拉强度。在钢筋中的强化阶段，只作为安全储备。最后 d 点到 e 点的过程为颈缩阶段，到达顶点 d 后，变形加大，拉力逐渐下降，使试件的某一断面显著缩小，最后在 e 点断裂。

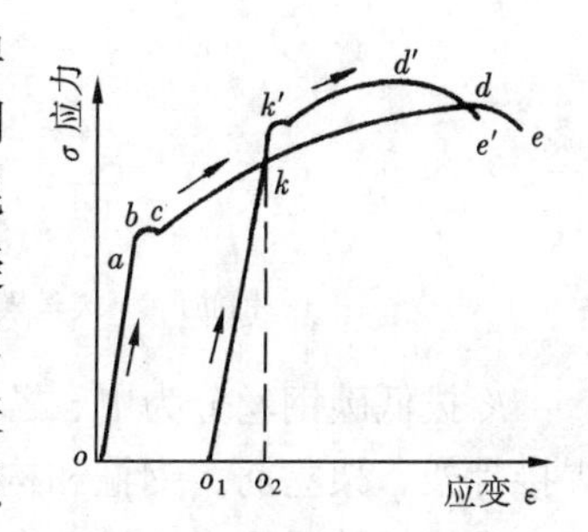

图 3-2　冷拉钢筋应力-应变图

图 3-2 中的 k 点即为冷拉钢筋的控制应力，oo_2 即为相应的冷拉率，o_1o_2 为弹性回缩率。

2. 钢筋冷拉

由于冷拉钢筋可提高强度、增加长度，在工程中，一般可节约 10%～20%的钢材，还可同时完成调直、除锈工作。

钢筋冷拉是在常温下，以超过钢筋屈服强度的拉应力拉伸钢筋，使其产生塑性变形，以调直钢筋、考验焊接接头质量、提高强度，节约钢材。冷拉Ⅰ级钢筋用于结构中的受拉钢筋，冷拉Ⅱ，Ⅲ，Ⅳ级钢筋用作预应力钢筋。

钢筋冷拉质量控制，可采用控制应力和控制冷拉率法。对不能分清炉批号的热轧钢筋，不应采取冷拉率控制。不同炉批的钢筋，也不宜用控制冷拉率法。

钢筋冷拉后强度提高，塑性降低，但仍有一定的塑性，其屈服强度与抗拉强度应保持一定的比值，即使钢筋有一定的强度储备和保持软钢特性。因此，采用控制应力法冷拉钢筋时，国家规范规定，不同钢筋的冷拉控制应力及最大冷拉率应符合有关规定。

常用钢筋冷拉装置有两种：一种是采用卷扬机带动滑轮组作为冷拉动力的机械式冷拉工艺；另一种是采用长行程（1500mm 以上）的专用液压千斤顶和高压油泵的液压冷拉工

艺。目前我国仍以前者为主，但后者更有发展前途。

3. 钢筋冷拔

钢筋冷拔是将直径6～10mm的HPB300级光面钢筋在常温下通过拔丝模（图3-3）多次强力拉拔，使钢筋产生塑性变形，拔成比原钢筋直径小的钢丝，以改变其物理力学性能，称为冷拔低碳钢丝。与冷拉相比，冷拔是拉伸与压缩兼有的立体应力。冷拔低碳钢丝是硬钢性质，塑性降低，没有明显的屈服阶段，但强度显著增高，可达50%～90%，故能大量节约钢材。

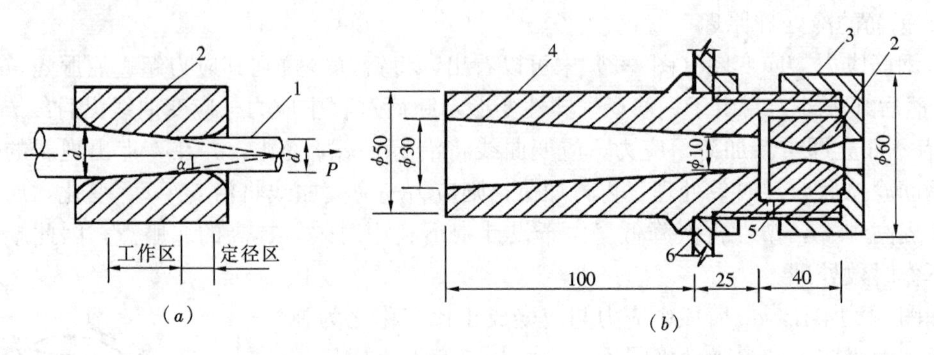

图3-3 拔丝模构造与装法

(a) 拔丝模构造；(b) 拔丝模装在喇叭管内

1—钢筋；2—拔丝模；3—螺母；4—喇叭管；5—排渣孔；6—存放润滑剂的箱壁

冷拔低碳钢丝分为甲、乙两级。甲级冷拔钢丝主要用于预应力筋，乙级用作焊接网、焊接骨架、架立筋、钢箍和构造钢筋等。

冷拔钢筋采用强迫拔丝工艺，其工艺流程为：轧头、剥壳、润滑及拔丝。如钢筋需连接则在冷拔前用对焊连接。在拔丝过程中不用酸洗，并不得退火。

影响冷拔丝强度的主要因素是原材料的强度和冷拔总压缩率。

冷拔总压缩率是指由盘条拔至成品钢丝的横截面缩减率。冷拔总压缩率越大，钢丝的抗拉强度越高，但塑性也越差。为了保证甲级冷拔丝的强度和塑性相对较为稳定，必须控制总压缩率。在一般情况下，$\phi5$钢丝宜用$\phi8$盘条拔制，$\phi3$和$\phi4$钢丝宜用$\phi6.5$盘条拔制。

冷拔次数应选择适宜，次数过多易使钢丝变脆，且降低冷拉机生产率；冷拔次数过少，每次压缩过大，易产生断丝和安全事故。根据实践经验，冷拔次数与每道压缩量之间关系，可按下式计算：

$$d_2 = (0.85 \sim 0.9)d_1 \tag{3-1}$$

式中 d_1——冷拔前钢丝直径（mm）；

d_2——冷拔后钢丝直径（mm）。

拔丝工艺中，润滑剂选用较为重要。润滑剂常用石灰、动植物油、肥皂、白蜡和水按一定配比制成。常用的润滑剂配方是：生石灰100kg，动物油20kg，肥皂5～8条，水200kg，石蜡少掺或不掺配制而成。润滑剂也可采用三级硬脂酸与石灰粉按1∶2混合而成。

4. 钢筋冷轧

将圆筋通过成型钢辊压轧成有规律变形的钢丝。现常用冷轧带肋钢筋是热轧圆盘条经冷轧或冷拔减径后在其表面冷轧成三面或两面有肋的钢筋，其强度分为4个牌号：CRB550、CRB650、CRB800和CRB970（MPa）。CRB550主要为普通钢筋混凝土结构构件中的受力钢筋、架立筋、箍筋及构造筋；其他牌号钢筋宜用于预应力混凝土钢筋。

3.1.3　钢筋的焊接

钢筋的连接与成型采用焊接加工代替绑扎，可改善结构受力性能，节约钢材和提高工效。

钢筋焊接加工的效果与钢材的可焊性有关，也与焊接工艺有关。

钢材的可焊性是指被焊钢材在采用一定焊接材料和焊接工艺条件下，获得优质焊接接头的难易程度。钢筋的可焊性与其含碳及含合金元素量有关，含碳、锰量增加，可焊性降低；含锰量增加也影响焊接效果。含适量的钛，可改善焊接性能。

当环境温度低于－5℃，即为钢筋低温焊接，此时应调整焊接工艺参数，使焊接和热影响区缓慢冷却。风力超过4级时，应有挡风措施。环境温度低于－20℃时不得进行焊接。

钢筋焊接的方法，常用的有对焊、点焊、电弧焊、接触电渣焊、埋弧焊等。

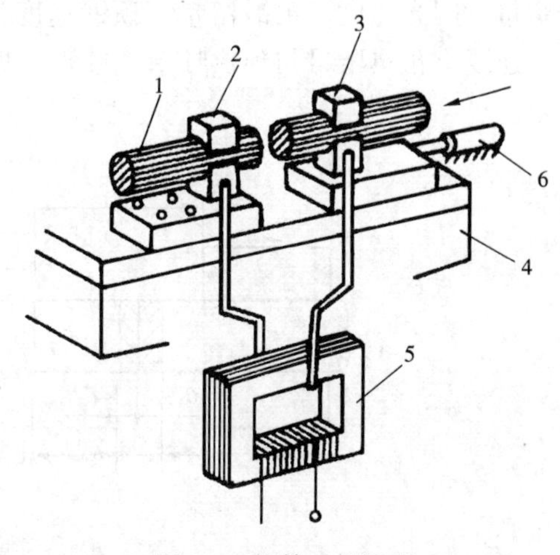

图3-4　钢筋对焊原理

1—钢筋；2—固定电极；3—可动电极；4—机座；5—变压器；6—手动压力机构

1. 对焊

钢筋对焊原理如图3-4所示，是利用对焊机两电极使两段钢筋接触，通以低电压的强电流，把电能转化为热能。当钢筋加热到一定程度后，即施加轴向压力顶锻，便形成对焊接头。

常用对焊机型号有UN_1-75（LP-75），可焊小于ϕ36的钢筋；UN_1-100（LP-100）、UN_2-150（LM-150-2）及UN_{17}-150-1等，可焊小于ϕ50的钢筋。

根据钢筋品种、直径和所用焊机功率等不同，闪光对焊可分连续闪光焊、预热闪光焊和闪光—预热—闪光焊三种工艺。

（1）连续闪光焊

连续闪光焊工艺过程包括：连续闪光和顶锻过程。施焊时，待钢筋夹紧在电极钳口上后，先闭合电源，使两钢筋端面轻微接触，由于钢筋端部不平，开始只有一点或数点接触，接触面小而电流密度和接触电阻很大，此时端面的间隙中即喷射出火花般熔化的金属微粒—一闪光，接着徐徐移动钢筋使两端面仍保持轻微接触，形成连续闪光。当闪光到预定的长度，使钢筋接头加热到将近熔点时，以一定的压力迅速进行顶锻。先带电顶锻，再无电顶锻到一定长度，焊接接头即告完成。

连续闪光焊宜用于直径小于25mm的钢筋。

（2）预热闪光焊

预热闪光焊是在连续闪光焊前增加一次预热过程，以扩大焊接热影响区。其工艺过程包括：预热、闪光和顶锻过程。施焊时先闭合电源，然后使两钢筋端面交替地接触和分开，这时钢筋端面的间隙中即发生断续的闪光，而形成预热的过程。当钢筋达到预热的温度后进入闪光阶段，随后顶锻而成。

钢筋直径较大，端面比较平整时宜用预热闪光焊。

（3）闪光—预热—闪光焊

闪光—预热—闪光焊是在预热闪光焊前加一次闪光过程，以便使不平整的钢筋端面烧化平整，使预热均匀。其工艺过程包括：一次闪光、预热、二次闪光及顶锻过程。

钢筋直径较粗时，宜采用预热闪光焊和闪光—预热—闪光焊。

为了获得良好的对焊接头，应合理选择焊接参数。焊接参数主要包括：调伸长度、闪光留量、闪光速度、顶锻留量、顶锻速度、顶锻压力及变压器级次等。采用预热闪光焊时，还要有预热留量与预热频率等参数。调伸长度、闪光留量和顶锻留量图解，如图3-5所示。

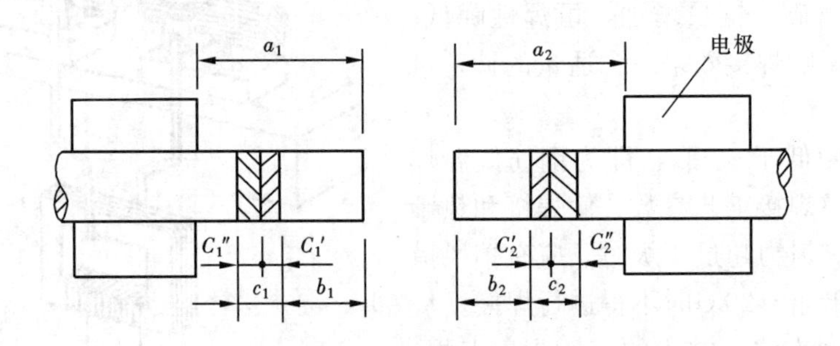

图3-5 调伸长度及留量

a_1、a_2—左右钢筋的调伸长度；b_1+b_2—闪光留量；

c_1+c_2—顶锻留量；$C_1'+C_2'$—有电顶锻留量；

$C_1''+C_2''$—无电顶锻留量

HRB500级钢筋碳、锰、硅等含量高，焊接性能较差，焊后容易产生淬硬组织，降低接头的塑性性能。为了改善以上情况，采取扩大焊接时的加热范围，防止接头处温度梯度过大和冷却过快，采用较大的调伸长度和较低的变压器级数，以及较低的预热频率。HRB500级钢筋采用预热闪光焊或闪光—预热—闪光焊，其接头的力学性能不能符合质量要求时，可在焊后进行通电热处理。

2. 点焊

点焊的工作原理如图3-6所示，是将已除锈污的钢筋交叉点放入点焊机的两电极间，使钢筋通电发热至一定温度后，加压使焊点金属焊牢。

采用点焊代替人工绑扎，可提高工效，成品刚性好，运输方便。采用焊接骨架或焊接网时，钢筋在混凝土中能更好地锚固，可提高构件的刚度及抗裂性，钢筋端部不需弯钩，可节约钢材。因此，钢筋骨架应优先采用点焊。

常用点焊机有单点点焊机（用以焊接较粗的钢筋）、多头点焊机（一次可焊数点，用以焊接钢筋网）和悬挂式点焊机（可焊平面尺寸大的骨架或钢筋网）。施工现场还可采用手提式点焊机。点焊机类型较多，但其工作原理基本相同，图3-7为脚踏式点焊机工作示意图。当电流接通踏下踏板，上电极即压紧钢筋，断路器接通电流，在极短的时间内强大电流经变压器次级引至电极，使焊点产生大量的电阻热形成熔融状态，同时在电极施加的压力下，使两焊件接触处结合成为一个牢固的焊点。

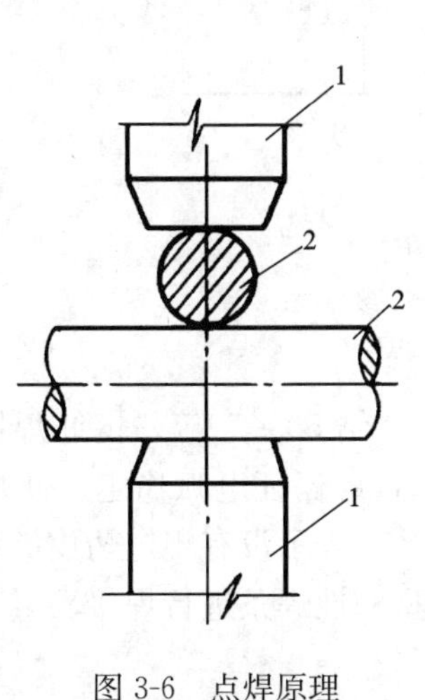

图 3-6 点焊原理

1—电极；2—钢筋

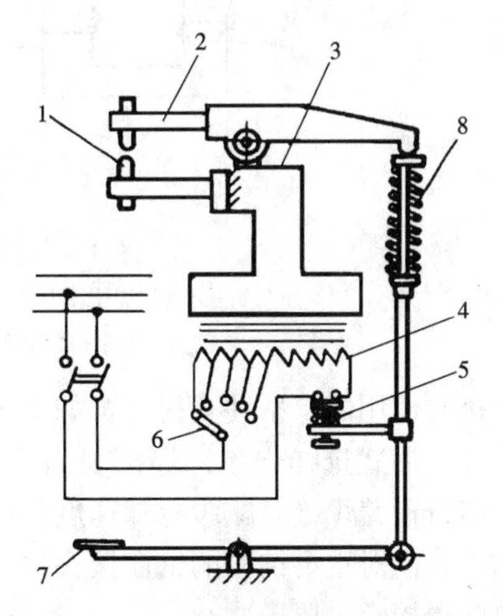

图 3-7 脚踏式点焊机工作示意图

1—电极；2—电极臂；3—变压器次级线圈；4—变压器初级线圈；5—断路器；6—变压器调节级数开关；7—踏板；8—压紧机构

点焊过程可分为预压、加热熔化、冷却结晶三个阶段。钢筋点焊工艺，根据焊接电流大小和通电时间长短，可分为强参数工艺和弱参数工艺。强参数工艺的电流强度较大（120～360A/mm^2），通电时间短（0.1～0.5s）；这种工艺的经济效果好，但点焊机的功率要大。弱参数工艺的电流强度较小（80～160A/mm^2），而通电时间较长（0.5 秒至数秒）。点焊热轧钢筋时，除因钢筋直径较大，焊机功率不足，需采用弱参数外，一般都可采用强参数，以提高点焊效率。点焊冷处理钢筋时，为了保证点焊质量，必须采用强参数。

钢筋点焊参数主要包括：焊接电流、通电时间和电极压力。在焊接过程中，应保持一定的预压时间和锻压时间。

点焊焊点的压入深度：对热轧钢筋应为较小钢筋直径的 30%～45%；对冷拔低碳钢丝点焊应为较小钢丝直径的 30%～35%。

3. 电弧焊

电弧焊（图 3-8）是利用弧焊机使焊条与焊件之间产生高温电弧，使焊条和电弧燃烧范围内的焊件金属很快熔化，熔化的金属凝固后，便形成焊缝或焊接接头。电弧焊应用较广，如钢筋的搭接接长、钢筋骨架的焊接、钢筋与钢板的焊接、装配式结构接头的焊接及其他各种钢结构的焊接等。

电弧焊的主要设备是弧焊机，可分为交流弧焊机和直流弧焊机两类。交流弧焊机（焊接变压器）具有结构简单、价格低、保养维护方便等优点，建筑工地多采用，其常用型号有 BX_3-120-1、BX_3-300-2、BX_3-500-2 和 BX_2-1000 等。

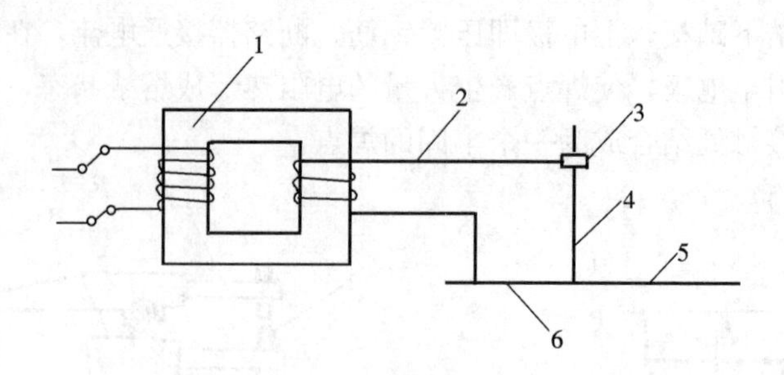

图 3-8　电弧焊示意图

1—交流弧焊机变压器；2—变压器次级导线；
3—焊钳；4—焊条；5、6—焊件

电弧焊接时使用的焊条种类很多，如“结 42×”、“结 50×”等，钢筋焊接根据钢材等级和焊接接头形式选择焊条。焊条表面涂有药皮，它可保证电弧稳定、使焊缝免致氧化，并产生熔渣覆盖焊缝以减缓冷却速度。尾符号“×”表示没有规定药皮类型，酸性或碱性焊条均可。但对重要结构的钢筋接头，宜用低氢型碱性焊条进行焊接。

钢筋电弧焊接头主要形式有：

（1）帮条焊接头（单面焊缝或双面焊缝）与搭接焊接头（单面焊缝或双面焊缝）

帮条接头与搭接接头如图 3-9 所示。施焊时，引弧应在帮条或搭接钢筋的一端开始，收弧应在帮条或搭接钢筋的端头上，弧坑应填满。多层施焊时第一层焊缝应有足够的熔深，主焊缝与定位焊缝，特别是在定位焊缝的始端与终端应熔合良好。

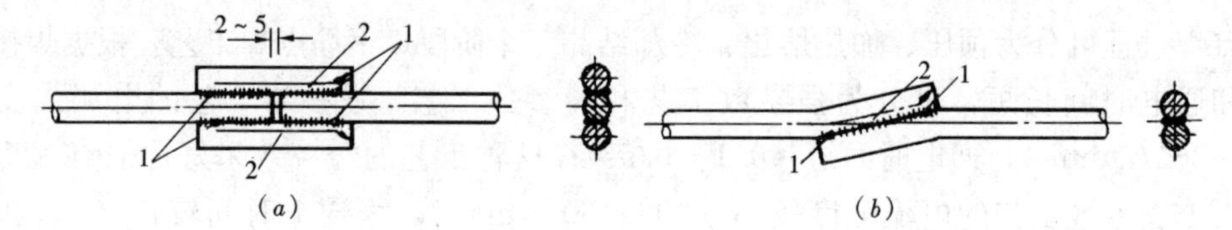

图 3-9　帮条焊与搭接焊的定位

(*a*) 帮条焊；(*b*) 搭接焊

1—定位焊缝；2—弧坑拉出方位

采用帮条焊或搭接焊的钢筋接头，焊缝长度不应小于帮条或搭接长度，焊缝高度 $h\geqslant 0.3d$，并不得小于 4mm；焊缝宽度 $b\geqslant 0.7d$，并不得小于 10mm（图3-10）。钢筋与钢板接头采用搭接焊时，焊缝高度 $h\geqslant 0.35d$，并不得小于 6mm；焊缝宽度 $b\geqslant 0.5d$，并不得小于 8mm。

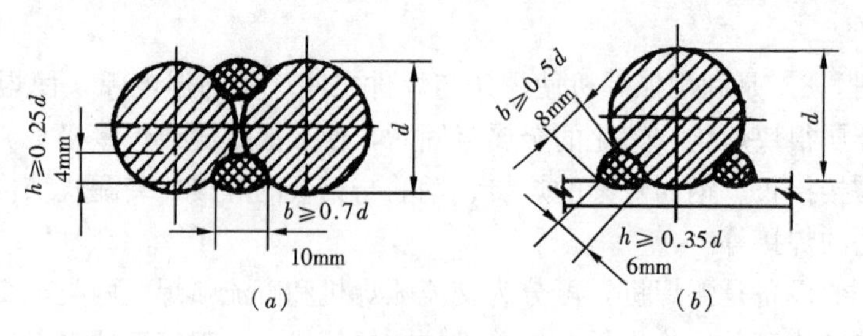

图 3-10　焊缝尺寸示意

(*a*) 钢筋接头；(*b*) 钢筋与钢板接头

（2）坡口焊

坡口焊接头如图 3-11 所示。适用于在施工现场焊接装配现浇式构件接头中直径为16～40mm 的钢筋。

坡口焊可分为平焊和立焊两种。施焊时，焊缝根部、坡口端面以及钢筋与钢垫板之间均应熔合良好。为了防止接头过热，采用几个接头轮流焊接。为加强焊缝的宽度，应超过 V 形坡口的边缘 2～3mm，其高度也为2～3mm。

如发现接头有弧坑、未填满、气孔及咬边等缺陷时，应补焊。HRB400 级钢筋接头冷却补焊时，需用氧乙炔预热。

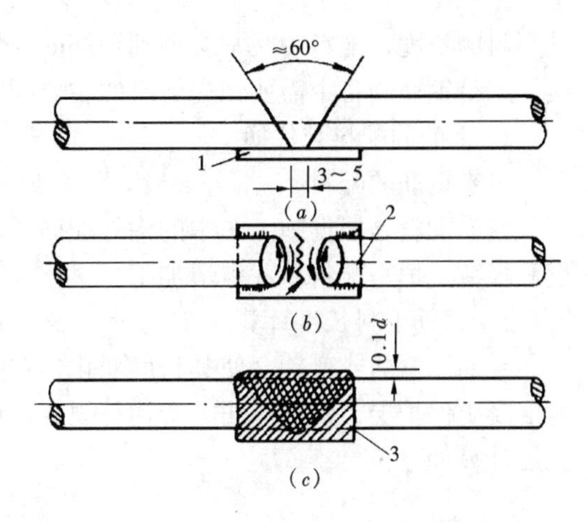

图 3-11（Ⅰ） 钢筋坡口平焊
（a）坡口形式；（b）运弧形式；（c）接头形状
1—钢垫板；2—定位焊接；3—加强焊接

（3）预埋件 T 形接头的钢筋焊接

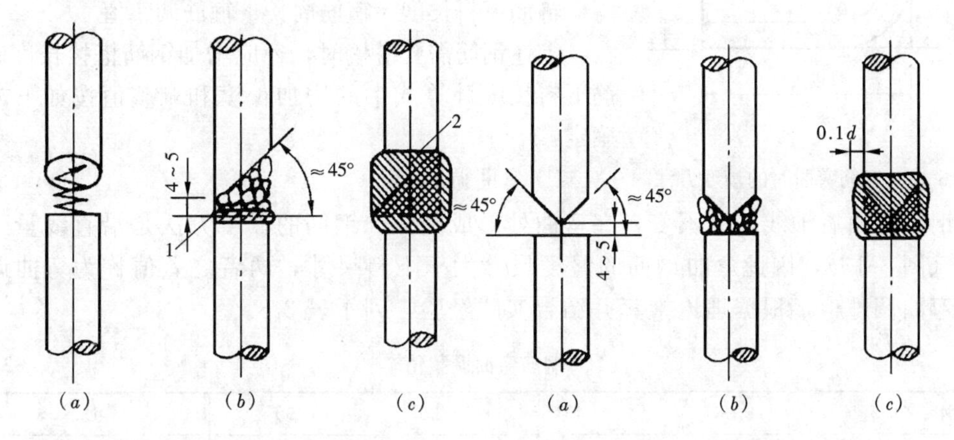

图 3-11（Ⅱ） 钢筋半 V 形坡口立焊
（a）运弧方式；（b）接头施焊；（c）接头形状

图 3-11（Ⅲ） 钢筋 K 形坡口立焊
（a）K 形坡口；（b）接头施焊；（c）接头形状

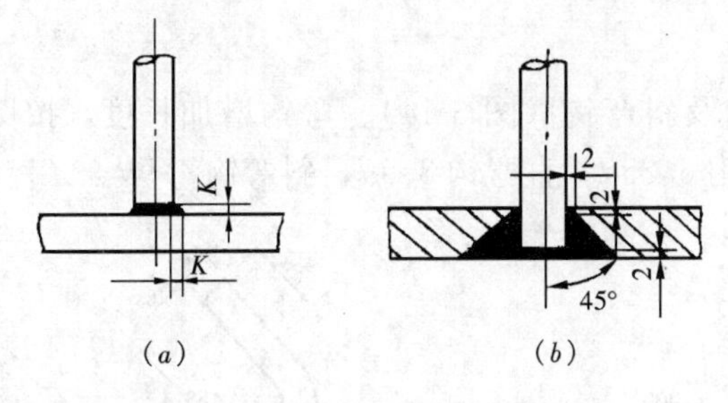

图 3-12 预埋件 T 形接头电弧焊
（a）贴角焊；（b）穿孔塞焊

预埋件 T 形接头电弧焊的接头形式分贴角焊和穿孔塞焊两种（图 3-12）。

采用贴角焊时，焊缝的焊脚 K 不小于 $0.6d$（HRB335 级钢筋）。

采用穿孔塞焊时，钢板的孔洞应做成喇叭口，其内口直径比钢筋直径大 4mm，倾斜角为 45°，钢筋缩进 2mm。

施焊时，电流不宜过大，严禁烧伤钢筋。

3.1.4 钢筋的制备与安装

钢筋的制备包括钢筋的配料、加工、钢筋骨架的成型等施工过程。钢筋的配料要确定其下料的长度；配料中又常会遇到钢筋的规格、品种与设计要求不符，还需进行钢筋的代换。这是钢筋制备中需要预先解决的主要问题。

1. 钢筋的配料与代换

(1) 钢筋的配料

钢筋配料是根据施工图中的构件配筋图，分别计算各种形状和规格的单根钢筋下料长度和根数，填写配料单，申请加工。

1) 钢筋下料长度计算

钢筋因弯曲或弯钩会使其长度变化，在配料中不能直接根据图纸尺寸下料，必须了解对混凝土保护层、钢筋弯曲、弯钩等规定，再按图中尺寸计算其下料长度。各种钢筋下料长度计算如下：

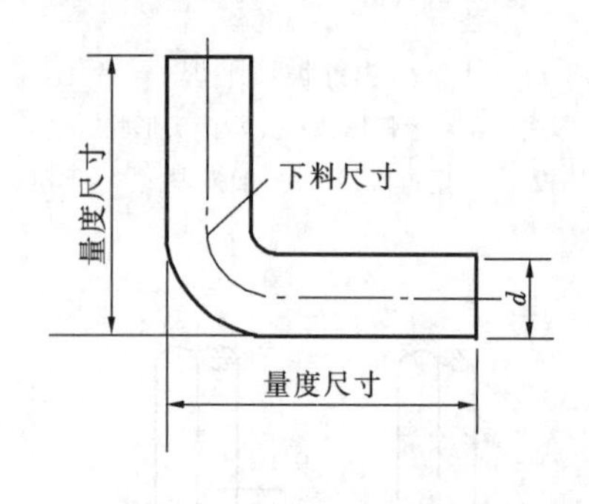

图 3-13　钢筋弯曲时的量度方法

直钢筋下料长度＝构件长度－保护层厚度＋弯钩增加长度

弯起钢筋下料长度＝直段长度＋斜段长度－弯曲调整值＋弯钩增加长度

箍筋下料长度＝箍筋周长＋箍筋调整值

上述钢筋需要搭接时，还应增加钢筋搭接长度。钢筋下料长度计算式中的增加长度和调整值按如下方法确定：

① 弯曲调整值

钢筋弯曲后轴线长度不变，在弯曲处形成圆弧。钢筋的量度方法是沿直线量外包尺寸（图 3-13），因此弯曲钢筋的量度尺寸大于下料尺寸，两者之差值称为弯曲调整值。弯曲调整值，根据理论推算并结合实践经验，列于表 3-3。

钢筋弯曲调整值　　**表 3-3**

钢筋弯曲程度	30°	45°	60°	90°	135°
钢筋弯曲调整值	0.35d	0.5d	0.85d	2d	2.5d

注：d 为钢筋直径。

② 弯钩增加长度

钢筋的弯钩形式有：半圆弯钩、直弯钩及斜弯钩（图 3-14）。弯钩增加长度，按图 3-14所示的计算简图，其计算值为：半圆弯钩 6.25d，直弯钩 3.5d，斜弯钩 4.9d。

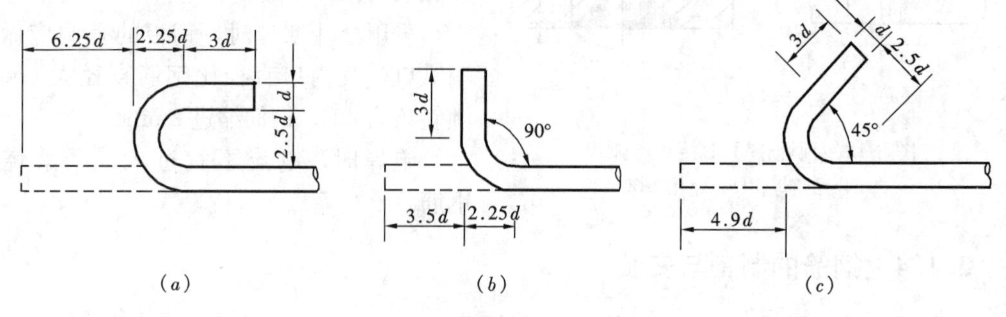

图 3-14　钢筋弯钩计算简图

(a) 半圆弯钩；(b) 直弯钩；(c) 斜弯钩

在生产实践中，由于实际弯心直径与理论弯心直径有时不一致，钢筋粗细和机具条件不同等而影响平直部分的长短（手工弯钩时平直部分可适当加长，机械弯钩时可适当缩短），因此在实际配料计算时，对弯钩增加长度常根据具体条件，采用经验数据。

③ 弯起钢筋斜长

弯起钢筋斜长的计算简图如图 3-15 所示，弯起钢筋斜长系数表见表 3-4。

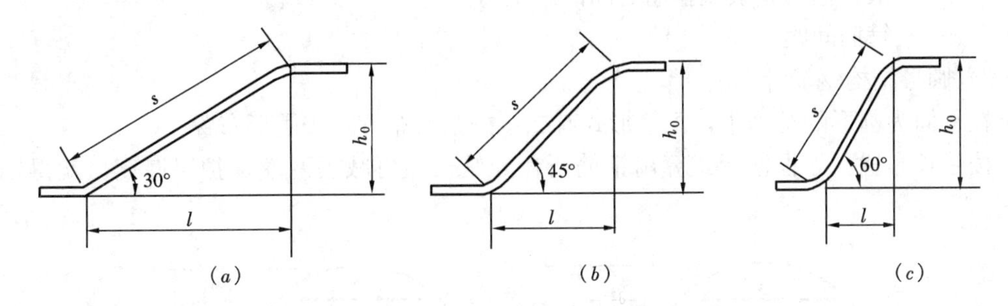

图 3-15　弯起钢筋斜长计算简图

(a) 弯起角度 30°；(b) 弯起角度 45°；(c) 弯起角度 60°

弯起钢筋斜长系数表　　表 3-4

弯 起 角 度	$\alpha=30°$	$\alpha=45°$	$\alpha=60°$
斜边长度 s	$2h_0$	$1.41h_0$	$1.15h_0$
底边长度 l	$1.732h_0$	h_0	$0.575h_0$
增加长度 s-l	$0.268h_0$	$0.41h_0$	$0.575h_0$

注：h_0 为弯起高度。

④ 箍筋调整值

箍筋调整值，即为弯钩增加长度和弯曲调整值两项之差或和，根据箍筋量外包尺寸或内皮尺寸而定（图 3-16）。箍筋调整值见表 3-5。

箍 筋 调 整 值　　表 3-5

箍　筋	箍筋直径（mm）			
量度方法	4～5	6	8	10～12
量外包尺寸	40	50	60	70
量内皮尺寸	80	100	120	150～170

2）变截面构件箍筋计算

根据比例原理（图 3-17），每根箍筋的长短差 Δ，可按下式计算：

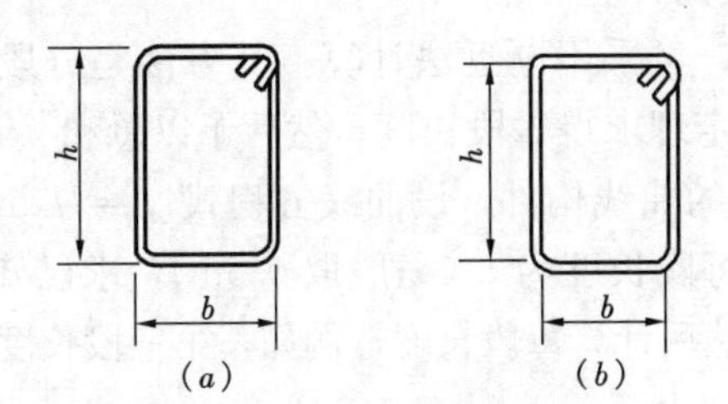

图 3-16　箍筋量度方法

(a) 量外包尺寸；(b) 量内皮尺寸

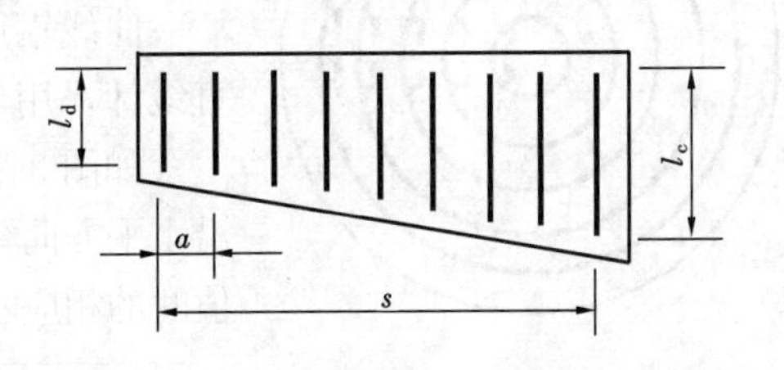

图 3-17　变截面构件箍筋计算

$$\Delta = \frac{l_c - l_d}{n-1} \tag{3-2}$$

式中　l_c——箍筋的最大高度；

l_d——箍筋的最小高度；

n——箍筋个数，等于 $s/a+1$；

s——最长箍筋和最短箍筋之间的总距离；

a——箍筋间距。

3）圆形结构钢筋计算

在平面为圆形的结构中，配筋形式有二：按弦长布置，按圆形布置。

按弦长布置：先根据下式算出钢筋所在处弦长，再减去两端保护层厚度，就得钢筋长度。

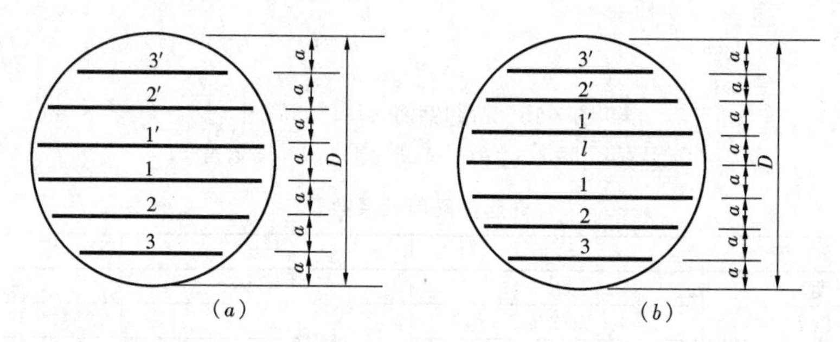

图 3-18　圆形结构钢筋计算（按弦长布置）

（a）单数间距；（b）双数间距

当配筋为单数间距时（图 3-18a）：

$$l_i = a\sqrt{(n+1)^2 - (2i-1)^2} \tag{3-3}$$

当配筋为双数间距时（图 3-18b）：

$$l_i = a\sqrt{(n+1)^2 - (2i)^2} \tag{3-4}$$

式中　l_i——第 i 根（从圆心向两边计数）钢筋所在的弦长；

a——钢筋间距；

n——钢筋根数，等于 $D/a-1$（D——圆形结构直径）；

i——从圆心向两边计数的序号数。

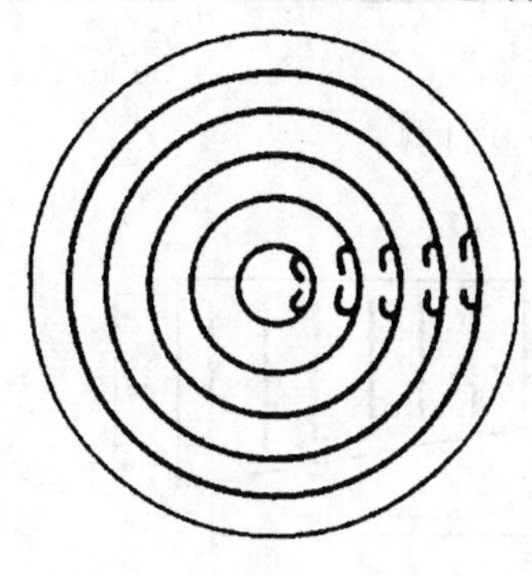

图 3-19　圆形结构钢筋（按圆形布置）

按圆形布置：一般可用比例方法先求出每根钢筋的圆直径，再乘圆周率算得钢筋长度，如图 3-19 所示。

4）曲线构件钢筋计算

曲线钢筋长度，可采用渐近法计算。其方法是分段按直线计，用勾股弦定理求得每段长度，然后予以总和。

如图 3-20 所示的曲线构件，设曲线方程式 $y=f(x)$，沿水平方向分段，每段长度为 l（一般取 0.5m），求已知 x 值时的相应 y 值，然后计算每段长度，例如，第三段长度为 $\sqrt{(y_3-y_2)^2+l^2}$。

曲线构件箍筋高度，可根据已知曲线方程式求解。其方法是先根据箍筋的间距确定 x 值，代入曲线方程式求 y 值，然后计算该处的梁高 $h=H-y$，再扣除上下保护层厚度，即得箍筋高度。

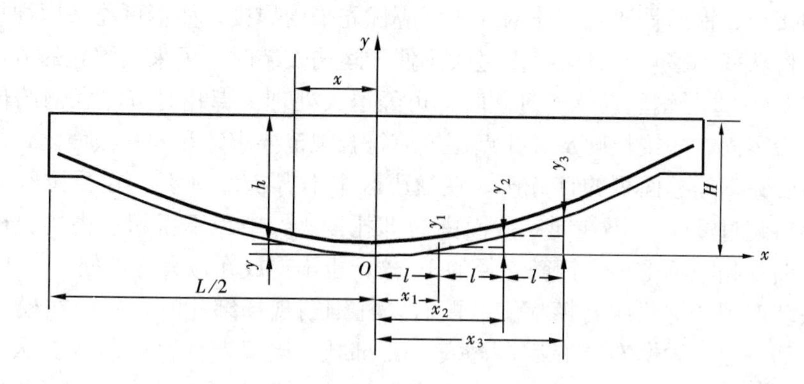

图 3-20　曲线构件钢筋计算

对一些外形复杂的结构，用数学方法计算钢筋长度有困难时，也可用放小样（1∶5）或放足尺（1∶1）的办法求钢筋下料长度。

（2）钢筋的代换

当施工中遇有钢筋的品种或规格与设计要求不符时，可按下述原则进行代换：

1）等强度代换。当构件受强度控制时，钢筋可按强度相等原则进行代换。

2）等面积代换。当构件按最小配筋率配筋时，在征得设计单位同意后，可以进行代换。代换时，必须充分了解设计意图和代换钢筋的性能；必须满足规范中所规定的钢筋间距、锚固长度、最小钢筋直径、根数等要求；对重要受力构件，不宜用低等级光面钢筋代替变形钢筋；钢筋可按面积相等原则进行代换。

3）当构件受裂缝宽度或抗裂性要求控制时，代换后应进行裂缝或抗裂性验算。

钢筋代换后，还应满足构造方面的要求（如钢筋间距、最小直径、最少根数、锚固长度、对称性等）及设计中提出的特殊要求（如冲击韧性、抗腐蚀性等）。

2. 钢筋的加工、绑扎与安装

（1）钢筋加工

钢筋加工包括调直、除锈、下料剪切、接长、弯曲等工作。

钢筋调直可采用冷拉的方法，若冷拉只是为了调直，而不是为了提高钢筋的强度，则冷拉率可采用 0.7%～1%，或拉到钢筋表面的氧化铁皮开始剥落时为止。除冷拉的调直方法外，粗钢筋还可采用锤直或扳直的方法。$\phi4$～$\phi14$ 的钢筋可采用调直机进行调直。

钢筋如保管不良，产生鳞片状锈蚀时，则应进行除锈。除锈可采用钢丝刷或机动钢丝刷，或在砂堆中往复拉擦，或喷砂除锈，要求较高时还可采用酸洗除锈。

钢筋下料时，须按下料长度剪切。钢筋剪切可采用钢筋剪切机或手动剪切器。手动剪切器一般只用于小于 $\phi12$ 的钢筋，钢筋剪切机可切断小于 $\phi40$ 的钢筋。大于 $\phi40$ 的钢筋需用氧—乙炔焰或电弧割切。

钢筋下料之后应进行划线，以便将钢筋准确地加工成所规定的（外包）尺寸。钢筋弯曲宜采用弯曲机，弯曲机可弯 $\phi6$～$\phi40$ 的钢筋。大于 $\phi25$ 的钢筋当无弯曲机时也可采用扳钩弯曲。

(2) 钢筋绑扎、安装

钢筋加工后，进行绑扎、安装。

钢筋的接长、钢筋骨架或钢筋网的成型应优先采用焊接，如不可能采用焊接（如缺乏电焊机或焊机功率不够）或骨架过重过大不便于运输安装时，可采用绑扎的方法。钢筋绑扎一般采用20～22号钢丝。钢丝过硬时，可经退火处理。绑扎时应注意钢筋位置是否准确，绑扎是否牢固，搭接长度及绑扎点位置应符合规范要求。在同一截面内，绑扎接头的钢筋面积占受力钢筋总面积的百分比，在受压区中不得超过50%，在受拉区或拉压不明的区中，不得超过25%。不在同一截面中的绑扎接头，中距不得超过搭接长度。绑扎接头与钢筋弯曲处相距不得小于钢筋直径的10倍，也不得放在最大弯矩处。

钢筋安装或现场绑扎应与模板安装配合，柱钢筋现场绑扎时，一般在模板安装前进行，梁的钢筋一般在梁模安装好后，再安装或绑扎。当梁断面高度较大（大于600mm）或跨度较大、钢筋较密的大梁，可留一面侧模，待钢筋绑扎（或安装）完后再安装。顶板钢筋绑扎应在顶板模板安装后进行，并应按设计先划线，然后摆料、绑扎。

钢筋在混凝土中应有一定厚度的保护层（一般指主筋外表面到构件外表面的厚度）。保护层厚度应按设计或规范确定。工地常用预制水泥砂浆垫块垫在钢筋与模板间，以控制保护层厚度。垫块应布置成梅花形，其相互间距不大于1m。上下双层钢筋之间的尺寸可绑扎短钢筋、钢筋梯子、凳子或垫预制块来控制。

钢筋工程属于隐蔽工程，在灌筑混凝土前应对钢筋及预埋件进行验收，并记好隐蔽工程记录，以便查考。

3.2 模板工程

在钢筋混凝土结构施工中，模板是保证浇筑的混凝土按设计要求成型并承受其荷载的模型。模板通常是由模型板和支架两部分组成，模板的支设应符合如下规定：

(1) 保证工程结构和构件各部分形状、尺寸和相互位置的正确性；

(2) 具有足够的强度、刚度和稳定性。能可靠地承受新浇筑混凝土的质量和侧压力，以及在施工过程中所产生的荷载；

(3) 构造应力求简单，装拆方便，能多次周转使用，便于钢筋安装和绑扎、混凝土浇筑和养护等后续工艺的操作；

(4) 模板接缝应严密不宜漏浆；

(5) 模板与混凝土的接触面应涂隔离剂以利脱模，严禁隔离剂沾污钢筋与混凝土接槎处。

在钢筋混凝土工程中，模板工程的费用占有很大比例，因此，模板工程应在保证质量基础上改善其经济性。

模板依其形式不同，可分为组合式模板、工具式模板、永久式模板等。依其使用材料不同，可分为木模板、钢模板、钢木组合模板、竹木模板、塑料模板、玻璃钢模板和铝合金模板等。

目前国内给水排水工程中已大量推广使用组合式定型钢模板，对特殊外形构筑物和部件常用木模板或特制异型钢模板。以下重点介绍组合式定型模板。

3.2.1　组合式定型模板及支承工具

使用组合式定型模板，可以使模板制作工厂化，节约材料和提高工作效率。

1. 定型模板

定型模板一般有木定型模板、钢木定型模板、钢定型模板、竹木定型模板和钢丝网水泥定型模板等。

（1）木定型模板

可利用短、窄、废旧板材拼制，构造简单，制作方便。缺点是耐久性差。模板尺寸一般为 1000mm×500mm，其构造示意如图 3-21 所示。

（2）钢木定型模板

钢边框的制作尺寸及钻孔位置要准确，板面可用防水胶合板或木屑板，板面要与边框做平，钢材表面涂防锈漆。模板尺寸一般为 1000mm×500mm，构造示意图如图 3-22 所示。

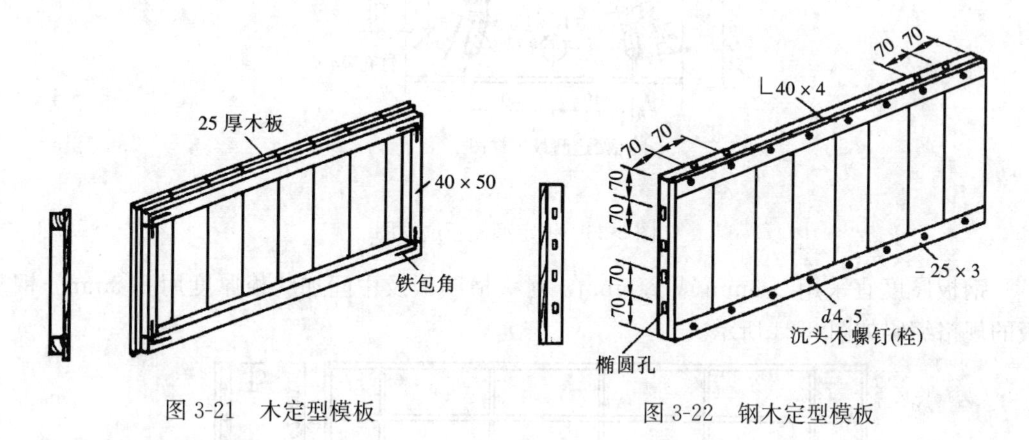

图 3-21　木定型模板

图 3-22　钢木定型模板

（3）钢定型模板

钢定型模板由钢模板和配件两部分组成，称为组合钢模板。其中钢模板包括平面模板、阴角模板、阳角模板和连接角模。配件的连接件包括 U 形卡、L 形插销、钩头螺栓、紧固螺栓、对拉螺栓、扣件等；配件的支承件包括柱箍、钢楞、支柱、斜撑、钢桥架等。国内已有许多省、市的大中城市在生产组合钢模板和配件，拥有装拆方便等优点，但一次性投资较大。

常用组合钢模板的规格见表 3-6。钢模板示意如图 3-23 所示。

组合钢模板规格（mm）　　**表 3-6**

规　格	平面模板	阴角模板	阳角模板	连接角膜
宽　度	300，250，200，150，100	150×150 100×150	100×100 50×50	50×50
长　度	1500，1200，900，750，600，450			
肋　高	55			

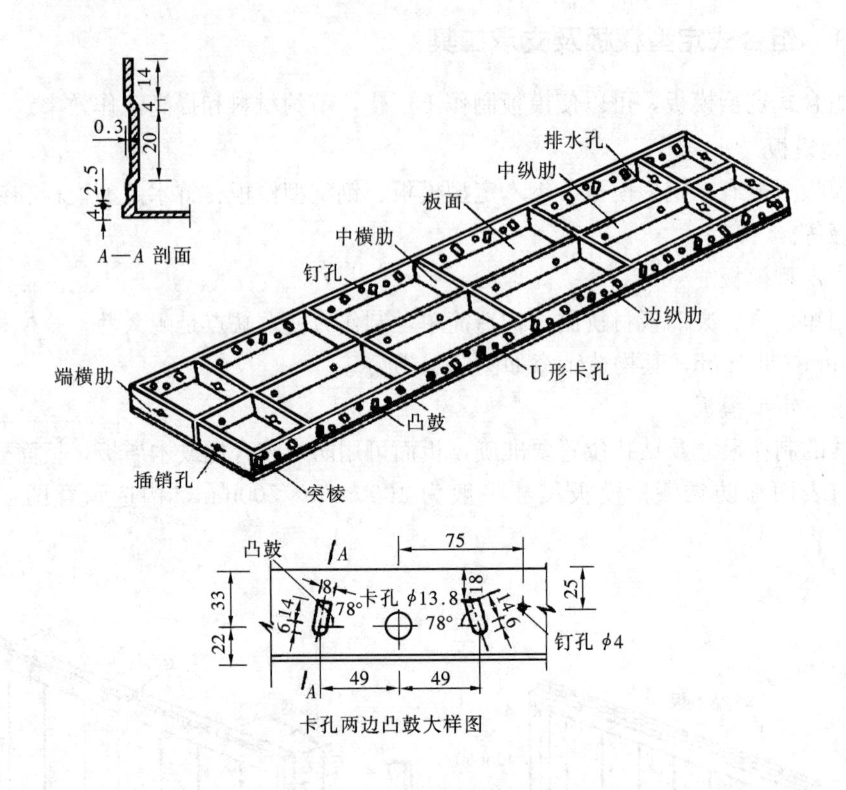

图 3-23　钢定型模板透视图

钢板厚度宜采用 2.3mm 或 2.5mm，封头横肋板及中间加肋板厚度用 2.8mm。钢模板的规格编码如图 3-24 所示。

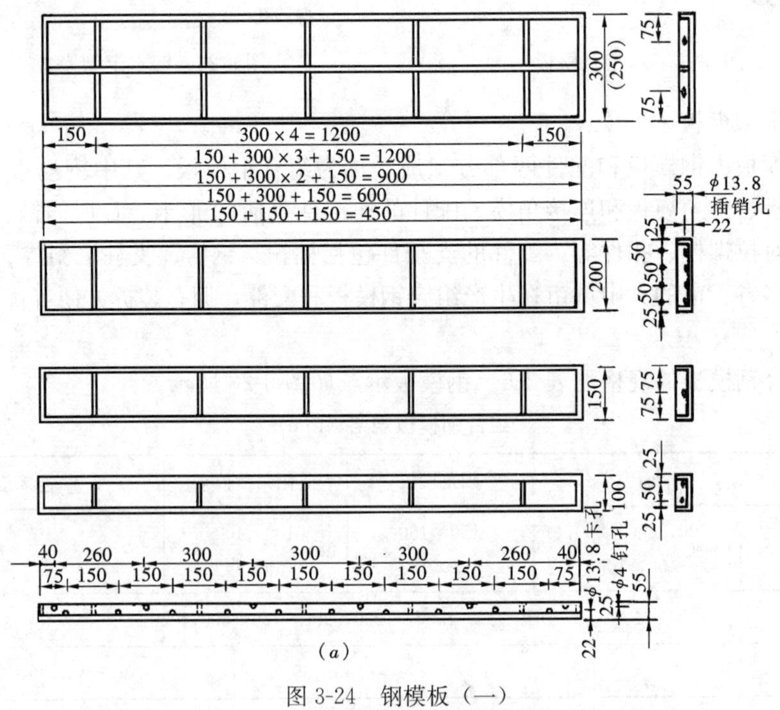

图 3-24　钢模板（一）

(a) 代号 P：平面模板

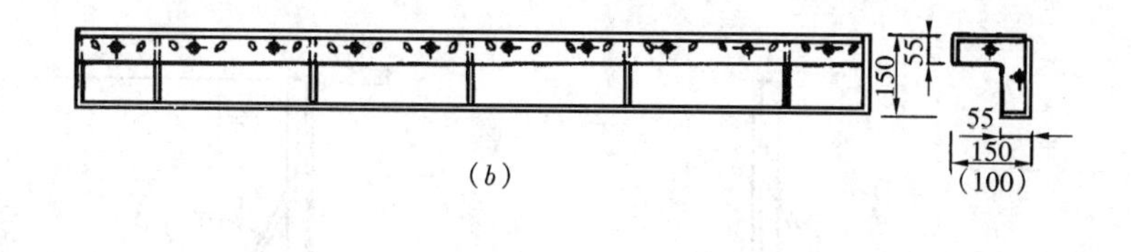

(b)

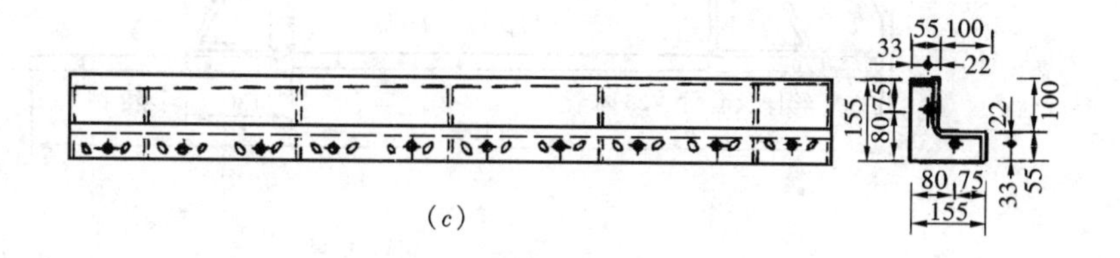

(c)

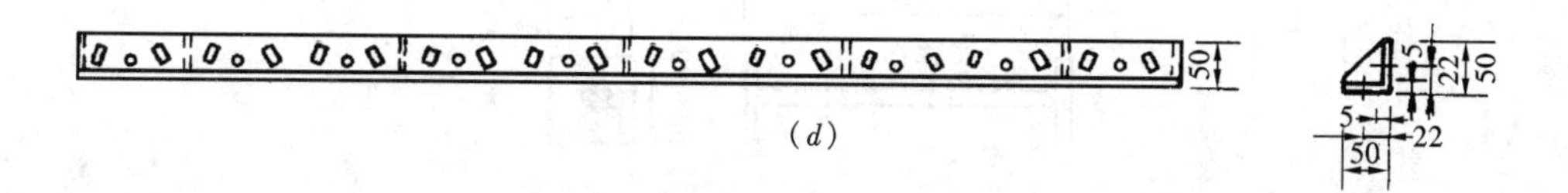

(d)

图 3-24　钢模板（二）

(b) 代号 E：阴角模板；(c) 代号 Y：阳角模板；(d) 代号 J：连接角模

定型模板的连接除木模采用螺栓与圆钉外，一般采用 U 形卡、L 形插销、钢板卡等，如图 3-25 所示。

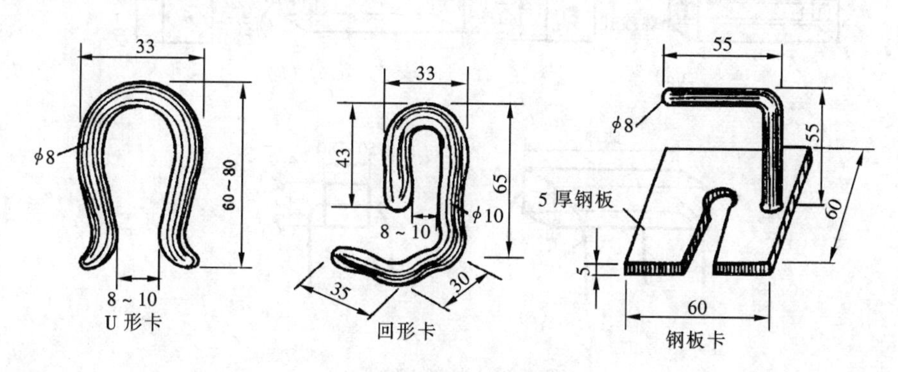

图 3-25　模板定型卡具

定型模板使用的卡具、撑头和柱箍如下：

1）钢管卡具

适用于矩形梁、圈梁等模板，用以固定侧模板于底板上，节约斜撑等木料，也可用于侧模上口的卡固定位，如图 3-26 所示。

2）板墙撑头

撑头是用作保持模板与模板之间的设计厚度的，常用的有：

① 钢板撑头（图 3-27）：用以保持模板间距。

② 混凝土撑头（图 3-28）：带有穿墙栓孔的使用较普遍。单纯作支撑时，有采用两头设有预埋钢丝，将钢丝吊在横向钢筋上。

③ 螺栓撑头；用于有抗渗要求的混凝土墙，由螺母保持两侧模板间距，两头用螺栓

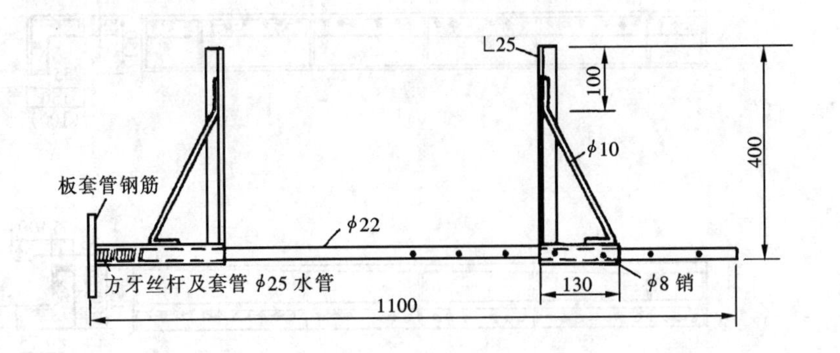

图 3-26　钢管卡具

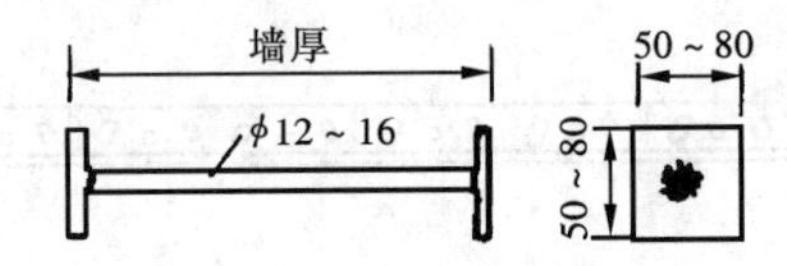

图 3-27　钢板撑头

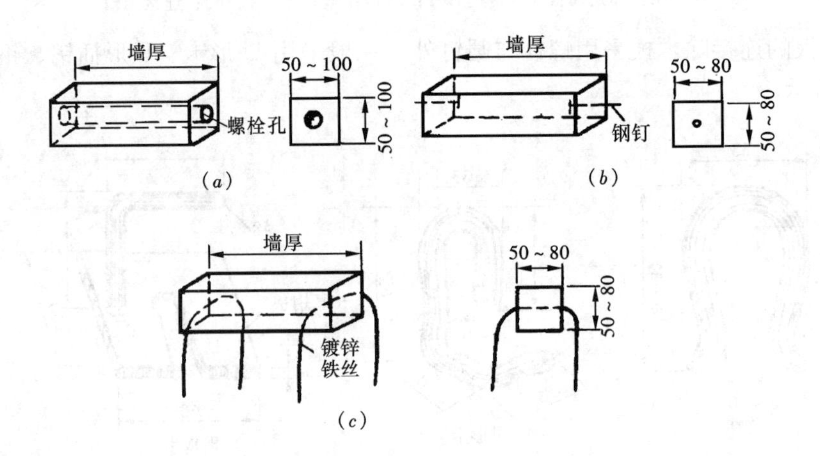

图 3-28　混凝土撑头

拉紧定位，待混凝土达到一定强度后，拆去两头螺栓，脱模后用水泥砂浆补平，如图 3-29 所示。

④ 止水板撑头：用于抗渗要求较高的工程，拆模后将垫木凿去，螺栓两端沿止水板面割平，用水泥砂浆补平，如图 3-30 所示。

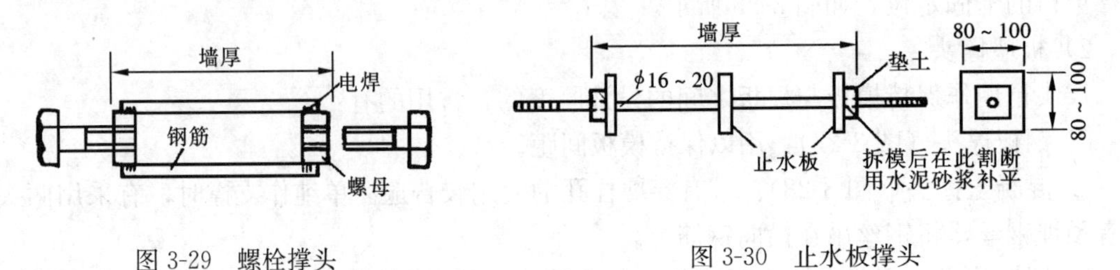

图 3-29　螺栓撑头

图 3-30　止水板撑头

3）柱箍

常用的有木制柱箍、角钢柱箍、扁钢柱箍等，如图 3-31～图 3-33 所示。

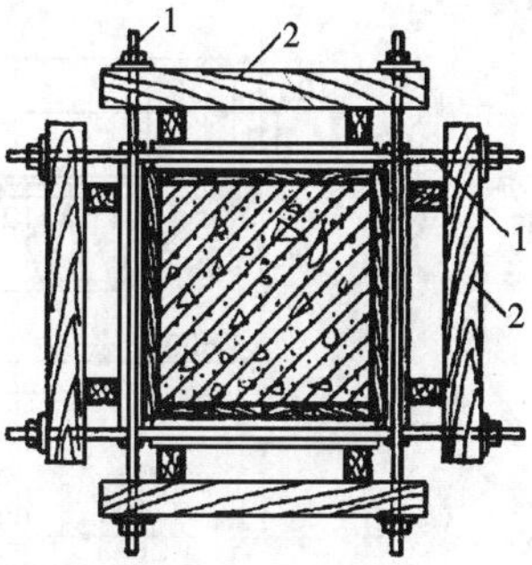

2. 支承工具

（1）钢桁架

可根据施工常用尺寸制作，如图 3-34 所示。可搁置在钢筋托具上、墙上、梁侧模板横挡上、柱顶梁底横挡上，用以支承梁或板的模板。使用前应根据荷载作用对桁架进行强度和刚度的验算。

（2）钢管支柱（琵琶撑）

由内外两节钢管制成，如图 3-35 所示。其高低调节距模数为 100mm，支柱底部除垫板外，均用木楔调整零数，并利于拆卸。

图 3-31 木制柱箍

1—ϕ12～ϕ16 夹紧螺栓；2—方木

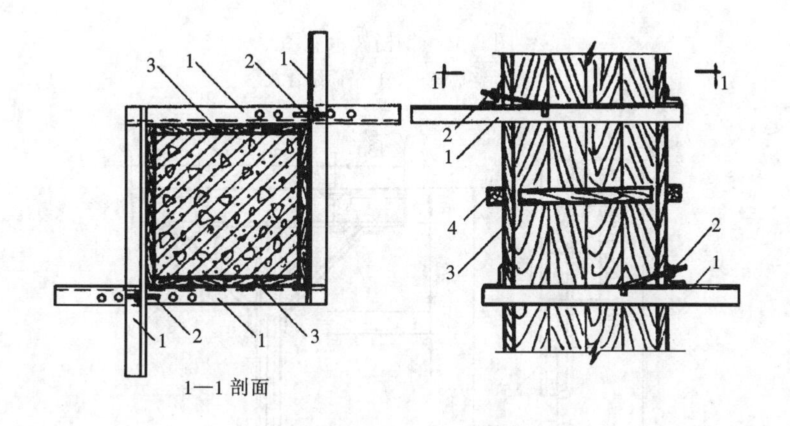

图 3-32 角钢柱箍

1—50×4 角钢；2—ϕ12 弯角螺栓；3—木模；4—拼条

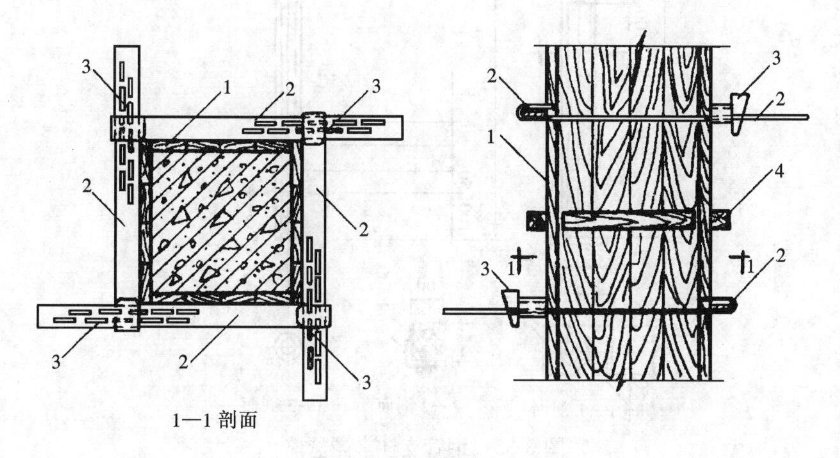

图 3-33 扁钢柱箍

1—木模；2—60×5 扁钢；3—钢板楔；4—拼条

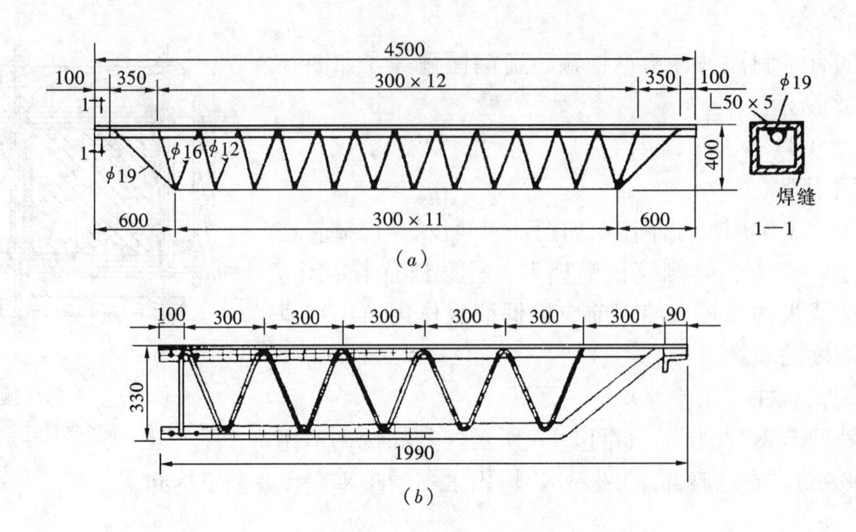

图 3-34　钢桁架示意图

(a) 整榀式；(b) 平面组合式

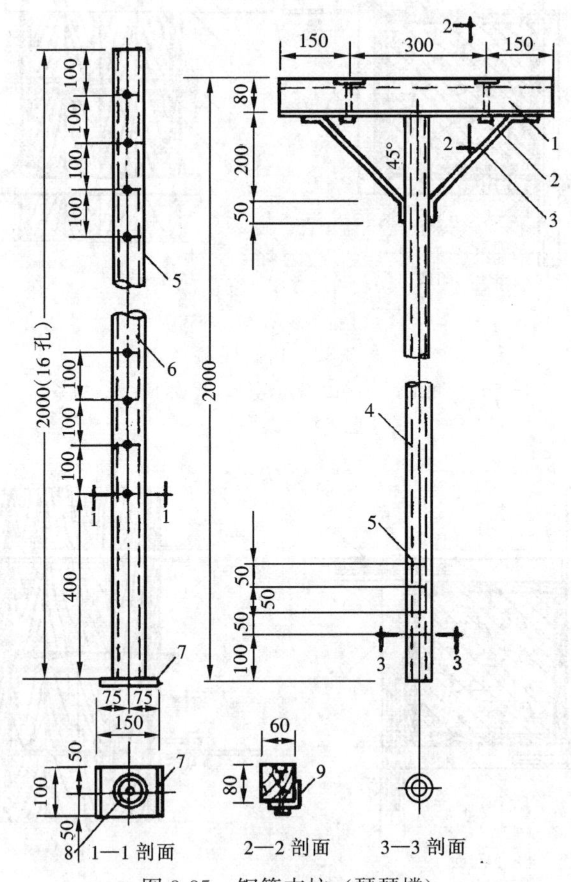

图 3-35　钢管支柱（琵琶撑）

1—方木；2—带帽固定螺栓；3—斜支撑；4—内钢管立柱内壁；5—内钢管立柱外壁；6—外钢管立柱；7—钢管支柱基座；8—外钢管立柱断面；9—角钢横担

（3）钢筋托具

混合结构楼面的梁、板模板可以通过钢筋托具支撑在墙体上以简化支架系统，扩大施工空间。托具随墙体砌筑时安放在需要位置，其构造如图3-36所示。

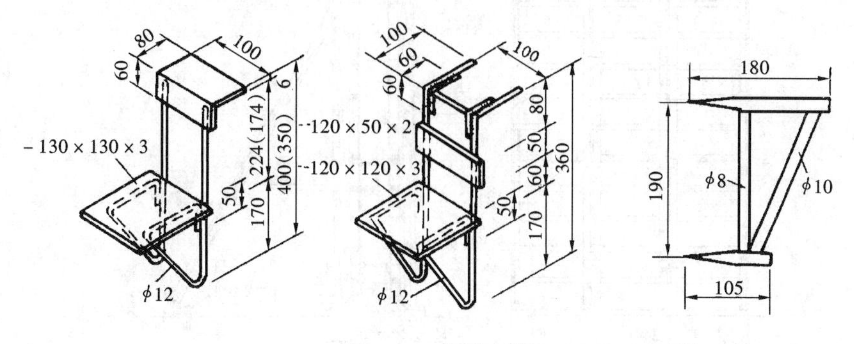

图3-36　钢筋托具

3.2.2　现浇钢筋混凝土结构模板系统的构造

在现浇钢筋混凝土工程中，现已广泛采用了钢制定型模板、钢木制和木制定型模板，以及与之配套的支架系统。通常是预先加工成元件，在施工现场拼装。现结合工地上常见的一些结构物支设模板系统的构造介绍如下。

1. 基础的模板支设

基础的特点是高度不大，但体积一般较大。当土质较好，基础的模板常可利用地基或基坑进行支撑。图3-37是底板侧模及池壁八字吊模支搭方法。

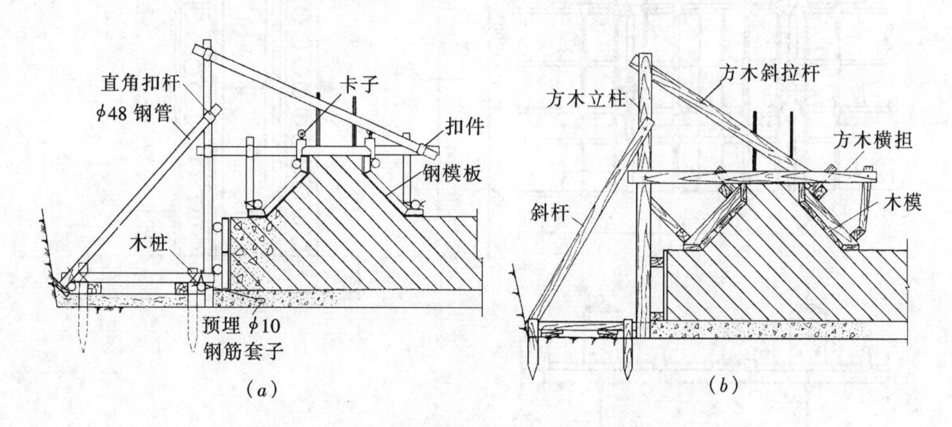

图3-37　底板侧模及池壁八字吊模支搭方法

（a）基础底板八字吊模（钢模）图；（b）基础底板八字吊模（木模）图

2. 池壁模板的支设

池壁模板的特点是面积和高度较大，而厚度较小。池壁模板一般由侧板和支撑体系组成。为了保障池壁厚度和防止胀膜，一般还在侧板之间加有临时撑木和对拉螺栓。图3-38是矩形水池池壁木模板拼装示意图。

图3-39是采用近年来广泛使用的“SZ”系列定型组合钢模板拼装的池壁模板示意图。

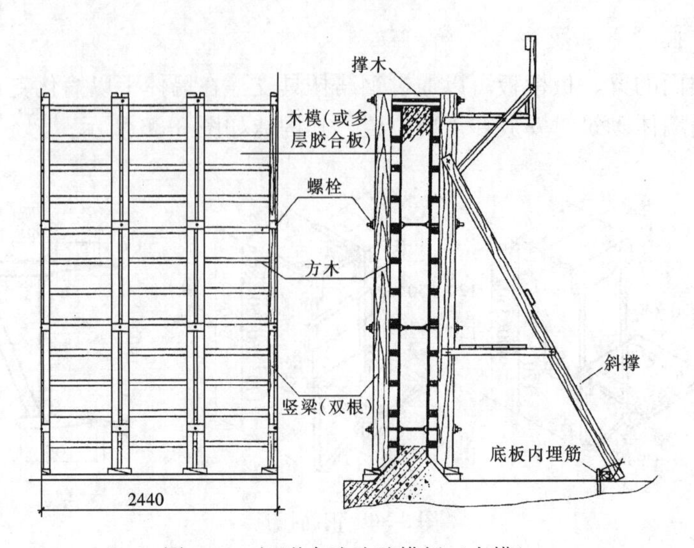

图 3-38　矩形水池池壁模板（木模）

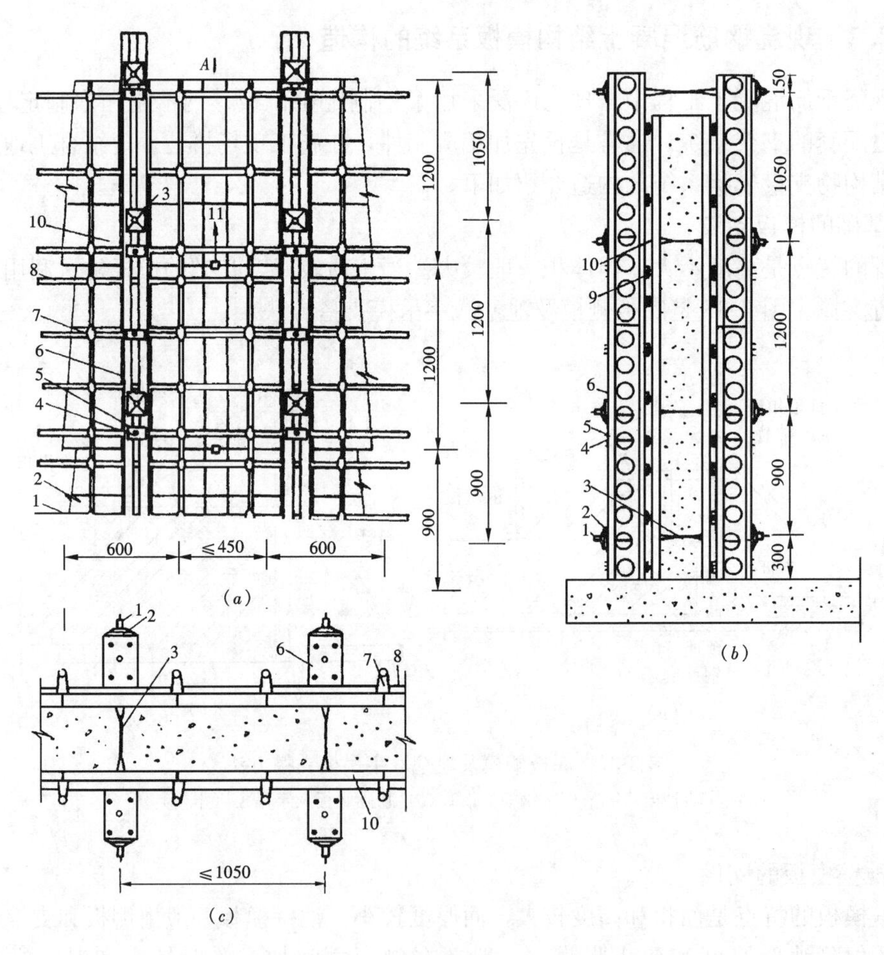

图 3-39　池壁模板支设图

(*a*) 立面图；(*b*) A—A 剖面图；(*c*) 平面图

1—外拉杆；2—压盖；3—内拉杆；4—螺栓；5—槽型垫板；6—花梁；

7—B 型卡；8—ϕ48 钢管；9—G 型卡；10—平面模板；11—A 型卡

池壁模板的侧压力主要靠对拉螺栓承担，如图 3-40 所示。池壁支模采用的花梁如图 3-41 所示。

“SZ”系列定型组合钢模板的连接件主要包括 A、B、G 型卡，如图 3-42 所示。A 型卡用于板与板之间的连接；B 型卡用于板面与钢管龙骨之间的连接；G 型卡及槽形垫板用于钢管龙骨和花梁之间的连接。

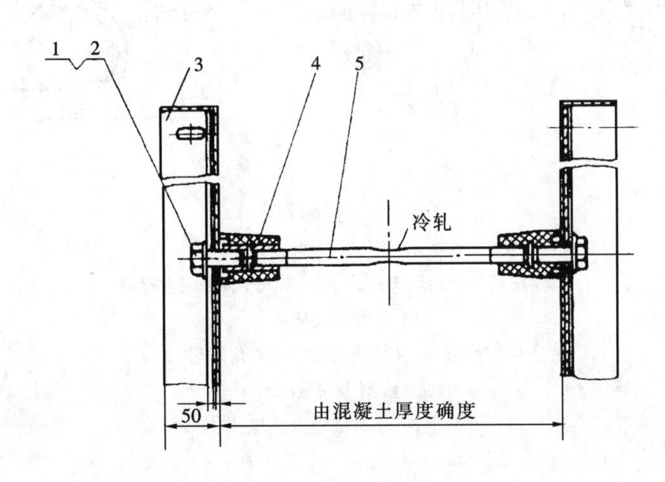

图 3-40　对拉螺栓图

1—螺栓；2—垫圈；3—钢模板；4—锥型螺母；5—内拉杆

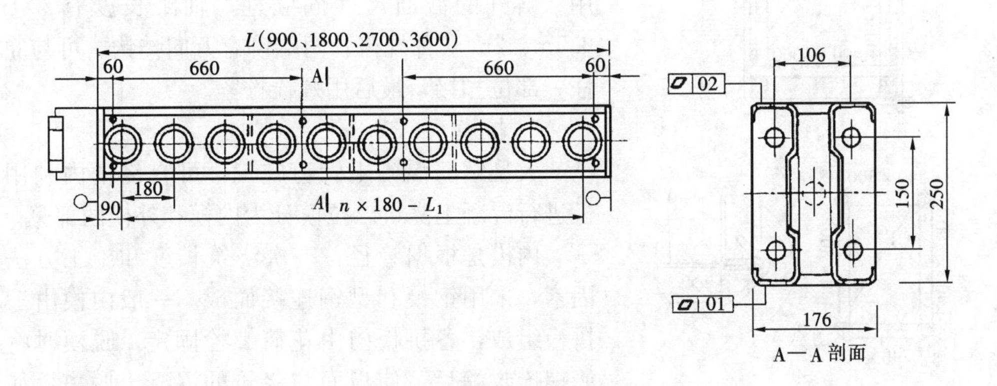

图 3-41　花梁大样图

3. 柱模板的支设

柱子的特点是断面尺寸不大而比较高，其模板构造和安装主要考虑须保证垂直度及抵抗混凝土的水平侧压力，此外，也还要考虑方便灌筑混凝土和钢筋绑扎等。

图 3-43 是矩形柱模板构造示意图。

4. 顶板模板

混凝土顶板模板的支设，支撑结构采用桥架梁及支撑杆件。图 3-44 是采用“SZ”系

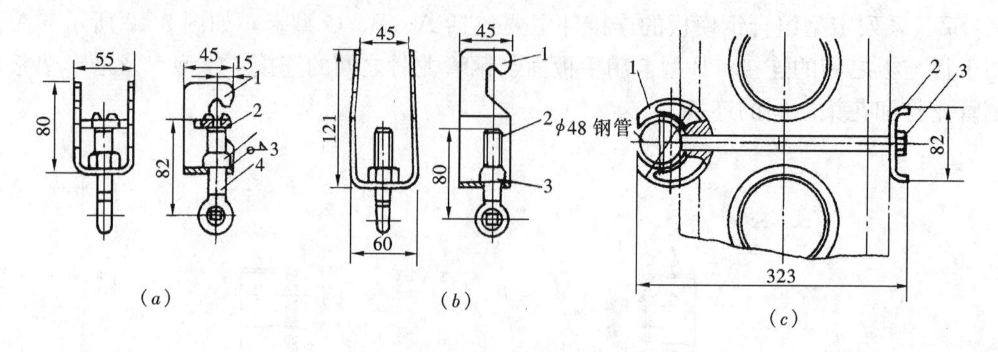

图 3-42 连接件图

(a) A型卡大样；

1—卡钩；2—活动卡头；3—六角螺母；4—压紧螺钉

(b) B型卡大样；

1—卡钩；2—压紧螺栓；3—六角螺母

(c) G型卡安装图

1—G型卡；2—槽型垫板；3—螺栓

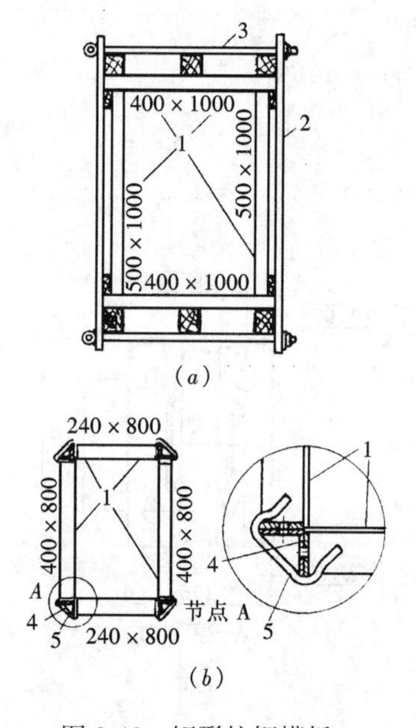

图 3-43 矩形柱钢模板

(a) 形式一；(b) 形式二

1—钢模板；2—柱箍；3—拉紧螺栓；

4—长角钢；5—钢筋卡子

列模板组装的顶板模板示意图。支撑杆件包括立柱和斜杆两部分。立柱为 $\phi80\times3$ 钢管，长度有 3m、1.5m、1m、0.5m 四种规格。立柱上部焊有卡板，为连接横杆用，上端铆 $\phi38$mm 插头，为纵向连接用。斜杆的截面尺寸同立柱，轴距长度有 3.1m、2.5m、2m 三种规格，两端铆有万向挂钩。可与立柱任一部位扣接，最后用螺栓拧紧。

5. 拉模

大型钢筋混凝土管道施工，可在沟槽内利用拉模进行混凝土浇筑。拉模分为内模和外模两部分。

内模是根据管径、一次浇筑长度和施工方法等因素，采用钢模和型钢连接而成。一般内模由三块拼板组成，各拼板门由花篮螺栓固定，脱模时将花篮螺栓收缩后，使板面与浇筑的混凝土脱离，如图 3-45 所示。

外模为一列车式桁架，浇筑混凝土时，在操作中台上从外模上部的缺口将其灌入，如图 3-46 所示。浇筑时，可采用附着式及插入式振动器。

当混凝土达到一定强度后，将已松动的内模由沟槽内的卷扬机拉到另一浇筑段。在钢筋架设完成后，将外模移位至下一段，继续浇筑。

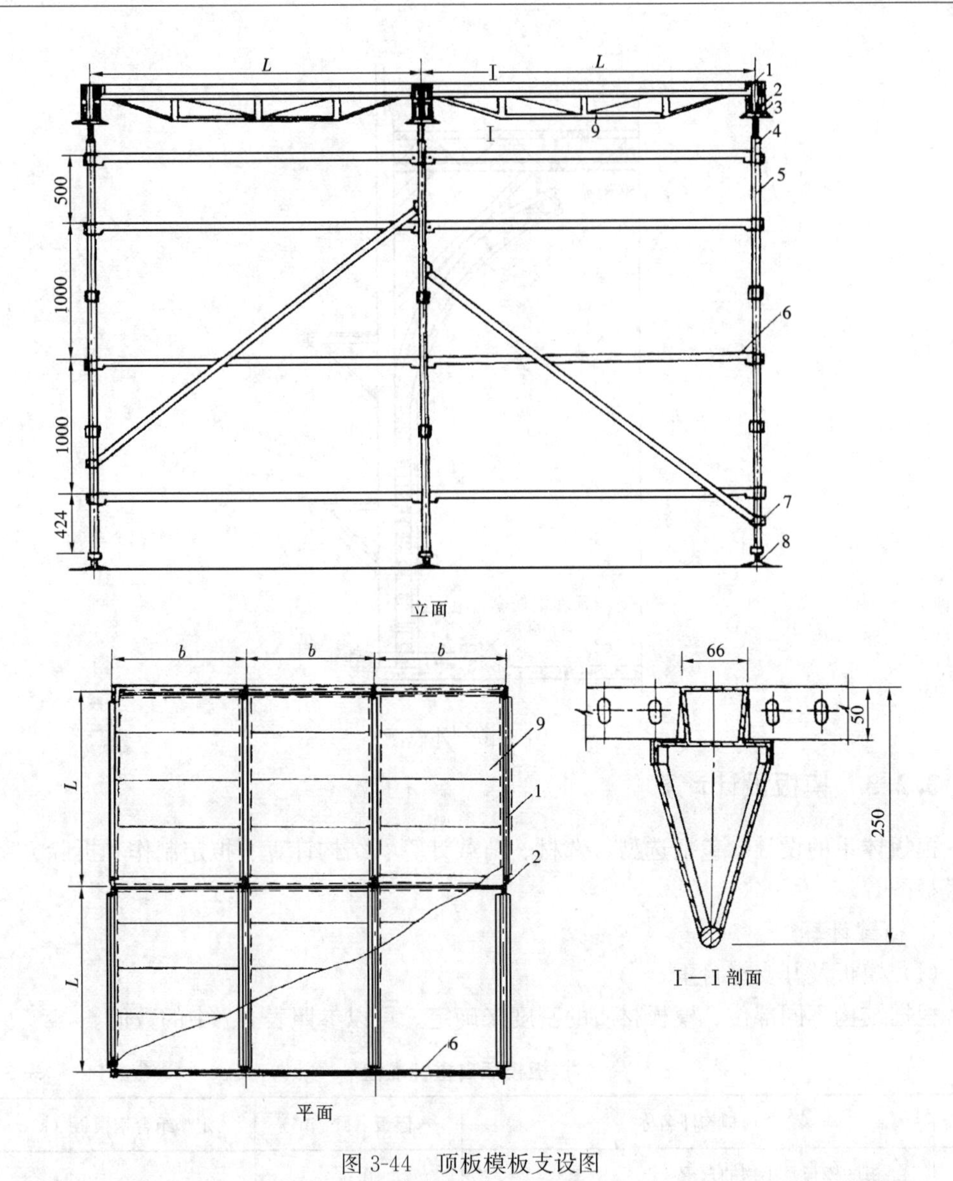

图 3-44　顶板模板支设图

1—钢桁架；2—顶部支架；3—旋把；4—顶部丝杆；5—立杆；6—横杆；7—斜杆；8—底座；9—钢模板

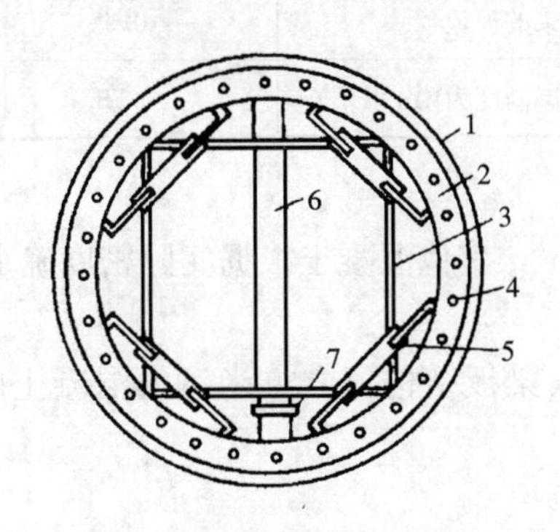

图 3-45　内模图

1—内模；2—环内肋；3—加劲杆；4—连接螺栓孔；5—花篮螺栓；6—槽钢；7—栓牵引绳处

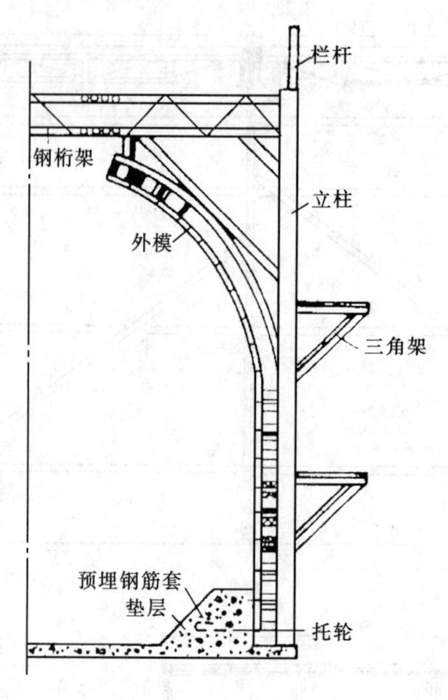

图3-46　外模图

3.2.3　模板设计计算

模板体系的设计，包括选型、选材、荷载计算、结构计算、拟定制作和拆除方案、绘制模板图等。

1. 荷载计算

(1) 模板及其支撑自重

根据结构不同部位、模板材质的密度来确定。可以参照表3-7中的数值。

楼板模板自重标准值　　**表3-7**

项次	模板构件名称	木模板（kN/m^2）	定型组合钢模板（kN/m^2）
1	平板的模板及小楞的自重	0.3	0.5
2	楼板模板的自重（其中包括梁的模板）	0.5	0.75
3	楼板模板及支架的自重（楼层高度为4m以下）	0.75	1.1

(2) 新浇混凝土自重

普通混凝土采用$24kN/m^3$，其他混凝土根据实际密度确定。

(3) 钢筋质量

根据工程图样确定。一般梁板结构每立方米钢筋混凝土的钢筋自重可按以下数值取用：楼板1.1kN，梁1.5kN。

(4) 施工人员和设备自重

1) 计算模板及直接支模板的小楞时，均布活荷载为$2.5kN/m^2$，另应以集中荷载2.5kN再行验算，比较两者所得的内力值取其大者采用。

2）计算直接支承小楞结构构件时，均布活荷载为$1.5kN/m^2$。

3）计算支架立柱及其他支承结构构件时，均布活荷载为$1.0kN/m^2$。

说明：①对大型设备基础，如上料平台、混凝土输送泵等按实际情况计算；若采用布料机上料进行浇筑混凝土时，活荷载标准值取$4kN/m^2$。

② 混凝土堆集料高度超过100mm以上者按实际高度计算。

③ 模板单块宽度小于150mm时，集中荷载可分布在相邻两块板上。

（5）振捣混凝土时产生的荷载标准值

对水平模板为$2kN/m^2$，对垂直面模板为$4kN/m^2$（作用范围在新浇混凝土侧面压力有效压头高度之内）。

（6）新浇混凝土对模板侧面的压力标准值

采用内部振捣器时，新浇的普通混凝土作用于模板的最大侧压力，可按下列两式计算，并取两式计算结果的较小值。

$$F = 0.22\gamma_c t_0 \beta_1 \beta_2 V^{\frac{1}{2}} \tag{3-5}$$

$$F = \gamma_c H \tag{3-6}$$

式中　F——新浇混凝土的最大侧压力（kN/m^2）；

γ_c——混凝土重度（kN/m^3）；

t_0——新浇混凝土初凝时间（h），由实测确定。当缺乏资料时，可采用如下公式计算，$t_0 = 200/(T+15)$（T为混凝土温度，℃）；

β_1——外掺剂影响修正系数，不掺外掺剂时取1.0，掺具有缓凝作用的外掺剂时1.2；

β_2——混凝土坍落度影响修正系数，当坍落度小于30mm时取0.85；50～90mm时取1.0；110～150mm时取1.15。

V——混凝土的浇筑速度（m/h）；

H——混凝土侧压力计算位置处至新浇混凝土顶面的总高度（m）。

混凝土侧压力的计算分布图形如图3-47所示，其中，$h = F/\gamma_c$（h为有效压头高度，单位为m）。

（7）倾倒混凝土时产生的荷载标准值

倾倒混凝土时，在垂直面模板产生的水平荷载标准值可按表3-8采用。

倾倒混凝土时产生的水平荷载标准值　表3-8

向模板内供料方法	水平载荷（kN/m^2）
溜槽、串管或导管	2
容量小于$0.2m^3$的运输器具	2
容量为$0.2\sim0.8m^3$的运输器具	4
容量大于$0.8m^3$的运输器具	6

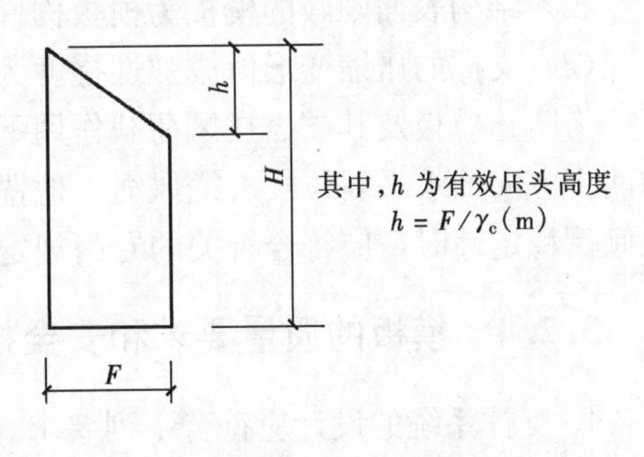

图3-47　混凝土侧压力分布图形

计算模板及其支撑时的荷载设计值，应采用荷载标准值乘以相应的荷载分项系数求得，荷载分项系数应按表3-9采用。

上述各项荷载应根据不同的结构构件按表3-10的规定进行荷载效应组合。

荷载分项系数　　**表3-9**

荷载类别	分项系数 γ_i
模板及其支撑自重（G_{1k}）	永久荷载的分项系数： （1）当其效应对结构不利时：对由可变荷载效应控制的组合，应取1.2；对由永久荷载效应控制的组合，应取1.35 （2）当其效应对结构有利时：一般情况应取1；对结构的倾覆、滑移验算，应取0.9
新浇混凝土自重（G_{2k}）	
钢筋自重（G_{3k}）	
新浇筑混凝土对模板侧面的压力（G_{4k}）	
施工人员及施工设备荷载（Q_{1k}）	可变荷载的分项系数： 一般情况下应取1.4；对标准值大于4kN/m^{2}的活荷载应取1.3
振捣混凝土时产生的荷载（Q_{2k}）	
倾倒混凝土时产生的荷载（Q_{3k}）	
风荷载（ω_k）	1.4

参与模板及其支撑荷载效应组合的荷载　　**表3-10**

模　板　类　型	参与组合的荷载项目	
	计算承载能力	验算挠度
平板和薄壳的模板及支撑	$G_{1k}+G_{2k}+G_{3k}+Q_{1k}$	$G_{1k}+G_{2k}+G_{3k}$
梁和拱模板的底板及支撑	$G_{1k}+G_{2k}+G_{3k}+Q_{2k}$	$G_{1k}+G_{2k}+G_{3k}$
梁、拱、柱（边长小于等于300mm）、墙（厚小于等于100mm）的侧面模板	$G_{4k}+Q_{2k}$	G_{4k}
大体积结构、柱（边长大于300mm）、墙（厚大于100mm）的侧面模板	$G_{4k}+Q_{3k}$	G_{4k}

2. 结构计算规定

为保证结构构件表面的平整度，模板必须有足够的刚度，验算时其最大变形值不得超过下列规定：

（1）结构表面外露的模板为模板构件计算跨度的1/400；

（2）结构表面隐蔽的模板为模板构件计算跨度的1/250；

（3）支撑的压缩变形值或弹性挠度为相应的结构计算跨度的1/1000。

为防止模板及其支撑在风荷载作用下倾倒，应从构造上采取有效措施，如在相互垂直的两个方向加水平斜拉杆、缆风绳、地锚等。当验算模板及支架在自重和风荷载作用下的抗倾倒稳定性时，应符合有关的专门规定。

3.2.4　模板的质量要求和安全措施

1. 支撑系统的设计应符合下列要求

（1）构件形状、尺寸的正确性，其误差应在规范的允许范围内。

（2）应具有足够的稳定性、强度和刚度，在混凝土浇灌过程中，不变形，不位移。

（3）模板及其支撑系统应考虑便于装拆，损耗少，周转快。

（4）模板的接缝应严密，不漏浆。

（5）基土必须坚实，并有排水措施。对湿陷性黄土必须有防水措施，对冻胀性土必须有防冻融措施。

（6）复杂的混凝土结构应做好配板设计，包括模板平面分块图、模板组装图、节点大样图、零件加工图及支撑系统、穿墙螺栓的设置和间距等。

（7）模板及支架的设计和配制，应根据工程结构形式、施工设备和材料供应等条件而定，以定型模板为主，并尽量减少用散板。

2. 模板支设安装的质量要求

（1）必须按配板图及施工方案循序拼装，以保证模板系统的整体稳定。

（2）配件必须装插牢固，支柱和斜撑下的支承面应平整垫实，并有足够的受压面积。

（3）预埋件及预留孔洞的位置必须正确，安设牢固。

（4）基础模板应支设牢固，防止变形，侧模斜撑底部应加设垫木。

（5）墙和柱子模板的底面应找平，下端应与事先做好的定位基准靠紧垫平，墙柱模板的对拉螺栓孔应平直相对，穿插螺栓时不得斜拉硬顶。钻孔应采用机具，严禁用电焊、气焊灼孔。在墙、柱上继续安装模板时，模板应有可靠的支承点，其平直度应进行校正。

（6）预组装墙模板吊装就位后，下端应垫平，紧靠定位基准；两侧模板均应利用斜撑调整和固定其垂直度。

（7）支柱在高度方向所设的水平撑与剪刀撑，应按构造与整体稳定性布置。

（8）多层及高层建筑中的支柱、上下层应对应设置在同一竖向中心线上。

（9）宜采用整根杆件，接头应错开设置，其搭接长度不应少于200mm。

（10）安装的起拱、支模方法应符合模板设计要求。

（11）板及支架应妥善维修保管，钢模板及钢支架应防止锈蚀。

（12）现浇结构模板安装和预埋件、预留孔洞的允许偏差和检验方法应符合表3-11的规定。

现浇结构模板安装和预埋件、预留孔洞的允许偏差和检验方法　　表3-11

项次	项目		允许偏差（mm）	检验方法
1	轴线位置		5	钢尺检查
2	底模上表面标高		±5	用水准仪或拉线、钢尺检查
3	截面内部尺寸	基　础	±10	钢尺检查
		柱、墙、梁	4，－5	
4	层高垂直度	≤5m	6	经纬仪、吊线、钢尺检查
		＞5m	8	
5	相邻两板面表面高低差		2	钢尺检查
6	表面平整度		5	用2m靠尺和塞尺检查

续表

项次	项目		允许偏差（mm）	检验方法
7	预埋钢板中心线位移		3	拉线和钢尺检查
8	预埋管预留孔中心线位移		3	
9	插筋	中心线位置	5	
		外露长度	+10，0	
10	预埋螺栓	中心线位置	2	
		外露长度	+10，0	
11	预留洞	中心线位置	10	
		截面内部尺寸	+10，0	

3. 隔离剂与模板的拆除

（1）隔离剂

为了减少模板与混凝土构件之间的粘结，方便拆模降低模板的损耗，在使用前必须在模板内表面涂刷隔离剂。常用的隔离剂可分为油类、水类和树脂类等几种。

油类隔离剂有机柴油、乳化机油、妥尔油、机油皂化油等。其特点是涂刷方便，脱模效果好，可以在负温和低温时使用。但对结构构件表面有一定的污染，影响外观，对贮水构筑物也应慎重使用。

水性隔离剂主要是海藻酸钠，再加滑石粉和水，按一定比例搅拌均匀而成，喷刷均可。

树脂类隔离剂主要有甲醛硅树脂，用三乙醇胺作固化剂。其特点是长效，刷一次可用6～10次。而且涂在钢模上定能起到防锈、保护作用，耐寒和耐水性也很好，喷刷均可。

（2）模板的拆除

及时拆除模板，将有利于模板的周转和加快工程进度，拆模要掌握时机，应使混凝土达到设计必要的强度，当设计无具体要求时，应符合下列规定。

1）侧模：不承重的侧模，只要能保证混凝土表面及棱角不致因拆模而损坏时，即可拆除。

2）承重模：对于承重模板，应在混凝土达到设计强度的一定比例以后，方可拆除。这一期限决定于构件受力情况、气温、水泥品种及振捣方法等因素。

当混凝土强度达到设计的混凝土立方体抗压强度标准值的下列百分数后，方可拆除承重模板。

板：跨度≤2m　　≥50％

跨度＞2m，≤8m　　≥75％

跨度＞8m　　≥100％

梁、拱、壳：

跨度≤8m　　≥75％

跨度＞8m　　≥100％

悬臂构件：　　≥100％

已拆除承重模板的结构，应在混凝土达到设计强度等级以后，才允许承受全部设计荷载。

(3) 拆除模板时不要用力过猛过急，拆模程序一般应是后支先拆，先支后拆，先拆除非承重部分，后拆除承重部分以及自上而下的原则。重大复杂模板的拆除，事先应制订拆模方案。拆除跨度较大的梁下支柱时，应先从跨中开始，分别拆向两端。定型模板、特别是组合钢模板，要加强保护，拆除后逐块传递下来，不得抛掷，拆下后即清理干净，板面涂油。按规格分类堆放整齐，以利再用。

(4) 模板拆除时还应注意施工安全，防止模板脱落伤人。

3.3 混凝土的制备及性能

混凝土是以胶凝材料、细骨料、粗骨料和水（根据需要掺入外掺剂和矿物质混合材料），按适当比例配合，经均匀拌制、密实成型及养护硬化而成的人造石材。

混凝土按凝胶材料可分为无机凝胶材料混凝土，如水泥混凝土、石膏混凝土等；有机凝胶混凝土，如沥青混凝土等。在一般给水排水工程中，水泥混凝土应用最广。

混凝土按使用功能分为：普通结构混凝土、防水混凝土、高强混凝土、耐酸及耐碱混凝土、水工混凝土、耐热混凝土、耐低温混凝土等，以适应不同性质工程的需要。给水排水工程施工中常用混凝土是介于普通混凝土及水工混凝土之间的一种防渗混凝土。

混凝土按质量密度分为：特重混凝土（质量密度大于2700kg/m^3，含重骨料如钢屑、重晶石等）、普通混凝土（质量密度1900～2500kg/m^3，以普通砂石为骨料）、轻混凝土（质量密度1000～1900kg/m^3）和特轻混凝土（质量密度小于1000kg/m^3，如泡沫混凝土、加气混凝土等）。

混凝土按施工工艺分主要有：普通浇筑混凝土、离心成型混凝土、喷射或泵送混凝土等；按拌合料流动度分为：干硬性和半干硬性混凝土、塑性混凝土、大流动性混凝土等。

混凝土还具有抗大气腐蚀、抗老化、抗渗、抗冻等性能，并且在混凝土中加入不同的添加剂，可以使混凝土获得不同的性能，使之能满足在一些特殊的气候或环境下对混凝土施工材料的需要。如：加入外掺剂使混凝土的早期强度、抗渗和抗冻能力提高、改善混凝土拌合物的和易性等。

3.3.1 普通混凝土的组成材料

1. 水泥

水泥是一种无机粉状水硬性胶凝材料。加水拌合后，在空气和水中经物理化学过程能由可塑性浆体变成坚硬的石状体。水泥与砂石等材料混合，硬化后成为水泥混凝土。配制混凝土用水泥，应根据工程特点及混凝土所处环境条件，结合各种水泥的不同特性，进行选定。

(1) 常用水泥的种类和强度等级

水泥是工程建设中应用十分广泛而又重要的建筑材料。它的品种规格很多，用于一般土建工程的常用水泥包括硅酸盐水泥、普通硅酸盐水泥、矿渣硅酸盐水泥、火山灰质硅酸盐水泥、粉煤灰硅酸盐水泥、复合硅酸盐水泥等。

硅酸盐水泥：俗称纯熟料水泥、波特兰水泥，是用石灰质（如石灰石、白垩、泥灰质石灰石等）和黏土质（如黏土、泥灰质黏土）原料，按适当比例配成生料，在1300～1450℃高温下烧至部分熔融，得到以硅酸钙为主要成分的熟料，加入适量的石膏，磨成细粉而制成的一种不掺任何混合材料的水硬性胶凝材料。其特性是：早期及后期强度都较高，在低温下强度增长比其他水泥快，抗冻、耐磨性都好，但水化热较高，抗腐蚀性较差。

普通硅酸盐水泥：简称普通水泥、PO水泥，是在硅酸盐水泥熟料中，加入少量混合材料和适量石膏，磨成细粉而制成的水硬性胶凝材料。混合材料的掺量按水泥成品质量百分比计：掺活性混合材料时，不超过15%；非活性材料的掺量不得超过10%。普通水泥除早期强度比硅酸盐水泥稍低外，其他性质接近硅酸盐水泥。

矿渣硅酸盐水泥：简称矿渣水泥、PS水泥，是在硅酸盐水泥熟料中，加入粒化高炉矿渣和适量石膏，磨成细粉而制成的水硬性胶凝材料。粒化高炉矿渣掺量按水泥成品质量百分比计为20%～70%。允许用不超过混合材料总掺量1/3的火山灰质混合材料。石灰石、窑灰代替部分粒化高炉矿渣，但代替总量最多不超过水泥质量的15%，其中石灰石不得超过10%，窑灰不得超过8%。替代后水泥中的粒化高炉矿渣不得少于20%。矿渣水泥的特性是早期强度较低，在低温环境中强度增长较慢，但后期强度增长快，水化热较低，抗硫酸盐侵蚀性较好，耐热性较好，但干缩变形较大，析水性较大，抗冻、耐磨性较差。

火山灰质硅酸盐水泥：简称火山灰水泥、PP水泥，是在硅酸盐水泥熟料中，加入火山灰质混合材料和适量石膏，磨成细粉制成的水硬性胶凝材料。火山灰质混合材料（火山灰、凝灰岩、硅藻土、煤矸石、烧页岩等）的掺量按水泥成品质量百分比计为20%～50%。允许用不超过混合材料总掺量1/3的粒化高炉矿渣代替部分火山灰质混合材料，代替后水泥中的火山灰质混合材料不得少于20%。火山灰水泥的特性是：早期强度较低，在低温环境中强度增长较慢，在高温潮湿环境中（如蒸汽养护）强度增长较快，水化热低，抗硫酸侵蚀性较好，但抗冻、耐磨性差，拌制混凝土需水量比普通水泥大，干缩变形也大。

粉煤灰硅酸盐水泥：简称粉煤灰水泥、PF水泥，是在硅酸盐水泥熟料中，加入粉煤灰和适量石膏，磨成细粉的水硬性胶凝材料。粉煤灰的掺量按水泥成品质量百分比计为20%～40%。允许用不超过混合材料总量1/3的粒化高炉矿渣代替粉煤炭，此时混合材料总掺量可达50%，但粉煤灰掺量仍不得少于20%或超过40%。粉煤灰水泥的特性是：早期强度较低，水化热比火山灰水泥还低，和易性比火山灰水泥要好，干缩性较小，抗腐蚀性能好，但抗冻、耐磨性较差。

复合硅酸盐水泥：简称复合水泥、PC水泥，是由硅酸盐水泥熟料、两种或两种以上规定的混合材料，适量石膏磨细制成的水硬性凝聚材料。水泥中混合材料总掺量按质量总掺量应大于15%，但不超过50%。水泥中允许用不超过8%的窑灰代替部分混合材料，掺矿渣时混合材料掺量不得与矿渣水泥重复。

六种常用水泥的强度等级和各龄期强度见表3-12。按照水泥标准，将水泥按早期强度分为两种类型，其中R型为早强型水泥。

给水排水工程中，有时还用到膨胀水泥、快硬水泥和自应力水泥等。目前我国常用的膨胀水泥有硅酸盐膨胀水泥、石膏矾土膨胀水泥、明矾石膨胀水泥和低热膨胀水泥等。主要用于制作压力管道、地下结构和水池的防护面层以及加固、堵塞、填缝等。

六种常用水泥强度指标的最低限值　　表3-12

品　种	强度等级	抗压强度（MPa）		抗折强度（MPa）	
		3d	28d	3d	28d
硅酸盐水泥	42.5	17.0	42.5	3.5	6.5
	42.5R	22.0	42.5	4.0	6.5
	52.5	23.0	52.5	4.0	7.0
	52.5R	27.0	52.5	5.0	7.0
	62.5	28.0	62.5	5.0	8.0
	62.5R	32.0	62.5	5.5	8.0
普通水泥 复合水泥	32.5	11.0	32.5	2.5	5.5
	32.5R	16.0	32.5	3.5	5.5
	42.5	16.0	42.5	3.5	6.5
	42.5R	21.0	42.5	4.0	6.5
	52.5	22.0	52.5	4.0	7.0
	52.5R	26.0	52.5	5.0	7.0
矿渣水泥 火山灰水泥 粉煤灰水泥	32.5	10.0	32.5	2.5	5.5
	32.5R	15.0	32.5	3.5	5.5
	42.5	15.0	42.5	3.5	6.5
	42.5R	19.0	42.5	4.0	6.5
	52.5	21.0	52.5	4.0	7.0
	52.5R	23.0	52.5	4.5	7.0

常用的快硬水泥有快硬硅酸盐水泥、快硬硫铝酸盐水泥、无收缩快硬硅酸盐水泥。快硬硅酸盐水泥可用来配制早强、高强度等级混凝土，适用于紧急抢修、低温施工等。快硬硫铝酸盐水泥用于配制早强、抗渗和抗硫酸盐侵蚀等混凝土，负温施工、浆锚、喷锚支护；拼装、节点、抢修、堵漏等。无收缩快硬硅酸盐水泥适用于节点后浇混凝土和钢筋浆锚连接砂浆或混凝土，各种接缝工程、机器设备安装的灌浆，以及要求快硬、高强、无收缩的混凝土工程。

常用的自应力水泥包括硅酸盐自应力水泥和铝酸盐自应力水泥。可以用于制造自应力钢筋混凝土（或砂浆）压力管及其配件，也可用于防渗、堵漏和填缝工程。

为了满足某些特殊用途需要，还有一些其他特种水泥，如抗硫酸盐水泥、硫铝酸盐水泥等。

（2）水泥的基本性质

1）相对密度与质量密度

普通水泥的相对密度为3.0～3.15，通常采用3.1；质量密度为1000～1600kg/m^3，通常采用1300kg/m^3。

2）细度

细度是指水泥颗粒的粗细程度。水泥颗粒粗细对水泥性质有很大影响，颗粒越细，与水起化学反应的表面积愈大，水泥的硬化就越快，早期强度越高，故水泥颗粒小于40μm时，才具有较高的活性。

水泥的细度用筛析法检验。即在0.08mm方孔标准筛上的筛余量不得超过15%为合格。

3）凝结时间

凝结时间包括初凝时间和终凝时间。水泥从加水搅拌到开始失去可塑性的时间，称为初凝时间；终凝为水泥从加水搅拌至水泥浆完全失去可塑性并开始产生强度的时间。

为了便于混凝土的搅拌、运输和浇筑，国家标准规定：硅酸盐水泥初凝时间不得少于45min、终凝时间不得超过12h为合格。

凝结时间的检验方法是以标准稠度的水泥净浆，在规定的温、湿度环境下，用凝结时间测定仪测定。

4）体积安定性

水泥体积安定性是指水泥在硬化过程中体积变化的均匀性能。如果水泥中含有较多的游离石灰、氧化镁或三氧化硫，就会使水泥的结构产生不均匀的变形，甚至破坏，而影响混凝土的质量。国家标准规定：游离氧化镁含量应小于5%，三氧化硫含量不得超过3.5%。

检验方法是将标准稠度的水泥净浆所制成的试饼沸煮4h后，观察从未发现裂纹、用直尺检查没有弯曲现象为合格。

5）强度

水泥强度按国家标准强度检验方法，以水泥和标准砂按1∶2.5比例混合，加入规定水量，按规定的方法制成尺寸4cm×4cm×16cm的试件，在标准温度（20±3℃）的水中养护，测其28d的抗压和抗折的强度值加以确定（表3-12）。

6）水化热

水泥与水的作用为放热反应，在水泥硬化过程中，不断放出的热量，称为水化热。水化热量和放热速度与水泥的矿物成分、细度、掺入混合材料等因素有关。普通硅酸盐水泥3天内的放热量是总放热量的50%，7天为75%，6个月为83%～91%。

放热量大的水泥对小体积混凝土及冷天施工有利，对大型基础、混凝土坝等大体积结构不利，会因内外温度差引起的应力，使混凝土产生裂缝。

（3）水泥的保管

1）入库的水泥应按品种、强度等级、出厂日期分别堆放，树立标志，做到先到先用。水泥不得和石灰、石膏、黏土、白垩等粉状物料混存在同一仓库，以免混杂或误用。

2）水泥贮存时间不宜过久，以免结块降低强度。常用水泥在正常环境中存放3个月，强度将降低10%～20%；存放6个月，强度将降低15%～30%。当水泥存放超过3个月时应视为过期水泥，使用前必须重新检验确定强度等级。

3）为了防止水泥受潮，现场仓库应尽量密闭。包装水泥存放应垫起离地约30cm，离墙30cm以上。堆放高度不应超过10包。临时露天存放应用防雨篷布盖严，底板垫高。

受潮水泥经鉴定后，在使用前应将结块水泥筛除。受潮的水泥不宜用于强度等级高的混凝土或主要工程结构部位。

2. 砂石骨料

在混凝土中，骨料约占原材料的70%。骨料分粗细两种，粒径0.15～5mm的骨料为细骨料，粒径大于5mm的为粗骨料。骨料在混凝土中起骨架和稳定体积的作用。

细骨料一般采用天然砂。粗骨料通常有卵石和碎石两种。

（1）砂的分类及技术要求

天然砂按产源不同可分为河砂、海砂和山砂。按砂的粒径可分为粗砂、中砂、细砂和特细砂，目前均以平均粒径或细度模数 M_x 来区分：

粗砂　平均粒径为 0.5mm 以上，M_x 为 3.7～3.1。

中砂　平均粒径为 0.35～0.5mm，M_x 为 3.0～2.3。

细砂　平均粒径为 0.25～0.35mm，M_x 为 2.2～1.6。

特细砂　平均粒径为 0.25mm 以下，M_x 为 1.5～0.7。

混凝土用砂应坚硬、洁净，用来配制混凝土的砂要求清洁不含杂质，以保证混凝土的质量。但实际上砂中常含有云母、黏土、淤泥、粉砂等有害杂质，这些杂质粘附在砂的表面，妨碍水泥与砂的粘接，降低混凝土强度，同时还增加混凝土的用水量，从而加大混凝土的收缩，降低混凝土的耐久性。一些有机杂质，硫化物及硫酸盐，还对水泥石有腐蚀作用。混凝土用砂的技术要求应符合表 3-13 的规定。

混凝土用砂的技术要求　　表 3-13

<table>
<tr><th colspan="2">项　目</th><th>≥C30 混凝土</th><th><C30 混凝土</th></tr>
<tr><td rowspan="2">含泥量（按质量计）（%）</td><td>一般混凝土</td><td>≤3.0</td><td>≤5.0</td></tr>
<tr><td>有抗渗、抗冻要求的混凝土</td><td colspan="2">≤3.0</td></tr>
<tr><td rowspan="2">泥块含量（按质量计）（%）</td><td>一般混凝土</td><td>≤1.0</td><td>≤2.0</td></tr>
<tr><td>有抗渗、抗冻要求的混凝土</td><td colspan="2">≤1.0</td></tr>
<tr><td rowspan="2">坚固性（用硫酸钠溶液检验，试验经 5 次循环后其质量损失）（%）</td><td>在严寒及寒冷地区室外使用并经常处于潮湿或干湿交替状态下的混凝土</td><td colspan="2">≤8</td></tr>
<tr><td>其他条件下使用的混凝土</td><td colspan="2">≤10</td></tr>
<tr><td rowspan="2">云母含量（按质量计）（%）</td><td>一般混凝土</td><td colspan="2">≤2</td></tr>
<tr><td>有抗渗、抗冻要求混凝土</td><td colspan="2">≤1</td></tr>
<tr><td colspan="2">轻物质含量（按质量计）（%）</td><td colspan="2">≤1</td></tr>
<tr><td colspan="2">硫化物及硫酸盐含量（折算成 SO_3，按质量计）（%）</td><td colspan="2">≤1</td></tr>
<tr><td colspan="2">有机质含量（用比色法试验）</td><td colspan="2">颜色不应深于标准色，如深于标准色，则应配成砂浆进行强度对比试验予以复核</td></tr>
</table>

注：1. 含泥量指砂中粒径小于 0.080mm 颗粒的含量。泥块含量指砂中粒径大于 1.25mm，经水洗、手捏后变成小于 0.63mm 颗粒的含量。对于≤C10 的混凝土用砂，根据水泥强度等级，其含泥量和泥块含量可予以放宽。

2. 砂中如含有颗粒状的硫酸盐或硫化物，则应经专门检验，确认能满足混凝土耐久性要求后方可采用。

3. 对于有抗疲劳、耐磨、抗冲击要求的混凝土用砂或有腐蚀介质作用或经常处于水位变化区的地下结构混凝土用砂，其坚固性质量损失率应小于 8%。

混凝土用砂的颗粒级配：

天然砂的最佳级配，国家规范的规定见表 3-14。对细度模数为 3.7～1.6 的砂，按

0.63mm 筛孔的累计筛余量（以质量百分率计）分成三个级配区（见表 3-14）。砂的颗粒级配应处于表中的任何一个级配区内。

砂的实际颗粒级配与表中所列的累计筛余百分率相比，除 5 和 0.63mm 筛号（表中 * 号所标数值）外，允许稍有超出分界线，但其总量不应大于 5%。

砂的级配用筛分试验鉴定。筛分试验是用一套标准筛将 500g 干砂进行筛分，标准筛的孔径由 5mm、2.5mm、1.25mm、0.63mm、0.315mm、0.16mm 组成，筛分时，须记录各尺寸筛上的筛余量，并计算各粒级的分计筛余百分率和累计筛余百分率。

砂颗粒级配区　　**表 3-14**

筛孔尺寸（mm）	级配区		
	Ⅰ区	Ⅱ区	Ⅲ区
	累计筛余（%）		
10.00	0	0	0
*5.00	*10～0	*10～0	*10～0
2.50	35～5	25～0	15～0
1.25	65～35	50～10	25～0
*0.63	*85～71	*70～41	*40～16
0.315	95～80	92～70	85～55
0.16	100～90	100～90	100～90

砂的粒径愈细，比表面积愈大，包裹砂粒表面所需的水泥浆就越多。由于细砂强度较低，细砂混凝土的强度也较低。因此，拌制混凝土，宜采用中砂和粗砂。

（2）石子分类和颗粒级配

石子属粗骨料，分为卵石和碎石。卵石表面光滑，拌制混凝土和易性好。碎石混凝土和易性要差，但与水泥砂浆粘结较好。

石子也应有良好级配。碎石和卵石的级配有两种，即连续粒级和单粒级。颗粒级配范围见表 3-15，公称粒径的上限为该粒级的最大粒径。

粗骨料的强度愈高，混凝土的强度亦愈高，因此，石子的抗压强度一般不应低于混凝土强度等级的 150%。

拌制混凝土时，最大粒径愈大，愈可节约水泥用量，并可减少混凝土的收缩。但《混凝土结构工程施工质量验收规范》GB 50204—2015 规定：最大粒径不应超过结构截面最小尺寸的 1/4，同时也不得超过钢筋间最小净距的 3/4。否则将影响结构强度的均匀性或因钢筋卡住石子后造成孔洞。

卵石或碎石级配范围的规定　　**表 3-15**

级配情况	粒径（mm）	累计筛余量（按质量计）（%）											
		筛孔尺寸（圆孔筛）（mm）											
		2.5	5	10	15	20	25	30	40	50	60	80	100
连续级配	5～10	95～100	80～100	0～15	0								
	5～15	95～100	90～100	30～60	0～10	0							
	5～50	95～100	90～100	40～70		0～10	0						
	5～30	95～100	90～100	70～90		15～45		0～5	0				
	5～40		95～100	75～90		30～65			0～5	0			

续表

级配情况	粒径(mm)	累计筛余量(按质量计)(%)											
		筛孔尺寸(圆孔筛)(mm)											
		2.5	5	10	15	20	25	30	40	50	60	80	100
间断级配	10～20		95～100	85～100		0～15	0						
	15～30		95～100		80～100			0～10	0				
	20～40			95～100		85～100			0～10	0			
	30～60				95～100			75～100	45～75		0～10	0	
	40～80					95～100			70～100		30～60	0～10	0

粗骨料中常含有黏土、淤泥、硫化物和有机杂质等一些有害杂质。其危害作用与在细骨料中相同。因此，石子的针、片状颗粒、含泥量、含硫化物量和硫酸盐含量等均应符合规范的规定。

对重要工程的混凝土所使用的砂、石骨料，还应进行碱活性检验。

3. 水和外掺剂

凡是一般能饮用的自来水及洁净的天然水，都可以作为拌制混凝土用水。要求水中不含有能影响水泥正常硬化的有害杂质。工业废水、污水及pH小于4的酸性水和硫酸盐含量超过水重1%的水，均不得用于混凝土中；海水不得用于钢筋混凝土和预应力混凝土结构中。

混凝土外掺剂（外加剂）是指混凝土拌合物中掺入量不超过水泥质量的5%，就能促使其改性的外加材料。因掺量少，一般在配合比设计时，不考虑其对混凝土体积或质量的影响。

混凝土中掺入适量的外掺剂，能改善混凝土的工艺性能，加速工程进度或节约水泥。近年来外掺剂得到了迅速发展，在混凝土材料中，已成为不可缺少的组成部分。常加入的外掺剂有早强剂、减水剂、速凝剂、缓凝剂、抗冻剂、加气剂、消泡剂等。

长期处于潮湿或水位变动的寒冷和严寒环境，以及盐冻环境的混凝土应掺用引气剂。

(1) 早强剂

早强剂可以提高混凝土的早期强度，对加速模板周转，节约冬期施工费用都有明显效果。早强剂的常用配方、适用范围及使用效果参见表3-16。

早强剂配方参考表　　**表3-16**

项次	早强剂名称	常用掺量（占水泥质量的%）	适用范围	使用效果
1	三乙醇胺［$N(C_2H_4OH)_3$］	0.05	常温硬化	3～5天可达到设计强度的70%
2	三异丙醇胺［$N(C_3H_6OH)_3$］ 硫酸亚铁（$FeSO_4 \cdot 7H_2O$）	0.03 0.5	常温硬化	5～7天可达到设计强度的70%
3	氯化钙（$CaCl_2$）	2	低温或常温硬化	7天强度与不掺者对比约可提高20%～40%
4	硫酸钠（Na_2SO_4） 亚硝酸钠（$NaNO_2$）	3 4	低温硬化	在-5℃条件下，28天可达到设计强度的70%

续表

项次	早强剂名称	常用掺量（占水泥质量的%）	适用范围	使用效果
5	三乙醇胺 硫酸钠 亚硝酸钠	0.03 3 6	低温硬化	在－10℃条件下，1～2 月可达到设计强度的 70%
6	硫酸钠 石膏（$CaSO_4 \cdot 2H_2O$）	2 1	蒸汽养护	蒸汽养护 6 小时，与不掺者对比，强度约可提高 30%～100%

注：1. 以上配方均可用于混凝土及钢筋混凝土工程中。
2. 使用氯化钙或其他氯化物作早强剂时，尚应遵守施工验收规范的有关规定。

（2）减水剂

减水剂是一种表面活性材料，能把水泥凝聚体中所包含的游离水释放出来，从而有效地改善和易性，增加流动性，降低水胶比，节约水泥，有利于混凝土强度的增长。常用的减水剂种类、掺量和技术经济效果见表 3-17。

常用减水剂的种类及掺量参考表　　表 3-17

种　类	主要原料	掺量（占水泥用量的%）	减水率（%）	提高强度（%）	增加坍落度（cm）	节约水泥（%）	适用范围
水质素磺酸钠	纸浆废液	0.2～0.3	10～15	10～20	10～20	10～15	普通混凝土
MF 减水剂	甲基萘磺酸钠	0.3～0.7	10～30	10～30	2～3 倍	10～25	早强、高强、耐碱混凝土
NNO 减水率	亚甲基二萘磺酸钠	0.5～0.8	10～25	20～25	2～3 倍	10～20	增强、缓凝、引气
UNF 减水剂	油萘	0.5～1.5	15～20	15～30	10～15	10～15	
FDN 减水剂	工业萘	0.5～0.75	16～25	20～50		20	早强、高强、大流动性混凝土
磺化焦油减水剂	煤焦油	0.5～0.75	10	35～37		5～10	
糖蜜减水剂	废蜜	0.2～0.3	7～11	10～20	4～6	5～10	

（3）加气剂

常用的加气剂有松香热聚物、松香皂等。加入混凝土拌合物后，能产生大量微小（直径为 1μm）互不相连的封闭气泡，以改善混凝土的和易性，增加坍落度，提高抗渗和抗冻性。

（4）缓凝剂

能延缓水泥凝结的外掺剂，常用于夏季施工和要求推迟混凝土凝结时间的施工工艺。如在浇筑给水构筑物或给水管道时，掺入己糖二酸钙（制糖业副产品），掺量为水泥质量的 0.2%～0.3%。当气温在 25℃左右环境下，每多掺 0.1%，能延缓凝结 1h。常用的缓凝剂有糖类、木质素磷酸盐类、无机盐类等。其成品有己糖二酸钙、木质素磺酸钙、柠檬酸、硼酸等。

3.3.2　普通混凝土的主要性能

组成混凝土的各种材料，按设定的配合比例，拌制成具有黏性和塑性的混凝土拌合物。它应具备适宜的和易性，以满足搅拌、运输、浇筑、振捣成型诸施工过程操作的要求。混凝土拌合物在振捣成型后，经养护凝结硬化而成混凝土制成品。它应达到设计所需要的强度和抗渗、抗冻等耐久性指标。

1. 混凝土拌合物的和易性

和易性是指混凝土拌合物能保持其各种成分均匀，不离析及适合于施工操作的性能。它是混凝土的流动性、黏聚性、保水性等各项性能的综合反映。

通常用以表示混凝土和易性的方法是测定混凝土拌合物的坍落度。它是按照规定的方法利用坍落筒和捣棒而测得，如图3-48所示。坍落度愈大，表明流动度愈大。

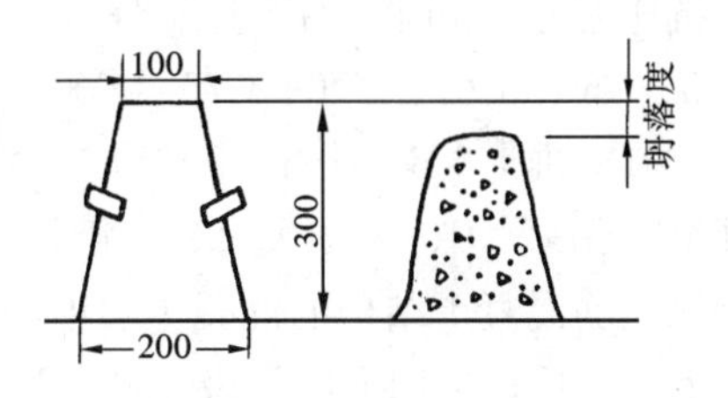

图3-48 混凝土坍落度实验

施工时，坍落度值的确定，应根据结构部位及钢筋疏密程度而异，见表3-18。过小则不易操作，甚至因捣固不善而造成质量事故；过大则增加水泥用量。

混凝土拌合物的坍落度值 **表3-18**

结构种类	坍落度（cm）
基础或地面等的垫层，无配筋厚大结构或配筋稀疏的结构	1～3
板、梁和大型截面的柱子	3～5
配筋密列的结构（薄壁、斗仓、筒仓、细柱等）	5～7
配筋特密的结构	7～9

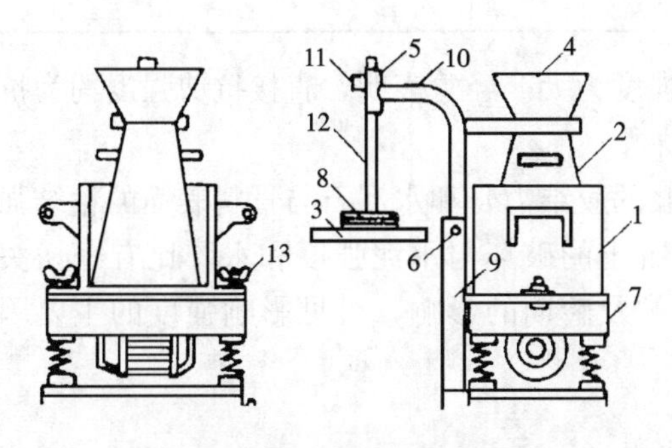

图3-49 维勃度实验

1—容器；2—坍落度筒；3—透明圆盘；4—喂料口；5—套筒；6—螺栓；7—振动台；8—荷重；9—支柱；10—旋转架；11—螺栓；12—连接测杆；13—圆头螺栓

对于干硬性混凝土拌合物（坍落度为零）的流动性采用维勃度仪测定，称为维勃度或干硬度，如图3-49所示。在维勃度仪的坍落筒内，按规定方法装满混凝土拌合物，拔去坍落筒后开动振动台，拌合物在振动情况下，直到在容器内摊平所经历的时间（s），即为该混凝土的维勃度值。

影响和易性的因素很多，主要是水泥的性质、骨料的粒形和表面性质，水泥浆与骨料的相对含量，外掺剂的性质和掺量，以及搅拌、运输、浇筑振捣等施工工艺等。

普通水泥相对密度较大，绝对体积较小，在用水量、水胶比相同时，流动性要比火山灰水泥好；普通水泥与水的亲和力强，同矿渣水泥相比，保水性较好。石子粒径愈大，总比表面积愈小，水泥包裹骨料情况愈好，和易性愈好。当水泥浆量一定时，砂率（系指砂重与砂石总重之比的百分率）大，骨料总比表面积大，水泥浆用于包裹砂粒表面，提供颗粒润滑的浆量减少，混凝土和易性差；砂率过小，混凝土的拌合物干涩或崩散，和易性差，振捣困难。掺入外掺剂的混凝土拌合物，可以显著改善和易性且节约水泥用量。

2. 混凝土硬化后的性能

(1) 混凝土的强度及强度等级

混凝土的强度有抗压强度、抗拉强度、抗剪强度、疲劳强度等。

混凝土具有较高的抗压强度，因此，抗压强度是施工中控制和评定混凝土质量的主要指标。标准抗压强度系指按标准方法制作和养护的边长为150mm立方体试件，在28d龄期，用标准方法测得的具有95%保证率的抗压极限强度值（以MPa计），用f_{cu}表示。根据抗压强度，可将混凝土划分为C10、C15、C20、C25、C30、C35、C40、C45、C50、C55、C60、C65、C70、C75、C80、C85、C90、C95和C100等19级（来自《混凝土质量控制标准》GB 50164—2011），常用等级为C15～C80等14级（来自《混凝土结构设计规范》GB 50010—2010（2015年版））。在给水排水工程中，对于用做贮水或水处理构筑物等钢筋混凝土结构的混凝土强度等级不应低于C20；素混凝土结构的混凝土强度等级不应低于C15；采用强度等级400MPa及以上的钢筋时，混凝土强度等级不应低于C25。

当使用其他尺寸试件测定抗压强度时，应乘以换算系数，以得到相当于标准试件的试验结果。换算系数值见表3-19。

抗拉强度：混凝土抗拉强度相当低，但对混凝土的抗裂性却起着重要作用。与同龄期抗压强度的拉压比的变化范围大约为6%～14%。拉压比主要随着抗压强度的增高而减少，即混凝土的抗压强度越高，拉压比就越小。

混凝土强度换算系数　　表3-19

骨料最大粒径（mm）	试件尺寸（cm）	换算系数
30	10×10×10	0.95
40	15×15×15	1
60	20×20×20	1.05

抗剪强度：混凝土的抗剪强度一般较抗拉强度为大。经验表明，直接抗剪强度约为抗压强度的15%～25%，为抗拉强度的2.5倍左右。

混凝土强度主要决定于水泥石的强度（砂浆的胶结力）和水泥石与骨料表面的粘结强度。由于骨料本身最先破坏的可能性小，故混凝土的破坏与水泥强度和水胶比有密切关系。此外，混凝土强度也受施工工艺条件、养护及龄期的影响，可见影响强度的主要因素有：

1) 水泥强度等级和水胶比

水泥强度等级的高低，直接影响到混凝土强度的高低。在配合比相同的条件下，水泥的强度等级愈高，混凝土的强度亦愈高；当用同一品种、同一强度等级的水泥拌制混凝土时，混凝土的强度则取决于混凝土中用水量与凝胶材料用量的质量比，即水胶比。其中凝胶材料是指混凝土中水泥和矿物掺合料（如：粉煤灰、矿渣粉等）的总称；水灰比指水与水泥的质量比，这时凝胶材料只有水泥，没有其他掺合料。一般水泥硬化时所需的拌合水，只占水泥质量的25%左右，但为了在施工中有必要的流动度，常用较多的水进行拌合（水泥质量的40%～80%左右）。水胶比的加大，残留在混凝土中的多余水分经蒸发而形成气孔，气孔愈多，混凝土的强度愈低。相反，水胶比愈小，水泥石的强度愈高，与骨料的粘结力愈强，混凝土的强度就愈高。但应明确，如拌合水过少，则混凝土拌合物干稠，给施工操作造成困难，同时水泥不能充分水化，混凝土强度不低。

此外，水泥石与骨料的粘结力还与骨料的表面特征有关，碎石的表面粗糙，多棱角，粘结力大。卵石则与之相反。

2）温度与湿度

混凝土在硬化过程中，强度增长率与温度成正比，其增长关系见表3-20。

3）龄期

混凝土在正常养护条件下，其强度与养护龄期成正比。但初期较快，后期较慢。

不同龄期混凝土强度的增长情况见表3-20。

不同温度、龄期对混凝土强度增长百分率表（%） **表3-20**

水泥强度等级和品种	硬化时间（d）	混凝土平均温度（℃）							
		1	5	10	15	20	25	30	35
C32.5级普通硅酸盐水泥	3	14	21	29	36	41	46	50	55
	5	20	28	37	43	50	55	60	65
	7	27	36	43	50	58	62	68	74
	10	35	44	52	60	68	74	80	85
	15	44	52	62	70	79	89	—	—
	28	61	70	81	90	100	—	—	—
C42.5级普通硅酸盐水泥	3	15	20	25	30	39	42	48	51
	5	26	30	38	44	51	57	61	65
	7	32	40	47	54	61	68	71	76
	10	41	50	59	67	72	79	82	85
	15	52	62	71	80	88	—	—	—
	28	68	78	87	91	100	—	—	—
C32.5级火山灰质水泥或矿渣水泥	3	2	8	10	15	21	28	37	43
	5	9	18	21	28	35	40	50	59
	7	14	24	30	38	45	52	61	70
	10	21	32	41	50	58	67	86	84
	15	29	42	54	64	72	81	90	—
	28	40	61	75	90	100	—	—	—
C42.5级火山灰质水泥或矿渣水泥	3	4	8	11	19	22	26	31	39
	5	10	18	22	29	32	39	44	50
	7	18	23	30	39	43	48	53	62
	10	22	31	42	50	50	62	68	77
	15	32	45	59	69	74	79	84	91
	28	45	64	80	90	100	—	—	—

（2）混凝土的耐久性

混凝土在使用中能抵抗各种非荷载外界因素作用的性能，称为混凝土的耐久性。混凝土耐久性的好坏决定混凝土工程的寿命。影响混凝土耐久性的因素主要有：冻融循环作用、环境水作用、风化和碳化作用等，其中主要的是抗冻性、抗渗性、抗侵蚀性及碳化作用。

1）混凝土的抗渗性和抗渗等级

抗渗性是混凝土抵抗压力介质（如水等）渗透的性能。混凝土是非匀质性的材料，其内分布有许多大小不等以及彼此连通的孔隙。孔隙和裂缝是造成混凝土渗漏的主要原因。提高混凝土的抗渗性就要提高其密实度，抑制孔隙，减少裂缝。因此，可用控制水胶比、水泥用量及砂率，以保证混凝土中砂浆质量和数量抑制孔隙，使混凝土具有较好的抗渗性。混凝土抗渗级别见表3-21。

混凝土的抗渗性用抗渗级别P表示，如P4、P6、P8、P10、P12分别表示混凝土能抵抗0.4、0.6、0.8、1.0、1.2MPa的水压而不渗水。抗渗等级等于或大于P6级的混凝

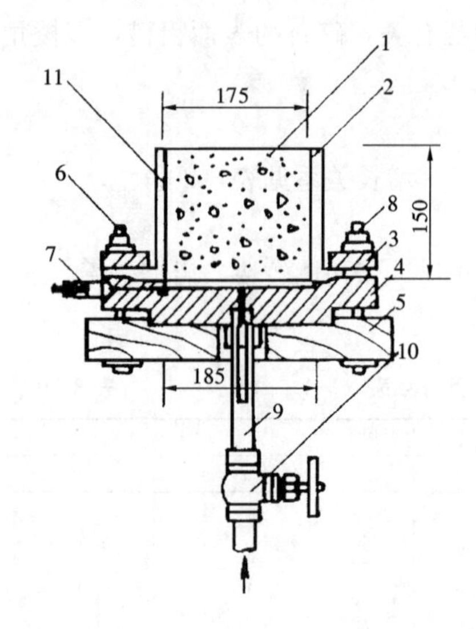

图 3-50 混凝土的抗渗实验

1—试件；2—套模；3—上法兰；4—固定法兰；5—底板；6—固定螺栓；7—排气阀；8—橡皮垫圈；9—分压水管；10—进水阀门；11—密封蜡

土称为抗渗混凝土。抗渗级别与构筑物内的最大水头和最小壁厚有关（表 3-21），确定的依据是：

抗渗实验是用 6 个圆柱体试件，经标准养护 28d 后，置于抗渗仪上，从底部注入高压水，每次升压 0.1MPa，恒压 8h，直至其中 4 个试件未发现渗水时的最大压力，经计算确定该组试件的抗渗级别，如图 3-50 所示。

混凝土抗渗级别取值表　　表 3-21

最大作用水头与最小壁厚之比值	抗渗级别（P）
<10	4
10～30	6
30～50	8
>50	10

2）混凝土的抗冻性及抗冻等级

抗冻性是指混凝土在饱和水状态下，能经多次冻融循环作用而不破坏，同时也不严重降低强度的性能。混凝土受冻后，其游离水分会膨胀，使混凝土的组织结构遭到破坏。在冻融循环作用下，使冻害进一步加剧。提高密实度是提高混凝土抗冻性的关键，其措施是减小水胶比，掺加引气剂或减水型引气剂等。抗冻性用抗冻等级 F 表示。依据高低分为 F10、F15、F25、F50、F100、F150、F200、F250、F300 九个等级，分别表示混凝土能够承受反复冻融循环次数为 10、15、25、50、100、150、200、250 和 300 次。抗冻等级等于或大于 F50 的混凝土称为抗冻混凝土。抗冻等级的确定与结构类别、气温及工作条件有关，其依据见表 3-22。

混凝土抗冻等级取值表　　表 3-22

气候分区	严寒		寒冷		温和
年冻融循环次数（次）	≥100	<100	≥100	<100	—
结构重要、受冻严重且难于检修部位	F400	F300	F300	F200	F100
受冻严重但有检修条件部位	F300	F250	F200	F150	F50
受冻较重部位	F250	F200	F150	F150	F50
受冻较轻部位	F200	F150	F100	F100	F50
表面不结冻和水下、土中、大体积内部混凝土	F50				

注：1. 最冷月平均气温低于−10℃的为严寒区；最冷月平均气温在−3℃～−10℃的为寒冷区；最冷月平均气温大于−3℃的为温和区；最冷月平均气温低于−25℃地区的混凝土抗冻级别宜根据具体情况研究确定。
2. 该表来自于《水工建筑物抗冰冻设计规范》GB/T 50662—2011。

抗冻等级是采用一组龄期 28d，6 或 12 块 15cm 立方体试块在吸水饱和后，承受反复冻融循环，以抗压强度下降不超过 25%，而且质量损失不超过 5%时所能承受的最大冻融循环次数来确定的。

3）混凝土抗侵蚀性

受环境条件（地表水、地下水、污废水和土壤中含有盐、氯化物、生物等）的影响，引起混凝土性能的变化，由于混凝土在这种环境中使用遭受侵蚀，引起硬化后水泥成分的变化，使其强度降低而遭破坏。混凝土的腐蚀是一个很复杂的过程。一般可将混凝土的腐蚀分为：溶蚀性腐蚀、某些盐酸溶液和镁盐的腐蚀、结晶膨胀性腐蚀。其腐蚀机理为物理作用、化学腐蚀、微生物腐蚀。防侵蚀措施有：采用高性能混凝土，提高混凝土的密度，增大混凝土的保护层厚度（侵蚀环境下，保护层厚度不得小于5cm），严格控制混凝土水胶比及胶凝材料总量，混凝土表面涂上防腐蚀材料等。

4）混凝土碳化作用

混凝土失去碱性的现象叫做碳化。碳化作用的结果将使混凝土的碱度降低，减弱了对钢筋的保护作用，导致钢筋的锈蚀。碳化还会引起混凝土收缩（碳化收缩），容易会使混凝土的表面产生细微的裂缝。防混凝土碳化措施有：选择合适的水泥品种、配合比、外掺剂以及高质量的原材料；严格施工工艺，确保混凝土的密实性；采取环氧基液涂层保护混凝土等。

3.3.3　普通混凝土配合比设计

普通混凝土配合比的设计，应在保证结构设计所规定的强度等级和耐久性，满足施工和易性的要求，并应符合合理使用材料、节约水泥的原则下，确定单位体积混凝土中水泥、砂、石和水的质量比例。

1. 配合比的设计计算

普通混凝土配合比计算步骤如下：

1）计算出要求的配制强度 $f_{cu,0}$，并计算出所要求的水胶比值；

2）选取每立方米混凝土的用水量，并由此计算出每立方米混凝土的水泥用量；

3）选取合理的砂率值，计算出粗、细骨料的用量，提出供配制用的计算配合比。

以下依次列出计算公式：

（1）计算混凝土试配强度 $f_{cu,0}$，并计算出所要求的水胶比值（W/B）

1）混凝土配制强度

混凝土的施工配制强度按下式计算：

$$f_{cu,0} \geqslant f_{cu,k} + 1.645\sigma \tag{3-7}$$

式中　$f_{cu,0}$——混凝土的施工配制强度（MPa）；

$f_{cu,k}$——混凝土立方体抗压强度标准值（MPa），取设计混凝土强度等级值；

σ——施工单位的混凝土强度标准差（MPa）。

σ 的取值，如施工单位1～3个月的同一品种、同一强度等级混凝土强度统计资料，可按下式求得：

$$\sigma = \sqrt{\frac{\sum_{i=1}^{N} f_{cu,i}^2 - N\mu_{fcu}^2}{n-1}} \tag{3-8}$$

式中　$f_{cu,i}$——第 i 组试件强度（MPa）；

μ_{fcu}——n 组试件强度的平均值（MPa）；

N——1～3个月统计周期内同一品种、同一强度等级混凝土试件组数，$n \geqslant 30$。

当混凝土强度等级不大于C30时，如计算的 $\sigma < 3.0$MPa，取 $\sigma = 3.0$MPa；当混凝土

强度等级大于C30且小于C60时，如计算的σ＜4.0MPa，取σ=4.0MPa。

施工单位如缺少近期混凝土强度统计资料时，可按表3-23取值。

σ 取值表　　**表3-23**

混凝土强度等级	＜C15	C20～C35	＞C35
σ（N/mm^2）	4	5	6

2）计算出所要求的水灰比值（混凝土强度等级小于C60时）

根据配制强度，按下式计算所要求的水胶比值：

$$W/B=\frac{\alpha_a\cdot f_b}{f_{cu,0}+\alpha_a\cdot\alpha_b\cdot f_b}\tag{3-9}$$

式中　α_a、α_b——回归系数。根据工程所使用的原材料，通过试验建立的水胶比与混凝土强度关系式来确定；当不具备上述试验统计资料时，可按表3-24选用。

W/B——混凝土所要求的水胶比；

f_b——胶凝材料（水泥与矿物掺合料按使用比例混合）28d胶砂强度实测值（MPa）。

当无实测值时，可按式（3-10）计算：

$$f_b=\gamma_f\gamma_s f_{ce}\tag{3-10}$$

式中　γ_f、γ_s——粉煤灰影响系数和粒化高炉矿渣粉影响系数，可按表3-25选用；

f_{ce}——水泥28d胶砂抗压强度（MPa），可实测，也可按表3-26选用。当f_{ce}无实测值时，式（3-10）中f_{ce}值可用水泥强度等级值（MPa）乘上一个水泥强度等级值的富余系数γ_c，富余系数γ_c可按实际统计资料确定，无资料时可按表3-26取。

回归系数 α_a、α_b 选用表　　**表3-24**

系　数	碎　石	卵　石	系　数	碎　石	卵　石
α_a	0.53	0.49	α_b	0.20	0.13

粉煤灰、粒化高炉渣粉影响系数　　**表3-25**

种类 / 掺量（%）	粉煤灰影响系数 γ_f	粒化高炉矿渣粉影响系数 γ_s
0	1.00	1.00
10	0.90～0.95	1.00
20	0.80～0.85	0.95～1.00
30	0.70～0.75	0.90～1.00
40	0.60～0.65	0.80～0.90
50		0.70～0.85

注：1　采用Ⅰ级、Ⅱ级粉煤灰宜取上限值；

2　采用S75级粒化高炉矿渣粉宜取下限值，采用S95级粒化高炉矿渣粉宜取上限值，采用S105级粒化高炉矿渣粉可取上限值加0.05；

3　当超过表中的掺量时，粉煤灰和粒化高炉矿渣粉影响系数应经试验确定。

水泥强度等级值的富余系数统计表　　**表3-26**

水泥强度等级	32.5	42.5	52.5
富余系数 γ_c	1.12	1.16	1.10

对于出厂期超过三个月或存放条件不良而已有所变质的水泥，应重新鉴定其强度等级，并按实际强度进行计算。

3）计算所得的混凝土水胶比值应与规范所规定的范围进行核对，如计算所得值大于表3-27所规定的最大水胶比值时，应按表3-27取值，同时钢筋混凝土中矿物掺合料最大掺量宜符合表3-28的规定。

结构混凝土材料的耐久性基本要求　　表3-27

环境等级	环境条件	最大水胶比	最低强度等级	最大氯离子含量（%）	最大碱含量（kg/m³）	最小胶凝材料用量（kg/m³）		
						素混凝土	钢筋混凝土	预应力混凝土
一	室内干燥环境；无侵蚀性静水浸没环境	0.60	C20	0.30	不限制	250	280	300
二a	室内潮湿环境； 非严寒和非寒冷地区的露天环境； 严寒和非寒冷地区与无侵蚀性的水或土壤直接接触的环境； 严寒和寒冷地区的冰冻线以下与无侵蚀性的水或土壤直接接触的环境	0.55	C25	0.20	3.0	280	300	300
二b	干湿交替环境；水位频繁变动环境； 严寒和寒冷地区的露天环境； 严寒和寒冷地区冰冻线以上与无侵蚀性的水或土壤直接接触的环境	0.50 (0.55)	C30 (C25)	0.15	3.0	320		
三a	严寒和寒冷地区冬季水位变动区环境； 受除冰盐影响环境； 海风环境	0.45 (0.50)	C35 (C30)	0.15		330		
三b	盐渍土环境； 受除冰盐作用环境； 海岸环境	0.40	C40	0.10				

注：1　氯离子含量系指其占胶凝材料总量的百分比；

2　预应力构件混凝土中的最大氯离子含量为0.06%，其最低混凝土强度等级宜按表中的规定提高两个等级；

3　素混凝土构件的水胶比及最低强度等级的要求可适当放松；

4　有可靠工程经验时，三类环境中的最低混凝土强度等级可降低一个等级；

5　处于严寒和寒冷地区二b、三a类环境中的混凝土应使用引气剂，并可采用括号中的有关参数；

6　当使用非碱活性骨料时，对混凝土中的碱含量可不作限制；

7　环境等级为四（海水环境）、五（受人为或自然的侵蚀性物质影响的环境）的混凝土结构，其耐久性要求应符合有关标准的规定。

钢筋混凝土中矿物掺合料最大掺量 **表3-28**

矿物掺合料种类	水胶比	最大掺量（%）	
		硅酸盐水泥	普通硅酸盐水泥
粉煤灰	≤0.40	≤45	≤35
	>0.40	≤40	≤30
粒化高炉矿渣粉	≤0.40	≤65	≤55
	>0.40	≤55	≤45
钢渣粉	—	≤30	≤20
磷渣粉	—	≤30	≤20
硅灰	—	≤10	≤10
复合掺合料	≤0.40	≤60	≤50
	>0.40	≤50	≤40

注：1 采用其他通用硅酸盐水泥时，宜将水泥混合材掺量20%以上的混合材量计入矿物掺合料；
2 复合掺合料各组分的掺量不宜超过单掺时的最大掺量；
3 在混合使用两种或两种以上矿物掺合料时，矿物掺合料总掺量应符合表中复合掺合料的规定。

(2) 选取每立方米混凝土的用水量和外掺剂用量

1) 选取用水量

① W/B 在0.40～0.80范围时，根据粗骨料的品种及施工要求的混凝土拌合物的稠度，其用水量可按表3-29、表3-30取用。

干硬性混凝土的用水量（kg/m^3） **表3-29**

拌合物稠度		卵石最大粒径（mm）			碎石最大粒径（mm）		
项目	指标	10	20	40	16	20	40
维勃稠度（s）	16～20	175	160	145	180	170	155
	11～15	180	165	150	185	175	160
	5～10	185	170	155	190	180	165

塑性混凝土的用水量（kg/m^3） **表3-30**

拌合物稠度		卵石最大粒径（mm）				碎石最大粒径（mm）			
项目	指标	10	20	31.5	40	16	20	31.5	40
坍落度（mm）	10～30	190	170	160	150	200	185	175	165
	35～50	200	180	170	160	210	195	185	175
	55～70	210	190	180	170	220	205	195	185
	75～90	215	195	185	175	230	215	205	195

注：1. 本表用水量采用中砂时的平均值。采用细砂时，每立方米混凝土用水量可增加5～10kg；采用粗砂时，则可减少5～10kg。
2. 掺用矿物掺合料和外掺剂时，用水量应相应调整。

② W/B 小于 0.4 的混凝土或混凝土强度等级大于等于 C60 级以及采用特殊成型工艺的混凝土用水量应通过试验确定。

③ 流动性和大流动性混凝土的用水量可以表 3-30 坍落度 90mm 的用水量为基础，按坍落度每增大 20mm 用水量增加 5kg，计算出未掺外掺剂时的混凝土的用水量。

④ 掺外掺剂时的混凝土用水量可按下式计算：

$$m_{wo} = m_{wo'}(1-\beta) \tag{3-11}$$

式中　m_{wo}——掺外掺剂满足实际坍落度要求的每立方米混凝土用水量（kg/m^3）；

$m_{wo'}$——未掺外掺剂时推定的满足实际坍落度要求的每立方米混凝土的用水量（kg/m^3）；

β——外掺剂的减水率（%），应经混凝土试验确定。

2）外掺剂用量

外掺剂用量（m_{ao}）应按下式计算：

$$m_{ao} = m_{bo}\beta_a \tag{3-12}$$

式中　m_{ao}——每立方米混凝土中外掺剂用量（kg/m^3）；

m_{bo}——计算配合比每立方米混凝土中胶凝材料用量（kg/m^3）；

β_a——外掺剂掺量（%），应经混凝土试验确定。

（3）计算每立方米混凝土的胶凝材料、矿物掺合料和水泥用量

1）每立方米混凝土的胶凝材料用量

每立方米混凝土的胶凝材料用量（m_{bo}）应按下式计算：

$$m_{bo} = \frac{m_{wo}}{W/B} \tag{3-13}$$

式中　m_{bo}——计算配合比每立方米混凝土中胶凝材料用量（kg/m^3）；

m_{wo}——计算配合比每立方米混凝土的用水量（kg/m^3）。

2）每立方米混凝土的矿物掺合料用量

每立方米混凝土的矿物掺合料用量（m_{fo}）应按下式计算：

$$m_{fo} = m_{bo}\beta_f \tag{3-14}$$

式中　m_{fo}——计算配合比每立方米混凝土中矿物掺合料用量（kg/m^3）；

m_{bo}——计算配合比每立方米混凝土中胶凝材料用量（kg/m^3）；

β_f——矿物掺合料掺量（%），试验确定，最大掺量不得大于表 3-28 规定。

3）每立方米混凝土的水泥用量

每立方米混凝土的水泥用量（m_{co}）应按下式计算：

$$m_{co} = m_{bo} - m_{fo} \tag{3-15}$$

式中　m_{co}——计算配合比每立方米混凝土中水泥用量（kg/m^3）；

m_{bo}——计算配合比每立方米混凝土中胶凝材料用量（kg/m^3）；

m_{fo}——计算配合比每立方米混凝土中矿物掺合料用量（kg/m^3）。

计算所得的胶凝材料用量如小于表 3-27 所规定的最小胶凝材料用量时，应按表 3-27

取值。混凝土的最大胶凝材料用量不宜大于500kg/m^3。

（4）选取混凝土砂率值，计算粗细骨料用量

配合比设计应以干燥状态骨料为基准，细骨料含水率应小于0.5%，粗骨料含水率应小于0.2%。

1）选取砂率值β_s（%）

砂率是指砂子的质量与砂石总质量的百分率。应根据骨料的技术指标、混凝土拌合物性能和施工要求，参考既有历史资料确定。

① 坍落度为10～60mm的混凝土砂率，可按粗骨料品种、规格及混凝土的水胶比在表3-31中选用。

混凝土的砂率（%）　　**表3-31**

水胶比（W/B）	卵石最大粒径（mm）			碎石最大粒径（mm）		
	10	20	40	16	20	40
0.40	26～32	25～31	24～30	30～35	29～34	27～32
0.50	30～35	29～34	28～33	33～38	32～37	30～35
0.60	33～38	32～37	31～36	36～41	35～40	33～38
0.70	36～41	35～40	34～39	39～44	38～43	36～41

注：1. 本表数值系中砂的选用砂率，对细砂或粗砂，可相应地减少或增大砂率。
2. 采用人工砂配制混凝土时，砂率可适当增大。
3. 只用一个单粒级粗骨料配制混凝土时，砂率应适当增大。

② 坍落度大于60mm的混凝土砂率，可经试验确定，也可在表3-31的基础上，按坍落度每增大20mm，砂率增大1%的幅度予以调整。

③ 坍落度小于10mm的混凝土，其砂率应通过试验确定。

2）计算粗、细骨料的用量，算出供试配用的配合比

在已知混凝土用水量、胶凝材料用量和砂率的情况下，可用体积法或质量法求出粗、细骨料的用量，从而得出混凝土的初步配合比。

① 体积法

体积法又称绝对体积法。这个方法假设混凝土组成材料绝对体积的总和等于混凝土的体积，因而得到下列方程式，并解之。

$$\frac{m_{co}}{\rho_c}+\frac{m_{fo}}{\rho_f}+\frac{m_{so}}{\rho_s}+\frac{m_{go}}{\rho_g}+\frac{m_{wo}}{\rho_w}+0.01\alpha=1 \tag{3-16}$$

$$\beta_s=\frac{m_{s0}}{m_{s0}+m_{g0}}\times 100\% \tag{3-17}$$

式中　m_{co}——每立方米混凝土的水泥用量（kg/m^3）；

m_{fo}——每立方米混凝土的矿物掺合料用量（kg/m^3）；

m_{go}——每立方米混凝土的粗骨料用量（kg/m^3）；

m_{so}——每立方米混凝土的细骨料用量（kg/m^3）；

m_{wo}——每立方米混凝土的用水量（kg/m^3）；

ρ_c——水泥密度（kg/m³），取 2900～3100；

ρ_f——矿物掺合料密度（kg/m³）；

ρ_g——粗骨料的表观密度（kg/m³）；

ρ_s——细骨料的表观密度（kg/m³）；

ρ_w——水的密度（kg/m³），取 1000；

α——混凝土的含气量百分数（%），不使用引气型外掺剂时，可取 1；

β_s——砂率（%）。

计算式中的 ρ_g 和 ρ_s 应按现行的《普通混凝土用砂、石质量及检验方法标准》JGJ 52—2012 的规定测得。

将计算出的各种材料用量，简化成以水泥为 1 的混凝土配合比：

$$\frac{m_{co}}{m_{co}} : \frac{m_{fo}}{m_{co}} : \frac{m_{so}}{m_{co}} : \frac{m_{go}}{m_{co}} : \frac{m_{wo}}{m_{co}} = 1 : F_o : S_o : G_o : W_o \text{(质量比)}$$

② 质量法

质量法又称假定重量法。该法假定混凝土拌合物的质量为已知，从而可求出单位体积混凝土的骨料总用量（质量），继之分别求出粗、细骨料的质量，得出混凝土的配合比。方程式为：

$$m_{co} + m_{fo} + m_{so} + m_{go} + m_{wo} = m_{cp} \tag{3-18}$$

$$\beta_s = \frac{m_{so}}{m_{so} + m_{go}} \times 100\% \tag{3-19}$$

式中 m_{cp}——每立方米混凝土拌合料的假定质量（kg/m³），可取 2350～2450kg/m³，可根据骨料密度、粒径及混凝土强度等级选取。

其他符号同体积法。

2. 混凝土配合比的试配和调整

根据计算出的配合比，取工程中实际使用的材料和搅拌方法进行试拌。当骨料最大粒径为 31.5mm 及以下时，混凝土试拌时其混合物的数量不应少于 20L；当骨料最大粒径为 40mm 时，混凝土试拌时其混合物的数量不应少于 25L。如需进行抗冻、抗掺或其他项目试验，应根据实际需用量计算用量。采用机器搅拌时，拌合量应不少于搅拌机额定搅拌量的 1/4。

如试拌混凝土坍落度不符合要求或保水性不好，应在保持水胶比条件下调整用水量或砂率，直到符合要求为止。如拌合物质量密度与计算不符，偏差在 2%以上时，应调整各种材料用量，修正计算配合比，得出试拌配合比。以上各项经调整并再试验符合要求后，则制作试件检验抗压强度。试件的制作，至少应采用三个不同的配合比，其中一个为按上述方法得出的试拌配合比，其他两个配合比的水胶比宜较试拌配合比分别增或减 0.05，用水量应与试拌配合比相同，砂率可分别增加和减少 1%。每种配合比应至少制造一组（三块），标准养护 28d 后进行试压，从中选择强度合适的配合比作为施工配合比，并相应确定各种材料用量。现场配料时还要根据砂、石含水率对砂、石和水的数量作相应的调整。

3. 有特殊要求的混凝土配合比设计

（1）抗渗混凝土

抗渗混凝土宜采用普通硅酸盐水泥；粗骨料宜采用连续级配，其最大公称粒径不宜大于40.0mm，含泥量不得大于1.0%，泥块含量不得大于0.5%；细骨料宜采用中砂，含泥量不得大于3.0%，泥块含量不得大于1.0%；宜掺用外掺剂和矿物掺合料，其中粉煤灰应采用F类，并不应低于Ⅱ级。

抗渗混凝土配合比应：①最大水胶比应符合表3-32的规定；②每立方米混凝土中的胶凝材料用量不宜小于320kg；③砂率宜为35%～45%。

抗渗混凝土最大水胶比　　**表3-32**

设计抗渗等级	最大水胶比	
	C20～C30	C30以上混凝土
P6	0.60	0.55
P8～P12	0.55	0.50
＞P12	0.50	0.45

掺用引气剂或引气型外掺剂的抗渗混凝土，应进行含气量试验，含气量宜控制在3.0%～5.0%。

配合比设计中混凝土抗渗技术要求应符合：

① 配制抗渗混凝土要求的抗渗水压值应比设计值提高0.2MPa；

① 抗渗试验结果应符合下式要求：

$$P_t \geqslant P/10 + 0.2 \tag{3-20}$$

式中　P_t——6个试件中不少于4个未出现渗水时的最大水压值（MPa）；

P——设计要求的抗渗等级值。

（2）抗冻混凝土

抗冻混凝土应采用硅酸盐水泥或普通硅酸盐水泥；宜选用连续级配的粗骨料，其含泥量不得大于1.0%，泥块含量不得大于0.5%；细骨料含泥量不得大于3.0%，泥块含量不得大于1.0%；粗、细骨料均应进行坚固性试验，并应符合现行行业标准《普通混凝土用砂、石质量及检验方法标准》JGJ 52—2012的规定。

抗冻等级不小于F100的抗冻混凝土宜掺用引气剂；在钢筋混凝土和预应力混凝土中不得掺用含有氯盐的防冻剂；在预应力混凝土中不得掺用含有亚硝酸盐或碳酸盐的防冻剂。

抗冻混凝土配合比应：①最大水胶比和最小胶凝材料用量应符合表3-33的规定；②复合矿物掺合料掺量宜符合表3-34的规定；其他矿物掺合料掺量应符合表3-28的规定；③掺用引气剂的混凝土最小含气量应符合表3-35的规定，最大不宜超过7.0%。

最大水胶比和最小胶凝材料用量　　**表3-33**

设计抗冻等级	最大水胶比		最小胶凝材料用量（kg/m³）
	无引气剂时	掺引气剂时	
F50	0.55	0.60	300
F100	0.50	0.55	320
不低于F150	—	0.50	350

抗冻混凝土复合矿物掺合料最大掺量　　表 3-34

水胶比	最大掺量（%）	
	采用硅酸盐水泥时	采用普通硅酸盐水泥时
≤0.40	60	50
>0.40	50	40

注：① 采用其他通用硅酸盐水泥时，可将水泥混合材掺量之 20%以上的混合材计入矿物掺合料；
② 复合矿物掺合料中各矿物掺合料组分的掺量不宜超过表 3-28 中单掺时的限量。

掺用引气剂的混凝土最小含气量　　表 3-35

粗骨料最大公称粒径（mm）	混凝土最小含气量（%）	
	潮湿或水位变动的寒冷和严寒环境	盐冻环境
40.0	4.5	5.0
25.0	5.0	5.5
20.0	5.5	6.0

注：含气量为气体占混凝土体积的百分比。

3.4　现浇混凝土工程施工

现浇混凝土工程的施工，是要将拌制良好的混凝土拌合物，经过运输、浇筑入模、密实成型和养护等施工过程，最终成为符合设计要求的结构物。

3.4.1　搅拌

搅拌是将施工配合比确定的各种材料进行均匀拌合，经过搅拌的混凝土拌合物，水泥颗粒分散度高，有助于水化作用进行，能使混凝土拌合物的和易性良好，具有一定的黏性和塑性，便于后续施工过程的操作、质量控制和提高强度。

1. 搅拌方式

搅拌方式按其搅拌原理主要分为自落式和强制式。

自落式搅拌作用是水泥和骨料在旋转的搅拌筒内不断被筒内壁叶片卷起，又靠重力自由落下而搅拌，常用自落式搅拌机，如图 3-51 所示。这种搅拌方式多用于搅拌塑性混凝土，搅拌时间一般为 90～120s/盘，自落式搅拌机筒体和叶片磨损较小，易于清理，但搅拌力量小，动力消耗大，效率低。自落式搅拌机常用的有双锥反转出料式搅拌机和双锥倾翻出料式搅拌机。

强制式搅拌机主要是根据剪切机理设计的。其鼓筒水平放置，本身不转动，搅拌时靠两组叶片绕竖轴旋转，将材料强行搅拌，强制其产生环向、径向和竖向运动。这种搅拌方式作用强烈均匀，质量好，搅拌速度快，生产效率高。适宜于搅拌干硬性混凝土、轻骨料混凝土和低流动性混凝土（图 3-52）。强制式搅拌机分为立轴式和卧轴式，立轴式又分为涡桨式和行星式，而卧轴式又有单轴、双轴之分。

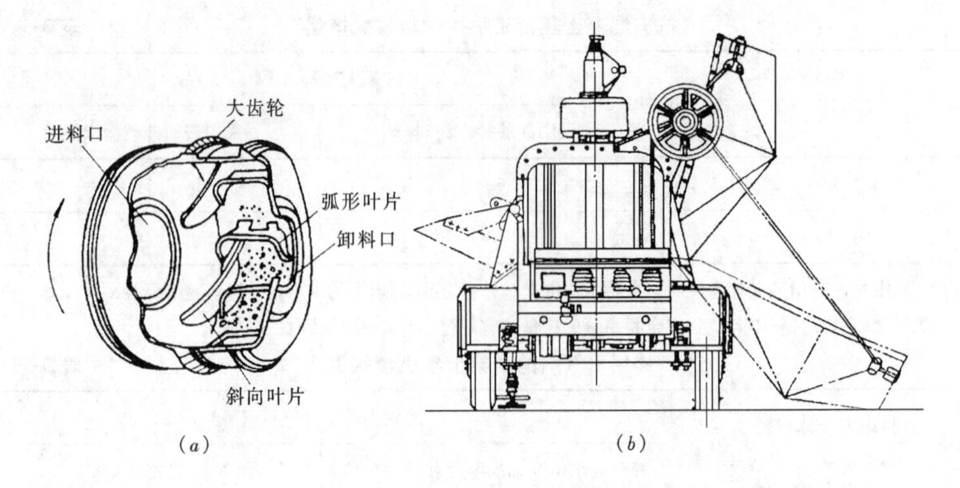

图 3-51　自落式搅拌机

(a) 搅拌作用示意；(b) 自落式搅拌机

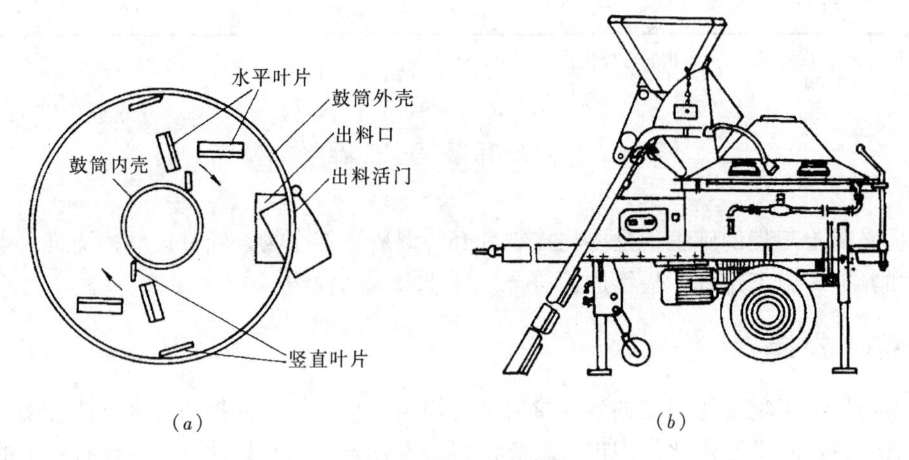

图 3-52　强制式搅拌机

(a) 搅拌作用示意；(b) 强制式搅拌机

选择搅拌机时，要根据工程量大小、混凝土的坍落度和骨料等确定。既要满足技术上的要求，又要考虑经济效益。

2. 混凝土拌合物的搅拌

搅拌混凝土拌合物前，应先在搅拌机筒内加水空转数分钟，使搅拌筒充分湿润，然后将积水倒净。开始搅拌第一盘时，考虑筒壁上的粘结使砂浆损失，石子用量应按配合比规定减半。搅拌好的混凝土拌合物要做到基本卸净，不得在卸出之前再投入拌合料，也不允许边出料边进料。严格控制水胶比和坍落度，不得随意加减用水量。每盘装料数量不得超过搅拌筒标准容量的 10%。

搅拌时应严格掌握材料配合比，各种原材料按质量计的允许偏差，见表 3-36。

搅拌混凝土时装料顺序为：石子→水泥→砂子，投料时砂压住水泥，不致产生水泥飞扬，且砂和水泥先进入搅拌筒形成水泥砂浆，可缩短包裹石子的时间。

混凝土各组分称量的允许偏差（%）　　表 3-36

<table>
<tr><th>材料名称</th><th>允许偏差</th><th>备　　注</th></tr>
<tr><td>水泥、混合材料</td><td>±2</td><td rowspan="3">1. 各种衡器应定期校验，每次使用前应进行零点校核，保持计量准确。
2. 当遇雨天或含水率有显著变化时，应增加含水率检测次数，并及时调整水和骨料的用量。
3. 检查数量：每工作班抽查不应少于一次。
4. 检验方法：复称</td></tr>
<tr><td>粗、细骨料</td><td>±3</td></tr>
<tr><td>水、外掺剂</td><td>±2</td></tr>
</table>

干料加水后，水泥砂浆填充粗骨料孔隙，拌合物体积较干料自然总体积减小，二者之比称为产量系数或出料系数，其值为0.6～0.7。

混凝土拌合物的搅拌时间，是指从原料全部投入搅拌机筒时起，至拌合物开始卸出时止。搅拌时间随搅拌机类型、容积、混凝土材料、配合比及拌合物和易性的不同而异。搅拌时间过短，不能使混凝土搅拌均匀；在一定范围内随搅拌时间的延长而强度有所提高，但过长时间的搅拌，既不经济又不合理。因为搅拌时间过长，不坚硬的粗骨料在大容量搅拌机中会因脱角、破碎等而影响混凝土的质量。加气混凝土也会因搅拌时间过长而使含气量下降。为了保证混凝土的拌合质量，其最短搅拌时间应符合表3-37规定。

混凝土搅拌的最短时间（s）　　表 3-37

<table>
<tr><th rowspan="2">混凝土坍落度
（mm）</th><th rowspan="2">搅拌机类型</th><th colspan="3">搅拌机出料量（L）</th></tr>
<tr><th><250</th><th>250～500</th><th>>500</th></tr>
<tr><td rowspan="2">≤40</td><td>自落式</td><td>90</td><td>120</td><td>150</td></tr>
<tr><td>强制式</td><td>60</td><td>90</td><td>120</td></tr>
<tr><td rowspan="2">>40且<100</td><td>自落式</td><td>90</td><td>90</td><td>120</td></tr>
<tr><td>强制式</td><td>60</td><td>60</td><td>90</td></tr>
<tr><td rowspan="2">≥100</td><td>自落式</td><td colspan="3">90</td></tr>
<tr><td>强制式</td><td colspan="3">90</td></tr>
</table>

注：1. 掺有外加剂时，搅拌时间应适当延长；
2. 全轻混凝土、砂轻混凝土搅拌时间应延长60～90s。

最短时间是按一般常用搅拌的回转速度确定的，不允许用超过搅拌机说明书规定的回转速度进行搅拌以缩短搅拌时间，原因是当自落式搅拌机搅拌筒的转速达到某一极限时，筒内物料所受的离心力等于其重力，物料就贴在筒壁上不会落下，不能产生搅拌作用。该极限转速称为搅拌筒的“临界转速”。

3. 搅拌站

混凝土拌合物搅拌站的设置有工厂型和现场型。工厂型搅拌站为大型永久性或半永久性的混凝土生产企业，向若干工地供应商品混凝土拌合物。我国目前在大中城市已分区设置了容量较大的永久性混凝土搅拌站，拌制后用混凝土拌合物运输车分别送到施工现场；对建设规模大、施工周期长的工程，或在邻近有多项工程同时进行施工，可设置半永久性混凝土搅拌站。这种设置集中站点统一拌制混凝土，便于实行自动化操作和提高管理水平，对提高混凝土质量、节约原材料、降低成本，以及改善现场施工环境和文明施工等都具有显著优点。为减少施工现场环境噪声等，预拌（商品）混凝土是今后的发展方向。

现场搅拌站是根据工地任务大小，结合现场条件，因地制宜设置。为了便于建筑工地转移，通常采用流动性组合方式，使机械设备组成装配连接结构，能尽量做到装拆、搬运方便。现场搅拌站的设计也应做到自动上料、自动称量、机动出料和集中操纵控制，使搅拌站后台（指原材料进料方向）上料作业走向机械化、自动化生产。

3.4.2　运输

运输混凝土拌合物所应采用的方法和选用的设备，取决于构（建）筑物的结构特点、单位时间（日或小时）要求浇筑的混凝土量、水平和垂直运输距离、道路条件以及现有设备的供应情况、气候条件等因素综合地进行考虑。

1. 混凝土运输的要求

从混凝土拌合物的基本性能考虑，对运输工作的要求是：

(1) 在运输过程中，应保持混凝土拌合物的均匀性，不产生严重的离析、泌水、砂浆流失和坍落度变化等现象，否则灌筑后就容易形成蜂窝或麻面，至少也增加了捣实的困难。

匀质的混凝土拌合物，为介于固体和液体之间的弹塑性体，其中的骨料，在内摩阻力、粘着力和重力共同作用下处于平衡状态，在运输过程中，由于运输的颠簸振动作用，粘着力和内摩阻力下降，重骨料在自重作用下向下沉落，水泥浆上浮，形成分层离析现象，这对混凝土质量是有害的。为此，运输工具要选择适当，运输距离要限制，以防止分层离析。如已产生离析，在浇筑前要进行二次搅拌。

(2) 混凝土拌合物运到灌筑地点开始浇筑时，应具有设计配合比所规定的流动性（坍落度）。

(3) 应以最少的运转次数和最短时间将混凝土拌合物从搅拌地点运至浇筑现场，运输时间应保证混凝土能在初凝之前浇入模板内并捣实完毕。

(4) 保证混凝土的浇筑量尤其是在不允许留施工缝的情况下，混凝土拌合物的运输必须保证浇筑工作能连续进行。为此，应按混凝土最大浇筑量和运距来选择运输机具。一般运输机具的容积是搅拌机出料容积的倍数。

为了保证上述基本要求，在运输过程中应注意以下事项：

1) 道路应尽可能平坦，特别是流动性较大的混凝土，很容易因颠簸而产生离析现象，运距应尽可能短。为此，搅拌站的位置应该布置适中。

2) 混凝土拌合物的转运次数应尽可能地少。拌合物每转运一次，或者自由落下高度在2m以上或经过一段斜放溜槽的运输，都容易发生部分离析的现象，此时，应采取一定的措施，如使用漏斗或串筒等工具，以减少混凝土自由落下的高度，并使之垂直混合落下，防止离析。

3) 混凝土拌合物从搅拌机卸出后到灌进模板中的时间间隔（称为运输时间）应尽可能缩短，一般不宜超过表3-38的规定。

使用快硬水泥或掺有促凝剂的混凝土拌合物，其运输时间应根据水泥性能及凝结条件确定。

4) 运输工具（容器）应该不吸水，不漏浆。在风雨或暴热天气输送混凝土，容器应该用不吸水的材料遮盖，以防进水或水分蒸发。冬期施工应加以保温。夏季最高气温超过40℃时，应有隔热措施。容器在使用前应先用水湿润，使用过程中经常清除其中粘附的和硬化的混凝土残渣。

混凝土拌合物从搅拌机中卸出后到浇筑完毕的延续时间（min）　　表3-38

混凝土生产地点	气　温（℃）	
	≤25	>25
预拌混凝土搅拌站	150	120
施工现场	120	90
混凝土制品厂	90	60

2. 运输机具

(1) 水平运输机具

常用的水平运输设备有手推车、机动翻斗车、井架、塔式起重机、混凝土搅拌输送车及皮带运输机等。

混凝土搅拌输送车为长距离运输混凝土的有效工具。是在汽车底盘上加装一台搅拌筒制成，如图3-53所示。将搅拌站生产的混凝土拌合物装入搅拌筒内，直接运至施工现场。在运输途中，搅拌筒以2～4r/min在不停地慢速转动，使拌合物经过长距离运输后，不致产生离析。当运输距离过长时，由搅拌站供应干料，在运输中加水搅拌，以减少长途运输使混凝土坍落度损失。使用干料途中自行加水搅拌速度，一般应为6～18r/min。

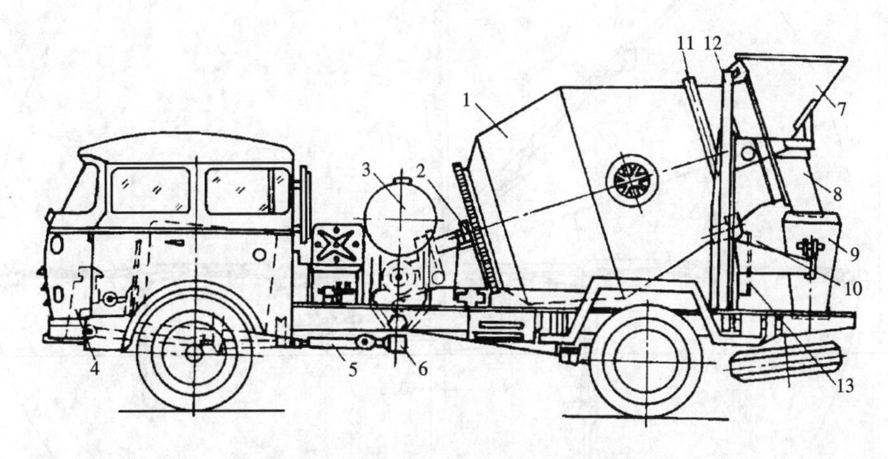

图3-53　混凝土搅拌输送车构造图

1—搅拌筒；2—轴承座；3—水箱；4—分动箱；5—传动轴；
6—下部圆锥齿轮箱；7—进料斗；8—卸料槽；9—引料槽；
10—托轮；11—滚道；12—机架；13—操纵机构

皮带运输机可综合进行水平、垂直运输，常配以能旋转的振动溜槽，运输连续，速度快，多用于浇筑大体积混凝土。

(2) 垂直运输机具

常用垂直运输机具有塔式起重机和井架物料提升机。塔式起重机均配有料斗，可直接把混凝土拌合物卸入模板中而不需要倒运。

(3) 混凝土泵运输

混凝土泵是以泵为动力，将混凝土拌合物装入泵的料斗内，通过管道，将混凝土拌合物直接输送到浇筑地点，一次完成了水平及垂直运输。大体积混凝土和高大构（建）筑物施工中也普遍应用。

用泵运输混凝土拌合物的装置，主要包括混凝土泵及管道两大部分。

混凝土泵有气压、液压活塞及挤压等几种类型。目前应用较多的是活塞式。推动活塞的方式又可分为机械式（曲轴式）及液压式等，后者较为先进。

泵送混凝土拌合物可采用固定式混凝土泵或移动泵车。固定式混凝土泵使用时，需用汽车运到施工地点，然后进行拌合物输送。一般最大水平输送距离为 250～600m，最大垂直输送高度为 150m，输送能力为 $60m^3/h$ 左右。

移动式泵车是将液压活塞式混凝土泵固定安装在汽车底盘上，使用时开至需要施工的地点，进行混凝土拌合物泵送作业。当浇灌地点分散，可采用带布料杆的泵车（图 3-54）作水平和垂直距离输送，泵的软管直接把混凝土拌合物浇灌到模型内。

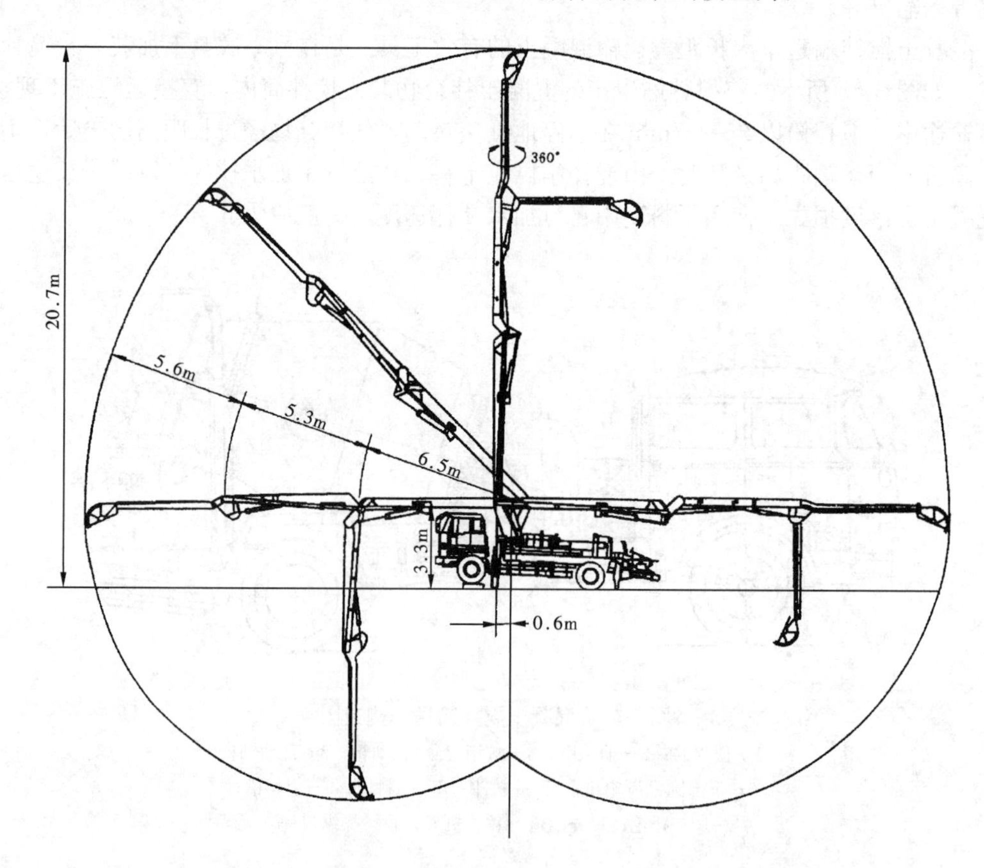

图 3-54　三折叠式布料杆混凝土泵车及浇筑范围

施工时，要合理布置混凝土泵车的安放位置，尽量靠近浇筑地点，并须满足两台混凝土搅拌输送车能同时就位，使混凝土泵能不间断地连续压送，避免中途停歇引起管路堵塞。输送管线宜直，转弯宜缓，接头应严密。

泵送混凝土拌合物应有良好的调稠度和保水性，称为可泵性。可泵性优劣取决于骨料品种、级配，水胶比，坍落度，单方混凝土的水泥用量等因素。其配合比应符合现行有关规范的规定。

混凝土泵送以前，应先开机用水润湿管道，开始使用时，应投入水泥浆或水泥砂浆（配合比为1∶1、1∶2），使管壁充分滑润，再正式泵送混凝土。泵送完毕，应清洗泵体和管路，清除管壁水泥砂浆。

3.4.3 浇筑

混凝土拌合物的浇筑（浇灌与振捣）是混凝土工程施工中的关键工序，对于混凝土的密实度和结构的整体性都有直接的影响。混凝土拌合物的浇筑要保证混凝土的均匀性和密实性，要保证结构的整体性、尺寸准确和钢筋、预埋件的位置正确，新旧混凝土结合良好，拆模后混凝土表面要平整、光洁。

1. 浇筑前的准备工作

在进行浇筑之前，除了应将材料供应、机具安装、道路平整、劳动组织等安排就绪之外，还应进行一系列的检查、准备工作。

对于模板，应检查其尺寸、轴线是否正确，强度、刚度是否足够以及接缝是否密实。模板或基槽内的积水、垃圾，钢筋上的油污，应予打扫、清理干净，并进行验收。

检查钢筋及预埋件的级别、直径、数量、排放位置及保护层厚度是否满足设计和规范要求。钢筋工程是一种“隐蔽工程”，其检查结果应作出记录。

做好施工组织和设计、安全交底工作。

在浇筑之前，对模板内部应浇水润湿（最好前一日淋湿），以免浇筑后模板吸收混凝土中的水分相互粘结；造成脱皮、麻面，影响质量。浇水量视模板的材料不同以及干燥程度、气候条件而异。木模板浇水之后，还可以使木材适当膨胀，减少板缝间隙，防止漏浆。

2. 混凝土拌合物的浇灌

（1）防止离析

浇筑混凝土时，混凝土拌合物由料斗、漏斗、混凝土输送管、运输车内卸出时，如自由倾落高度过大，由于粗骨料在重力作用下，克服粘着力后的下落动能大，下落速度较砂浆快，因而可能形成混凝土离析。为此，浇灌时，应注意防止分层离析，当浇灌自由倾落高度超过2m或在竖向结构中浇灌高度大于3m，须采用串筒、斜槽、溜管或振动溜管等缓降器下料。

在浇灌中，应经常观察模板、支架、钢筋和预埋件、预留孔洞的情况，如发生有变形、移位时，应及时停止浇灌，并在已浇灌的混凝土拌合物凝结前修整完好。

（2）分层浇筑

混凝土拌合物的浇灌高度太大时，应分层进行浇灌以使混凝土拌合物能够振捣密实，在下层混凝土拌合物凝结之前，上层混凝土拌合物应浇筑振捣完毕，以保证混凝土浇筑的整体性要求。

（3）混凝土浇筑的间歇时间

浇筑混凝土拌合物应连续进行，以保证构筑物的强度与整体性。施工时，上、下层相邻部分拌合物浇灌的时间间隔以不出现初凝时间为准。浇灌间歇的最长时间应按使用水泥品种及混凝土凝结条件确定，并不得超过表3-39的规定。

浇筑混凝土拌合物的间歇时间　　**表 3-39**

混凝土强度等级	气　温　（℃）	
	≤25	>25
≤C30	210min	180min
>C30	180min	150min

（4）正确留置施工缝

如对整体构筑物因技术或组织上的原因混凝土拌合物不能连续浇筑时，且停顿时间有可能超过混凝土的初凝时间，则应预先选定适当部位设置施工缝。由于混凝土的抗拉强度约为其抗压强度的 1/10，因而施工缝是结构中的薄弱环节，施工缝的位置应设置在结构受剪力较小且便于施工的部位。例如浇筑贮水构筑物及泵房设备地坑，施工缝可留在池（坑）壁，距池（坑）底混凝土面 30～50cm 的范围内。在施工缝处继续浇筑混凝土拌合物时，已浇筑的混凝土抗压强度应达到 1.2N/mm^2。同时，对已硬化的混凝土表面清除松动砂石和软弱层面，并加以凿毛，用水冲洗并充分湿润后铺 3～5cm 厚水泥砂浆衔接层（配合比与混凝土内的砂浆成分相同）。再继续浇筑新混凝土拌合物，以保证接缝的质量。

大面积混凝土底板或池壁，为了消除水泥水化收缩而产生的收缩应力或收缩裂缝对结构质量的影响，须设置伸缩缝。长距离条形构筑物，如现浇混凝土管沟、长池壁、管道基础等，为了防止地基不均匀沉降对结构质量的影响，须设置沉降缝。贮水构筑物的伸缩缝和沉降缝均应作止水处理。为了防止地下水渗入，地下非贮水构筑物的伸缩缝和沉降缝也应作止水处理。

施工缝一般设在伸缩缝和沉降缝处。

常用的止水片有橡胶、塑料等，如图 3-55 所示。

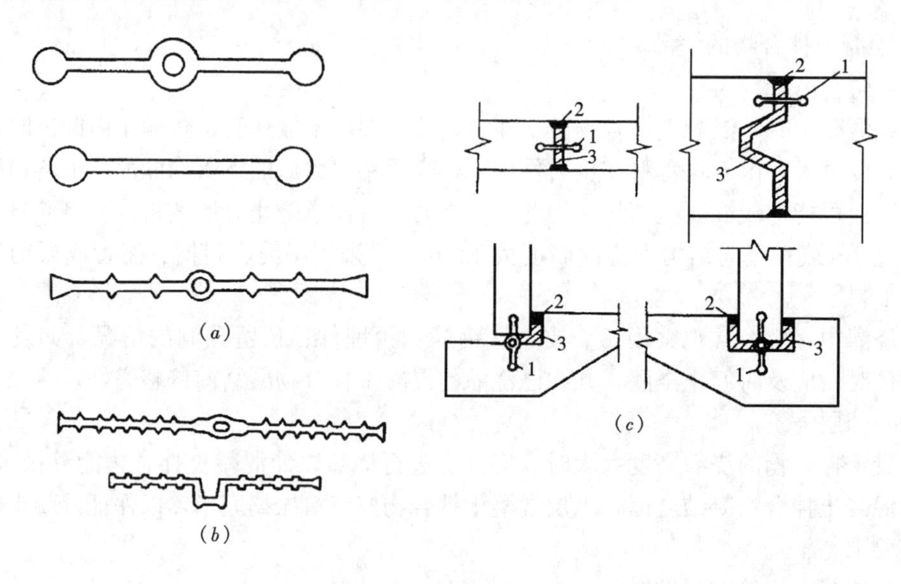

图 3-55　止水带装置图

（a）橡胶止水带；（b）塑料止水带；（c）止水带埋设

1—止水带；2—封缝条；3—填料

3. 振捣

混凝土拌合物浇灌后，需经密实成型才能赋予混凝土制品或结构一定的外形和均一的内部结构。强度、抗冻性、抗渗性、耐久性等皆与密实成型的好坏有关。

对混凝土进行振捣是为了提高混凝土拌合物的密实度。振捣前浇灌的混凝土拌合物是松散的，在振捣器高频率低振幅振动下，拌合物内颗粒受到连续振荡作用，成“重质流体状态”，颗粒间摩阻力和黏聚力显著减少，流动性显著改善。粗骨料向下沉落，粗骨料孔隙被水泥砂浆填充，拌合物中空气被排挤，形成小气泡上浮，消除空隙。一部分水分被排挤，形成水泥浆上浮。混凝土拌合物充满模板，密实度和均一性都增高。干稠混凝土在高频率振捣作用下可获得良好流动性，与塑性混凝土比较，在水胶比不变条件下可节省水泥，或在水泥用量不变条件下可提高混凝土强度。

振捣的效果和生产率，与所采用的振捣方法（插入振捣或表面振动）和振捣设备性能（振幅、频率、激振力）有关。混凝土捣实的难易程度取决于混凝土拌合物的和易性、砂率、重度、空气含量、骨料的颗粒大小和形状等因素。和易性好，砂率恰当和加入减水剂振捣较易；碎石混凝土则较卵石混凝土相对困难。

混凝土的振捣有人工及机械两种方式。

人工振捣一般只在缺少振动机械和工程量很小的情况，或在流动性较大的塑性混凝土拌合物中采用。

振动机械按其工作方式，可以分为：内部振动器（插入式振动器）、表面振动器（平板式振动器）、外部振动器（附着式振动器）和振动台。

（1）内部振动器也称插入式振动器，形式有硬管和软管。其工作部分是一棒状空心圆柱，内部装有偏心振子，在电动机带动下高速转动而产生高频微幅的振动。振动部分有偏心振动子和行星振动子，如图 3-56（*a*）所示。主要适用于大体积混凝土、基础、柱、梁、厚度大的板等。

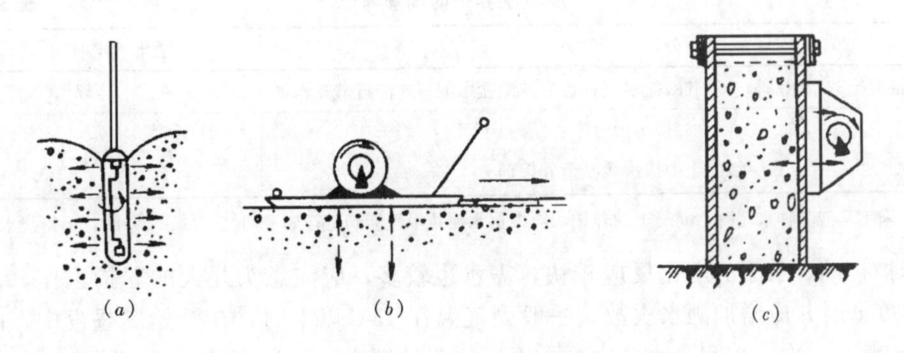

图 3-56　振动器的工作原理

（*a*）内部振动器；（*b*）表面振动器；（*c*）外部振动器

用内部振动器振捣混凝土拌合物时，应垂直插入，并插入下层尚未初凝的拌合物中50～100mm，以促使上下结合。

（2）表面振动器也称平板式振动器。其工作部分为钢制或木制平板，板上装有带偏心块的电动振动器。在混凝土表面进行振捣。振动力通过平板传递给混凝土，适用于表面积大而平整的结构物，如平板、地面、基础等（图 3-56*b*）。

（3）外部振动器也称附着式振动器。通常用螺栓或夹钳等固定在模板外部，偏心块旋转所产生的振动通过模板传给混凝土拌合物，因而模板应有足够的刚度。由于振动作用深度较小，仅适用于振捣断面小、钢筋较密、厚度较薄以及不宜用插入式振动器捣实的结构（图 3-56*c*）。

（4）振捣台是混凝土制品厂中的固定生产设备，用于振实预制构件。

3.4.4　养护

混凝土拌合物经浇筑密实均一成型后，其凝结和硬化是通过其中水泥的水化作用实现的。而水化作用须在适当的温度与湿度的条件下才能完成。如气候炎热、空气干燥、不及时进行养护，混凝土拌合物中水分会蒸发过快，出现脱水现象，使已形成混凝土表面出现片状或粉状剥落，影响混凝土的强度。此外，在混凝土拌合物尚未具备足够的强度时，其中水分过早蒸发还会产生较大的收缩变形，出现干缩裂纹，影响混凝土的整体性和耐久性。因此，为保证混凝土在规定龄期内达到设计要求的强度，并防止产生收缩裂缝，必须认真做好养护工作。

在现场浇筑的混凝土，当自然气温高于＋5℃的条件下，通常采用自然养护。自然养护有：覆盖浇水养护和塑料薄膜养护。

覆盖浇水养护是利用平均气温高于＋5℃的自然条件，用适当材料（如草袋、芦篇、锯末、砂）对混凝土表面加以覆盖并经常浇水，使混凝土在一定时间内保持足够的湿润状态。

混凝土浇筑后初期阶段的养护非常重要。对于一般塑性混凝土，养护工作应在浇筑完毕 12h 内开始进行，对于干硬性混凝土或当气温很高、湿度很低时，应在浇筑后立即进行养护。养护时间长短取决于水泥品种。混凝土浇水养护日期可参照表 3-40。

混凝土养护时间参考表　　**表 3-40**

分　类		浇水养护时间（d）
拌制混凝土的水泥品种	硅酸盐水泥；普通硅酸盐水泥；矿渣硅酸盐水泥	≥7
抗渗混凝土 混凝土中掺用缓凝型外掺剂		≥14

注：采用其他品种水泥时，混凝土的养护，应根据水泥技术性能确定；如平均气温低于 5℃时，不得浇水。

养护初期，水泥的水化反应较快，需水也较多，应注意头几天的养护工作，在气温高、湿度低时，应增加洒水次数。一般当气温在 15℃以上时，在开始三昼夜中，白天至少每 3h 洒水一次，夜间洒水两次。在以后的养护期中，每昼夜应洒水三次左右，保持覆盖物湿润。在夏日因充水不足或混凝土受阳光直射，水分蒸发过多，水化作用不足，混凝土发干呈白色发生假凝或出现干缩细小裂缝时，应仔细加以遮盖，充分浇水，加强养护工作，并延长浇水日期进行补救。

对大面积结构如水池底板和顶板等可用湿砂覆盖和蓄水养护。贮水池可于拆除内模，混凝土达到一定强度后注水养护。

塑料薄膜养护是将塑料溶液喷洒在混凝土表面上，溶液经挥发后塑料与混凝土表面结合成一层塑料薄膜，将混凝土与空气隔绝使封闭混凝土中的水分不被蒸发，以保证水化作用的正常进行。这种方法一般适用于不宜洒水养护的高耸构筑物、表面积大的混凝土施工和缺水地区。成膜溶液的配制可用氯乙烯—偏氯乙烯共聚乳液，用10%磷酸三钠中和，pH为7～8，用喷雾器喷涂于混凝土表面。地下建筑或基础，可在其表面涂刷沥青乳液以防止混凝土内水分蒸发。

混凝土必须养护至其强度达到1.2N/mm^{2}以上，始准许在其上行人或安装模板和支架。

3.4.5 混凝土质量检查

1. 混凝土施工过程中的检查

搅拌前，应对各组成材料的品种、质量进行检验，并根据其品种决定施工应采取的措施。

在混凝土浇筑前，应认真检查模板、支架、钢筋、预埋件和预留孔洞等的情况，检查落实混凝土浇筑的技术组织措施。

在混凝土搅拌和浇筑过程中，对所用原材料的品种、数量和规格的检查，每一工作班至少两次；检查混凝土的坍落度、振捣作业和制度，每一工作班至少两次；在每一工作班内，当混凝土配合比由于外界影响改变时，应及时进行补充检查等；混凝土的搅拌时间应随时检查。

对于商品（预拌）混凝土，预拌厂除应提供混凝土配合比、强度等资料外，还应在商定的交货地点进行坍落度检查。

2. 混凝土的外观检查

混凝土结构构件拆模后，应从外观上检查其表面有无麻面、蜂窝、孔洞、露筋、缺棱掉角或缝隙夹缝等缺陷，外形尺寸是否超过允许偏差值，如有应及时加以修正。如偏差超过规范规定的数值，则应采取措施设法处理，直至返工。

3. 混凝土的强度检验

为了检查混凝土是否达到设计要求强度和确定能否拆模，都应制作试块以备检验混凝土的强度。

为了检查混凝土强度，应在浇筑现场制作边长15cm的立方体试块，经标准条件养护28d后试压确定。当采用非标准尺寸的试块时，应将抗压强度乘以折减系数，换算为标准试块强度。

检验评定混凝土强度的试块组数的留置，应符合下列规定：

（1）每拌制100m^{3}的同配合比的混凝土，取样应不少于一组（每组三块）；

（2）每工作班拌制的同配合比的混凝土，应取一组，或一次连续浇筑的工程量小于100m^{3}时，也应留置一组试块。此时，如配合比变换，则每种配合比均应留置一组试块；

（3）为了检查结构拆模、吊装、预应力构件张拉和施工期间临时负荷的需要，应留置与结构或构件同条件养护的试块。

抗压强度试验应分组进行，以3个试块试验结果的平均值作为该组强度的代表值。当3个试块中出现过大或过小的强度值，其一与中间值相比超过15%时，以中间值作为该组的代表值；当过大或过小值与中间值之差均超过中间值的15%时，该组试块不应作为强度评定的依据。

混凝土结构强度验收应分批进行，每批由若干组试块组成。同一验收批由原材料和配合比基本一致的混凝土所制试块组成。同一验收批的混凝土强度，应以该批内全部试块的强度代表值来评定。

强度检验评定有统计法评定和非统计法评定。

(1) 统计方法评定

1) 当混凝土的生产条件在较长时间内能保持一致，且同一品种混凝土的强度变异性能保持稳定时，应由连续的 3 组试块组成一个验收批，其强度应同时满足下列要求：

$$m_{f_{cu}} \geqslant f_{cu,k} + 0.7\sigma_0 \quad (3\text{-}21)$$

$$f_{cu,min} \geqslant f_{cu,k} - 0.7\sigma_0 \quad (3\text{-}22)$$

当混凝土强度等级不高于 C20 时，其强度的最小值尚应满足下式要求：

$$f_{cu,min} \geqslant 0.85 f_{cu,k} \quad (3\text{-}23)$$

当混凝土强度等级高于 C20 时，其强度的最小值尚应满足下式要求：

$$f_{cu,min} \geqslant 0.90 f_{cu,k} \quad (3\text{-}24)$$

式中　$m_{f_{cu}}$——同一验收批混凝土立方体抗压强度的平均值（N/mm^2）；

$f_{cu,k}$——混凝土立方体抗压强度标准值（N/mm^2）；

σ_0——验收批混凝土立方体抗压强度的标准差（N/mm^2）；

$f_{cu,min}$——同一验收批混凝土立方体抗压强度的最小值（N/mm^2）。

2) 验收批混凝土立方体抗压强度的标准差，应根据前一个检验期间同一品种混凝土试件的强度数据，按下式确定：

$$\sigma_0 = \frac{0.59}{m}\sum_{i=1}^{m} \Delta f_{cu,i} \quad (3\text{-}25)$$

式中　$\Delta f_{cu,i}$——第 i 批试件立方体抗压强度中最大值和最小值之差；

m——用以确定该验收批混凝土立方体抗压强度标准差的数据总批数。

注：上述检验期不应超过三个月，且在该期间内强度数据的总批数不得少于 15。

3) 当混凝土的生产条件不能满足第 1) 条的规定，或在前一个检验期内的同一品种混凝土没有足够的数据用以确定验收批混凝土立方体抗压强度标准差时，应由不少于 10 组的试件代表一个验收批，其强度应同时满足下列要求：

$$m_{f_{cu}} - \lambda_1 S_{f_{cu}} \geqslant 0.9 f_{cu,k} \quad (3\text{-}26)$$

$$f_{cu,min} \geqslant \lambda_2 f_{cu,k} \quad (3\text{-}27)$$

式中　$S_{f_{cu}}$——同一验收批混凝土立方体抗压强度的标准差（N/mm^2）。当 $S_{f_{cu}}$ 的计算值小于 $0.06 f_{cu,k}$ 时，取 $S_{f_{cu}} = 0.06 f_{cu,k}$；

λ_1、λ_2——合格判定系数，按表 3-41 取用。

混凝土强度的合格判定系数　　表 3-41

试件组数	10～14	15～24	≥25
λ_1	1.70	1.65	1.60
λ_2	0.90	0.85	

混凝土立方体抗压强度的标准差 $S_{f_{cu}}$ 可按下列公式计算：

$$S_{f_{cu}}=\sqrt{\frac{\sum_{i=1}^{n}f_{cu,i}{}^{2}-nm_{f_{cu}}^{2}}{n-1}} \tag{3-28}$$

式中　$f_{cu,i}$——第 i 组混凝土试件的立方体抗压强度值（N/mm^2）；

n——一个验收批混凝土试件的组数。

（2）非统计方法评定

对零星生产的构件的混凝土或现场搅拌的批量不大的混凝土，可采用非统计方法评定。此时，验收批混凝土的强度必须同时满足下列要求：

$$m_{f_{cu}}\geqslant 1.15f_{cu,k} \tag{3-29}$$

$$f_{cu,min}\geqslant 0.95f_{cu,k} \tag{3-30}$$

（3）混凝土生产质量水平

预拌混凝土厂、预制混凝土构件厂和采用现场集中搅拌混凝土的施工单位，应定期对混凝土强度进行统计分析，控制混凝土质量，确定混凝土生产质量水平。

非统计法的检验误差较大，存在将合格产品误判为不合格，或将不合格产品误判为合格的可能性。

如由于施工质量不良、管理不善、试件与结构中混凝土质量不一致，或对构件检验结果有怀疑时，可采用从构件中钻取芯样的方法，或采用回弹法等非破损检验方法，按有关规定对结构或构件混凝土的强度进行推定，作为处理混凝土质量问题的一个重要依据。

4. 构筑物渗漏检验

对给水排水工程中贮水或水处理钢筋混凝土构筑物，除检查强度和外观外，还应作渗漏、闭气检查等（见第4章4.1节）。

3.5　装配式钢筋混凝土结构吊装

结构吊装，是用起重机械将预先在工厂或施工现场制作的构件，根据设计要求和拟定的结构吊装施工方案进行组装，使之成为完整的结构物的全部施工过程。它是装配式钢筋混凝土施工的主导工程。本节主要介绍：起重机械的选择，结构吊装方法等基本知识。

3.5.1　起重机的选择

合理选择起重机械是拟定吊装工程施工方案的主要内容，关系到构件吊装方法、起重机开行路线与吊装位置、构件布置等。起重机的选择包括选择起重机的类型、型号和确定数量。

1. 起重机类型的选择

结构吊装选用起重机类型，主要根据结构特点和类型、构件质量、吊装高度以及施工现场条件和当地现有起重设备等确定。

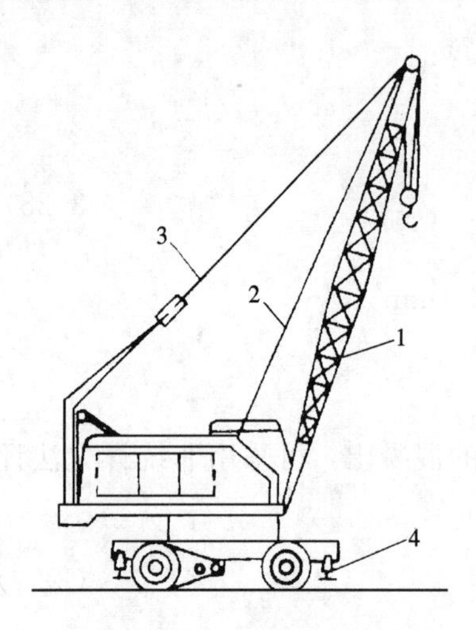

图 3-57　轮胎式起重机
1—起重杆；2—起重索；
3—变幅索；4—支腿

一般中小型建筑结构多选择自行式起重机吊装（如贮水和水处理构筑物），图 3-57 是轮胎式起重机的示意图。在缺少自行式起重机的现场，可选择拔杆、人字拔杆或悬臂拔杆等吊装，图 3-58 是拔杆式起重机的示意图。当构（建）筑物的高度和长度较大时，通常采用塔式起重机进行吊装。大跨度的重型工业建筑结构，可以选择重型自行式起重机、牵缆桅杆式起重机、重型塔式起重机等综合吊装。为解决重型构件的吊装，也可以用双机抬吊等方法。

2. 起重机型号及起重杆长度的选择

起重机的类型确定之后，还需要进一步选择起重机的型号及起重臂的长度。所选起重机的三个工作参数如起质量、起升高度、起重半径应满足结构吊装的要求。

（1）起质量

起重机的起质量必须大于所安装构件的质量与索具质量之和。

$$Q \geqslant Q_1 + Q_2 \tag{3-31}$$

式中　Q——起重机的起质量（t）；

Q_1——构件的质量（t）；

Q_2——索具的质量（t）。

（2）起升高度

起重机的起升高度必须满足所吊装构件的吊装高度要求（图 3-59）。

$$H \geqslant h_1 + h_2 + h_3 + h_4 \tag{3-32}$$

式中　H——起重机的起升高度（m），从停机面算起至吊钩；

h_1——安装支座表面高度（m），从停机面到安装支座表面的距离；

h_2——安装间隙（m），视具体情况而定，一般取 0.2～0.3m；

h_3——绑扎点至构件吊起后底面的距离（m）；

h_4——索具高度（m），自绑扎点至吊钩面，视具体情况而定。

（3）起重半径

在一般情况下，当起重机可以不受限制地开到构件吊装位置附近去吊装构件时，对起重半径没有什么要求，计算了起质量 Q 及起升高度 H 之后，便可查阅起重机起重性能表或曲线来选择起重机型号及起重臂长度，并可查得在一定起质量 Q 及起升高度 H 下的起重半径 R，作为确定起重机开行路线及停机位置时的参考。

但在某些情况下，当起重机不能直接开到构件吊装位置附近去吊装构件时，对起重半径就提出了一定要求。这时便要根据起质量 Q、起升高度 H 及起重半径 R 三个参数，查阅起重机起重性能表或曲线来选择起重机的型号及起重臂长度。

同一种型号的起重机可能具有几种不同长度的起重臂，应选择一种既能满足三个吊装工作参数要求，又有最短起重臂的起重机。但有时由于各种构件吊装工作参数相差过大，

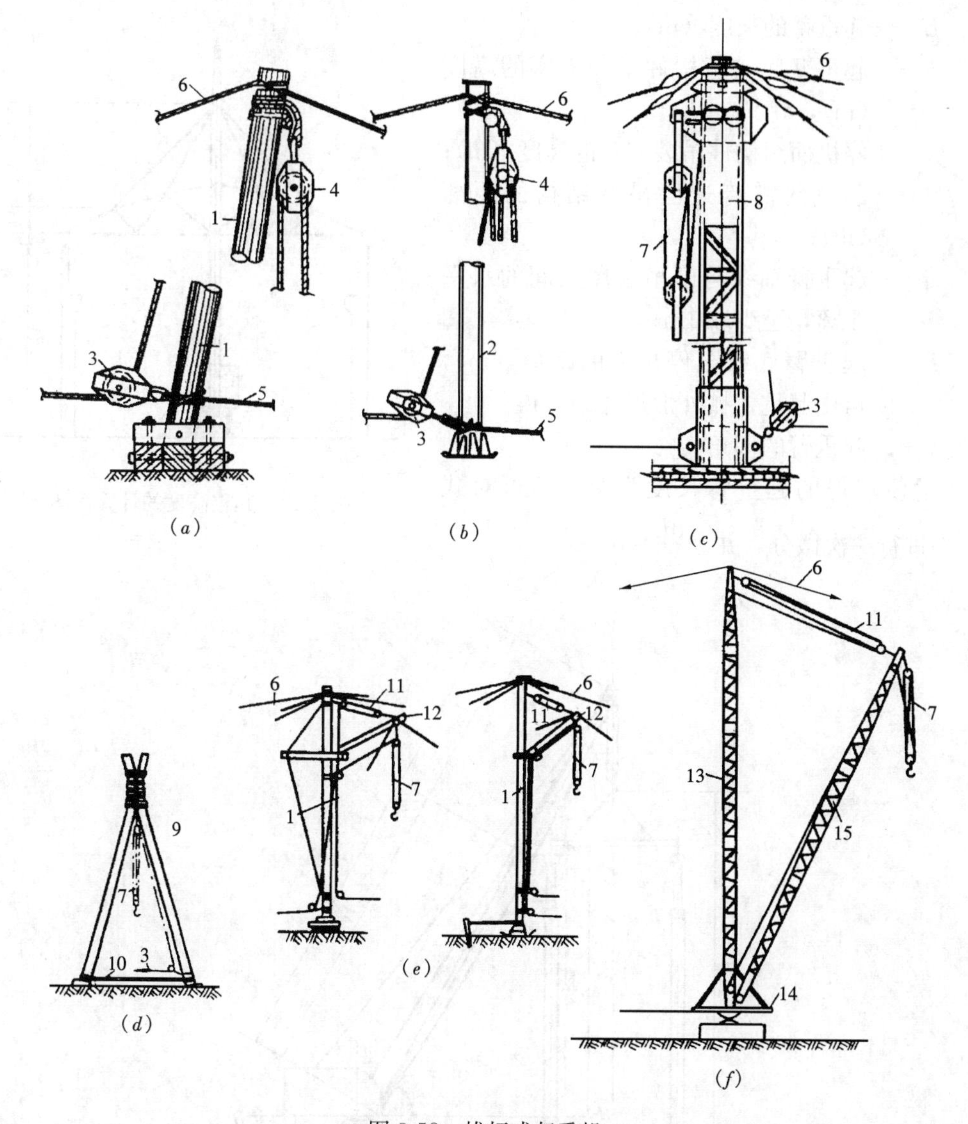

图 3-58　拔杆式起重机

(a) 木独脚拔杆；(b) 钢管独脚拔杆；(c) 金属格构式桅杆；(d) 人字拔杆；
(e) 悬臂式起重机；(f) 纤缆式起重机

1—木桅杆；2—钢管桅杆；3—转向滑轮；4—定滑轮；5—牵索；6—缆风绳；7—起重滑轮组；8—金属格构桅杆；9—人字架拔杆；10—拉索；11—变幅滑轮组；12—悬臂拔杆；13—金属桅杆；14—转盘；15—起重杆

也可选择几种不同长度的起重臂。

当起重机的起重臂需跨过已吊装好的构件上空去吊装构件时（如跨过屋架吊装屋面板；在装配式贮水池施工中，起重机的起重臂需跨过柱顶曲梁或池壁板吊装池顶的扇形板时）。还要考虑起重臂是否会与已吊装好的构件相碰。此时，起重机的起重臂最小长度可用数解法按公式求出（图 3-60）：

$$L \geqslant l_1 + l_2 = \frac{h}{\sin\alpha} + \frac{f+g}{\cos\alpha} \tag{3-33}$$

式中 L——起重臂的长度（m）；

h——起重臂底铰至构件吊装支座的高度（m），$h=h_1-E$；

h_1——停机面至构件吊装支座的高度（m）；

f——起重约需跨过已吊装结构的距离（m）；

g——起重臂轴线与已吊装屋架间的水平距离，至少取1m；

E——起重臂底铰至停机面的距离（m），可由起重机械外形尺寸表查得；

α——起重臂的仰角。

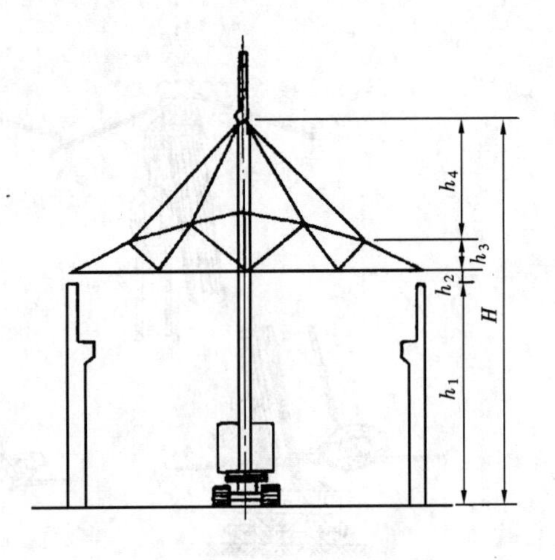

图3-59 起重高度的计算简图

为了使求得的起重臂长度为最小，可对式（3-33）进行一次微分，并令$\frac{dL}{d\alpha}=0$：

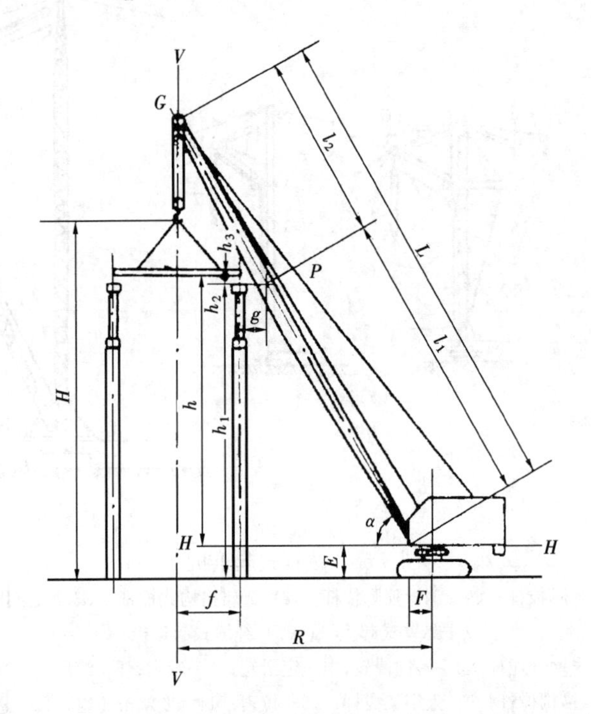

图3-60 起重臂最小长度之计算简图

$$\frac{dL}{d\alpha}=\frac{-h\cos\alpha}{\sin^2\alpha}+\frac{(f+g)\sin\alpha}{\cos^2\alpha}=0$$

解上式，得

$$\alpha=\arc\tan\sqrt[3]{\frac{h}{f+g}} \tag{3-34}$$

以求得的α代入式（3-33），即可得出所需起重臂的最小长度。根据计算结果，选用适当的起重臂，然后根据实际采用的L及α值代入式（3-35），计算出起重半径R：

$$R=F+L\cos\alpha \tag{3-35}$$

按计算出的R值及已选定的起重臂长度L，查起重机起重性能表或曲线，复核起质量Q及起升高度H，如能满足构件的吊装要求，即可根据R值确定起重机吊装构件时的停机位置。

3. 起重机数量的确定

起重机数量，根据工程量、工期及起重机的台班产量定额而定，可用下式计算：

$$N=\frac{1}{TCK}\cdot\Sigma\frac{Q_i}{P_i} \tag{3-36}$$

式中　N——起重机台数；

T——工期（d）；

C——每天工作班数；

K——时间利用系数，取0.8～0.9；

Q_i——每种构件的吊装工程量（件或t）；

P_i——起重机相应的台班产量定额（件/台班或t/台班）。

此外，在决定起重机数量时，还应考虑到构件装卸、拼装和就位的工作需要。

当起重机数量已定，也可用式（3-36）来计算所需工期或每天应工作的班数。

3.5.2　吊装工程的技术要点

1. 准备工作

吊装工程的准备工作按不同阶段分为结构安装工程的准备和构件吊装前的准备。

结构安装工程准备工作包括：制定结构吊装方案、选择安装起重机械及组织机械进场；构件加工制作及构件的运输；场地的规划清理和平整压实；修建构件运输和起重机进场的临时道路；敷设水、电管线和做好焊机、焊条的供应准备等。

构件吊装前的准备工作包括：构件堆放、就位、拼装加固；构件质量检查；构件和基础弹线编号等。

2. 构件制作

制作构件的场地应平整、坚实，并有排水设施，台座表面光滑，平整度允许偏差，用2m直尺量不大于3mm，必要时应留施工缝。当采用平卧、垂直法制作构件时，其下层混凝土强度需达到$5N/mm^2$以上方可浇筑上层构件混凝土。

构件验收时，应检查构件不得有影响结构性能或安装使用的外观缺陷，其尺寸的允许偏差应满足规定要求。

3. 构件的运输和堆放

构件运输时的混凝土强度，应达到设计规定要求。当设计无规定时，给水排水构筑物的构件不应低于70%。

构件支撑的位置和方法，应根据受力情况确定，不能引起超应力或构件损伤。

装运时，应绑扎牢固，防止途中移动或倾倒，对边缘的完整应有保护措施。

构件堆放场地应平整、坚实，并具有排水措施，构件底面与地面之间应留有空隙。堆放时，应按设计受力条件支垫并保持稳定，对曲梁应采用三点支撑。重叠堆放的构件高度应根据构件、垫木的承载能力及堆垛的稳定性确定；采用靠放时，倾斜角度应大于80°。

4. 吊装工艺方法的选择

单位工程的结构吊装，通常有分件吊装法、节间吊装法与综合吊装法三种组织形式。

（1）分件吊装法

分件吊装，是指起重机在单位吊装工程内每开行一次仅吊装一种或几种构件。本法的主要优点是施工内容单一，吊装效率高，便于管理，可利用更换起重壁长度的方法分别满足各类构件的吊装；此外，构件可分批供应、现场布置和构件校正比较容易。但起重机行走频繁，不能按节间及早为下道工序创造工作面。

（2）节间吊装法

节间吊装法是起重机在吊装工程内的一次开行中，分节间吊装完各种类型的全部构件或大部分构件的吊装方法。本法的主要优点是起重机行走路线短，可及早按节间为下道工序创造工作面。但起重机臂长要一次满足吊装全部各种构件的要求，因而不能充分发挥起重机的技术性能；各类构件均须运至现场堆放，吊装索具更换频繁，管理工作复杂。

（3）综合吊装法

综合吊装，是吊装工程内一部分构件分件吊装，一部分构件采用节间吊装的方法。此法吸收了分件吊装和节间吊装法的优点。

装配式贮水池的结构吊装方法，一般均采用自行式起重机单机吊装。吊装可按两阶段进行，吊装顺序是：第一阶段，用分件吊装法吊装池内柱，经校正固定后，灌筑杯口。然后吊装曲梁（梁中部须加临时支撑），焊接后，吊装池内部的顶板；第二阶段，用分件吊装在池外吊装壁板，经校正固定后，灌筑环槽内侧部分坑口，最后吊装最外一圈扇形板。当构件由工厂集中生产预制时，构件应布置在起重机械工作半径范围内堆置，避免吊装机械空驶和负荷行驶。柱的布置与壁板布置应与吊装工艺结合考虑。

5. 构件安装

构件吊升前应用吊索、卡环等索具将构件与起重机吊钩连系在一起，并保证构件在起吊中不致发生断裂和永久变形。绑扎要牢固可靠，操作简便。

构件安装时的混凝土强度应满足设计要求。当设计无要求时，给水排水构筑物的构件不应小于70%。

构件安装前，应在构件上标注中心线。应用仪器校核支承结构和预埋件的标高及位置，并在支承结构上划出中心线、标高及轴线位置。

构件应按设计位置起吊，吊绳与构件平面的夹角不应小于45°。

为提高起重机利用率，构件就位后应随即固定，使起重机尽快脱钩起吊下一构件。临时固定要保证构件校正方便，在校正与最后固定过程中不致倾倒。在对构件吊装的标高、垂直度、平面坐标等进行测量，使其符合设计和施工验收规范的要求后，按设计规定的连接方法（如焊接、浇筑接头混凝土等）进行最后固定。

3.6　水下灌筑混凝土施工

在进行基础施工中，如灌筑连续墙、灌注桩、沉井封底等，有时地下水渗透量大、大量抽水又会影响地基质量；或在江河水位较深，流速较快情况下修建取水构筑物时，常可采用直接在水下灌筑混凝土的方法。

在水下灌筑混凝土，应解决如何防止未凝结的混凝土中水泥流失的问题。当混凝土拌合物直接向水中倾倒，在穿过水层达到基底过程中，由于混凝土的各种材料所受浮力不同，将使水泥浆和骨料分解，骨料先沉入水底，而水泥浆则会流失在水中，以致无法形成混凝土。

混凝土水下施工方法须针对上述问题，并结合水深、结构形式和施工条件等选定。一般分为水下灌筑法和水下压浆法。

3.6.1　水下灌筑法

水下灌筑法有直接灌筑法、导管法、泵压法、柔性管法和开底容器法等。通常施工中使用较多的方法是导管法。

1. 导管法

导管法是将混凝土拌合物通过金属管筒在已灌筑的混凝土表面之下灌入基础，这样，就避免了新灌筑的混凝土与水直接接触，如图3-61所示。

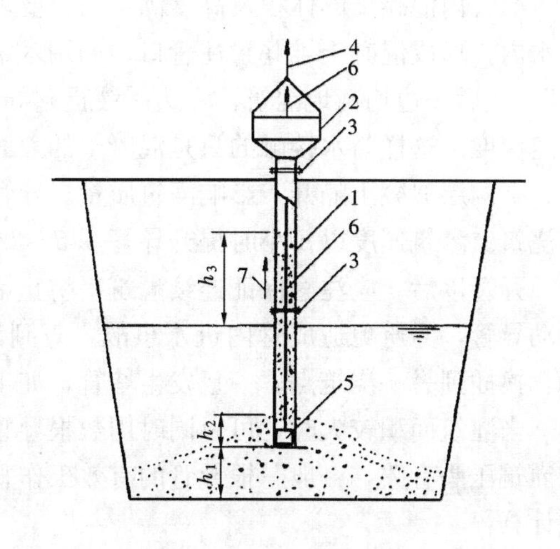

图3-61　水下灌筑混凝土

1—导管；2—漏斗；3—密封接头；4—起重设备吊索；5—混凝土塞子；6—钢丝；7—导管缓慢上升

导管一般直径200～300mm（至少为最大骨料粒径的8倍），每节长为1～2m，各节用法兰盘密封连接，以防漏浆和漏水。使用前需将全部长度导管进行试压。导管顶部装有混凝土拌合物的漏斗，容量一般为0.8～1m^3。漏斗和导管使用起重设备吊装安置在支架上。导管下口安有活门和活塞（图3-62），从导管中间用绳或钢丝吊住，灌筑前用于封堵导管。活塞可用木、橡皮或钢制，如采用混凝土制成，可不再回收。

开始灌注前，应先清理基底，除去淤泥和杂物，并符合设计要求的高程。

为使水下灌筑的混凝土有足够的强度和良好的和易性，应对材料和配合比提出相应要求，一般水泥采用普通硅酸盐水泥或矿渣硅酸盐水泥，强度等级不低于32.5级，并试验

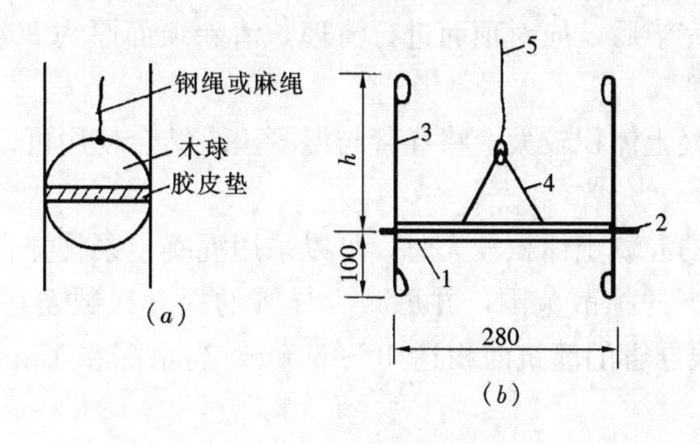

图3-62　导管活塞图

（a）半圆木球活塞；（b）钢板活塞

1—钢板；2—胶皮板；3—钢筋；4—吊钩；5—8号钢丝

水泥的凝结时间。为了保障混凝土强度，水胶比不宜大于0.6。混凝土拌合物坍落度为15～20cm，粗骨料可选用卵石，最大粒径不应超过管径的1/8。为了改善混凝土性能，可掺入表面活性外掺剂，形成黏聚性好、泌水性小的流态混凝土拌合物。

灌筑开始时，将导管下口降至距基底表面 h_1 约30～50cm处，太近则容易堵塞，太大则要求管内混凝土量较多，因为开管前管内混凝土量要使混凝土冲出后足以封住并高出管口。第一次灌入管内的混凝土拌合物数量应预先计算，要求灌入的混凝土能封住管口并略高出管口，h_2 应为0.5～1m。管口埋入过浅则导管容易进水；过深管内拌合物难以倾出。此外，管内混凝土顶面应高出水面 h_3 约2.5m，以便将混凝土压入水中。

当管内混凝土的体积及高度满足以上要求时，剪断钢丝，混凝土拌合物冲开塞子而进入水内，形成混凝土堆并封住管口。如用木塞则木塞浮起，可以回收。这一过程称为“开管”。此后一边均衡地灌筑，一边缓缓提起导管，并保持导管下口始终在混凝土表面之下一定深度。这样与水接触的只是混凝土的表面，新浇筑混凝土则与水隔开。防止地下水把上、下两层混凝土隔开，影响灌筑质量。导管下口埋得越深，则混凝土顶面越平，但也越难浇筑。灌筑速度以每小时提升导管0.5～3m为宜，灌筑强度每个导管可达15m^3/h。

开管以后，应注意保证连续灌筑，防止堵管。在整个浇筑过程中，应避免在水平方向移动导管，为避免造成管内进水事故，直到混凝土顶面接近设计标高时，才可将导管提起，换插到另一浇筑点。一旦发生堵管，如半小时内不能排除，应立即换插备用导管。

当灌筑面积较大时，可以同时用数根导管进行灌筑。导管的作用半径与混凝土坍落度及灌筑压头有关，一般一根导管的有效工作直径为5～6m。导管的极限扩散半径亦可用下式计算：

$$R_{ex}=\frac{3t_h\cdot I}{i} \tag{3-37}$$

式中　R_{ex}——水下混凝土极限扩散半径；

t_h——水下混凝土拌合物流动性指标；

I——水下混凝土面上升速度（m/d）；

i——扩散平均坡率，取1/5。

采用多根导管同时进行灌筑，要合理布置导管，以使混凝土顶面标高不致相差过大。

水下混凝土灌筑完毕后，应对顶面进行清理，清除顶面厚约20cm的松软部分，然后再建造上部结构。

如水下浇筑的混凝土体积较大，将导管与混凝土泵结合使用可以取得较好的效果。

2. 泵压法

当在水下需灌筑的混凝土体积较大时，可以采用混凝土泵将拌合物通过导管灌筑，加大混凝土拌合物在水下的扩散范围，并可减少导管的提升次数及适当减低坍落度（10～12cm）。泵压法的一根导管的灌筑面积达40～50m^2，当水深在15m以内时，可以筑成质量良好的构筑物。

3.6.2　水下压浆法

压浆法是先在水中抛填粗骨料，并在其中埋设注浆管。然后用水泥砂浆通过泵压入注浆管内并进入骨料中，如图3-63所示。

骨料用带有拦石钢筋的格栅模板、板桩或砂袋定形。骨料应在模板内均匀填充，以使模板受力均匀，骨料面高度应大于注浆面高度0.5～1.0m，对处于动水条件下，骨料面高度应高出注浆面1.5～2.0m。此时，骨料填充和注浆可同时配合进行作业，如图3-64所示。填充骨料，应保持骨料粒径具有良好级配。

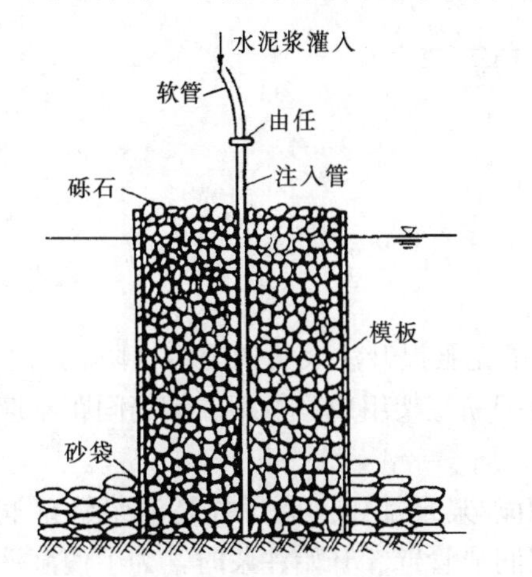

图3-63 水下混凝土压浆法

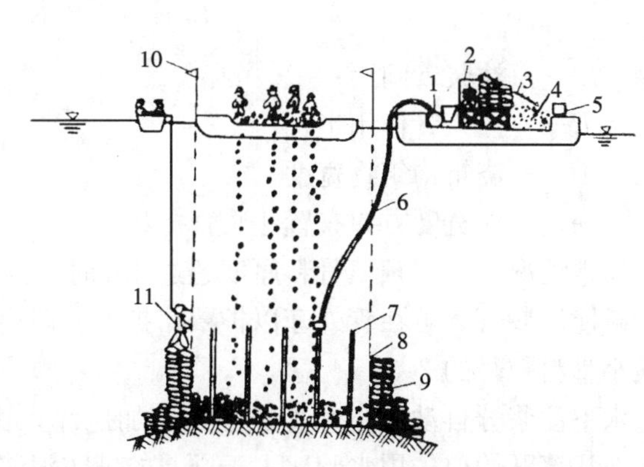

图3-64 水下压力注浆施工作业

1—砂浆泵；2—砂浆搅拌机；3—斗式运送器；4—砂；5—水箱；6—砂浆输送管；7—导管；8—帆布围罩；9—砂袋；10—水上标志；11—潜水工

注浆管可采用钢管，内径根据骨料最小粒径和灌注速度而定，通常为25、38、50、65、75mm等规格。管壁开设注浆孔，管下端呈平口或45°斜口，注浆管一般垂直埋设，管底距离基底约10～20cm。

注浆管作用半径可由下式求得：

$$R=\frac{(H_{t}\cdot R_{CB}-H_{w}\gamma_{w})D_{h}}{28K_{h}\cdot R_{CB}} \tag{3-38}$$

式中 R——注浆管作用半径；

H_t——注浆管长度；

R_{CB}——浆液密度；

H_w——灌浆处水深；

γ_w——水密度；

D_h——预填骨料平均粒径；

K_h——预填骨料抵抗浆液运动附加阻力系数；卵石为4.2；碎石为4.5。

加压灌注时，注浆管的作用半径为：

$$R=\frac{(1000P_{0}+H_{t}R_{CB}-H_{w}\cdot\gamma_{w})D_{h}}{28K_{h}\cdot\tau_{CS}} \tag{3-39}$$

式中 P_0——注浆管进浆压力；

τ_{CS}——浆液极限剪应力。

注浆管的平面布管可呈矩形、正方形或三角形。采用矩形布置时，注浆管作用半径与管距、排距的关系为：

$$(0.85R)^2=\left(\frac{B}{4}\right)^2+\left(\frac{L_t}{2}\right)^2 \tag{3-40}$$

则

$$L_t\leqslant\sqrt{2.89R^2-\frac{B^2}{4}} \tag{3-41}$$

当宽度方向有几排注浆管时：

$$L_t\leqslant\sqrt{2.89R^2-\frac{B^2}{n^2}} \tag{3-42}$$

式中　L_t——注浆管间距；

R——注浆管作用半径；

B——浇筑构筑物宽度；

n——沿宽度方向布置注浆管排数。

通常情况下，当预填骨料厚度超过4m时，为了克服提升注浆管的阻力，防止水下抛石时碰撞注浆管，可在管外套以护罩。护罩一般由钢筋笼架组成，笼架的钢筋间距不应大于最小骨料粒径的2/3。

水下注浆分自动灌注和加压注入。加压注入由砂浆泵加压。为了提高注浆管壁润滑性，在注浆开始前先用水胶比大于0.6的纯水泥浆润滑管壁。开始注浆时，为了使浆液流入石骨料中，将注浆管上提5～10cm，随压随注，并逐步提升注浆管，使其埋入已注砂浆中深度保持0.6m以上。注浆管埋入砂浆深度过浅，虽可提高灌注效率，但可能会破坏水下预埋骨料中砂浆表面平整度；如插入过深，会降低灌注效率或已灌浆液的凝固，通常插入深度最小为0.6m，一般为0.8～1.0m。当注浆接近设计高程时，注浆管仍应保持原设定的埋入深度，注浆达到设计高程，将注浆管缓缓拔出，使注浆管内砂浆慢慢卸出。

注浆管出浆压力，应考虑预埋骨料的种类（卵石、砾石、碎石）、粒级和平均粒径，水泥砂浆在预填骨料和空隙间流动产生的极限剪应力值以及注浆管埋设间距（要求水泥砂浆的扩散半径）等因素而定，一般在0.1～0.4MPa范围内。

水泥砂浆需用量，可用下式估计：

$$V_{CB}=K_n\cdot l\cdot V_c \tag{3-43}$$

式中　V_{CB}——水泥砂浆需用量；

K_n——充填系数；

l——预填骨料的孔隙率；

V_c——水下压浆混凝土方量。

水泥砂浆充填系数是指为了保证预填骨料间的孔隙全部被水泥砂浆所充填，一般取值为1.03～1.10。

3.7　混凝土的季节性施工

3.7.1　混凝土的冬期施工

1. 混凝土的冬期施工原理

混凝土的凝结硬化是要在正温度和湿润的环境下进行，其强度的增长将随龄期延长而提高。

新浇混凝土中的水可分为两部分，一部分是与水泥颗粒起水化作用的水化水，另一部分是满足混凝土拌合物坍落度要求的自由水（自由水最终要蒸发掉）。水化作用的速度在一定湿度条件下取决于温度，温度愈高，强度增长也愈快，反之愈慢。当新浇筑的混凝土拌合物处于0℃以下负温环境时，拌合水开始冻结，水泥的水化作用停止，混凝土的强度将无法增长。温度再降至－2℃～－4℃，由于混凝土内的自由水结冰后，体积膨胀（8%～9%），混凝土内部产生很大的冰胀应力，破坏了内部结构而冻裂，致使混凝土的强度、密实性及耐久性显著降低，已不可能达到原设计要求的性能指标。

实验表明，塑性混凝土如在凝结之前就遭受冻结，当恢复正温养护后的抗压强度约损失50%，如在硬化初期遭受冻结，恢复正温养护后的抗压强度仍会损失15%～20%，而干硬性混凝土在相同条件下的强度损失却很小。即受冻的混凝土在解冻后，其强度虽能继续增长，但已不能达到原设计的强度等级。试验证明，混凝土遭受冻结带来的危害，与遭冻的时间早晚、水胶比等有关。遭冻时间愈早，水胶比愈大，则强度损失愈多，反之则损失少。

经试验得知，混凝土经过预先养护达到有一强度值后再遭结冻，混凝土解冻后强度还能继续增长，能达到设计强度的95%以上，对结构影响不大。一般把遭冻结后其强度损失在5%以内的这一预养强度值就定义为“混凝土受冻临界强度”。因此，在冬期施工中，为保证混凝土的质量，必须使其在受冻结前，能获得足够抵抗冰胀应力的强度，这一强度称为“抗冻临界强度”。

该临界强度与水泥品种、混凝土强度等级有关。根据规定，抗冻临界强度为：

（1）采用蓄热法、暖棚法、加热法等施工的普通混凝土，采用硅酸盐水泥、普通硅酸盐水泥配制时，其受冻临界强度不应小于设计混凝土强度等级值的30%；采用矿渣硅酸盐水泥、粉煤灰硅酸盐水泥、火山灰质硅酸盐水泥、复合硅酸盐水泥时，不应小于设计混凝土强度等级值的40%；（2）当室外最低气温不低于－15℃时，采用综合蓄热法、负温养护法施工的混凝土受冻临界强度不应小于4.0MPa；当室外最低气温不低于－30℃时，采用负温养护法施工的混凝土受冻临界强度不应小于5.0MPa；（3）采用矿渣硅酸盐水泥配制的建筑物混凝土为标准强度的40%，公路桥涵混凝土为设计强度标准值的50%；（4）对强度等级等于或高于C50的混凝土，不宜小于设计混凝土强度等级值的30%；对有抗渗要求的混凝土，不宜小于设计混凝土强度等级值的50%；（5）对有抗冻耐久性要求的混凝土，不宜小于设计混凝土强度等级值的70%。

混凝土冬期施工除上述早期冻害外，还需注意拆模不当带来的冻害。混凝土构件拆模后表面急剧降温，由于内外温差较大会产生较大的温度应力，亦会使表面产生裂纹，在冬期施工中亦应力求避免这种冻害。

为了掌握冬期施工的温度界限，现行《混凝土结构工程施工质量验收规范》GB 50204—2015和《建筑工程冬期施工规程》JGJ/T 104—2011规定，应根据当地多年气温资料，凡昼夜室外平均气温连续5d相对稳定低于＋5℃即进入冬期施工就应采取一定的冬期施工技术措施。

混凝土冬期施工的技术措施，可按不同施工阶段分为：在浇筑前使混凝土或其组成材料升高温度，使混凝土尽早获得强度；在浇筑后，对混凝土进行保温或加热，保持一定的温湿条件，并继续进行养护。

2. 浇筑成型前混凝土拌合物预热措施

混凝土在浇筑成型前要经过拌制、运输、浇灌、振捣成型多道工序，因此，在冬期施工中，为了防止混凝土在硬化初期遭受冻害，就要使混凝土拌合物具有一定的正温度，以延长混凝土在负温下的冷却时间，并使之较快地达到抗冻临界强度，为此需要对其进行加热。

对混凝土拌合物的加热，通常是先对混凝土的组成材料（水、砂、石）加热，使混凝土拌合物具有正温度。材料加热，应优先使水加热，方法简便，水的比热是砂、石的4倍，加热效果好。水的加热温度不宜超过80℃，因为水温过高，当与水泥拌制时，水泥颗粒表面会形成一层薄的硬壳，影响混凝土的和易性且后期强度低（称为水泥的假凝）。当需要提高水温时，可将水与骨料先行搅拌，使砂石变热，水温降低后，再加入水泥共同搅拌。

石料由于用量多，质量大，加热比较麻烦，当需要骨料加热时，应先加热砂，确有必要时再加热石料。水泥由于上述原因不得直接加热，可提前搬入搅拌机棚以保持室温。拌合用水及骨料加热的温度，应符合表3-42的规定。

拌合水及骨料最高温度　　表3-42

水泥强度等级	拌合水（℃）	骨料（℃）
小于42.5	80	60
42.5，42.5R及以上	60	40

骨料加热可用将蒸汽直接通到骨料中的直接加热法或在骨料堆、贮料斗中安设蒸汽盘管进行间接加热。工程量小也可放在铁板上用火烘烤。当骨料不需加热时，也必须除去骨料中的冰凌后再进行搅拌。

(1) 混凝土的拌制

搅拌前，应先用热水或蒸汽冲洗搅拌机，使其预热，然后投入已加热的材料。为使搅拌过程中混凝土拌合物温度均匀，搅拌时间应比常温时间延长50%。

冬期施工应严格控制混凝土配合比，水泥应选用硅酸盐水泥或普通硅酸盐水泥，以增加水泥水化热和缩短养护时间。凝胶材料用量每立方米混凝土中不宜少于320kg，水胶比不应大于0.5。为了控制坍落度，可适当加入引气型减水剂。

拌制混凝土应严格掌握温度，使混凝土拌合物的出机温度不应低于10℃，入模温度应大于5℃。为此，需要进行有关的热工计算。

为了能预计原材料加热后混凝土拌合物的温度近似值，可按下式预先计算出拌合物的理论温度：

$$T_0 = [0.92(Ct_c + Ft_fSt_s + Gt_g) + 4.2t_w(W - P_sS - P_gG) + b(P_sSt_s + P_gGt_g) - B(P_sS + P_gG)]/[4.2W + 0.92(C + F + S + G)] \tag{3-44}$$

式中　T_0——混凝土拌合物的理论温度（℃）；

W、C、F、S、G——每立方米混凝土中水、水泥、掺合料、砂、石的用量（kg）；

t_w、t_c、t_f、t_s、t_g——水、水泥、掺合料、砂、石的温度（℃）；

P_s、P_g——砂、石的含水率；

b——水的比热［kJ/(kg·K)］；

B——水的溶解热（kJ/kg）。

当骨料>0℃时，$b=4.19$，$B=0$；

<0℃时，$b=2.10$，$B=335$。

混凝土拌合物出机温度可按下式计算：

$$T_1 = T_0 - 0.16(T_0 - T_d) \tag{3-45}$$

式中　T_1——混凝土拌合物出机温度（℃）；

T_0——混凝土拌合物的理论温度（℃）；

T_d——搅拌棚内温度（℃）。

（2）混凝土拌合物的运输和浇筑

冬期施工外界处于负温环境中，由于空气和容器的传导，混凝土拌合物在运输和浇筑过程中热量会有较大损失。因此，应尽量缩短运距，选择最佳运输路线；正确选择运输容器的形式、大小和保温材料；尽量减少装卸次数，合理组织装卸工作。

1）混凝土拌合物运输与输送至浇筑地点时的温度，可按下式测算：

① 现场拌制混凝土采用装卸式运输工具时

$$T_2 = T_1 - \Delta T_y \tag{3-46a}$$

② 现场拌制混凝土采用泵送施工时

$$T_2 = T_1 - \Delta T_b \tag{3-46b}$$

③ 采用商品混凝土泵送施工时

$$T_2 = T_1 - \Delta T_y - \Delta T_b \tag{3-46c}$$

式中　T_2——混凝土拌合物运输与输送至浇筑地点时的温度（℃）；

T_1——混凝土自搅拌机中倾出时的温度（℃）；

ΔT_y——采用装卸式运输工具运输混凝土拌合物时的温度降（℃）；

$$\Delta T_y = (at_1 + 0.032n)(T_1 - T_a) \tag{3-47}$$

t_1——混凝土拌合物运输的时间（h）；

n——混凝土拌合物运转次数；

T_a——室外气温（℃）；

a——温度损失系数。当用搅拌运输车 $a=0.25$；开敞式大型自卸汽车 $a=0.20$；开敞式小型自卸汽车 $a=0.30$；封闭式自卸汽车 $a=0.10$；人力手推车或吊斗 $a=0.50$。

ΔT_b——采用泵管输送混凝土拌合物时的温度降（℃）；按《建筑工程冬期施工规程》JGJ 104—2011 的规定计算。

$$\Delta T_b = 4\omega \times \frac{3.6}{0.04 + \dfrac{d_b}{\lambda_b}} \times \Delta T_1 \times t_2 \times \frac{D_w}{C_c \cdot \rho_c \cdot D_i^2} \tag{3-48}$$

ΔT_1——管泵内混凝土的温度与环境气温差（℃），当现场拌制混凝土采用泵送工艺输送时：$\Delta T_1 = T_1 - T_a$；当商品混凝土采用泵送工艺输送时：$\Delta T_1 = T_1 - T_y - T_a$；

T_a——室外环境气温（℃）；

t_2——混凝土拌合物在泵管内输送的时间（h）；

C_c——混凝土的比热（kJ/（kg·K））；

ρ_c——混凝土的质量密度（kg/m³）；

λ_b——泵管外保温材料导热系数（W/（m·K））；

d_b——泵管外保温层厚度（m）；

D_i——混凝土泵管内径（m）；

D_w——混凝土泵管外围直径（包括外围保温材料）（m）；

ω——透风系数，见表3-43。

透风系数 ω　　表3-43

围护层种类	透风系数 ω		
	风速＜3m/s	3m/s≤风速≤5m/s	风速＞5m/s
围护层由易透风材料组成	2.0	2.5	3.0
易透风保温材料外包不易透风材料	1.5	1.8	2.0
围护层由不易透风材料组成	1.3	1.45	1.6

2）考虑模板和钢筋的吸热影响，混凝土浇筑完成时的温度可按下式计算：

$$T_3=\frac{C_c m_c T_2+C_f m_f T_f+C_s m_s T_s}{C_c m_c+C_f m_f+C_s m_s}\tag{3-49}$$

式中　T_3——混凝土浇筑完成时（在钢模板和钢筋吸收热量后）的温度（℃）；

C_s——钢筋的比热（kJ/（kg·K）），可取0.48；

C_c——混凝土的比热（kJ/（kg·K）），可取0.96；

C_f——模板的比热（kJ/（kg·K）），可取0.48；

m_c——每立方米混凝土的重量（kg）；

m_f——与每立方米混凝土相接触的模板重量（kg）；

m_s——与每立方米混凝土相接触的钢筋重量（kg）；

T_2——混凝土经过搅拌、运输、成型后的温度（℃），按式（3-46）计算；

T_f——模板的温度，未预热时可采用当时的环境温度（℃）；

T_s——钢筋的温度，未预热时可采用当时的环境温度（℃）。

经过上述热工计算，可求出混凝土拌合物从搅拌、运输到浇筑成型的温度降低值，并作为施工设计的依据。但实际上，由于影响因素很多，不易掌握，所以应加强现场实测温度，并依此进行温度调整，使混凝土开始养护前的温度不应低于5℃。

在浇筑混凝土基础时，为防止地基土冻胀及混凝土冷却过快，浇筑前须先加热到0℃以上，并将已冻胀变形部分消除。为保证混凝土在冻结前达到抗冻临界强度，混凝土的温度应比地基土温度高出10℃。

3. 混凝土的冬期养护

将混凝土的组成材料经加热直到浇筑成型等过程，使混凝土仍具有一定温度后，即进入在负温度条件下的养护阶段。

冬期施工对混凝土的养护方法有很多，可分为蓄热养护和加热养护两类。

（1）蓄热养护法

蓄热养护是将水泥水化过程中产生的水化热或经材料加热浇筑后的热混凝土四周用保温材料严密覆盖，利用水泥的水化热量或预热，使混凝土缓慢冷却，当混凝土温度降至0℃时可达到抗冻临界强度或预期的强度要求。蓄热养护是最基本的养护方法，在采用加热养护时，为了节能和降低费用必须十分注意加强蓄热。

蓄热法具有节能、简便、经济等优点。采用此法宜选用强度等级较高、水化热较大的硅酸盐水泥和普通硅酸盐水泥，同时选用导热系数小、价廉耐用的保温材料，一般可用稻草帘（稻草袋）、麦秆、高粱秸、油毛毡、刨花板、锯末等。覆盖地面以下的基础时，也可采用松土。当一种保温材料不能满足要求时，常采用几种材料或用石灰锯末保温。在锯末石灰上洒水，石灰就能逐渐发热，减缓构件热量散失。图3-65和图3-66是采用上述保温材料养护的例子。

混凝土浇筑后，在养护中应建立严格的测温制度，当发现混凝土温度下降过快或遇气温骤然下降，应立即采取补加保温或人工加热等措施，以保证工程质量。

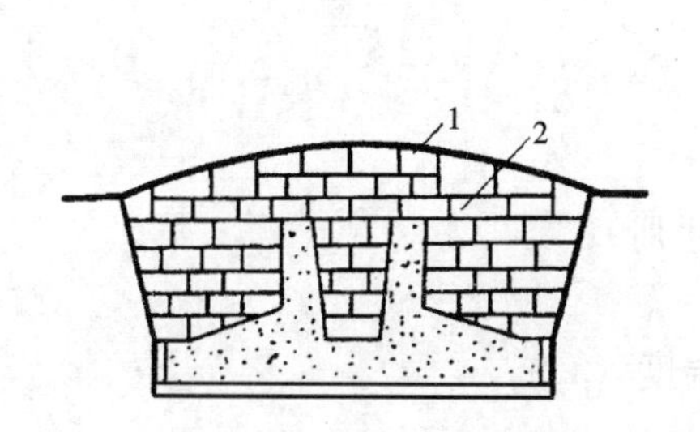

图3-65　锯末草袋保温

1—草席两层；2—草袋装锯末

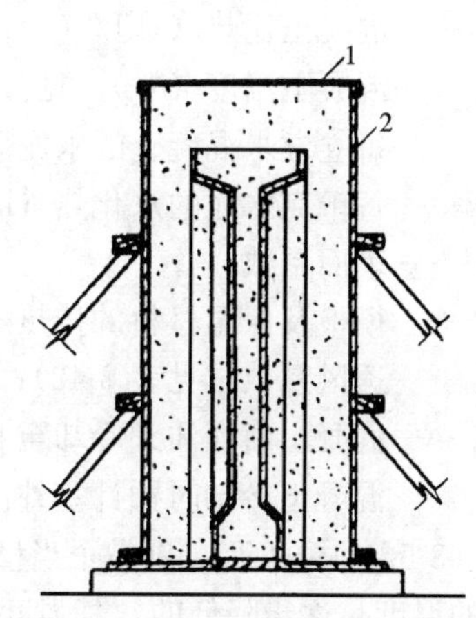

图3-66　石灰锯末加热保温

1—草袋；2—石灰锯末

蓄热法养护适用于结构表面系数7以下及室外平均气温在0～－10℃的季节。如将其他方法与蓄热法结合使用，可应用到表面系数达18以内的结构。当浇筑后的混凝土温度不低于10℃时，如保温适当，大约5～7d混凝土可达到标准强度的40%左右，能满足抗冻临界强度的要求。采用蓄热法养护应进行必要的热工计算。

结构表面系数M是表明结构体型的指标，可按下式计算：

$$M=\frac{F}{V}\quad(1/\mathrm{m})\tag{3-50}$$

式中　F——构件的冷却表面面积（m^2）；

V——构件的体积（m^3）。

蓄热法养护的三个基本要素是混凝土的入模温度、围护层的总传热系数和水泥水化热值。应通过热工计算调整以上三个要素，使混凝土冷却到0℃时，强度能达到临界强度的要求。

蓄热法养护的热工计算，是根据热量平衡原理，即每立方米混凝土从浇筑完毕时的温度下降到0℃的过程中，经由模板和保温层泄出的热量，等于混凝土预加热量和水泥在此期间所放出的水化热之和。同时，混凝土的强度增长也应达到抗冻临界强度。计算的程序为：

根据结构特征、材料配比、浇筑后的混凝土温度和养护期的预测气温等施工条件，先初步选定保温材料的种类、厚度和构造，然后计算出混凝土冷却到0℃的延续时间和混凝土在此期间的平均温度，如不能满足抗冻临界强度的要求时，需调整某些施工条件或改变保温层的构造，再进行计算。其热工计算式如下：

$$\gamma C_c T_3 + N_s R = MK\omega x(T_p - T_c) \tag{3-51}$$

将上式改写为：

$$x = \frac{600T_3 + N_s R}{MK\omega(T_p - T_c)} \tag{3-52}$$

式中　x——混凝土自初温降至0℃的时间（h）；

γ——混凝土密度（2400kg/m^3）；

C_c——混凝土比热（1kJ/（kg·K）），取值0.25；

T_3——混凝土温度（℃），见公式（3-49）；

N_s——每立方米混凝土的水泥用量（kg）；

R——每千克水泥的水化热（kJ）；

M——表面系数；

K——模板及保温材料的传热系数（查施工手册）；

ω——透风系数（见表3-43）；

T_p——混凝土由灌注到冷却至0℃时的平均温度（℃）；

T_c——混凝土冷却时预计室外温度（℃）。

式（3-52）中的T_p，仅是个当量值，并非混凝土冷却过程中真正的平均温度。由于混凝土的温度是逐步降低的，其强度增长的速度也是不相同的，为了简化计算，假定混凝土处于某一恒温状态时，达到临界强度所需的时间正好等于上述冷却过程的时间。T_p值可按表3-44中所列公式估算。

混凝土的“平均温度”（T_p）　　**表3-44**

表面系数	$M \leqslant 3$	$3 < M \leqslant 8$	$8 < M \leqslant 12$	$M > 12$
平均温度	$(T_2+5)/2$	$T_2/2$	$T_2/3$	$T_2/4$

注：1. 表中T_2见公式（3-49）；
2. 计算表面系数应考虑：基础及基础梁，因底面和侧面被正温度的土包围，故表面系数应按实际情况适当减小。混合结构的楼板，下表面的冷却程度较小，也应适当考虑。

（2）加热养护法

加热养护是指当外界气温过低或混凝土散热过快时，须补充加热混凝土的方法，如暖棚养护法、蒸汽加热养护法、电热法、红外线加热法等。

1）暖棚养护法

暖棚养护法，是在施工的结构或构件周围搭建暖棚，当浇筑和养护混凝土时，棚内设置热源，以维持棚内的正温环境，使混凝土在正温下凝结硬化。这种方法的优点是：混凝土的施工操作与常温无异，方便可靠。缺点是：需大量材料和人工搭建暖棚，需增设热源，费用较高。适用于结构面积和高度不大且混凝土浇筑集中的工程。

暖棚搭建应严密，不能过于简陋。为节约能源和降低成本，在便利施工的前提下，应尽量减少暖棚的体积。当采用火炉作为热源时，应注意安全防火。

2）蒸汽加热养护法

蒸汽加热养护法，是利用低压湿饱和蒸汽（压力不高于0.07MPa，温度95℃，相对湿度100%）的湿热作用来养护混凝土。这种方法的优点是：蒸汽含热量高，湿度大，当室外平均气温很低，构件表面系数大，养护时间要求很短的混凝土工程，可采用这种方法。缺点是：温度湿度不易保持均匀稳定，现场管道多，容易发生冷凝和冰冻，热能利用率低。用蒸汽加热养护混凝土，当用普通硅酸盐水泥时温度不宜超过80℃，用矿渣硅酸盐水泥时可提高到85～95℃。养护时升温、降温速度亦有严格控制，并应设法排除冷凝水。

蒸汽加热一般分为两种方式，一种是将蒸汽引入构件内部的空洞中对混凝土进行湿热养护，可称内热法；另一种是将蒸汽引到构件外部，使热量传导给混凝土使之升温，可称外热法。

① 内热法：常用的有蒸汽套法、蒸汽室法及内部通汽法等。其中蒸汽室法主要用于预制厂，图3-67为现场用于基础加热的蒸汽室。内部通汽法，是利用在混凝土结构或构件内部预留孔道，通入蒸汽进行孔道内加热养护的方法。孔道在浇筑前在楼板内预埋钢管，混凝土浇筑后，待终凝，即可将钢管抽出。蒸汽养护结束后，将孔道用水泥砂浆或细石混凝土填塞。该法可用于厚度较大的构件。

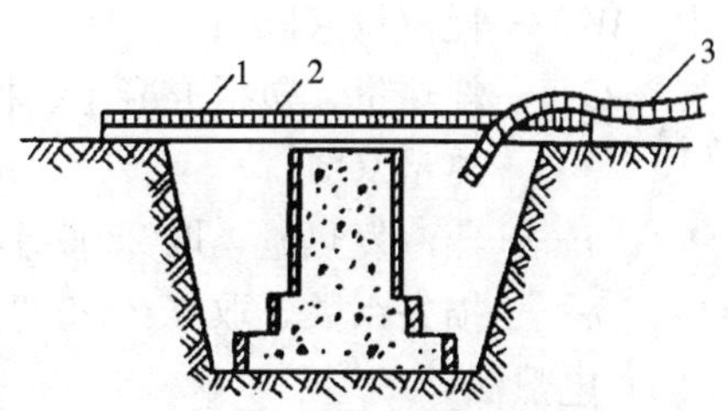

图3-67　利用地槽作蒸汽室

1—脚手杆；2—篷布、油毡或草袋；3—进汽管

② 外热法：常用于垂直结构，如柱的混凝土加热养护（图3-68）。蒸汽通过在楼板内开成的通汽槽（称为毛管模板）以加热混凝土。这种方法用汽少，加热均匀，温度易控制，养护时间较短。但设备复杂，花费多且模板损失也较大。

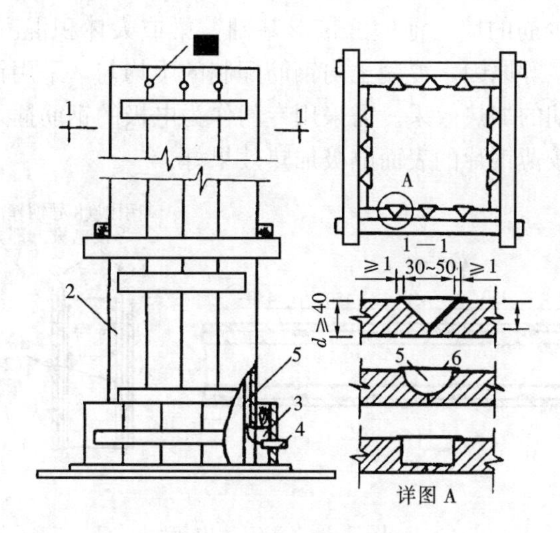

图3-68　柱的毛管模板

1—出气孔；2—模板；3—分汽箱；4—进汽管；5—毛细管；6—薄钢板

蒸汽养护应确定加热的延续时间和升降温速度以及拆模时间等。

升降温速度见表3-45。模板和保温层的拆除时间，应使混凝土温度冷却到5℃后，混凝土与外界温度温差小于20℃时进行。拆模以后混凝土表面应以保温材料覆盖，使构件表面缓慢冷却。未完全冷却的混凝土有较高的脆性，不得在冷却前，遭受冲击荷载或动力荷载的作用。

蒸汽养护混凝土时的升、降温速度　　**表3-45**

表面系数（m^{-1}）	升温速度（℃/h）	降温速度（℃/h）
≥6	15	10
＜6	10	5

养护混凝土的蒸汽需用量，可按下式计算：

$$W = \frac{Q}{i}(1+\alpha) \tag{3-53}$$

式中　W——耗汽量（kg）；

Q——耗热量，包括混凝土、模板和保温材料升温所需热量以及通过围护层散失的热量（kJ）；

i——蒸汽发热量，取2500kJ/kg；

α——损失系数，取0.2～0.3。

3）电热法

电热法，是利用通过不良导体混凝土或电阻丝发出的热量，加热养护混凝土。电热法加热期短，但耗电量较大，附加费用较高。电热法分为电极法、电热毯加热法及工频涡流加热法。常用的电极法效果良好。

电极法，在混凝土结构内部或表面设置电极，通以低压电流，由于混凝土的电阻作用，使电能变为热能，产生热量对混凝土进行加热。

电热混凝土的电极布置，应保证温度均匀，一般用钢筋或薄钢片制成。薄片形电极固定在模板内壁，用于少筋的墙、池壁、带形基础、梁或大体积混凝土结构中，如图3-69所示。由于弯钩、搭接等原因，混凝土内钢筋配制的不均匀，采用钢筋做电极，将导致加温不匀，不能获得预期的加热效果。需采用专门作为电极的钢筋插入混凝土内部，会使混凝土加热均匀。电极较薄钢片的表面电极加热效果好。

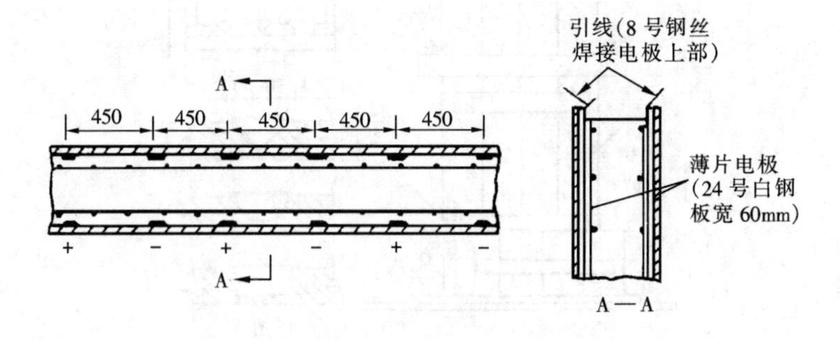

图3-69　薄钢片电极

电热时，混凝土中的水分蒸发，对最终强度影响较大，混凝土的密实度愈低，这种影响愈显著。电加热养护属高温感热养护，温度过高水分过分蒸发，导致混凝土脱水。故养护过程中，应注意其表面情况，当开始干燥时，应先停电，随之浇洒温水，使混凝土表面湿润。为了防止水分蒸发，亦应对外露表面进行覆盖。

电热装置的电压一般为50～110V，在无筋结构或含筋量不大于50kg的结构中，可采用120～220V。随着混凝土的硬化，游离水的减少，混凝土电阻增加，电压亦应逐渐增加。

电热法养护混凝土的最高温度，应控制在表3-46中的数值。

电热法养护混凝土最高温度（℃） **表3-46**

水泥强度等级	结构表面系数（m^{-1}）		
	<10	10～15	>15
42.5	40		35

加热过程中，混凝土体内应有测温孔，随时测量混凝土温度，以便控制电压。

4. 负温下的冷混凝土施工（外掺剂法）

上述的各种方法，是将混凝土加热以保持在正温条件下硬化，并尽快达到抗冻临界强度或预期的强度要求。此外，在冬期还可以采用配制冷混凝土的方法来施工，混凝土可在0℃～－10℃温度下硬化，而无须加热养护。

在冬期混凝土施工中加入适量的外掺剂，使混凝土强度迅速增长，在冻结前达到要求的临界强度；降低水的冰点，使混凝土能在负温条件下凝结、硬化。这是混凝土冬期施工的有效、节能和简便的施工方法。

冷混凝土的应用范围，可用于不易蓄热保温和加热措施，对强度增长速度要求不高的结构，如圈梁、过梁、挑檐、地面垫层，以及围护管道结构、厂区道路、挡土墙等。

冷混凝土的工艺特点，是将预先加热的拌合用水、砂（必要时也加热）、石与水泥、适量的负温硬化剂溶液混合搅拌，经浇筑成型的混凝土具有一定的正温度（不应低于5℃）。浇筑后用保温材料覆盖，不需加热养护，混凝土就在负温条件下硬化。

负温硬化剂的作用，是能有效地降低混凝土拌合物中水的冰点，在一定的负温条件下，可以使含水率低于10%，而液态水可以与水泥起水化反应，使混凝土的强度逐渐增长。同时，由于含冰率得到控制，防止了冰冻的破坏作用。

硬化剂由防冻剂、早强剂、减水剂和引气剂组成，可以起到早强、抗冻、促凝、减水和降低冰点的作用，使之在负温下加速硬化以达到要求的强度。

抗冻剂主要保证混凝土中的液态水存在。常用的抗冻剂有无机和有机化合物两类。无机化合物如氯化钙、亚硝酸钠、氯化钠、碳酸钾等，有机化合物如氨水、尿素等（表3-47）。

常用防冻剂的种类 **表3-47**

名 称	化学式	析出固相共熔体时		附 注
		浓度（g/100g水）	温 度（℃）	
食 盐	$NaCl$	30.1	－21.2	致 锈
氯化钙	$CaCl_2$	42.7	－55.0	致 锈
亚硝酸钠	$NaNO_2$	61.3	－19.6	
硝酸钙	$Ca(NO_3)_2$	78.6	－28.0	
碳酸钾	K_2CO_3	56.5	－36.5	
尿 素	$(NH_2)_2CO$	78.0	－17.6	
氨 水	NH_4OH	161.0	－84.0	

负温硬化剂的组成中，抗冻剂起主要作用，由它来保证混凝土中的液态水存在。早强剂和减水剂的作用及种类，可参见本章3.3节所述。

掺加负温硬化剂的参考配方示例，见表3-48。

掺加负温硬化剂的参考配方 表3-48

混凝土硬化程度(℃)	参考配方(示例)(占水泥质量%)
0	食盐2+硫酸钠2+木钙0.25 亚硝酸钠2+硫酸钠2+木钙0.25
-5	食盐2+硫酸钠2+木钙0.25 亚硝酸钠4+硫酸钠2+木钙0.25 尿素2+硝酸钠4+硫酸钠2+木钙0.25
-10	亚硝酸钠7+硫酸钠2+木钙0.25 乙酸钠2+硝酸钠6+硫酸钠2+木钙0.25 尿素3+硝酸钠5+硫酸钠2+木钙0.25

冷混凝土的配制应优先选用强度等级42.5级或42.5级以上的普通硅酸盐水泥，以利强度增长。砂石骨料不得含有冰雪和冻块及能冻裂的矿物质。应尽量配制成低流动性混凝土，坍落度控制在1～3cm之间，施工配制强度一般要比设计强度提高15%或提高一级。为了保证外掺硬化剂掺合均匀，必须采用机械搅拌。加料顺序应先投入砂石骨料、水及硬化剂溶液，搅拌1.5～2min再加入水泥，搅拌时间应比普通混凝土延长50%。硬化剂中掺入食盐仅用于素混凝土。混凝土浇筑后的温度应不低于5℃（应尽量提高），并及时覆盖保温，以延长正温养护时间和使混凝土温度在昼夜间波动较小。

在冷混凝土施工过程中，应按施工及验收规范的规定数量制作试块。试块在现场取样，并与结构物在同等条件下养护28d，然后转为标准养护28d，测得的抗压强度应不低于规范规定的验收标准。

3.7.2 混凝土的雨期施工

1. 雨期施工的准备工作

由于雨期施工时降雨往往带有随机性，因此应及早做好雨期施工的准备工作。

（1）合理组织施工。根据雨期施工的特点，将不宜在雨期施工的工程提前或延后安排，对必须在雨期施工的工程制订有效的措施突击施工；晴天抓紧室外工作，雨天安排室内工作；注意天气预报，做好防汛准备工作。

（2）现场排水。施工现场的道路、设施必须做到排水畅通。要防止地表水流入地下室、基础、场地内；要防止滑坡、塌方，必要时加固在建工程。

（3）做好原材料、成品、半成品的防雨防潮工作。

（4）在雨期前对现场房屋及设备加强排水与防雨措施。

（5）备足排水所用的水泵及有关器材，准备好塑料布、油毡等防雨材料。

2. 混凝土工程雨期施工注意事项

大雨天禁止浇筑混凝土，已浇筑部位要加以覆盖。现浇混凝土应根据结构情况，多考虑几道施工缝的留设位置。

模板涂刷隔离剂应避开雨天。支撑模板的地基要密实。并在模板支撑和地基间加好垫板，雨后及时检查有无下沉。

雨期施工时，应加强对混凝土粗细骨料含水量的测定，及时调整混凝土搅拌时的用水量。并须在有遮蔽的情况下运输、浇筑。雨后要排除模板内的积水，并将雨水冲坏的混凝土而形成的松散砂、石清除掉，然后按施工缝的要求处理。

大体积混凝土浇筑前，要了解 2～3d 的天气预报，尽量避开大雨。混凝土浇筑现场要预备大量的防雨材料，以备浇筑时突然遇雨加以覆盖。

第4章 水工程构筑物施工

随着我国给水排水工程建设事业的迅速发展，在建造各类水池、沉井、地下和地表取水构筑物等工程时，涌现出许多新工艺、新设备、新材料，在施工技术和组织等方面也积累了丰富的实践经验。由于这类构筑物本身的多样性、地区性和施工条件的不同，因而施工工艺和方法也是多种多样的。本章主要介绍常见几类水工程构筑物的施工要点。

4.1 现浇钢筋混凝土水池施工

在施工实践中，常采用现浇钢筋混凝土建造各类水池等构筑物以满足生产工艺、结构类型和构造的不同要求。有关钢筋混凝土工程的施工工艺和施工方法，可参见第3章，本节仅介绍现浇混凝土构筑物施工需要注意的几个问题。

4.1.1 提高水池混凝土防水性的措施

水构筑物经常贮存水体埋于地下或半地下，一般承受较大水压和土压，因此，除须满足结构强度外，应保证它的防水性能，以及在长期正常使用条件下具有良好的水密性、耐蚀性、抗冻性等耐久性能。

浇筑水构筑物结构的混凝土常采用外掺剂防水混凝土和普通防水混凝土，以提高防水性能。

1. 外掺剂防水混凝土

外掺剂防水混凝土是指用掺入适量外掺剂方法，改善混凝土内部组织结构，以增加密实度来提高抗渗性的混凝土（参见第3章）。

2. 普通防水混凝土

普通防水混凝土就是在普通混凝土骨料级配的基础上，以调整和控制配合比的方法，提高自身密实度和抗渗性的一种混凝土。

由于普通混凝土是非匀质性材料，内部分布有许多大小不等以及彼此连通的孔隙。孔隙和裂缝是造成渗漏的主要因素，提高混凝土的抗渗性就要提高其密实度，控制孔隙，减少裂缝。

普通防水混凝土是一种富砂浆混凝土，确保水泥砂浆的密实性，使具有一定数量和质量的砂浆能在粗骨料周围形成一定浓度的良好的砂浆包裹层，将粗骨料充分隔开，混凝土硬化后，密实度高的水泥砂浆不仅起着填充和粘结粗骨料的作用，并切断混凝土内部沿石子表面形成的连通毛细渗水通道，使混凝土具有较好的抗渗性和耐久性。可见，普通防水混凝土具有实用、经济、施工简便的优点。

研究和实践表明，采用普通防水混凝土，为了提高混凝土的抗渗性，在施工中应注意如下问题：

1. 选择合适的配合比

应合理选择调整混凝土配合比的各项技术参数，并须通过试配求得符合设计要求的防水混凝土最佳配合比。

（1）胶凝材料用量。其用量应根据混凝土的抗渗等级和强度等级等选用，其总用量不宜小于320kg/m^3，当强度要求较高或地下水有腐蚀性时，凝胶材料用量可通过试验调整。

（2）水胶比。水胶比应根据混凝土设计强度的要求，通过试验确定，过大过小均不利于防水混凝土的抗渗性。一般不得大于0.50，有侵蚀性介质时水胶比不宜大于0.45。

（3）水泥用量。水泥用量是直接影响混凝土中水泥砂浆数量和质量的关键。在砂率已定条件下，如水泥用量过小，不仅使混凝土拌合物和易性差，而且会使混凝土内部产生孔隙，从而降低密实度。一般防水混凝土水泥用量以不小于280kg/m^3 为宜。

（4）砂率。防水混凝土的砂率以35%～40%为宜。

（5）灰砂比。对于富砂浆的普通防水混凝土，灰砂比表示水泥砂浆的浓度，水泥包裹砂粒的情况，是衡量填充石子空隙的水泥砂浆质量的指标。灰砂比大小与抗渗性直接有关，根据经验，灰砂比应在1∶1.5～1∶2.5的范围为宜。

（6）坍落度。在选定水灰比和砂率后，应控制坍落度。一般防水混凝土的坍落度以3～5 cm为宜。泵送混凝土施工时坍落度为12～16cm。坍落度过大，易使混凝土拌合物产生泌水，泌水通道在混凝土内部形成毛细孔道，使抗渗性下降。为了改善混凝土拌合物的施工和易性，可掺入适量外掺剂。

2. 改善施工条件，精心组织施工

普通防水混凝土水池结构的优劣，还与施工质量密切相关。因此，对施工中的各主要工序，如混凝土搅拌、运输、浇筑、振捣、养护等，都应严格遵守施工及验收规范和操作规程的规定组织实施。

混凝土搅拌：防水混凝土应采用机械搅拌，搅拌时间比普通混凝土略长，一般不应少于120s，以保证混凝土拌合物充分均匀。

混凝土运输：在运输过程中要防止漏浆和产生离析现象，常温下应在半小时内运至浇筑地点，并及时进行浇灌。在运距远或气温较高时，可掺入适量缓凝剂。当出现离析时，必须进行二次搅拌，当坍落度损失后不能满足施工要求时，应加入原水胶比的水泥浆或掺加同品种的减水剂进行搅拌，严禁直接加水。

混凝土浇筑和振捣：浇筑前，检查模板是否严密并用水湿润。如混凝土拌合物发生显著泌水、离析现象，应加入适量的原水胶比的凝胶浆液复拌均匀，方可浇灌。浇筑时应采用串筒、溜槽，以防发生混凝土拌合物中粗骨料堆积现象。混凝土应分层浇筑，每层厚度不得大于50cm，相邻两层浇筑时间间隔不应超过2h，夏季可适当缩短。

防水混凝土应尽量采用连续浇筑方式，对于因结构复杂、工艺构造要求或体积庞大受施工条件限制的池类结构，而须间歇浇筑作业时，应选择合理部位设置施工缝。

混凝土的振捣应采用机械振捣，不应采用人工振捣。机械振捣能产生振幅不大，频率较高的振动，使骨料间摩擦力降低，增加水泥砂浆的流动性，骨料能更充分被砂浆所包裹，同时挤出混凝土拌合物中的气泡，以利增强密实度。

混凝土的养护：混凝土浇筑达到终凝（一般为4～6h）即应覆盖，浇水湿润养护不应少于14d。防水混凝土的养护对其抗渗性能影响极大，在湿润条件下，混凝土内部水分蒸发缓慢，可使水泥充分水化，其生成物将毛细孔堵塞，使水泥石结晶致密，特别是养护的前14d，水泥硬化快，强度增长几乎可达28d标准强度的80%。由于对防水混凝土的养护要求较严，故不宜过早拆除模板。拆模时应使混凝土表面温度与环境温度之差不超过15℃，以防产生裂缝。

此外，为了确保水池的防水性良好，可在结构表面喷涂防护层或按质量比为1∶2的水泥砂浆（掺适量防水粉）抹面。为防止地下水渗透，亦可增涂沥青防水层。

3. 做好施工排水工作

在有地下水地区修建水池结构工程，必须作好排水工作，以保证地基土不被扰动，使水池不因地基沉陷而发生裂缝。施工排水须在整个施工期间不间断进行，防止因地下水上升而发生水池底板裂缝。

4.1.2　钢筋混凝土构筑物的整体浇筑

贮水、水处理和泵房等地下或半地下钢筋混凝土构筑物是给水排水工程中常见的结构，特点是构件断面较薄，有的面积较大且有一定深度，钢筋一般较密。要求具有高抗渗性和良好的整体性，需要采取连续浇筑。对这类结构的施工，须针对它的特点，着重解决好分层分段流水施工和选择合理的振捣作业。

对于面积较小、深度较浅的构筑物，可将池底和池壁一次浇筑完毕。面积较大而又深的水池和泵房地坑，应将底板和池壁分开浇筑。

1. 混凝土底板的浇筑

地下或半地下构筑物底板浇筑时，混凝土拌合物的垂直和水平运输可以采用多种方案。如布料杆混凝土泵车可以直接进行浇灌；塔式起重机、桅杆起重机等可以把拌合物料斗吊运到底板浇筑处。也可以搭设卸料台，用串桶、溜槽下料。如果可以开设斜道，运输车辆就能直接进入基坑。图4-1为采用塔式起重机进行底板浇筑的示意图。

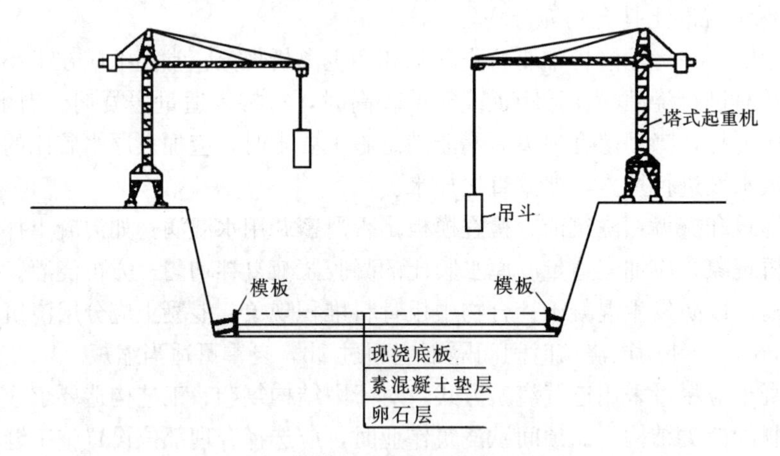

图4-1　塔式起重机吊运混凝土料斗

池底分平底和锥底两种。锥形底板从中央均匀向四周浇筑（图4-2）。浇筑时，混凝土不应下坠。因此，应根据底板水平倾角大小，设计混凝土的坍落度。

为了控制水池底板、管道基础等浇筑厚度，应设置高程标桩，混凝土表面与标桩顶取平；或设置高程线控制。

混凝土拌合物在硬化过程中会发生干缩。如果混凝土四周有约束，就会对混凝土产生拉应力。当新浇混凝土拌合物的强度还不足以承受拉应力时，就会产生收缩裂缝。钢筋能抵抗这种收缩，因此，素混凝土收缩量较钢筋混凝土收缩量大。同时浇捣的混凝土面积愈大，收缩裂缝愈可能产生。因此，要限制同时浇筑的面积，而且各块面积要间隔浇筑。图 4-3 所示为底板混凝土的分块浇筑。

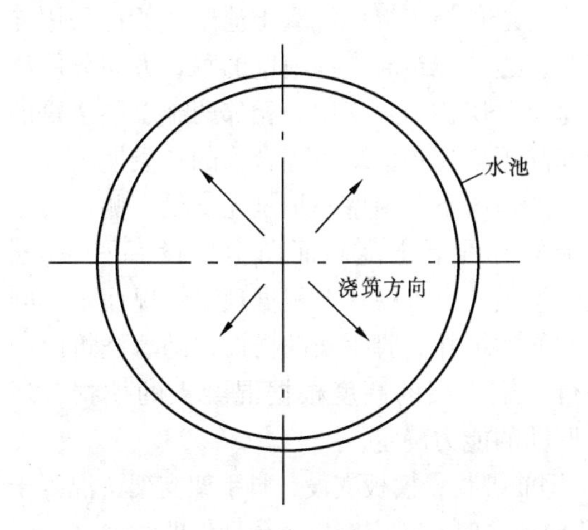

图 4-2　底板中央向四周浇筑

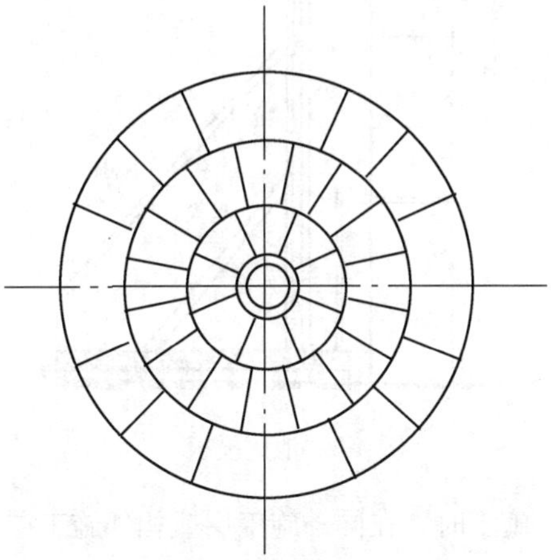

图 4-3　底板混凝土分块浇筑

分块浇筑的底板，在块与块之间设伸缩缝，宽约 1.5～2cm，用木板预留。在混凝土收缩基本完成后，伸缩缝内填入膨胀水泥或沥青玛琋脂。这种施工方法的困难在于预留木板很难取出。为了避免剔取预留木板，可以放置止水带。

混凝土板用平板式或插入式振动器捣固。平板式振动器的有效振动深度一般为 20cm。两次振动点之间应有 3～5cm 搭接。

混凝土墙或厚度大于平板式振动器有效捣固深度的板，采用插入式振动器，以振动器插点为中心的受振范围用振动器作用半径来表示，移动间距不宜大于作用半径的 1.5 倍，距离模板不宜大于作用半径的 1/2。相邻插点应使受振范围有一定重叠。图 4-4 所示为插点的布置。

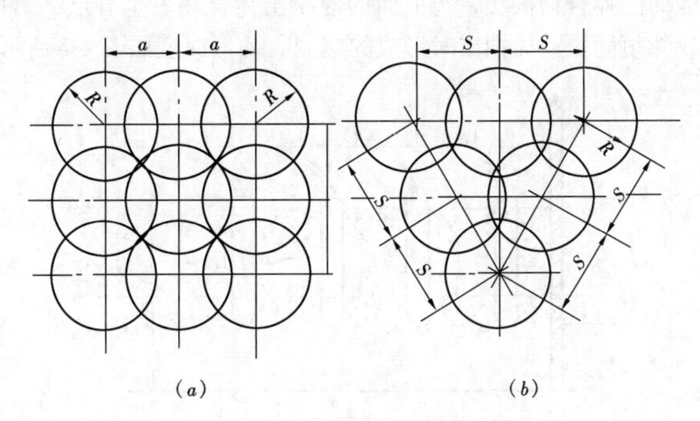

(*a*)　　(*b*)

图 4-4　插入式振动器的插点布置

(*a*) 直线行列间距，$a \leqslant 1.5R$；(*b*) 交联行列移动，$S \leqslant 1.75R$

a—插点间距；R—振动器作用半径；S—插点移动距离

振动时间与混凝土稠度有关。混凝土表面呈现浮浆并不再沉落时振动就可停止。

底板混凝土振动后，用拍杠或抹子将表面压实找平。

水池顶板的钢筋混凝土浇筑做法与底板基本相同。

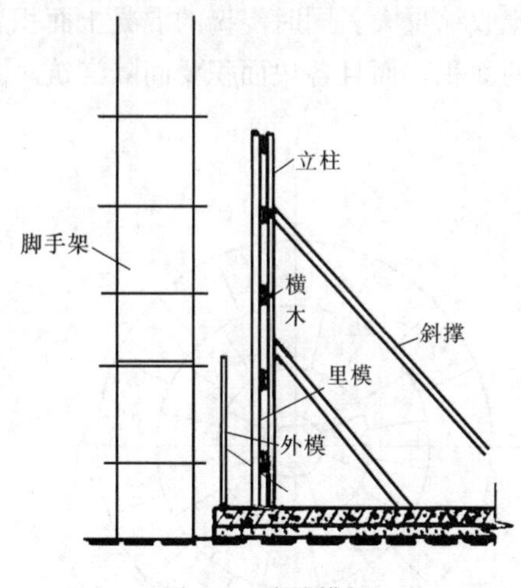

图 4-5　池壁模板

2. 混凝土池壁的浇筑

为了避免施工缝，混凝土池壁一般都采用连续浇筑。连续浇筑时，在池壁的垂直方向分层浇筑。每个分层称为施工层。相邻两施工层浇筑的时间间隔不应超过混凝土拌合物的初凝期。

一般情况下，池壁模板是先支设一侧，另一侧模板随着混凝土浇高而向上支设（图 4-5）。先支起里模还是外模，要根据现场情况而定。同时，钢筋的绑扎、脚手架的搭设也随着浇筑而向上进行。施工层的高度根据混凝土的搅拌、运输、振动的能力确定。

施工时，在同一施工层或相邻施工层，进行钢筋绑扎、模板支设、脚手架支架、混凝土拌合物浇筑的平行流水作业。当预埋件和预留孔洞很多时，还应有检查预埋件的时间。

为了使各工序进行平行作业，应将池壁分成若干施工段。每个施工段的长度，应保证各项工序都有足够的工作前线。图 4-6 为矩形水池池壁分成四个段连续浇筑。如当浇筑工作量较大时，这样划分施工段不易保证两层混凝土浇筑的时间间隔小于混凝土初凝期。因此，当池壁长度很大时，可以划分若干区域，在每个区域实行平行流水作业。

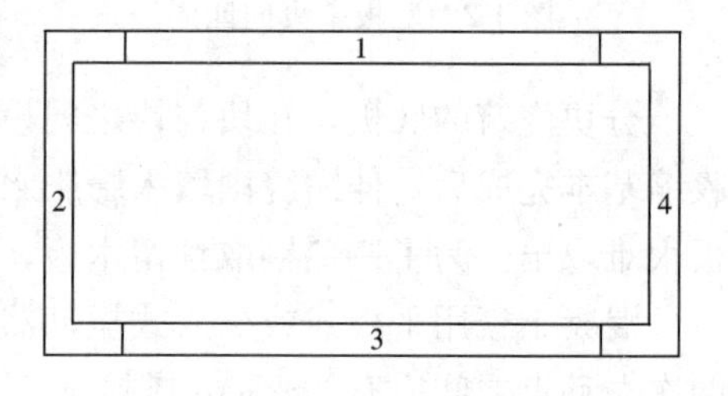

图 4-6　池壁分四个施工段浇筑

混凝土拌合物每次浇筑厚度不应大于 50cm。使用插入式振动器时，一般应垂直插入到下层尚未初凝的拌合物中 5cm，以促使上下层相互结合。振动时，要“快插慢拔”。快插，是防止只将表面的拌合物振实，与下面的混凝土拌合物发生分层、离析现象；慢拔，是使混凝土拌合物能填满振动棒抽出时形成的空洞。插入深度如图 4-7 所示。

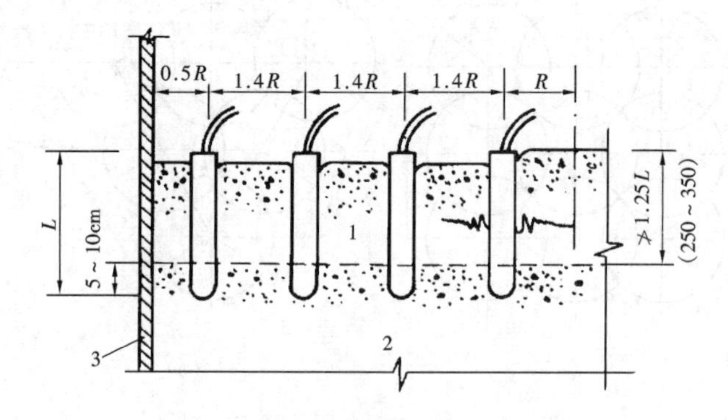

图 4-7　插入式振动器的插入深度

1—新浇筑的混凝土；2—下层已振动但尚未初凝的混凝土；3—模板；

R—有效作用半径；L—振动棒长

4.1.3 构筑物严密性试验

对给水排水贮水或水处理构筑物，除检查强度和外观外，还应通过满水试验检验其严密性，以满足其功能要求。对消化池还应进行闭气试验。

1. 满水试验

满水试验是按构筑物工作状态进行的检查构筑物的渗漏量和表面渗漏是否满足要求的功能性检验。满水试验不应在雨天进行。

（1）试验条件及工作准备

水池满水试验应满足下列条件：池体的混凝土或砖石砌体的砂浆已达到设计强度；现浇钢筋混凝土水池的防水层、防腐层施工以前以及回填土以前；装配式预应力混凝土水池在施加预应力以后，保护层喷涂以前；砖砌水池在防水层施工以后，石砌水池在勾缝以后；一般在基坑回填以前，若砖、石水池按有填土条件设计时，应在填土后达到设计规定以后。

试验前的准备工作：将池内清理干净，修补池内外的缺陷，临时封堵预留孔洞、预埋管口及进、出水孔等，并检查进水及排水阀门，不得渗漏；设置水位观测标尺，标定水位测计；准备现场测定蒸发量的设备；充水的水源应采用清水且做好充水和放水系统设施的准备工作。

（2）充水

向水池内充水宜分三次进行：第一次充水为设计水深的1/3；第二次充水为设计水深的2/3；第三次充水至设计水深。对大、中型水池，可先充水至池壁底部的施工缝以上，检查底板的抗渗质量，当无明显渗漏时，再继续充水至第一次充水深度。

充水时的水位上升速度不宜超过2m/d。相邻两次充水的间隔时间，不应小于24h。

每次充水宜测读24h的水位下降值，计算渗水量，在充水过程中和充水以后，应对水池作外观和沉降量检查。当发现渗水量或沉降量过大时，应停止充水。待作出处理后方可继续充水。

当设计单位有特殊要求时，应按设计要求执行。

（3）水位观测

充水时的水位可用水位标尺测定。充水至设计水深进行渗水量测定时，应采用水位测针测定水位。水位测针的读数精度应达1/10 mm。充水至设计水深后至开始进行渗水量测定的间隔时间，应不少于24h。测读水位的初读数与末读数之间的间隔时间，应为24h。连续测定的时间可依实际情况而定，如第一天测定的渗水量符合标准，应再测定一天；如第一天测定的渗水量超过允许标准，而以后的渗水量逐渐减少，可继续延长观测。

（4）蒸发量测定

池体有盖时蒸发量忽略不计，无盖时必须进行蒸发量测定。现场测定蒸发量的设备，可采用直径约为50cm，高约30cm的敞口钢板水箱，并设有水位测针。水箱应检验，不得渗漏。水箱应固定在水池中，水箱中充水深度可在20cm左右。测定水池中水位的同时，测定水箱中的水位。

（5）水池的渗水量

水池的渗水量按下式计算：

$$q=\frac{A_1}{A_2}[(E_1-E_2)-(e_1-e_2)] \tag{4-1}$$

式中 q——渗水量(L/(m^2·d));

A_1——水池的水面面积(m^2);

A_2——水池的浸湿总面积(m^2);

E_1——水池中水位测针的初读数，即初读数(mm);

E_2——测读 E_1 后 24h 水池中水位测针的末读数，即末读数(mm);

e_1——测读 E_1 时水箱中水位测针的读数(mm);

e_2——测读 E_2 时水箱中水位测针的读数(mm)。

按上式计算结果，渗水量如超过规定标准，应经检查处理后重新进行测定。按规范规定对于钢筋混凝土结构水池，1m^2 的浸湿面积每 24h 的漏水量不得大于 2L。

2. 闭气试验

污水处理厂的消化池，除在泥区进行满水试验外，在沼气区尚应进行闭气试验。

闭气试验是观察 24h 前后的池内压力降。按规定，消化池 24h 压力降不得大于 0.2 倍试验压力。一般试验压力是池体工作压力的 1.5 倍。

(1) 主要试验设备

1) 压力计：可采用 U 形管水压计或其他类型的压力计，刻度精确至毫米水柱，用于测量消化池内的气压。

2) 温度计：用以测量消化池内的气温，刻度精确至 1℃。

3) 大气压力计：用以测量大气压力，刻度精确至 10Pa。

4) 空气压缩机一台。

(2) 测读气压

池内充气至试验压力并稳定后，测读池内气压值，即初读数，间隔 24 h，测读末读数。在测读池内气压的同时，测读池内气温和大气压力，并将大气压力换算为与池内气压相同的单位。

(3) 池内气压降可按下式计算：

$$\Delta P=(P_{d1}+P_{a1})-(P_{d2}+P_{a2})(273+t_1)/(273+t_2) \tag{4-2}$$

式中 ΔP——池内气压降(Pa);

P_{d1}——池内气压初读数(Pa);

P_{d2}——池内气压末读数(Pa);

P_{a1}——测量 P_{d1} 时的相应大气压力(Pa);

P_{a2}——测量 P_{d2} 时的相应大气压力(Pa);

t_1——测量 P_{d1} 时的相应池内气温(℃);

t_2——测量 P_{d2} 时的相应池内气温(℃)。

4.2 装配式预应力钢筋混凝土水池施工

与普通钢筋混凝土水池相比较，装配式预应力钢筋混凝土水构筑物更具有比较可靠的抗裂性及不透水性，在钢材、木材、水泥的消耗量上均较普通整体式钢筋混凝土水构筑物节省。

在荷载作用之前，先对混凝土预加压力，产生人为的压应力状态，混凝土具有的压应力被称作预应力。它可抵消由荷载所引起的大部分或全部拉应力，致使构件在使用时拉应力显著减少或不出现拉应力。这样，在荷载作用下，裂缝能延迟发生或不发生，也即延迟了由于裂缝的出现所引起的构件刚度的降低，因而预应力构件的挠度将比非预应力构件的小。

预应力钢筋混凝土水构筑物多为圆柱形，其预应力钢筋主要沿环向布置，但当高度较高的地面式大容量水池，考虑温度收缩应力或由于施加环向预应力时，池壁与底板间会产生摩擦力，而使池壁产生垂直方向的弯矩，为防止由此而形成的水平裂缝，有时也在垂直方向施加预应力钢筋。

由于张拉环向预应力筋，使池壁本身受到压缩而沿径向缩小。当池壁上、下端与顶板或底板有较好连接时，它会约束池壁两端的变位而在上、下端附近产生垂直方向的弯矩，故做成整体式预应力水池并不一定经济。为了避免池壁上、下端所产生的不利弯矩，可使池壁与顶板或底板分开，如此可以减少竖向力矩，但会加大环向应力。不过，环向应力可由预应力环筋负担。通常条件下，预应力钢筋混凝土水池多做成装配式的。

4.2.1　壁板的构造与制作

池壁板的结构形式一般有两种：两壁板间有搭接钢筋和两壁板间无搭接钢筋（图4-8）。前一种壁板的横向非预应力钢筋可承受部分拉应力，但外露筋易锈蚀，壁板间接缝混凝土捣固不易密实，应加强振捣。池壁板安插在底板外周槽口内，如图4-9所示。

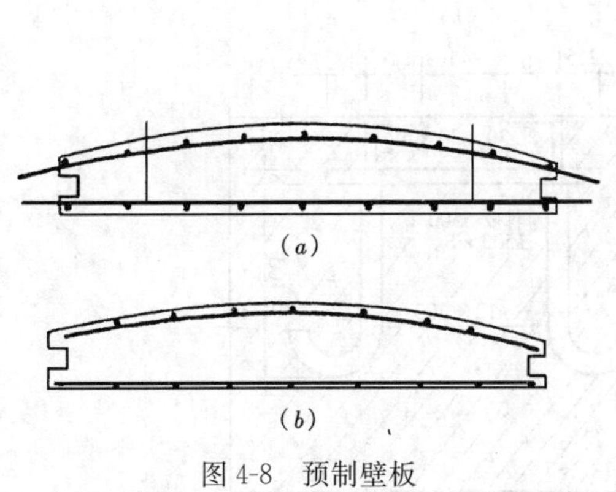

图4-8　预制壁板

(a) 有搭接钢筋的壁板；(b) 无搭接钢筋的壁板

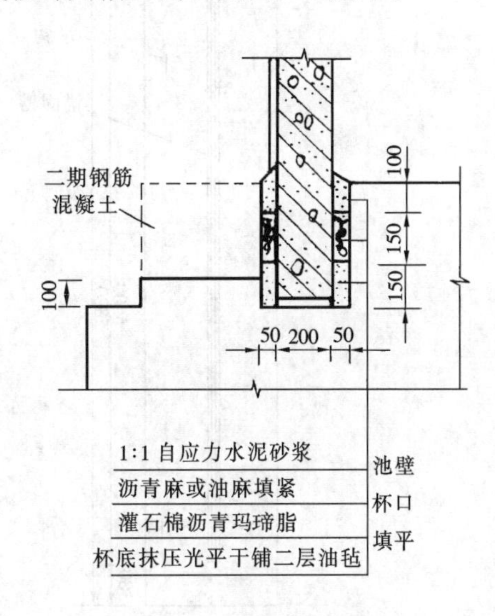

图4-9　壁板与底板的杯槽连接

缠绕预应力钢丝时，须在池壁外侧留设锚固柱（图4-10）、锚固肋（图4-11）或锚固槽（图4-12），安装锚固夹具，固定预应力钢丝。

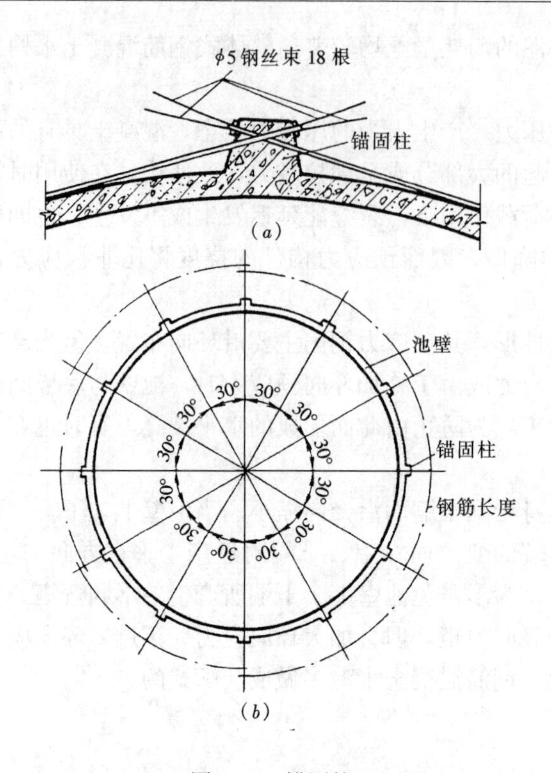

图4-10 锚固柱
(a) 锚固柱；(b) 有锚固柱的池体

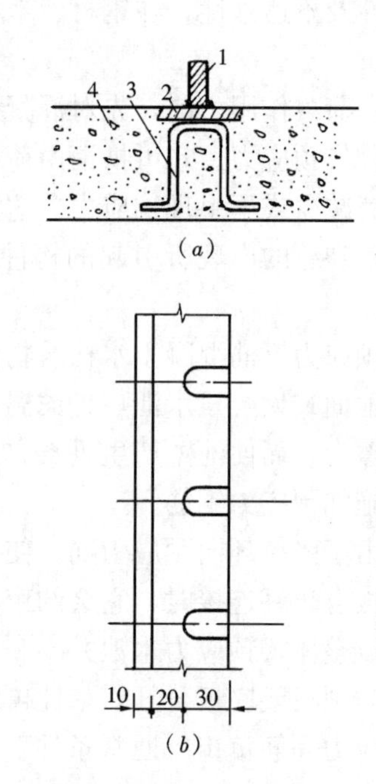

图4-11 锚固肋（单位：mm）
(a) 锚固肋；(b) 锚固肋开口大样
1—锚固肋；2—钢板；3—固定钢筋；4—池壁

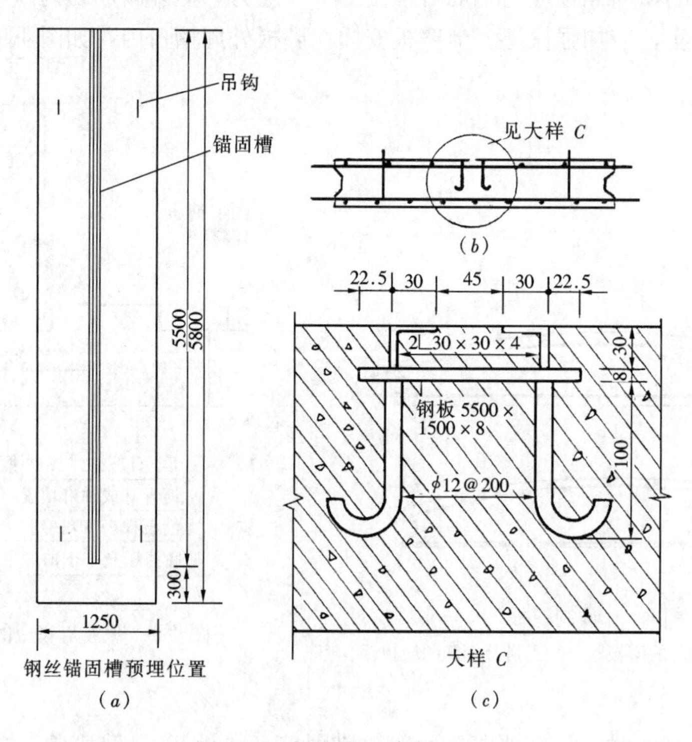

图4-12 锚固槽（单位：mm）
(a) 有锚固槽壁板的正面；(b) 有锚固槽壁板的剖面；(c) 锚固槽大样

壁板接缝应牢固和严密。图 4-13（*a*）接缝用于有搭接钢筋的壁板，在接缝处焊接或绑扎直立钢筋，支设模板，浇筑细石混凝土；图 4-13（*b*）接缝用于无搭接钢筋壁板，接缝内浇筑膨胀水泥混凝土或 C30 细石混凝土。

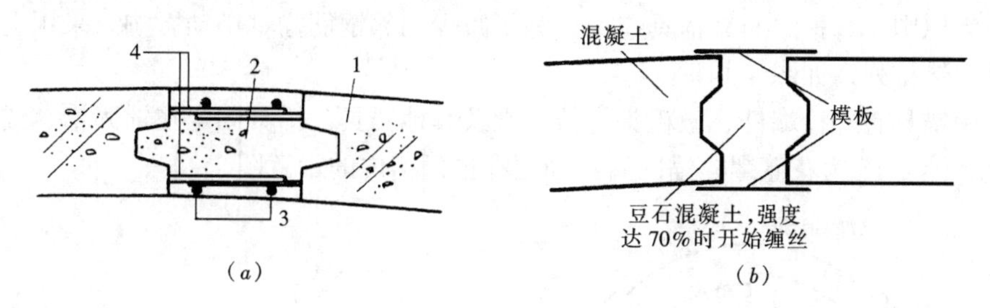

图 4-13　壁板接缝

（*a*）有搭接钢筋壁板接缝；（*b*）无搭接钢筋壁板接缝

1—池壁板；2—膨胀混凝土；3—直立钢筋；4—搭接筋

壁板与池底间连接，先填里侧填料，预张应力后，再填外侧填料。

在壁板顶浇筑圈梁，顶板搁置在圈梁上，提高水池结构抗震能力。

4.2.2　装配式水池构件吊装

构件吊装前，应结合水池结构、直径与构件的最大质量确定采用的吊装机械、吊装方法、吊装顺序及构件堆放地点等。常用的吊装机械多系自行式起重机，如汽车式和履带式起重机等。

构件吊装校正之后用水泥砂浆连接或预埋件焊接。采用预埋件焊接可提高结构整体性及抗震性，而且不需临时支撑。

壁板吊装前，在底板槽口外侧弧形尺宽度的距离弹墨线。吊装时，弧形尺外边贴墨线，内侧贴壁板外弧面，同时用垂球找正，即可确定壁板位置，然后用预埋件焊接或临时固定。壁板全部吊装完毕后，在接缝处安装模板，浇筑细石混凝土堵缝。

4.2.3　壁板环向预加应力

水池环向预应力钢筋张拉工作应在环槽杯口，壁板接缝浇筑的混凝土强度达到设计强度的 75%后开始。

钢筋采用普通钢筋或高强钢丝。普通钢筋在张拉前做冷拉处理。冷拉采用双控：防止钢筋由于匀质性差而产生张拉应力误差，用冷拉应力控制；防止钢筋脆性提高，采用冷拉伸长率控制。冷拉应力与伸长率由试验确定，通常要求预应力张拉后的钢筋屈服点提高到不小于 550MPa，屈服比 $d_0/d_S>108\%$。因此，冷拉控制应力不超过 530MPa，延伸率为 3.2%～3.6%，不超过 5%，不小于 2%。

预应力钢筋有两种张拉方法，即电热张拉和绕丝张拉。

1. 电热张拉

电热张拉是将钢筋通电，使温度升高，长度延伸到一定程度，将两端固定。当撤去电源，钢筋冷却后，便产生了温度应力。张拉应一次完成，必须重复张拉时，同一根钢筋的重复次数不得超过 3 次，当发生裂纹时，应更换预应力筋。

（1）预应力钢筋构造

一般采用不连续配筋，即将钢筋一根一根地在池壁上张拉，每周安置钢筋根数应考虑到张拉钢筋时尽可能地缩短曲弧长度，使张拉应力均匀，并在冷却后建立应力过程中摩阻范围缩小为原则。每根之间靠锚具连接。为了减少相邻钢筋锚具松动影响，采用上下两圈钢筋锚具交错排列，如图 4-14 所示。

连接用锚具有螺栓端杆、墩粗头、帮条端及其他锚具。锚具固定在锚固槽、锚固肋或锚固柱上，图 4-15 为花篮螺栓锚固后，固定在锚固槽内的示意图。

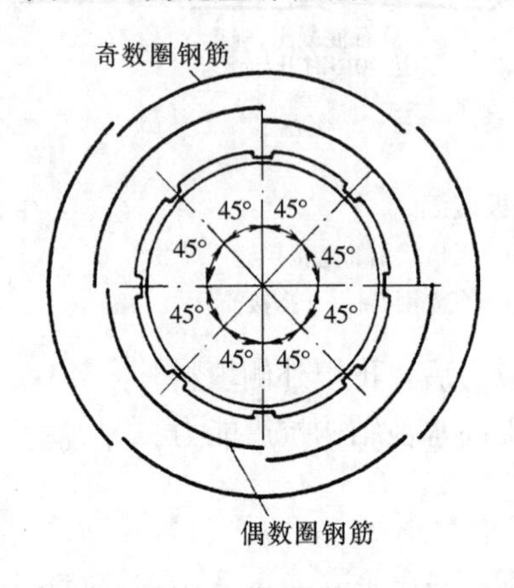

图 4-14　预应力钢筋分段

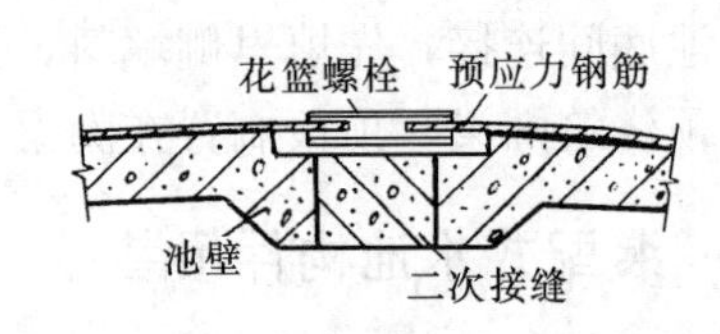

图 4-15　花篮螺栓锚固

（2）预应力钢筋张拉时的伸长值按下式计算：

$$\Delta L=\Delta L_1+\Delta L_2+\Delta L_3 \tag{4-3}$$

式中　ΔL——钢筋张拉控制伸长值（cm）；

ΔL_1——按张拉时控制应力计算的伸长值（cm）；

$$\Delta L_1=\frac{\sigma_0 l}{E_a}$$

σ_0——钢筋张拉控制应力；

l——每段钢筋长度；

E_a——钢材的弹性模量，由试验确定；

ΔL_2——钢筋不直应弥补的伸长值（cm）；

$$\Delta L_2=\frac{\Delta\sigma_1 l}{E_a}$$

$\Delta\sigma_1$——钢筋不直产生的预应力损失值；

ΔL_3——锚具变形应弥补的伸长值（cm）；

$$\Delta L_3=\frac{\Delta\sigma_2 l}{E_a}$$

$\Delta\sigma_2$——锚具变形在螺栓杆端处的预应力损失。

（3）钢筋下料计算

钢筋下料按下式计算：

$$S=\pi(D+2h+d) \tag{4-4}$$

式中　S——水池周长（m）；

D——水池内径（m）；

h——池壁壁厚（m）；

d——预应力钢筋直径（m）。

每周安置钢筋根数 n，则每段钢筋长度为：

$$S_i = S/n - 锚具夹头长度 + 钢筋焊接烧失量 \tag{4-5}$$

（4）钢筋加热温度 T 为：

$$T = \frac{\Delta l}{al} + T_0 \tag{4-6}$$

式中 Δl——钢筋实际伸长值；

a——钢筋线膨胀系数，1.2×10^{-5}（1/℃）；

l——钢筋长度；

T_0——大气温度（℃）。

（5）电热法张拉

张拉顺序采用如图 4-16 所示，即根据水池池壁，下端铰接，上部自由的条件，首先将上中下的一圈钢筋（图中（a）、（b）、（c））拉完，使池壁均匀受力，上下稳定，然后分区张拉，第Ⅰ段由第 2 圈钢筋开始，向下张拉到第 15 圈钢筋（即池壁环拉力最大区段以上）；第Ⅱ段由第 26 圈钢筋向上张拉到第 16 圈，该段系环拉力最大的一段，安排在最后张拉，可不受Ⅰ段张拉时应力影响，质量有保证。

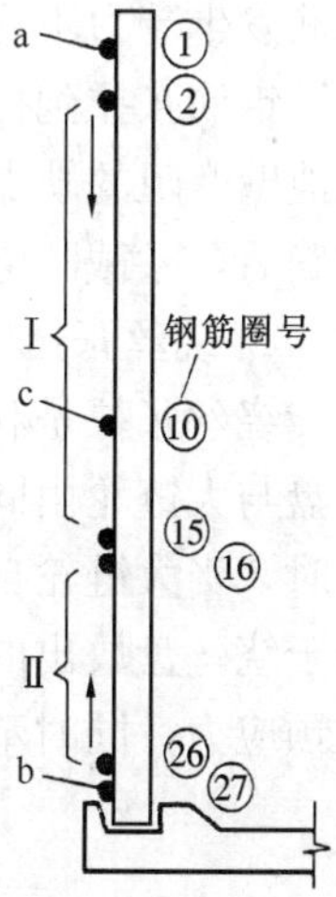

相邻两排的锚固位置应错开，并在锚固槽（柱）相交处的钢筋做绝缘处理，电热温度不应超过 350℃，温度过高，其张拉效果将逐渐消失。

图 4-16 预应力钢筋张拉顺序

可采用整圈、分段一次张拉，亦可采用整圈、分段依次张拉。张拉时采用的导线夹具如图 4-17 所示。施工中临时用木枋顶牢，防止夹具转动（如图 4-18）。

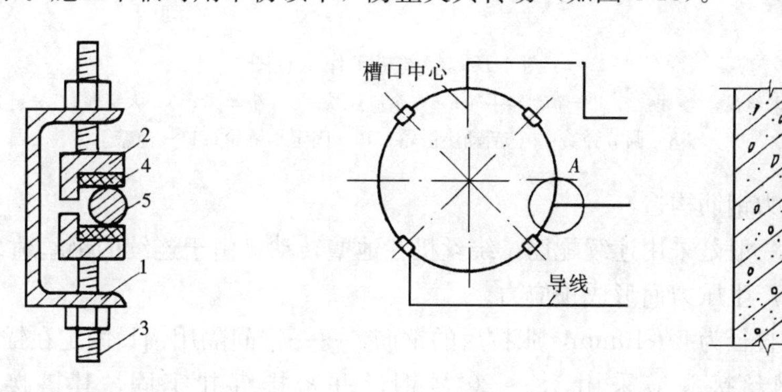

图 4-17 导线夹具

1—槽钢；2—钢压板；3—顶丝；4—导线；5—预应力钢筋

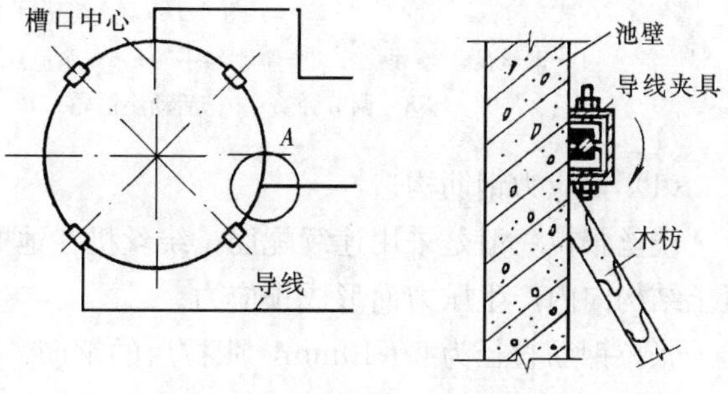

图 4-18 池壁上夹具用木枋顶牢

通电以后，采取预热、张拉、再预热、再张拉的带电张拉操作。通电之初，温度上升较快，可将预热时间缩短，钢筋伸长到一定程度后，即需拧紧锚固夹具螺栓，张拉钢筋。后期温度上升较慢，尤其是迎风面，表面温度散失较快，应将预热时间适当延长。在正常时，预热和张拉循环3～4次即可拉到伸长值。在最后接近控制伸长值时，钢筋与锚固夹具螺栓接触较紧，拧转比较困难，钢筋随螺栓转动，此时，可用管钳将夹具夹紧，然后拧紧螺栓。操作中避免硬性扳拧，造成丝口损坏事故。

在整圈、分段一次张拉钢筋时，每圈钢筋同速张拉是很重要的操作。因为在预热和张拉循环过程中，通电本来均匀，但受钢筋表面温度散失各不相同，每圈各段钢筋的锚固夹具螺栓拧动时受力将不平衡，有的容易拉，有的较困难，此种现象不可避免，因此操作时，要求做到各点同速张拉。否则，容易拉伸的区段先拉到控制伸长值，而不易张拉的区段，就更难拉完或无法拉完。这样，就需要对已拉好的区段超拉来弥补，致使各段预应力钢筋发生受力不均的现象。

钢筋张拉到控制伸长值后，为使钢筋在断电前不至于因急速降温而立即建立应力，出现池壁摩阻的缺点，应继续通电2～3min，让钢筋自由伸长，并检查整圈钢筋位置，调整准确后，才截断电流，转入下一圈张拉。

2. 绕丝张拉

绕丝张拉是利用绕丝机围绕池壁转动，高强钢丝由钢丝盘被拉出，进入绕丝盘中。绕丝盘与大链轮由同一轴转动，但绕丝盘的周长 l_1 略小于大链轮的周长 l，绕丝机沿池壁转动时，当大链轮自转了一周，绕丝机还没有自转一周，亦即，大链轮所放出的链条长度略长于绕丝盘放出的钢丝长度，这样，钢丝就被拉长 $\Delta l=l-l_1$。两者长度差 Δl 使钢丝产生了预应力，同时牵制器又在相反方向给钢丝初应力，如图4-19所示。

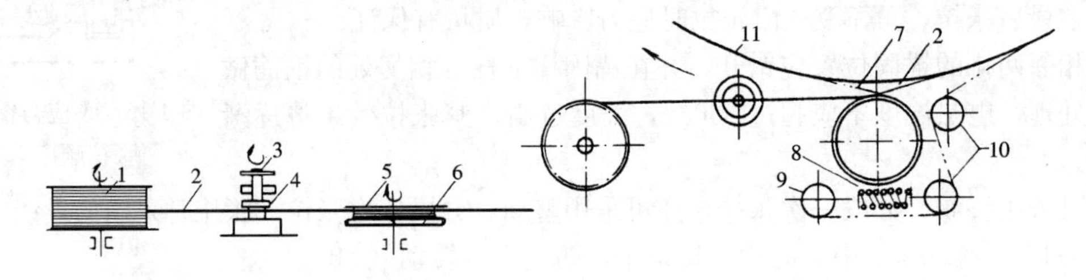

图4-19　绕丝机工作示意图

1—钢丝盘；2—钢丝；3—牵制器手轮；4—牵制压块；5—绕丝盘；6—大链轮；7—链条；8—调节弹簧；9—活动小链轮；10—固定小链轮；11—池壁

（1）预应力钢筋构造

绕丝张拉一般是采用连续配筋，绕丝机在池壁转动，由于连续的钢丝缠绕，使池壁混凝土结构向内产生压力而形成预应力。

张拉钢筋直径为5～10mm，张拉后的钢筋，每一定间隔用锚具固定在锚固槽内。

预应力钢丝接头应采用18～20号钢丝并密排绑扎牢固，其搭接长度不应小于250mm。

绕丝机可由上向下或相反方向绕圈进行，池壁两端不能用绕丝机缠绕的部位，应在顶端或底端使钢筋加密或改用电热张拉。

鉴于贮水构筑物池壁所受水压力随水深呈线性增加，因此池壁各高度的预应力钢筋根数随高度的增加而减少，具体需设置张拉钢筋数应按设计要求或需通过计算确定，必要时可进行验算。

（2）壁板绕丝作业

壁板安装完毕，先将外壁清理干净，凸凹不平之处用高强度等级水泥砂浆抹平，要求外圆符合弧度。

绕丝开始时，将钢丝的一端锚固在锚固槽上，然后开动绕丝机。为了使链条和大链轮轮间紧密接触，安装了三个小链轮，使链条在大链轮上有足够的包角，同时又使链条紧贴池壁，以减小绕丝机对水池径向压力。

绕丝时，先于池中心建立支座，回转臂杆的一端与中心支座连接，另一端和回转小车连接。回转臂杆的长度约为水池半径长度。回转小车在池壁顶部沿轨道作匀速运动。在回转臂杆靠回转小车的端口伸出悬臂架，吊住绕丝机进行绕丝作业，如图4-20所示。

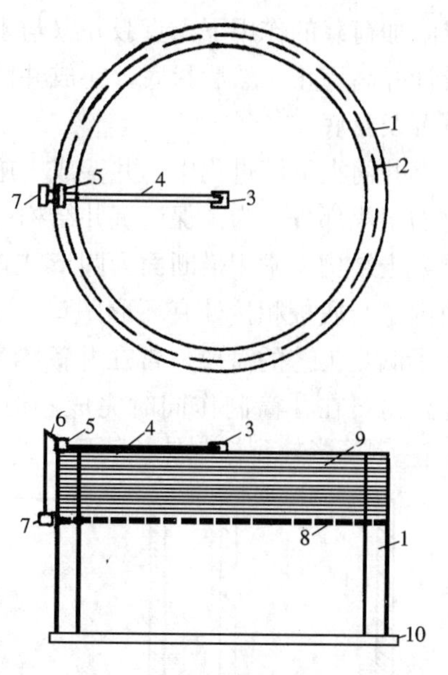

图4-20 绕丝作业

1—池壁；2—回转小车的行驶轨道；3—中心点座；4—回转臂杆；5—回转小车；6—悬臂架；7—缠丝机（缠丝小车）；8—链条；9—预应力钢丝；10—水池底板

绕丝时应在池内壁安设千分表定时测量，以观形变。

预应力水池钢丝应力的测定与控制对保证水池结构强度和严密性起着决定性作用。一般采用板簧式测力计测定钢丝应力，此种测力计使用方便，颇为实用，随绕丝随测应力。

4.2.4 枪喷水泥砂浆保护层

喷浆施工应在水池满水试验合格后的满水条件下进行，试水一旦结束，应及早进行钢丝保护层的喷浆，以免钢丝暴露在大气中发生锈蚀。喷浆前，应对待喷面进行除污、去油、清洗处理。

喷浆机罐内压力一般为0.5MPa。输料管长度不宜小于10m，管径不宜小于25mm。灰砂比采用1：2～1：3，水灰比采用0.25～0.35，砂浆强度不低于M30。

喷浆应沿池壁的圆周方向自池身上端开始。喷口至待喷池面的距离以考虑回弹物较少，喷层密实等条件确定。每次喷浆厚度15～20mm，共喷三遍，保护层总厚度不宜小于40mm。喷枪与喷射面应保持垂直，做到连环旋射，出浆量应稳定且连续，不得滞射与扫射，保持层厚与密实。喷浆宜在气温高于15℃时进行，喷浆凝结后，加遮盖湿润养护14d以上。

4.3 沉 井 施 工

给水排水工程中，常会修建埋深较大而横断面尺寸相对不大的构筑物（地下水源井、地下泵房等），这类构筑物若在高地下水位、流砂、软土等地段及现场窄小地段采用大开槽方法修建，施工技术方面会遇到很多困难。为此，常采用沉井法施工。

沉井施工就是先在地面上预制井筒，然后在井筒内不断将土挖出，井筒借自身的质量或附加荷载的作用下，克服井壁与土层之间摩擦阻力及刃脚下土体的反力而不断下沉直至设计标高为止，然后封底，完成井筒内的工程。其施工程序有基坑开挖、井筒制作、井筒下沉及封底。

井筒在下沉过程中，井壁成为施工期间的围护结构，在终沉封底后，又成为地下构筑物的组成部分。为了保证沉井结构的强度、刚度和稳定性要求，沉井的井筒大多数为钢筋混凝土结构。常用横断面为圆形或矩形。纵断面形状大多为阶梯形，如图 4-21 所示。井筒内壁与底板相接处有环形凹口，下部为刃脚。刃脚应采用型钢加固，如图 4-22 所示。为了满足工艺的需要，常在井筒内部设置平台、楼梯、水平隔层等，这些可在下沉后修建，也可在井筒制作同时完成。但在刃脚范围的高度内，不得有影响施工的任何细部布置。

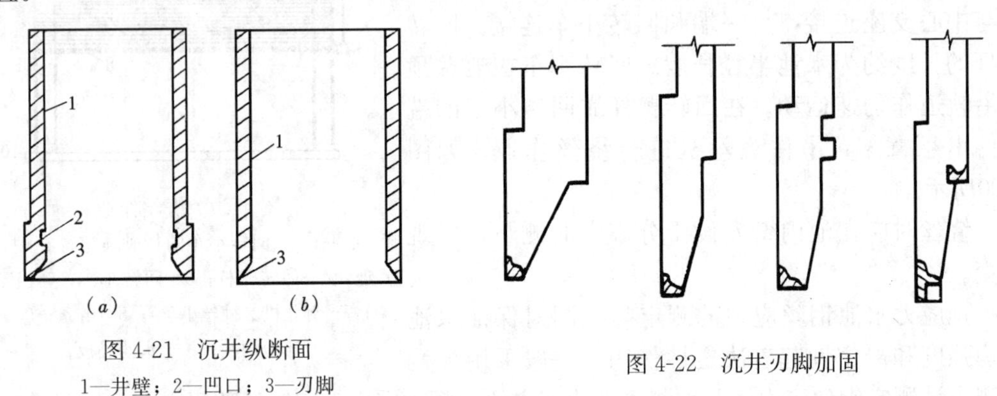

图 4-21 沉井纵断面
1—井壁；2—凹口；3—刃脚

图 4-22 沉井刃脚加固

4.3.1 沉井施工方法

1. 井筒制作

井筒制作一般分一次制作和分段制作。一次制作指一次制作完成设计要求的井筒高度，适用于井筒高度不大的构筑物，一次下沉工艺。而分段制作是将设计要求的井筒进行分段现浇或预制，适用于井筒高度大的构筑物，分段下沉或一次下沉工艺。

井筒制作视修筑地点具体情况分为天然地面制作下沉和水面筑岛制作下沉。天然地面制作下沉一般适用于无地下水或地下水位较低时，为了减少井筒制备时的浇筑高度，减少下沉时井内挖方量，清除表土层中的障碍物等，可采用基坑内制备井筒下沉，其坑底最少应高出地下水位 0.5m。水面筑岛制作下沉适用于在地下水位高或在岸滩、浅水中制作沉井，先修筑土岛，井筒在岛上制作，然后下沉。对于水中井筒下沉时，还可在陆地上制备井筒，浮运到下沉地点下沉。

(1) 基坑及坑底处理

井筒制备时，其质量借刃脚底面传递至地基。为了防止在井筒制备过程中产生地基沉降，应进行地基处理或增加传力面积。

当原地基承载力较大，可进行浅基处理，即在与刃脚底面接触的地基范围内，进行原土夯实，垫砂层、砂石垫层、灰土垫层等处理，垫层厚度一般为 30～50cm。然后在垫层上浇筑混凝土井筒。这种方法称无垫木法。

若坑底承载力较弱，应在人工垫层上设置垫木，增大受压面积。所需垫木的面积，应符合下式：

$$F \geqslant \frac{Q}{P_0} \tag{4-7}$$

式中 F——垫木面积，(m^2)；

Q——沉井制备质量，当沉井分段制备时，采用第一节井筒制备质量(N)；

P_0——地基允许承载力（Pa）。

铺设垫木应等距铺设，对称进行，垫木面必须严格找平，垫木之间用垫层材料找平。沉井下沉前拆除垫木亦应对称进行，拆除处用垫层材料填平，应防止沉井偏斜。

为了避免采用垫木，可采用无垫木刃脚斜土模的方法。井筒质量由刃脚底面和刃脚斜面传递给土台，增大承压面积。土台用开挖或填筑而成，与刃脚接触的坑底和土台处，抹2cm厚的1∶3水泥砂浆，其承压强度可达0.15～0.2MPa，以保证刃脚制作的质量。

筑岛施工材料一般采用透水性好、易于压实的砂或其他材料，不得采用黏性土和含有大块石料的土。岛的面积应满足施工需要，一般井筒外边与岛岸间的最小距离不应小于5～6m。岛面高程应高于施工期间最高水位0.75～1.0m，并考虑风浪高度。水深在1.5m、流速在0.5m/s以内时，筑岛可直接抛土而不需围堰。当水深和流速较大时，需将岛筑于板桩围堰内。

（2）井筒混凝土浇筑

井筒混凝土的浇筑一般采用分段浇筑、分段下沉、不断接高的方法。即浇一节井筒，井筒混凝土达到一定强度后，挖土下沉一节，待井筒顶面露出地面尚有0.8～2m左右时，停止下沉，再浇制井筒、下沉，轮流进行直到达到设计标高为止。该方法由于井筒分节高度小，对地基承载力要求不高，施工操作方便。缺点是工序多、工期长，在下沉过程中浇制和接高井筒，会使井筒因沉降不均而易倾斜。

井筒混凝土的浇筑还可采用分段接高，一次下沉。即分段浇制井筒，待井筒全高浇筑完毕并达到所要求的强度后，连续不断地挖土下沉，直到达到设计标高。第一节井筒达到设计强度后抽除垫木，经沉降测量和水平调整后，再浇筑第二节井筒。该方法可消除工种交叉作业和施工现场拥挤混乱现象，浇筑沉井混凝土的脚手架、模板不必每节拆除。可连续接高到井筒全高，可以缩短工期。缺点是沉井地面以上的质量大，对地基承载力要求较高，接高时易产生倾斜，而且高空作业多，应注意高空安全。

除以上外还有一次浇制井筒，一次下沉方案以及预制钢筋混凝土壁板装配井筒，一次下沉方案等。

井筒制作施工方案确定后，具体支模和浇筑与一般钢筋混凝土构筑物相同，混凝土强度等级不低于C30。沿井壁四周均匀对称浇筑井筒混凝土，避免高差悬殊、压力不均，产生地基不均匀沉降而造成沉井断裂。井壁的施工缝要处理好，以防漏水。施工缝可根据防水要求采用平式、凸式或凹式施工缝，也可以采用钢板止水施工缝等。

2. 井筒下沉

井筒混凝土强度达到设计强度70%以上时可开始下沉。下沉前要对井壁各处的预留孔洞进行封堵。

（1）沉井下沉计算

沉井下沉时，必须克服井壁与土间的摩擦力和地层对刃脚的反力，如图4-23所示。

沉井下沉质量应满足下式

$$G-B\geqslant T+R=K\cdot f\cdot \pi\cdot D\cdot [h+1/2(H-h)]+R \tag{4-8}$$

式中 G——沉井下沉重力（N）；

B——井筒所受浮力（N）；

T——井壁与土间的摩擦力（N）；

R——刃脚反力（N）；

K——安全系数，取1.15～1.25；

f——单位面积上的摩擦力（Pa）；

D——井筒外径（m）；

H——井筒高（m）；

h——刃脚高度（m）。

如果将刃脚底面及斜面的土方挖空，则 $R=0$。

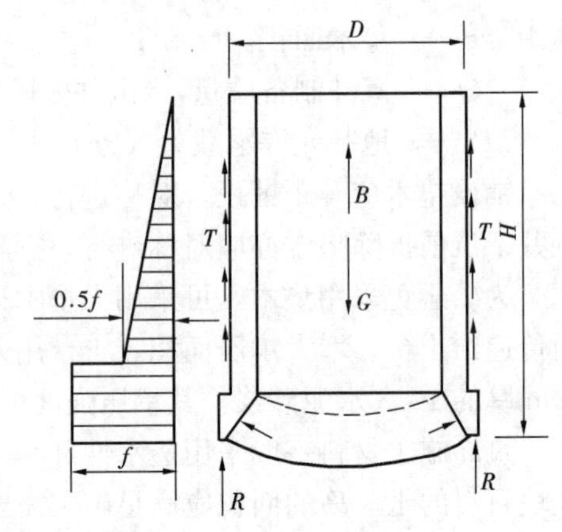

图4-23 沉井下沉力系平衡

当下沉地点是由不同土层组成时，则单位面积上摩擦力的平均值 f_0 由下式决定：

$$f_0=\frac{f_1n_1+f_2n_2+\cdots+f_nn_n}{n_1+n_2+\cdots+n_n} \tag{4-9}$$

式中 f_1，f_2，…，f_n——各层土与井筒的单位面积摩擦力；

n_1，n_2，…，n_n——各土层的厚度。

经测定，f 值可参用：①混凝土与黏土：$f=15$kPa；②混凝土与砂、砾石：$f=25$kPa；③砖砌体与黏土：$f=25$kPa；④砖砌体与砂、砾石：$f=35$kPa。

（2）井筒下沉方式

1）排水下沉

排水下沉是在井筒下沉和封底过程中，采用井内开设排水明沟，用水泵将地下水排除或采用人工降低地下水位方法排出地下水。它适用于井筒所穿过的土层透水性较差，涌水量不大，排水不致产生流砂现象而且现场有排水出路的地方。

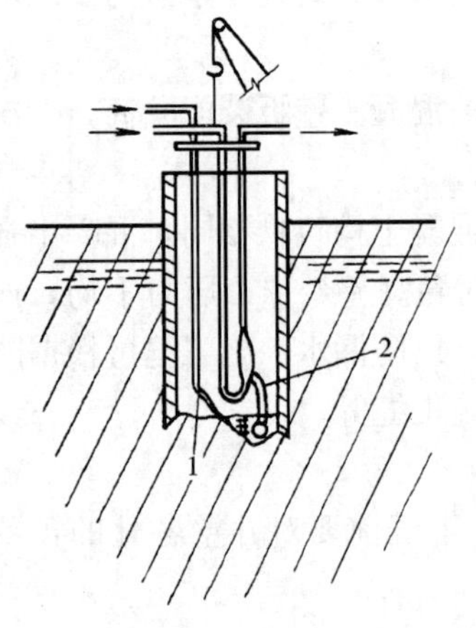

图4-24 水枪冲土下沉

1—水枪；2—水力吸泥机

井筒内挖土根据井筒直径大小及沉井埋设深度来确定施工方法。一般分为机械挖土和人工挖土两类。机械挖土一般仅开挖井中部的土，四周的土由人工开挖。常用的开挖机械有合瓣式挖土机、台令拔杆抓斗挖土机等，垂直运土工具有少先式起重机、台令拔杆抓斗挖土机、卷扬机、桅杆起重杆等。卸土地点应距井壁一般不小于20m，以免因堆土过近使井壁土方坍塌，导致下沉摩擦力增大。当土质为砂土或砂性黏土时，可用高压水枪先将井内泥土冲松稀释成泥浆，然后用水力吸泥机将泥浆吸出排到井外，如图4-24所示。

人工挖土应沿刃脚四周均匀而对称进行，以保持井筒均匀下沉。它适用于小型沉井，下沉深度较小、机械设备不足的地方。人工开挖应防止流砂现象发生。

2）不排水下沉

不排水下沉是在水中挖土。当排水有困难或在地下水位较高的粉质砂土等土层，有产生流砂现象地区的沉井下沉或必须防止沉井周围地面和建筑物沉陷时，应采用不排水下沉的施工方法。下沉中要使井内水位比井外地下水位高1～2m，以防流砂。

不排水下沉时，土方也由合瓣式抓铲挖出，当铲斗将井的中央部分挖成锅底形状时，井壁四周的土涌向中心，井筒就会下沉。如井壁四周的土不易下滑时，可用高压水枪进行冲射，然后用水力吸泥机将泥浆吸出排到井外。

为了使井筒下沉均匀，最好设置几个水枪，水枪的压力根据土质而定。每个水枪均设置阀门，以便沉井下沉不均匀时，进行调整。

3. 井筒封底

一般地，采用沉井方法施工的构筑物，必须做好封底，保证不渗漏。

井筒底板的结构如图4-25所示。人工降低地下水位进行沉井，通常用（*b*）型结构。井筒下沉至设计标高后，应进行沉降观测。当8h下沉量不大于10mm时，方可封底。

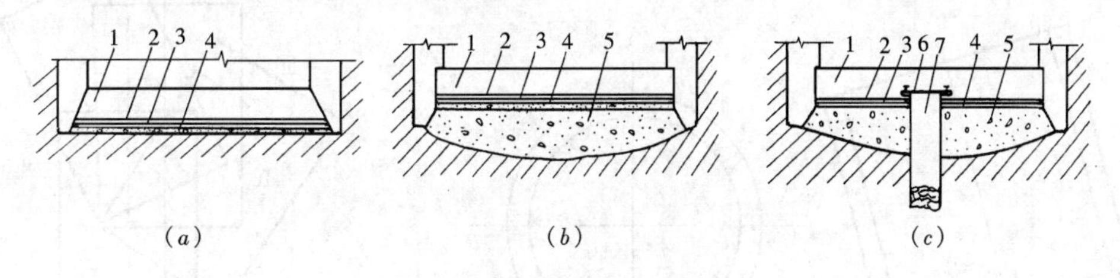

图4-25　沉井底板的结构

（*a*）无地下水封底；（*b*）水下混凝土底板；（*c*）排水封底

1—钢筋混凝土底板；2、3—混凝土层；4—油毡层；5—垫层；6—盖堵；7—集水井

排水下沉的井筒封底，必须排除井内积水。超挖部分可填石块，然后在其上做混凝土垫层。浇筑混凝土前应清洗刃脚，并先沿刃脚填充一周混凝土，防止沉井不均匀下沉。垫层上做防水层、绑扎钢筋和浇捣钢筋混凝土底板。封底混凝土由刃脚向井筒中心部位分层浇筑，每层约50cm。

为避免地下渗水冲蚀新浇筑的混凝土，可在封底前在井筒中部设集水井，用水泵排水。排水应持续到集水井四周的垫层混凝土达到规定强度后，用盖堵封等方法封掉集水井，然后铺油毡防水层，再浇筑混凝土底板。

不排水下沉的井筒，需进行水下混凝土的封底。井内水位应与原地下水位相等，然后铺垫砾石垫层和进行垫层的水下混凝土浇筑，待混凝土达到应有强度后将水抽出，再做钢筋混凝土底板。

4.3.2　质量检查与控制

井筒在下沉过程中，由于水文地质资料掌握不全，下沉控制不严，以及其他各种原因，可能发生土体破坏、井筒倾斜、筒壁裂缝、下沉过快或不继续下沉等事故，应及时采取措施加以校正。

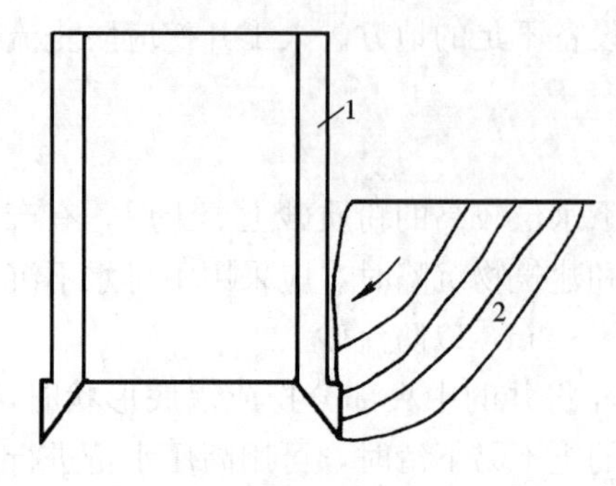

图 4-26　沉井施工的土破坏棱体
1—沉井；2—土破坏棱体

1. 土体破坏

沉井下沉过程中，可能产生破坏土的棱体，如图 4-26 所示。土质松散，更易产生。因此，当土的破坏棱体范围内有已建构筑物时，应采取措施，保证构筑物安全，并对构筑物进行沉降观察。

2. 井筒倾斜的观测及其校正

井筒下沉时，可能发生倾斜，如图 4-27 所示，A 和 B 为井筒外径的两端点，由于倾斜而产生高差 h。倾斜误差校正结果有可能使井筒轴线水平位移，如图 4-28 所示。井筒在倾斜位置Ⅰ绕 A 转动，校正到垂直位置Ⅱ，如果继续转动到位置Ⅲ，下沉至Ⅳ，再绕 B 转动到垂直位置Ⅴ，Ⅱ和Ⅴ二个垂直位置的轴线水平位移为 a。下沉完毕后的允许偏差见表 4-1。

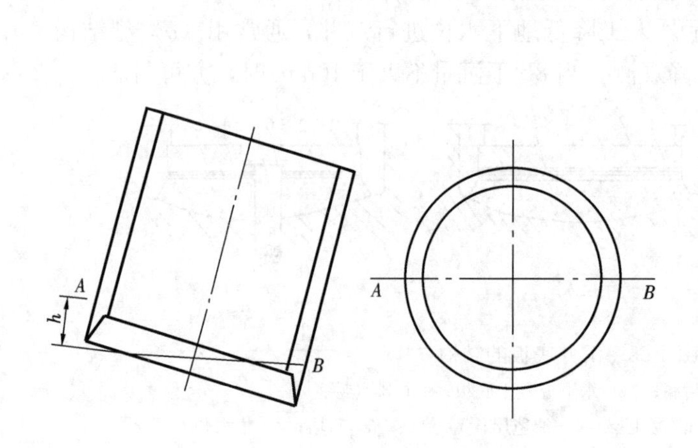

图 4-27　井筒下沉时倾斜

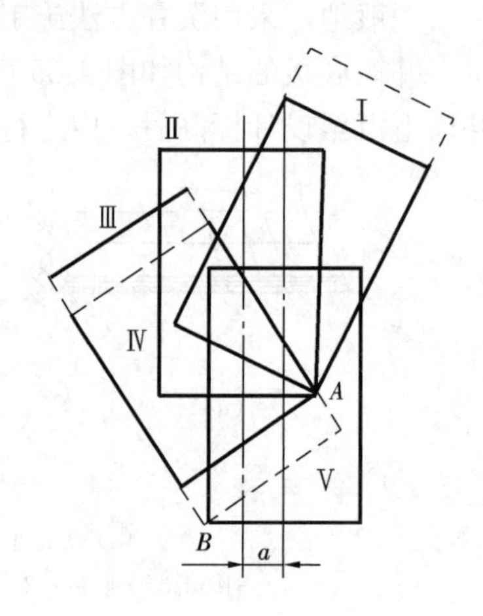

图 4-28　井筒倾斜的校正过程

沉井下沉允许偏差　　**表 4-1**

项目		允许偏差（mm）
沉井刃脚平均标高与设计标高差		≤100
沉井水平偏差 a	下沉总深度为 H	≤1%H
	下沉总深度＜10m	≤100
沉井四周任何两对称点处的刃脚底面标高差 h	二对称点间水平距离为 L	≤1%L　且≤300
	二对称点间水平距离＜10m	≤100

井筒发生倾斜的主要原因是刃脚下面的土质不均匀，井壁四周土压力不均衡，挖土操作不对称，以及刃脚某一处有障碍物所造成。

井筒是否倾斜可采用井筒内放置垂球观测、电测等方法确定，或在井外采用标尺测定、水准测量等方法确定。

由于挖土不均匀引起井筒轴线倾斜时，用挖土方法校正。在下沉较慢的一边多挖土，在下沉快的一边刃脚处将土夯实或做人工垫层，使井筒恢复垂直。如果这种方法不足以校正，就应在井筒外壁一边开挖土方，相对另一边回填土方，并且夯实。

在井筒下沉较慢的一边增加荷载也可校正井筒倾斜。如果由于地下水浮力而使加载失效，则应抽水后进行校正。

在井筒下沉较慢的一边安装振动器振动或用高压水枪冲击刃脚，减少土与井壁的摩擦力，也有助于校正井筒轴线。

3. 下沉过程中障碍物处理

下沉时，可能因刃脚遇到石块或其他障碍物而无法下沉，松散土中还可能因此产生溜方（图4-29），引起井筒倾斜。小石块用刨挖方法去除，或用风镐凿碎，大石块或坚硬岩石则用炸药清除。

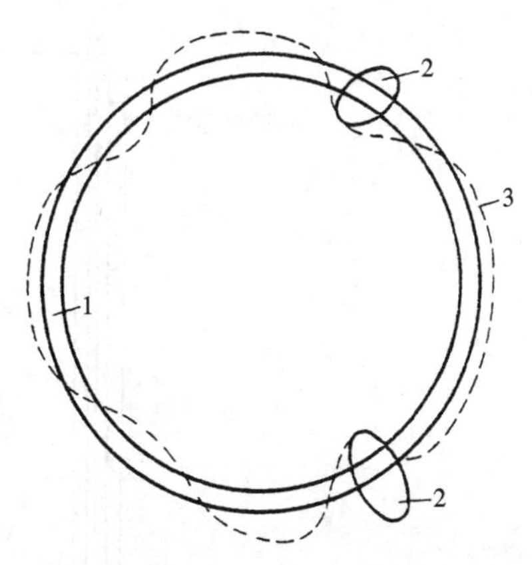

图 4-29　弧石产生溜方

1—井筒；2—弧石（块石）；3—刃脚处实际挖土范围（溜方范围）

4. 井筒裂缝的预防及补救措施

下沉过程中产生的井筒裂缝有环向和纵向两种。环向裂缝是由于下沉时井筒四周土压力不均造成的。为了防止井筒发生裂缝，除了保证必要的井筒设计强度外，施工时应使井筒达到规定强度后才能下沉。此外，也可在井筒内部安设支撑，但会增加挖运土方困难。井筒的纵向裂缝是由于在挖土时遇到石块或其他障碍物，井筒仅支于若干点，混凝土强度又较低时产生的。爆震下沉，亦可能产生裂缝。如果裂缝已经发生，必须在井筒外面挖土以减少该方向的土压力或撤除障碍物，防止裂缝继续扩大，同时用水泥砂浆、环氧树脂或其他补强材料涂抹裂缝进行补救。

5. 井筒下沉过快或沉不下去

由于长期抽水或因砂的流动，使井筒外壁与土之间的摩擦力减少，或因土的耐压强度较小，会使井筒下沉速度超过挖土速度而无法控制。在流砂地区常会产生这种情况。防止方法一般多在井筒外将土夯实，增加土与井壁的摩擦力。在下沉将到设计标高时，为防止自沉，可不将刃脚处土方挖去，下沉到设计标高时立即封底。也可在刃脚处修筑单独式混凝土支墩或连续式混凝土圈梁，以增加受压面积。

沉井沉不下去的原因，一是遇有障碍，二是自重过轻，应采取相应方法处理。

根据沉井下沉条件而设计的井壁厚度，往往使井筒不能有足够的自重下沉，过分增加井壁厚度也不合理。可以采取附加荷载以增加井筒下沉质量，也可以采用振动法、泥浆套或气套方法以减少摩擦阻力使之下沉。

为了在井壁与土之间形成泥浆套，井筒制作时在井壁内埋入泥浆管，或在混凝土中直接留设压浆通道。井筒下沉时，泥浆从刃脚台阶处的泥浆通道口向外挤出，如图4-30所示。在泥浆管出口处设置泥浆射口围圈，如图4-31所示，以防止泥浆直接喷射至土层，并使泥浆分布均匀。为了使井筒下沉过程中能储备一定数量的泥浆，以补充泥浆套失浆，同时预防地表土滑塌，在井壁上缘设置泥浆地表围圈。泥浆地表围圈用薄板制成，拼装后的直径略大于井筒外径。埋设时，其顶面应露出地表0.5m左右。

选用的泥浆应具有较好的固壁性能。泥浆指标根据原材料的性质、水文地质条件以及施工工艺条件来选定。在饱和的粉细砂层下沉时，容易造成翻砂，引起泥浆漏失，因此，泥浆的黏度及静切力都应较高。但黏度和静切力均随静置时间增加而增大，并逐渐趋近于一个稳定值。为此，在选择泥浆配合比时，先考虑相对密度与黏度两个指标，然后再考虑失水量、泥皮、静切力、胶体率、含砂率及 pH。泥浆相对密度在 1.15～1.20 之间。泥浆可选用的配合比为：纯膨润土用量 23%～30%；水 70%～77%；碱（Na_2CO_3）0.4%～0.6%，羧甲基纤维素 0.03%～0.06%。

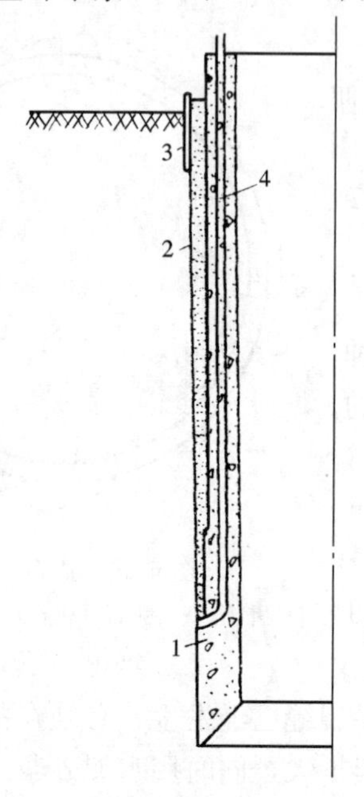

图 4-30　泥浆套下沉示意
1—刃脚；2—泥浆套；3—地表围圈；4—泥浆管

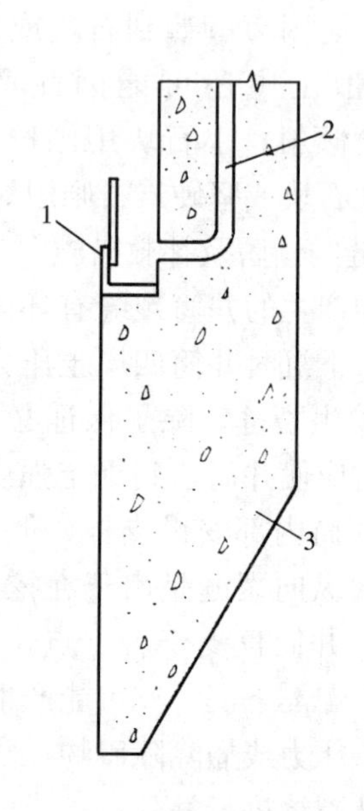

图 4-31　泥浆射口围圈
1—射口围圈；2—泥浆通道；3—刃脚

4.4　地下水取水构筑物——管井施工

管井是垂直安装在地下的取水构筑物。其一般结构如图 4-32 所示，主要由井壁管、滤水器、沉淀管、填砾层和井口封闭层等组成。

管井的深度、孔径，井管种类、规格及安装位置，填砾层的厚度，井底的类型和抽水机械设备的型号等决定于取水地段的地质构造、水文地质条件及供水设计要求等。

4.4.1　管井的施工方法

管井施工是用专门钻凿工具在地层中钻孔，然后安装滤水器和井管。一般在松散岩层、深度在 30m 以内。规模较小的浅井工程中，可以采用人力钻孔。深井通常采用机械钻孔。

机械钻孔方法根据破碎岩石的方式不同有冲击钻进、回转钻进、锅锥钻进等；根据护壁或冲洗的介质与方法不同，分为泥浆钻进、套管钻进、清水水压钻进等。近年来，随着科学技术的发展和建设的需要，涌现出许多新的钻进方法和钻进设备，如反循环钻进、空气钻进、潜孔锤钻进等，已逐步推广应用在管井施工中，并取得了较好的效果。在不同地层中施工应选用适合的钻进方法和钻具。

管井施工的程序包括施工准备、钻孔、安装井管、填砾、洗井与抽水试验等。

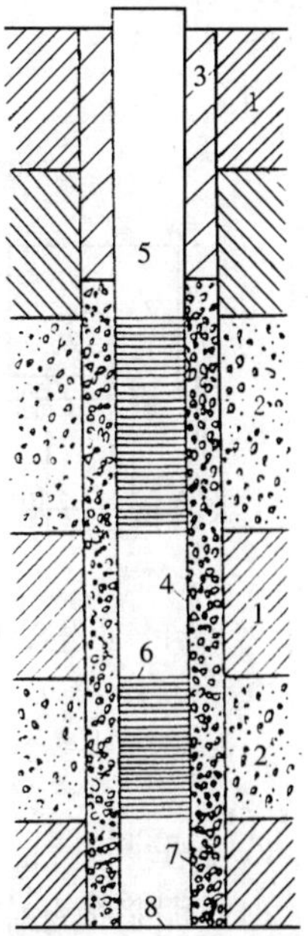

1. 施工前的准备工作

施工前，应查清钻井场地及附近地下与地上障碍物的确切位置，选择井位和施工时应避开或采取适当保护措施。

施工前，应做好临时水、电、路、通信等准备工作，并按设备要求范围平整场地。场地地基应平整坚实、软硬均匀。对软土地基应加固处理；当井位为充水的淤泥、细砂、流砂或地层软硬不均，容易下沉时，应于安装钻机基础方木前横铺方木、长杉杆或铁轨，以防钻进时不均匀下沉。图 4-33 所示为某冲击式钻机基础方木和垫板的规格和安装方法。在地势低洼，易受河水、雨水冲灌地区施工时，还应修筑特殊凿井基台。

图 4-32　管井结构图

1—非含水层；2—含水层；3—人工封闭物；4—人工填料；5—井壁管；6—过滤器；7—沉淀管；8—井座

安装钻塔时，应将塔腿固定于基台上或用垫块垫牢，以保持稳定。绷绳安设应位置合理，地锚牢固，并用紧绳器绷紧。

施工方法和机具确定后，还应根据设计文件准备黏土、砾石和管材等，并在使用前运至现场。

泥浆作业时应在开钻前挖掘泥浆循环系统，如图 4-34 和图 4-35 所示。其规格根据泥浆泵排水量的大小、井孔的口径及深度、施工地区的泥浆漏失情况而定。一般沉淀池的规格为 1m×1m×1m，设一个或两个。循环槽的规格为 0.3m×0.4m，长度不小于 15m。贮浆池的规格为 3m×3m×2m。遇上土质松软，其四壁应以木板等支撑。

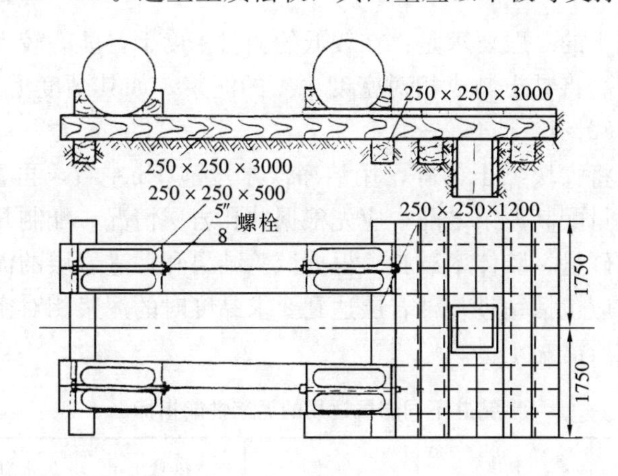

图 4-33　冲击式钻机基础方木和垫板安装图

开钻前，还应安装好钻具，检查各项安全设施。井口表土为松软土层时还应安装护口管。

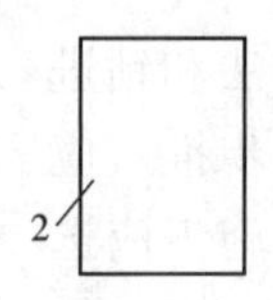

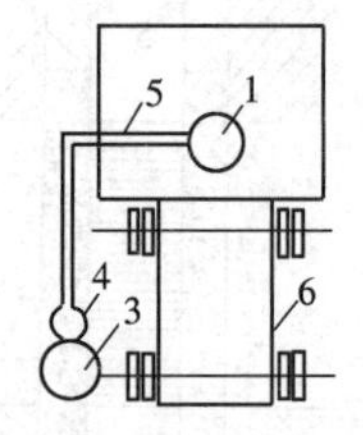

图4-34　冲击式钻进泥浆循环系统

1—井坑；2—泥坑；3—泥浆搅拌机；4—泥浆沉淀小坑；5—泥浆沟；6—钻机

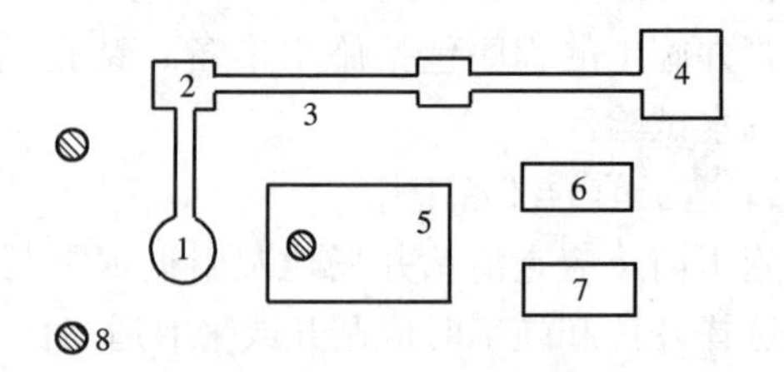

图4-35　回转钻进泥浆循环系统

1—井孔；2—沉淀池；3—循环槽；4—贮浆池；5—钻机；6—泥浆泵；7—动力机；8—钻架腿

2. 护壁与冲洗

(1) 泥浆护壁作业

泥浆是黏土和水组成的胶体混合物，它在凿井施工中起着固壁、携砂、冷却和润滑等作用。

凿井施工中使用的泥浆，一般需要控制相对密度、黏度、含砂量、失水量、胶体率等几项指标。泥浆的相对密度越大、黏度越高，固壁效果越好，但对将来的洗井会带来困难，泥浆的含砂量越小越好。在冲击钻进中，含砂量大，会严重影响泥浆泵的寿命。泥浆的失水量越大，形成泥皮越厚，使钻孔直径变小。在膨胀的地层中如果失水量大，就会使地层吸水膨胀造成钻孔掉块、坍塌。胶体率表示泥浆悬浮程度。胶体率大，可以减少泥浆在孔内的沉淀，并且可以减少井孔坍塌及井孔缩径现象。钻进不同岩层适用的泥浆性能指标见表4-2。

对制备泥浆用黏土的一般要求是：在较低的相对密度下，能有较大的黏度、较低的含砂量和较高的胶体率。将黏土制成相对密度1.1的泥浆，如其黏度为16～18s，含砂量不超过6%，胶体率在80%以上。

配制泥浆时，先将大块黏土捣碎，用洁净淡水浸泡1h左右，再置入泥浆搅拌机中，加水搅拌。在正式大量配制泥浆之前，应先根据井孔岩层情况，配制几种不同相对密度的泥浆，进行黏度、含砂量、胶体率试验。根据试验结果和钻进岩层的泥浆指标要求，确定泥浆配方，泥浆配方应包括钻进几种岩层达到要求黏度时的泥浆相对密度、含砂量、胶体率值和每立方米泥浆所需黏土量。

钻井不同岩层适用的泥浆性能指标　　**表4-2**

岩层性质	黏度(s)	密度(g/cm^3)	含砂量(%)	失水量(mL/30min)	pH
非含水层（黏性土类）	15～16	1.05～1.08	＜4	＜8	8.5～10.5
粉、细、中砂	16～17	1.08～1.1	4～8	＜20	8.5～11
粗砂、砾石层	17～18	1.1～1.2	4～8	＜15	8.5～11

续表

岩层性质	黏度(s)	密度(g/cm³)	含砂量(%)	失水量(mL/30min)	pH
卵石	18～20	1.15～1.2	<4	<15	8.5～11
承压自流水含水层	>25	1.3～1.7	4～8	<15	8.5～11
遇水膨胀岩层	20～22	1.1～1.15	<4	<10	8.5～10.5
坍塌、掉块岩层	22～28	1.15～1.3	<4	<15	8～10
基岩	18～20	1.1～1.15	<4	<23	7～10.5
裂隙、岩溶岩层	22～28	1.15～1.2	<4	<15	8.5～11

当地黏土配制的泥浆如达不到要求，可在搅拌时加纯碱（Na_2CO_3）处理。一般黏土加碱后，可提高泥浆的黏度、胶体率，降低含砂量。通常加碱量为泥浆内黏土量的0.5%～1.0%，过多反而有害。

在高压含水层或极易坍塌的岩层钻进时，必须使用相对密度很大的泥浆。为提高泥浆的相对密度，可投加重晶石粉（$BaSO_4$）等加重剂。该粉末相对密度不小于4.0，一般可使泥浆相对密度提高1.4～1.8。

在钻进中要经常测量、记录泥浆的漏失数量，并取样测定泥浆的各项指标。如不符合要求，应随时调整。

遇特殊岩层需要变换泥浆指标时，应在贮浆池内加入新泥浆进行调整，不能在贮浆池内直接加水或黏土来调整指标。但由于调整相当费事，故在泥浆指标相差不大时，可不予调整。

钻进中，井孔泥浆必须经常注满，泥浆面不能低于地面0.5m。一般地区，每停工4～8h,必须将井孔内上下部的泥浆充分搅匀，并补充新泥浆。

泥浆既为护壁材料，又为冲洗介质，适用于基岩破碎层及水敏性地层的施工。泥浆作业具有节省施工用水、钻进效率高、便于砾石滤层回填等优点，但是含水层可能被泥壁封死，所以成井后必须尽快洗井。

（2）套管护壁作业

套管护壁作业是用无缝钢管作套管，下入凿成的井孔内，形成稳固的护壁。井孔应垂直并呈圆形，否则套管不能顺利下降，也难保证凿井的质量。

套管下沉有三种方法：

1）靠自重下沉。此法较简便，仅在钻进浅井或较松散岩层时才适用。

2）采用人力、机械旋转或吊锤冲打等外力，迫使套管下沉。

3）在靠自重和外力都不能下沉时，可用千斤顶将套管顶起1.0m左右，然后再松开下沉（有时配合旋转法同时进行）。

同一直径的套管，在松散和软质岩层中的长度，视地层情况决定，通常在潜水位下1m处，潜水位较深时应不小于3m。变换套管直径时，第一组套管的管靴，应平至稳定岩层，才不致发生危险；如下降至砂层就变换另一组套管，砂子容易漏至第一、二组套管间的环状间隙内，以致卡住套管，使之起拔和下降困难。

除流砂层外，一般套管直径较钻头尺寸大10cm左右。

套管应固定于地面，管身与钻具垂节中心一致，套管外壁与井壁之间应填实。

套管护壁适用于泥浆护壁无效的松散地层，特别适用于深度较小、半机械化钻进及缺水地区施工时采用。在松散层覆盖的基岩中钻进时，上部覆盖层应下套管，对下部基岩层可采用套管或泥浆护壁，覆盖层的套管应在钻穿覆盖层进入完整基岩0.5～2.0m，并取得完整岩芯后下入。

套管护壁作业具有无需水源、护壁效果好、保证含水层透水性、可以分层抽水等优点，但是需用大量的套管、技术要求高，下降起拔困难，费用较高。

(3) 清水水压护壁作业

清水水压钻进是近年来在总结套管护壁和泥浆护壁的基础上发展起来的一种方法。清水在井孔中相当于一种液体支撑，其静压力除平衡土压力及地下水压力外，还给井壁一种向外的作用力，此力有助于孔壁稳定。同时，由于井孔的自然造浆，加大了水柱的静压力，在此压力下，部分泥浆渗入孔壁，失去结合水，形成一层很薄的泥皮，它密实柔韧，具有较高的黏聚力，对保护井壁起很大作用。

清水水压护壁适用于结构稳定的黏性土及非大量露水的松散地层，且具有充足水源的凿井施工。此法施工简单，钻井和洗井效率高，成本高，但护壁效果不长久。

3. 凿井机械与钻进

(1) 冲击钻进

冲击钻进的工作原理是靠冲击钻头直接冲碎岩石形成井孔。主要有以下两种：

1) 绳索式冲击钻机

这种钻机如图4-36所示，它适用于松散石砾层与半岩层，较钻杆式冲击钻机轻便。冲程为0.75～1.0m，每分钟冲击40～50次。

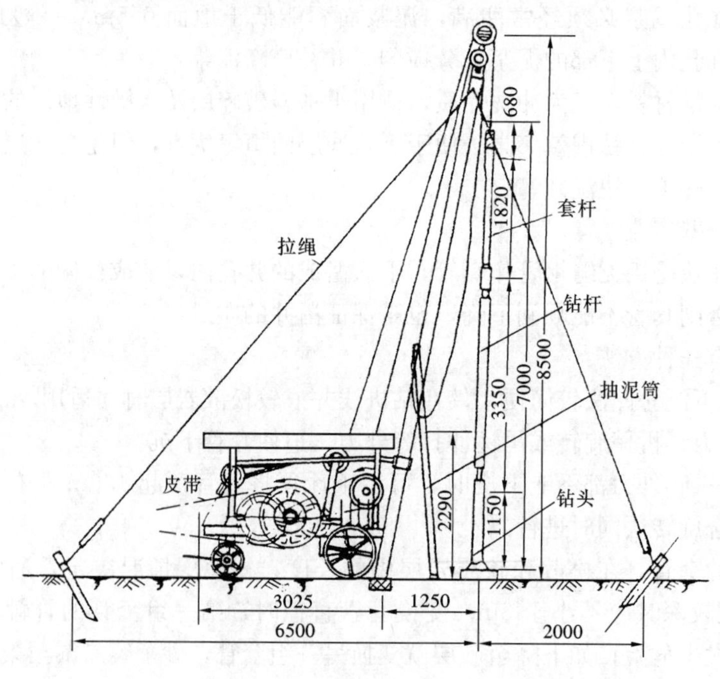

图4-36　绳索式冲击钻机

2）钻杆式冲击钻机

这种钻机如图 4-37 所示，它由发动机供给动力，通过传动机构提升钻具作上下冲击。一般机架高度为 15～20m，钻头上举高度为 0.50～0.75m，每分钟冲击 40～45 次。

冲击钻机的常用钻头有一字、工字、十字、角锥等几种形式，如图 4-38 所示。应根据所钻地层的性质和深度选择使用。

下钻时，先将钻具垂吊稳定后，再导正下入井孔。当钻具全部下入井孔后，盖好井盖，使钢丝绳置于井盖中间的绳孔中，并在地面设置标志，用交线法测定钢丝绳位。

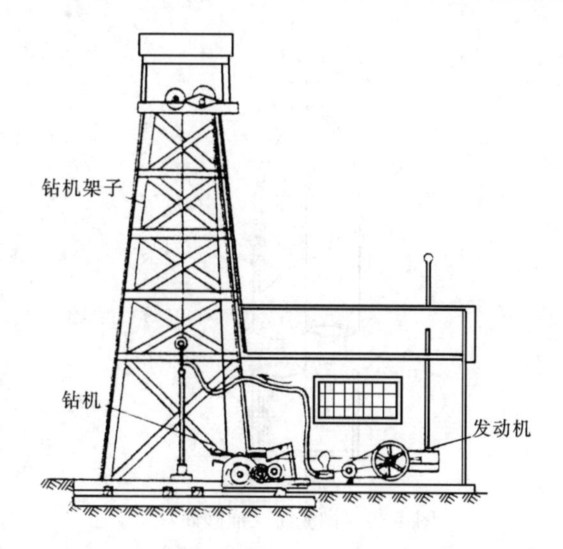

图 4-37　钻杆式冲击钻机

钻进时，应根据以下原则确定冲程、冲击次数等钻进参数：地层越硬，钻头底刃单位长度所需质量越大，冲程越高，所需冲击次数越少。

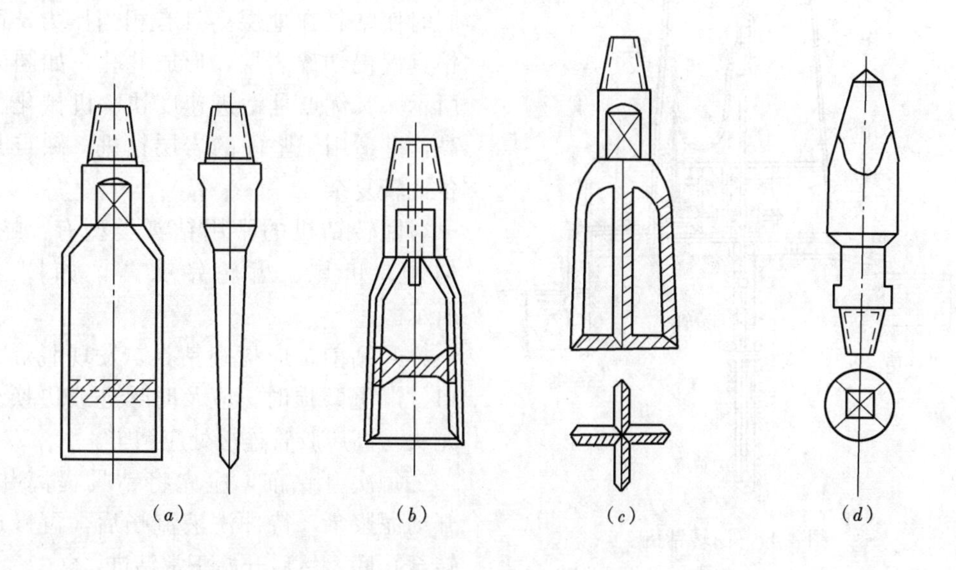

图 4-38　冲击钻机钻头

（a）一字钻；（b）工字钻；（c）十字钻；（d）角锥钻

钻进时，把闸者须根据扶绳者要求进行松绳，并根据地层的变化情况适当掌握，应勤松绳，少松绳，不应操之过急。扶绳者必须随时判断钻头在井底的情况（包括转动和钻头是否到底等）和地层变化情况，如有异常，应及时分析处理。

钻进时，根据所钻岩层情况，及时清理井孔。冲击钻进多用掏泥筒进行清孔，如图 4-39 所示。

此外，还可采用把钻进和掏取岩屑两个工序合二为一的抽筒钻进，如图 4-40 所示。

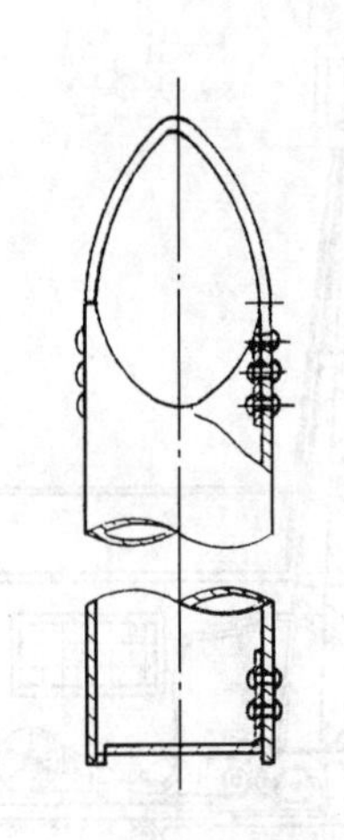

图4-39　掏泥筒（抽砂筒）

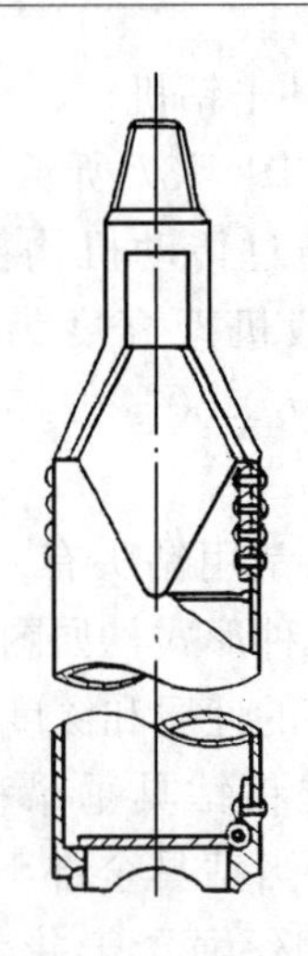

图4-40　钻进用抽砂筒

钻进过程中，应及时采取土样，并随时检查孔内泥浆质量。

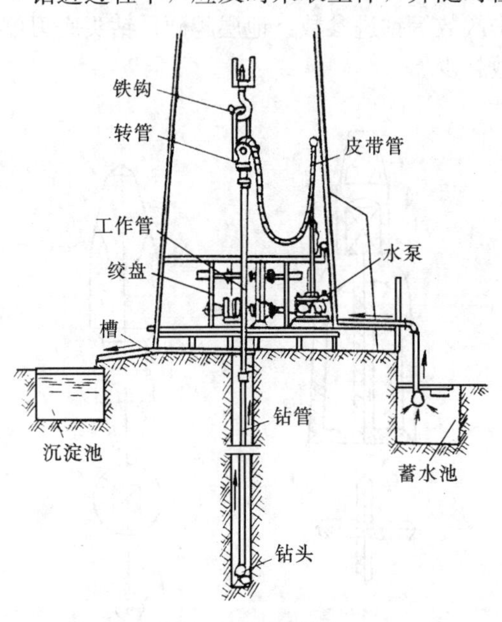

图4-41　回转钻机

(2) 回转钻进

回转钻机的工作原理是依靠钻机旋转，同时使钻具在地层上具有相当压力，而使钻具慢慢切碎岩层，形成井孔，如图4-41所示。其优点是钻进速度快、机械化程度高，并适用于坚硬的岩层钻进；缺点是设备比较复杂。

回转钻机的常用钻头类型有：蛇形、勺形、鱼尾、齿轮钻头等，如图4-42所示。

开钻前，应检查钻具，发现脱焊、裂口、严重磨损时，应及时焊补或更换。水龙头与高压胶管连接处应系牢。

每次开钻前，应先将钻具提离井底，开动泥浆泵，待冲洗液流畅后，再慢速回转至孔底，然后开始正常钻进。

钻进开始深度不超过15m时，不得加压，转速要慢，以免出现孔斜。

在黏土层中钻进时，可采用稀泥浆，大泵量，并适当控制压力。在砂类地层中钻进时，宜采用较大泵量、较小钻压、中等转速，并经常清除泥浆中的砂。在卵石、砾石层中钻进时，应轻压慢转并辅助使用提取卵石、砾石的沉淀管或其他装置。

操作人员应根据地层变化情况调整操作。地层由软变硬，应少进轻压；由硬变软时，应将钻头上提，然后徐徐下放钻具再钻进，并及时取样。此外，还应常注意返出泥浆颜色及带出泥砂的特性，检查井孔圆直度，据此调整泥浆指标及采取相应措施。

(3) 锅锥钻进

锅锥是人力与动力相配合的一种半机械化回转式钻机，如图4-43所示。这种钻机制

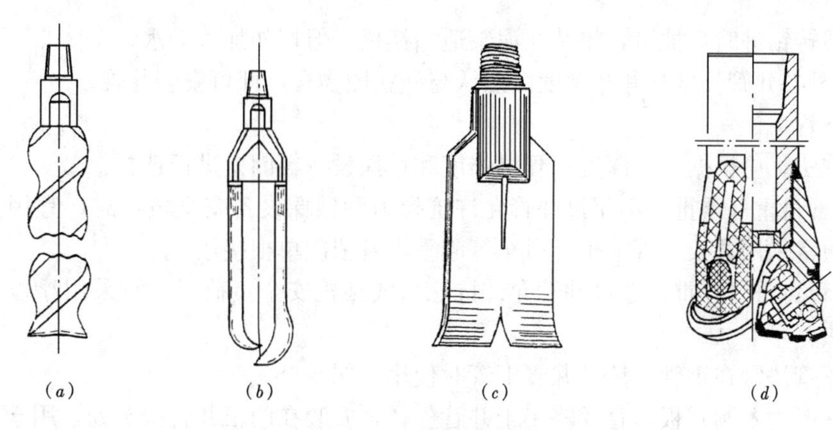

图4-42　回转钻机钻头

(a) 蛇形钻；(b) 勺形钻；(c) 鱼尾钻；(d) 齿轮钻

作与修理都较容易，取材方便；耗费动力小，操作简单，容易掌握；开孔口径大，安装砾石水泥管、砖管、陶土管等井管方便，钻进成本较低。

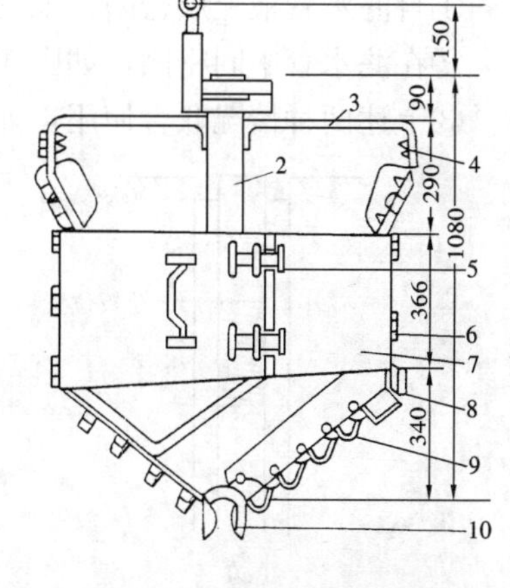

图4-43　锅锥构造示意图

1—提锅钩环；2—挡泥筒；3—框架；4—上扩孔刀；5—搭栓；6—合页；7—锥身；8—下扩孔刀；9—刀齿；10—离合器

锅锥钻进适用于松散的冲积层，如粉土、粉质黏土、黏土、砂层、砾石层及小卵石层等中钻进、效率较高。用于大卵石层中钻进效率较低，不适用于各类基层岩。

锅锥钻进的开孔口径取决于锅锥钻头的直径，一般为550～1100mm。钻进深度一般取决于采取含水层的深度和机械的凿掘能力。机械的凿掘能力为50～100m。钻进速度因岩层的软硬和钻进深度而不同，一般在松散岩层，每下一次能钻进100～300mm。

4. 井管的安装

(1) 井管安装前的准备工作

1) 井管安装之前，先用试孔器（一般选择试孔器尺度小于井孔设计尺寸20～30mm）试孔，检查井孔尺度是否满足设计要求，井孔是否垂直、圆整。

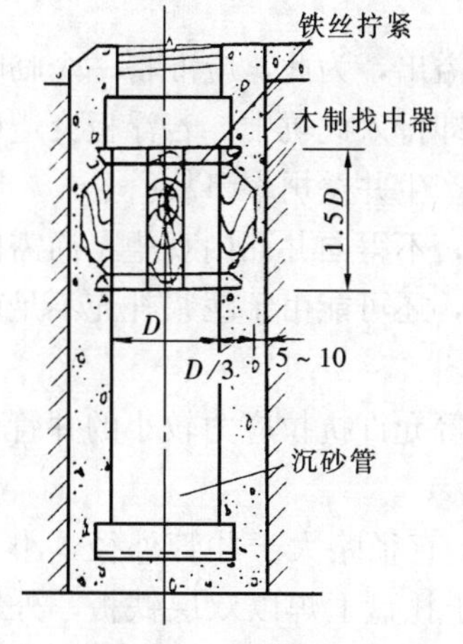

图4-44　木制找中器

2) 由全部井管质量与井管承受拉力的情况决定采用何种井管安装方法，并选择设备。

3) 检查井管有无缺陷，井管与管箍丝扣松紧程度与完好情况，并将井管与管箍丝扣刷净。

4) 按照岩层柱状图及井的结构图中井管次序排列井管，并编号。井管最下部的第一根管（沉淀管部分）在井底安好，并于适当位置装设找中器（如图4-44），找中器外径应比井孔小30～50mm以便后续井管下入时居于井孔中心。

5) 将井底的稠泥用掏泥筒（冲击钻进时），掏出或用泥浆泵（回转钻进时）抽出，将井孔泥浆适当换稀，但切勿加入清水。

6）丈量各井管长度与井孔深度，确认与柱状图吻合，即可安装井管。

（2）下管

下管方法，应根据下管深度、管材强度和钻探设备等因素进行选择：

1）井管自重（浮重）不超过井管允许抗拉力和钻探设备安全负荷时，宜用直接提吊下管法。通常采用井架、管卡子、滑车等起重设备依次单根接送。

2）井管自重（浮重）超过井管允许抗拉力或钻机安全负荷时，宜采用浮板下管法或托盘下管法。

浮板下管法常在钢管、铸铁井管下管时使用（图 4-45）。

浮板一般为木制圆板，直径略小于井管外径，安装在两根井管接头处，用于封闭井壁管，利用泥浆浮力、减轻井管质量。

泥浆淹没井管的长度 L 可以有三种情况：

①自滤水管最上层密闭，如图 4-45（a）所示；

②在滤水管中间密闭，如图 4-45（b）所示；

③上述两种情况联合使用，如图 4-45（c）所示。

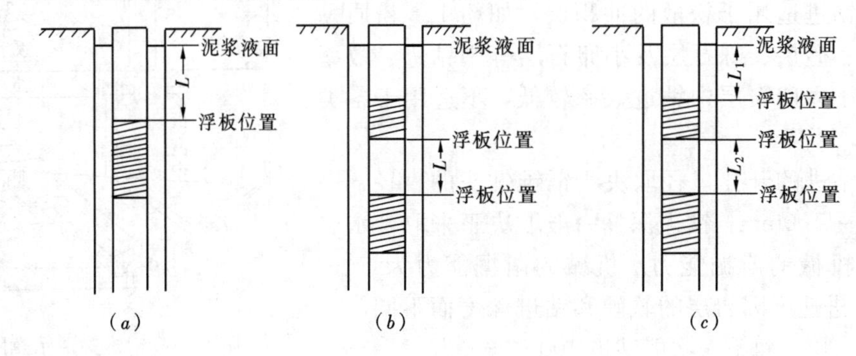

图 4-45　浮板下管法

浮板如何设置可以按需要减轻的质量与浮板所能承受的应力来决定。

为了防止浮板在下管操作时突遭破坏，可在浮板上邻近的管箍处，增设一块备用浮板。

采用浮板下管时，密闭井管体积内排开的泥浆将由井孔溢出，为此，应准备一个临时贮存泥浆的坑，并挖沟使其与井孔相连。井管下降时，泥浆即排入此坑中。若浮板突遭破坏，井内须及时补充泥浆时，该坑应当便于泥浆倒流，避免产生井壁坍塌事故。

井管下好后，即用钻杆捣破浮板。注意在捣破浮板之前，不得向井孔内观望，尚需向井管内注满泥浆，否则，一旦浮板捣破后，泥浆易上喷伤人，还可能由于泥浆补充不足产生井壁坍塌事故。

托盘下管法常在混凝土井管，矿渣水泥管、砾石水泥管等允许抗拉应力较小的井管下管时采用。

图 4-46 是钻杆托盘下管法示意图。托盘的底为厚钢板，直径略大于井管外径，小于井孔直径 4～6cm，托盘底部中心焊一个反扣钻杆接箍，并于托盘上焊以双层铁板，外层铁板内径稍大于井管外径，内层铁板内径与井管内径相同。

下管时，首先将第一根井管（沉砂管）插入托盘，将钻杆下端特制反扣接头与托盘反扣钻杆接箍相连，慢慢降下钻杆，井管随之降入井孔，当井管的上口下至井口处时，停止下降钻杆，于接口处涂注沥青水泥混合物，即可安装第二根井管。井管的接口处必须以竹、木板条用铅丝捆牢，距离第一根井管顶端1～2m处应装有扶正器，直至将全部井管下入井孔，将钻杆正转拧出，井盖好，下管工作即告结束。

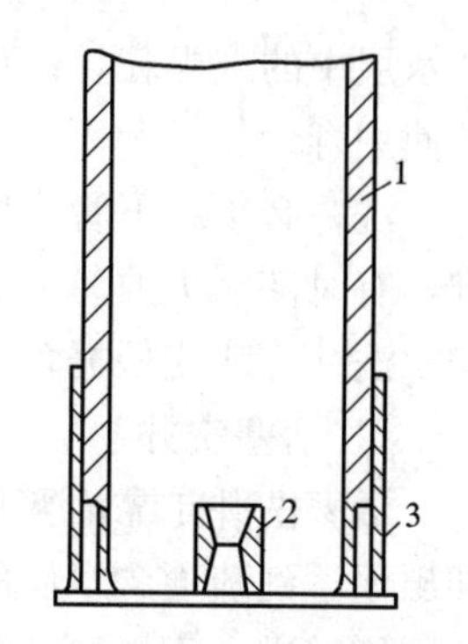

图4-46　钻杆托盘下管法示意图

1—井管；2—反扣钻杆接箍；3—托盘

3）井身结构复杂或下管深度过大时，宜采用多级下管法。

将全部井管分多次下入井内。前一次下入的最后一根井管上口和后一次下入的第一根井管下口安装一对接头，下入后使其对口。

（3）填砾石与井管外封闭

为扩大滤水能力，防止隔水层或含水层塌陷而阻塞滤水管的滤网，在井壁管（滤水管）周围应回填砾石滤层。

回填砾石的颗粒大小通常为含水砂层颗粒有效直径的8～10倍，可参考表4-3选用。滤层厚度一般为50～75mm，滤层通常做成单层。

回填砾石粒径参考值　　**表4-3**

含水层名称	特性		回填砾石直径（mm）
	粒径（mm）	有效粒径所占比例（%）	
粗砂	2～1	80	10～8
中砂	1～0.5	60	5～4
细砂	0.5～0.25	50	2.5～2.0
粉砂及粉土	0.25～0.05	30～40	1.0～0.5

回填砾石的施工方法，有直接投入法和成品下入法两种。直接投入法较简便。为了顺利投入砾石，可将泥浆相对密度加以稀释，一般控制在1.10左右。为了避免回填时砾石在井孔中挤塞而影响质量，除设法减小泥浆的相对密度外，还可使用导管将砾石沿管壁投下。

成品下入法是将砾石预装在滤水器的外围，如常见的笼状过滤器，就是这种结构。此时，由于过滤器直径较大，下管时容易受阻或撞坏，造成返工事故。因此，下管前必须作好修井孔、试井孔、换泥浆及清理井底等准备工作。

回填砾石滤层的高度，要使含水层通连以增加出水量，并且要超过含水层几米。

砾石层填好后，就可着手井管外的封闭。其目的是做好取水层和有害取水层隔离，并防止地表水渗入地下，使井水受到污染。封闭由砾石滤层最上部开始，宜采用20～30mm大小的优质黏土球，匀速缓慢投入，每投1～2m，应测量一次深度。特殊情况可用混凝土封闭。

5. 洗井、抽水试验与验收

（1）洗井

洗井是为了清除在钻进过程中孔内岩屑和泥浆对含水层的堵塞，同时排出滤水管周围含水层中的细颗粒，以疏通含水层，借以增大滤水管周围的渗透性能，减小进水阻力，延长使用寿命。

洗井必须在下管、填砾、封井后立即进行。否则将会形成孔壁泥皮固结，造成洗井困难，有时甚至失败。

洗井方法应根据含水层特性、管井结构和钻探工艺等因素确定。

1）活塞洗井

活塞洗井是靠活塞在孔内上下往复运动，产生抽压作用，将含水层中的细砂及泥浆液抽出而达到疏通含水层的目的。洗井的顺序自上而下逐层进行，活塞不宜在井内久停，以防因细砂进入而淤堵活塞。操作时要防止活塞与井管相撞，提升活塞速度控制在0.6～1.2m/s。此外应当掌握好洗井的持续时间。这种方法适用于松散井孔，井管强度允许，管井深度不太大的情况。

2）压缩空气洗井

采用空压机作动力，接入风管，在井管中吹洗。此法适用于粗砂、卵石层中管井的冲洗。由于耗费动力费用大，一般常和活塞洗井结合使用。

3）水泵和泥浆泵洗井

在不适宜压缩空气洗井的情况下，可用水泵或泥浆泵洗井。这种方法洗井时间较长，也常与活塞洗井交替使用。泥浆泵结合活塞洗井适用于各种含水层和不同规格的管井。

4）化学洗井

化学洗井主要用于泥浆钻孔。洗井前首先配制适量的焦磷酸纳（$Na_4O_2P_7 \cdot H_2O$）溶液（质量配比为水：焦磷酸钠＝100：(0.6～1.0)），待砾料填完后，用泥浆泵向井内灌入该溶液，先管外，后管内，最后向管外填入止水物和回填物至井口，静止4～8h，即可用其他方法洗井。此法对溶解泥皮、稀释泥浆、洗除泥浆对含水层的封闭，均有明显的效果。

此外，还有液态二氧化碳洗井法、高速水喷射洗井法等，也可在一定条件下使用。

(2) 抽水试验

抽水试验的目的在于正确评定单井或井群的出水量和水质，为设计施工及运行提供依据。

抽水试验前应完成如下准备工作：选用适宜的抽水设备并做好安装；检查固定点标高，以便准确测定井的动水位和静水位；校正水位测定仪器及温度计的误差；开挖排水设施等。

试验中水位下降次数可为1次，试验出水量不宜小于管井的设计出水量。

抽水试验的延续时间应为6～8h。管井出水量和动水位按稳定值确定。

(3) 管井的验收

管井验交时应提交的资料包括：管井柱状图、颗粒分析资料、抽水试验资料、水质分析资料及施工说明等。

管井竣工后应在现场按下列质量标准验收：

1）管井的单位出水量设计值基本相符。管井揭露的含水层与设计依据不符时，可按实际抽水量验收；

2）管井抽水稳定后，应对抽出井水的含砂量进行测定，供水管井含砂量的体积比应小于1/200000，降水管井含砂量的体积比应小于1/100000。

3）超污染指标的含水层应严密封闭；

4）井内沉淀物的高度不得大于井深的5‰；

5）井身直径不得小于设计直径20mm，井深偏差不得超过设计井深的±2‰；

6）井管应安装在井的中心，上口保持水平。井管与井深的尺寸偏差，不得超过全长的2‰，过滤器安装位置偏差，上下不超过300 mm。

4.4.2　凿井常见事故的预防和处理

1. 井孔坍塌

（1）预防

施工中应注意根据土层变化情况及时调整泥浆指标，或保持高压水护孔；作好护口管外封闭，以防泥浆在护口管内外串通；特殊岩层钻进时须储备大量泥浆，准备一定数量的套管；停工期间每4～8 h搅动或循环孔内泥浆一次，发现漏浆及时补充；在修孔、扩孔时，应加大泥浆的相对密度和黏度。

（2）处理

发现井孔坍塌时，应立即提出钻具，以防埋钻。并摸清塌孔深度、位置、淤塞深度等情况，再行处理。

如井孔下部坍塌，应及时填入大量黏土，将已塌部分全部填实，加大泥浆相对密度，按一般钻进方法重新钻进。

2. 井孔弯曲

（1）预防

钻机安装平稳，钻杆不弯曲；保持顶滑轮、转盘与井口中心在同一垂线上；变径钻进时，要有导向装置；定期观测，及早发现。

（2）处理

冲击钻进时可以采用补焊钻头，适当修孔或扩孔来纠斜。当井孔弯曲较大时，可在近斜孔段回填土，然后重新钻进。

回转钻进纠斜可以采用扶正器法或扩孔法。在基岩层钻进时，可在粗径钻具上加扶正器，把钻头提到不斜的位置，然后采用吊打、轻压、慢钻速钻进。在松散层钻进时，可选用稍大的钻头，低压力、慢进尺、自上而下扩孔。

另外，还可采用灌注水泥法和爆破法等。

3. 卡钻

（1）预防

钻头必须合乎规格；及时修孔；使用适宜的泥浆保持孔壁稳定；在松软地层钻进时不得进尺过快。

（2）处理

在冲击钻进中，出现上卡，可将冲击钢丝绳稍稍绷紧，再用掏泥筒钢丝绳带动捣击器沿冲击钢丝绳将捣击器降至钻具处，慢慢进行冲击，待钻具略有转动，再慢慢上提。出现下卡可将冲击钢丝绳绷紧，用力摇晃或用千斤顶、杠杆等设备上提。出现坠落石块或杂物卡钻，应设法使钻具向井孔下部移动，使钻头离开坠落物，再慢慢提升钻具。

在回转钻进中，出现螺旋体卡钻，可先迫使钻具降至原来位置，然后回转钻具，边转边提，直到将钻具提出，再用大“钻耳”的鱼尾钻头或三翼刮刀钻头修理井孔。当出现掉块、探头石卡钻或岩屑沉淀卡钻时，应设法循环泥浆，再用千斤顶、卷扬机提升，使钻具上下串动，然后边回转边提升使钻具捞出。较严重的卡钻，可用振动方法解除。

4. 钻具折断或脱落

（1）预防

合理选用钻具，并仔细检查其质量；钻进时保持孔壁圆滑、孔底平整，以消除钻具所承受的额外应力；卡钻时，应先排除故障再进行提升，避免强行提升；根据地层情况，合理选用转速、钻压等钻进参数。

（2）处理

钻具折断或脱落后，应首先了解情况，如孔内有无坍塌淤塞情况；钻具在孔内的位置、钻具上断的接头及钻具扳手的平面尺度等。了解情况常采用孔内打印的方法。

钻具脱落于井孔，应采用扶钩先将脱落钻具扶正，然后立即打捞。打捞钻具的方法有很多，最常用的有公母螺纹锥套打捞法、捞钩打捞法和钢丝绳套打捞法。

4.5　江河取水构筑物浮运沉箱法施工

沿江河或湖泊的工业和城市用水，多以地面水为给水水源，故需修建取水构筑物。这类构筑物常见的有岸边式、江心式、斗槽式等。

在江河中修建取水构筑物工程的施工方法，可以采用围堰法、浮运沉箱法。

围堰法：是指用围堰圈隔基坑，并在抽干堰内水量条件下进行修建。围堰是为创造施工条件而修建的临时性工程，待取水构筑物施工完成后，随即将围堰拆除。围堰的结构形式有多种，如土石围堰、卷埽混合围堰、板桩围堰等。采用何种围堰要根据施工所在地区的江河水文、地质条件以及河流性质等确定。

浮运沉箱法：是指预先在岸边制作取水构筑物（沉箱），通过浮运或借助水上起重设备吊运到设计的沉放位置上，再注水下沉到预先修建的基础上。当修建取水构筑物较小，河道水位较深，修建施工围堰困难或工程量很大不经济时，适宜采用此法。由于沉箱本身就是取水构筑物的一部分，因而不必修建费时费钱的临时性围堰。

4.5.1　浮运沉箱法的施工特点

浮运沉箱法特别适用于淹没式江心取水口构筑物的施工。但须具备足够的水上机具设备和潜水工作人员。

取水口构筑物常采用钢筋混凝土制作，结构形式有两种：取水口结构是一个整体沉箱；取水口为装配式结构，分段预制，在水下拼装就位。取水口构筑物的基础，一般采用抛石基础。基槽开挖，需要配备水下挖泥设备，当遇有岩石河床，则需进行水下爆破。取水口结构与管道的连接，宜采用柔性连接。

采用浮运沉箱法施工，必须注意如下特点：

（1）受江河的流量、流速、水位等特性变化的影响很大，组织施工比较复杂；

（2）受江河枯水期、洪水期和雨季影响，施工条件多变，施工的组织与进度安排要掌握季节性；

（3）江河取水构筑物工程，一般包括取水口、自流管线、泵房等组成。各单项工程的结构类型和特点，施工方法和施工条件不同，但彼此间又相互联系密切，是综合性工程施工，须统筹、周密安排，避免相互干扰影响工期。

因此，施工前必须充分做好施工准备工作，掌握当地水文、地质和气象，以及当地的技术经济条件等基础资料。需要根据施工条件和技术水平，作好必要的物资、人力准备。认真编制切实可行的施工组织设计，合理选择施工方案。为了增加预见性，还需有备选方案并拟订应急的技术组织措施等。

4.5.2　浮运沉箱法施工

浮运沉箱法的施工过程包括下列内容：

(1) 合理选择预制沉箱（取水口结构）的场地；

(2) 水下开挖基槽（当遇岩石河床时，尚应进行水下爆破）、抛筑块石基础，并进行整平作业；

(3) 沉箱下水、浮运、定位和下沉至基础上。当采用分节预制沉箱时，则需水上起重船运送、下沉，并进行水下拼装；

(4) 进行必要的水下混凝土填筑或抛石围护作业；

(5) 铺设水下管道等。

在上述施工过程中，沉箱的下水、浮运、定位、下沉是浮运沉箱法施工的关键工序。

1. 沉箱下水的施工方法

确定沉箱的下水方案时，应结合选择沉箱预制场地统一考虑。沉箱下水的方案有：

(1) 利用河流自然水位下水。即在低水位期预制沉箱，当河流处于高水位时，由水位升高使沉箱浮起；

(2) 修筑伸入河流中的倾斜滑道，将取水口结构沿滑道下滑至可使其浮运的深水中；

(3) 在浮鲸上制造取水口，通过在浮鲸内注水，使浮鲸下沉而浮起取水口结构；

(4) 在搭建的栈桥上制作取水口，然后经移运到河流中，再进行沉箱浮运；

(5) 分节预制取水口，用水上吊船吊装下水，水下拼装。

利用河流水位升高施工方法，要充分掌握河流水位上涨时期及上涨水位特性。一般当河流水位上涨时，常产生急流，在流速过大条件下进行沉箱浮运、定位和下沉等作业比较困难。因此，要等急流变缓，水位开始下降后进行。

滑道下水法，是在预制场地修筑纵向或纵横双向滑道。滑道常可用石料铺砌，上置枕木轨道，坡度采用1∶6～1∶10。滑道长度应使沉箱在滑道末端有足够的吃水深度。沉箱预制在滑道的水上部分进行。

浇筑取水口结构的混凝土须符合水工结构物的质量标准。特别是水密性，将影响施工拖运下水和下沉。沉箱在浮运前应先将孔口进行临时密封工作。

拖拉沉箱沿滑道下水，所需要的拉力可近似按下式计算：

$$T = Q(u - i) \tag{4-10}$$

式中　Q——构筑物（沉箱）的质量；

u——构筑物与滑道的摩擦系数；

i——滑道的坡度。

2. 沉箱的浮运及下沉

沉箱的浮运及下沉，在任何情况下，都应保证稳定性。按照船舶在外力作用下的稳定性验算（图4-47），

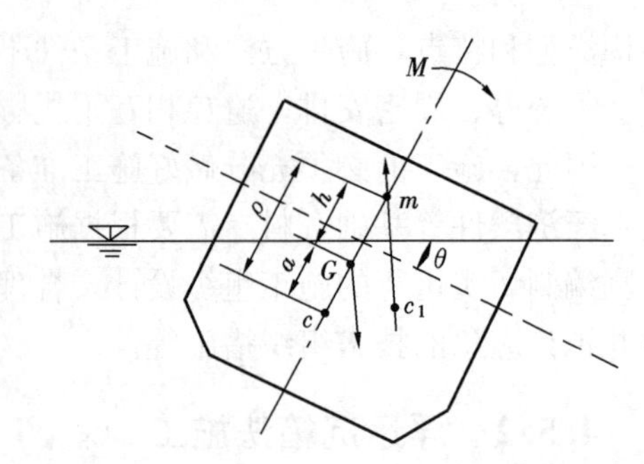

图4-47　在外力作用下的船舶倾侧

m—定倾中心；c—船舶稳定时的浮心；G—重心；c_1—船舶倾侧后的浮心；θ—船舶横倾角度

当船舶在外力矩 M 作用下，横倾角度为 θ 时的平衡条件，应当是船舶横向抗倾力矩等于外力矩，即：

$$\tan\theta = \frac{M}{\gamma \cdot V(\rho - a)} \tag{4-11}$$

式中　γ——水的相对密度；

V——排水量；

M——外力矩；

ρ——定倾半径，$\rho = \frac{I}{V}$；

I——船舶吃水线面积对水线纵轴的惯性矩；

a——重心至浮心的距离。

公式表明，当重心低于定倾中心时，浮体是稳定的；当重心离开定倾中心时，浮体即不稳定。

沉箱在加水下沉时，当发生倾侧，由于内部水仍保持水平，沉箱的重心将随着移动，从而增加了倾覆力矩。式（4-11）将成为：

$$\tan\theta = \frac{M}{\gamma \cdot V\left(\rho - \frac{I'}{V} - a\right)} \tag{4-12}$$

式中　I'——舱中水体自由水面的惯性力矩。此时定倾半径 ρ 将较无水时减少 I'/V。因此，在采用浮运下沉法施工时，为了避免发生沉箱倾覆，应当验算构筑物在浮运与下沉过程中的稳定性。

沉箱式取水口的浮运，由两条导向船拖带，先运到取水口拟下沉就位处的上游，在上游设置趸船牵系沉箱固定方位。其布置如图4-48所示。

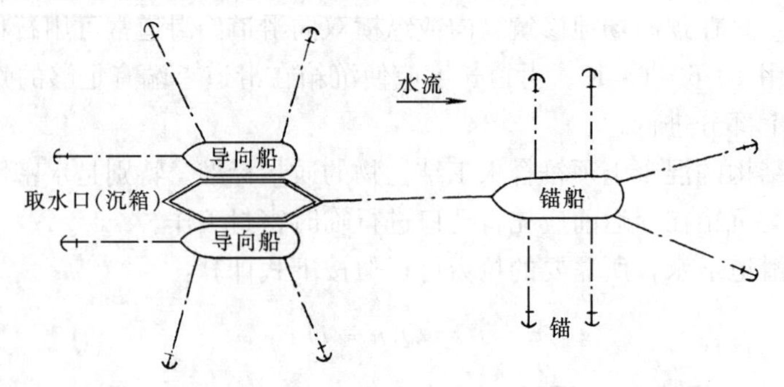

图4-48　沉箱定位布置示意

浮运测量定位工作，采用交角法（图4-49）。

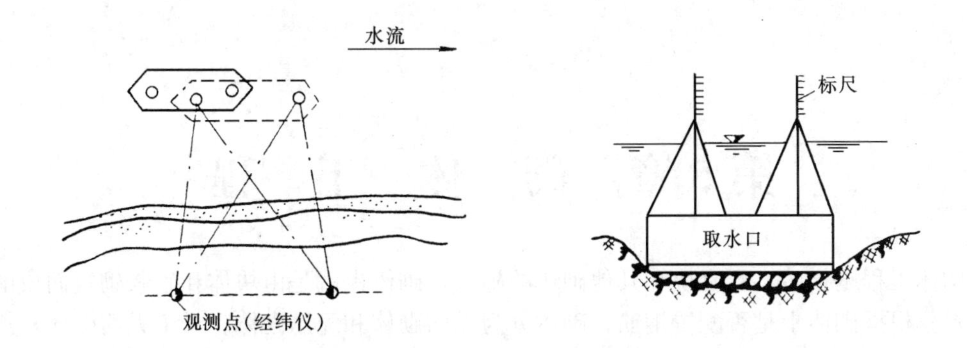

图 4-49 沉降就位观测方法

整体制作的取水口沉箱采用充水下沉，取水口上设有充水、排气及排水孔洞。排水是为了防止和排除浮运中的渗水，也便于沉箱下沉后校正下沉位置，可通过排水使沉箱重新浮起。

沉箱下沉时，为防止发生倾侧，应控制升降绳索和加水量。升降索应下降均衡并保持收紧状态。沉箱注水宜一次加足，使沉箱重心降低增加稳定。加水量应略大于沉箱的排水量与自重之差。即：

$$Q = K(V - W) \tag{4-13}$$

式中 V——沉箱的排水量；

W——沉箱自重（包括设备质量）；

K——稳定系数，采用 1.2。

下沉过程中，应经常读取设置于沉箱四周的控制标尺数值，发生偏差应及时调整。当沉箱下沉接近河底时，潜水员应在水下检查下沉位置及基础情况，当有偏差则应纠正。根据长江大桥工程及某些取水工程浮运下沉施工实践，证明沉箱下沉中的位置均偏差很小。

取水口就位稳定后，由潜水员拆除孔口封板。在取水口结构外围四周浇筑水下混凝土，使其固定在基础上，浇筑混凝土的高度按设计规定进行。

第5章　砌　体　工　程

砌体工程是指砖、石砌块和其他砌块的施工。砌体也就是由块体和砂浆砌筑而成的整体材料。根据砌体中是否配置钢筋，砌体分为无筋砌体和配筋砌体。对于无筋砌体，按照所采用的块体又分为：砖砌体，石砌体和砌块砌体等。

砌体工程施工是一个综合的施工过程，包括材料准备、运输、搭设脚手架和砌筑等内容。由于砖石结构取材方便、施工简单、成本低廉，在给水排水工程中砌体工程较多用于规模较小的主体工程和附属工程。但它的施工仍以手工操作为主，劳动强度大、生产率低。

砌体工程所用材料主要是砖、石或砌块以及粘接材料（包括砌筑砂浆）等。

5.1　砌　体　材　料

5.1.1　砖

我国采用的砖按所用的制砖材料可分为：黏土砖、页岩砖、煤矸石砖、粉煤灰砖、硅酸盐砖等；按焙烧与否可分为：烧结砖与非烧结砖等；按砖的密实度可分为：实心砖、空心砖、多孔砖及微孔砖等。因此，砖的品种、规格及强度等级的选用均应符合有关规定。

1. 烧结普通黏土砖

烧结普通砖是使用最广的一种建筑材料。这类砖的外形为直角六面体，其规格为240mm×115mm×53mm。烧结普通砖按力学性能分为MU30、MU25、MU20、MU15、MU10五个强度等级。

2. 烧结空心砖

烧结空心砖是以黏土、页岩、煤矸石等为主要原料烧结而成的空心砖，孔洞率不小于40%，孔的尺寸大而数量少。烧结空心砖的外形为矩形体，在与砂浆的结合面上应设有增加结合力的深度1mm以上的凹槽线。烧结黏土空心砖根据密度分为800、900、1100三个等级。按力学性能分为MU5、MU3和MU2三个强度等级（MPa）。由于其强度等级较低，因而只能用于非承重砌体。该砖常用于土建工程中。

3. 粉煤灰砖

粉煤灰砖是以粉煤灰、石灰为主要原料，掺和适量石膏和骨料，压制而成的实心砖。粉煤灰砖的规格为240mm×115mm×53mm。粉煤灰砖按力学性能分为MU30、MU25、MU20、MU15、MU10五个强度等级，可作为承重用砖。该砖的耐水性差，不宜用于地下构筑物中。

4. 烧结多孔砖

以黏土、页岩、煤矸石、粉煤灰、淤泥（江河湖淤泥）及其他固体废弃物等为主要原料，经焙烧而成、孔洞率不大于35%，孔的尺寸小而数量多。烧结多孔砖的规格较多，常用的有 290mm×140mm×90mm、240mm×115mm×90mm、140mm×140mm×90mm、120mm×115mm×90mm 等，按力学性能分为 MU10、MU15、MU20、MU25、MU30 五个强度等级，主要用于承重部位。

5. 蒸压灰砂砖

规格与烧结普通砖相同，强度等级为 MU25、MU20、MU15、MU10 四个等级，可作为承重用砖。该砖耐水性差，不宜用于给水排水构筑物中。

6. 非烧结垃圾尾矿砖

非烧结垃圾尾矿砖是以淤泥、建筑垃圾、焚烧垃圾等为主要原料，掺入少量水泥、石膏、石灰、外掺剂、胶结剂等胶凝材料，经粉碎、搅拌、压制成型、蒸压、蒸养或自然养护而成。规格与烧结普通砖相同，强度等级为 MU25、MU20、MU15 三个等级，可作为一般房屋建筑墙体的材料。

以上各类砖中，黏土砖是一种传统材料，使用最为普遍，用量最大。但是，黏土砖需耗大量黏土，对于发展生产和保护生态平衡都是不利的。因此，越来越多地采用其他砖与砌体。

5.1.2 石材

石材主要来源于重质岩石和轻质岩石。质量密度大于 1800kg/m^3 者为重质岩石，质量密度不大于 1800kg/m^3 者为轻质岩石。重质岩石抗压强度高，耐久性好，但导热系数大。轻质岩石容易加工，导热系数小，但抗压强度较低，耐久性较差。石材较易就地取材，在产石地区充分利用这一天然资源比较经济。

我国石材按其加工后的外形规则程度，分为料石和毛石两类。

1. 料石

料石按其加工面的平整度分为细料石、半细料石、粗料石和毛料石四种。

2. 毛石

毛石又分为乱毛石、平毛石。乱毛石系指形状不规则的石块；平毛石是指形状不规则，但有两个平面大致平行的石块。

根据石料的抗压强度值，石材的强度等级划分为：MU100、MU80、MU60、MU50、MU40、MU30、MU20。

5.1.3 砌块

改进砌体材料的另一个重要途径是采用非黏土材料制成的砌块。主要有混凝土、轻骨料混凝土和加气混凝土砌块，以及利用各种工业废渣、粉煤灰等制成的无熟料水泥煤渣混凝土砌块和蒸汽养护粉煤灰硅酸盐砌块。常用规格有 600mm×300mm×300mm、600mm×250mm×250mm、600mm×200mm×200mm。混凝土砌块抗压强度等级分为 MU3.5、MU5.0、MU7.5、MU10.0、MU15.0、MU20.0。在采用时应考虑给水排水结构的特殊要求。

5.2 粘结材料

砌体的粘结材料主要为砂浆，以下主要介绍砌筑砂浆的材料、性质、种类、制备及使用。

5.2.1　砂浆材料组成

砂浆材料是由无机胶凝材料、细骨料及水所组成。

1. 石灰

石灰属气硬性胶凝材料，即能在空气中硬化并增长强度。它是由石灰石经900℃的高温焙烧而成。

石灰有生石灰、生石灰粉、熟石灰粉。在施工中，为了使用简便，有磨细生石灰及消石灰粉以袋装形式供应。消石灰粉的技术项目有钙镁含量、含水率、细度等。

2. 石膏

石膏亦属气硬性胶凝材料，由于孔隙大、强度低，故不在耐水的砌体中使用。

3. 水泥

水泥的品种及强度等级，应根据砌体部位和所处环境来选择。砌筑砂浆所用水泥应保持干燥，分品种、标号、出厂日期堆放。不同品种的水泥，不得混合使用。水泥砂浆采用的水泥，其强度等级不宜小于32.5级；水泥混合砂浆采用的水泥，其强度等级不宜小于42.5级。

4. 砂

砂浆所用的砂，一般采用质地坚硬、清洁、级配良好的中砂，其中毛石砌体宜采用粗砂。不得含有草根等杂质，含泥量应控制在5%以内。砌石用砂的最大粒径应不大于灰缝厚度的1/4～1/5。对于抹面及勾缝的砂浆，应选用细砂。人工砂、山砂及特细砂作砌筑砂浆，应经试配、满足技术条件要求。

5. 水

拌制砂浆所用的水应该满足《混凝土拌合用水标准》JGJ 63—2006的要求。

5.2.2　砂浆的技术性质

新拌制的砂浆应具有良好的和易性，以便于铺砌，砂浆的和易性包括流动性和保水性两方面。

1. 流动性

砂浆的流动性也称稠度，是指在自重或外力作用下流动的性能。砂浆的流动性与胶结材料的用量、用水量、砂的规格等有关。砂浆流动性用砂浆稠度仪测定。砂浆稠度的选择主要根据墙体材料、砌筑部位及气候条件而定。砌筑砂浆的稠度应符合表5-1的规定。

砌筑砂浆的稠度　　**表5-1**

砌体种类	砂浆稠度（mm）
烧结普通砖砌体	70～90
轻骨料混凝土小型空心砌块砌体	60～90
烧结多孔砖、空心砖砌体	60～80
烧结普通砖平拱式过梁、空斗墙、筒拱 普通混凝土小型空心砌块砌体 加气混凝土砌块砌体	50～70
石砌体	30～50

2. 保水性

砂浆混合物能保持水分的能力，称保水性。指新拌砂浆在存放、运输和使用过程中，各项材料不易分离的性质。保水性好的砂浆，不仅能获得砌体的良好质量，同时可以提高工作效率。在砂浆配合比中，由于胶凝材料不足则保水性差，为此，在砂浆中常掺用可塑性混合材料（石灰膏或黏土膏），即能改善其保水性能。

3. 砂浆的强度

砂浆强度是以边长为7.07cm×7.07cm×7.07cm的6块立方体试块，按标准养护28天的平均抗压强度值确定的。水泥砂浆及预拌砌筑砂浆的强度等级可分为M5、M7.5、M10、M15、M20、M25、M30；水泥混合砂浆的强度等级可分为M5、M7.5、M10、M15。

影响砂浆抗压强度的因素较多。在实际工程中，要根据材料组成及其数量，经过试验而确定抗压强度的值。

砂浆试块应在搅拌机出料口随机取样、制作，人工拌合时至少从三个不同的地方取样制作。一组试样应在同一盘砂浆中取样，同盘砂浆只能制作一组试样，一组试样为6块。

砂浆的抽样频率应按：250m^{3}砌体中的各种类型及强度等级的砌筑砂浆，每台搅拌机应至少抽检一次。

标准养护，28天龄期，同品种、同强度砂浆各组试块的强度平均值应大于或等于设计强度，任意一组试块的强度应大于或等于设计强度的75%。

5.2.3 砂浆的种类

建筑砂浆按用途不同可分为砌筑砂浆、抹面砂浆和防水砂浆、装饰砂浆4种。建筑砂浆也可按使用地点或所用材料不同分为石灰砂浆（石灰膏、砂、水）、混合砂浆（水泥、砂、石灰膏、水）、水泥砂浆（水泥、砂、水）和微沫砂浆（水泥、砂、石灰膏、微沫剂）等。

砂浆种类选择及其等级的确定，应根据设计要求。

1. 砌筑砂浆

砌筑砂浆要根据工程类别及砌体部位选择砂浆的强度等级，有承重要求多采用≥M5；无承重要求≥M2.5；检查井、阀门井、跌水井、雨水口、化粪池等采用≥M5；隔油池、挡墙等采用≥M10。砖砌筒拱≥M5，石砌平拱≥M10。

2. 抹面砂浆

抹面砂浆应分为两层或三层完成，第一层称底层，最后一层为面层。中间层为结构层。

在土建工程中，用于地上或干燥部位的抹面砂浆，常采用石灰砂浆或混合砂浆，在易碰撞或潮湿的地方，应用水泥砂浆。

3. 防水砂浆

制作防水层的砂浆叫做防水砂浆。这种砂浆用于砖、石结构的贮水或水处理构筑物的抹面工程中。对变形较大或可能发生不均匀沉陷的建筑物，不宜采用此类刚性防水层。

在水泥砂浆中加入质量分数为3%～5%的防水剂制成防水砂浆。常用的防水剂有氯化物金属盐类防水剂，水玻璃防水剂及金属皂类防水剂等。这些防水剂在水泥砂浆硬化过程中，生成不透水的复盐或凝胶体，以加强结构的密实度。

水泥砂浆防水层所用的材料应符合下列要求：

（1）应采用强度等级不低于32.5MPa的硅酸盐水泥、碳酸盐水泥、特种水泥。严禁使用受潮、结块的水泥；

（2）砂宜采用中砂，含泥量不大于1%；

（3）外掺剂的技术性能符合国家该行业产品一等品以上的质量要求。

5.2.4　砂浆制备与使用

砂浆的配料应准确。水泥、微沫剂的配料精确度应控制在±2%以内。其他材料的配料的精确度应控制在±5%以内。

1. 砂浆搅拌

砂浆应采用机械拌合，自投料完算起，搅拌时间应符合下列规定：水泥砂浆和水泥混合砂浆不得少于2min；水泥粉煤灰砂浆和掺用外掺剂的砂浆不得少于3min；掺有机塑化剂的砂浆，应为3～5min。无砂浆搅拌机时，可采用人工拌合，应先将水泥与砂干拌均匀，再加入其他材料拌合，要求拌合均匀，拌成后的砂浆应符合下列要求：

（1）设计要求的种类和强度等级；

（2）规定的砂浆稠度；

（3）保水性能良好（分层度不应大于30mm）；

为了改善砂浆的保水性，可掺入黏土、电石膏、粉煤灰等塑化剂。

2. 砂浆使用

砂浆拌成后和使用时，均匀盛入贮灰斗内。如砂浆出现泌水现象，应在砌筑前再次拌合。砂浆应随拌随用，常温下，水泥砂浆和水泥混合砂浆必须分别在拌合后3h和4h内使用完毕；如施工期间最高气温超过30℃，则必须分别在拌合后2h和3h内使用完毕。

5.3　砌体工程施工

砌体是由不同尺寸和形状的砖、石或块材使用砂浆砌成的整体。砌体工程施工中，砌筑质量的好坏，例如：砂浆是否饱满，组砌是否得当，错缝搭接是否合理，接槎是否可靠等等对砌体的稳定、较均匀地承受外力（主要是压力）等方面影响很大。

5.3.1　砖砌体施工

砖砌体的砌筑通常包括找平、放线、摆砖样、立皮数杆、挂准线、铺灰、砌砖等工序。如是清水墙，则还要进行勾缝。

1. 砌砖前准备

（1）材料准备

砖的品种、强度等级必须符合设计要求，并应规格一致。用于清水墙、柱表面的砖，应边角整齐、色泽均匀。常温下，砖在砌筑前应提前1～2d浇水湿润，烧结普通砖含水率宜为10%～15%，灰砂砖、粉煤灰砖含水率宜为8%～12%。有冻胀环境和条件的地区，地面以下或防潮层以下的砌体，不宜采用多孔砖。

砌筑用砂浆的种类、强度等级应符合设计要求。

(2) 找平、放线、制作皮数杆

为了保证建筑物、构筑物平面尺寸和标高的正确，砌筑前，必须准确地确定出平面位置、墙柱的轴线位置以及标高，以作为砌筑时的控制依据。

1) 找平

砌筑基础前应对垫层表面进行找平，高差超过 30mm 处应用 C15 以上的细石混凝土找平后才可砌筑，不得仅用砂浆填平。砌墙前，先按标准的水准点定出各层标高，并用水泥砂浆或 C10 细石混凝土找平。

2) 放线

砌筑前应将砌筑部位清理干净并放线。底层墙身可按龙门板上轴线定位钉为准拉麻线，沿麻线挂下线锤，将墙身中心轴线放到基础面上，应据此墙身中心轴线为准，弹出纵横墙身边线，并定出预留洞口位置。为保证墙身的垂直度，可借助于经纬仪检测墙身中心轴线。

3) 立皮数杆

为了控制砌体的标高以及每皮的平整度，应用方木或角钢事先制作皮数杆，它立于墙的转角处（图 5-1）及交接处，其基准标高用水准仪校正，应使杆上所示标高线与找平所确定的设计标高相吻合。根据砖规格和灰缝厚度在皮数杆上标明皮数及竖向构造的变化部位。如墙体的长度很大，可每隔 10～20m 再立一根。

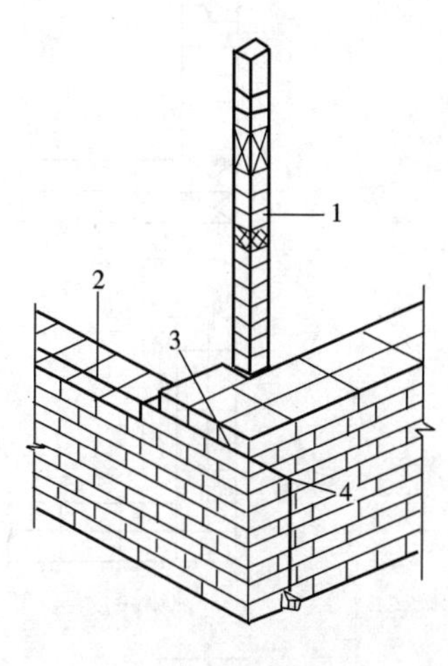

图 5-1 皮数杆
1—皮数杆；2—准线；
3—竹片；4—圆钉

2. 砌体的组砌形式

(1) 砖基础组砌形式

砖基础由墙基和大放脚两部分组成，墙基与墙身同厚。基础大放脚一般采用一顺一丁砌筑形式。竖缝要错开，要注意十字及丁字接头处砖块的搭接，在这些交接处，纵横基础要隔皮砌通（图 5-2）。大放脚最下一皮砖应以丁砌为主，墙基的最上一皮砖也应为丁砌。

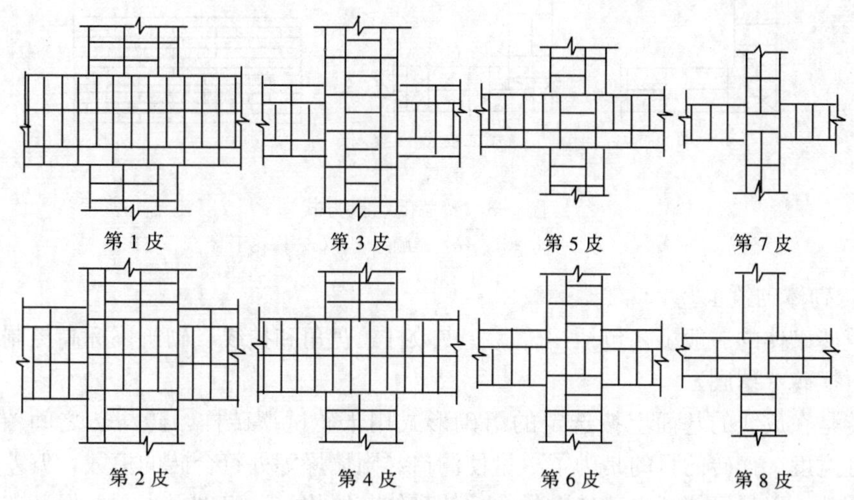

图 5-2 大放脚十字接头处分皮砌法

（2）砖墙组砌形式

普通砖墙的厚度有半砖（115mm）、3/4 砖（178mm）、一砖（240mm）、一砖半（365mm）、二砖（490mm）等。

普通砖墙立面的砌筑形式常有以下几种：一顺一丁（图 5-3*a*），三顺一丁（图 5-3*b*），梅花丁（图 5-3*c*）。每层承重墙的最上一皮砖、在梁或梁垫的下面、砖砌体的阶台水平面上以及砖砌体的挑出层（挑檐、腰线等）处，应采用整砖丁砌层。半砖和破损的砖应分散使用在受力较小的砖砌体中或墙心。

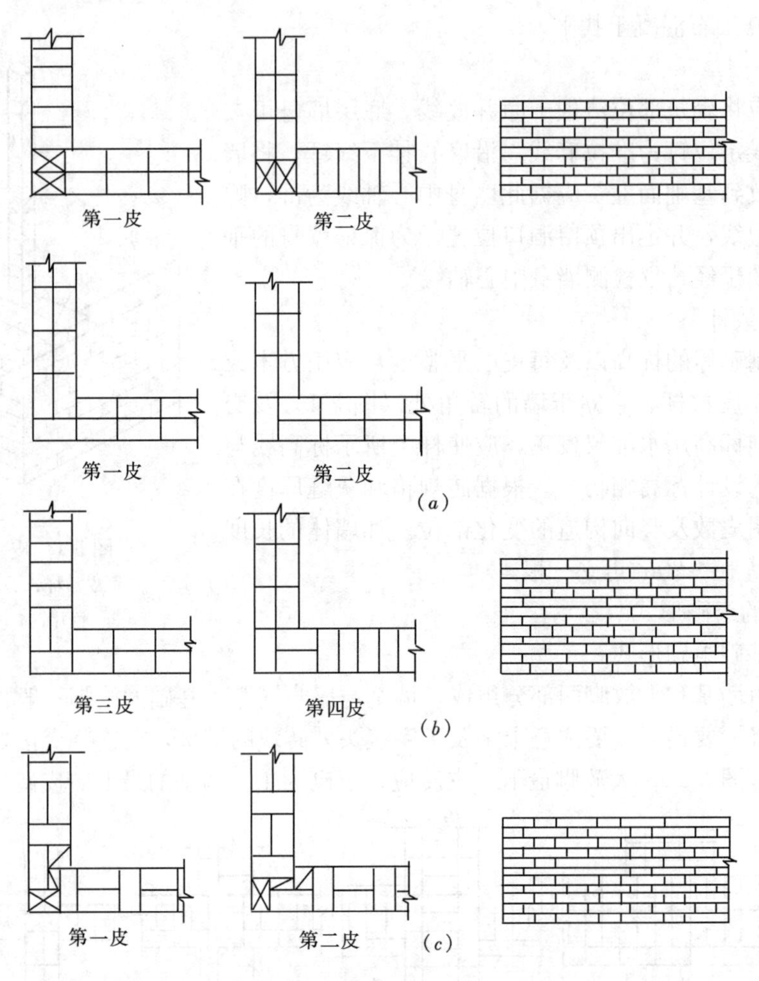

图 5-3　砖墙的组砌方式

（*a*）一顺一丁；（*b*）三顺一丁；（*c*）梅花丁

3. 砖砌体砌筑工艺

砌筑砖砌体的一般工艺包括摆砖、立皮数杆、盘角和挂线、砌筑、标高控制等。

（1）摆砖（撂底）

摆砖是在放线的基面上按选定的组砌形式用干砖试摆砖样，砖与砖之间留出 10mm 竖向灰缝宽度。摆砖的目的是为了尽量使洞口、附墙垛等处符合砖的模数，偏差小时可通过竖缝调整，以尽可能减少砍砖数量，并使砌体灰缝均匀、组砌得当。并保证砖及砖缝排列整齐、均匀，以提高砌砖效率。摆砖样在清水墙砌筑中尤为重要。

(2) 盘角和挂线

砌体角部是确定砌体横平竖直的主要依据，所以砌筑时应根据皮数杆先在转角及交接处砌几皮砖，并保证其垂直平整，称为盘角。然后再在其间拉准线，作为墙身砌筑的依据，每砌一皮或两皮，准线向上移动一次。依准线逐皮砌筑中间部分，一砖半厚及其以上的砌体要双面挂线。

(3) 砌筑

砌筑操作方法可采用"三一"砌筑法或铺浆法。"三一"砌筑法即一铲灰、一块砖、一挤揉并随即将挤出的砂浆沥去的操作方法，这种砌法灰缝容易饱满、粘结力好、墙面整洁。采用铺浆法砌筑时，铺浆长度不得超过750mm；气温超过30℃时，铺浆长度不得超过500mm。多孔砖的孔洞应垂直于受压面砌筑。

砖墙每天砌筑高度以不超过5m为宜，以保证墙体的稳定性、抗风要求。雨期施工，每天砌筑高度以不超过1.2m为宜，并用防雨材料覆盖新砌体的表面。

4. 砖砌体质量保证措施

砖砌体的质量要求可概括为：横平竖直、砂浆饱满、组砌得当、接槎可靠。

(1) 横平竖直

砖砌体的抗压性能好，而抗剪性能差。为使砌体均匀受压，不产生剪切水平推力，砌体灰缝应保持横平竖直，否则，在竖向荷载作用下，沿砂浆与砖块结合面会产生剪应力。竖向灰缝不得出现透明缝、瞎缝和假缝，必须垂直对齐，对不齐而错位，称游丁走缝，影响墙体外观质量。

(2) 砂浆饱满

砂浆的饱满程度对砌体传力均匀、砌体之间的连结和砌体强度影响较大。砂浆不饱满，一方面造成砖块间粘结不紧密，使砌体整体性差；另一方面使砖块不能均匀传力。为保证砌体的抗压强度，要求水平灰缝的砂浆饱满度不得小于80%。竖向灰缝的饱满度对砌体抗剪强度有明显影响。因而对于受水平荷载或偏心荷载的砌体，饱满的竖向灰缝可提高砌体的抗横向能力。还可避免砌体透风、漏水，且保温性能好。施工时竖缝宜采用挤浆或加浆方法，不得出现透明缝，严禁用水冲浆灌缝。

此外，为保证砖块均匀受力和使砌块紧密结合，还应使水平灰缝的厚薄均匀。水平缝厚度和竖缝宽度规定为10±2mm，水平灰缝过厚，不仅易使砖块浮滑、墙身侧倾，而且由于砂浆的横向膨胀加大，造成对砖块的横向拉力增加，降低砌体强度。灰缝过薄，会影响砖块之间的粘结力和均匀受压。

(3) 组砌得当、错缝搭接

为了提高砌体的整体性、稳定性和承载力，各种砌体均应按一定的组砌形式砌筑（图5-2、图5-3）。砌体排列的原则应遵循内外搭砌、上下两皮砖的竖缝应当错开的原则，避免出现连续的垂直通缝。在垂直荷载作用下，砌体会由于"通缝"丧失整体性而影响砌体强度。同时，内外搭砌使同皮的里外砌体通过相邻上下皮的砖块搭砌而组砌得牢固。错缝的长度一般不应小于60mm，同时还要照顾到砌筑方便和少砍砖。

(4) 接槎可靠

接槎是指相邻砌体不能同时砌筑而设置的临时间断，便于先砌筑的砌体与后砌筑的砌体之间的接合。接槎方式合理与否对砌体的整体性影响很大，特别在地震区，接槎质量将直接影响到结构的抗震能力，故应给予足够的重视。

砌基础时，内外墙的基础应同时砌起。如因特殊情况不能同时砌起时，应留置斜槎，斜槎的长度不应小于斜槎高度。

砖墙的转角处和交接处应同时砌起，严禁无可靠措施的内外墙分砌施工。对不能同时砌起而必须留置的临时间断处，应砌成斜槎，斜槎的长度不应小于斜槎高度的2/3（图5-4）。若留斜槎确有困难，可从墙面引出不小于120mm直槎（图5-5），直槎必须做成凸槎（阳槎），不得留阴槎，并沿高度加设拉结钢筋。但砌体的L形转角处，不得留直槎。

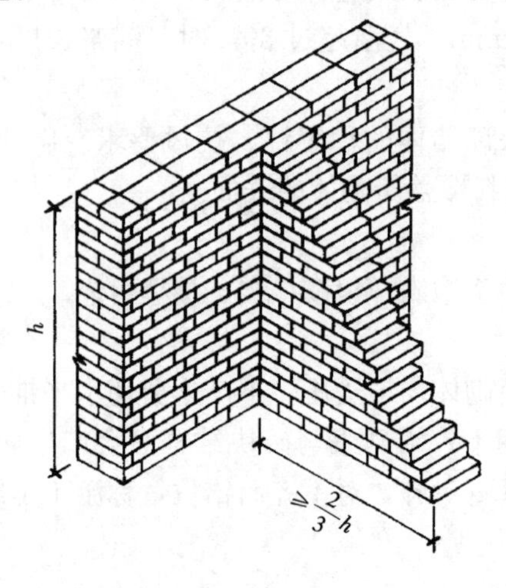

图5-4　斜槎

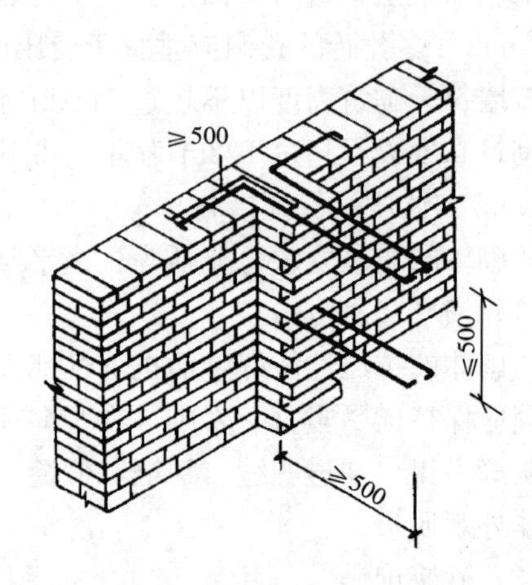

图5-5　直槎（单位：mm）

隔墙与承重墙不能同时砌筑而又不留成斜槎时，可于承重墙中引出凸槎（阳槎）。对抗震设防的工程，还应在承重墙的水平灰缝中预埋拉结钢筋，其构造与上述直槎相同，且每道墙不得少于2根。

砖砌体接槎时，必须将接槎处的表面清理干净，浇水湿润，并应填实砂浆，保持灰缝平直。框架结构房屋的填充墙，应与框架中预埋的拉结筋连接。隔墙和填充墙的顶面与上部结构接触处宜留侧砖或立砖斜砌挤紧。

5.3.2　石砌体施工

石砌体一般用于水处理塘、水体堤岸、挡土墙、构筑物基础及检查井等。

1. 材料要求及石料加工

（1）材料要求

石砌体所用的石材应质地坚实、无风化剥落和裂纹，强度等级必须符合设计要求。用于清水墙、柱表面的石材，应色泽均匀。

石材表面的泥垢、水锈等杂质，砌筑前应清除干净。毛石应呈块状，其中部厚度不宜小于15cm。料石的宽度、厚度均不宜小于20cm，长度不宜大于厚度的5倍。

砌筑砂浆的品种和强度等级应符合设计要求。砂浆的稠度宜为30～50mm，雨期或冬期稠度应小一些，在暑期或干燥气候情况下，稠度可大些。

（2）石料加工

石料加工技术，包括修边打荒、粗打、一遍凿、二遍凿等。

2. 基础施工

用天然石材作为基础，其强度比砖高得多，能够保证基础的质量。基础砌筑前，要检查基槽（坑）的尺寸及标高，清除杂物，按弹好的边线砌第一层石块。在适当的位置立皮数杆，皮数杆上要画出分层砌石高度及退台情况，皮数杆之间拉上准线，各层石块要按准线砌筑。

根据所放基础准线，先砌墙角石块，以此固定准线作为砌石的标准。砌第一皮时，应选较大或较平整的石块摞底。第一皮摞底的石块是建筑的根基，位置是否正确，砌筑是否稳固，对以后砌筑有很大影响。

（1）毛石基础

在土质基槽上先将大且较平整的石块铺满一层，再将砂浆铺入空隙处，用小石块填空挤入砂浆，然后用锤子打紧，务使砂浆充满空隙，使石块平稳密实。

（2）料石基础

在垫层或岩石面上将垫层或岩石面上清扫干净后，先铺上一层砂浆，再砌料石，使砂浆与料石粘结，这样可使料石受力均匀，增加稳定性。

3. 石墙体施工

（1）毛石墙

毛石墙是用乱毛石或平毛石与水泥砂浆砌筑而成。毛石墙的转角可用平毛石或料石砌筑。毛石墙的厚度不应小于350mm。

毛石墙砌筑前要选石、做面、放线、立皮数杆、拉准线等。选石是从石料中选取在应砌的位置上适宜大小的石块，并有一个面作为墙面，原则是“有面取面，无面取凸”，做面是把凸部或不需要的部分用铁锤打掉，做成一个面然后砌入墙中。放线、立皮数杆和拉准线在方法上与砌砖基本相同。

石砌体的组成形式应符合下列规定：内外搭砌，上下错缝，拉结石、丁砌石交错设置；毛石墙拉结石每0.7m^2墙面不应少于1块。

1）石墙的转角和丁字接头

转角应用角边是直角的“角石”，安放在转角处，将直角边安放在墙角的一面，并根据长短形状，纵横搭接的砌筑毛石墙体（图5-6）。

丁字接头应先取较平整的长方形石块，长短纵横上下皮相互错缝咬住槎子，不能通缝（图5-7）。

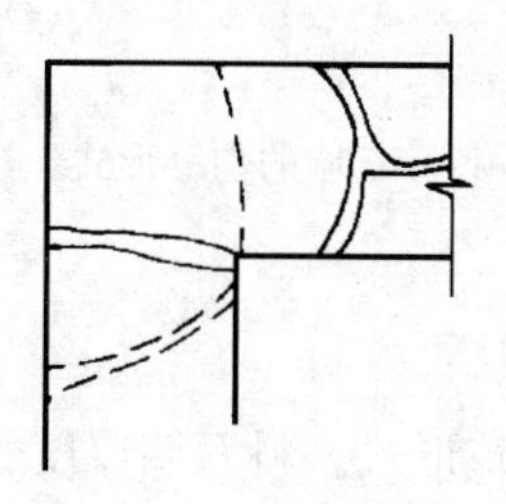

图5-6　毛石墙的转角

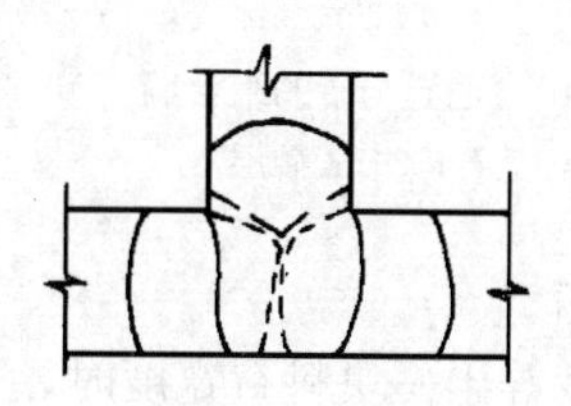

图5-7　毛石墙丁字接头

2）墙体砌筑

砌筑时石料大小搭接，大面朝下，外面平齐，上下错缝，内外交错搭砌，逐块卧砌坐浆。要选择比较平整的一面砌朝外面，较大空隙用碎石填塞。上下石块要相互错缝，内外搭接，墙中不应放斜面石和全部对合石（图 5-8）。整个墙体应分层砌筑，每层厚大约为 30～40cm。石墙面每 0.7m² 内、每层中间隔 1m 左右应砌与墙同宽的拉结石，同皮的水平中距不得大于 2.0m。上下层间拉结石的位置应错开（图 5-9）。砌体灰缝控制在 20～30mm，保证砂浆饱满，不得有干接现象。砌至控制高度时，要用水泥砂浆全面找平，以达到顶面平整。毛石砌体每天砌筑高度不大于 1.2m。

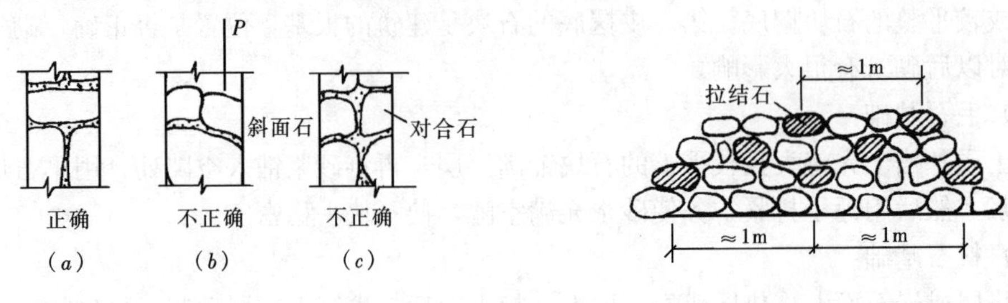

图 5-8　毛石墙砌筑

图 5-9　拉结石的位置

砌筑毛石挡土墙应符合下列规定：①每砌 3～4 皮为一个分层高度，每个分层高度应找平一次；②外露面的灰缝厚度不得大于 40mm，两个分层高度间分层处的错缝不得小于 80mm。

砌毛石与实心砖的组合墙时，毛石与砖同时砌筑，并每隔 4～6 皮砖加砌一皮丁砖层，使其与毛石砌体拉接，两种砌体间的空隙必须用砂浆填满（图 5-10）。

石墙的勾缝形式，一般多采用平缝或凸缝（图 5-11）。勾缝前应先剔缝，将灰缝刮深 2～3cm，墙面用水湿润，不整齐的要加以修整。勾缝用 1∶1 的水泥砂浆，有时还掺入麻刀，勾缝线条必须均匀一致，深浅相同。

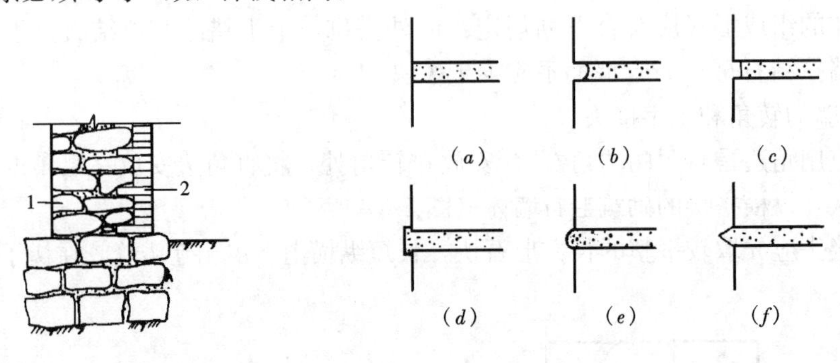

图 5-10　毛石与砖的组合墙

1—毛石；2—丁砖层

图 5-11　石墙的勾缝形式

（2）料石墙

料石墙厚度等于一块料石宽度时，可采用全顺砌筑形式。料石墙厚度等于两块料石宽度时，可采用两顺一丁或丁顺组砌的砌筑形式。砌筑料石砌体时，料石应放置平稳。细石料砌体的灰缝厚度不宜大于 5mm，粗料石和毛料石砌体的灰缝厚度不宜大于 20mm。料石砌体上下皮料石的竖向灰缝应相互错开，错开长度应不小于料石宽度的1/2。料石挡土墙，当中间部分用毛石砌时，丁砌料石伸入毛石部分的长度不应小于200mm。

挡土墙的泄水孔当设计无规定时，施工应符合下列规定：

① 泄水孔应均匀布置，在每米高度上间隔2m左右设置一个泄水孔；

② 泄水孔与主体间铺设长宽各为300mm、厚200mm的卵石或碎石作流水层。

挡土墙内侧回填土必须分层夯填，分层松土厚度应为300mm。墙顶上面应有适当坡度使流水流向挡土墙外侧面。

5.3.3　抹灰

抹灰是对砌体表面进行美化装饰，并使建筑物达到一定的防水防腐蚀等特殊要求的工程。在整个建筑物的施工工程中，它有工程量大，工期时间长，劳动强度大，技术要求较高的特点。

抹灰分为一般抹灰工程、饰面板工程和清水砌体嵌缝工程。在给水排水工程中一般均采用防水砂浆对砌体、钢筋混凝土的贮水或水处理构筑物等进行抹灰。

抹灰前应对基材表面的松动物、油脂、涂料、封闭膜及其他污染物必须清除干净，光滑表面应予凿毛，用水充分润湿新旧界面，但在抹灰前不得留有明水。

抹灰厚度较大时可分层作业，分层抹灰时底层砂浆必须搓毛以利面层粘结。抹灰面积较大时，应留分格缝，以4～6m为宜。

砂浆施工后必须进行养护，可用淋水的方式进行；不得使砂浆脱水过快，养护时间宜进行7d，以14d以上为最好。

第2篇

水工程管道施工技术与常用设备安装

第6章 室外管道工程施工

室外管道施工包括下管、排管、稳管、接口、质量检查与验收等施工项目。

管道敷设前，应检查沟槽开挖、堆土位置是否符合规定，检查管道地基情况，施工排水措施，沟槽安全及管材与配件是否符合设计要求等。

6.1 室外给水管道施工

6.1.1 下管与排管

1. 下管

下管应以施工安全、操作方便、经济合理为原则，考虑管径、管长、管道接口形式、沟深等条件选择下管方法。下管作业要特别注意安全问题，应有专人指挥，认真检查下管用的绳、钩、杠、铁环桩等工具是否牢靠。在混凝土基础上下管时，混凝土强度必须达到设计强度的50%才可下管。

(1) 人工下管

1) 压绳下管

此法适用于管径为400～800mm的管道。下管时，可在管子的两端各套一根大绳，把管子下面的半段绳用脚踩住，上半段用手拉住，两组大绳用力一致，将管子徐徐下入沟槽。

2) 后蹬施力下管法

下管时，于沟岸顺沟方向横卧一节管子，管与地面应接牢靠，而后将穿杠插入管内，用两根粗棕绳将待下管子绕管半圈，在将绕在管上面的两根绳头打成活节系在穿杠上，而在管下端的两根绳头则固定不动。下管时，将绳慢慢放松，将管子徐徐下至沟内。适用条件同压绳下管法。

3) 木架下管法

此法适用于直径900mm以内，长3m以下的管子。下管前预制一个木架，下管时沿槽岸跨沟方向放置木架，将绳绕于木架上，管子通过木架缓缓下入沟内。

(2) 起重机下管

采用起重机下管时，根据沟深、土质等定出起重机距边沟的距离、管材堆放位置、起重机往返线路等。一般情况下多采用轮胎式起重机下管；土质松软地段宜采用履带式起重机下管。

2. 排管

(1) 排管方向

对承插接口的管道，一般情况下宜使承口迎着水流方向排列；这样可以减少水流对接口填料的冲刷，避免接口漏水；在斜坡地区铺管，以承口朝上坡为宜。

但在实际工程中，考虑到施工的方便，在局部地段，有时亦可采用承口顺着水流方向排列。图 6-1 为在原有干管上引接分支管线的节点详图。若顾及排管方向要求，分支管配件连接应采用图 6-1（*a*）为宜，但自闸门后面的插盘短管的插口与下游管段承口连接时，必须在下游管段插口处设置一根横木作后背，其后续每连接一根管子，均需设置一根横木，安装尤其麻烦。如果采用图 6-1（*b*）所示分支管配件连接方式，其分支管虽然为承口背着水流方向排管，但其上承盘短管的承口与下游管段的插口连接，以及后续各节管子连接时均无须设置横木作后背，施工十分方便。

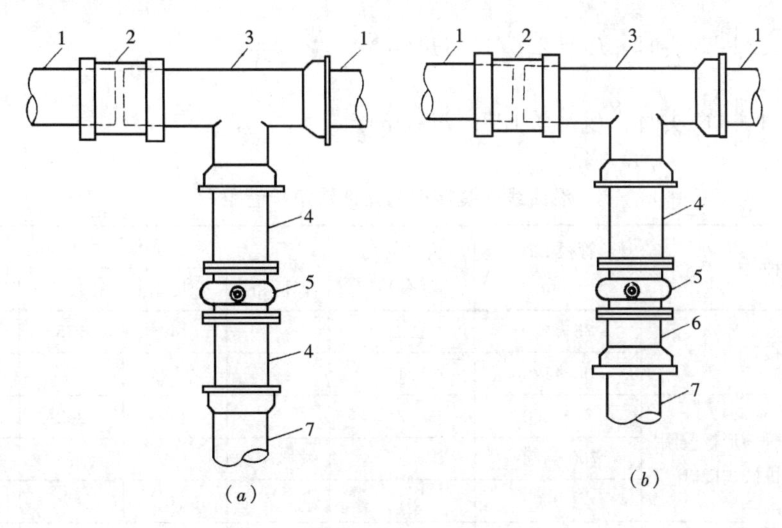

图 6-1　干管上引接分支管线节点详图

（*a*）分支管承口迎水流方向；（*b*）分支管承口顺水流方向

1—原建干管；2—套管；3—异径三通；4—插盘短管；

5—闸门；6—承盘短管；7—新接支管

（2）对口间隙与环向间隙要求

承插接口的管道排管组合直线上环向间隙与对口间隙应满足表 6-1 的要求。

承插式管道接口环向间隙和对口间隙　　表 6-1

DN（mm）	环向间隙（mm）	对口间隙（mm）
75	10^{+3}_{-2}	4
100～200	10^{+3}_{-2}	5
300～500	11^{+4}_{-2}	6
600～700	11^{+4}_{-2}	7
800～900	12^{+4}_{-2}	8
1000～1200	13^{+4}_{-2}	9

（3）管道自弯借转

一般情况下，可采用 90°弯头，45°弯头，$22\frac{1}{2}$°弯头，$11\frac{1}{4}$°弯头进行管道转弯，如果弯曲角度小于11°时，则可采用管道自弯借转作业。

管道允许转角和借距见表6-2。

管道自弯借转作业分水平自弯借转、垂直自弯借转以及任意方向的自弯借转。

排管时，当遇到地形起伏变化较大，新旧管道接通或跨越其他地下设施等情况时，可采用管道反弯借高找正作业。施工中，管道反弯借高主要是在已知借高高度 H 值的条件下，求出弯头中心斜边长 L 值，并以 L 值作为控制尺寸进行管道反弯借高作业。L 值的计算公式如下：

当采用45°弯头时：$L_1=1.414\times H$（m）；

当采用 $22\frac{1}{2}$°弯头时：$L_2=2.611\times H$（m）；

当采用 $11\frac{1}{4}$°弯头时：$L_3=5.128\times H$（m）。

沿曲线安装接口的允许转角和借距　　表6-2

接口种类	管径 DN（mm）	允许转角（°）	允许借距（mm）			
			管长3m	管长4m	管长5m	管长6m
刚性接口	75～450	2		140	175	209
	500～1200	1		70	87	105
滑入式T形、梯唇形橡胶圈接口及柔性机械式接口	75～600	3		209	262	314
	700～800	2		140	175	209
	≥900	1		70	87	105
预应力钢筋混凝土管	400～700	1.5			131	
	800～1400	1.0			87	
	1600～1700	0.5			44	
	1800～3000	0.5		35		
自应力钢筋混凝土管	100～250	1.5		105		
	300～800	1.5	79	105		

6.1.2　管材及管道接口

1. 铸铁管及其接口

（1）管材性能和规格

埋地铸铁管用作给水管，与钢管相比，价格较低，制造容易，耐腐蚀性较强。但铸铁管质脆，质量大。

承插式铸铁管分砂型浇注管与离心连续浇注管两种。砂型浇注管的插口端设置了小台，用作挤密油麻、胶圈等填料。离心连续浇注管的插口端尚未设小台，在承口内壁有突缘，仍可挤密填料。

为了提高管材的韧性及抗腐蚀性，推荐采用球墨铸铁管，淘汰灰口铸铁管。球墨铸铁管主要成分石墨为球状结构，较石墨为片状结构的灰口铸铁管管壁薄，质量轻。其生产工艺为：原料调质—球化处理—离心浇铸—退火处理—管内外壁处理—成品。

(2) 承插式刚性接口

承插式铸铁管刚性接口填料由嵌缝材料—敛缝填料组成。常用填料为麻—石棉水泥；橡胶圈—石棉水泥；麻—膨胀水泥砂浆；麻—铅等几种。

1) 麻及其填塞

麻是广泛采用的一种嵌缝材料，应选用纤维较长、无皮质、清洁、松软、富有韧性的麻，以麻辫形状塞进承口与插口间环向间隙。麻辫的直径约为缝隙宽的1.5倍，其长度较管口周长长5～10cm作为搭接长度，用錾子填打紧密。填塞深度约占承口总深度的1/3，距承口水线里缘5mm为宜。

填麻的作用是防止散状接口填料漏入管内并将环向间隙整圆，以及在敛缝填料失效时对管内低压水起挡水作用。

2) 橡胶圈及其填塞

由于麻易腐烂和填打时劳动强度大，可采用橡胶圈代替麻。橡胶圈富有弹性，具足够的水密性，因此，当接口产生一定量相对轴向位移和角位移时也不致渗水。

橡胶圈外观应粗细均匀，椭圆度在允许范围内，质地柔软，无气泡，无裂缝，无重皮，接头平整牢固，胶圈内环径一般为插口外径的0.85～0.90倍。橡胶圈截面直径按式(6-1)计算确定。

$$d_0=\frac{e}{\sqrt{K_R}\cdot(1-\rho)} \tag{6-1}$$

式中　d_0——橡胶圈截面直径（mm）；

e——接口环向间歇（mm）；

K_R——环径系数，取0.85～0.90；

ρ——压缩率，铸铁管取34%～40%，预应力、自应力钢筋混凝土管取35%～45%。

橡胶圈作嵌缝填料时，其敛缝填料一般为石棉水泥或膨胀水泥砂浆。

3) 石棉水泥接口

石棉水泥是一种使用较广的敛缝填料，有较高的抗压强度，石棉纤维对水泥颗粒有较强的吸附能力，水泥中掺入石棉纤维可提高接口材料的抗拉强度。水泥在硬化过程中收缩，石棉纤维可阻止其收缩，提高接口材料与管壁的粘着力和接口的水密性。

所用填料中，采用具有一定纤维长度的机选4F级温石棉和42.5以上强度等级的硅酸盐水泥。使用之前应将石棉晒干弹松，不应出现结块现象，其施工配合比为石棉∶水泥=3∶7，加水量为石棉水泥总重的10%左右，视气温与大气湿度酌情增减水量。拌合时，先将石棉与水泥干拌，拌至石棉水泥颜色一致，然后将定量的水徐徐倒进，随倒随拌，拌匀为止。实践中，使拌料能捏成团，抛能散开为准。加水拌制的石棉水泥灰应当在1h之内用毕。

为了提供水泥的水化条件，于接口完毕之后，应立即在接口处浇水养护。养护时间为1～2昼夜。养护方法是，春秋两季每日浇水两次；夏季在接口处盖湿草袋，每天浇水四次；冬季在接口抹上湿泥，覆土保温。

石棉水泥接口的抗压强度甚高，接口材料成本降低，材料来源广泛。但其承受弯曲应力或冲击应力性能很差，并且存在接口劳动强度大，养护时间较长的缺点。

4）膨胀水泥砂浆接口

膨胀水泥在水化过程中体积膨胀，增加其与管壁的粘着力，提高了水密性，而且产生密封性微气泡，提高接口抗渗性能。

膨胀水泥由为强度组分的硅酸盐水泥和作为膨胀剂的矾土水泥及二水石膏组成。按一定比例用作接口的膨胀水泥水化膨胀率不宜超过150%，接口填料的线膨胀系数控制在1%～2%，以免胀裂管口。

砂应采用洁净中砂，最大粒径不大于1.2mm，含泥量不大于2%。作为敛缝填料的膨胀水泥砂浆，其施工配合比通常采用膨胀水泥：砂：水=1：1：0.3。当气温较高或风力较大时，用水量可酌情增加，但最大水灰比不宜超过0.35。膨胀水泥砂浆拌合均匀，一次拌合量应在初凝期内用毕。

接口操作时，不需要打口，可将拌制的膨胀水泥砂浆分层填塞，用錾子将各层捣实，最外一层找平，比承口边缘凹进1～2mm。

膨胀水泥水化过程中硫酸铝钙的结晶需要大量的水，因此，其接口应采用湿养护，养护时间为12～24h。

5）铅接口

铅接口具有较好的抗震、抗弯性能，接口的地震破坏率远较石棉水泥接口低。铅接口操作完毕便可立即通水。由于铅具有一定的柔性，接口渗漏可不加剔口，仅需锤铅堵漏。因此，尽管铅的成本高、含毒性，一般情况下不用作管道接口的敛缝填料，但是在管道过河、穿越铁路、地基不均匀沉陷等特殊地段，及新旧管子连接、开三通等抢修工程时，仍采用铅接口。

铅的纯度应在99%以上。铅经加热熔化后灌入接口内，其熔化温度在320℃左右，当熔铅呈紫红色时，即为灌铅适宜温度，灌铅的管口必须干燥，雨天禁止灌铅，否则易引起溅铅或爆炸。灌铅前应在管口安设石棉绳，绳与管壁间之接触处敷泥堵严，并留出灌铅口。

每个铅接口应一次浇完，灌铅凝固后，先用铅钻切去铅口的飞刺，再用薄口钻子贴紧管身，沿铅口管壁敲打一遍，一钻压半钻，而后逐渐改用较厚口钻子重复上法各打一遍至打实为止，最后用厚口钻子找平。

（3）承插式柔性接口

上述几种承插式刚性接口，抗应变能力差，受外力作用容易产生填料碎裂与管内水外渗等事故，尤其在软弱地基地带和强震区，接口破碎率高。为此，可采用以下柔性接口。

1）楔形橡胶圈接口

如图6-2所示，承口内壁为斜槽形，插口端部加工成坡形，安装时由于承口斜槽内嵌入起密封作用的楔形橡胶圈。由于斜形槽的限制作用，橡胶圈在管内水压的作用下与管壁

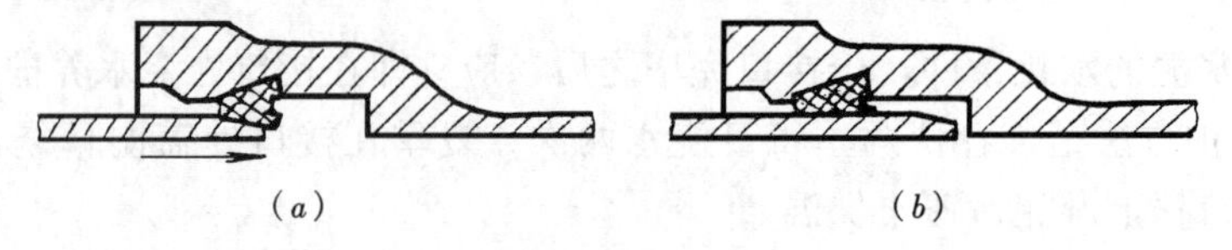

图6-2　承插口楔形橡胶圈接口

(*a*) 起始状态；(*b*) 插入后状态

压紧，具有自密性，使接口对于承插口的椭圆度、尺寸公差、插口轴向相对位移及角位移具有一定的适应性。

工程实践表明，此种接口抗震性能良好，并且可以提高施工速度，减轻劳动强度。

2）其他形式橡胶圈接口

为了改进工艺，铸铁管可采用角唇形、圆形、螺栓压盖形和中缺形胶圈接口，如图 6-3 所示。

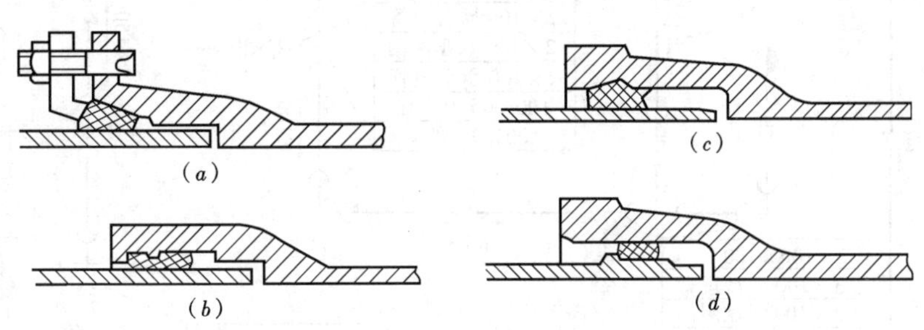

图 6-3　其他橡胶圈接口形式

(a) 螺栓压盖形；(b) 中缺形；(c) 角唇形；(d) 圆形

比较以上四种胶圈接口，可以看出，螺栓压盖形的主要优点是抗震性能良好，安装与拆修方便，缺点是配件较多，造价较高；中缺形是插入式接口，接口仅需一个胶圈，操作简单，但承口制作尺寸要求较高；角唇形的承口可以固定安装胶圈，但胶圈耗胶量较大，造价较高；圆形则具有耗胶量小，造价较低的优点，但其仅适用于离心铸铁管。

无论采用何种形式的承插铸铁管或何种形式的橡胶圈，都必须做到铸铁管的承插口形状与合适的橡胶圈配套。不得盲目选用，否则无法使用或造成接口漏水。

*DN*150 以下承插式柔性接口管道可人工利用杠杆将插口推入承口，*DN*200 及以上规格用钢丝绳和捯链拉入承口，管道转弯、分支等处必须设置混凝土支墩。

(4) 给水管网铸铁管及其配件结构图示例（图 6-4）

2. 钢筋混凝土压力管及其接口

(1) 管材性能与规格

预应力钢筋混凝土管是将钢筋混凝土管内的钢筋预先施加纵向与环向应力后，制成的双向预应力钢筋混凝土管，具有良好的抗裂性能，其耐土壤电流侵蚀的性能远较金属管好。

自应力钢筋混凝土管是借膨胀水泥在养护过程中发生膨胀，张拉钢筋，而混凝土则因钢筋所给予的张拉反作用力而产生压应力。也能承受管内水压，在使用上具有与预应力钢筋混凝土管相同的优点。

此外，还有带钢筒的和聚合物衬里的钢筋混凝土压力管。聚合物衬里预先制作成薄壁无缝筒带，筒带与混凝土接触的一面有许多键，均匀地分布在一圈上，聚合物筒带的两头焊上边环，形成管子的承口和插口。

上述几种钢筋混凝土压力管的接口形式多采用承插式橡胶圈接口，其胶圈断面多为圆形，能承受 1MPa 的内压力及一定量的沉陷、错口和弯折；抗震性能良好，在地震烈度 10 度左右接口无破坏现象；胶圈埋置地下耐老化性能好，使用期可长达数十年。

承插式钢筋混凝土压力管的缺点是质脆、体笨，运输与安装不方便；管道转向、分支

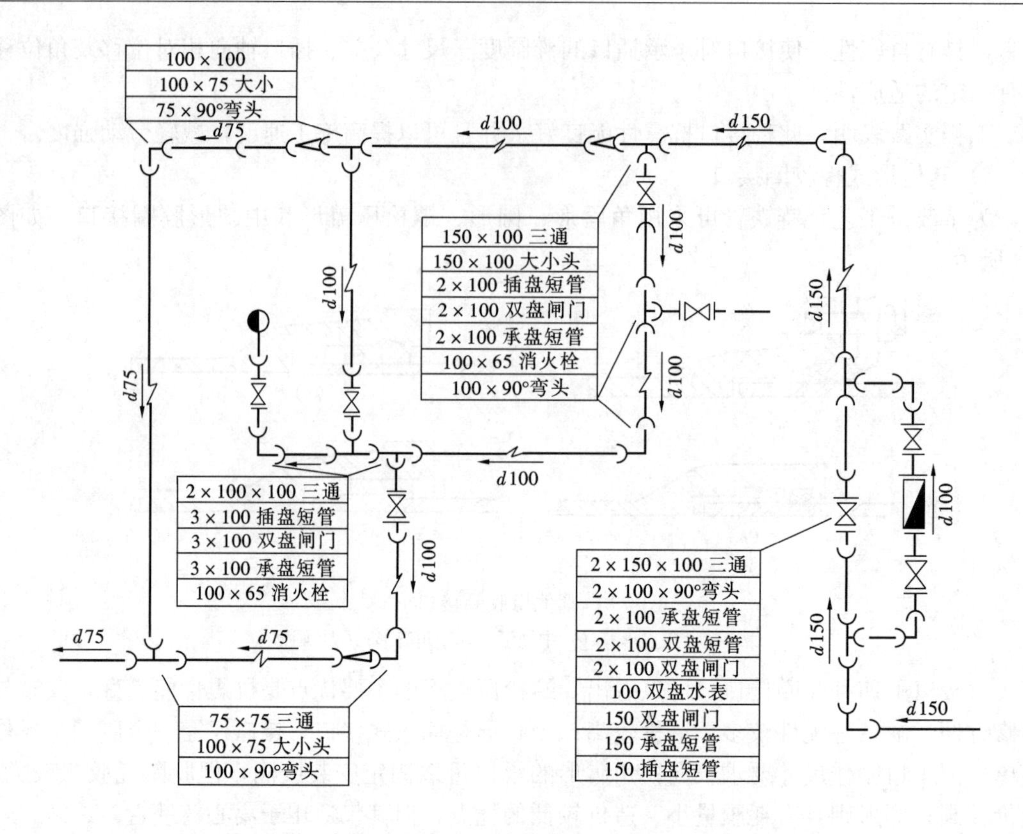

图 6-4　给水管网铸铁管及其配件结构图示例（单位：mm）

与变径目前还须采用金属配件。

（2）外观检查与胶圈选择

1）外观检查

认真反复地进行钢筋混凝土管外观检查是管道敷设前应把住的大关，否则会招致不良后果。外观检查的主要内容包括：管内壁应当平整；承插口接口工作面应光滑平正；插口如发生错位，管外表面不得高于挡台；保护层不得有空鼓、脱落与裂纹等。

2）橡胶圈的选择

钢筋混凝土管的接口均用橡胶圈密封。为使其达到密封不漏水，胶圈必须安在工作面的正确位置上，且具一定压缩率，以保证在管内水压作用下不被挤出，因此要选择好胶圈直径。

管子在出厂时均盖有所配胶圈直径的字样，但因批量生产，往往有漏检部位，在施工现场应复检。插口工作面因制作管模由插口钢圈控制，其误差大都在允许公差范围以内，可省略不量；但承口工作面误差较大，则应当复检。

下面列出胶圈尺寸与公差表（表 6-3）。

胶圈尺寸与公差表　　　　**表 6-3**

管内径（mm）	胶圈直径（mm）	胶圈内环径（mm）	环径系数
400	22±0.5	439±5	0.87
600	24±0.5	622±5	0.87
800	24±0.5	807±5	0.87
1000	26±0.5	1000±5	0.87

(3) 管道安装

承插式钢筋混凝土压力管是靠挤压在环向间隙内的橡胶圈来密封，为了使胶圈能均匀而紧密地达到工作位置，必须采用具有产生推力或拉力的安装工具进行管道安装。

图6-5是采用拉杆千斤顶法安装管道的示意图。拉杆千斤顶法的操作程序如下：

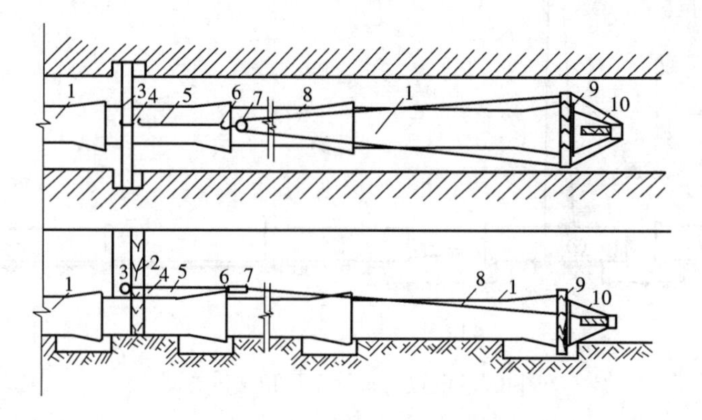

图6-5　拉杆千斤顶法示意图

1—钢筋混凝土管道；2、3—横木锚点；4—钢丝绳扣；5—钢筋拉杆；6—S扣；7—滑轮；8—钢丝绳；9—顶木；10—千斤顶

1）预先在横跨于已安好一节管子的管沟两侧安置一截横木作为锚点，横木上装一钢丝绳扣，钢丝绳扣套入一根钢筋拉杆（其长度等于一节管长），每安装一根加接一根拉杆，拉杆间用S扣连接，再用一根钢丝绳兜经千斤顶接到拉杆上。为使两边钢丝绳在顶进过程中拉力保持平衡，中间可连接一个滑轮。

2）将胶圈平直地套在待安装管的插口上。

3）用导链将插口吊起，使管慢慢移至承口处作初步对口。

4）开动千斤顶进行顶装。顶装时，应随时沿管四周观测胶圈与插口进入情况。若管下部进入较少或较慢时，可采用捯链将插口稍稍吊起；若管右边进入较少或较慢，则可用撬在承口左边将管向右侧稍拨一些。

5）将待安管顶至设计位置后，经找平找正即可松开千斤顶。一般要求相邻两管高程差不超过±2cm，中心线左右偏差不超过3cm。

图6-6是采用“设置后背管千斤顶法”安装管道的示意图。其操作程序如下：

1）先将1号管安正，插口一端于沟壁支撑好，管身中部用土压实。

2）将2号待安管用捯链移至距1号已安管前边相距约15cm处，将胶圈平直地套在2号管插口上，并由插口端部量出插口深度安装线与顶进控制线，并在管壁上分别绘出它们的红色标志线。

3）将3号、4号、5号、6号等4～5根管子的插口套入承口内串接起来，均不套上胶圈，充作后背管。其中，3号管插口距2号管承口约50cm，其间设置千斤顶与横木，千斤顶顶进作用点为自管底计起管外径1/3处。

4）开动千斤顶，将2号管插口徐徐顶入1号管承口内。顶管时，应随时沿四周观测胶圈与插口进入情况，如出现深浅不匀，应及时用钻子调匀。当顶至顶进控制线与1号管承口端部重合，并经检查合格后，松开千斤顶，此时，1号管承口端部与2号管插口深度

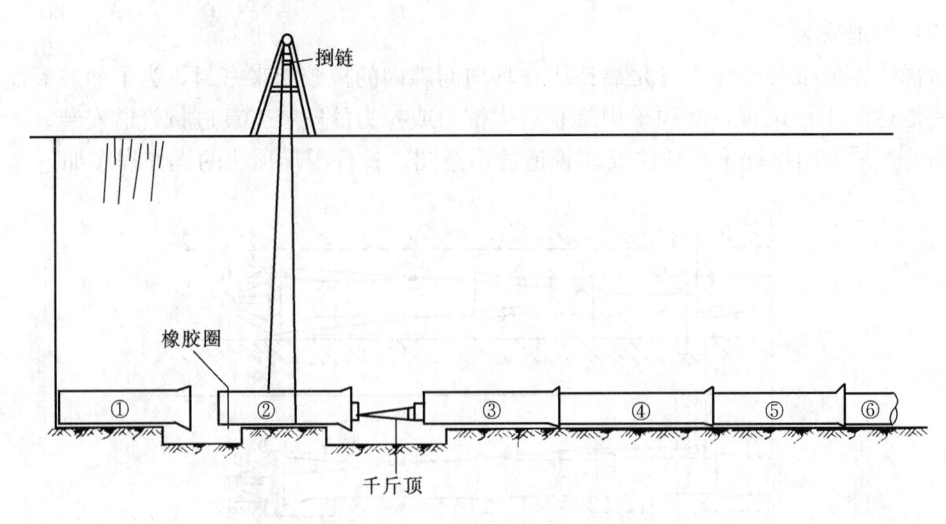

图 6-6　设置后背管千斤顶法示意图

标志线重合（即管子稍有回弹量 1cm）。

5）2 号管安装完毕，再用捯链将 3 号管移过来作待安管，以 4 号、5 号、6 号、7 号等管子串接作后背管，如此依次循序顶进。

3. 钢管及接口

钢管自重轻、强度高、抗应变性能比铸铁管及钢筋混凝土压力管好、接口操作方便、承受管内水压力较高、管内水流水力条件好，但钢管的耐腐蚀性能差、易生锈，应做防腐处理。常用于设备连接或大口径供水管，为防止水质二次污染应严格按照设计要求施工。

钢管有热轧无缝钢管和纵向焊缝或螺旋焊缝的焊接钢管。大直径钢管通常是在加工厂用钢板卷圆焊接而成，称为卷焊钢管。

钢管主要采用焊接口，还有法兰接口及各种柔性接口。焊接口通常采用气焊、手工电弧焊和自动电弧焊、接触焊等方法。

（1）手工电弧焊

在现场多采用手工电弧焊。

1）焊缝形式与对口

为了提高管口的焊接强度，应根据管壁厚度选择焊缝形式（图 6-7）。

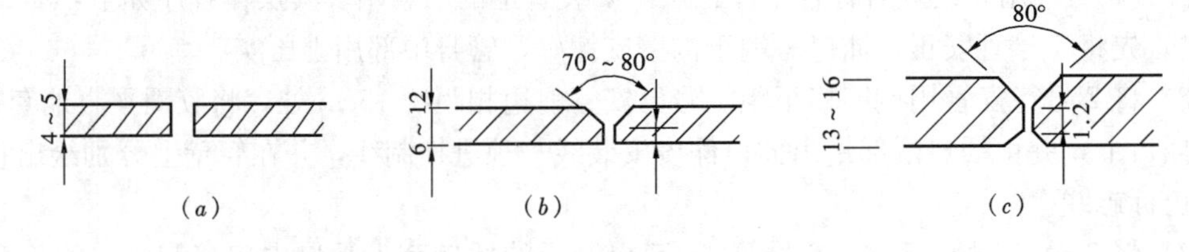

图 6-7　焊缝形式

(a) 平口；(b) V 形坡口；(c) X 形坡口

管壁厚度 $\delta<6$mm 时，采用平口焊缝；$\delta=6\sim12$mm 时，采用 V 形焊缝；$\delta>12$mm，而且管径尺寸允许焊工进入管内施焊时，应采用 X 形焊缝。

焊接时两管端对口的允许错口量控制在管壁厚度的 10%以内，且不得大于 2mm。

2）焊接方法

如图6-8所示，依据电焊条与管子间的相对位置分为平焊、立焊、横焊与仰焊等。焊缝分别称为平焊缝、立焊缝、横焊缝及仰焊缝。平焊易于施焊，焊接质量得到保证，焊管时尽量采用平焊，可采用转动管子，变换管口位置来达到。

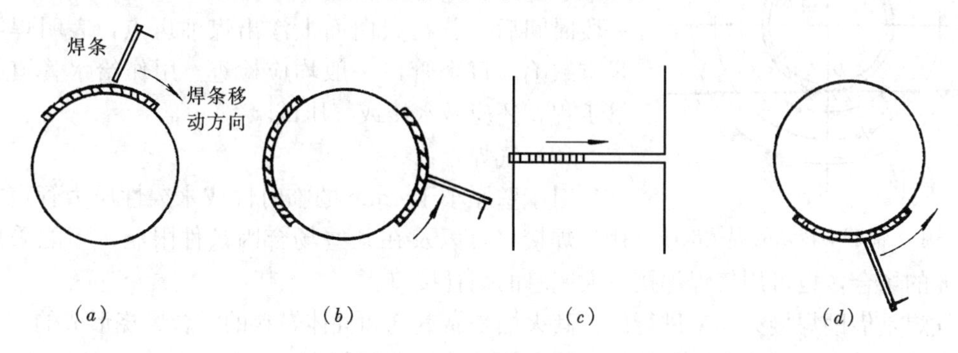

图6-8　焊接方法

(a) 平焊；(b) 立焊；(c) 横焊；(d) 仰焊

焊接口的强度一般不低于管材本身的强度。为此，要求焊缝通焊，并可采用多层焊接。若管子直径较小，则应采用加强焊。

钢管一般在地面上焊成一长段后下到沟槽内，下管时，应防止管道变形破坏。由于沟槽内焊接管道有仰焊与立焊，槽内操作困难，焊接质量不易保证，应尽量减少槽内施焊。

槽外焊接有转动焊与非转动焊两种方法。为了焊接时保证两管相对位置不变，先应在焊缝上点焊三、四处。转动焊在焊接时绕管纵轴转动，避免仰焊。管口三层焊缝分段焊接时，其焊接次序如图6-9所示。第一层焊缝，先由A点焊至B点，再由D点焊至C点；然后将管子旋转90°，由D点焊至A点，再由C点焊至B点。第二焊层是沿着一个方向将管周全部长度一次焊完，并可始终采用平焊缝，为此，应将管子转动四次。第二层焊缝长，采用较粗的焊条。二层与三层的焊法一样，但管子转动方向相反，以减少收缩应力。

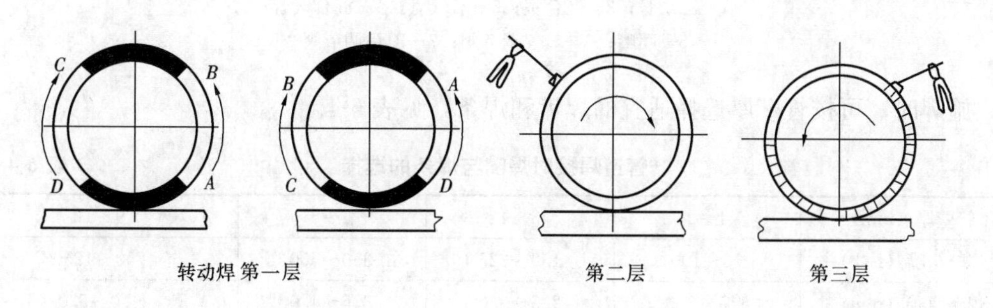

图6-9　管道三层焊缝转动焊

大口径钢管管节长，自重大，转动不便，可采用不转动焊（固定口焊接），施焊方向自下而上，最好两侧同时施焊。为了减少收缩应力，第一层焊缝分三段焊接，以后各层可采用两段焊接。各次焊接的起点应当错开，如图6-10所示。

长距离钢管接口焊接还可采用接触焊，焊接质量好，并可自动焊接。

焊接完毕后进行的焊缝质量检查包括外观检查和内部检查。

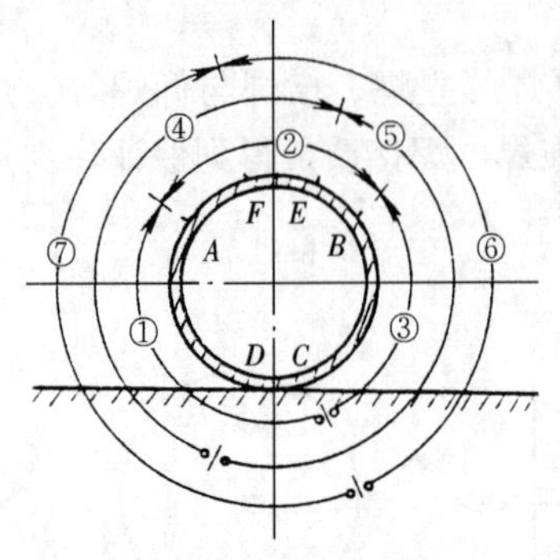

图 6-10　管道不转动的焊接次序

外观缺陷主要有焊缝形状不正、咬边、焊瘤、弧坑、裂缝等；内部缺陷有未焊透、夹渣、气孔等。焊缝内部缺陷通常可采用煤油检查方法进行检查：在焊缝一侧（一般为外侧）涂刷大白浆，在焊缝另一侧涂煤油。经过一段时间后，若在大白面上渗出煤油斑点，表明焊缝质量有缺陷。每个管口一般均应检查。用作给水管道的钢管工程，还应做水压或气压试验。

（2）气焊

对于壁厚小于4mm的临时性或永久性压力管道才采用气焊接口，以及在某些场合因条件限制，不能采用电焊作业的场合，也可用气焊焊接较大壁厚的钢管接口。

气焊是借助焊接火焰来进行的，其火焰是靠氧气和气体燃料的混合燃烧形成的。一般采用乙炔气瓶（有的地方用乙炔发生器）的乙炔气及氧气瓶的氧气通过各自的调压阀后，分别用高压胶管输送至焊炬（又称焊枪）（图 6-11），使氧气和乙炔气在焊炬的混合室中混合，并从焊嘴喷出、点燃，利用乙炔气和氧气混合燃烧产生的高温火焰来达到熔化焊件接口及焊条实现焊接的目的。氧气和乙炔气的配合比可由焊炬上的调节阀调节，钢管焊接所用配合比一般为1～1.2。

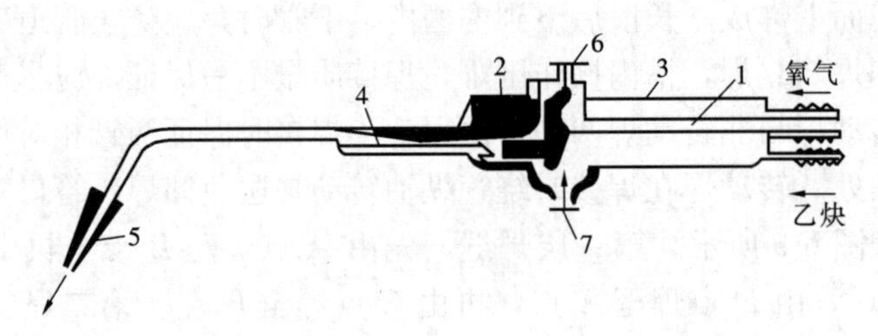

图 6-11　射吸式焊炬

1—乙炔管；2—混合室；3—氧气管；4—混合气管；
5—喷嘴；6—氧气调节阀；7—乙炔调节阀

施焊时，可按管壁厚选择适宜的焊嘴和焊条，见表 6-4。

管道焊接时焊嘴与焊条的选择　　**表 6-4**

管壁厚（mm）	1～2	3～4	5～8	9～12
焊　　嘴（L/h）	75～100	150～225	350～500	750～1250
焊条直径（mm）	1.5～2.0	2.5～3.0	3.5～4.0	4.0～5.0

1）管子对口

当管壁厚度大于3mm时，焊接端应开30°～40°坡口，在靠管壁内表面的垂线边缘上留1.0～1.5mm的钝边，对口时两焊接管端之间留出1～2mm的间隙；管壁厚度为2～3mm的管子，焊接端可不开坡口，对口间隙仍为1～2mm；管壁厚度小于2mm的管子，可采用卷边焊接，对口时不留间隙。

管子对口找正，保证错口控制在管壁厚度的10%以内。然后点焊固位，按口径大小点焊 3～4 处，每次点焊长度为 8～12mm。点焊高度为管壁厚的 2/3。

2）焊接方法

气焊的操作方法有左向焊法和右向焊法两种，一般宜采用右向焊法。

左向焊法时，焊条在前面移动，焊枪跟随在后，自右向左移动；右向焊时，焊枪在前头移动，焊条跟随在后，自左向右移动。

右向焊法用于焊接管壁大于 5mm 的管件，其焊接速度比左向焊法快 18%，氧与乙炔的消耗量减少 15%，还能改善焊缝机械性能，减少金属的过热及翘曲。

施焊时，焊条末端不得脱离焊缝金属熔化处。以免氧、氮渗入焊缝金属，降低焊口机械性能。各道焊缝须一次焊毕，以减少接头，需中断焊接时，焊接火焰应缓缓离开，以使焊缝中气体充分排除，避免产生裂纹、缩孔或气孔等。

焊接质量要求：焊缝处的焊肉和波纹粗细、厚薄应均匀规整，无夹渣、气孔、裂缝等。加强面的高度和宽度应合乎标准（表 6-5）。除此以外还应按管道系统要求进行水压试验、气压试验或浸油试验检查焊口的严密性。对高温高压或有特殊要求的管道，其管道焊接口可采用 X 或 γ 射线检查及超声波检查焊缝内部缺陷。

氧—乙炔焊焊缝加强面高度和宽度 **表 6-5**

管壁厚度（mm）	1～2	3～4	5～6	焊缝形式
焊缝加强高度 h（mm）	1～1.5	1.5～2	2～2.5	b h
焊缝宽度 b（mm）	4～6	8～10	10～14	

4. 塑料管及其接口

塑料管具有良好的耐腐蚀性及一定的机械强度，加工成型与安装方便，输水能力强，材质轻、运输方便，价格便宜等优点。其缺点是强度低、刚性差，热胀冷缩大，在日光下老化速度加快，易于断裂。

目前国内供作给水管道的塑料管有硬聚氯乙烯管（UPVC 管）、聚乙烯管（PE 管）、聚丙烯管（PP 管）等。通常采用的管径为 15～200mm 之间，有的已经使用到 200mm 以上。塑料管作为给水管道的工作压力通常为 0.4～0.6MPa，有的可达到 1.0MPa。

（1）硬聚氯乙烯塑料管接口（表 6-6）

硬聚氯乙烯塑料管接口方式与作法 **表 6-6**

接口方式	安装程序	注意事项
热风焊接	焊枪喷出热空气达到 200～240℃，使焊条与管材同时受热，成为韧性流动状态，达塑料软化温度时，使焊条与焊接件相互粘接而焊牢	焊接问题超过塑料软化点，塑料会产生分化，燃烧而无法焊接
法兰连接	一般采用塑料松套法兰或塑料焊接法兰接口。法兰与管口间一般采用凸缘接、翻边接或焊接	法兰面应垂直于接口焊接而成，垫圈一般采用橡胶垫

续表

接口方式	安装程序	注意事项
承插粘接	先进行承口扩口作业，使承插口环向间隙为0.15～0.30mm。承口深度一般为管外径的1～1.5倍 粘接前，用丙酮将承插口表面擦洗干净，涂一层“601”胶粘剂，再将承插口连接	“601”胶粘剂配合比为：过氯乙烯树脂：二氯乙烷＝0.2：0.8 涂刷胶粘剂应均匀适量，不得漏刷，切勿在承插口间与接口缝隙处填充异物
胶圈承插连接	将胶圈嵌进承口槽内，使胶圈贴紧于凹槽内壁，在胶圈与插口斜面涂一层润滑油，再将插口推入承口内	橡胶圈不得有裂纹、扭曲及其他损伤 插入时阻力很大应立即退出，检查胶圈是否正常，防止硬插时扭曲或损坏密封圈

（2）聚丙烯塑料管接口（表6-7）

聚丙烯塑料管接口方式与作法　　**表6-7**

接口方式	安装程序	注意事项
热风焊接	将待连接管两端制成坡口。用焊枪喷出240℃左右的热空气使两端管及聚丙烯焊条同时熔化，再将焊枪沿加热部位后退即成	适用于压力较低条件下
加热插粘接	将待安管的管端插入170℃左右工业甘油内加热；然后在已安管管端涂上胶粘剂，将在油中加热管端变软的待安管从油中取出，再将已安管插入待安管管端，经冷却后，接口即成	适用于压力较低条件下
热熔压接	将两待接管管端对好，使恒温电热板夹置两管端之间，当管端熔化后，即将电热板抽出，再用力压紧熔化的管端面，经冷却后，接口即成	适用于中、低压力条件下
钢管插入搭接法	将两待接管的管端插入170℃左右甘油中，再将钢管短节的一端插入到熔化的管端，经冷却后将接头部位用钢丝绑扎；再将钢管短节的另一头插入到熔化的另一管端，经冷却后用钢丝绑扎。这样，两条待安管由钢管短节插接而成	适用于压力较低条件下

（3）聚乙烯塑料管接口

1）丝扣接口

将两管管端采用代丝轻溜一道管丝扣，然后拧入带内丝管件内，拧紧接口即成。

2）热风焊接、承插粘接、热熔压接及钢管插入搭接法等均可用于聚乙烯塑料管连接。

5. 柔性管道技术及其应用

刚性连接组成的弹性管道系统，由于温差引起的变形、支架移位、施工误差等因素造成弹性应力转移，使管道局部或设备突然遭到破坏，闸门或泵损伤或失灵，管线发生位移，连接处渗漏。以往为了解决这些问题，工程设计采用集中补偿，管线滑动，制作各种支吊架，加大安全系数等措施。硬性安装十分困难，致使施工难以达到设计应力状态；运行过程中不可测因素或某点的改变均会产生系统的变化，这是超静定系统固有的特点。

柔性管道刚性连接或者刚性管道柔性连接组成的柔性管道系统从根本上消除了弹性应

力转移，实现了分散补偿，增强了系统的安全性，设计计算简便，能使安装与设计应力状态一致。

柔性管道系统包括：柔性连接、配件及支架，柔性管，柔性接口闸门，柔性接口泵，柔性接口容器等。由于系统所具有的技术性能，解决了实际工程中长期存在的如地震设防、管道水击减震、施工困难、峰值应力、设备保护等问题。系统具有良好的经济效益：如施工费用降低了10%～20%；施工速度提高三倍左右；原材料消耗节约10%～20%。

6.1.3　管道质量检查与验收

压力管道水压试压是管道施工质量检查的重要措施，其目的是衡量施工质量，检查接口质量，暴露管材及管件强度、缺陷、砂眼、裂纹等弊病，以达到设计质量要求，符合验收条例。

1. 压力管道水压试验

压力管道水压试验合格的判定依据分为允许压力降值和允许渗水量值，按设计要求确定；设计无要求时，应根据工程实际情况，选用其中一项值或同时采用两项值作为试验合格的最终判定依据。

（1）确定试验压力值（见表6-8）。

管道水压试验压力值的确定要求　　**表6-8**

<table>
<tr><th>管材类型</th><th>工作压力 P（MPa）</th><th>试验压力值（MPa）</th><th>允许压力降（MPa）</th></tr>
<tr><td>焊接接口钢管</td><td>P</td><td>$P+0.5$ 且不应小于0.9</td><td>0</td></tr>
<tr><td rowspan="2">铸铁及球墨铸铁管</td><td>≤0.5</td><td>$2P$</td><td rowspan="2">0.03</td></tr>
<tr><td>>0.5</td><td>$P+0.5$</td></tr>
<tr><td rowspan="2">预(自)应力混凝土管
预应力钢筒混凝土管</td><td>≤0.6</td><td>$1.5P$</td><td rowspan="3">0.03</td></tr>
<tr><td>>0.6</td><td>$P+0.3$</td></tr>
<tr><td>现浇钢筋混凝土管渠</td><td>≥0.1</td><td>$1.5P$</td></tr>
<tr><td>化学建材管</td><td>P</td><td>$1.5P$ 且不应小于0.8</td><td>0.02</td></tr>
<tr><td>水下管道</td><td>P</td><td>$2.0P$ 且不应小于1.2</td><td>0</td></tr>
</table>

（2）试验前的准备工作

1）分段

试压管道不宜过长，否则很难排尽管内空气，影响试压的准确性；管道是在部分回填土条件下试压，管线太长，查漏困难；在地形起伏大的地段铺管，须按各管段实际工作压力分段试压；管线分段试压有利于对管线分段投入运行，可及早产生效益。

试压分段长度不宜大于1km；管线转弯多时不宜大于0.5km；对湿陷性黄土地区的分段长度应取200m；管道通过河流、铁路等障碍物的地段须单独进行试压。管道采用两种（或两种以上）管材时，宜按不同管材分别进行试验，否则按试验控制最严的管段标准进行试验。

2）排气

试压前必须排气。由于管内空气的存在，受环境温度影响，压力表显示结果不真实；试压管道发生少量漏水时，压力表就难以显示，压力表指针也稳不住，致使下跌。

排气阀通常设置在起伏的顶点处，对长距离水平管道，须进行多点开孔排气。灌水排气须保证排出水流中无气泡，水流速度不变。

3）泡管

管道灌水应从低处开始，以便于排除管内空气。灌水之后，为使管道内壁与接口填料充分吸水，需要一定的管道浸泡时间。一般要求铸铁类管、化学建材管及钢管的浸泡时间不小于24h；内径≤1000的钢筋混凝土类管（渠）浸泡时间不小于48h，内径>1000的钢筋混凝土类管（渠）浸泡时间不小于72h。

4）仪表及加压设备

为了观察管内压力升降情况，须在试压管段两端分别装设压力表，为此，须在管端的法兰堵板上开设小孔，以便连接。压力表精度不应低于1.5级，最大量程宜为试验压力的1.3～1.5倍，表盘的公称直径不宜小于150mm，使用前经校正并具有符合规定的检定证书。

加压设备可视试压管段管径大小选用。一般，当试压管的管径小于300mm时，采用手摇试压泵加压；当试压管径大于或等于300mm时，采用电动试压泵加压。

5）支设后背

试压时，管道堵板以及转弯处会产生很大的压力，试压前必须设置后背。后背支设的要点是：

① 后背应设在原状土后背墙或人工后背墙上，后背墙土质松软时，应采取加固措施。后背墙支撑面积可视土质与试验压力值而定，一般原状土质可按承压0.15MPa予以考虑。墙厚一般不得小于5m。与后背接触的后背墙墙面应平整，并应与管道轴线垂直。

② 后背应紧贴后背墙，并应有足够的传力面积、强度、刚度和稳定性。必要时需计算确定。

③ 采用千斤顶压紧堵板时，管径为400mm管道，可采用1个30t千斤顶；管径为600mm管道，采用1个50t的千斤顶；管径为1000mm的管道，采用1个100t油压千斤顶或3个30t千斤顶。

④ 刚性接口的铸铁管，为了防止上千斤顶对接口产生影响，靠近后背1～3个接口应暂时不做，待后背支设好再做。

⑤水压试验应在管件支墩安置妥当且达到要求强度之后进行，对那些尚未作支墩的管件应做临时后背。沿线弯头、三通、减缩管等应力集中处管件的支墩应加固牢靠。

6）其他

① 水压试验应在管件支墩及锚固设施安置妥当且达到要求强度之后进行，对那些尚未作支墩的管件应做临时后背。沿线弯头、三通、减缩管等应力集中处管件的支墩应加固牢靠。

② 水压试验过程中，后背顶撑、管道两端严禁站人；管道顶部回填土宜留出接口位置以便检查渗漏处。

③ 试验管段所有敞口应封闭，不得有渗漏水现象；不得用闸阀做堵板，不得含有消火栓、水锤消除器、安全阀等附件；试验前应清除管道内的杂物。

（3）水压试验方法

水压试验分为预试验阶段和主试验阶段。

1）预试验阶段

① 将管道内水压缓缓地升至试验压力并稳压 30min，期间如有压力下降可注水补压，但不得高于试验压力且不得低于管段工作压力；

② 检查管道接口、配件等处有无漏水、损坏现象；严禁在试压过程中对试验管段接口及管身进行敲打或修补缺陷、渗漏点。

③ 有漏水、缺陷及损坏现象时应及时停止试压，查明原因并采取相应措施进行修补、更换后重新试压。

④ 聚乙烯管、聚丙烯管及其复合管完成上述操作后，应停止注水补压并稳定 30min，当 30min 后压力下降不超过试验压力的 70%，则预试验结束。否则重新试验。

⑤ 若大口径球墨铸铁管、玻璃钢管、预应力钢筒混凝土管或预应力混凝土管等管道进行了单口水压试验，且合格者，可免去预试验阶段。

2）主试验阶段

① 允许压力降试验（又称落压试验）

该法的试验原理是，漏水量与压力下降速度及数值成正比。其试验设备布置如图6-12所示。允许压力降具体操作程序如下：

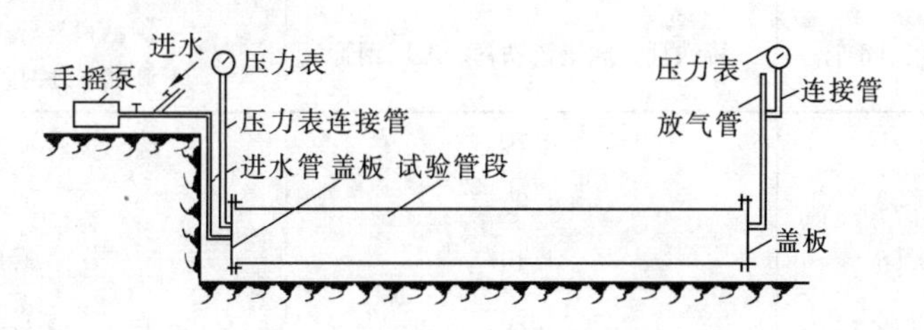

图 6-12　落压试验设备布置示意

a. 用试压泵向管内灌水分级升压，每升压一级应检查后背、支墩、管身及接口，当无异常时，再继续升压。让压力升高至试验压力值（其数值于压力表上显示）；

b. 水压升至试验压力后，停止注水补压，保持恒压 15min；

c. 当 15min 后压力下降不超表 6-8 中所列允许压力降数值时，将试验压力降至工作压力并保持恒压 30min，进行接口、管身等外观检查，若无漏水现象，则允许压力降试验合格。

② 允许渗水量试验（又称漏水量试验）

该法的试验原理是，在同一管段内，压力相同，则其漏水总量与补水总量也相同。其试验设备布置如图 6-13 所示。

允许渗水量试验操作程序如下：

a. 用试压泵向管内灌水分级升压，当管道加压到试验压力后开始计时。

b. 恒压延续时间不得少于 2h。每当压力下降，应及时向管道内补水，保持管道试验压力恒定，最大压降不得大于 0.03MPa；

c. 计量恒压时间内补入试验管段内的水量 W（L），恒压延续时间 T（min）；

d. 根据试验管长度 L（m），按公式（6-2）计算其实测渗水量 q 值：

$$q=\frac{W}{TL}\times 1000(\text{L}/(\text{min}\cdot\text{km})) \tag{6-2}$$

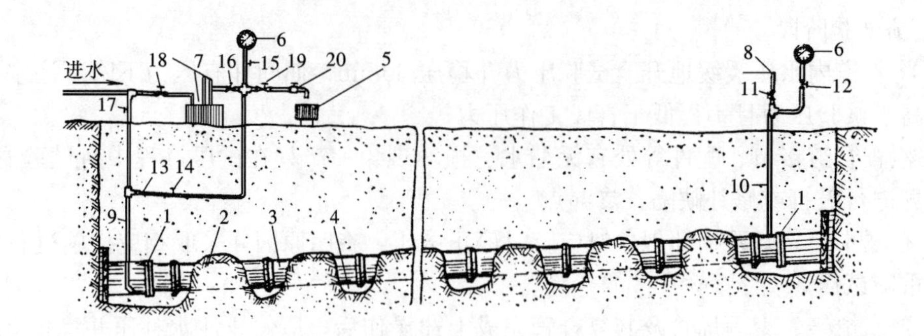

图6-13　渗水量试验设备布置示意

1—封闭端；2—回填土；3—试验管段；4—工作坑；5—水筒；6—压力表；7—手摇泵；8—放气口；9—水管；10、13—压力表连接管；11、12、14、15、16、17、18、19—闸门；20—龙头

当求得之 q 值小于表6-9的规定值时，即认为允许渗水量试验合格。

压力管道水压试验允许渗水量　　　　**表6-9**

管道内径（mm）	允许渗水量 q（L/（min·km））		
	焊接接口钢管	铸铁管、球墨铸铁管、玻璃钢管	预（自）应力混凝土管、预应力钢筒混凝土管
100	0.28	0.70	1.40
150	0.42	1.05	1.72
200	0.56	1.40	1.98
300	0.85	1.70	2.42
400	1.00	1.95	2.80
600	1.20	2.40	3.44
800	1.35	2.70	3.96
900	1.45	2.90	4.20
1000	1.50	3.00	4.42
1200	1.65	3.30	4.70
1400	1.75	—	5.00

注：1. 当管径大于表中规定时，钢管：$q=0.05\sqrt{Di}$；球墨铸铁管（玻璃钢管）：$q=0.1\sqrt{Di}$；预（自）应力混凝土管、预应力钢筒混凝土管：$q=0.14\sqrt{Di}$；现浇钢筋混凝土管渠：$q=0.014Di$；Di——管道内径（mm）。

2. 塑料管及复合管的允许渗水量：$q=3\times\frac{Di}{25}\times\frac{P}{0.3\alpha}\times\frac{1}{1440}$。式中：$\alpha$——温度-压力折减系数，当试验水温0～25℃时，$\alpha$ 取1；25～35℃时，α 取0.8；35～45℃时，α 取0.63。

③ 聚乙烯管、聚丙烯管及其复合管主试验

a. 在预试验阶段结束后，迅速将管道泄水降压，降压量为试验压力的10%～15%；期间应准确计量降压所泄出的水量（ΔV），并按下式计算允许泄出的最大水量 ΔV_{max}：

$$\Delta V_{max}=1.2V\Delta P\left(\frac{1}{E_w}+\frac{D_i}{e_n E_p}\right) \tag{6-3}$$

式中　V——试压管段总容积（L）；

ΔP——降压量（MPa）；

E_w——水的体积模量（MPa），不同水温时 E_w 值可按表 6-10 采用；

E_p——管材弹性模量（MPa），与水温及试压时间有关；

D_i——管材内径（m）；

e_n——管材公称壁厚（m）。

ΔV 小于或等于 ΔV_{max}时，继续下述操作；ΔV 大于 ΔV_{max}时应停止试压，排出管内过量空气再从预试验阶段开始重新试验；

温度与体积模量关系　　表 6-10

温度（℃）	体积模量（MPa）	温度（℃）	体积模量（MPa）
5	2080	20	2170
10	2110	25	2210
15	2140	30	2230

b. 每隔 3min 记录一次管道剩余压力，应记录 30min；30min 内管道剩余压力有上升趋势时，则水压试验结果合格；

c. 30min 内管道剩余压力无上升趋势时，则应持续观察 60min；整个 90min 内压力下降不超过 0.02MPa，则水压试验结果合格；反之，则水压试验结果不合格，应查明原因并采取相应措施后再重新组织试压。

2. 管道安装允许偏差与检验方法

(1) 位置及高程

检验方法：检查测量记录或用经纬仪、水准仪、直尺、拉线和尺量检查。

允许偏差：见表 6-11。

管道坐标、高程的允许偏差　　表 6-11

管材类别	项　目	管道内径（mm）	允许偏差（mm）
焊接接口钢管、铸铁管、球墨铸铁管塑料类管道、复合管	轴线位置		30
	高　程		±20
预（自）应力混凝土管 预应力钢筒湿凝土管	轴线位置		30
	高　程	D=1000	±20
		D>1000	±30
现浇钢筋混凝土管渠	轴线位置		15
	高　程		±10
水下铺设管道	轴线位置		50
	高　程		0 −200

(2) 其他尺度

检验方法：用水平尺、直尺、拉线、吊线和尺量检查。

允许偏差：见表 6-12。

其他尺度安装允许偏差　　表 6-12

管材类别	项目		允许偏差（mm）
铸铁管、球墨铸铁管	水平管纵横方向弯曲	直段（25m以上）起点～终点	40
钢管、塑料类管道、复合管	水平管纵横方向弯曲	直段（25m以上）起点～终点	30
钢　管	立管垂直度	每　米	3
		5m以上	≤8
塑料类管、复合管	立管垂直度	每　米	2
		5m以上	≤8
铸铁管		每　米	3
		5m以上	≤10
成排管段和成排阀门	在同一平面上间距		3

3. 管道冲洗与消毒

（1）管道冲洗

1）冲洗目的与合格要求

①冲洗管内的污泥、脏水与杂物，使排出水与冲洗水色度和透明度相同，即视为合格。

②将管内投加的高浓度含氯水冲洗掉，使排出水符合饮用水水质标准即为合格。

2）冲洗注意事项

①冲洗管内污泥、脏水及杂物应在管道并网运行前进行，冲洗水流速≥1.0m/s，冲洗至出水口水样浊度小于3NTU为止；冲洗时应避开用水高峰，一般在夜间作业；若排水口设于管道中间，应自两端冲洗。

②冲洗含氯水应在管道液氯消毒完成后进行。将管内含氯水放掉，注入冲洗水，水流速度可稍低些，冲洗直至水质检测、管理部门取样化验合格为止。

③冲洗时应保证排水管路畅通安全，使冲洗、消毒以及试压等作业的排水有组织进行。

3）冲洗水来源

①给水管道严禁取用污染水源进行水压试验、冲洗，施工管段处于污染水水域较近时，必须严格控制污染水进入管道。

②利用城市管网中自来水，冲洗前先通知用户可能引起压力降或水压不足，其通常用于续建工程。

③取用水源水冲洗，适用于拟建工程。

（2）管道消毒

生活给水管道消毒应采用氯离子浓度含量不低于20mg/L的清洁水浸泡24h后，实施冲洗，直至水质检测、管理部门取样化验合格为止。若采用漂白粉消毒，管道去污冲洗后，将管道放空，在将一定量漂白粉溶解后，取上清液，用手摇泵或电动泵将上清液注入管内，同时打开管网中闸门少许，使漂白粉经全部需消毒的管道，当这部分水自管网末端流出时，关闭出水闸门，使管内充满含漂粉水，而后关闭所有闸门浸泡。每100m管道消毒所需漂白粉数量见表6-13。

管道消毒所需漂白粉数量　　表6-13

管径（mm）	100	150	200	300	400	500	600	700	800	900	1000
漂白粉（kg）	0.13	0.28	0.50	1.13	2.01	3.14	4.52	6.16	8.04	10.18	12.57

漂白粉在使用前应进行检验，漂粉纯度的含氯量以25％为标准，高于或低于25％时，应按实际纯度折合漂粉使用量。当漂粉含氯量过低失效时，不宜使用。当检验出水口中已有漂白粉后，其含氯量不低于40mg/L，才可停止加氯。

6.2　室外排水管道施工

6.2.1　稳管

稳管是排水管道施工中的重要工序，其目的是确保施工中管道稳定在设计规定的空间位置上。通常采用对中与对高作业。

1. 位置

对中即是使管道中心线与设计中心线在同一平面上。对中质量在排水管道中要求在15mm范围内，如果中心线偏离较大，则应调整管子，直至符合要求为止。通常，对中可按以下两种方法进行。

（1）中心线法（图6-14）

该法是借助坡度板进行对中作业。在沟槽挖到一定深度之后，应沿着挖好的沟槽每隔20m左右设置一块坡度板，而后根据开挖沟槽前测定管道设计中心线时所预留的隐蔽桩（通常设置在沟岸的树下或电杆下不易被人畜碰掉的桩子）定出沟槽或坡度板中心线，并在每块坡度板上钉上中心钉，使中心钉连线与沟槽中心线在同一垂直平面上，各个中心钉上沿高度（通过水准仪观测定出）连线的坡度与管道设计坡度一致。对中时，在下到沟槽内的管中用有二等分刻度的水平尺置于管口内，使水平尺的水泡居中，此时，如果由中心钉连线上所拴一条附有垂球的挂线上的垂线通过水平尺的二等分点，表明管子中心线与设计中心线在同一个垂直平面内，对中结束。

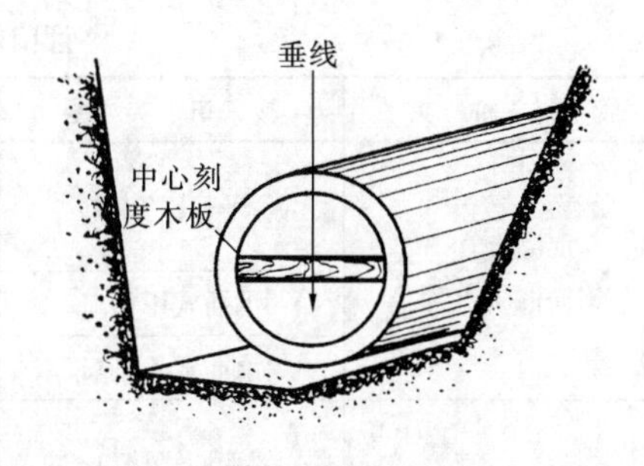

图6-14　中心线法

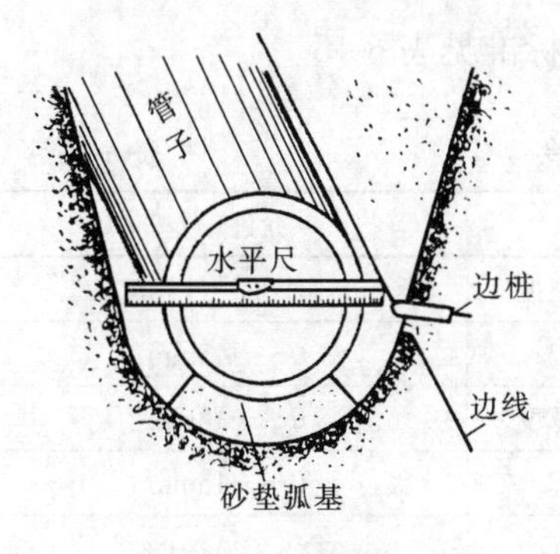

图6-15　边线法

（2）边线法（图6-15）

边线法进行对中作业是将坡度板上的定位钉钉在管外皮的垂直面上。操作时，只要向左或向右移动管子，使管外皮恰好碰到两坡度板间定位钉之间的连线的垂线即成。

边线法对中速度快，操作方便。但要求各管节的管壁厚度与规格均应一致。

2. 高程

如图6-16所示，用对高作业控制管道高程或坡度，是在坡度板上标出高程钉，相邻两块坡度板的高程钉分别到管底标高的垂直距离相等，则两高程钉之间连线的坡度就等于管底坡度，该连线称作坡度线。坡度线上任意一点到管底的垂直距离为一个常数，称作对高数。进行对高作业时，使用丁字形对高尺，尺上刻有坡度线与管底之间距离的标记，即为对高读数。将对高线垂直置于管端内底，当尺上标记线与坡度线重合时，对高满足要求，否则须采取挖填沟底方法予以调正。值得注意的是坡度线不宜太长，应防止坡度线下垂，影响管道高程。

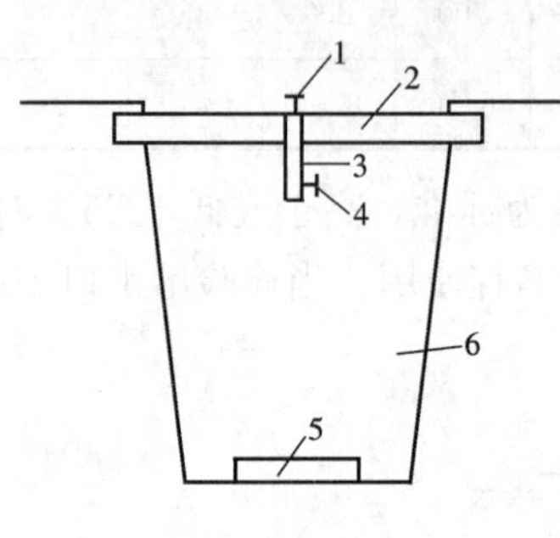

图6-16　对高作业

1—中心钉；2—坡度板；3—立板；4—高程钉；5—管道基础；6—沟槽

3. 稳管施工要求

（1）稳管高程应以管内底为准；调整管子高程时，所垫石块、土层均应稳固牢靠。

（2）为便于勾缝，当管道沿直线安装时，管口间的纵向间隙应符合表6-14的要求。对于DN＞800mm，还须进入管内检查对口，以免出现错口。

（3）采用混凝土管座时，应先安装混凝土垫块。稳管时，垫块须设置平稳，高程满足设计要求，在管子两侧应立保险杠，以防管子由垫块上掉下伤人。稳管后应及时浇筑混凝土。

管口间的纵向间隙（mm）　　**表6-14**

管材种类	接口类型	管径	纵向间隙
混凝土管 钢筋混凝土管	平口、企口	＜600	1.0～5.0
		≥700	7.0～15
	承插式甲型口	500～600	3.5～5.0
	承插式乙型口	300～1500	5.0～15
陶管	承插式接口	＜300	3.0～5.0
		400～500	5.0～7.0
化学建材管	承插式接口	≥300	10.0

（4）稳管作业应达到平、直、稳、实的要求。其质量标准见表6-15。

非金属排水管道基础的允许偏差　　**表6-15**

项目				允许偏差
垫层			中线每侧宽度	不小于设计规定
			高程	0～－15mm
管道基础	混凝土	管座平基	中线每侧宽度	0～＋10mm
			高程	0～－15mm
			厚度	不小于设计规定

续表

项　　目				允许偏差
管道基础	混凝土	管　　座	肩　宽	+10～−5mm
			肩　高	±20mm
			抗压强度	不低于设计规定
			蜂窝麻面面积	两井间每侧≤1.0%
			高程	0 −15
	土弧、砂或砂砾		平基厚度	不小于设计规定
			支承角侧边高程	不小于设计规定

6.2.2　管材及其接口

1. 混凝土管与钢筋混凝土管及其接口

预制混凝土管与钢筋混凝土管的直径范围为150～2600mm，为了抵抗外力，管径大于400mm时，一般配加钢筋，制成钢筋混凝土管。

混凝土管与钢筋混凝土管的管口形状有平口、企口、承插口等，其长度在1～3m之间，广泛用于排水管道系统，亦可用作泵站的压力管及倒虹管。两种管材的主要缺点是抗酸、碱侵蚀及抗渗性能较差、管节较短、接头多。在地震强度大于8度地区及饱和松砂、淤泥、冲填土、杂填土地区不宜使用。

混凝土管与钢筋混凝土管的接口分刚性和柔性两类。为了减少对地基的压力及对管子的反力，管道应设置基础和管座，管座包角一般有90°、135°、180°三种，应视管道覆土深度及地基土的性质选用，其质量要求见表6-15。常见的接口形式有：

(1) 水泥砂浆抹带接口

水泥砂浆抹带接口属于刚性接口。适用于地基土质较好的雨水管道。图6-17为圆弧形抹带接口；图6-18为梯形抹带接口。水泥砂浆配合比为水泥：砂=1：2.5，水灰比为0.4～0.5。带宽120～150mm，带厚约30mm。

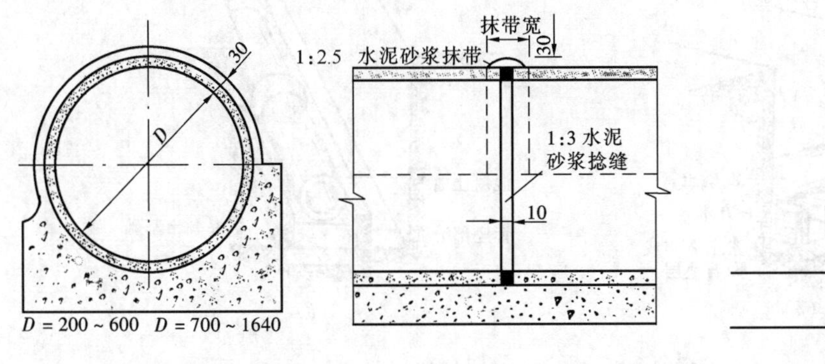

图6-17　圆弧形水泥砂浆抹带接口（单位：mm）

图6-18　梯形水泥砂浆抹带接口（单位：cm）

这种接口抗弯折性能很差，一般宜设置混凝土带基与管座。抹带即从管座处着手往上抹。抹带之前，应将管口洗净且拭干。管径较大而人可进入管内操作时，除管外壁抹带外，管内缝需用水泥砂浆填塞。

（2）钢丝网水泥砂浆抹带接口

如果接口要求有较大的强度，可在抹带层间埋置 20 号 10mm×10mm 方格钢丝网，如图 6-19 所示。

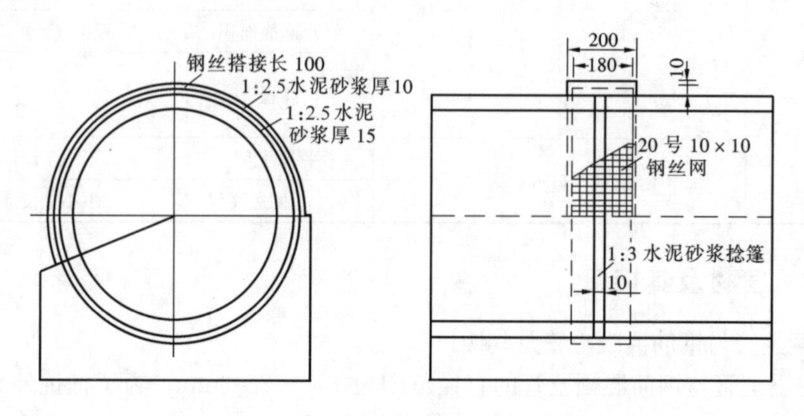

图 6-19　钢丝网水泥砂浆抹带接口（单位：mm）

钢丝网在管座施工时预埋在管座内。水泥砂浆分两层抹压，第一层抹完后，将管座内侧的钢丝网兜起，紧贴平放砂浆带内；再抹第二层，将钢丝网盖住。钢丝网水泥砂浆抹带接口的闭水性较好，常用作污水管道接口，管座包角多采用 135°或 180°。

当小口径管道在土质较好条件下铺设时，可将混凝土平基、稳管、管座与接口合在一起施工，称为“四合一施工法”。此法优点是减少混凝土养护时间及避免混凝土浇筑的施工缝。

四合一施工时，在槽底用尺寸合适的方木或其他材料作基础模板（图6-20）。先将混凝土拌合物一次装入模内；浇灌表面宜高出管内底设计高程 20～30mm，然后将管子轻放在混凝土面上，对中找正，于管两侧浇筑基座，并随之抹带，养护。

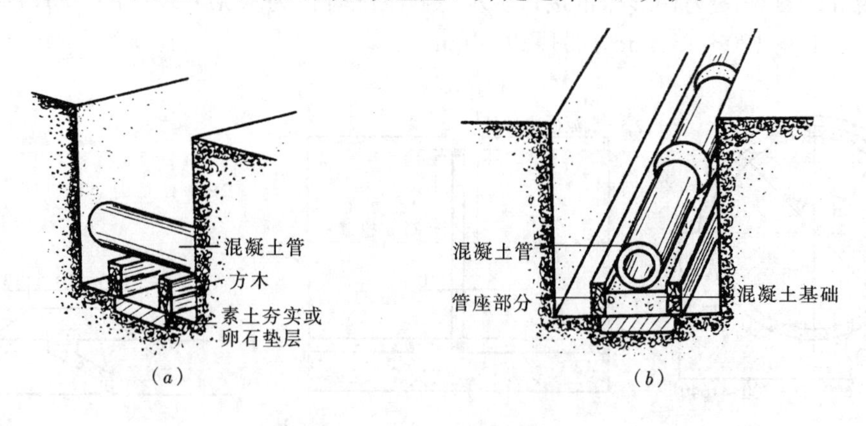

图 6-20　四合一导木铺管法

(a) 在导木上推运管子；(b) 在混凝土基础上稳管

四合一安管是在塑性混凝土上稳管，对中找正较困难，因此管径较小的排水管道采用此法施工较为适宜；如遇较大管径，可先在预制混凝土垫块上稳管，然后支模、浇筑管基、抹带和养护。但在预制垫块上稳管，增加了地基承受的单位面积压力，在软弱地基地带易产生不均匀沉陷。因而对于管径较大的钢筋混凝土管采用四合一施工适用于土质较好地段。

(3) 预制套管接口

预制套管与管子间的环向间隙中采用填料配合比水：石棉：水泥＝1：3：7的石棉水泥打严实。也可用膨胀水泥砂浆填充。其操作方法与给水管道接口有关内容相同。适用于地基不均匀地段与地基处理后管段有可能产生不均匀沉陷地段的排水管道上。

(4) 石棉沥青卷材接口

先将接口处管壁刷净烤干，涂冷底子油一层，再以沥青砂浆作胶粘剂，按配合比沥青：石棉：细砂＝7.5：1.0：1.5制成的石棉沥青卷材粘接于管口处。

石棉沥青卷材接口属于柔性接口，具有一定抗弯、抗折性，防腐性与严密性较好。适用于无地下水地基沿管道轴向沉陷不均匀地段的排水管道上，如图6-21所示。

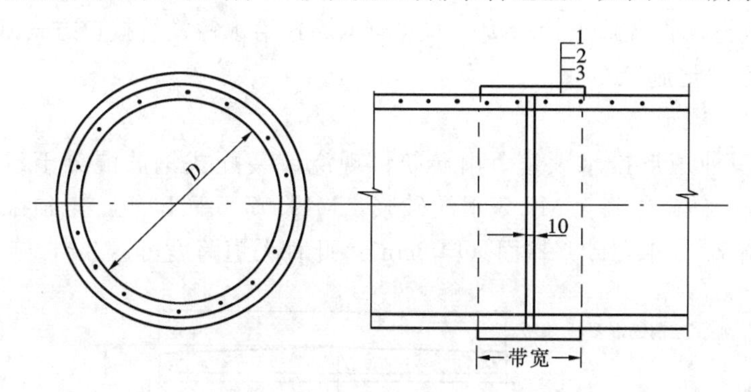

图6-21 石棉沥青卷材接口

1—沥青砂浆（厚3mm）；2—石棉沥青卷材；3—沥青玛𤧛脂（厚3～6mm）

(5) 水泥砂浆承插接口

先将混凝土管承口和插口的接口处管壁洗刷干净，再以水泥：砂＝1：2.5，水灰比≤0.5水泥砂浆填捣密实承口与插口间环向间隙，并进行适当的养护即可。值得注意的是应防止水泥砂浆掉入管内底，造成管道流水不畅。

2. 塑料类排水管

室外塑料类排水管主要有排水硬聚氯乙烯管、大口径硬聚氯乙烯缠绕管、玻璃钢管、排水用化学建材波纹管等，管内径在100～2000mm范围内。其接口方式主要有承插橡胶圈连接、承插粘接、螺旋连接等，接口施工方法可参考给水管道。

大口径硬聚氯乙烯缠绕管适用于污水、雨水的输送，管内径在300～2000mm范围内，管道一般埋地安装。其覆土厚度在人行道下一般为0.5～10m，车行道下一般为1.0～10m。管道允许5%的长期变形度而不会破坏或漏水。

大口径硬聚氯乙烯缠绕管采用螺旋连接方式，即利用管材外表面的螺旋凸棱沟槽以及接头内表面的螺旋沟槽实现螺旋连接，螺纹间的间隙由聚氨酯发泡胶等密封材料进行密封。连接时，管口及接头均应清洗干净，拧进螺纹扣数应符合设计要求。

管道一般应敷设在承载力≥0.15MPa的地基基础上。若需铺设砂垫层，则按≥90%的密实度振实，并应与管身和接头外壁均匀接触。砂垫层应采用中砂或粗砂，厚度应≥100mm。

下管时应采用可靠的软带吊具，平稳、轻放下沟，不得与沟壁、沟底碰撞。

土方回填时，其回填土中碎石屑最大粒径＜40mm，不得含有各种坚硬物，管道两侧同时对称回填夯实。管顶以上 0.4m 范围内不得采用夯实机具夯实，在管两侧范围的最佳夯实度大于 95%，管顶上部大于 80%，分层夯实，每层摊土厚度为 0.25～0.3m 为宜。管顶以上 0.4m 至地面，按用地性质要求回填。

3. 排水铸铁管、陶土管及其接口

排水铸铁管质地坚固，抗压与抗震性强，每节管子较长，接头少。但其价格较高，对酸碱的防蚀性较差。主要用于受较高内压、较高水流速度冲刷或对抗渗漏要求高的场合。如穿越铁路河流、陡坡管、竖管式跌水井的竖管以及室内排水管道等。

陶土管内表面光滑，摩阻小，不易淤积，管材致密，有一定抗渗性，耐腐蚀性好，便于制造。但其质脆易碎，管节短，接头多，材料抗折性能差。适用于排除侵蚀性污水或管外有侵蚀性地下水的自流管及街坊内部排水与城乡排水系统的连接支管。

承插式排水铸铁管及陶土管的接口方式与承插式给水铸铁管接口方式基本相同。

4. 大型排水渠道施工

（1）矩形排水渠道

图 6-22 为一种矩形排水渠道，由砖筑、现浇或装配式钢筋混凝土建成。基础采用 C15 混凝土浇筑，砖砌渠身≥M7.5 水泥砂浆，MU≥7.5 砖砌筑，渠顶采用钢筋混凝土盖板，内壁采用 1∶3 水泥砂浆抹面（厚 2cm）。此种渠道跨度可达 3m，施工较方便。

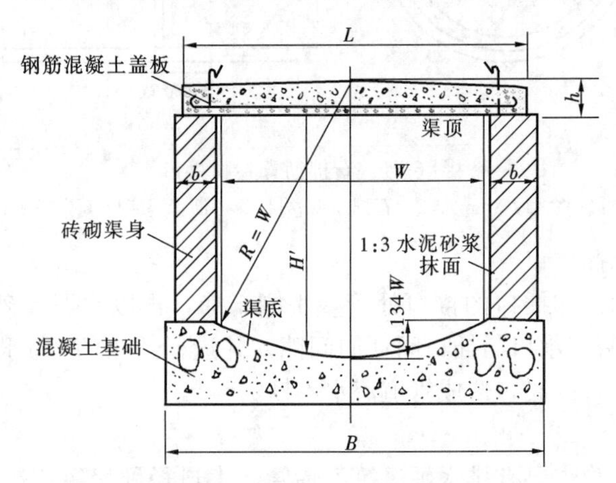

图 6-22　砖砌渠身、钢筋混凝土盖板矩形断面渠道

现浇钢筋混凝土管渠施工应注意保证管渠直墙厚度，当跨度≥4m 时，管渠顶板的底模应预留 2‰～3‰的拱度。变形缝内止水带的设置位置应准确牢固。管渠中钢筋骨架以及模板安装的允许偏差见表 6-16。混凝土的浇筑应两侧对称进行，高差不宜大于 30cm。混凝土达到设计强度标准值的 75%以上方可拆模。

（2）砌体排水渠道

在石料供应充足的地区，亦可采用条石或毛石砌筑渠道，石料强度 MU≥20。图 6-23 为某地用条石砌筑的组合断面形式的合流排水渠道。渠顶砌成拱形，渠底与渠身扁光、勾缝，水力性能好。

冬期砌筑管渠应采用抗冻砂浆，抗冻砂浆的食盐掺合量应符有关规定。

(3) 其他形式排水渠道

图6-24为预制混凝土块装配式拱形渠道，渠底混凝土现浇。

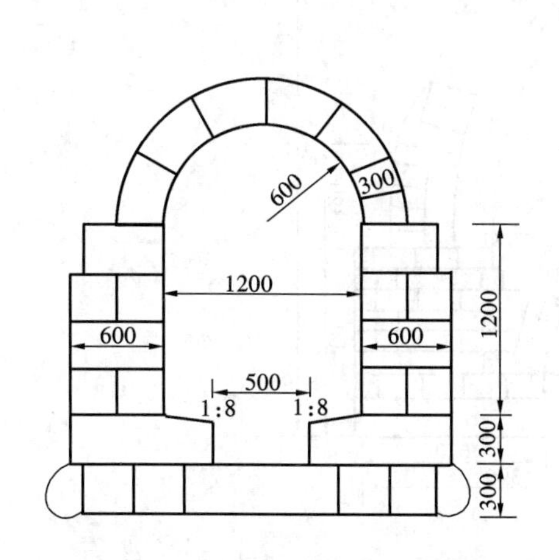

图6-23　条石砌筑的组合断面渠道

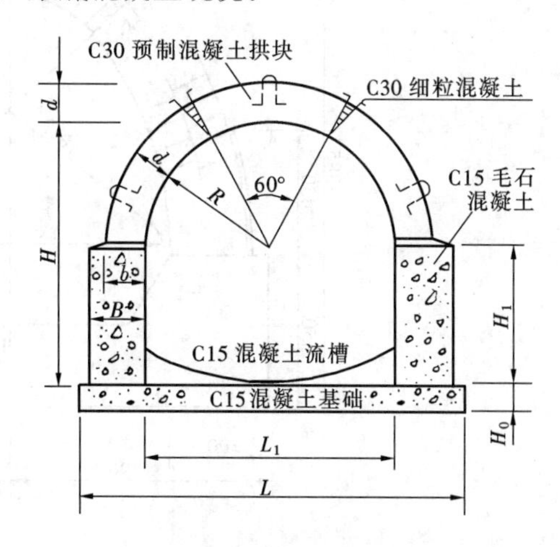

图6-24　预制混凝土块装配式拱形渠道

现浇钢筋混凝土管渠中钢筋骨架以及模板安装允许偏差　　表6-16

<table>
<tr><th colspan="3">项　　目</th><th>允 许 偏 差</th></tr>
<tr><td rowspan="3">钢筋骨架安装</td><td colspan="2">环筋同心度</td><td>±10mm</td></tr>
<tr><td colspan="2">环筋地高程</td><td>±5mm</td></tr>
<tr><td colspan="2">倾斜度</td><td>不大于钢筋骨架直径的1%</td></tr>
<tr><td rowspan="13">模板安装</td><td rowspan="2">轴线位置</td><td>基　础</td><td>10</td></tr>
<tr><td>墙板、管、拱</td><td>5</td></tr>
<tr><td rowspan="2">相邻两板表面高低差</td><td>刨光模板、钢模</td><td>2</td></tr>
<tr><td>不刨光模板</td><td>4</td></tr>
<tr><td rowspan="2">表面平整度</td><td>刨光模板、钢模</td><td>3</td></tr>
<tr><td>不刨光模板</td><td>5</td></tr>
<tr><td>垂直度</td><td>墙、板</td><td>0.1%的墙高，且不大于6</td></tr>
<tr><td rowspan="3">截面尺寸</td><td>基　础</td><td>+10、−20</td></tr>
<tr><td>墙、板</td><td>+3、−8</td></tr>
<tr><td>管、拱</td><td>不小于设计断面</td></tr>
<tr><td rowspan="2">中心位置</td><td>预埋管、件及止水带</td><td>3</td></tr>
<tr><td>预留孔洞</td><td>5</td></tr>
</table>

图6-25所示的砖砌帐篷式暗渠。图中示出了由拱圈、拱台与倒拱三部分组成的整体

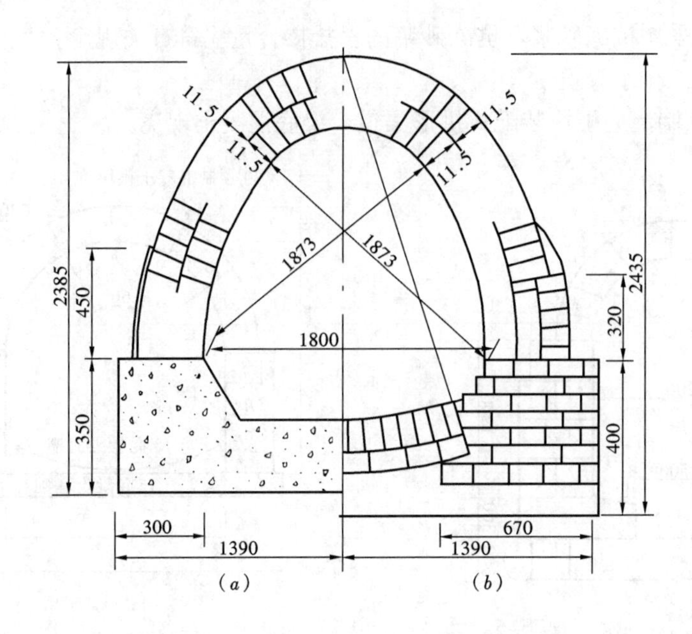

图 6-25　砖砌帐篷式暗渠（单位：mm）

(*a*) 整体式；(*b*) 分离式

式与分离式两种形式的渠道。

帐篷式暗渠在土压力与动荷载较大时，可以更好地分配管壁压力，其渠壁较一般圆形断面渠壁要薄，可节省材料。一般情况下，污水排除采用整体式；雨水排除可采用分离式。

5. 排水管道铺管允许偏差与检验方法（表 6-17）

排水管道铺管允许偏差与检验方法　　**表 6-17**

项　目		允许偏差（mm）	检验频率		检验方法
			范　围	点　数	
轴线位置	排水管道	15	两井之间	2	挂中心线用尺量
	水下铺设管道	50	两井之间	4	挂中心线用尺量
管内底高程	铸铁、球墨铸铁管	±10	两井之间	2	用水准仪测量
	非金属管 *DN*<1000mm	±10	两井之间	2	用水准仪测量
	非金属管 *DN*>1000mm	±15	两井之间	2	用水准仪测量
	水下铺设管道	0 −100	两井之间	4	用水准仪测量
相邻管内底错口	非金属管 *DN*<1000mm	3	两井之间	3	用尺量
	非金属管 *DN*>1000mm	5	两井之间	3	用尺量

注：*DN*<700mm 时，其相邻管内底错口在施工中自检不计点。

6. 排水管道管渠允许偏差（表6-18）

排水管渠砌筑质量允许偏差（mm）　　表6-18

项目			允许偏差			
			砖砌体	料石砌体	块石砌体	混凝土块砌体
砌筑管渠	轴线位置		15	15	20	15
	渠底	高程	±10	±20	±20	±10
		中心线每侧宽	±10	±10	±20	±10
	墙高		±20			
	墙厚		不小于设计规定			
	墙面垂直度		15			
	墙面平整度		10	20	30	10
	拱圈断面尺寸		不小于设计规定			
现浇钢筋混凝土管渠	轴线位置		15			
	渠底高程		±10			
	管、拱圈断面尺寸		不小于设计规定			
	盖板断面尺寸		不小于设计规定			
	墙高		±10			
	渠底中线每侧宽度		±10			
	墙面垂直度		15			
	墙面平整度		10			
	墙厚		+10 0			
装配式钢筋混凝土管渠	轴线位置		10			
	高程（墙板、拱）		±5			
	墙板垂直高度		5			
	墙板、拱构件间隙		+10			
	杯口底、顶宽度		+10 −5			

6.2.3　排水管道闭水试验

污水、废水、雨水管道，雨污水合流管道及湿陷土、膨胀土、流砂地区的雨水管道，必须经严密性试验合格后方可投入运行。严密性试验分为闭水试验和闭气试验，按设计要求确定；设计无要求时，应根据实际情况选择闭水试验或闭气试验进行管道严密性试验。

1. 闭水试验

试验管渠应按井距分隔，长度不宜大于1km，带井试验。试验前，管道两端堵板承载力经核算应大于水压力的合力，应封堵坚固，不得漏水。

1）闭水试验合格标准

① 当试验段上游设计水头不超过管顶内壁时，试验水头应以试验段上游管顶内壁加

2m计。

② 当试验段上游设计水头超过管顶内壁时，试验水头应以试验段上游设计水头加2m计。

③ 当计算出的试验水头小于10m，但已超过上游检查井井口时，试验水头应以上游检查井井口高度为准。

管道严密性试验时，应进行外观检查，不得有漏水现象，且符合实测渗水量不大于排水管道闭水试验允许渗水量规定时，试验合格。当管道内径大于700mm时，可按井段数量抽检1/3进行试验；试验不合格时，抽样井段数量应在原抽样基础上加倍进行试验。

2）闭水试验允许渗水量（表6-19）。

排水管道闭水试验允许渗水量　　**表6-19**

管　材	管道内径 D_i（mm）	允许渗水量 q（m^3/(24h·km)）	管　材	管道内径 D_i（mm）	允许渗水量 q（m^3/(24h·km)）
混凝土管、钢筋混凝土管、陶土管及管渠	200	17.60	混凝土管、钢筋混凝土管、陶土管及管渠	1200	43.30
	300	21.62		1300	45.00
	400	25.00		1400	46.70
	500	27.95		1500	48.40
	600	30.60		1600	50.00
	700	33.00		1700	51.50
	800	35.35		1800	53.00
	900	37.50		1900	54.48
	1000	39.52		2000	55.90
	1100	41.45			

注：1. 当管道内径大于2000mm时，允许渗水量应按 $q=1.25\sqrt{D_i}$ 计算确定；异形截面管道的允许渗水量可按周长折算为圆形管来计算。

2. 化学建材管道的允许渗水量应按 $q=0.0046D_i$ 计算确定。

3. 收集输送腐蚀性强和含有对人体有害污染物的污水管道和井室，不得渗漏。

3）闭水试验法

闭水试验应符合下列程序：

① 试验管段灌满水后浸泡时间不应少于24h；

② 逐渐向实验管段灌水至试验水头要求；

③ 试验水头达规定水头时开始计时，观测管道的渗水量，直至观测结束时，应不断地向试验管段内补水，保持试验水头恒定。渗水量的观测时间不得小于30min；

④ 实测渗水量应按式（6-2）计算确定。

2. 闭气试验

闭气试验是埋地混凝土管、化学建材管等无压管道在回填土前进行的严密性试验。要求地下水位应低于试验管外底150mm，环境温度为－15～50℃时进行；下雨时不得进行闭气试验。闭气试验具有操作简便、用时短、节水、节能等优点，适于冬季寒冷地区及水源缺乏地区无压管道的质量检验。

宜以两井之间或多井管道作为试验管段，不带井试验。在进行 DN2000 及以上管道闭气检验时，必须使用安全保护装置。试验前，管道两端应采用符合现行《排水管道闭气检验用板式密封管堵》CJ/T 473—2015 规定的板式密封管堵，如果采用其他形式管堵，应具备相应技术保证，并经过试验验证。

（1）闭气试验合格标准

1）向试验管道内填充空气，气体压力达到 2000Pa 时开始计时，在经过不小于规定标准闭气试验时间（表 6-20）后，管内实测气体压力 $P \geqslant 1500$Pa，即压降值不大于 500Pa，则管道闭气试验合格。

无压管道闭气检验规定标准闭气时间　　表 6-20

管　材	管道内径 D_i（mm）	规定标准闭气时间 s（′　″）	管　材	管道内径 D_i（mm）	规定标准闭气时间 s（′　″）
混凝土管、钢筋混凝土管	300	1′45″	混凝土管、钢筋混凝土管	1300	16′45″
	400	2′30″		1400	19′
	500	3′15″		1500	20′45″
	600	4′45″		1600	22′30″
	700	6′15″		1700	24′
	800	7′15″		1800	25′45″
	900	8′30″		1900	28′
	1000	10′30″		2000	30′
	1100	12′15″		2100	32′30″
	1200	15′		2200	35′
化学建材管	200	11′	化学建材管	800	44′
	300	16′		900	50′
	400	22′		1000	56′
	500	28′		1100	61′
	600	33′		1200	67′
	700	39′			

2）被检测混凝土类管道内径大于或等于 1600mm 时（对于化学建材管内径大于等于 DN1100 时），应记录测试时管内气体温度（℃）的起始值 T_1 及终止值 T_2，并将达到标准闭气时间时膜盒表显示的管内压力值 P（Pa）记录，用公式（6-4）加以修正，修正后管内气体压降值 ΔP 为：

$$\Delta P = 103300 - (P + 101300)\frac{273 + T_1}{273 + T_2} \tag{6-4}$$

ΔP 如果小于 500Pa，管道闭气试验合格。

（2）闭气试验法

将进行闭气试验的排水管道两端用管堵密封，然后向管道内填充空气至一定的压力，在规定闭气时间测定管道内气体的压降值。试验装置如图 6-26 所示。

1）闭气试验应符合下列程序：

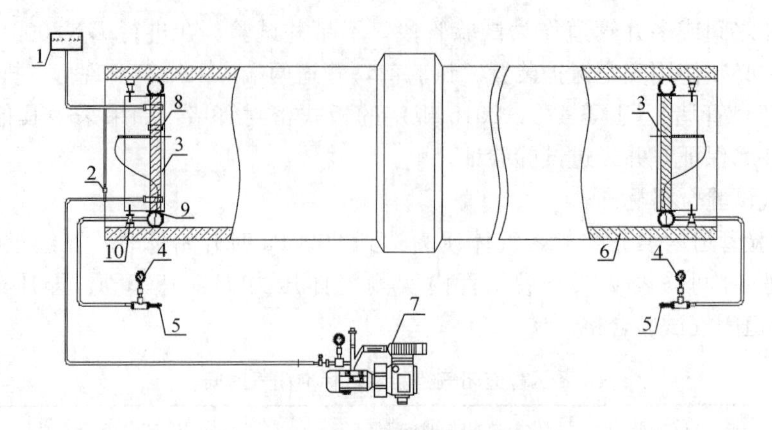

图 6-26 无压管道闭气试验装置图

1—膜盒压力表；2—气阀；3—管堵塑料封板；4—压力表；5—充气嘴；6—试验管段；
7—空气压缩机；8—温度传感器；9—密封胶圈；10—管堵支撑脚

① 对闭气试验的排水管道两端管口与管堵接触部分的内壁应进行处理，使其洁净磨光；

② 调整管堵支撑脚，分别将管堵安装在管道内部两端，每端接上压力表和充气罐，如图 6-26 所示；

③ 用打气筒向管堵密封胶圈内充气加压，观察压力表显示至 0.05～0.20MPa，且不宜超过 0.20MPa，将管道密封；锁紧管堵支撑脚，将其固定；

④ 用空气压缩机向管道内充气，膜盒表显示管道内气体压力至 3000Pa，关闭气阀，使气体趋于稳定。记录膜盒表读数从 3000Pa 降至 2000Pa 历时不应少于 5min（对于塑料管不应少于 10min)；气压下降较快，可适当补气；下降太慢，可适当放气；

⑤ 膜盒表显示管道内气体压力达到 2000Pa 时开始计时，在满足该管径的标准闭气时间规定（表 6-20)，计时结束，记录此时管内实测气体压力 P，如 $P \geqslant 1500$Pa 则管道闭气试验合格，反之为不合格；

⑥ 管道闭气检验完毕，必须先排除管道内气体，再排除管堵密封圈内气体，最后卸下管堵。

2）漏气检查

① 管堵密封胶圈严禁漏气。管堵密封胶圈充气达到规定压力值 2min 后，应无压降。在试验过程中应注意检查和进行必要的补气。

② 管道内气体趋于稳定过程中，用喷雾器喷洒发泡液检查管道漏气情况。检查管堵对管口的密封，不得出现气泡；检查管口及管壁漏气，发现漏气应及时用密封修补材料封堵或做相应处理；漏气部位较多时，管内压力下降较快，要及时进行补气，以便作详细检查。

6.3 管道的防腐、防震、保温

6.3.1 管道的防腐

安装在地下的钢管或铸铁管均会遭受地下水，各种盐类、酸与碱的腐蚀，以及杂散电流的腐蚀（靠近电车线路、电气铁路）、金属管道表面不均匀电位差的腐蚀。由于化学和电化学作用，管道将遭受破坏；设置在地面上管道同样受到空气等其他条件腐蚀；预（自）应力钢筋混凝土管铺筑在地下水位以下或地下时，若地下水或土壤对混凝土有腐蚀作用，亦会遭受腐蚀。因此，对上述几种管道均应做防腐处理。

1. 管道外层腐蚀的防止方法

（1）覆盖式防腐处理

1）非埋地钢管的油漆防腐

非埋地钢管的油漆防腐施工工序见表6-21。

钢管的油漆防腐施工工序　　表6-21

管道种类	钢管		镀锌钢管	
	无装饰与标志要求	有装饰与标志要求	无装饰与标志要求	有装饰与标志要求
底漆	防锈漆两遍	防锈漆两遍	不刷油	防锈漆两遍
面漆（不保温）	银粉漆两遍	色漆两遍	不刷油	色漆两遍
面漆（保温）	不刷油	保温层外色漆两遍	不刷油	保温层外色漆两遍

常用底漆的型号及用途见表6-22。

常用底漆的型号及用途　　表6-22

名称	标准号	主要用途
乙烯磷化底漆（X06—1）	HG_2—27—74	有色金属及黑色金属底层防锈漆涂料可省去磷化或钝化处理，不适用与碱性介质的环境中
铁红醇酸底漆（C06—1）	HG_2—113—74	配套性较好，配套面漆有过氯乙烯面漆、沥青漆等，适用于一切黑色金属表面打底
锌黄、铁红酚醛底漆（F06—8）	HG_2—579—74	铁红、灰色适用于钢铁表面，锌黄适用于铝合金表面
铁红、锌黄环氧树脂底漆	HG_2—605—75	适用于沿海地区及湿热带地区的金属材料打底

常见面漆的型号及用途见表6-23。

常见面漆的型号及用途　　表6-23

名称	标准号	主要用途
酚醛耐酸漆	F50—1（F50—31）	用于有酸性气体侵蚀的场所的金属表面
乙烯防腐漆	X52—1，2，3	适用于耐性要求较高，腐蚀性大的金属表面或干湿交替的金属表面，该漆为自干漆，必须配套使用
过氯乙烯防腐漆	G52—5 G01—5 G52—1，2，3 G06—4，5	可用化工管道、设备、建筑等金属表面防腐

续表

名　称	标准号	主　要　用　途
沥青漆	L01—17，21 L04—2 L50—1	用于金属表面防腐
环氧树脂漆	H01—4，1 H04—1 H52—3	适用于化工及地下管道，贮槽、金属及非金属表面防腐

2）埋地钢管的外防腐层

① 防腐层的选择

埋地钢管外防腐层可采用石油沥青涂料制作（表6-24）、环氧煤沥青涂料制作（表6-25）、环氧树脂玻璃钢外防腐层（四脂二布，厚度≥3mm）、聚乙烯防腐层（分普通级厚度1.8～3.0mm；加强级厚度2.5～3.7mm）、无溶剂聚氨酯涂料外防腐层（厚度≥500μm）等。

埋地钢管石油沥青涂料外防腐层做法　　表6-24

防腐层层数（从金属表面算起）	防腐层种类		
	普通级（三油二布）	加强级（四油三布）	特加强级（五油四布）
1	底料（底漆）一层	底料（底漆）一层	底料（底漆）一层
2	沥青涂层（厚度≥1.5mm）	沥青涂层（厚度≥1.5mm）	沥青涂层（厚度≥1.5mm）
3	玻璃布一层	玻璃布一层	玻璃布一层
4	沥青涂层（厚度1.0～1.5mm）	沥青涂层（厚度1.0～1.5mm）	沥青涂层（厚度1.0～1.5mm）
5	玻璃布一层	玻璃布一层	玻璃布一层
6	沥青涂层（厚度1.0～1.5mm）	沥青涂层（厚度1.0～1.5mm）	沥青涂层（厚度1.0～1.5mm）
7	聚氯乙烯工业薄膜一层	玻璃布一层	玻璃布一层
8		沥青涂层（厚度1.0～1.5mm）	沥青涂层（厚度1.0～1.5mm）
9		聚氯乙烯工业薄膜一层	玻璃布一层
10			沥青涂层（厚度1.0～1.5mm）
11			聚氯乙烯工业薄膜一层
防腐层厚度	共7层（≥4.0mm）	共9层（≥5.5mm）	共11层（≥7.0mm）

埋地钢管环氧煤沥青涂料外防腐层做法 **表 6-25**

防腐层层数（从金属表面算起）	防腐层种类		
	普通级（三油）	加强级（四油一布）	特加强级（六油二布）
1	底料（底漆）一层	底料（底漆）一层	底料（底漆）一层
2	面料	面料	面料
3	面料	面料	面料
4	面料	玻璃布	玻璃布
5		面料	面料
6		面料	面料
7			玻璃布
8			面料
9			面料
防腐层厚度	共4层（≥0.3mm）	共6层（≥0.4mm）	共9层（≥0.6mm）

② 防腐层的配制与操作

沥青涂层即为沥青玛琋脂。采用建筑10号石油沥青，填充料可用高岭土、石棉粉或滑石粉等。其质量配合比为：沥青∶高岭土（或石棉粉）=3∶1。配制时，先将沥青置于锅内，加热至230℃左右，但不得大于250℃，续加沥青，搅拌至完全熔化，随即可边搅拌边加入粉状高岭土（或石棉粉），至均匀即成。

外包保护层用聚氯乙烯工业薄膜或牛皮纸，薄膜的厚度应为0.2mm，拉伸长度≥14.7N/mm^2，断裂伸长率≥200%；玻璃布应采用干燥、脱蜡、无捻、封边、网状平纹、中碱的玻璃布。当采用石油沥青涂料时，玻璃布的经纬密度选用8×8根/cm～12×12根/cm；当采用环氧煤沥青涂料时，玻璃布的经纬密度选用10×12根/cm～12×12根/cm。

底料与面料应采用同一标号的沥青配制，沥青与汽油的体积比=1∶2～1∶3。

涂刷底料前管段表面应清除油垢、灰渣、铁锈、氧化铁皮等。涂底料的基面应干燥，除锈后应及时涂刷底料。涂刷应均匀、饱满，不得有凝块、起泡现象，底料厚度宜为0.1～0.2mm，管两端150～250mm范围内不得涂刷，以便于管道连接。

沥青涂料应涂刷在洁净、干燥的底料上，常温下涂刷底料后24h内涂抹沥青涂层，涂抹热沥青的适宜温度不得低于180℃。涂沥青后立即缠绕玻璃布，玻璃布的压边宽度应为30～40mm；接头搭接长度≥100mm，各层搭接接头应相互错开，玻璃布的油浸透率应达到95%以上，不得出现50mm×50mm的空白；管端或施工中断处应留出长150～250mm的阶梯形搭槎，阶梯宽度应为50mm。当沥青涂料温度低于100℃时包扎外保护层，保护层不得有褶皱、脱壳现象，压边宽度应为30～40mm，搭接长度应为100～150mm。

外防腐层质量应符合表6-26的规定。

外防腐层质量标准　　表 6-26

材料种类	构　造	检　查　项　目			
		厚度(mm)	外观	电火花试验		粘附性
石油沥青涂料	三油二布	≥4.0	涂层均匀无褶皱、空泡、凝块	16kV	用电火花检漏仪检查无打火花现象	以夹角为45°～60°、边长40～50mm的切口，从角尖端撕开防腐层；首层沥青层应100％地粘附在管道的外表面
	四油三布	≥5.5		18kV		
	五油四布	≥7.0		20kV		
环氧煤沥青涂料	二　　油	≥0.2		2kV		以小刀割开一舌形切口，用力撕开切口处的防腐层，管道表面仍为漆皮所覆盖，不得露出金属表面
	三油一布	≥0.4		2.5kV		
	四油二布	≥0.6		3kV		

3）预（自）应力钢筋混凝土管防腐

当预（自）应力钢筋混凝土管防腐铺筑于地下水位以下或土壤对混凝土有腐蚀作用的地区，可采用沥青麻布防腐层包扎在管外壁予以防腐。

沥青麻布防腐层一般做法为两油两布，即两层沥青涂料，两层沥青麻布或沥青纤维布。

沥青涂料的配制是先将85％的石油沥青加热到135～150℃，然后使其冷却到90℃左右，再将1％的石棉粉徐徐加入，随之搅拌均匀即成。

沥青麻布的做法是先将石油沥青加热熔化，然后冷却到70～80℃，再将洁净的麻布或纤维布放进溶液中浸透，取出冷却到50℃左右即缠于管子上。

（2）电化学防腐法

1）排流法

金属管道受到来自杂散电流的电化学腐蚀，管道发生腐蚀的地方是阳极电位，在此处管道与电源（如变电站负极或钢轨）的负极之间用低电阻导线（即排流线）连接起来，使杂散电流不经过土壤而直接流回电源去，即达到防腐目的。此法可分为以下两种类型。

① 直接排流法

当金属管道与变电站负极连起来进行排流时，其中仅有一个变电站电源，而且不可能由电源流入逆电流的情况下，两者直接采用排流线连接即可。

② 选择排流法

在排流线上加装一个可以阻止逆电流，只许可正向电流通过的单向选择装置与排流线串联起来的方法。

2）阴极保护法

由外部施加一部分直流电流给金属管道，由于阴极电流的作用，将金属管道表面上不均匀电位去除，消除腐蚀电位差，以保证金属免受腐蚀。此法可分为如下两种类型：

① 牺牲阳极法

采用比被保护金属管道电位更低的金属材料做阳极，与金属管道连接起来，利用两种金属固有的电位差，产生防蚀电流的防腐方法。

② 外加电流法

通过外部直流电源装置，将必要的防腐电流通过地下水或埋置于水中的电极，流入金属管道的方法。所用直流电源一般由交流电经过硒整流的过程而变作直流电的。

2. 防止管道内腐蚀的方法

(1) 常用的内衬材料及其配合比

1) 水泥砂浆涂衬

其配合比为：水泥：砂：水＝1.0：(1.0～1.5)：(0.4～0.32)。其中，水泥为强度等级不小于42.5级的硅酸盐、普通硅酸盐水泥或矿渣水泥；砂的级配应根据施工工艺、管径、现场施工条件确定，粒径≤1.2mm，无杂物，含泥量不大于2%。水泥砂浆抗压强度应≥30N/mm^2。

防腐层裂缝宽度≤0.8mm，沿管道纵向长度不应大于管道的周长，且≤2.0m。防腐层厚度允许偏差以及麻点、空窝等表面缺陷的深度应符合表6-27规定。缺陷面积≤5cm^2/处。

水泥砂浆涂衬质量标准 **表6-27**

<table>
<tr><th>管径（mm）</th><th>防腐层厚度（mm）</th><th>防腐层厚度允许偏差（mm）</th><th>表面缺陷允许深度（mm）</th></tr>
<tr><td>≤1000</td><td>8～10</td><td>±2</td><td>2</td></tr>
<tr><td>1000～1800</td><td>10～14</td><td>±3</td><td>3</td></tr>
<tr><td>1800～2600</td><td>14～16</td><td rowspan="2">+4
−3</td><td rowspan="2">4</td></tr>
<tr><td>2600以上</td><td>>18</td></tr>
</table>

2) 聚合物改性水泥砂浆涂衬

其配合比如下：

① 采用42.5级普通硅酸盐水泥，粒径为0.5～1.0mm的石英砂，水泥：砂＝1：(0.5～1.0)；

② “D505”聚醋酸乙烯乳剂（含固体约50%）为2%～3%（按固体含量）；

③ “850”水溶性有机硅（含甲基硅烷钠盐固体约30%）为1.2%（按固体含量）；

④ 水灰比为32%～38%，视现场气温、材料与施工条件调整。

(2) 涂衬操作要点

1) 涂衬前，应清洗管内壁铁垢，锈斑、油污、泥砂与沥青涂层等杂物。

2) 防腐层可采用机械喷涂、人工抹压、拖筒或离心预制法施工。

3) 离心预制法施工时，应准确地计算水泥与砂子用量，拌合配制水泥砂浆，将拌合料均匀倒入管内。启动离心涂管机，速度由慢渐快，保证涂层均匀。

4) 人工抹压法施工时，应分层抹压。

5) 管道端点或施工中断时，应预留搭槎。

6) 防腐层成形后，应立即将管道封堵，终凝后进行湿养护。养护时间视气温决定，一般为7～14d。视气候条件，夏天用草袋覆盖管子洒水养护，冰冻期间须采取防冻措施。

7) 当DN＝500～1200mm时，采用聚合物改性水泥砂浆涂层的厚度约为3～4mm为宜，过薄不易达到要求的机械强度，亦不易覆盖未除尽的锈斑。涂层表面尽量保持光洁。

(3) 其他

液体环氧涂料内防腐层、无溶剂聚氨酯涂料内防腐层等具有内防腐干膜厚度小，防腐性能好等优点，其施工方法参见有关规范及手册。

6.3.2 管道的防震

1. 管道抗震能力验算

在地震波的作用下，埋地管道产生沿管轴向及垂直于轴向的波动变形，其过量变形即引起震害。可按施工地区地震烈度选用管材、接口形式及工程地质条件等作抗震能力的验算。

在地震剪切波作用下，埋地承插式管道的直线管段引起的轴向变位在同一时刻是按正弦波的波形单位，其半个视波长度内管道受拉，相邻半个视波长度内管道受压。可以取半个视波长作为计算单元，即在剪切波作用下，半个视波长管道所产生的拉伸量，应由半个视波长管道各接口承担。半个视波长内管道轴向最大变形 ΔL 为：

$$\Delta L = 66\xi k_n T_m^2 \tag{6-5}$$

式中　k_n——水平方向地震系数，即：不同地震烈度下的地面水平方向，最大加速度的统计平均值与重力加速度的比值，采用表 6-28。

k_n 值　　表 6-28

地震烈度	7 度	8 度	9 度
k_n	0.1	0.2	0.4

ξ——埋地管道变形计算的传递系数，按下式计算：

$$\xi = \frac{1}{1 + \frac{E\omega D}{2v_s^2}} \tag{6-6}$$

E——管材弹性模量，钢管、铸铁管、钢筋混凝土压力管分别为 2.0×10^6MPa、1.1×10^6MPa、3.8×10^5MPa；

ω——管道横截面积（cm^2）；

D——管道平均直径，即管壁中心直径（cm）；

v_s——沟槽土内传递的剪切波速度（cm/s），按表 6-29 采用；

T_m——地基土的卓越周期（s）；Ⅱ类土采用 0.3s，Ⅲ类土采用 0.7s。

若 ΔL 值小于全部管道接口等效承担的允许变形量之和，则表明管道于地震条件下安全。如式（6-7）所示：

$$\Delta L \leqslant \sum_{i=1}^{n}[e]_i \tag{6-7}$$

式中　$[e]_i$——各种形式的单个管道接口在工作压力下，允许的轴向拉伸变形（cm），可按表 6-30 采用；

n——半个视波长内管道接口总数，可按式（6-8）求定。

$$n = \frac{v_s T_m}{\sqrt{2}l} \tag{6-8}$$

l——每根管子长度（cm）。

v_s 值 表 6-29

土壤种类	允许承载力（MPa）	v_s（m/s）
黏性土	<0.1	60～80
	0.1～0.2	80～120
	0.2～0.4	120～180
砂性土	<0.1	80～100
	0.1～0.2	100～140
	0.2～0.4	140～200

$[e]_i$ 值 表 6-30

管材	接口形式	$[e]_i$（cm）
铸铁管	石棉水泥或膨胀水泥砂浆接口	0.004
	青铅接口	0.05
	胶圈石棉水泥接口	0.3～0.5
预应力钢筋混凝土管	橡胶圈接口	1.0

若验算结果尚不能满足要求，亦应增加柔性接口。对于焊接钢管及承插式橡胶圈接口的预（应）力钢筋混凝土管一般不作抗震计算。

2. 管道与构筑物施工防震措施

（1）地下直埋管道力求采用承插式橡胶圈接口的球墨铸铁管或预（自）应力钢筋混凝土管及焊接钢管。

（2）过河倒虹管，通过地震断裂带管道，穿越铁路及其他主要交通干线及位于地基土为可液化地段的管道，应采用钢管或安装柔性管道系统设施。

（3）过河倒虹管、架空管及沿河、沟、坑边缘铺设承插式管道，往往由于岸边土坡发生向河心滑移而损坏的现象。故应于倒虹管或架空管两侧上端弯管处设置柔性接口。原则上不宜平行，紧靠河岸、路肩等易产生滑坡地段铺筑管道。若沿滑移岸坡边敷设管道，应每隔一定距离设置一个柔性接口，以适应管道变形。

（4）架空管道不宜架设在设防标准低于抗震设防烈度的建筑物上。架空管道活动支架上应安装侧向挡板，其支架宜采用钢筋混凝土结构。

（5）管道在三通、弯头及减缩管等管件连接处及水池等构筑物进出口处，其受力条件复杂，管道应力集中明显，应在这些部位设置柔性接口。管道穿越构筑物墙与基础时，应安装套管，套管与管道之间的环向间隙宜采用柔性填料。

（6）所有地下管道的闸门均应安装闸门井。抗震设防烈度为7～8度且地基土为可液化地段及抗震设防烈度为9度且场地土为Ⅲ类土时，闸门井的砖砌体用不低于MU7.5砖及M7.5水泥砂浆砌筑；并应设置环向水平封闭钢筋，每50cm高度内不宜少于2ϕ6。

（7）水池混凝土强度等级不得低于C20；砖强度等级不低于MU7.5级；水泥砂浆强度等级不低于M7.5级。

（8）预制装配顶盖，在板缝内设置不少于1ϕ6钢筋；板缝宜采用M10.0水泥砂浆灌严，板与梁的连接不应少于三个角焊接。

（9）顶盖在池壁上搁置长度不应少于20cm。当抗震设防烈度为8度，顶盖为预制装配时，池壁顶部应设置钢筋混凝土圈梁。

(10) 抗震设防烈度为8度或9度时，采用钢筋混凝土矩形水池，在池壁拐角处的里外层水平方向配筋率不小于0.3%，伸入两侧池壁内长度不少于1m；采用砌体结构矩形水池应于池壁拐角处，每30～50cm高度内，加设不少于3ϕ6水平钢筋，伸入两侧池壁内的长度不应少于1m。

(11) 若管井设置在可液化地段，井管宜采用钢管，尽量采用潜水泵；水泵出水口采用柔性连接；采用深井泵时，井管内径与泵体外径间空隙不少于5cm。

6.3.3 管道的保温

管道保温的基本原理是在管内外温差一定的条件下，在管道外表面设置隔热层（保温层），利用导热系数小的材料，热转移也必然很小的特点，从而使管内基本上保持原有温度。

1. 保温结构的组成

保温结构一般由下述部分构成。

防锈层：一般采用防锈油漆涂刷而成。防锈油漆应采用防锈能力强的油漆。

保温层：保温结构的主要部分，所用保温材料及保温层厚度应符合设计要求。

防潮层：防止水蒸气或雨水渗入保温材料，以保证材料良好的保温效果和使用寿命。所用材料有沥青及沥青油毡、玻璃丝布、聚乙烯薄膜等。

保护层：保护保温层或防潮层不受机械损伤，增加保温结构的机械强度和防湿能力。一般采用石棉石膏、石棉水泥、麻刀灰、金属薄板及玻璃丝布等材料。

防腐层及识别标志：一般采用油漆直接涂刷于保护层上，以防止保护层受腐蚀，同时也起识别管内流动介质的作用。

保温操作程序是：首先在管外壁涂刷两层红丹防腐油漆，然后设置保温层，再施加保护层，最后施加防腐层及识别标志。

2. 保温层施工

管道、设备和容器的保温应在防锈层及水压试验合格后进行。如需先保温或预先做保温层，应将管道连接处和环形焊缝留出，等水压试验合格后，再将连接处保温。保温层的施工方法较多，具体采用什么方法取决于保温材料的形状和特性，常用的保温方法有以下几种形式。

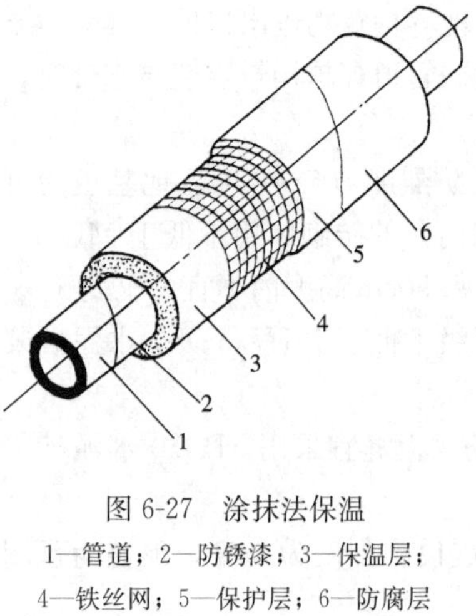

(1) 涂抹法保温：涂抹法保温是将不定形的散状保温材料按一定比例用水调成胶泥，分层涂抹于需要保温的管道或设备上。它适用于石棉硅藻土、碳酸镁石棉灰、石棉粉等保温材料。这种保温方法施工简单，保温结构整体性好，无接缝，保温层与保温面结合紧密，不受被保温物体形状的限制。由于是手工操作，故工作效率低，结构的机械强度不高，质量不易保证，其结构如图6-27所示。

图6-27 涂抹法保温

1—管道；2—防锈漆；3—保温层；4—铁丝网；5—保护层；6—防腐层

施工时为了增加保温材料与保温面的附着力，第一次可用较稀的胶泥涂抹，厚度为3～5mm，待第一层完全干燥后，用较干的胶泥涂抹第二层，厚度为

10～15mm，以后每层为15～25mm，均应在前一层完全干燥后进行，直到要求的厚度为止。当环境温度低于0℃时，不宜进行施工作业，以防胶泥冻结。

（2）充填法保温：充填法保温是将不定形的松散状保温材料充填于四周由支承环和镀锌铁丝网等组成的网笼空间内。它适用于矿渣棉、玻璃棉、超细玻璃棉等保温材料。这种保温方法所用散状材料质量轻、导热系数小、保温效果好，支承环和外包铁丝网笼不易开裂。但施工麻烦，消耗金属且增加了额外热损失。

施工时应保证支承环的高度等于保温层厚度，应保证支承环与管道、支承环与钢丝网连接牢固。支承环间距应不大于1m。充填保温材料时应四周同时进行，且应充填密实以防钢丝网变形造成保温层厚度不够。

（3）包扎法保温：包扎法保温是将卷状的软质保温材料包扎一层或几层于管道上。它适用于矿渣棉毡、玻璃棉毡、超细玻璃棉毡等保温材料。这种保温方法施工简单，修补方便、耐振动。但棉毡等弹性大，很难做成坚固的保护层，因而易产生裂缝，使棉毡受潮，增大热损失。

施工可以采用螺旋状包缠或对缝平包把保温材料包扎在管道上（图6-28）。包扎时应边缠、边压、边抽紧使保温后的密度达到设计要求。一般矿渣棉毡包扎后的密度不应小于150～200kg/m³，玻璃棉毡包扎后的密度不应小于100～130kg/m³，超细玻璃棉毡包扎后的密度不应小于40～60kg/m³。包扎厚度也应符合设计规定。采用多层包扎时，应保证后层包扎压住前层包扎的接缝。包扎完后一般应用18号～20号铁丝按150～200mm间距捆扎，以防棉毡松散开。

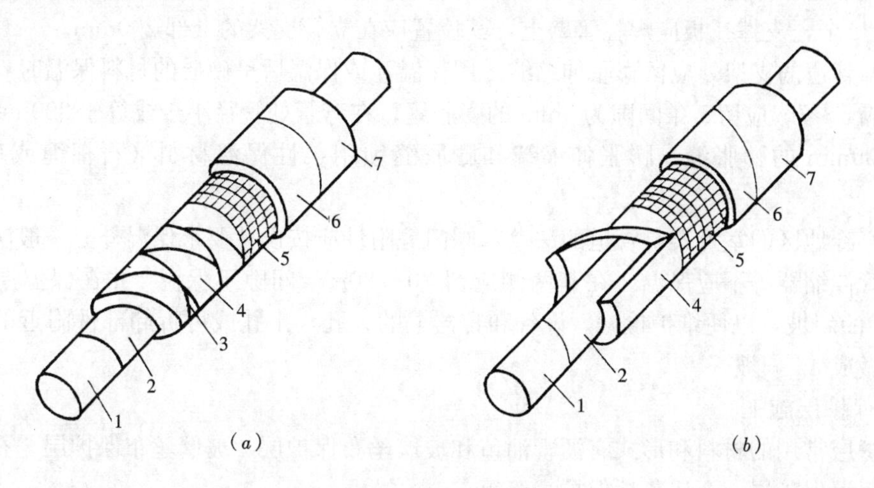

图6-28　包扎法保温

1—管道；2—防锈漆；3—镀锌铁丝；4—保温层；5—铁丝网；6—保护层；7—防腐层

（4）预制块保温：预制块保温是将预制成半圆形管壳，弧形瓦，梯形瓦或板块保温材料拼装覆盖于管道或设备上，用铁丝捆扎。它适用于泡沫混凝土、膨胀珍珠岩、矿渣棉、玻璃棉、膨胀蛭石、硬质聚氨酯与聚苯乙烯泡沫塑料等能预制成型的保温材料。由于它是由工厂预制而成，施工方便、保证质量、机械强度好而广泛采用。但因拼装时有纵横接缝、易导致热损失，预制件在搬运和施工过程中易损耗，异形表面的保温施工难度大，其结构如图6-29所示。

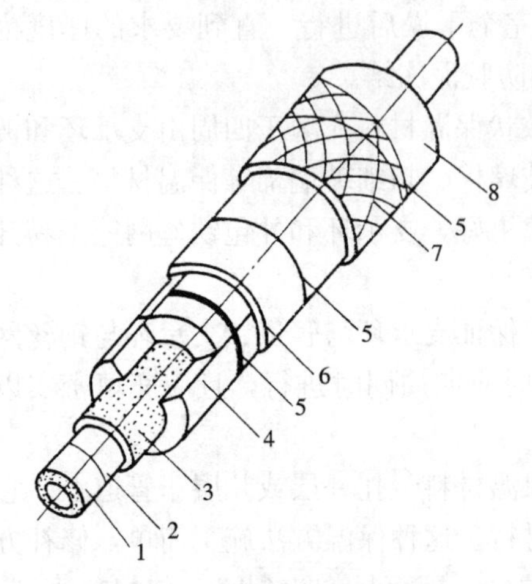

图 6-29　预制块保温

1—管道；2—防锈漆；3—胶泥；4—保温材料；5—镀锌铁丝；6—沥青油毡；7—玻璃丝布；8—防腐漆

为了使保温材料与管壁紧密结合，保温材料与保温面之间应涂抹一层3～5mm厚的石棉粉或石棉硅藻土胶泥，然后将保温材料拼装，绑扎在保温面上。对弯头的保温应将保温制品切割成虾米弯进行小块拼装。保温材料拼装时应将接缝错开，对多层拼装时应交错盖缝。接缝间应严密或在接缝处用胶泥填塞，胶泥应用与保温材料性能接近的材料配制。

绑扎保温材料一般采用 18～20 号铁丝，绑扎间距不应超过 300mm，并且每块保温制成品至少应绑扎两处，每处绑扎的铁丝不应少于两道，其接头应放在保温制品的接缝处，以便将接头嵌入接缝内。

除了上述保温方法外还有套筒式保温、缠绕法保温、粘贴法保温、贴钉法保温等。不管采用什么保温，在施工时应符合下述要求：

管道保温材料应粘贴紧密、表面平整、圆弧均匀、无环形断裂，绑扎牢固。保温层厚度应符合设计要求，厚度应均匀，允许偏差为+5%～−10%。

垂直管道作保温时，应根据保温材料的密度和抗压强度，设置支撑托板。一般按 3～5m 设置 1 个，支撑托板应焊在管壁上，其位置应在立管支架的上部 200mm。

保温管道的支架处应留膨胀伸缩缝。用保温瓦或保温后呈硬质的材料保温时，在直线段上每隔 5～7m 应留 1 条间隙为 5mm 的膨胀缝，在弯管处管径小于或等于 300mm 应留 1 条 20～30mm 的膨胀缝。膨胀伸缩缝和膨胀缝须用柔性保温材料（石棉绳或玻璃棉）填充。

除寒冷地区的室外架空管道的法兰，阀门等附件应按设计要求保温外。一般法兰、阀门、套管伸缩器等不应保温。在其两侧应留 70～80mm 间隙不保温，并在保温层端部抹 60°～70°的斜坡，以便维护检修。设备和容器上的人孔，手孔或可拆卸部件附近的保温层端部应做成 45°斜坡。

3. 保护层施工

保护层常用的材料和形式有沥青油毡和玻璃丝布保护层，玻璃丝布保护层，石棉石膏或石棉水泥保护层，金属薄板保护壳等等。

（1）沥青油毡和玻璃丝布保护层：它适用于室外敷设的管道。一般采用包裹或缠包的方法施工，施工时应保证沥青油毡接缝有不小于 50mm 的搭接宽度，并且接缝处应用沥青或沥青玛琋脂封口，用镀锌铁丝绑扎牢固。然后用玻璃丝布条带以螺旋状缠包到油毡的外面。缠包时应保证接缝搭接宽度为条带的 1/2～1/3，并用镀锌铁丝绑扎牢实。缠包后玻璃丝布应平整无皱纹、气泡，松紧适当。玻璃丝布表面应根据需要涂刷一层耐气候变化的涂料或管道识别标志。

（2）玻璃丝布保护层：它适合于室内架空及不易受外界碰撞的明装管道，其施工方法同前。

（3）石棉石膏或石棉水泥保护层：一般适用于室外及有防火要求的保温管道。施工方法一般为涂抹法。施工时先将石棉水泥或石棉石膏按一定比例调配成胶泥，直接涂抹在保温层或防潮层上，或抹在包裹保温层或防潮层的铁丝网面上。保护层厚度：对于管道不小于10mm，对于设备、容器不小于15mm。

涂抹保护层时，一般分两次进行。第一次粗抹为设计厚度的1/3左右，待胶泥凝固稍干后，再进行第二次精抹。精抹必须保证保护层厚度符合设计要求，保护层表面平滑平整，不得有明显的裂纹。

（4）金属板保护壳：适用于室内容易碰撞的管道及有防火、美观等特殊要求的地方。一般采用0.5mm厚的白铁皮或黑铁皮。采用金属薄板作保护层应根据使用对象的形状和连接方式预制成保护壳，然后拼装到保温层或防潮层表面上。采用黑铁皮时应涂刷防锈漆。安装时应纵缝接口朝下，保护壳的搭接宽度一般为30～40mm。保护壳的固定可采用自攻螺钉固定，镀锌铁皮带包扎固定，插销片固定（图6-30）等方法。

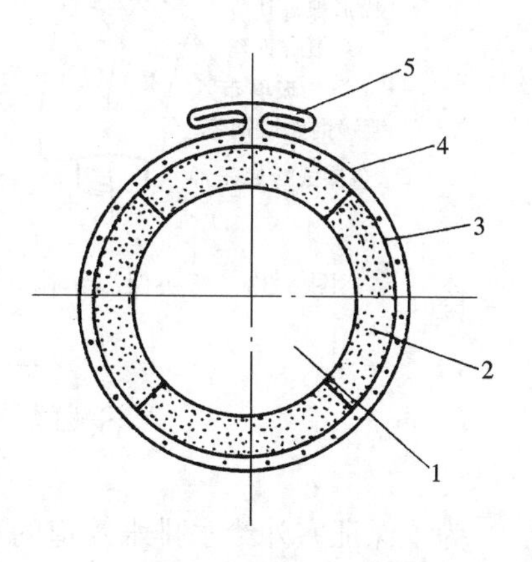

图6-30　保温壳插销片固定
1—管道；2—保温层；3—防潮层；
4—金属保护壳；5—金属插销片

4. 管件保温结构与施工

（1）法兰保温结构（图6-31）：采用预制件与包扎构件。图6-31左侧为预制管壳的法兰保温结构；右侧为包扎式法兰保温结构。

（2）阀门保温结构（图6-32）：图6-32中左侧示出了包扎式阀门保温结构；右侧示出了预制管壳阀门保温结构。

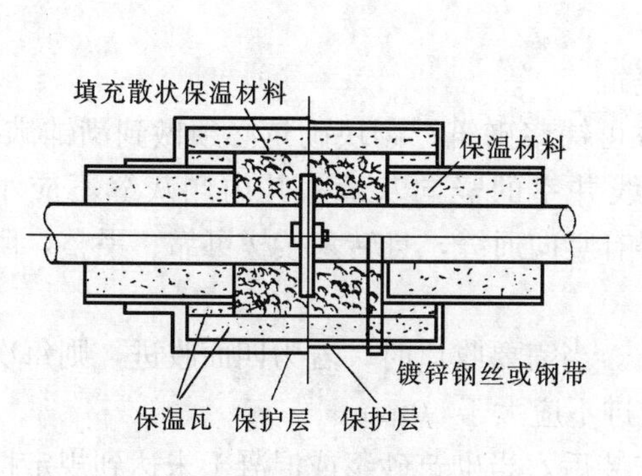

图6-31　法兰保温结构

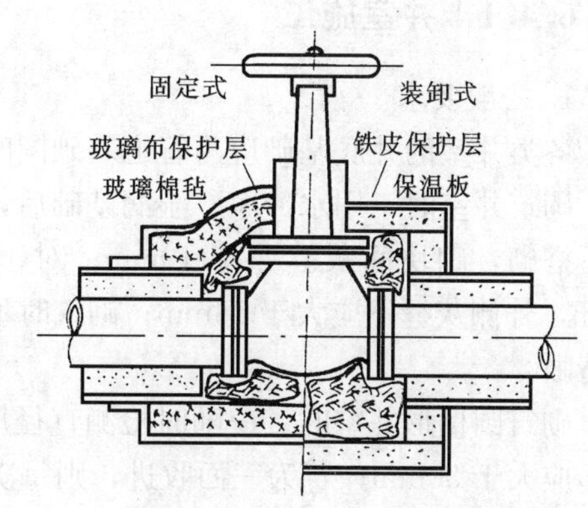

图6-32　阀门保温结构

（3）弯头保温结构（图6-33）：采用预制构件时，应考虑弯头处是胀缩变形较大之处，制作时须留一定伸缩余地；采用填充式与包扎式保温结构的施工方法与管道保温结构做法相同。

（4）三通保温结构（图6-34）：采用预制构件时，应考虑三通伸缩量不一致，制作时应留有一定余地；采用填充法、包扎式保温结构的施工方法与管道保温结构做法相同。

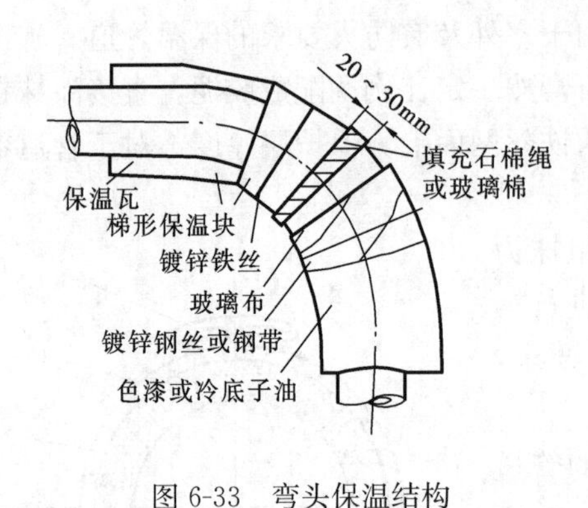

图6-33　弯头保温结构

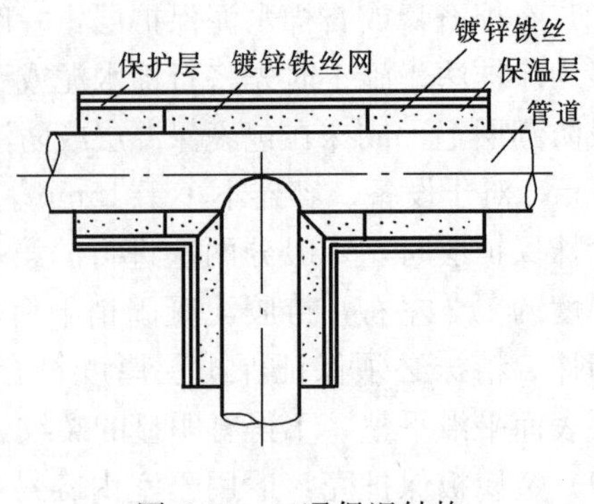

图6-34　三通保温结构

6.4　管道附属构筑物施工

为了保证室外给水排水管道的正常运行，往往需设置操作及检查等用途的井室，设置保证管道运行的进出水口，设置稳定管道及管道附件的支墩和锚固结构。这些附属构筑物常常采用砖、石等砌体砌筑结构建造，部分采用混凝土或钢筋混凝土结构建造。当采用砖、石砌筑结构时，所用普通黏土砖强度等级不应低于MU7.5；石材应采用质地坚实、无风化和裂纹的料石或块石，其强度等级不应低于MU20；其他砌块材料应符合设计要求；所用水泥砂浆强度等级不低于M7.5，其施工要求见第5章。当采用混凝土或钢筋混凝土结构时，混凝土强度等级及钢筋的配置应符合设计规定，混凝土强度一般不宜小于C20，其施工要求见第3章。

6.4.1　井室施工

1. 一般要求

各类井室的井底基础应与管道基础同时浇筑。

砌筑井室时，用水冲净、湿润基础后，方可铺浆砌筑；砌块砌筑必须做到满铺满挤、上下搭砌，砌块间灰缝保持10mm；对于曲线井室的竖向灰缝，其内侧灰缝不应小于5mm，外侧灰缝不应大于13mm；砌筑时不得有竖向通缝，且转角接槎可靠、平整，阴阳角清晰。

砌筑圆桶形井室时，应随时检测直径尺寸。当需要收口时，若为四面收进，则每次收进不应大于30mm；若为三面收进，则每次收进不应大于50mm。

井内踏步应随砌随安，位置准确，踏步安装后，当砌筑砂浆或混凝土未达到规定抗压强度前不得踩踏。

井室内壁应用原浆勾缝，有抹面要求时，内壁抹面应分层压实，外壁用砂浆搓缝并应挤压密实。

井室砌筑或安装至规定高程后，应及时砌筑或安装井圈。当井盖的井座及井圈采用预制构件时，坐浆应饱满；采用钢筋混凝土现浇制作时，应加强养护，并不得受到损伤。最后盖好井盖。

冬期施工时，应采取防寒措施；雨期施工时，应防止漂管。

2. 阀门等给水附件井施工

阀门等给水附件井的井底距承口或法兰盘的下缘不得小于100mm，井壁与承口或法兰盘的外缘的距离，当管径≤400mm时，不应小于250mm；当管径≥500mm时，不应小于350mm。

管道穿越井室壁或井底，应留有30～50mm的环缝，用油麻—水泥砂浆，油麻—石棉水泥或黏土填塞并捣实。阀门等给水附件下应设置混凝土支墩，保证附件不被损坏。

3. 排水检查井施工

排水检查井内的流槽，宜与井壁同时进行砌筑。当采用砌筑时，表面应采用砂浆分层压实抹光，流槽应与上下游底部接顺，管道内底高程应符合设计规定。

排水检查井的预留支管应随砌随安，预留管的直径、方向以及标高应符合设计要求，管与井壁衔接处应严密不得漏水，预留支管管口宜用低强度等级砂浆砌筑封口抹平。

排水检查井接入圆管的管口应与井内壁平齐，当接入管的管径大于300mm时，应砌砖圈加固。

排水检查井闭水合格后回填，井室周围回填土不得含有砖、石等有损井壁的杂物，施工机具不得碰撞井壁，如井壁出现破损应进行修复或更换。

预制塑料检查井底座、井室、预留管等部位应连接严密，连接方式及踏步安装符合其产品安装手册要求。

4. 雨水口施工

雨水口位置及深度应符合设计要求，不得外扭。雨水支管的管口应与井墙平齐。

雨水口与检查井的连管应直顺、无错口，坡度应符合设计规定。雨水口底座及连管应设在坚实土质上。连管埋设深度较小时，应对埋管进行负荷校核，超过破坏荷载时，对连管应采取必要的加固措施。

5. 质量要求

井壁同管道连接处应填嵌密实，不得漏水。闸阀的启闭杆中心应与井口对中。

雨水口井圈的高程应比周围路面低0～5mm。井圈与井墙应吻合，允许偏差应在－10～＋10mm范围内。井圈与道路边线相邻边的距离应相等，其允许偏差应为－10～＋10mm。

井室的允许偏差应符合表6-31的规定。

井室的允许偏差（mm）　　**表6-31**

检查项目			允许偏差
1	平面轴线位置（轴向、垂直轴向）		15
2	结构断面尺寸		＋10，0
3	井室尺寸	长、宽	±20
		直径	
4	井口高程	农田或绿地	＋20
		路面	与道路规定一致

续表

	检查项目		允许偏差
5	井底高程	管内径 $D_i \leqslant 1000$	±10
		管内径 $D_i > 1000$	±15
6	踏步安装	水平及垂直间距、外露长度	±10
7	脚窝	高、宽、深	±10
8	流槽宽度		+10

6.4.2　进出水口构筑物施工

进出水口一般分为一字式翼墙和八字式翼墙两种。一字式用于与渠道顺连，八字式用于与渠道呈90°～135°交错相接。进出水口若采用石砌时，可采用片石、料石、块石等。有冰冻情况下不可采用砖砌。

1. 施工要求

进出水口构筑物宜在枯水期施工。构筑物的基础应建在原状土上，当地基土松软或被扰动时，可采用砂石回填、块石砌筑或浇筑混凝土等方法来保证地基符合设计要求。

进出水口的泄水孔必须通畅，不得倒流。

翼墙变形缝应位置准确，安设顺直，上下贯通，其宽度允许偏差为0～5mm。翼墙背后填土应分层夯实，其压实度不得小于95%；填土时墙后不得有积水；填土应与反滤层铺设同时进行。

管道出水口防潮门井的混凝土浇筑前，应将防潮闸门框架的预埋件固定，预埋件中心位置允许偏差应为3mm。

护坡干砌时，嵌缝应严密，不得松动；浆砌时灰缝砂浆应饱满，缝宽均匀，无裂缝、无鼓起，表面平整。干砌护坡应使砌体边沿封砌整齐、坚固，不被掏空，必要时应加强护坡。

护坡砌筑的施工顺序应自下而上，石块间相互交错，使砌体缝隙严密，砌块稳定，坡面平整，并不得有通缝、叠砌和架空现象。

2. 质量要求

砌筑护坡坡度不应陡于设计规定；坡面及坡底应平整；坡脚顶面高程允许偏差应在±20mm范围内；砌体厚度不应小于设计规定。

6.4.3　管道支墩施工

压力管道为防止管道内水压通过弯头、三通、堵头和叉管等处产生拉力，以至接头产生松动脱节现象，为了保护管道不受破坏，应根据管径大小、转角、管内压力、土质情况以及设计要求设置支墩或锚定结构。

支墩及锚定结构所采用砖的标号应≥MU10，片石的标号应≥MU20，混凝土或钢筋混凝土的抗压强度应≥C15，砌筑用砂浆应≥M7.5。

管道及管道附件支墩和锚定结构的位置以及尺寸应准确，锚定必须牢固。

支墩应在坚固的地基上修筑。当无原状土做后背墙时，应采取措施保证支墩在受力情况下，不至破坏管道接口。当采用砌筑支墩时，原状土与支墩间应采用砂浆填塞。

管道支墩应在管道接口做完，管道位置固定后修筑。管道安装过程中的临时固定支架，应在支墩的砌筑砂浆或混凝土达到规定强度后方可拆除。

管道支墩平面轴线位置（轴向、垂直轴向）允许偏差不大于15mm，支撑面中心高程允许偏差－15～＋15mm以内，结构断面尺寸（长、宽、厚）允许偏差0～10mm。

第7章　管道的特殊施工

7.1　管道的不开槽施工

管道的不开槽施工是指不开挖地表的条件下完成管线的铺设、更换、修复、检测和定位的工程施工技术。它具有不影响交通、不破坏环境、土方开挖量小等优点，同时，它能消除冬期和雨期对开槽施工的影响，有较好的经济效益和社会效益。在大多数情况下，尤其是在繁华市区和管线埋深较深时，不开槽施工是明挖施工的极好的替代方法；在特殊情况下，例如无破坏性地穿越公路、铁路、河流、建筑物等，不开槽施工是一种唯一经济可行的施工方法。

管道不开槽铺设施工的管材和形状，采用较多的是抗压强度高、刚度好的预制管道，如钢管、钢筋混凝土管，也可采用其他金属管、塑料管、玻璃钢管和各种复合管。断面形状采用最多的是圆形，也可采用方形、矩形和其他形状（如预制或现浇的钢筋混凝土管沟）。

地下管道不开槽施工的方法很多，常用的有顶管法、盾构法、浅埋暗挖法、定向钻法、夯管法等。

7.1.1　顶管法

1. 基本程序

在敷设管道前，管线的一端事先建造一个工作坑（井）。在坑内的顶进轴线后方布置后背墙、千斤顶，将敷设的管道放在千斤顶前面的导轨上，管道的最前端安装工具管。千斤顶顶进时，以工具管开路，顶推着前面的管道穿过坑壁上的穿墙管（孔）把管道压入土中。与此同时，进入工具管的泥土被不断挖掘排出管外。当千斤顶达到最大行程后缩回，放入顶铁，继续顶进。如此不断加入顶铁，管道不断向土中延伸。当坑内导轨上的管道几乎全部顶入土中后，缩回千斤顶，吊去全部顶铁，将下一节管段吊下坑，安装在管段的后面，接着继续顶进，如此循环施工，直至顶完全程（图7-1）。

顶管的施工组织应包括以下主要内容：施工现场平面布置图；顶进方法的选用和顶管段单元长度的确定；工作坑位置的选择及其结构类型的设计；顶管机头选型及各类设备的规格、型号及数量；顶力计算和后背设计；洞口的封门设计；测量、纠偏的方法；垂直运输和水平运输布置；下管、挖土、运土或泥水排除的方法；减阻措施；控制地面隆起、沉降措施；地下水排除方法；注浆加固措施；安全技术措施等。

2. 顶管施工工艺的选择

顶管法敷管的施工工艺类型很多。不同施工工艺都配有相应的工具管、出土工具等，形成了适用不同条件的、各具特色的成套顶管施工技术。

按照管前掘进方式不同，顶管施工分为普通掘进式（人工掘进）、挤压式、机械式、

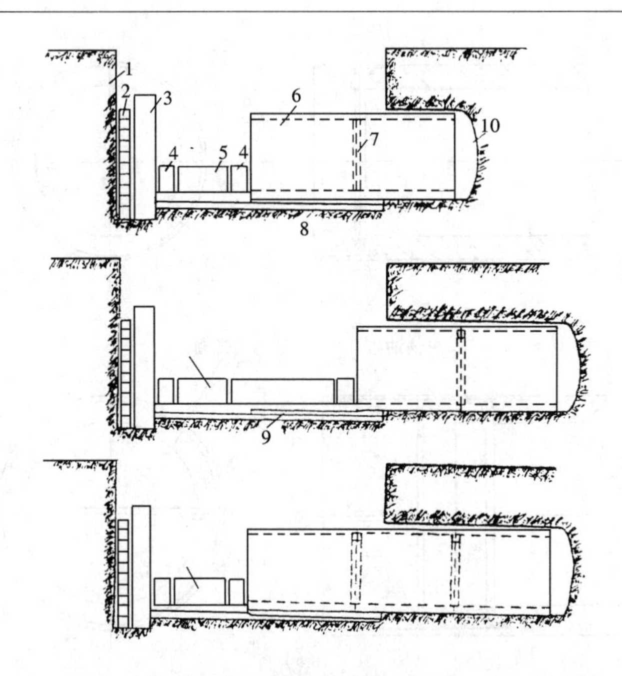

图 7-1　掘进顶管过程示意

1—后座墙；2—后背；3—立铁；4—横铁；5—千斤顶；6—管子；7—内胀圈；8—基础；9—导轨；10—掘进工作面

半机械式、水力掘进式等；按照前方防塌方式不同，分为机械平衡、土压平衡、水压平衡、气压平衡等；按照前方工作面土质稳定性不同，可以采用开放式或密闭式；按照出土方式不同，可以采用干出土和泥水出土。

任何一种顶管施工方法，都有其局限性。因此，对具体土层等条件，必须选择与之相适应的顶管施工工艺。

通常，根据顶进管道的口径大小，将其分为小口径（$D<800$mm）、中口径（800mm $\leqslant D<1800$mm）、大口径（$D\geqslant1800$mm）；一般认为，从经济的角度看，顶管的管径上限是 4000mm。顶管多为直线顶进，较少进行曲线顶进。

（1）开放式施工工艺

1）手掘式工具管

工人可以直接进入工作面挖掘，随时观察土层与工作面的稳定状态，遇有障碍物、偏差，易于采取应变措施及时处理，造价低廉、便于掌握。缺点是效率低，必须将地下水水位降至管基以下 0.5m，方可施工。

手掘式工具管有无纠偏装置和有纠偏装置两类（图 7-2）。刃口又分有格栅和无格栅两种。有无格栅应根据管径的大小和土体稳定程度而定，一般管径较大的应有格栅，防止坍塌。当土质比较稳定的情况下，首节管不带前面的管帽，直接由首节管作为工具管进行顶管施工也是常用的一种施工方法。

2）挤压式工具管

在首节管道前安装喇叭口形的锥筒，当顶进时将土体挤入喇叭口内，土体被压缩后从锥筒口吐出条形土柱，然后由运土工具将土吊运至地面。该法适用于大中口径的管道，对潮湿、可压缩的黏性土、砂性土比较适宜。设备简单、安全、避免了挖装土的工序，比人

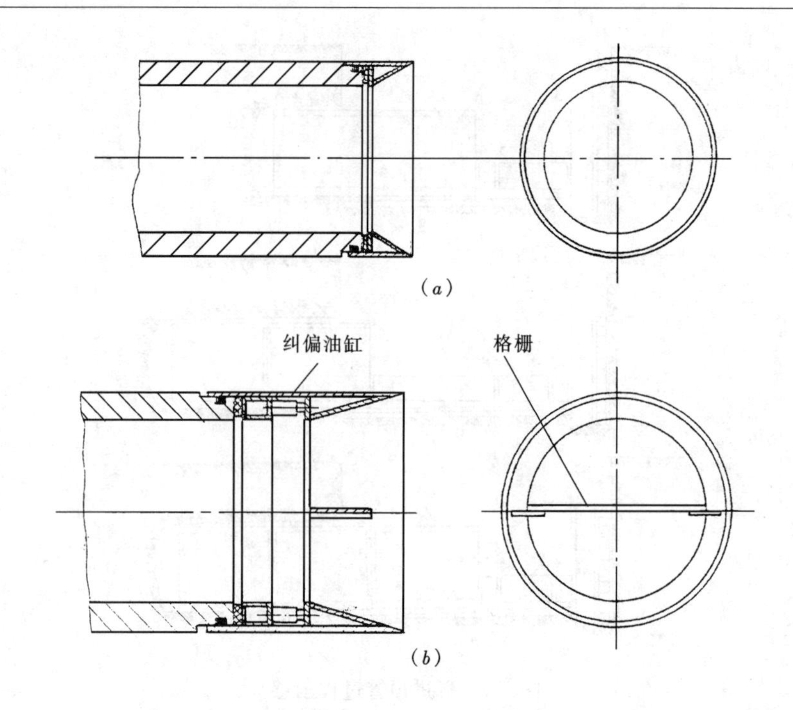

图 7-2　刃口工具管

(a) 无纠偏装置、无格栅；(b) 有纠偏装置、有格栅

工挖掘提高效率 1～2 倍。其构造形式如图 7-3 所示。

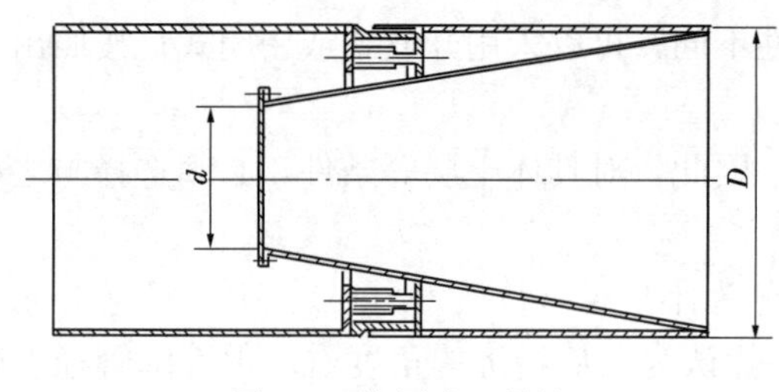

图 7-3　挤压式工具管

3）机械式开挖工具管

在工具管的前方装有钻进式的刀盘，由电动机驱动，刀盘径向转动的叫径向切削机头，纵向转动的叫纵向切削机头，被挖下来的土体由皮带运输机运出。这种机头适用于无地下水干扰、土质稳定的黏性土或砂性土层，如图 7-4 所示。

4）挤密土层式工具管

工具管分为锥形和管帽形，工具管安装在被顶管道的前方，顶进时借助千斤顶的顶力，将管子直接挤入土层内，顶进时管周围的土层被挤密实。这种顶管方法引起地面变形较大，仅适用于潮湿的黏土、砂土、粉质黏土，顶距较短的小口径钢管、铸铁管，且对地面变形要求不甚严格的地段。工具管的结构如图 7-5 所示。

(2) 密闭式施工工艺

1）水力切削式机头

机头由三段组成，首段位于机头的前方，该段设有一密封舱，舱内装有高压水枪、刃角、格栅、泥浆吸口、输泥管等。前段与中段之间设一对水平铰，通过上下纠偏油缸的伸缩，可使工具管上、下转动，中段与后段之间设一垂直铰，通过左右油缸的伸缩，可使工具管左右转动，因此该工具管使用时，上下纠偏与左右纠偏是分开的，彼此互不干扰。首段上的铰链可以拆卸，以更换不同类型的首段，以适应不同土层顶管的要求，可适用于管径 1200～3000mm 饱和软土层的顶管施工，如图 7-6 所示。

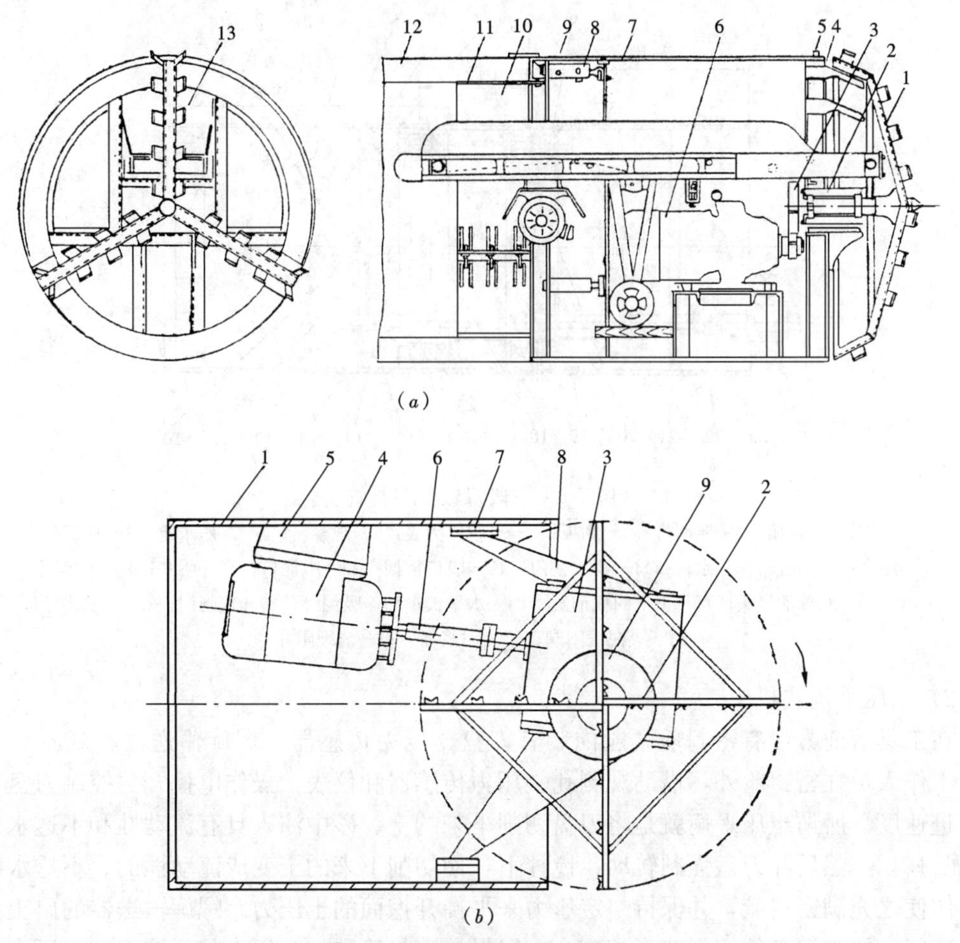

图 7-4　机械式开挖工具管

(*a*) 直径 1050mm 整体水平钻机

1—机头的刀齿架；2—轴承座；3—减速齿轮；4—刮泥板；5—偏心环；6—摆线针轮减速电机；7—机壳；8—校正千斤顶；9—校正室；10—链带输送器；11—内胀圈；12—管子；13—切削刀齿

(*b*) 纵向切削挖掘设备

1—工具管；2—刀臂；3—减速箱；4—电机；5—机座；6—传动轴；7—底架；8—支撑翼板；9—锥形筒架

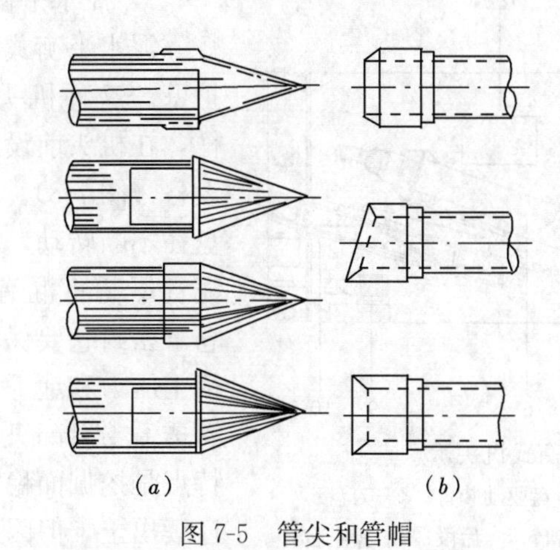

图 7-5　管尖和管帽

(*a*) 管尖；(*b*) 管帽

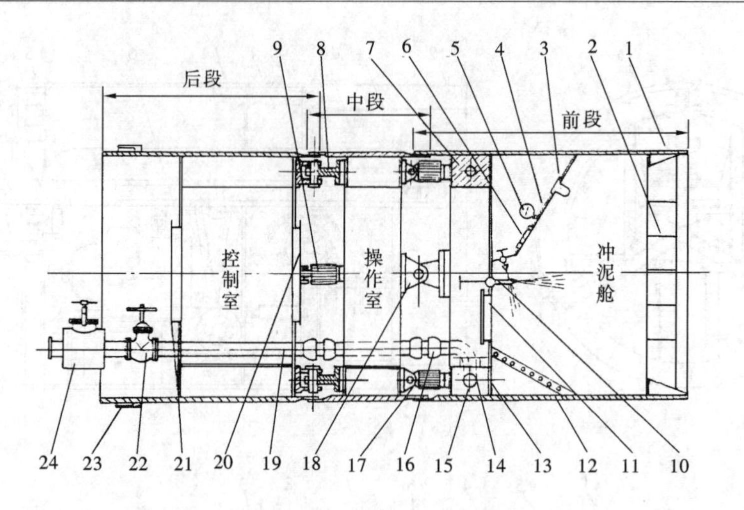

图 7-6　三段双铰型工具管

1—刃脚；2—格栅；3—照明灯；4—胸板；5—真空压力表；6—观察窗；7—高压水舱；8—垂直铰；9—左右纠偏油缸；10—水枪；11—小水密门；12—吸口格栅；13—吸泥口；14—阴井；15—吸泥管进口；16—双球活接头；17—上下纠偏油缸；18—水平铰；19—吸泥管；20—气闸门；21—大水密门；22—吸泥管闸阀；23—泥浆环；24—清理阴井

2）土压平衡式机头

在工具管前方设有密封舱，舱内装有刀盘、压力传感器、螺旋输送器、观测孔等装置，工作人员在密封舱外，借助观测孔、压力传感器和仪表，操作电控开关控制刀盘切削和顶进速度。所谓土压平衡就是将刀盘切削下来的土、砂中注入具有流动性和不透水性的“作泥材料”，然后在刀盘强制转动、搅拌下，使切削下来的土变成流动性的、不透水的特殊土体使之充满密封舱，并保持一定压力来平衡开挖面的土压力。螺旋输送器的出土量和顶进速度，要与刀盘的切削速度相配合，以保持密封舱内的土压力与开挖面的土压力始终处于平衡状态。较先进的设备，是靠压力传感器提供的电信号自控完成的。该机头适用于含水量较高的黏性、砂性土以及地面隆陷值要求控制较严格的地区。图 7-7 是一种土压平衡式机头示意图。

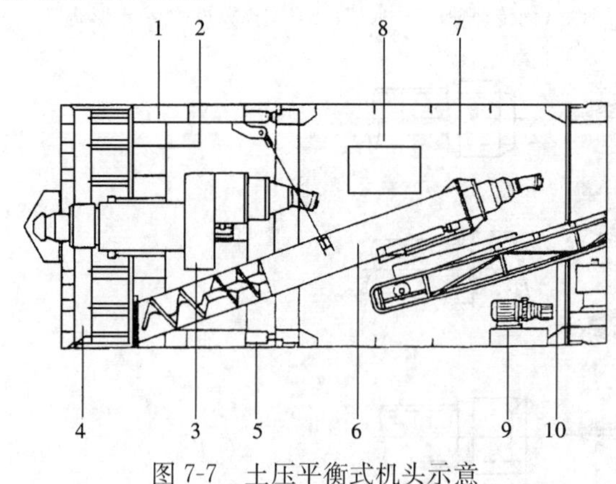

图 7-7　土压平衡式机头示意

1—前段；2—隔板；3—刀盘驱动装置；4—刀盘；5—纠偏油缸；6—螺旋输送机；7—后段；8—操纵台；9—油压泵站；10—皮带运输机

3）泥水平衡式机头

泥水平衡式顶管的基本原理是泥水护壁。这种机头和土压平衡式机头一样，在机头前设有密封仓、切削刀盘等设备（图 7-8）。随着工具管的推进，刀盘在不断转动，进泥管不断进泥水，抛泥管不断将混有弃土的泥水抛出密封仓。密封仓要保持一定的泥水压力来平衡土压力和地下水压力。该机头适用于渗透系数小于10^{-3}cm/s的砂性土。其特点是挖掘面稳定，地面沉降小，可以连续出土，但因泥水量大，弃土的运输和堆放都比较困难。

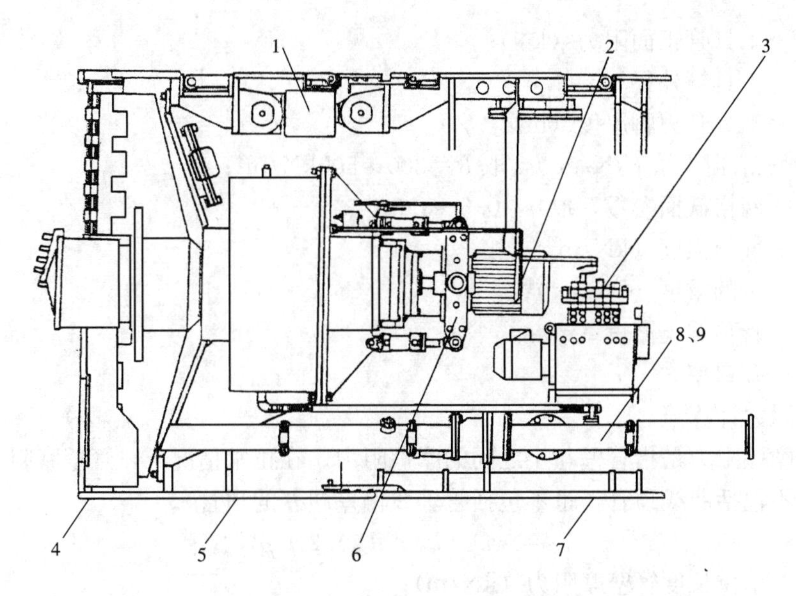

图 7-8　泥水平衡式机头示意

1—纠偏油缸；2—驱动电动机；3—油压装置；4—切削刀盘；5—前段；
6—开口度调节装置；7—后段；8—进泥管；9—排泥管

3. 顶力计算

顶管的总顶力分两部分：正面阻力和四周的摩擦阻力。

$$F=F_1+F_2 \tag{7-1}$$

式中　F——总顶力（kN）；

F_1——工具管正面阻力（kN）；

F_2——管道摩阻力；

$$F_2=f_2 \cdot L \tag{7-2}$$

L——管道总长度（m）；

f_2——单位长度管道摩阻力（kN/m）。

（1）正面阻力

不同工具管的正面阻力各不相同。可按以下计算

1）挖掘式工具管（包括简易工具管、开敞挖掘式工具管）：

$$F_1=\pi(D-t) \cdot t \cdot R \tag{7-3}$$

当工具管顶部及两侧允许超挖时，$F_1=0$。

2）挤压式工具管：

$$F_1=\pi D^2(1-e) \cdot R/4 \tag{7-4}$$

3）网格挤压工具管：

$$F_1=\pi a D^2 R/4 \tag{7-5}$$

4）三段双铰型工具管：

$$F_1=\pi D^2(aR+P_n)/4 \tag{7-6}$$

5）土压平衡式工具管和泥水平衡式工具管：

$$F_1=\pi D^2 \gamma H/4 \tag{7-7}$$

式中　F_1——工具管正面阻力（kN）；

D——工具管外径（m）；

t——工具管刃脚厚度（m）；

R——挤压阻力（kN/m^2），取 $R=300\sim500kN/m^2$；

a——网格截面参数，取 $a=0.6\sim1.0$；

P_n——气压强度（kN/m^2）；

γ——土的重度（kN/m^3）；

H——管顶覆土高度（m）；

e——开口率。

(2) 摩阻力计算

管道的摩擦阻力是指管壁与土之间的摩擦阻力。在正常情况下，管壁摩阻力可按以下公式计算（不包括曲线顶管，也不包括管轴线偏差超差的顶管）。

$$f_2=\pi D\mu(P_1+P_2)/2+\mu W \tag{7-8}$$

式中　f_2——单位长度管壁摩阻力（kN/m）；

D——工具管外径（m）；

μ——摩擦系数，见表7-1；

W——单位长度管道自重（kN/m）；

P_1——垂直土压力（kN/m^2）；

P_2——管道水平土压力（kN/m^2）。

管壁与土的摩擦系数　**表7-1**

土　类	摩擦系数 μ	
	湿	干
黏性土	0.2～0.3	0.4～0.5
砂性土	0.3～0.4	0.5～0.6

无卸力拱时：

$$P_1=\gamma H \tag{7-9}$$

$$P_2=\gamma(H+D/2)\tan^2(45°-\varphi/2) \tag{7-10}$$

有卸力拱时：

$$P_1=\gamma h_0 \tag{7-11}$$

$$P_2=\gamma(h_0+D/2)\tan^2(45°-\varphi/2) \tag{7-12}$$

其中，判别形成卸力拱的两个必要条件是：

1）土的坚固系数 $f_{kp}\geqslant0.8$；

2）覆土深度 $H\geqslant2.0h_0$

$$h_0=\frac{D\left[1+\mathrm{tg}\left(45°-\frac{\varphi}{2}\right)\right]}{2\mathrm{tg}\varphi} \tag{7-13}$$

式中　γ——土的重度（kN/m^3）；

H——管顶覆土高度（m）；

h_0——管顶卸力拱高度（m）；

D——工具管外径（m）；

φ——土的内摩擦角（°）。

需要说明的是：影响顶力的因素很多，除了土质、管径、顶长、管材、地下水位等客观因素以外，还受到中途间歇时间、顶进偏差、减阻措施等多种主观因素的影响。实际确定顶力时应结合实际情况和经验来对理论计算的顶力进行修正和调整，也可根据各地的经验公式来进行校验、确定。

顶进距离较短时，顶力由主千斤顶承担，有下列情况之一，则需要考虑增加中继间：①总顶力超过主千斤顶的最大顶力；②总顶力超过了管道的允许顶力；③总顶力超过了后背墙的最大允许顶力。

4. 工作坑

工作坑也称为竖井，是顶管施工起始点、终结点、转向点的临时设施。工作坑中除安装有顶进系统外，还设有导轨、后背及后座墙、密封门、排水坑等设备。

（1）位置的选择

工作坑位置应根据地形、管线设计、地面障碍物情况等因素确定。一般按下列条件进行选择：

1）管道井室的位置；

2）可利用坑壁土体作后背支承；

3）便于排水、出土和运输；

4）对地上与地下建筑物、构筑物易于采取保护和安全措施；

5）距电源和水源较近、交通方便；

6）单向顶进时宜设在下游一侧。

（2）工作坑的种类与尺寸

由于工作坑的作用不同，其称谓也有所不同，如管道只向一个方向顶进的工作坑称单向坑。向一个方向顶进而又不会因顶力增大而导致管端压裂或后背墙或后座墙破坏所能达到的最大长度，称为一次顶进长度。一次顶进长度因管材、顶进土质、后背和后座墙种类及其强度，顶进技术、管子埋设深度不同而异。为了增加从一个工作坑顶进的管道有效长度，可以采用双向坑。根据不同功能，其他工作坑还有：转向坑、多向坑、交汇坑、接收坑等，如图7-9所示。工作坑一般为单管顶进。有时，两条或三条管道在同一工作坑内同时或先后顶进。

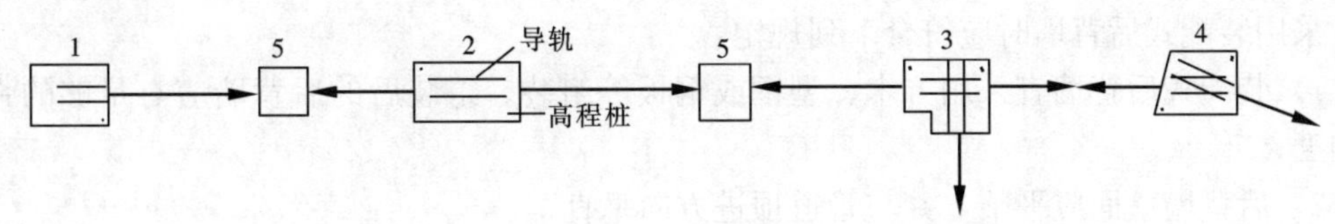

图7-9 工作坑种类

1—单向坑；2—双向坑；3—多向坑；4—转向坑；5—交汇坑

工作坑的尺寸要考虑管道下放、各种设备进出、人员上下、坑内操作等必要空间以及排弃土的位置等。其平面形状一般采用矩形。

矩形工作坑的底部宜符合下列公式要求：

$$B=D_1+S \tag{7-14}$$

$$L = L_1 + L_2 + L_3 + L_4 + L_5 \tag{7-15}$$

式中　B——矩形工作坑的底部宽度（m）；

D_1——管道外径（m）；

S——操作宽度，可取2.4～3.2（m）；

L——矩形工作坑的底部长度（m）；

L_1——工具管长度（m）。当采用管道第一节管作为工具管时，钢筋混凝土管不宜小于0.3m；钢管不宜小于0.6m；

L_2——管节长度（m）；

L_3——运土工作间长度（m）；

L_4——千斤顶长度（m）；

L_5——后背墙的厚度（m）。

工作坑深度应符合下列公式要求：

$$H_1 = h_1 + h_2 + h_3 \tag{7-16}$$

$$H_2 = h_1 + h_3 \tag{7-17}$$

式中　H_1——顶进坑地面至坑底的深度（m）；

H_2——接受坑地面至坑底的深度（m）；

h_1——地面至管道底部外缘的深度（m）；

h_2——管道外缘底部至导轨底面的高度（m）；

h_3——基础及其垫层的厚度。但不应小于该处井室的基础及垫层厚度（m）。

（3）结构形式

工作坑的结构应具备足够的安全度。一般可采用木桩、钢板桩、沉井或地下连续壁支撑形成封闭式框架。当采用永久性构筑物作工作坑时，亦可采用钢筋混凝土结构等。其结构应坚固、牢靠，能全方向地抵抗土压力、地下水压力及顶进时的顶力。矩形工作坑的四角应加斜撑。

（4）后背墙与后背土体

后背墙是将顶管的顶力传递至后背土体的墙体结构。当后背土体土质较好时，后背墙可以依靠原土加排方木修建。根据施工经验，当顶力小于400t时，后座墙后的原土厚度不小于7.0m就不致发生大位移现象（墙后开槽宽度不大于3.0m）。

采用装配式后背墙时应符合下列规定：

1）装配式后背墙宜采用方木、型钢或钢板等组装。组装后的后背墙应有足够的强度和刚度；

2）后背墙壁面应平整，并与管道顶进方向垂直；

3）装配式后背墙的底端宜在工作坑底以下，不宜小于50cm；

4）后背墙壁面应与后背贴紧，有孔隙时应采用砂石料填塞密实；

5）组装后背墙的构件在同层内的规格应一致。各层之间的接触应紧贴，并层层固定。

当无原土作后背墙支撑时，应设计结构简单、稳定可靠、就地取材、拆除方便的人工后背墙，图7-10是其中的一种。也可利用已顶进完毕的管道作后背。此时应使待顶管道的顶力应小于已顶管道的顶力，同时在后背钢板与管口之间衬垫缓冲材料，保护已顶入管道的接口不受损伤。

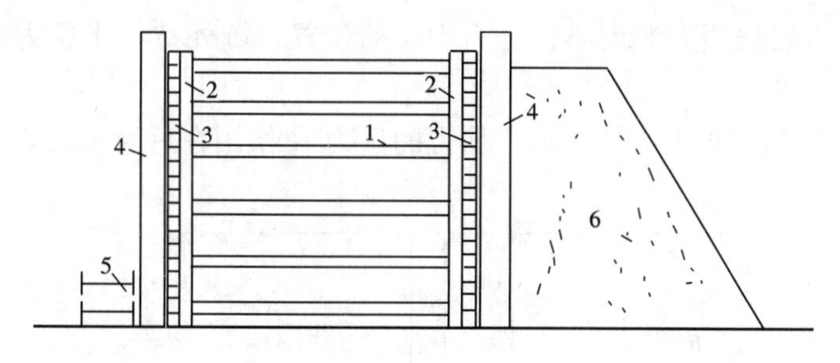

图7-10　人工后背墙

1—撑杠；2—立柱；3—后背方木；4—立铁；5—横铁；6—填土

当土质条件差、顶距长、管径大时，可采用地下连续墙式后背墙、沉井式后背墙和钢板桩式后背墙。

后背构造如图7-11所示。后背墙的强度和刚度应满足传递最大顶力的需要。其宽

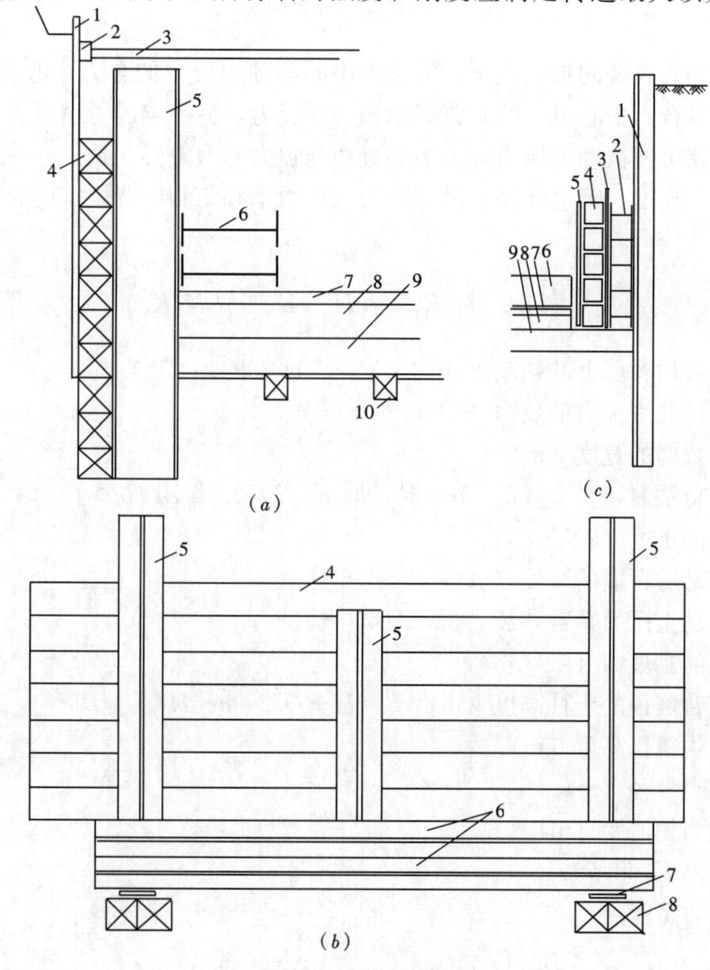

图7-11　后背的构造

(a) 方木后背侧视图；(b) 方木后背正视图

1—撑板；2—方木；3—撑杠；4—后背方木；5—立铁；6—横铁；7—木板；8—护木；9—导轨；10—轨枕

(c) 钢板桩后背

1—钢板桩；2—工字钢；3—钢板；4—方木；5—钢板；6—千斤顶；7—木板；8—导轨；9—混凝土基础

度、高度、厚度应根据顶力的大小、合力中心的位置、坑外被动土压力的大小等来计算确定。

后背墙的计算简图如图7-12所示，顶力的反力R作用在后背墙上，R的作用点相对于管中心偏低e。

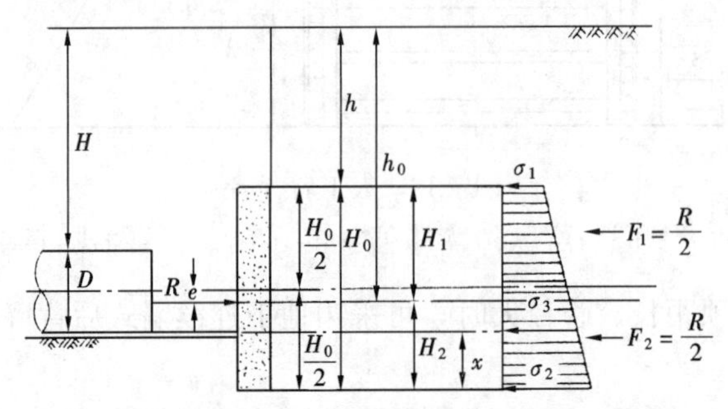

图7-12　后背墙计算图式

理想的情况是后背墙的被动土压力的合力中心与顶力反力的合力中心在同一条线上。为了便于计算，设合力中心以上的后背墙承担一半反力，另一半反力由合力中心以下的后背墙承担。这样就可使被动土压力合力中心近似与顶力合力中心一致。

已知管顶覆土高度、管道外径、设计顶力、顶力偏心距和后背墙宽度时，则可计算上部后背墙的高度。

$$F_1=\frac{B}{K}\left(\frac{1}{2}\gamma H_1^2K_p+2cH_1\sqrt{K_p}+\gamma hH_1K_p\right) \tag{7-18}$$

式中　F_1——上部后背墙上的被动土压力（kN），$F_1=R/2$；

R——设计允许顶力的反力（kN）；

B——后背墙的宽度（m）；

K——安全系数，当$B/H_0\leqslant1.5$时，取$K=1.5$；当$B/H_0>1.5$时，取$K=2.0$；

γ——土的重度（kN/m^3）；

H_1——上部后背墙的高度（m）；

K_p——被动土压力系数，$K_P=\tan^2(45°+\varphi/2)$；

c——土的黏聚力（kN/m^2）；

h——后背墙顶的土柱高度（m），$h=H+D/2+e-H_1$；

H——管顶覆土高度（m）；

D——管道外径（m）；

e——顶力偏心距（m）。

解方程后可得H_1和h。

下部后背墙的高度：

$$F_2=\frac{B}{K}\left(\frac{1}{2}\gamma H_2^2K_p+2cH_2\sqrt{K_p}+\gamma h_0H_2K_p\right) \tag{7-19}$$

式中　h_0——下部后背墙以上的土柱高度（m），$h_0=H+\frac{D}{2}+e$；

F_2——下部后背墙后的被动土压力（kN），$F_2=R/2$；

H_2——下部后背墙的高度（m）。

解方程可得 H_2，则后背墙的高度为：

$$H_0 = H_1 + H_2$$

式中 H_0——后背墙的高度（m）。

后背墙的厚度可根据主压千斤顶的布置，通过结构计算决定。一般在0.5～1.6m范围内。

5. 设备安装

（1）导轨

导轨不仅使管节在未顶进以前起稳定位置的作用，更重要的是它能导引管节沿着要求的中心线和坡度向土中推进。因此，导轨的安装是保证顶管工程质量的关键一环。导轨应选用钢质材料制作，两导轨应顺直、平行、等高，其纵坡应与管道设计坡度一致；导轨安装的允许偏差为：轴线位置：3mm；顶面高程：0～+3mm；两轨内距：±2mm。安装后的导轨应牢固，不得在使用中产生位移，并应经常检查校核。

（2）千斤顶与油泵

千斤顶宜固定在支架上，并与管道中心的垂线对称，其合力的作用点应在管道中心的垂直线上；千斤顶合力作用点一般位于管子总高1/4～1/5处。若高提值过大则促使管节愈顶愈低。当千斤顶多于一台时，宜取偶数，且其规格宜相同；当规格不同时，其行程应同步，并应将同规格的千斤顶对称布置；千斤顶的油路应并联，每台千斤顶应有进油、退油的控制系统。

油泵宜设置在千斤顶附近，油管应顺直、转角少；油泵应与千斤顶相匹配，并应有备用油泵。油泵安装完毕，应进行试运转；顶进开始时，应缓慢进行，待各接触部位密合后，再按正常顶进速度顶进；顶进中若发现油压突然增高，应立即停止顶进，检查原因并经处理后方可继续顶进；千斤顶活塞退回时，油压不得过大，速度不得过快。

（3）顶铁

顶铁是顶进管道时，千斤顶与管道端部之间临时设置的传力构件。其作用有二：一是将千斤顶的合力通过顶铁比较均匀地分布在管端；二是调节千斤顶与管端之间的距离，起到伸长千斤顶活塞的作用。因此，顶铁应有足够的强度和刚度；精度必须符合设计标准。

顶铁分为：

1）横铁：此种顶铁使用时与顶力方向垂直起梁的作用，一般长度为1.2m、1.5m、1.8m、2.0m等几种规格。

2）顺铁：此种顶铁使用时与顶力方向一致起柱的作用。

3）弧形或环形顶铁：此种顶铁用于管端接口部位以避免接口损伤。

顶铁是用工字钢或槽钢拼焊而成，其构造如图7-13所示。

（4）起重设备

起重设备主要作用是下管、提升坑内堆积的挖掘出土到地面。设备的选用应根据最大提升质量考虑。使用时应注意安全，严禁超负荷运行。

6. 顶管施工的接口形式

钢管采用焊接接口。当顶进钢管采用钢丝网水泥砂浆和肋板保护层时，焊接后应补做焊口处的外防腐处理。

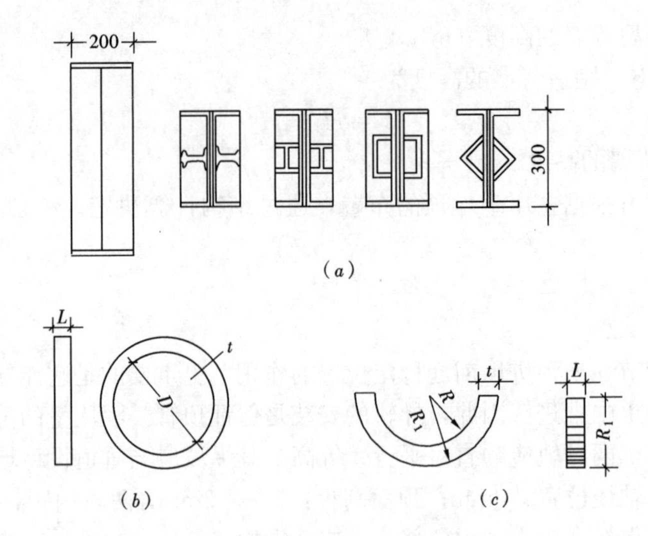

图 7-13　顶铁示意图

(a) 矩形顶铁；(b) 圆形顶铁；(c) 弧形顶铁

钢筋混凝土管常用钢胀圈接口、企口接口、“T” 形接口、“F” 形接口等几种方式进行连接。

(1) 钢胀圈连接

常用于平口钢筋混凝土管，管节稳好后，在管内侧两管节对口处用钢胀圈连接起来，形成刚性口以避免顶进过程中产生错口。钢胀圈是用 6～8mm 的钢板卷焊成圆环，宽度为 300～400mm。

环的外径小于管内径 30～40mm。连接时将钢胀圈放在两管节端部接触的中间，然后打入木楔，使钢胀圈下方的外径与管内壁直接接触，待管道顶进就位后，将钢胀圈拆除，管口处用油麻、石棉水泥填打密实，如图 7-14 所示。

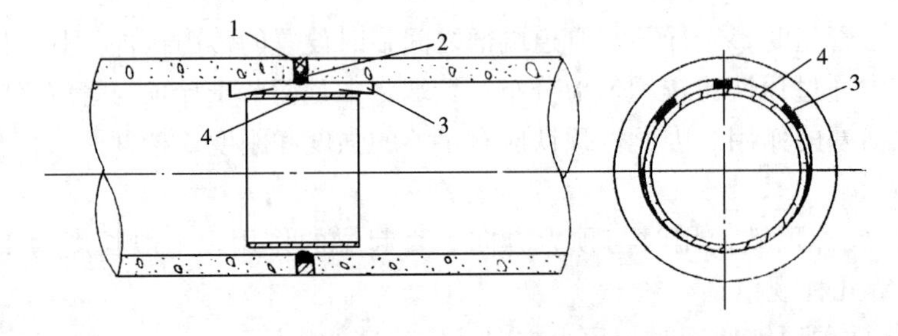

图 7-14　钢胀圈接口

1—麻辫；2—石棉水泥；3—铁楔；4—钢圈

(2) 企口连接

企口连接可以是刚性接口，也可以是柔性接口，如图 7-15 及图 7-16 所示。企口连接的钢筋混凝土管不宜用于较长距离的顶管，特别是中长距离的顶管。

(3) “T” 形接口

“T” 形接口是在两管段之间插入一钢套管，钢套管与两侧管段的插入部分均有橡胶密封圈（图 7-17）。

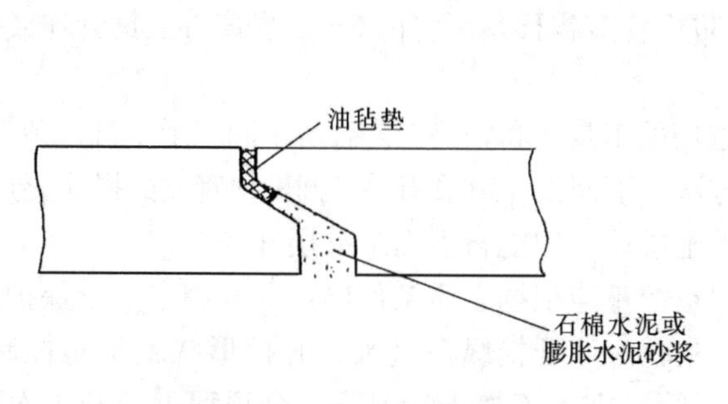

图 7-15 企口刚性连接

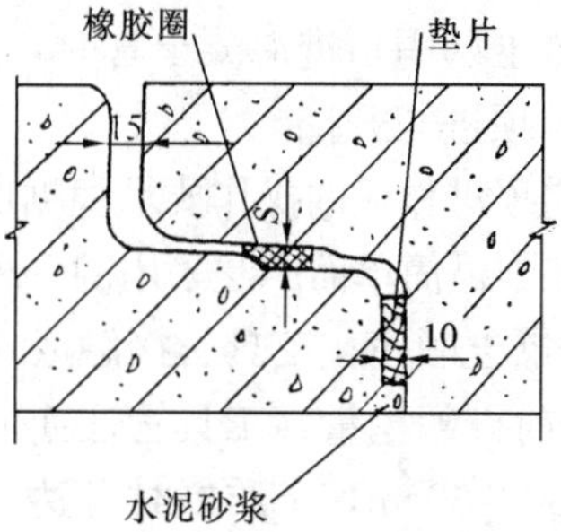

图 7-16 企口柔性连接

(4)"F"形接口

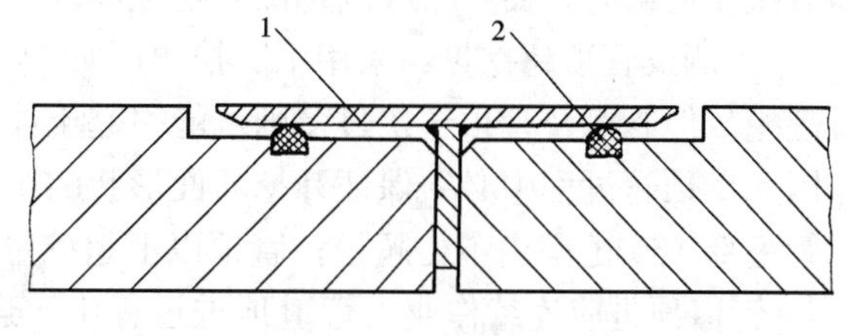

图 7-17 "T"形接口

1—"T"形套管；2—密封圈

"F"形接口是"T"形接头的发展。典型的"F"形接头密封和受力如图 7-18 所示。钢套管是一个钢筒，与管段的一端浇筑成一体，形成插口。管段的另一端混凝土做成插头，插头上有密封圈的凹槽。相邻管段连接时，先在插头上安装好密封圈，在插口上安装好木垫片，然后将插头插入插口就完成连接。这种接头在使用时一定要注意方向，插口始终是朝后的。

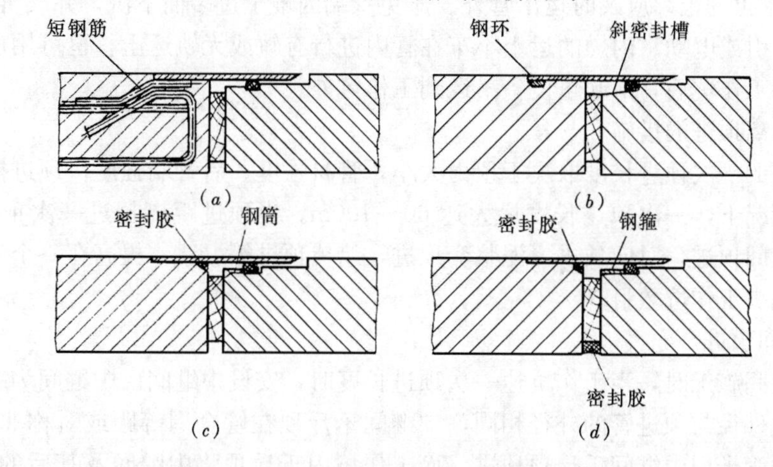

图 7-18 "F"形接口密封和受力示意图

(a) 钢套管用短钢筋与钢筋笼焊接；(b) 钢套管上焊钢环、斜密封槽；(c) 钢套管内侧加弹性密封胶；(d) 密封槽前加钢箍、顶管结束时充填弹性密封胶

7. 顶进

管道顶进的过程包括挖土、顶进、运土、测量、纠偏等工序。从管节位于导轨上开始顶进起至完成这一顶管段止，始终控制这些工序，就可保证管道的轴线和高程的施工质量。

(1) 开始顶进应具备的条件

开始顶进前应检查准备工作，确认条件具备时方可开始顶进。主要包括：全部设备经过检查并经过试运转；工具管在导轨上的中心线、坡度和高程应符合要求；防止流动性土或地下水由洞口进入工作坑的措施；开启封门的措施。

在软土层中顶进混凝土管时，为防止管节飘移，可将前3～5节管与工具管连成一体。

（2）顶进与开挖

管道顶进作业的操作要求根据所选用的工具管和施工工艺有所不同。手工掘进顶管法是顶管施工中最简单而广泛采用的一种方法。下面仅介绍采用手工掘进顶管发的操作要点。

1）挖土顺序：工具管接触或切入土层后，应能自上而下分层开挖。

2）前方超挖量：工具管迎面的超空挖量应根据土质条件确定，并制定安全保护措施，一般为30～60cm，土质好时可达1m左右。如开挖纵深过大，开挖形状就不易控制，并引起管子位置偏差。长顶程千斤顶用于管前方人工挖土情况下，全顶程可分若干次顶进。地面有振动荷载时，要严格限制每次开挖纵深。

3）管侧及管顶超挖量：采用手工挖土时如允许超挖，可减小顶力。为了纠偏，也常需要超挖。但管侧及管顶超挖过多则可能引起土体坍塌范围扩大，增大地面沉降及增大顶力。因此，顶管过程中必须保证开挖断面形状的正确。在允许超挖的稳定土层中正常顶进时，管下部135°范围内不得超挖；管顶以上超挖量不得大于1.5cm。

4）管道顶进应连续作业。管道顶进过程中，遇工具管前方遇到障碍；后背墙变形严重；顶铁发生扭曲现象；管位偏差过大且校正无效；顶力超过管端的允许顶力；油泵、油路发生异常现象；接缝中漏泥浆等情况时，应暂停顶进，并应及时处理。

当管道停止顶进时，应采取防止管前塌方的措施。

5）前方挖出的土，应及时运出管外。避免管端因堆土过多而下沉，并改善工作环境。可用卷扬机牵引或电动、内燃的运土小车在管内进行有轨或无轨运土，也可用皮带运输机运土。土运到工作坑后，由起重设备吊运到工作坑外。

（3）长距离顶进的措施

顶管施工的一次顶进长度取决于顶力大小，管材强度，后背墙强度，顶进操作技术水平等。通常情况下，一次顶进长度最大达60～100m。当顶进距离超过一次顶进长度时，可以采用中继间顶进，对向顶进，泥浆套顶进，蜡覆顶进等方法，提高在一个工作坑内的顶进长度，减少工作坑数目。

1）中继间顶进

采用中继间施工时，当工作坑达一次顶进长度时，安设中继间。中继间为一种可前移的顶进装置。外径与顶进管的外径相同，中继间千斤顶在管全周等距或对称非等距布置。中继间之前的管子用中继间千斤顶顶进，而工作坑内千斤顶将中继间及其后的管子顶进。中继间施工并不提高千斤顶一次顶进长度，只是减少工作坑数目，图7-19所示为一种中继间。施工结束时，拆除中继间千斤顶和中继间接力环。后中继间将前段管顶进，弥补前中继间千斤顶拆除后所留下的间隙。采用中继间的主要缺点是顶进速度降低。通常情况下，每安装一个中继间，实际延长顶进速度降慢一倍。但是，当安装多个中继间时，间隔的中继间可以同时工作，以提高顶进速度。

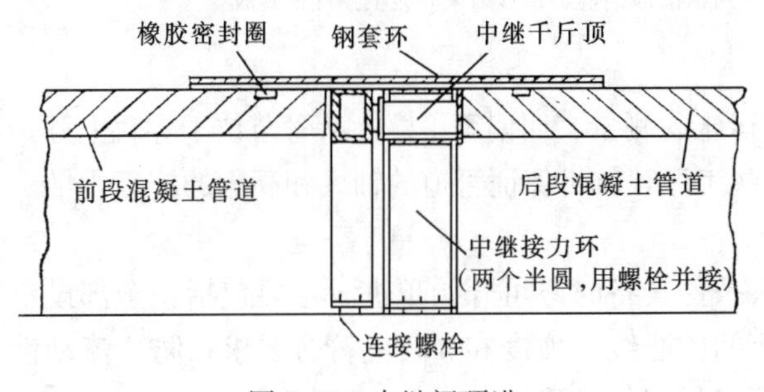

图7-19　中继间顶进

2）泥浆套顶进

在管壁与坑壁间注入触变泥浆，形成泥浆套，减少管壁与土壁之间摩擦阻力，一次顶进长度可较非泥浆套顶进增加2～3倍。触变泥浆的主要成分是膨润土，加一定比例的碱（Na_2CO_3）、化学糨糊（CMC）、高分子化合物和水拌合而成。长距离顶管时，经常采用中继间—泥浆套顶进。

3）蜡覆顶进

在管表面熔蜡覆盖，既可减少顶进摩擦力，又提高管表面平整度。但是，当熔蜡散布不均匀时，会导致新的“粗糙”。

也有采用沥青混合料为润滑剂代替熔蜡。材料配比为：石油沥青∶石墨∶汽油=1∶2∶3或1∶2∶4（体积比）。配制时，先把沥青加热至熔化，加入汽油稀释，然后加入石墨搅拌成稠糊状。顶管时，涂于管外壁表面。

此外，为了减少工作坑数目，可同时采用对向顶和双向顶。

8. 测量与纠偏

（1）测量

顶管施工中的测量，应建立地面与地下测量控制系统，控制点应设在不易扰动、视线清楚、方便校核、利于保护处。在管道顶进的全部过程中应控制工具管前进的方向，并应根据测量结果分析偏差产生的原因和发展趋势，确定纠偏的措施。测量工作应及时、准确，以使管节正确地就位于设计的管道轴线上。测量工作应频繁地进行，以便及时发现管道的偏移。当第一节管就位于导轨上以后即进行校测，符合要求后开始进行顶进。一般在工具管刚进入土层时，应加密测量次数。常规做法每顶进30cm，测量不少于1次，进入正常顶进作业后，每顶进100cm测量不少于1次，每次测量都以测量管子的前端位置为准。纠偏时应增加测量次数；全段顶完后，应在每个管节接口处测量其轴线位置和高程；有错口时，应测出相对高差。测量记录应完整、清晰。

1）高程测量：可用水准仪测量。

2）轴线测量：可用经纬仪监测。

3）转动测量：用垂球测量。

较先进的测量是采用激光经纬仪测量。测量时，在工作坑内安装激光发射器，按照管线设计的坡度和方向将发射器调整好。同时管内装上接受靶，靶上刻有尺度线，当顶进的管道与设计位置一致时（图7-20），激光点直射靶心，说明顶进质量良好，没有偏差，如图7-21所示。

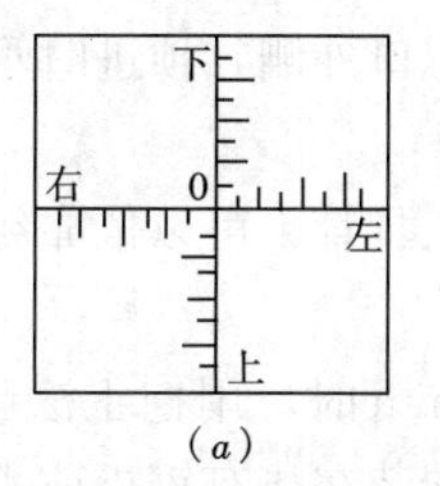

(a)

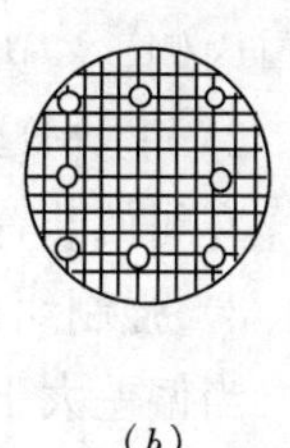
(b)

图7-20　接收靶
(a) 方形靶；(b) 装有硅光电池的圆形靶

（2）纠偏

为了保证管道的施工质量，必须及时纠偏，做到“勤顶、勤挖、勤测、勤纠”。尤其是在开始顶进阶段，更应及时纠偏。

纠偏时应首先分析产生偏差的原因，再采取相应的纠正措施才是比较有效的。

1）挖土校正法

这是采用在不同部位增减挖土量的办法，以达到校正的目的。校正误差范围一般不要大于10～20mm。该法多用于黏土或地下水位以上的砂土中，如图7-22所示。具体纠偏方法如下：

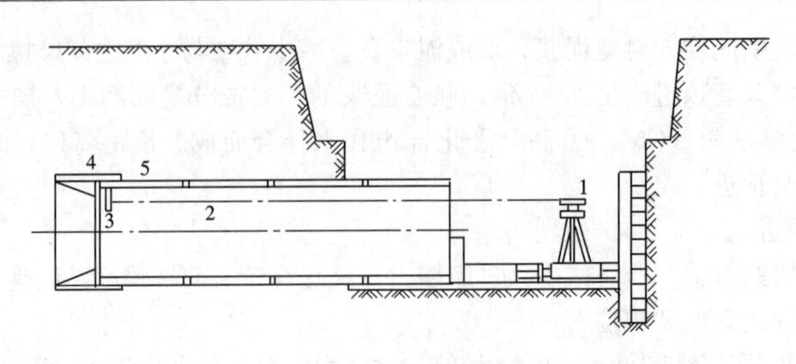

图 7-21　激光测量

1—激光经纬仪；2—激光束；3—激光接收靶；4—刃角；5—管节

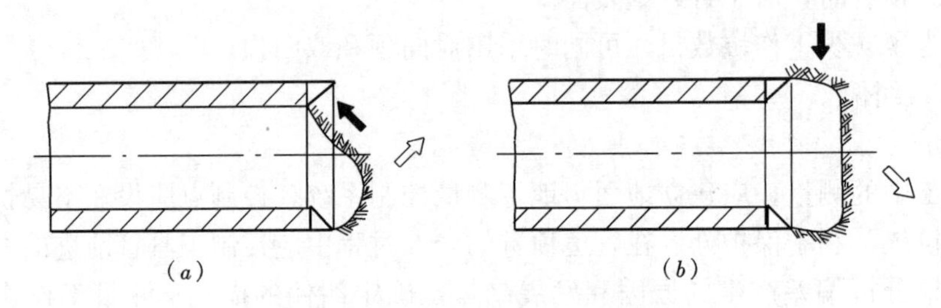

图 7-22　挖土纠偏示意图

(a) 管内挖土纠偏；(b) 管外挖土纠偏

⬆纠偏阻力；⇦纠偏方向

管内挖土纠偏：开挖面的一侧保留土体，另一侧被开挖，顶进时土体的正面阻力移向保留土体的一侧。管道向该侧纠偏。

管外挖土纠偏：管内的土被挖净，并挖出刃口，管外形成洞穴。洞穴的边缘，一边在刃口内侧，一边在刃口外侧，顶进时管道顺着洞穴方向移动。

2）工具管纠偏

有纠偏装置的工具管，可以依靠纠偏千斤顶改变刃口的方向，实现纠偏。

3）强制纠偏法

当偏差大于 20mm 时，用挖土法已不易校正，可用圆木或方木顶在管子偏离中心的一侧管壁上，另一端装在垫有钢板或木板的管前土壤上，支架稳固后，利用千斤顶给管子施力，使管子得到校正，如图 7-23 所示。

图 7-24、图 7-25 分别给出了下陷和错口的强制校正法示意。

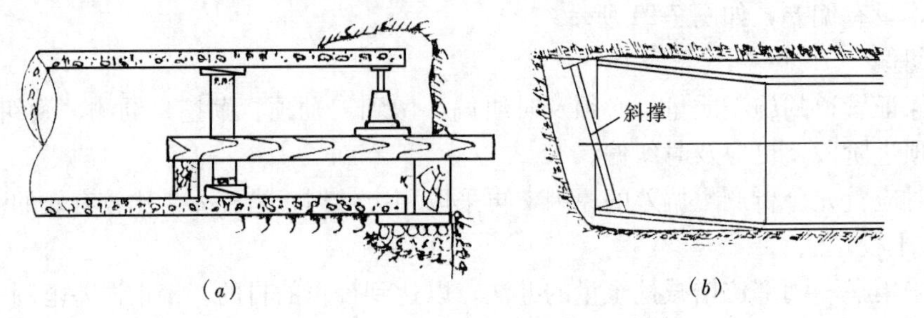

图 7-23　强制纠偏

(a) 支托法；(b) 斜撑法

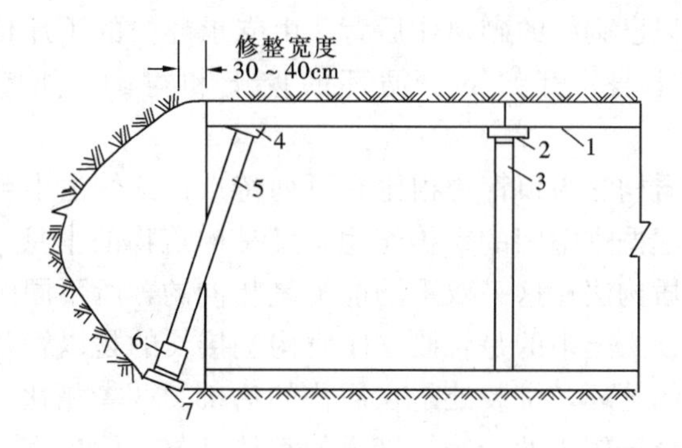

图7-24　下陷校正

1—管子；2—木楔；3—内胀圈；4—楔子；5—支柱；6—校正千斤顶；7—垫板

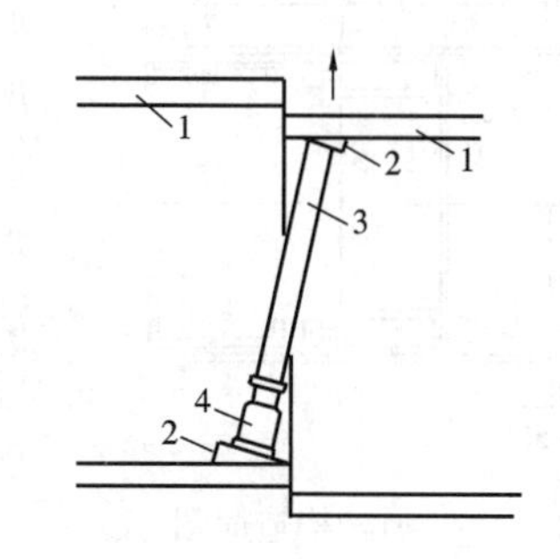

图7-25　错口纠正

1—管子；2—楔子；3—立柱；4—校正千斤顶

9. 顶管施工的质量标准

顶进管道的施工质量应符合下列规定：

(1) 管内清洁，管节无破损；

(2) 允许偏差应符合表7-2的规定；

顶进管道允许偏差（mm）　　**表7-2**

项　　目		允许偏差
轴线位置		50
管道内底高程	D<1500	+30 −40
	D≥1500	+40 −50
相邻管间错口	钢管道	≤2.0
	钢筋混凝土管道	15%壁厚且不大于20
对顶时两端错口		50

注：D为管道内径（mm）。

(3) 有严密性要求的管道应按相关规定进行检验；

(4) 钢筋混凝土管道的接口应填料饱满、密实，且与管节接口内侧表面齐平，接口套环对正管缝，贴紧，不脱落；

(5) 顶管时地面沉降或隆起的允许量应符合施工设计的规定。

7.1.2　盾构法施工

盾构是集地下掘进和衬砌为一体的施工设备，广泛应用于地下给水排水管沟、地下隧道、水下隧道、水工隧洞、城市地下综合管廊等工程。

盾构为一钢制壳体，称盾构壳体，主要由3部分组成，按掘进方向：前部为切削环，中部为支承环，尾部为衬砌环。切削环作为保护罩，在环内安装挖土设备，或工人在切削环内挖土和出土。切削环还可对工作面起支撑作用。切削环前沿为挖土工作面。在支承环内安装液压千斤顶等推进机构。在衬砌坑内衬砌砌块，设有衬砌机构。当砌完一环砌块

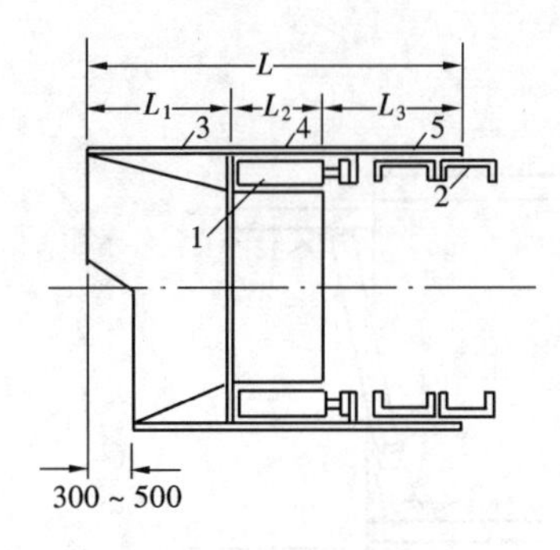

图 7-26　盾构构造简图
1—千斤顶；2—砌块；3—切削环；
4—支承环；5—衬砌环

后，以已砌好的砌块作后背，由支承环内的千斤顶顶进盾构本身，开始下一循环的挖土和衬砌，如图 7-26 所示。

盾构法与顶管法相比有下列特点：顶管法中被顶管道既起掘进空间的支护作用，又是构筑物的本身。顶管法与盾构法在这一双重功能上是相同的，所不同的是顶管法顶入土中的是管段，而盾构法接长的是以管片拼装而成的管环，拼装处是在盾构的后部。两者相比，顶管法适合于较小的管径，管道的整体性好，刚度大。盾构适合于较大的管径，管径越大越显示其优越性。

盾构施工时，由盾构千斤顶将盾构推进。在同一土层内所需施工顶力为一常值，向一个方向掘进长度不受顶力大小的限制，铺设单位长度管沟所需要的顶力较掘进顶管要少。盾构施工不需要坚实的后背，长距离掘进也不需要泥浆套、中继间等附加设施。

盾构断面可以做成任何形状：圆形、矩形、方形、多边形、椭圆形、马蹄形等。采用最多的为圆形断面。

安装不同的掘进机构，盾构可在岩层、砂卵石层、密实砂层、黏土层、流砂层和淤泥层中掘进。

由于盾构的机动性，盾构法施工可以实现曲线顶进。

1. 盾构的尺寸确定

盾构外壳厚度按弹性圆环设计。

盾构外经 D 可由下式确定：

$$D=d+2(h+x+t) \qquad (7\text{-}20)$$

式中　d——管端竣工内径；

h——一次衬砌和二次衬砌的总厚度；

x——衬砌块与盾壳间的空隙量；

t——盾构的外壳厚度。

衬砌块与盾壳间的空隙量 x（见图 7-27）为：

$$x=ML/D_0 \qquad (7\text{-}21)$$

式中　L——砌块环上顶点能转动的最大水平距离；

M——衬砌环遮盖部分的衬砌长度；

D_0——砌块环外径。

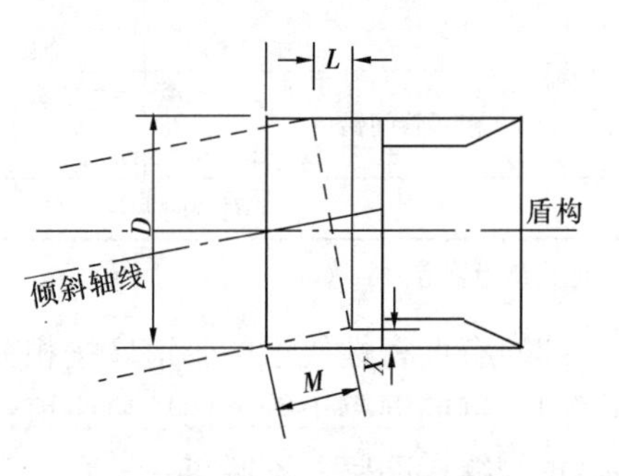

图 7-27　盾构构造间隙

空隙量 x 是在盾构曲线顶进时，或者是掘进过程中校正盾构位置所必需的。

实际制作时，x 值常取 $(0.008-0.010)D_0$，盾构外径可为：

$$D=(1.008-1.010)D_0+2t \qquad (7\text{-}22)$$

盾构全长 L（见图 7-26）为：

$$L=L_1+L_2+L_3 \qquad (7\text{-}23)$$

式中　L_1——切削环长度；

L_2——支承环长度；

L_3——衬砌环长度。

切削环长度，主要取决于工作面开挖时，为了保证土方按其自然倾斜角坍塌而使操作安全所需的长度，即：

$$L_1 = D/\tan\theta \tag{7-24}$$

式中 θ——土坡与地面所成的夹角，一般取45°。

大直径手挖盾构（棚式盾构）一般设有水平隔板（见图7-28），切削环长度为：

$$L_1 = H/\tan\theta \tag{7-25}$$

式中 H——平台高度、即工人工作需要的高度，一般 $H \leqslant 2000\text{mm}$。

支承环长度为：

$$L_2 = W_1 + C_1 \tag{7-26}$$

式中 W_1——千斤顶长；

C_1——余量，取200～300mm。

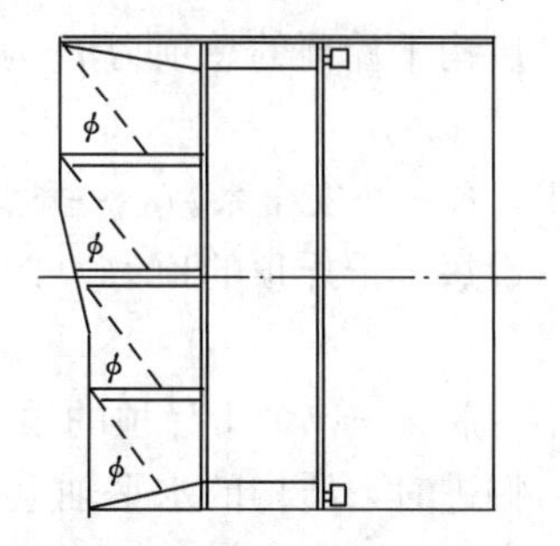

图7-28 棚式盾构

衬砌环长度应保证在其内组装衬砌块的需要；还要考虑到损坏砌块的更换、修理千斤顶以及顶进时所需的长度：

$$L_3 = KW + C_2 \tag{7-27}$$

式中 K——系数，取1.5；

W——砌块的宽度；

C_2——余量，取100～200mm。

衬砌环处盾壳厚度可按经验公式计算确定：

$$t = 0.02 + 0.01\ (D - 4)\ (\text{m}) \tag{7-28}$$

式中 D——盾构外径（m），当 $D < 4\text{m}$ 时，式（7-28）第二项为零。

棚式盾构的机动性以机动系数 K 表示：

$$K = L/D \tag{7-29}$$

式中 D——盾构外径；

L——盾构全长。

机动系数一般规定如下，大型盾构（$D=12-6\text{m}$），$K=0.75$；中型盾构（$D=6-3\text{m}$），$K=1.0$；小型盾构（$D=3-2\text{m}$），$K=1.5$。

2. 盾构千斤顶及其顶力计算

盾构千斤顶采用液压传动。为了避免压坏砌块，应将总顶力分散，每个千斤顶的顶力较小，而千斤顶数目较多。千斤顶的顶程略大于砌块的宽度。

盾构在顶进时的阻力可根据盾构的形式和构造确定。顶进阻力 R 可由下式确定：

$$R = R_1 + R_2 + R_3 + R_4 + R_5 \tag{7-30}$$

式中 R_1——盾构外壳与土的摩擦力；

R_2——盾构内壁与砌块环的摩擦力；

R_3——盾构切削环切入土层的切土阻力；

R_4——盾构自重产生的摩擦力；

R_5——开挖面支撑阻力或闭腔挤压盾构土层正面阻力。

开挖支撑面或闭腔挤压盾构正面阻力 R_5 可按下式计算：

开挖支撑面上的正面阻力为：

$$R_5 = (\pi D^2/4)E_a \tag{7-31}$$

式中　E_a——主动土压力。

闭腔挤压盾构的正面阻力为；

$$R_5 = (\pi D^2/4)E_P \tag{7-32}$$

式中　E_P——被动土压力。

盾构千斤顶的总顶力 P 为：

$$P=KR \tag{7-33}$$

式中　K——安全系数，一般取 1.5～2。

设每个千斤顶的顶力为 N，则共需千斤顶数目 n 为

$$n=P/N \tag{7-34}$$

式中　N——单个千斤顶的顶力。

掘进时，盾构的水平轴上部顶力较大，下部顶力较小，千斤顶根据这种情况布置，称等分布置。不考虑受力情况，沿全圆周等间距布置，称不等分布置。

每个千斤顶的油管须安装阀门，以便单个控制。同时，还将全部千斤顶分成若干组，按组进行控制。

3. 盾构的分类和构造

确定盾构形式时，要考虑到掘进地段的土质、施工段长度、地面情况、管廊形状、管廊用途、工期等因素。

根据挖掘形式，盾构可分为手工挖掘盾构、半机械化盾构和机械化盾构。根据切削环与工作面的关系，可分开放式或密闭式。当土质较差，应在工作面上进行全断面或部分断面的支撑。当土质为松散的粉砂、细砂、液化土等，为了保持工作面稳定，应采用密闭式盾构。当需要对工作面进行支撑时，可采用如气压盾构、泥水压力盾构、土压平衡盾构等。

（1）泥水平衡盾构

泥水平衡盾构用泥水压代替气压，用刀盘机械化开挖代替人工或半机械化开挖，用管道连续输送泥浆代替土箱间断排土，一般不需辅以土层稳定措施，施工效率高，安全可靠，而且可提高施工质量，减少地表变形，是一种盾构新技术，参见图 7-29。

泥水平衡盾构主要由盾壳、刀盘、刀具、隔板、送泥管、排泥管以及盾尾密封装置等构成。

泥水平衡盾构是通过加压泥水或泥浆（通常为膨润土悬浮液）来稳定开挖面，在机械式盾构的刀盘的后侧，有一个密封隔板，把水、黏土及其添加剂混合制成的泥水，经输送管道压入泥水仓，待泥水充满整个泥水仓，并具有一定压力，形成泥水压力室，开挖土料与泥浆混合由泥浆泵输送到洞外分离厂，经分离后泥浆重复使用。通过泥水的加压作用和压力保持机构，能够维持开挖工作面的稳定。盾构推进时，旋转刀盘切削下来的土砂经搅拌装置搅拌后形成高浓度泥水，用流体输送方式送到地面泥水分离系统，将渣土、水分离后重新送回泥水仓，这是泥水加压平衡式盾构法的主要特征。因为是泥水压力使掘削面稳

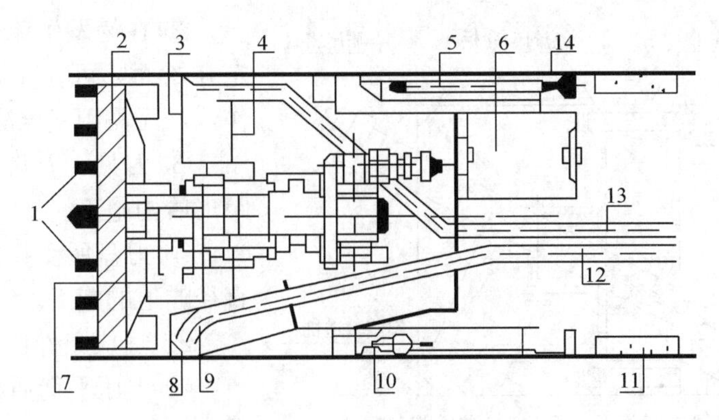

图7-29　泥水平衡盾构机构造示意

1—刀具；2—刀盘；3—半隔板（沉浸墙）；4—隔板；5—推进油缸；6—人仓；7—破碎机；8—拦石栅；9—吸泥管；10—铰接油缸；11—管片；12—排泥管；13—送泥管；14—盾壳

定平衡，故得名泥水加压平衡盾构，简称泥水盾构。

为防止盾构掘进后围岩受扰动而可能产生坍塌变形引起地表沉降，施工中采用同步注浆进行空隙的填充，必要时采用二次补强注浆弥补同步注浆可能产生的缺陷。

1）泥水平衡盾构特点：

① 泥水平衡盾构施工过程连续性好，效率高，且刀具在泥水环境中工作，由于泥水的冷却与润滑作用，刀具磨损小，有利于长距离掘进。

② 泥水平衡盾构在工作面根据要求添加泥水（浆），对工作面的地层进行了改良，泥水平衡盾构设置卵石破碎机，对孤石进行破碎处理，所以泥水平衡盾构对高水压和砂、黏性、含孤石等地层都能适应。

③ 泥水平衡盾构不设置螺旋输送机，盾构内部空间变大，在大直径隧道施工中具有一定技术优势。

2）施工注意事项：

① 注意提高盾尾密封性能，增加盾尾油脂压注量，紧急情况下可启动盾尾紧急止水装置；密切注意偏差流量、盾尾漏浆情况，如盾尾漏浆严重，必要时可以压注聚氨酯。

② 有气层时，要在盾构掘进机内设置沼气、可燃气体浓度测试报警及通风排气装置，并保持良好的通风条件。

③ 注浆过程中应经常监测、检查，记录注浆压力、注浆量、凝胶时间、工作面及附近支护状况，并根据地质条件调整注浆参数。

（2）土压平衡盾构

土压平衡盾构主要由盾壳、刀盘、螺旋运输机、盾构千斤顶、管片拼装机以及盾尾密封装置等构成，如图7-30所示。它是在普通盾构基础上，在盾构中部增设一道密封隔板，把盾构开挖面与隧道截然分隔，使密封隔板与开挖面土层之间形成一密封泥土舱，刀盘在泥土舱中工作，另外通过密封隔板装有螺旋输送机。

1）土压平衡盾构优点：

① 可根据不同的施工条件和地质要求，采用不同的开挖面稳定装置和排土方式，设计成不同类型的土压平衡盾构，使其能适应从松软黏性土层到砂砾土层范围内的各种土层，能较好地稳定开挖面地层，减小和防止地面变形，提高隧道施工质量。

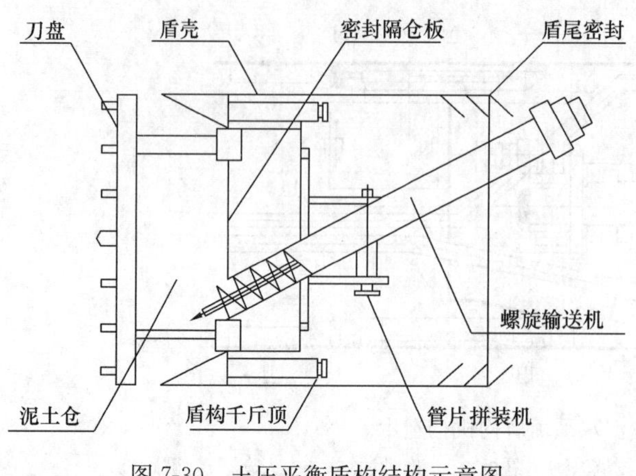

图 7-30　土压平衡盾构结构示意图

② 在易发生流砂的地层中能稳定开挖面，可在正常大气压下施工作业，无需用气压法施工。

③ 刀具、刀盘磨损小，易于长距离盾构施工。

④ 刀盘所受扭矩小，更适合大直径隧道的施工。

2）适应条件：

① 土压平衡盾构适用于泥土地质条件。当土压平衡盾构在泥土地层下施工时，由于泥土的黏合性，泥土在输送机内输送连续性好，出渣速度就容易控制，工作面容易稳定，掘进效率高。另外刀盘与工作面泥土摩擦力小，刀具磨损量小，利于长距离掘进。

② 当地层中含有砂时，由于砂料在螺旋输送机上输送连续性差，土压平衡盾构就不易形成土塞效应，工作面就不易稳定。施工过程连续性差，效率低，刀盘与工作面土体摩擦力大，刀具磨损量大，不利于长距离掘进。

③ 在地层中富含水时，根据施工经验，土压平衡盾构对高水压（0.3MPa 以上）的地层适应性差。由于水特性和压力的作用，螺旋输送机无法保证正常的压力梯降，不能形成有效的土塞效应，易产生渣土喷涌现象。

④ 在含有孤石地层中，土压平衡盾构易形成螺旋输送机的堵塞，刀具磨损加剧。从而对盾构刀盘开口率设计，刀具选型和布置，螺旋输送机出土能力均提出较高要求，加大了使用盾构的成本。

⑤ 在大埋深富水地段、粉土地层，采用土压平衡盾构，地层土质黏性较大，极易形成泥饼，必须要求有较强的渣土改良能力，比如聚合物的添加等，并有防止喷涌的能力。大比例的砂卵地层，螺旋输送机更难形成土塞，土压平衡盾构进行舱内压力控制较困难。

土压平衡盾构和泥水平衡盾构对比见表 7-3。

土压平衡盾构和泥水平衡盾构对比表　　**表 7-3**

项目	土压平衡盾构	泥水平衡盾构
稳定开挖面	保持土仓压力，维持开挖面土体稳定	有压泥水能保持开挖面地层稳定
地质条件适应性	在砂性土等透水性地层中要有土体改良的特殊措施	无需特殊土体改良措施，有循环的泥水（浆）即能适应各种地质条件
抵抗水土压力	靠泥土的不透水性在螺旋机内形成土塞效应抵抗水土压力	靠泥水在开挖面形成的泥膜抵抗水土压力，更能适应高水压地层
控制地表沉降	保持土仓压力、控制推进速度、维持切削量与出土量相平衡	控制泥浆质量、压力及推进速度、保持送排泥量的动态平衡
隧洞内的出渣	用机车牵引渣车进行运输，由门吊提升出渣，效率低	使用泥浆泵采用流体形式出渣，效率高，隧道内施工环境良好，地面需要设置泥水处理系统

续表

项目	土压平衡盾构	泥水平衡盾构
盾构推力	土层对盾壳的阻力大，盾构推进力比泥水平衡盾构大	由于泥浆的作用，土层对盾壳的阻力小，盾构推进力比土压平衡盾构小
刀盘转矩	刀盘与开挖面的摩擦力大，土仓中土渣与添加材料搅拌阻力也大，故其刀具、刀盘的寿命比泥水平衡盾构要短，刀盘驱动转矩比泥水平衡盾构大	切削面及土仓中充满泥水，对刀具、刀盘起到润滑冷却作用，摩擦阻力与土压平衡盾构相比要小，泥浆搅拌阻力小，相对土压平衡盾构而言，其刀具、刀盘的寿命要长，刀盘驱动转矩小
推进效率	开挖土的输送随着掘进距离的增加，其施工效率也降低，辅助工作多	掘削下来的渣土转换成泥水通过管道输送，并且施工性能良好，辅助工作少，故效率比土压平衡盾构高
隧洞内环境	需矿车运送渣土，渣土有可能撒落，相对而言，环境较差	采用流体输送方式出渣，不需要矿车，隧洞内施工环境良好
施工场地	渣土呈泥状，无需进行任何处理即可运送，所以占地面积较小	在施工地面需配置必要的泥水处理设备，占地面积较大
经济性	只需要出渣矿车和配套的门吊，整套设备购置费用低	需要泥水处理系统，整套设备购置费用高

4. 盾构施工要点

给水排水管道或管廊采用盾构施工过程时应做好下列工作：盾构的选型、制作和安装；工作坑的设计；管片的制作、运输；现场勘察；盾构始顶；挖土与顶进；衬砌与注浆等。现概要介绍如下：

（1）下放和始顶

整体盾构可用起重设备下放到起点井，类似顶管施工时下管。大直径盾构难以进行整体搬运时，可在现场组装或在工作坑内装配。

盾构下放至工作坑导轨上后，自起点井开始至完全没入土中的这一段距离，称为盾构的始顶。盾构始顶需借另外的千斤顶顶进。

盾构从起点井进入土层时，起点井壁挖口土方很易坍塌，也可对土层进行局部加固。

盾构千斤顶以已砌好的砌块环作为支承结构而推进盾构。在一般情况下，砌块环长度约需 30～50m，才足以支承盾构千斤顶。在此之前，应设立临时支承结构。通常做法是：盾构没入土中后，在起点井后背与盾构衬砌环内，各设置一个其外径和内径均与砌块环的外径与内径相同的圆形木环。在两木环之间砌半圆形的砌块环，而在木环水平直径以上用圆木支撑，如图 7-31 所示，作为始顶段的盾构千斤顶的支承结构。随着盾构的推进，第一圈永久性砌块环用粘接料紧贴木环砌筑。

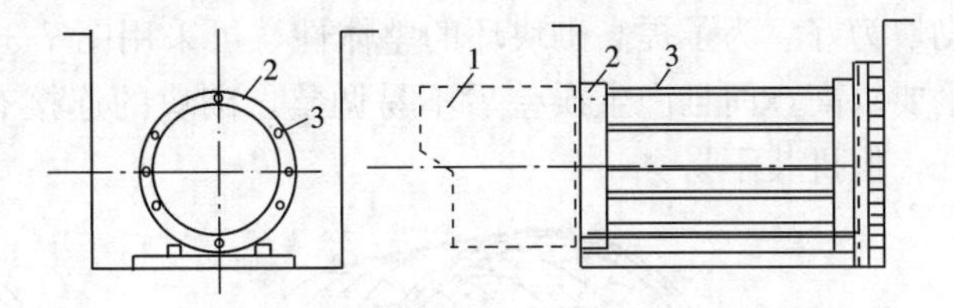

图 7-31　始顶段盾构千斤顶支撑结构

1—盾构；2—木环；3—撑杠

（2）盾构掘进的挖土及顶进

盾构掘进的挖土方法取决于土的性质和地下水情况，手挖盾构适用于比较密实的土层。工人在切削环保护罩内挖土，工作面挖成锅底形，一次挖深一般等于砌块的宽度。为

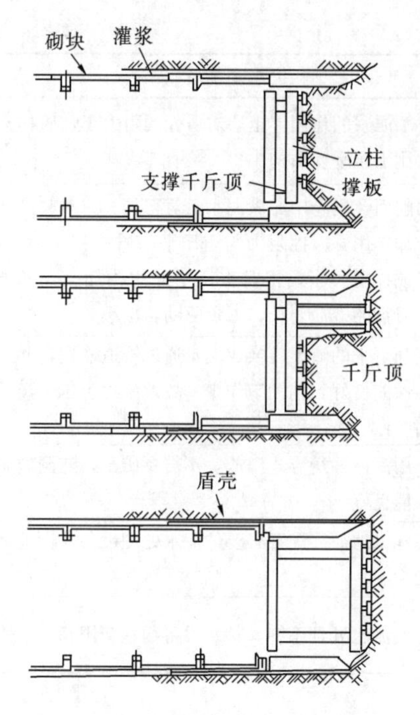

图 7-32　手挖盾构的工作面支撑

了保证坑道形状正确，减少与砌块间的空隙，贴进盾壳的土应由切削环切下，厚度约 10～15cm。在工作中不能直立的松散土层中掘进时，将盾构刃脚先切入工作面，然后工人在保护罩切削环内挖土。根据土质条件，进行局部挖土。局部挖出的工作面应支设支撑，如图 7-32 所示。应依次进行到全部挖掘面。局部挖掘从顶部开始，当盾构刃脚难于先切入工作面，如砂砾石层，可以先挖后顶，但必须严格控制每次掘进的纵深。

盾构推进时，应确保前方土体的稳定，在软土地层，应根据质构类型采取不同的正面支护方法；盾构推进轴线应按设计要求控制质量，推进中每环测量一次；纠偏时应在推进中逐步进行；盾构顶进应在砌块衬砌后立即进行。

推进速度应根据地质、埋深、地面的建筑设施及地面的隆陷值等情况，而确定，通常为 50mm/min。

盾构推进中，遇有需要停止推进且间歇时间较长时，必须做好正面封闭、盾尾密封并及时处理；在拼装管片或盾构推进停歇时，应采取防止盾构后退的措施；当推进中盾构旋转时，采取纠正的措施。弯道、变坡掘进和校正误差时，应使用部分千斤顶。

根据盾构选型，施工现场环境，土方可以由斗车、矿车、皮带或泥浆等方式运出。

(3) 管片安装与注浆

盾构顶进后应及时进行衬砌工作，衬砌的目的是：砌块作为盾构千斤顶的后背，随受顶力；掘进施工过程作为支撑；盾构施工结束后作为永久性承载结构。

通常采用钢筋混凝土或预应力钢筋混凝土砌块。砌块形状有矩形、梯形、中缺形等。矩形砌块如图 7-33 所示，根据施工条件和盾构直径，确定每环的分割数。矩形砌块形状简单，容易砌筑，产生误差时容易纠正，但整体性差。梯形砌块的衬砌环的整体性较矩形砌块为好。为了提高砌块环的整体性，可采用图 7-34 所示的中缺形砌块，但安装技术水平要求高，而且产生误差后不易调整。砌块的连接有平口和企口两种。企口接缝防水性好，但拼装不易。

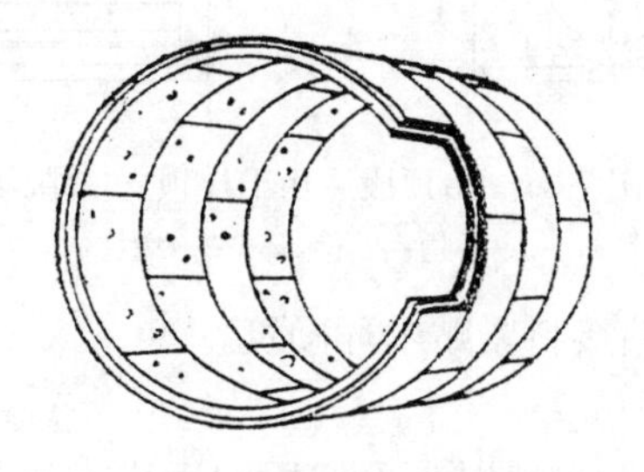

图 7-33　矩形砌块

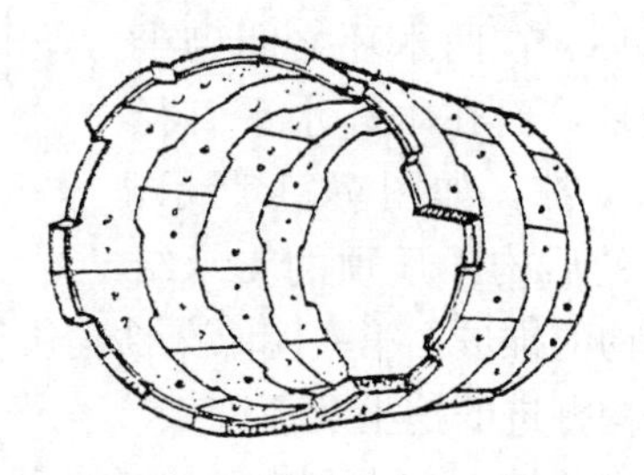

图 7-34　中缺形砌块

上述砌块用胶粘剂连接。常用胶粘剂有沥青胶或环氧胶泥等。胶粘剂连接易产生偏斜。

为了提高砌块的整圆度和强度，可采用如图 7-35 所示的彼此间有螺栓连接的砌块。

砌块拼装的工具常用由举重臂与动力部分组成的杠杆式拼装器，举重臂的作用是夹住砌块，并将其举到安装的位置。另一种是弧形拼装器，它是由卷扬机操纵，砌块沿导向弧形构件由导向滑轮运到安装位置，再由千斤顶使其就位，进行拼装。

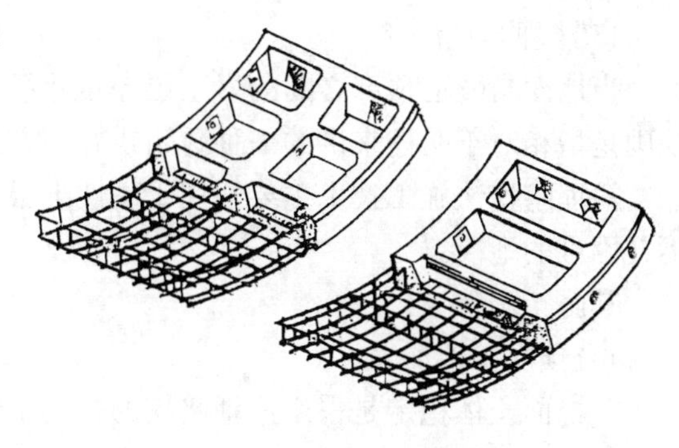

图 7-35　螺栓连接的砌块

为了在衬砌后用水泥砂浆灌入砌块外壁与土壁间留有的盾壳厚度的空隙，一部分砌块应有灌注孔。通常，每隔 3～5 环应砌一灌注孔环，此环上设有 4～10 个灌注孔。灌注孔直径不小于 36mm。这种填充空隙的作业称为“缝隙填灌”。

砌块砌筑和缝隙填灌合称为盾构的一次衬砌。填灌的材料有水泥砂浆、细石混凝土、水泥净浆等。灌浆材料不应产生离析、不丧失流动性、灌入后体积不减少，早期强度不低于承受压力。灌浆作业应该在盾尾土方未坍以前进行。灌入顺序是自下而上，左右对称地进行，以防止砌块环周的孔隙宽度不均匀。浆料灌入量应为计算孔隙量的 130%～150%。灌浆时应防止料浆漏入盾构内，为此，在盾尾与砌块外皮间应做止水。

螺栓连接砌块的轴向与环向螺栓孔也应灌浆。为此，在砌块上也应留设螺栓孔的浆液灌注孔。

二次衬砌按隧道使用要求而定，在一次衬砌质量完全合格的情况下进行。二次衬砌采用浇灌细石混凝土，或采用喷射混凝土。

5. 盾构法施工的给水排水管道质量验收标准

盾构法施工的给水排水管道，允许偏差应符合表 7-4 规定。同时，应按现行规范规定进行管道功能性试验。

盾构法施工的给水排水管道允许偏差　　表 7-4

项目		允许偏差
高程	排水管道	+15～−150（mm）
	套管或管廊	每环±100（mm）
轴线位移		150（mm）
圆环变形		8‰
初期衬砌相邻环高差		≤20（mm）

注：圆环变形等于圆环水平及垂直直径差值与标准内径的比值。

7.1.3　其他几种主要的不开槽施工法简介

除顶管法和盾构法以外，还有几种不开槽铺设管道的方法：气动矛铺管法、夯管锤铺管法、定向钻铺管法。这几种方法国外应用较广，国内也有较多应用，发展迅速，现分别介绍于后。

1. 浅埋暗挖法

当地面与隧道顶部之间的岩土层厚度小于塌方平均高度的 2～2.5 倍时即为浅埋，暗挖则是指相对于明挖来讲的一种封闭式开挖方式。

浅埋暗挖法施工技术主要适用于黏性土层、砂层、砂卵层等土质，且地面不能开挖或拆迁困难的地段。

其施工步骤为：

1）预支护预加固

开挖面土体稳定是采用浅埋暗挖的基本条件，当土体难以达到所需的稳定条件时，必须通过地层预加固和预处理来提高开挖面土体的自立性和稳定性，需要时应降低地下水位，这样一方面可达到无水施工，另一方面可以改善土体的物理力学特性。经常采用的预加固和预处理的措施有超前小导管注浆、工作面前方深孔注浆和大管棚超前支护。视具体情况可以单独使用，也可以配合使用。

2）土方开挖

浅埋暗挖法开挖原则强调"随开挖、随支护"。要利用土体有限的自立时间进行开挖和支护作业，使土体开挖后暴露的时间尽可能短，使初期支护尽早封闭成环。目前浅埋暗挖的土方开挖主要方法见表 7-5。

浅埋暗挖各土方开挖方法的比较　　　　表 7-5

施工方法	适用条件	沉降	工期	防水	拆初支	造价
全断面法	地层好，跨度≤8m	一般	最短	好	无	低
正台阶法	地层较差，跨度≤12m	一般	短	好	无	低
上半断面临时封闭正台阶法	地层差，跨度≤12m	一般	短	好	小	低
正台阶环形开挖法	地层差，跨度≤12m	一般	短	好	无	低
单侧壁导坑正台阶法	地层差，跨度≤14m	较大	较短	好	小	低
中隔壁法（CD 法）	地层差，跨度≤18m	较大	较短	好	小	偏高
交叉中隔壁法（CRD 法）	地层差，跨度≤20m	较小	长	好	大	高
双侧壁导坑法（眼镜法）	小跨度，可扩成大跨	大	长	差	大	高
中洞法	小跨度，可扩成大跨	小	长	差	大	较高
侧洞法	小跨度，可扩成大跨	大	长	差	大	高
柱洞法	多层多跨	大	长	差	大	高
盖挖逆筑法	多跨	小	短	好	小	低

3）初期支护

在二次衬砌施作之前，刚开挖之后立即进行的支护形式称之为初期支护，初期支护一般有喷射混凝土、喷射混凝土加锚杆、喷射混凝土锚杆与钢架联合支护等形式。隧道开挖后，为控制围岩应力适量释放和变形，增加结构安全度和方便施工，隧道开挖后立即施作刚度较小并作为永久承载结构一部分的结构层。

4）防水施工

在初期支护结构贯通，完成背后注浆，地面监测稳定时，可做防水施工。采用防水卷材及结构自防水相结合，完成后按设计及规范要求进行试水检查。在其他施工前，要对防水层进行保护。对于底层防水，应铺一层混凝土保护层。对于侧墙拱顶，在作业焊接时要隔挡，在二次衬砌时，要保护。

5）二次衬砌

二次衬砌是在初期支护内侧施作的模筑混凝土或钢筋混凝土衬砌，与初期支护共同组成复合式衬砌。

浅埋暗挖法沿用了新奥法的基本原理：采用复合衬砌，初期支护承担全部基本荷载，二衬作为安全储备；初支、二衬共同承担特殊荷载；采用多种辅助工法。超前支护，改善加固围岩，调动部分围岩自承能力。采用不同开挖方法及时支护封闭成环，使其与围岩共同作用形成联合支护体系。

2. 夯管锤铺管法

夯管锤类似于卧放的双筒气锤，以压缩空气为动力。夯管锤铺管法与气动矛铺管法不同，施工时夯管锤始终处于管道的末尾，在工作坑内。工作时类似于水平打桩，其冲击力直接作用在钢管上（图 7-36），这种施工方法仅限于钢管施工。由于管道入土时，土不是被压密或挤向周边，而是将开口的管端直接切入土层，因此可以在覆盖层较浅的情况下施工。由于管道埋置较浅，工作井和接收井相应也较浅，因此可以节省工程投资。

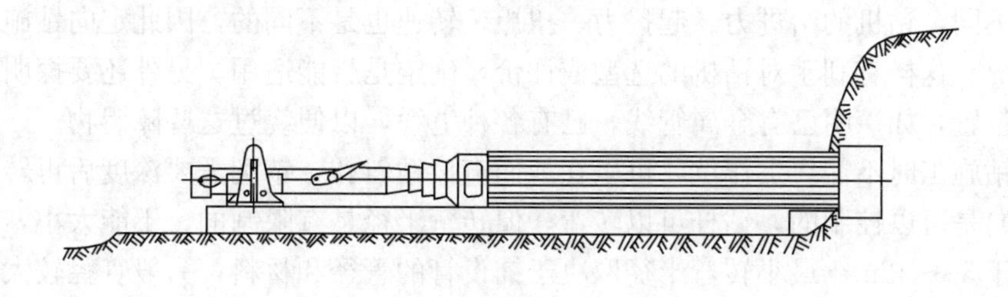

图 7-36　夯管锤铺管示意图

夯管法施工相对比较简单，只需要在平行的工字钢上正确地校准夯管锤与第一节钢管轴线，使其一致，同时又与设计轴线符合就可以了，不需要牢固的混凝土基础和复杂的导轨。为了避免损坏第一根钢管的管口，并防止变形，可装配上一个加大了的钢质切削管头。这样可以减少土体对钢管内外表面的摩擦，同时也对管道的内外涂层起到保护作用。当夯管锤与施工的管径不一致时，则在其结合部安装一组相互配套的夯管接头，最后一个夯管接头与钢管的内径相匹配（图 7-37）。这些夯管接头可保证将捶击力有效地传递到钢管上，防止管口卷边。当前一节钢管夯入土体后，后一节钢管与

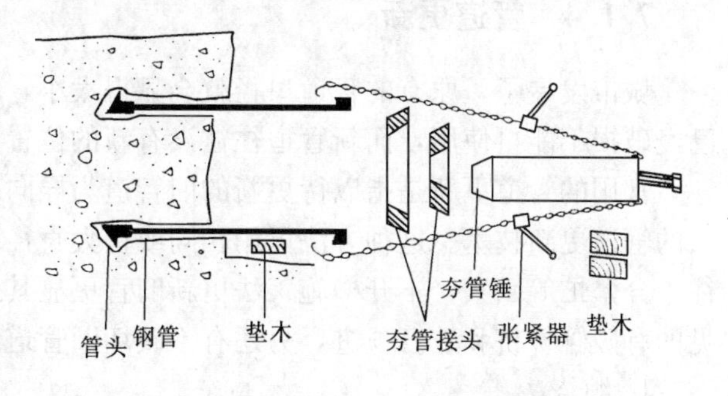

图 7-37　夯管锤与管道联结示意图

其焊接接长，再夯后一节，如此重复直至夯入最后一节钢管。管内的土可用高压水枪将其冲成泥浆，自流出管道。对人可进入的管道，则可用手工或机械挖掘，然后运出管道。该方法施工效率高，每小时可夯管10～30m。施工精度较高，水平和高程偏差可控制在2%范围内。

适用土层：除有大量岩体或较大的石块外，几乎都可以采用。

夯管长度要根据夯管锤的功率、钢管管径、地质条件而定，一般在80m以内，最长已达150m。

3. 定向钻铺管法

定向钻的工作原理与液压钻机相类似。在钻先导孔过程中利用膨润土、水、气混合物来润滑、冷却和运载切削下来的土到地面。钻头上装有定向测控仪，可改变钻头的倾斜角度（图7-38）。钻孔的长度就是钻杆总长度。先导孔施工完成后，一般采用回扩，即在拉回钻杆的同时将先导孔扩大，随后拉入需要铺设的管道。

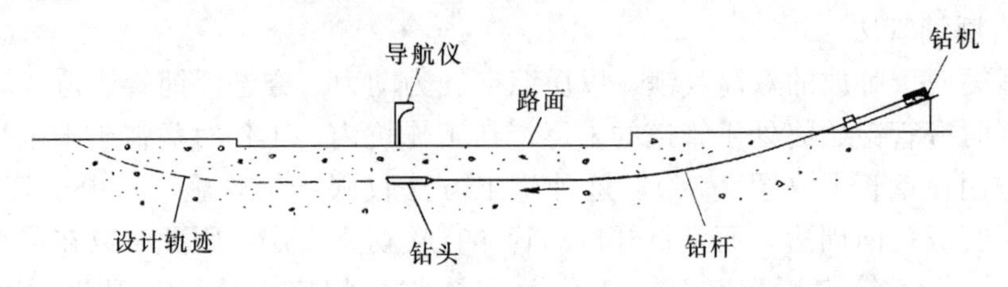

图7-38　定向钻施工先导孔示意图

地质不同，钻机的给进力、起拔力、扭矩、转速也是不同的，因此定向钻施工前要探明地质情况。这样有利于对钻机的选型或评价，确定是否能适用。另外还要探明地下障碍物的具体位置，如探明已有金属管线，已有各种电缆，以便绕过这些障碍物。

定向钻施工时不需要工作坑，可以在地面直接钻斜孔，钻到需要深度后再转弯。钻头钻进的方向是可以控制的，钻杆可以转弯，但转弯半径是有限制的，不能太小，最小转弯半径应大于30～42m。最小转弯半径取决于铺设管的管径和材料，一般管径较大或管道柔性较差时，转弯半径应加大，并且要有接收坑（兼下管坑），管道回拖时以平直状态为好。管径较小，管道柔性较好时，可不设接收坑，管道直接从地面拖入。

定向钻适用土层为黏土、粉质黏土、黏质粉土、粉砂土等。铺管长度根据土质情况和钻机的能力而定，在黏性土中，大型钻机可达300m。

7.1.4　管道更新

城市发展了，原有的管道口径就会显得太小，不能再满足需要，另一种情况是旧管道已经破损不能再使用，而新管道往往没有新的位置可铺设，这两种情况都需要管道更新。

常用的管道更新是指以待更新的旧管道为导向，在将其破碎的同时，将新管拉入或顶入的管道更新技术。这种方法可用相同或稍大直径的新管更换旧管。考虑市区街道人来车往十分繁忙等因素，不开槽施工法更新旧管更显其优越性。根据破碎旧管的方式不同，常见的有破管外挤和破管顶进，另还有不破坏旧管道的缠绕法管道更新技术。

1. 缠绕法

缠绕法是将带状聚氯乙烯（PVC）型材放在现有的人孔井底部，通过专用的缠绕机，在原有的管道内螺旋旋转缠绕成一条固定口径的新管。在新管和旧管之间的空隙灌入水泥砂浆。所用型材外表面布满 T 形肋，以增加其结构强度；而作为新管内壁的内表面则光滑平整。型材二边各有公母锁扣，型材边缘的锁扣在螺旋旋转中互锁，在原有管道内形成一条连续无缝的结构性防水新管。

2. 破管外挤

破管外挤也称爆管法或胀管法，是利用气动矛破碎旧管道的一种更新办法（图7-39）。气动矛前端系上一根钢丝绳，由地面绞车拖着前进，气动矛的作用是将旧管道破碎，并挤向四周，新管道随气动矛跟进。如果管道较长，还可以在工作时加顶力。

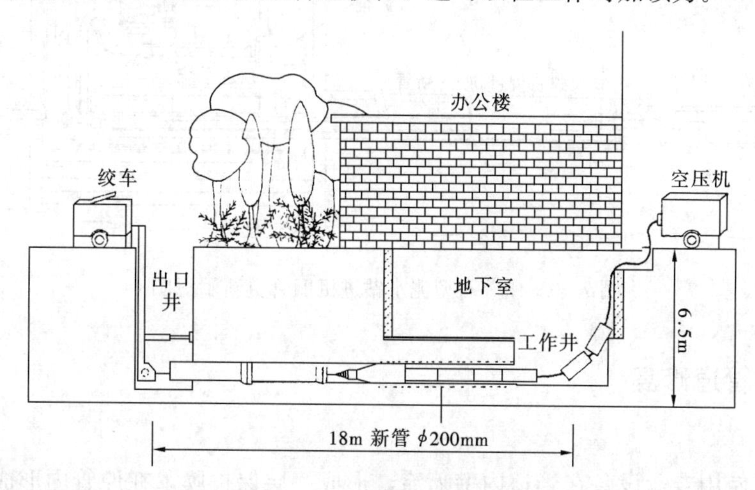

图 7-39　破管外挤法示意图

采用破管外挤法施工，有一定限制：旧管道必须是混凝土管，无配筋；周围上体必定是可以压缩的；适用于同口径管道更新。

3. 破管顶进

如果管道处于较坚硬的土层，旧管破碎后外挤存在困难。此时可以考虑使用破管顶进法。该法是使用经改进的微型隧道施工设备或其他的水平钻机，以旧管为导向，将旧管连同周围的土层一起切削破碎，形成直径相同或更大直径的孔，同时将新管顶入，完成管线的更新，破碎后的旧管碎片和土由螺旋钻杆排出。

破管顶进法主要用于直径 100～900mm、长度在 200m 以内、埋深较大（一般大于 4m）的陶土管、混凝土管、或钢筋混凝土管，新管为球墨铸铁管、玻璃钢管、混凝土管或陶土管。该法的优点是对地表和土层无干扰；可在复杂的土层中施工，尤其是含水层；能够更换管线的走向和坡度已偏离的管道；基本不受地质条件限制。其缺点是需开挖两个工作坑，地表需有足够大的工作空间。图 7-40 是采用一台遥控的碎石型泥水钻进机更新旧管道。泥水钻进机前面安装一台清管器，随着顶进将旧管道内的残留物和污水推着前移，不使其污染管道四周的土体。进入锥形碎石机的旧管道被破碎，连同泥土一起被运载泥浆通过管路排放到地面。就这样边破碎、边顶进，直至将旧管道全部粉碎排出地层，用新管道代替。这种施工方法的工作井可以较小，最小可小到 3m。因此旧井如能满足，就不需要建新井，这样可以减少投资，同时还可以缩短工期。这是一种旧管更新的理想施工法。

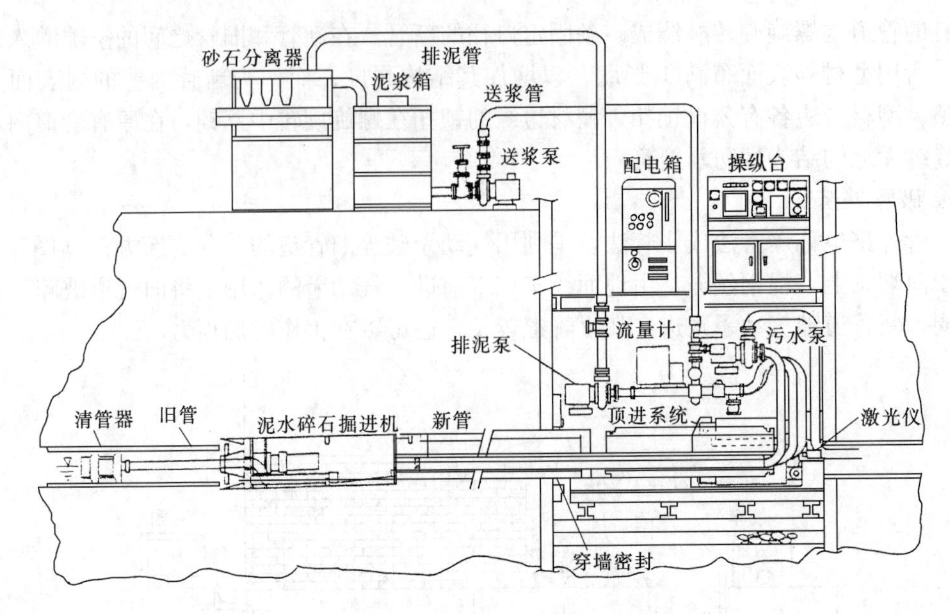

图 7-40　用碎石型泥水钻进机旧管更新示意图

7.1.5　管道修复

1. 涂层法

涂层法是使用专业设备在管道内壁喷涂，形成一层保护膜，在原管内形成加固层的方法。常用的喷涂材料有水泥砂浆、环氧树脂等，由于喷涂层较薄，通常多用于管道防腐加强处理。根据喷涂材料的不同，可分为水泥砂浆喷涂和有机化学喷涂。用化学类浆液喷涂修复的方法属于非结构性的修复；而喷涂水泥砂浆的修复方法，依据喷层厚度的不同，一定程度上也可以认为是半结构性修复。修复前，需要将管道封堵并清洗干净，并由携带 CCTV 的机器人进入管道，确保原管内壁干燥且无残留物。然后通过旋转喷头或人工方法，将水泥砂浆、环氧树脂、环氧玻璃鳞片等材料依照合理的顺序在原管内进行喷涂。美国水行业协会（AWWA）给出的最小喷涂厚度为 1mm。

管道喷涂修复方法是非开挖修复技术中具有代表性的一种工艺技术，适用于 800mm 以上的大管径的管道或渠箱的原位修复，能够提高管道的耐压、耐腐蚀及耐磨损性能，延长管道或渠箱寿命。

作业操作要点如下：（1）初喷时，需采用大面积快速扫喷作业将整个待修复段喷涂均匀，直至见不到基底。该工序关键点为快速扫喷，避免涂料与内壁附着物发生反应，出现起泡、针孔等不良现象；（2）初喷完成后需按照先细部后整体的顺序进行连续作业，同样采用快速扫喷作业，一次多遍、交叉喷涂至设计要求的厚度。该工序要特别注意每次喷涂时的间隔时间，一般要求在 15min 内进行再次喷涂，不会出现断层现象。若超过重涂时间，需再次喷涂时，一是要清理打磨待喷涂面并应用专用层间处理剂，二是要避免待喷涂面被灰尘、液体、杂物等污染，才能继续喷涂。另两次喷涂作业面之间的接茬宽度不小于 20cm；（3）喷涂施工完成并经检验合格后，如有特殊要求，可对表面施做保护层，例如抗紫外线能力，可在涂层表面涂抹面漆。

2. 穿插（管）法

穿插（管）法，是指采用牵拉或顶推的方式将新管直接放入旧管，然后在新旧管中间注浆稳固的方法。这种方法在国内外使用都较早，且是目前仍在应用的一种既方便又经济的管道修复方法。穿插法所用管材通常是PE管，但有时也用PVC管、陶土管、混凝土管或玻璃钢管等。

穿插法工艺属于半结构性修复，多用于管段整体修复。可根据工程特点和要求，采用柔性连续长管（图7-41）或刚性短管（图7-42）施作。

图7-41　长管法内衬示意

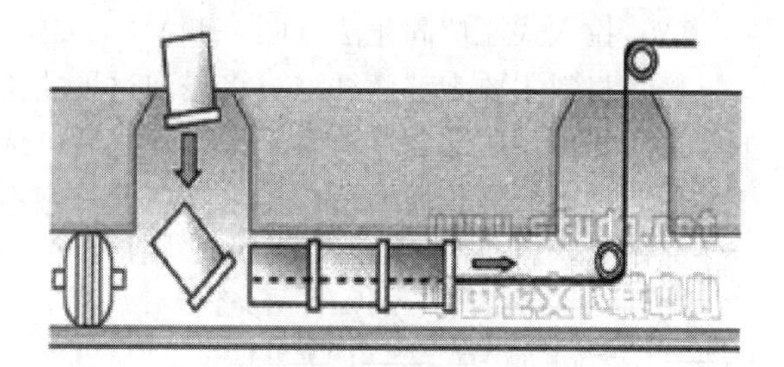

图7-42　短管法内衬示意

穿插法的优点是：（1）施工工艺简单，易学易做，对工人的技能要求不高；（2）施工速度快，一次性修复距离长，分段施工时对交通和周边环境的影响轻微，穿插HDPE管速度可达15～20m/min，一次穿插距离可达1～2km；（3）成本低，寿命长，使用内插HDPE管道的方法，与原位更换法相比，通常可节约成本50%；（4）可适应大曲率半径的弯管。

穿插法的缺点是：（1）一般内衬PE管道直径小于原有的管道直径，PE管道介入后，管道摩擦系数减小，但其横截面积较小，如果PE管壁厚较大，就既浪费了材料，又限制操作压力和输送能力，使管道的过流断面面积下降5%～30%；（2）新旧管间的环形间隙要求注浆，但由于环状间隙较小，注浆较困难；（3）内衬管道不能弯曲，不能通过转向管件；（4）使用连续长管法修复旧管道时，需要在地面占一条狭长的导向槽；（5）分支管的连接点需要单独处理，要么开挖进行，要么进入打通连接支管；（6）原有管路中的所有阀门、T管和弯头必须在施工前予以拆除，待施工完毕后再重新安装回新管道，因为旧阀门和新管道不能很好地结合，需要更换阀门。

穿插法适用于排水管道、供水能力有较大的设计余量的大口径供水管道、燃气管道、化学管道及工业管道等，新插管的外径不宜大于旧管内径的90%。

3. 原位固化法

原位固化法可以修复不同大小、不同形状以及不同过渡区的地下管线。其施工工艺一般采用翻转式，也有少数采用牵引式（拉入法）。

原始固化法的原理是将浸渍热固性树脂的软管通过翻转或牵拉方式置入旧管道内，通过加热（利用热水、热气或紫外线等）使其固化，形成与旧管道紧密配合的薄层管，即新的管道，它可以对一整段管道同时进行修复，也可以对局部的接口漏水处进行修复。

（1）翻转式原位固化法（图7-43）

翻转内衬修复技术在排水管道的修复方面发挥着非常重要的作用。工艺过程如下。

1）树脂软管的制作和贮运：制作树脂软管需要在室内完成，软管的厚度需要对于设计和规范的各种要求给予满足。混合树脂和添加剂之后，需要及时进行浸渍。

2）管道的清洗：可以结合机械清洗和高压水冲洗车冲洗的方式，需要将管道当中的杂质进行清洗，保证管道当中不存在结垢和油垢以及毛刺。

3）处理渗漏点：内衬在翻转之前，需要处理比较大的渗漏点。

4）翻转内衬作业：控制翻转压力，促进软管的充分扩展，使软管可以翻转到管道的另一个端点，利用的压力值需要符合相关的规定。

5）固化成型：软管翻转到末端之后，加热固化内衬管，确定需要的温度和升高温度。

（2）拉入式原位固化法（图7-44）

修复材料主要为玻璃纤维。将浸泡过聚酯树脂的玻璃纤维软管从检查井处拉进要修复的管道中，使用压缩空气将管子撑开，之后可选用水蒸气，紫外线或热水将管子烘干树脂变硬后，玻璃纤维管便内覆在排水管道上，它不仅具有密封的功能，还具有加强作用。

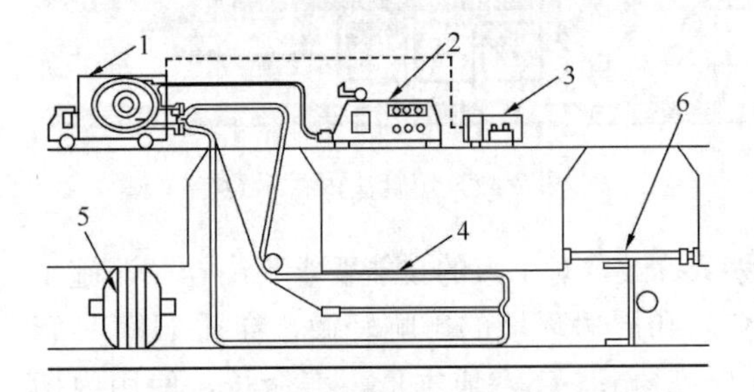

图7-43　翻转式原位固化法示意
1—翻转设备；2—空压机；3—控制设备；
4—软管；5—管塞；6—挡板

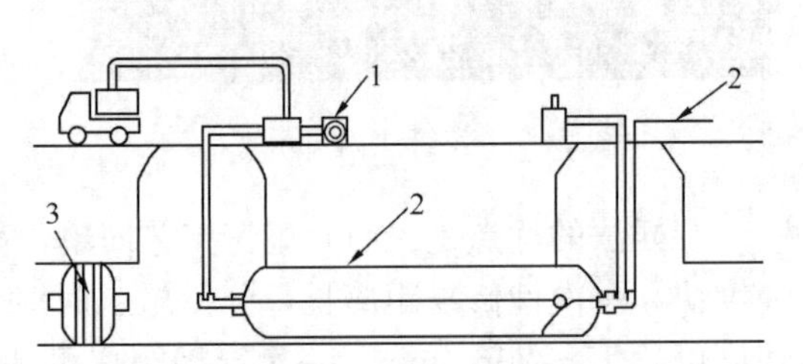

图7-44　拉入式原位固化法示意
1—空压机；2—软管；3—管塞

原位固化法的优点：1）开挖量极小，施工速度快；2）管道的过流断面损失很小，且没有接头，表面光滑，修复后水流动性好；3）几乎适用于任何断面形状的管道；4）修复费用低；5）使用寿命长，可达30～60年。

原位固化法的缺点：1）需要特殊的施工设备，对工人的技术要求较高；2）需要详细的CCTV（管道闭路电视检测系统）检查以及仔细的清理和干燥；3）内衬管的翻转可能引起凹陷的形成；4）若内衬管的部分不能与旧管道完全贴合，可能形成气泡。

7.2　管道穿越河流施工

给水排水管道可采用河底穿越与河面跨越两种形式通过河流。

以倒虹管作河底穿越的施工方法可采用顶管；围堰，河底开挖埋置；水下挖泥，拖运，沉管铺筑等方法。河面跨越的施工方法可采用沿公路桥附设；管桥架设等方法。

7.2.1　管道过河方法的选择

管道过河方法的选择应综合考虑以下几个因素：河床断面的宽度、深度、水位、流量、地质等条件；过河管道水压、管材、管径；河岸工程地质条件；施工条件及作业机具布设的可能性等。

对上述因素经过技术经济比较，可参考表7-6予以选择。

管道穿越河流施工方法比较　　表 7-6

过河方法		优　点	缺　点	适用条件
虹管过河	顶管过河法	1. 施工方便 2. 节省人力物力	安全度尚差，易由顶管口流水	河底较高，河底土质较好，过河管管径较小
	围堰过河法	1. 施工技术条件要求较高 2. 钢管、铸铁管、预（自）应力钢筋混凝土管过河均可	1. 需要考虑围堤被洪水冲击问题 2. 工作量较大	河面不甚宽，水流不急且不通航的条件下
	沉浮法过河	1. 适用面较宽，一般河流均可采用 2. 不会影响通航与河水正常流动	1. 水下挖沟与装管难度较大 2. 具有一定机械施工技术	河床不受水流影响的任何条件下均可
管道架空过河	沿公路桥过河	1. 简便易行 2. 节省人力物力	露天敷管需考虑防冻问题	具有永久性公路跨越河流的条件
	管桥过河法	1. 施工难度不大 2. 能在无公路桥的条件下架设过河	与沿公路桥过河法比较要费人力物力	河流不太宽，两岸土质较好的条件下

7.2.2　水下铺筑倒虹管

给水管道河底埋管，为保证不间断供水，过河段一般设置双线，其位置宜设在河床、河岸不受冲刷的地段；两端设置阀门井、排气阀与排水装置。为了防止河底冲刷而损坏管道，不通航河流管顶距河底高差不小于0.5m；通航河流其高差不小于1.0m。

排水管道河底埋管的设施要求与施工方法与给水管道河底埋管基本相同，如图7-45所示。

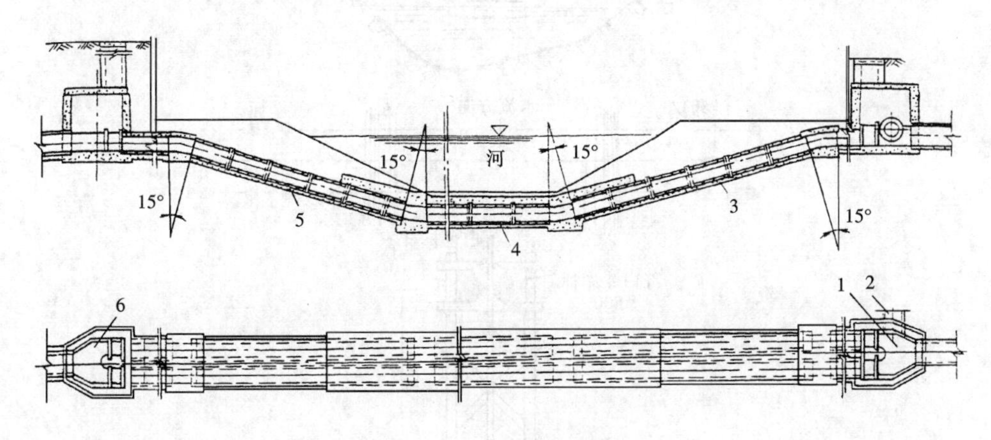

图7-45　水下排水管道倒虹管

1—进水井；2—事故排出口；3—下行管；4—平行管；5—上行管；6—出水井

倒虹管通常采用钢管、塑料类管道等。小管径、短距离的倒虹管也可采用铸铁管，但宜采用柔性接口；重力管线上的倒虹管也可采用钢筋混凝土管。当采用金属管道时，应对金属管加强防腐措施。选用管壁厚度须考虑腐蚀因素。

1. 顶管法施工

将待穿越部位的河床断面尺寸与河底工程地质、水文地质资料实地勘测准确，然后采用直接顶进法将管道自河底顶过去。顶进中，管道埋深、防腐措施均应满足顶管施工要求。在河床两岸设置的顶管工作井，可作为倒虹管运行时的检修井。

2. 围堰法施工

管道埋设至河岸处，先拦截一半河宽的河流修筑围堰，再用水泵抽出堰中河水，在堰内开挖沟槽，铺筑管线，管线铺筑后，塞住管端管口，回填沟槽。再拆除第一道围堰，回填砂土，使水流在此河床上部通过。然后拦截另一半河宽的水流，建造第二道围堰，再用水泵抽去第二道围堰中的水，开挖沟槽并接管，完工后清除第二道围堰。

在小河流中，通常采用草袋黏土或草土围堰进行施工。对于水面宽且水深流急的河流，应考虑采用木板桩围堰，但仅能在泥砂河床的条件下采用；若河床由岩石构成，无法打桩，则不能采用木板桩围堰。

3. 浮运沉管施工

将在河岸上备好的管道采用拖船或浮筒将管道浮运到河中预定下管位置，再向管内充水沉河底。浮沉法施工应尽量减少水下作业，通常多用钢管，以减少管道接口数量。

施工前，首先应对管子进行内壁与外壁的防腐处理。向河中下管时，于管下垫方木，且用绞车通过绳子系住管子，通过浮船牵动使管子缓缓滑向河中。

(1) 水下沟槽开挖

按照测量好的管道在河底铺筑位置，于河两岸设置岸标，以此确定沟槽开挖方向。岸标设置为两对，分别示出挖沟的两条边线，并不时采用经纬仪校测沟位。控制沟槽开挖的岸标如图7-46所示。

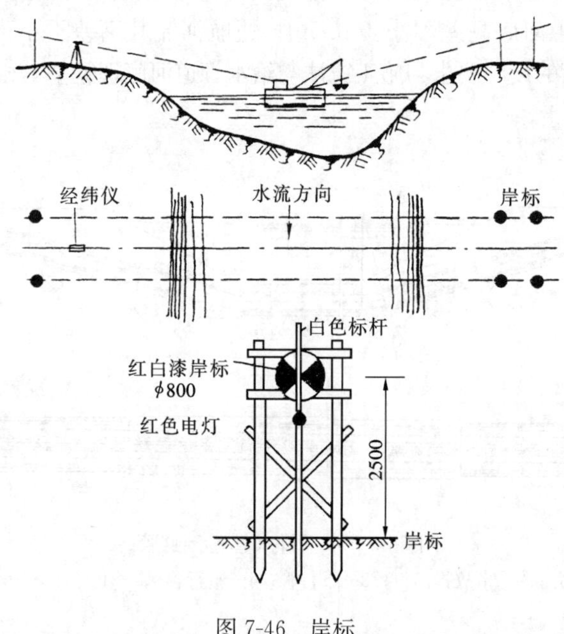

图7-46　岸标

对于通航的河流，可采用挖泥船、吸泥泵开挖沟槽，挖泥船上装置抓斗挖泥机，高压水枪、螺旋输泥机及泥浆泵等不同的挖泥设施。

若河岸具备较宽空地，可采用索铲挖泥装置，如图7-47所示。

对于松散土质的河底，则可采用水力冲射法挖泥开挖沟槽，如图7-48所示。

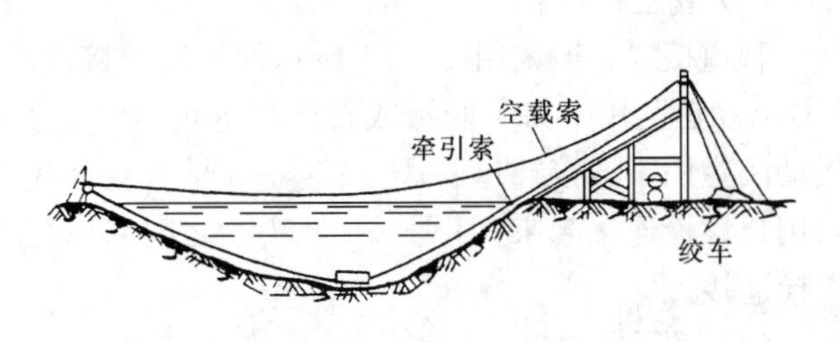

图 7-47　索铲挖泥开挖沟槽

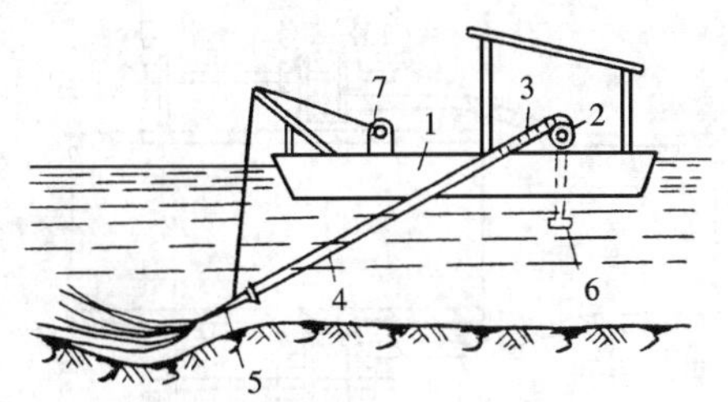

图 7-48　水力冲射法挖泥开挖沟槽

1—浮船；2—水泵；3—软管；4—直管；5—喷嘴；6—吸水口；7—绞车

沟槽开挖到一定长度后，须打管子定位桩。定位桩位于水流下游的沟槽一侧，与管壁紧贴。可按图 7-49 所示打定位桩。使用经纬仪于岸上对准水中测杆，测量距离，将套管置于已测定的测杆位置。再将长为 2m、直径为 0.15m 的木桩插入套管中，打入河底，在河底上留出桩高约 1m。

(2) 浮运与沉管

当河面较狭窄时，可于放管对岸使用绞车或拖拉机用钢丝绳将管拖运至水面，安放绞车对面河岸使用绳索校正管子于河中的下管位置；当河岸无足够场地作垂直排列管子时，亦可沿河岸平行排管，采用浮筒法浮运管子，如图 7-50 所示。两对浮筒中间吊管浮运时采用拖船将管子与浮筒一并浮运至下管位置，抛锚固定浮筒后下管。

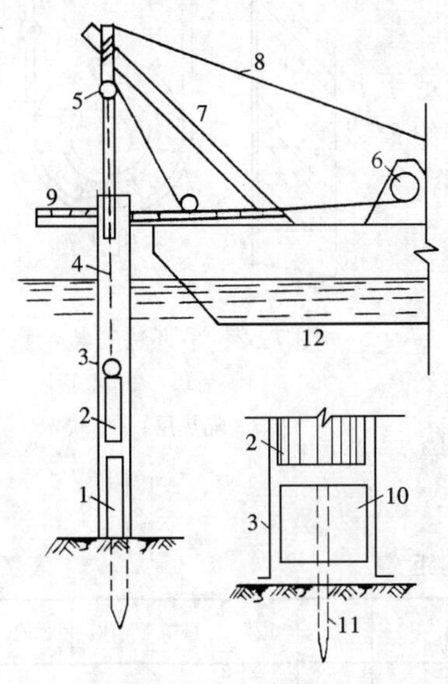

图 7-49　打定位桩

1—木桩；2—桩锤；3—套筒管；4—桩锤钢丝绳；5—单滑轮；6—摇车；7—支架；8—缆绳；9—脚手板；10—圆木；11—铁桩；12—船

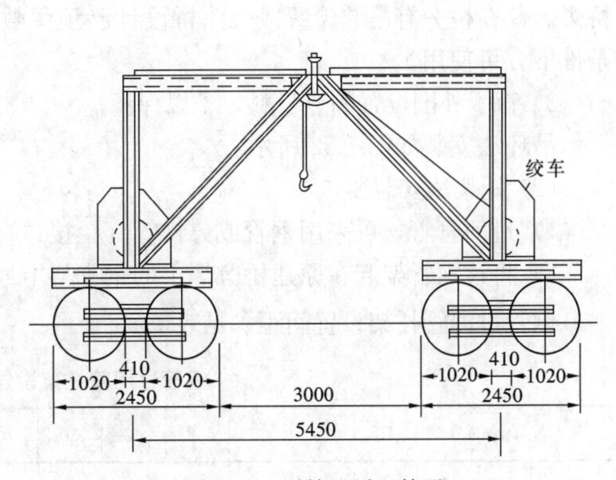

图 7-50　浮筒法浮运管子

管子于河岸上接口之后，在两端要安装法兰堵板，一端堵板上安装附阀门的排气管，另一端安装附阀门的进水管。沉管时可先向管内充水并予排气。管子沉下接近沟槽时，潜水员可由定位桩控制下管位置。

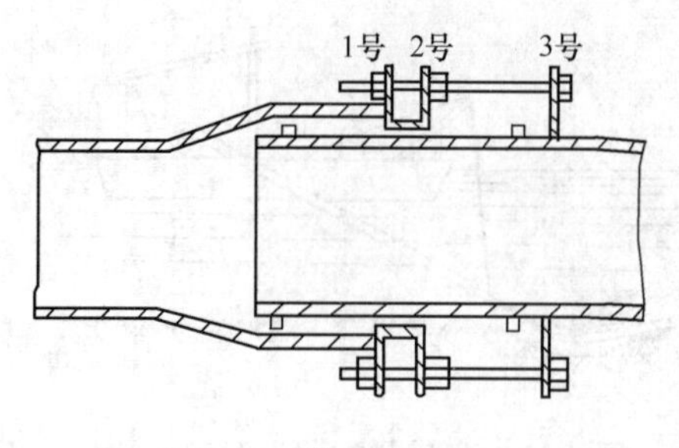

图7-51　伸缩法兰接口

(3) 管道接口

管道接口一般采用图7-51所示伸缩法兰接口，2号活动法兰用来挤紧麻辫或石棉绳等填料，3号活动法兰用来连接插口管段。1号、3号法兰之间采用长螺栓连接起来；1号、2号法兰之间采用短螺栓连接。

(4) 水下回填

潜水员于水下使用水枪进行回填。为防管道损坏，管顶以上填一层土，再填一层块石予以保护，块石上再填砂土。

沉管施工应严格把好管顶回填土一关，力求恢复河床断面要求。

7.2.3　河面修建架空管

跨越河道的架空管通常采用钢管，有时亦可采用铸铁管或预应力钢筋混凝土管。管距较长时，应设置伸缩节，于管线高处设自动排气阀；为了防止冰冻与震害，管道应采取保温措施，设置抗震柔口；在管道转弯等应力集中处应设置镇墩。

1. 管道附设于桥梁上

管道跨河应尽量利用原建或拟建的桥梁铺设。可采用吊环法、托架法、桥台法或管沟法架设。

(1) 吊环法安装要点

1) 过河管管材宜采用钢管或铸铁管（铅接口）。

2) 安装在现有公路桥一侧，采用吊环将管道固定于桥旁。仅在桥旁有吊装位置或公路桥设计已预留敷管位置条件下方可使用。

3) 管子外围设置隔热材料，予以保温。

吊环法安装如图7-52所示。

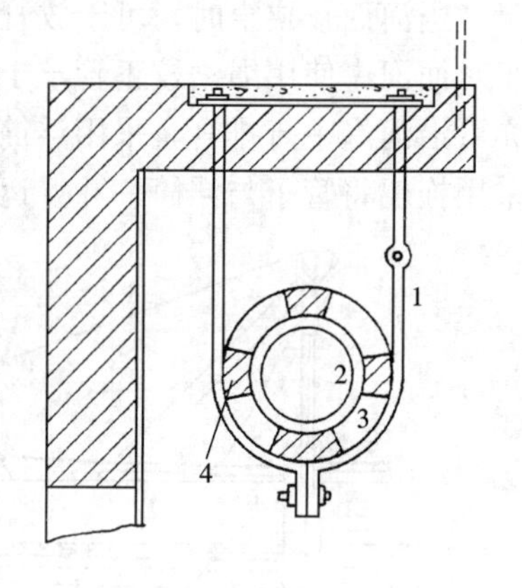

图7-52　吊环法安装示意图
1—吊环；2—水管；3—隔热层；4—块木

(2) 托架法安装要点

1) 过河管管材可采用钢管或铸铁管（铅接口）。

2) 将过河管架起在原建桥旁焊出的钢支架上通过。

钢管过河管托架设置间距参见表7-7。

钢管过河管托架设置间距　　表7-7

DN（mm）		15	20	25	32	40	50	70	80	100	125	150	200	250	300
间距（m）	保　温	1.5	2.0	2.0	2.5	3.0	3.0	4.0	4.0	4.5	5.0	6.0	7.0	8.0	8.5
	不保温	2.5	3.0	3.5	4.0	4.5	5.0	6.0	6.0	6.5	7.0	8.0	9.5	11.0	11.5

(3) 桥台法安装要点

1) 过河管管材采用钢管。

2) 将过河管架设在现有桥旁的桥墩端部，桥墩间距不得大于钢管管道托架要求改道的间距。

(4) 管沟法安装要点

1) 过河管材可用钢管、铸铁管或钢筋混凝土管。

2) 将过河管铺筑于桥梁人行道下的管沟中，管沟应在设计中预留。

2. 支柱式架空管

设置管道支柱时，应事前征得有关航运部门、航道管理部门及农田水利规划部门的同意，并协商确定管底标高、支柱断面、支柱跨距等。

管道宜选择于河宽较窄，两岸地质条件较好的老土地段。

支柱可采用钢筋混凝土桩架式（如图 7-53 所示），或预制支柱（如图 7-54 所示）。

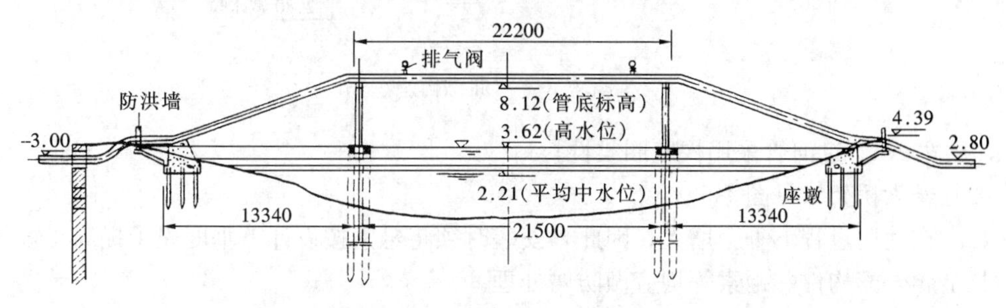

图 7-53　钢筋混凝土桩架式支柱

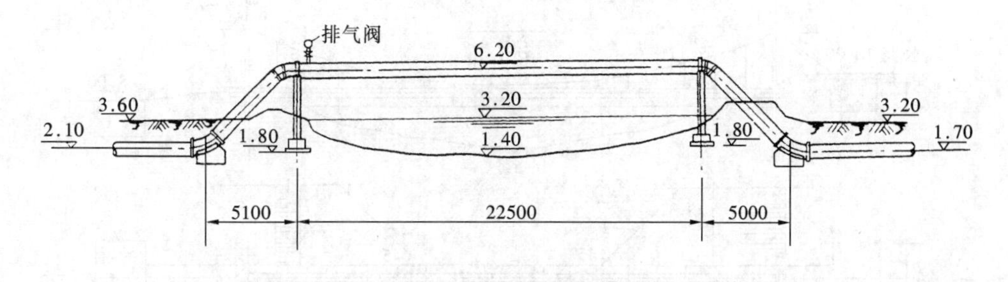

图 7-54　预制支柱

连接架空管和地下管之间的桥台部位，通常采用 S 弯部件，弯曲曲率为 45°～90°。若地质条件较差时，可于地下管道与弯头连接处安装波形伸缩节，以适应管道不均匀沉陷的需要，如图 7-55 所示。若处强震区地段，可在该处加设抗震柔口，以适应地震波引起管道沿轴向波动变形的需要。

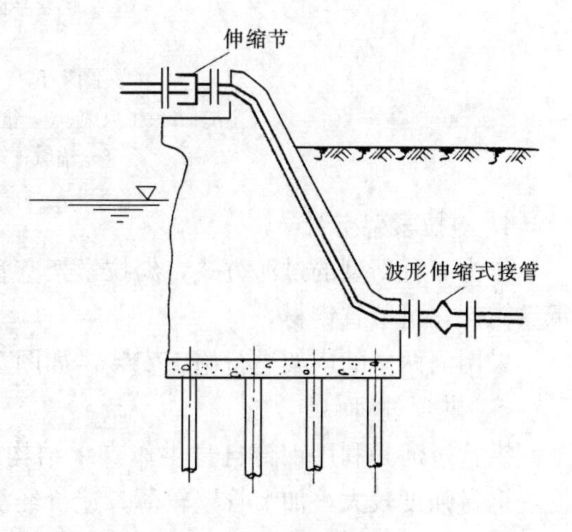

图 7-55　波形伸缩节

3. 桁架式架空管

可避免水下操作，但应具备良好的吊装设施。施工地段应具有良好的地质条件及稳定的地形。修筑时，可于两岸先装置桁架，再由桁架支承管道过河。

(1) 双曲拱桁架（图 7-56）

采用双曲拱桁架的预制构件支承两条 *DN*400mm 自应力钢筋混凝土过河管。拱跨

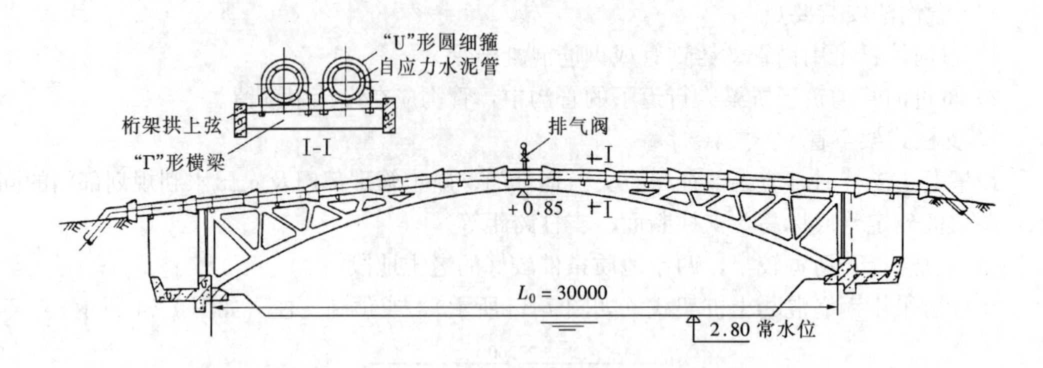

图 7-56　双曲拱桁架

30m，拱宽 2m。过河管采用橡胶圈柔性接口。

（2）悬索桥架（见图 7-57）

悬索在使用过程下垂会增大，因此，安装时须将悬索按设计下垂度先予提高 1/300 跨长。凡金属外露构件、钢索等均应做防腐处理。

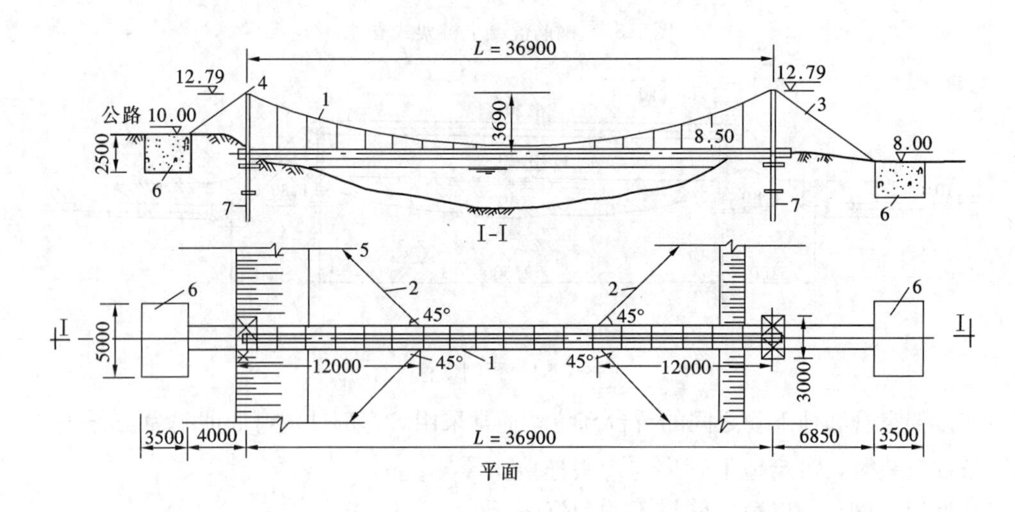

图 7-57　悬索桁架

1—主缆；2—抗风缆；3—抗缆；4—索鞍；5—花篮螺栓；6—锚墩；7—混凝土桩

4. 斜拉索架空管

作为一种新型的过河方式，斜拉索架空管是采用高强度钢索或粗钢筋及钢管本身作为承重构件，可节省钢材。

采用河两岸的塔架进行施工安装，如图 7-58 所示。

5. 拱管过河

拱管过河是利用钢管自身供作支承结构，起到了一管两用的作用。由于拱是受力结构，钢材强度较大，加上管壁较薄，造价经济，因此用于跨度较大河流尤为适宜。

图 7-59 为钢管 DN920mm 过河拱管，水平净跨 42m，拱管矢高 5.25m。

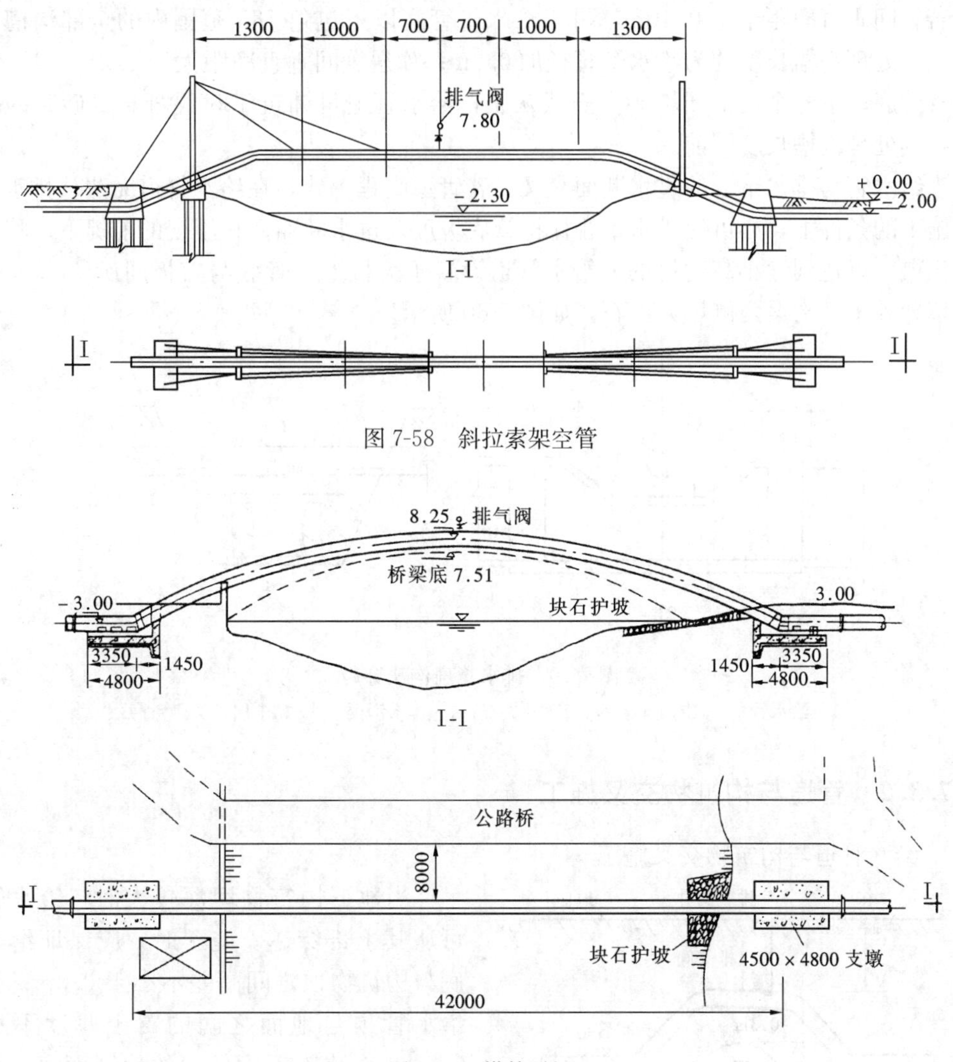

图 7-58　斜拉索架空管

图 7-59　拱管过河

7.3　地下工程交叉施工

对任何一个城市而言，街道下都设置有各种地下工程，常出现相互跨穿的交叉情况。此时，应使交叉的管道与管道之间或管道与构筑物之间保持适宜的垂直净距及水平净距。各种地下工程在立面上重叠敷设是不允许的，这样不仅会给维修作业带来困难，而且极易因应力集中而发生爆管现象，以至产生灾害。

7.3.1　管道与管道交叉施工

给水管道从其他管道上方跨越时，若管间垂直净距≥0.40m，一般不予处理；否则应在管间夯实黏土，若被跨越管回填土欠密实，尚需自其管侧底部设置墩柱支承给水管。

当其他管道从给水管下部穿越时，若两种管道同时安装，除其他管道作局部加固于四周填砂外，两管之间的沟槽可采用三七灰土夯实。当其他管道从原建给水管道下方穿越时，若管间垂直净距小于0.40m，可于给水管管底以下包角135°范围内的全部沟槽浇筑混凝土，处理沟槽长度约为给水管管径加0.3m；如遇管间垂直净距大于0.25m时，可于给水管管底以下整个沟槽回填砂夹石或灰土，给水管道可铺筑135°混凝土或砂浆的带形管座，其处理沟槽长度同前。

当给水管与排水干管的过水断面交叉，若管道高程一致，在给水管道无法从排水干管跨越施工的条件下，亦可使排水干管保持管底坡度及过水断面面积不变的前提下，将圆管改为沟渠，以达到缩小高度目的。给水管道设置于盖板上，管底与盖板间所留0.05m间隙中填置砂土，沟渠两侧填夯夹石，如图7-60所示。

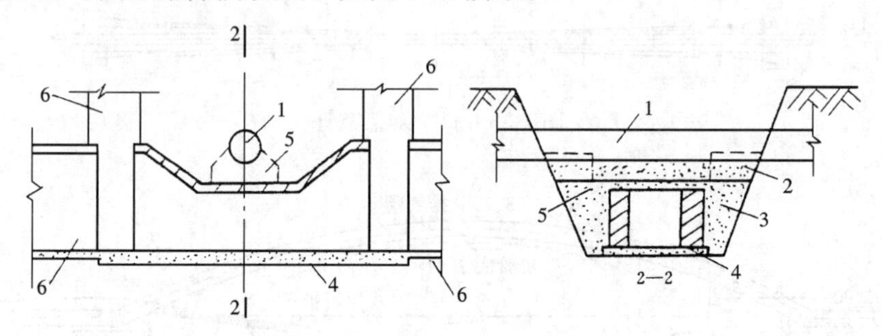

图7-60　排水管扁沟法穿越

1—给水管；2—混凝土管座；3—砂夹石；4—排水沟渠；5—黏土层；6—检查井

7.3.2　管道与构筑物交叉施工

1. 给水管道与构筑物交叉施工

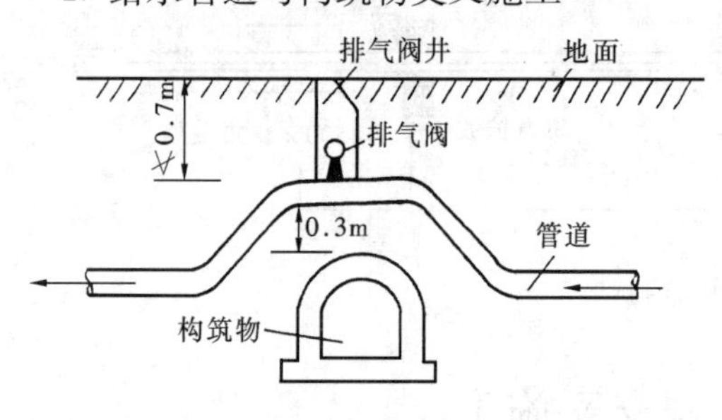

图7-61　给水管道从上部跨越构筑物

当地下构筑物埋深较大时，给水管道可从其上部穿越。施工时，应保证给水管底与构筑物顶之间高差不小于0.3m；且使给水管顶与地面之间的覆土厚度不小于0.7m，对冰冻深度较深的地区而言，还应按冰冻深度要求确定管道最小覆土厚度。此外，在给水管道最高处应安装排气阀并砌筑排气阀井，如图7-61所示。

当地下构筑物埋深较浅时，给水管道上跨构筑物不能满足覆土要求时，给水管道可以从构筑物下部穿越，施工时要求构筑物基础下面的给水管道应增设套管。当构筑物后施工时，须先将给水管及套管安装就绪之后再修构筑物。

2. 排水管道与构筑物交叉施工

排水管道为重力流，当与构筑物交叉时，仅能采用倒虹管从构筑物底部穿越，如图7-62所示。施工时，要求穿越部分增设套管，倒虹管上下游分别砌筑进水室与出水室。

3. 建筑物建在管道上施工

管道被压在建筑物下，原则上是不允许的。

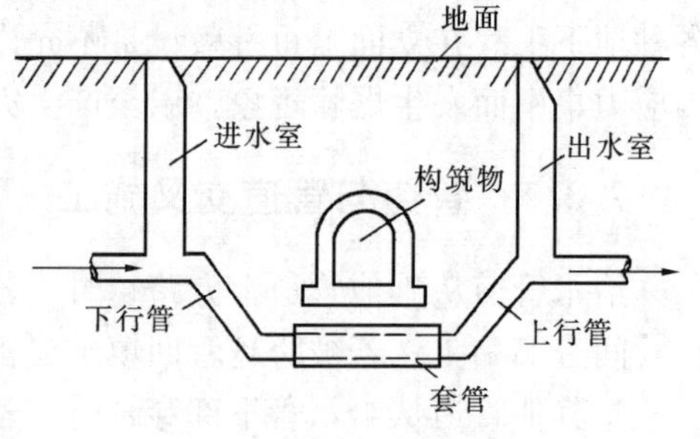

图7-62　排水管道倒虹管穿越构筑物

当建筑实在无法避开地下管道时，则应保证在地上建筑物一旦发生下沉时，管道不致受到影响，而且应创造管道维修的方便条件。

当建筑物基础尚未修建在地下管道上时，可采用图 7-63 所示管道垂直基础处理，于两外墙设置基础梁，且在建筑物内修建过人管沟，便于维修管理。

当建筑物基础建在管道上时，可采用图 7-64 所示的管道在基础下与基础平行的处理方法做特殊的基础处理。

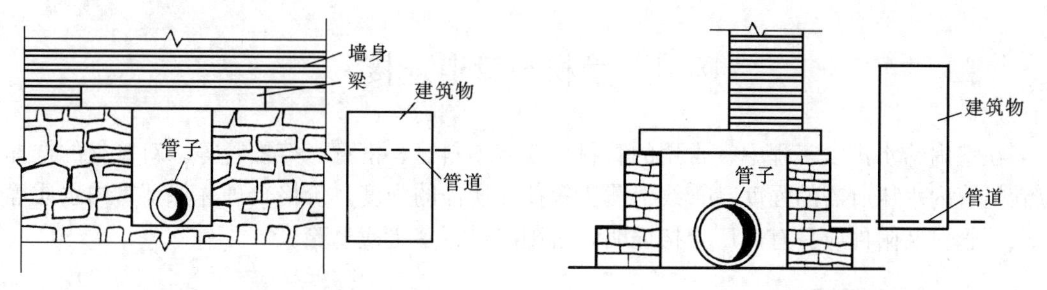

图 7-63　与管道垂直的基础处理方法

图 7-64　与管道平行的基础处理方法

以上两种条件下施工，管道的管材应采用钢管或铸铁管（铅接口）。

第8章　室内管道工程施工

8.1　管材与管道连接

在室内给水排水工程中，常用的管材主要有塑料管、钢管、铸铁管等。对管材的选择应满足管内水压所需的强度、管线上覆土等荷载所需的强度，价格合理并保证管内水质等要求。管材及附件应具有出厂合格证明，否则应进行鉴定或复验。

8.1.1　塑料管

塑料管按材质可分为硬聚氯乙烯塑料管、聚乙烯塑料管、聚丙烯塑料管、聚丁烯塑料管（PB管）、丙烯腈-丁二烯-苯乙烯塑料管（ABS管）以及塑料-金属复合管等。

所有塑料管均有各自的配套管件，应用时应正确选用。

各种塑料管及管件的内壁应光滑，不得有裂纹、裂痕、扭动等缺点，管壁厚度均匀，承压管道及管件应做压力试验，选用时应满足输送介质的要求。

1. 管道加工

（1）塑料管切割：一般采用细齿木工手锯或木工圆锯切割，切割口的平面度偏差为：当 $DN<50$mm 时，应不大于 0.5mm；$DN=50\sim160$mm 时，应不大于 1mm；$DN>160$mm 时，应不大于 2mm。无毛刺、平整。对于聚丁烯管等还可用专用截管器切断。

（2）弯管加工：一般采用热揻弯管，弯曲半径为管子外径的 3.5～4 倍，弯管时，应将耐温、易变形材料（如：无杂质的干细砂）填实管内以防止弯曲变形，然后将管子需弯曲段均匀加热到 110～150℃后迅速放入弯管胎模内弯曲，冷却后成型。

（3）塑料管管口扩胀：塑料管采用承插口连接或扩口松套法兰连接时，须将管子一端的管口扩胀成承口。先将需加工管子的管口用锉刀加工成 30°～45°角内坡口，然后将管子口扩胀端均匀加热，聚氯乙烯管、聚乙烯硬管为 120～150℃、聚乙烯软管为 90～100℃、聚丙烯管为 160～180℃。加热长度：作承插口用时为 1～1.5 倍外径；作扩口用时为 20～50mm。取出后立即将带有 30°～40°角外坡口的插口管段（或扩口模具）插入变软的扩胀端口内，冷却后即成。

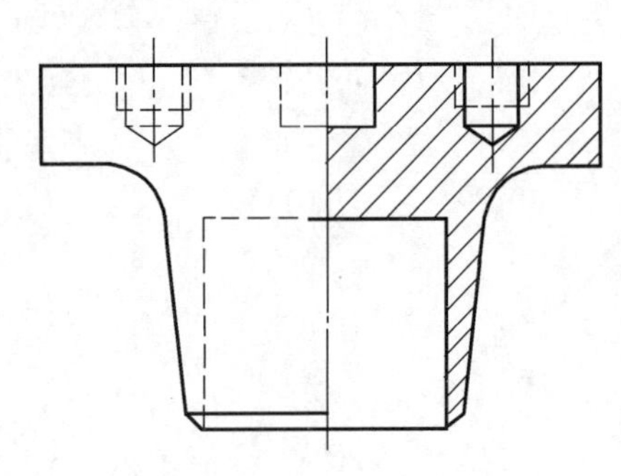

图 8-1　塑料管翻边内胎模

（4）塑料管翻边：塑料管采用卷边松套法兰连接或锁母连接时，必须预先进行管口翻边。先将管子需翻边的一端均匀加热，加热温度同管口扩胀，取出后立即套上法兰，并将预热后的塑料管翻边内胎模（图 8-1）插入变软的管口，使管子翻成垂直于管子轴线的卷边，成型后退出翻边胎模，并用水冷却。翻成的卷边不得有裂缝和皱折等缺陷。

2. 管道连接

塑料管连接的方法主要有焊接连接、法兰连接、粘接连接、套接连接、承插连接、管件丝接、管件紧固连接等。其工序为划线、断管、预加工、连接、检验。

(1) 塑料管焊接连接：按焊接方法分为热风焊接和热熔压焊接（又称对焊或接触焊接）；按焊口形式分有承插口焊接、套管焊接、对接焊接。焊接连接适用于高、低压塑料管连接。

热风焊接是用过滤后的无油、无水压缩空气经塑料焊接枪中的加热器加热到一定温度后，由焊枪喷嘴喷出，使塑料焊条和焊件加热呈熔融状态而连接在一起。焊接设备及配置如图8-2所示。适用于各种塑料管的连接和各种焊口形式。塑料焊枪一般选用电热焊枪，

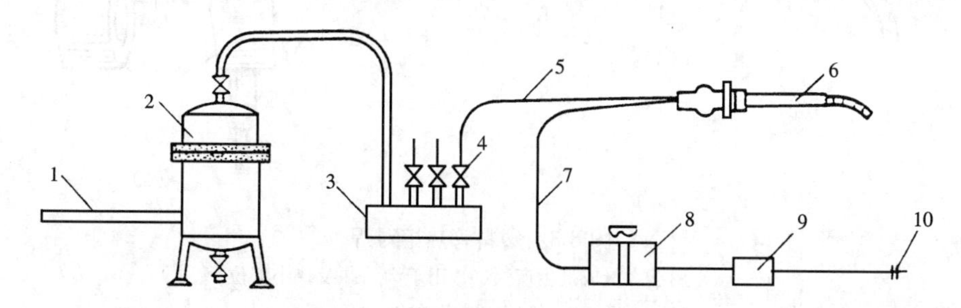

图8-2　塑料管焊接设备及布置图

1—压缩空气管路；2—空气过滤器；3—分气缸；4—气流控制阀；5—软管；6—焊枪；7—调压后的电源线；8—调压变压器；9—漏电自动切断器；10—220V电源

焊枪喷嘴直径接近焊条直径。塑料焊条的化学成分与焊件成分应一致，特别是主要成分必须相同，焊条直径必须根据所焊管子的壁厚选用，见表8-1。但焊接焊缝根部的第一根打底焊条，通常采用直径2mm的细焊条。焊接前应根据焊件厚薄开60°～80°坡口，焊件的间隙应小于0.5～1.5mm，对管错口量不大于壁厚的10%，焊口应清洁，不得有油、水及污垢。焊接时要求热风温度距喷嘴5～10mm处为200～250℃；热风压力对聚氯乙烯管为0.05～0.1MPa，对聚丙烯管为0.02～0.05MPa；焊接时焊条与焊缝必须呈90°角并对焊条应施以10～15N的压力；焊接时焊枪要均匀摆动，使焊条和焊件同时加热，焊枪喷嘴与焊条夹角为30°～45°；焊接时焊条拉伸不易过度，必须保持延伸率为10%～15%以内；焊接时焊条必须平直、相互间排列紧密、不能有空隙。各层焊条的接头须错开，焊缝饱满、平整、均匀，无波纹、断裂、烧焦、吹毛和未焊透等缺陷。焊缝堆积高度要比焊件面高出1.5～2mm。焊缝焊接完毕，应让它自然冷却。

塑料焊条规格的选用　　**表8-1**

管子壁厚（mm）	2～5	5.5～15	＞15
焊条直径（mm）	2～2.5	3～3.5	3.5～4

热熔压焊接是利用电加热元件所产生的高温，加热焊件的焊接面，直至熔稀翻浆，然后抽去加热元件，将两焊件迅速压合，冷却后即可牢固地连接。施焊时环境温度不宜太低，应不小于10℃。对焊件采用的电加热元件是各种形状的电加热盘（图8-3）。

平口焊接时先将连接的塑料管放置在焊接工具的夹具（图8-3）上夹牢，清除管端的

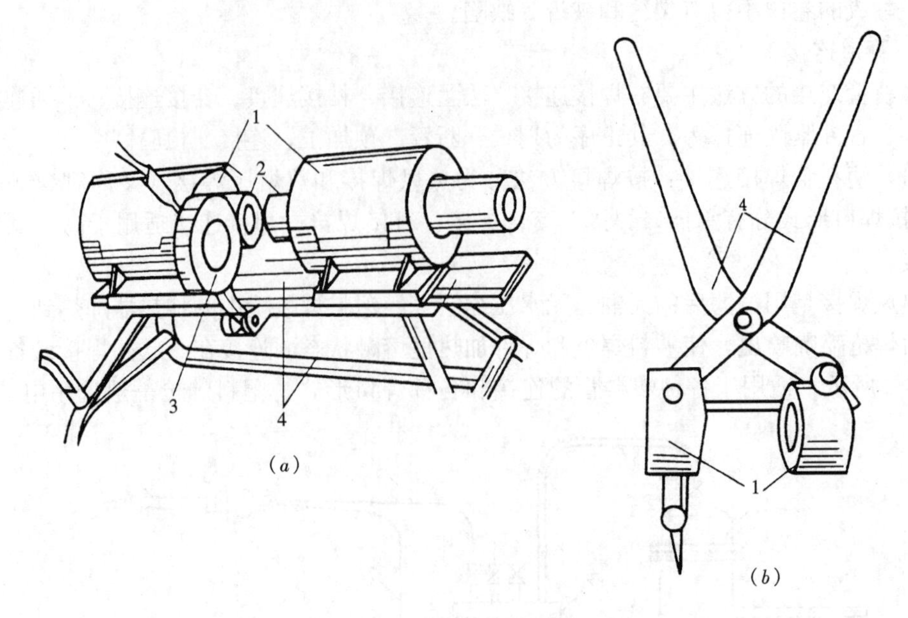

图 8-3　塑料管热熔对焊

(a) 用于大量成批生产；(b) 用于沟、井及狭小部位

1—夹具；2—管端；3—加热盘；4—手柄

氧化层、油污等；将两根管子对正，使管端间隙一般不超过 0.5mm，然后用电加热盘加热两管口使之熔化 1～2mm，去掉电热盘后在 1.5～3min 内，以 0.1～0.25MPa 的压力加压 3～10min，熔融表面连接成一体，直到接头自然冷却。

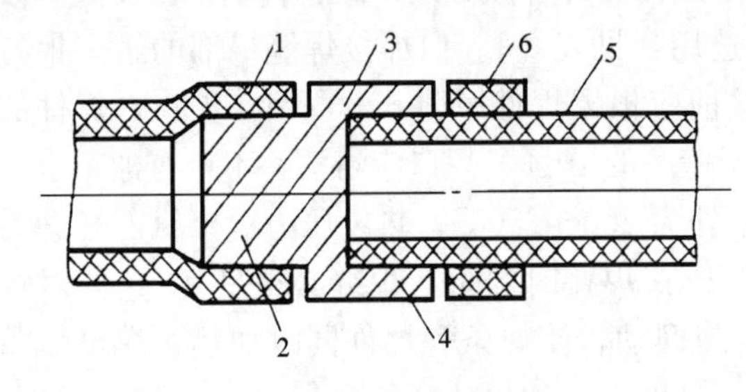

图 8-4　承插对接焊

1—承口；2—芯棒；3—加热元件；

4—套管；5—平口管端；6—夹环（限位用）

承插口对接焊接采用的电加热零件是一承插模具（图 8-4）。首先将一根塑料管扩胀成承口状，承口的内径应稍小于管子外径，并将插口端开成 45°坡口。用加热元件的心棒软化承口端的内表面，套管软化插口端的外表面。焊接前加热元件的工作面上需涂上一层氟化物或类似材料，以防粘连熔融塑料。待加热面塑料呈热熔状态后，将管子迅速从加热元件中退出，并在 2～3s 内将它们互相承插连接在一起，并施以轴向压力加压 20～30s，直到塑料管承插接口开始硬化为止。

(2) 法兰连接：常用的有卷边松套法兰连接、扩口松套法兰连接和平焊法兰连接三种形式。适用于常压（≤2MPa）或压力不高的管道连接以及塑料管与阀件、金属部件及非塑料管连接。扩口松套法兰（图 8-5(a)）连接，是在塑料管上套上法兰后将塑料管口扩胀，然后管口加热插入内承圈（内承圈长度为 15～20mm），冷却后把管口和内衬圈焊接在一起，铲平焊缝，用螺栓连接紧固；卷边松套法兰（图 8-5(b)）连接，是将塑料管口翻边套上法兰，用螺栓连接紧固；平焊法兰（图 8-5(c)）连接是把塑料法兰平焊在管子端部，然后用螺栓连接紧固。法兰连接时可使用软塑料垫圈。其他要求同钢管法兰连接。

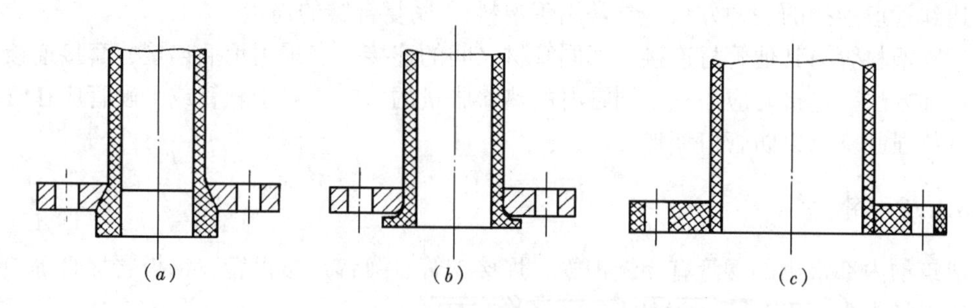

图 8-5　塑料管法兰

(a) 扩口松套法兰；(b) 卷边松套法兰；(c) 平焊法兰

(3) 粘接连接：常用承插口粘接，其接合强度较高。首先需将管子一端扩胀为承口，然后将管子粘接面污物去掉，用砂纸打磨粗糙，均匀地将胶粘剂涂到粘接面上，将插口插入承口内即可。管端插入承口深度应符合规范规定，承插口之间应紧密接合，间隙不得大于 0.3mm。必要时可在接口处再行焊接，以增加连接强度。应根据不同的材质选用胶粘剂，以保证粘接质量。

(4) 套接连接：先将塑料管端加热，使管子变软后，套入特制的管件（可由塑料管、钢管等做成，也可在这些管的端头上加工成螺纹状）上，并用 12 号镀锌铁丝扎紧。该方法常用在聚乙烯和聚丙烯管连接，最大承压<1.0MPa。一般作塑料排水管连接。

(5) 承插连接：适用于管径大于 50mm 的承插塑料管连接，一般采用橡胶密封圈来止水。施工时，承口内壁凹槽应清理干净，将橡胶圈捏成凹形，放入承口凹槽内，橡胶圈应平正合槽，再在插口端管子表面和承口内面涂上润滑剂，然后将两根管子对好，并垫在木墩上；用橇杠、手拉（或手摇）葫芦等工具使管道插口端进入承口端内，施工完毕后再将木墩拆除。若插口管是平口应用钢锉或电动砂轮将其磨成斜面，并使斜面与管子呈 15°夹角，钝边为 1/2 管壁厚。插口端距承口底应保证一定的空隙，以接受热伸长量。接口应保证橡胶圈不扭曲、折叠、破损。橡胶圈材质、形状、尺寸等应符合规定。

(6) 管件丝接：常用的有类似于钢管丝接的连接和塑料管锁母压接。前者应进行塑料管螺纹加工，后者不需进行塑料管螺纹加工。常用于小口径给水、排水塑料管。塑料管管螺纹加工时应避免管子被管子压力钳夹破。不能一次套丝完成，而应采用多次套丝。接口用白铅油和麻丝、聚四氟乙烯生料带或用醇酸树脂填料。管道连接完毕，必须进行检查，凡有变硬、起泡、管材颜色失去光泽等疵病，均应截去重新套丝。锁母压接连接是塑料管连接方法中比较年轻的一种，它适用于给水、排水塑料管，并有特殊的管件与之配合，连接如图 8-6 所示。

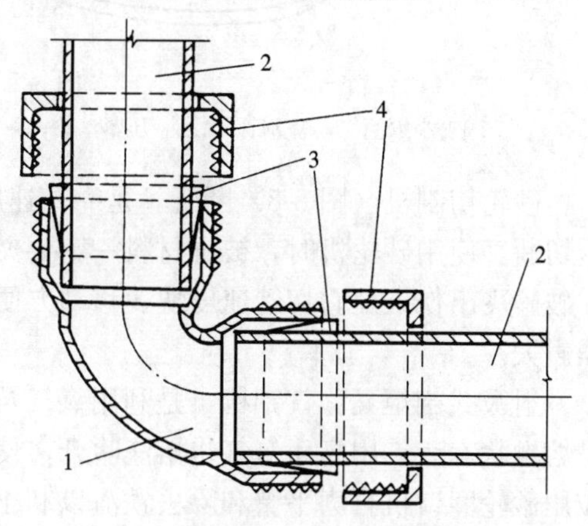

图 8-6　排水塑料管锁母压接连接

1—管件；2—管段；3—止水塞环；4—锁母压盖

(7) 管件紧固连接：利用特制的连接管件，采用锁母压接紧固方式或钳压变形紧固方式来达到管道连接的一种方法。常常用于塑料-金属复合管的连接。

(8) 塑料管与其他管材连接：不同管材之间的连接一般采用承插连接、套接连接、法兰连接等方法。连接时应注意不同管材的热膨胀量的影响，对于软管或半硬管应在管内用硬管材料强制支承以防管口变形。

8.1.2 钢管

建筑物内部常用的钢管有无缝钢管、焊接钢管、镀锌焊接钢管、钢板卷焊管等。钢管的公称直径常采用 $DN15 \sim DN450$mm。

1. 管道加工

管道加工主要指钢管的切断、调直、弯管及制作异形管件等过程。

(1) 钢管切断

钢管切断即按管路安装的尺寸将管子切断成管段的过程，常称为“下料”。管子切口要平正，不影响管子连接，不产生断面收缩，管口内外要求无毛刺和铁渣。钢管切断的方法很多，应根据具体情况灵活选用。

对于管径 50mm 以下的小管一般采用手工钢锯来锯切。手工钢锯在锯管时必须保证锯条平面始终与管子垂直，切口必须锯到底，不能采用未锯完而掰断的方法，以免切口残缺、不平整而影响管子连接。

对于管径 40～150mm 的管子可以采用滚刀切管器又称管子割刀（图 8-7）切管。即用带刃口的圆盘形刀片垂直于管子，在压力作用下边进刀边沿管壁旋转，将管子切断。它切管速度较快、切口平正，但产生管口收缩，因此必须用绞刀刮平缩口部分。

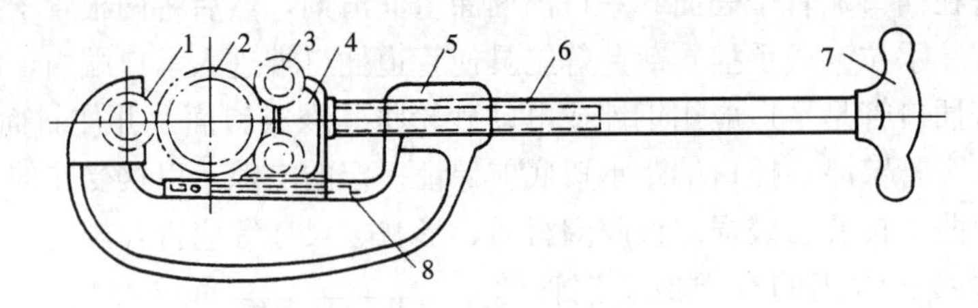

图 8-7 管子切刀

1—切割滚轮；2—被割管子；3—压紧滚轮；4—滑动支座；5—螺母；6—螺杆；7—手把；8—滑道

砂轮切割机（图 8-8）断管，是靠高速旋转的高强砂轮片与管壁摩擦切削，将管壁摩透切断。使用砂轮机时，被锯材料一定要夹紧，进刀不能太猛，用力不能太大，以免砂轮片破碎飞出伤人。它切管速度快、移动方便、适合于钢管、铸铁管及各种型钢的切断，但噪声大。

射吸式割炬又称气割枪，是利用氧气及乙炔气的混合气体作热源，将管子切割处加热呈熔融状态后，用高压氧气将熔渣吹开，使管子切断。切口往往不十分平整且带有铁渣，应用砂轮磨口机打磨平整和除去铁渣以利于焊接。

对于大直径管的切断除了气割外，还可利用切断机械来断管。如切断坡口机，它可同时完成切管和坡口加工，适用于切割壁厚 12～20mm，直径 600mm 以下的钢管。

(2) 钢管调直

钢管在运输装卸、堆放、安装的过程中易造成管子弯曲。所以随时应对弯曲的管段进行调直，调直的方法一般有冷调直和热调直两种。当管径较小且弯曲程度不大时可用冷调直法。当管子弯曲度较大或管径较大时常采用热调直法。

（3）弯管加工

在管道安装工程中，需要大量各种角度的弯管。这些弯管的弯曲半径 R 根据管外径 D 和使用场所不同而定。通常情况下热揻弯 $R \geqslant 3.5D$；冷揻弯 $R \geqslant 4D$；冲压弯头 $R \geqslant 1.0D$；焊接弯头 $R=1.5D$。弯曲方法有钢管冷揻弯、热揻弯、模压弯管、焊接弯管等。

钢管冷揻弯是指在常温下进行钢管弯曲加工的方法，一般是借助于弯管器（图 8-9）或液压弯管机（图 8-10）来实现，适用于管径不大于 150mm 的管道。

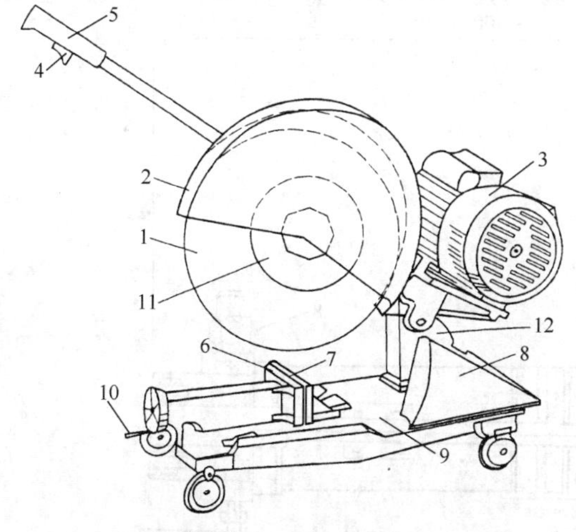

图 8-8　砂轮切割机示意

1—砂轮；2—防护罩；3—电动机；4—控制开关按钮；5—操作手柄；6—活动夹具；7—固定夹具；8—火花防护罩；9—机座；10—夹具控制手柄；11—砂轮夹具；12—支座

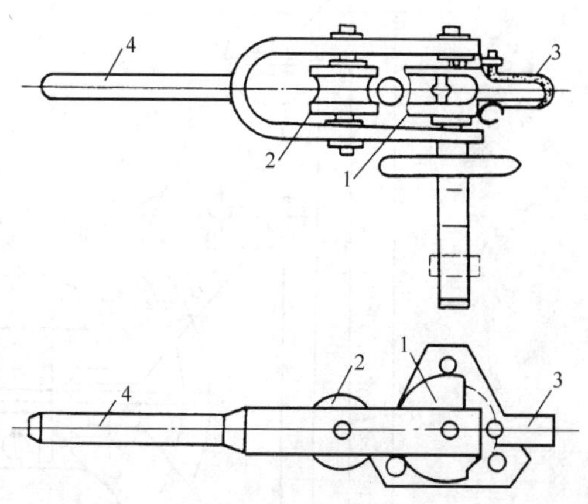

图 8-9　弯管器

1—定胎轮；2—动胎轮；3—管子夹持器；4—操作杆

钢管热揻弯是指将钢管加热到 800～1000℃后，弯曲成所需要的形状。采用的方法有管子灌砂热揻弯、机械热揻弯。加热长度为揻弯所需长度的 1.2 倍为宜。

模压弯管又称压制弯，是将加热后的钢板或管段放入模具中加压成型而成，这类弯管的弯曲半径小、壁厚度均匀、耐压强度高。用同样的方法可制作三通、变径管等管件。市场上有成品压制弯出售。

焊接弯管又称虾米腰弯头，根据弯管所需的弯曲度、弯曲半径、弯管组成节数下料，然后将各节焊接而成（图 8-11）。弯管的弯曲半径及组成节数的多少决定弯头的平滑度，因此对不同管径的弯曲半径和节数作了规定，见表 8-2。

焊接弯头曲率半径及分节数　　**表 8-2**

管径（mm）	弯曲半径 R	节数 n				
		90°	60°	45°	30°	22.5°
50～150	1～1.5DN	4	3	3	3	3
200～300	1.5～2DN	5	4	4	4	4
300 以上	2～2.5DN	7	4	4	4	4

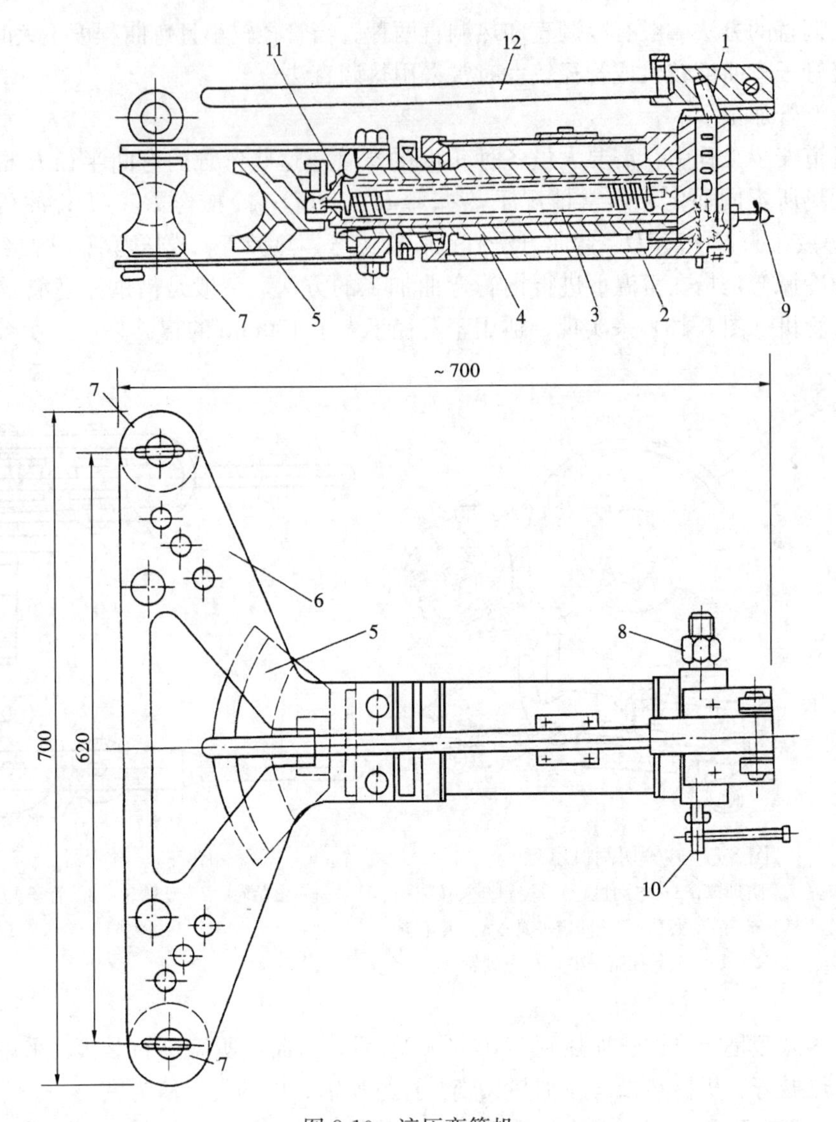

图 8-10　液压弯管机

1—柱塞泵；2—液压缸；3—活塞杆空腔；4—液压缸；5—扇形顶块；6—钢夹板；7—支撑轮；8—进油管；9—回油管；10—回油阀；11—复位弹簧；12—手柄

为了保证弯管的强度及断面形状符合规定，弯曲管段的管壁减薄时应均匀，减薄量不应超过原壁厚的15%；断面的椭圆率（长短直径之差与长直径之比）：当管径 $DN\leqslant$ 100mm 时不大于10%，$DN>$100mm 时不大于8%；折皱不平度：$DN\leqslant$100mm 时不超过 4mm，$DN>$100mm 时不超过 5mm；管壁上不得产生裂纹、鼓包，弯度要均匀。

（4）焊接三通

1）同径弯管焊三通：它是用两个 90°弯管切掉外臂处半个圆周管壁，然后将剩下的两个弯管焊接起来，成为同径三通，如图 8-12 所示。

2）直管三通：它分同径三通和异径三通两种，如图 8-13 所示。制作前按两个相贯的圆柱面画展开图，展开图一般画在油毡或厚纸上称做样板。将样板围在管上画线，然后切割下料。最后将三通支管和主管焊接起来，施焊时应采取分段对称焊接。

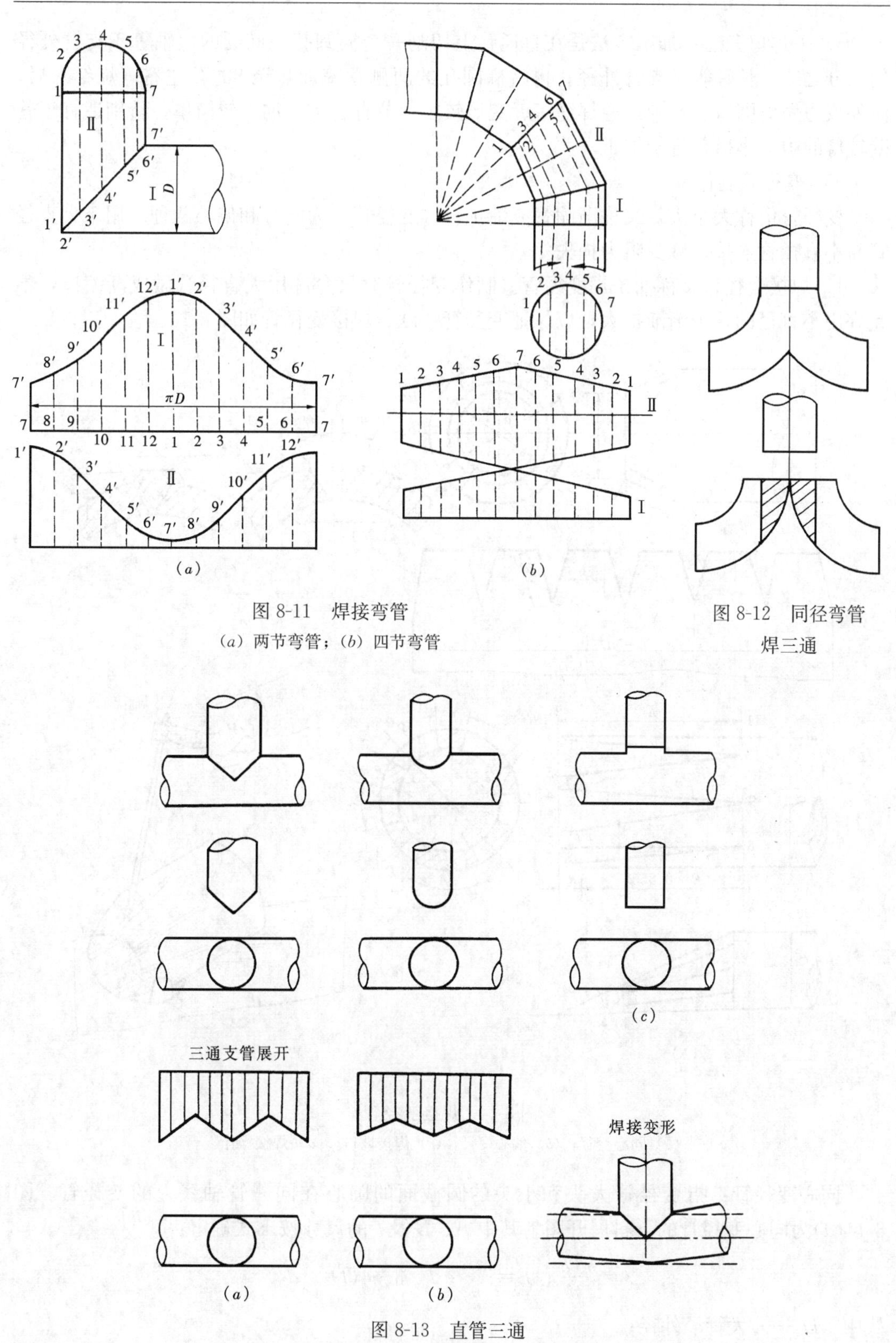

图 8-11　焊接弯管

（a）两节弯管；（b）四节弯管

图 8-12　同径弯管焊三通

图 8-13　直管三通

（a）同径三通；（b）异径三通；（c）平焊口三通

3）平焊口三通：加工方法是在直通管上切割一个椭圆孔，椭圆的短轴等于支管外径的三分之二，长轴等于支管外径，再将椭圆孔的两侧管壁加热至900℃左右（烧红）后，向外扳边做成圆口。这种三通焊缝短、变形较小、节省管子、加工较简单，特别适宜于管壁较薄的中、小口径管子加工。

(5) 变径管制作

变径管俗称大小头，又称渐缩管或渐扩管，变径管分为同心和偏心两种。用于大直径管与小直径管连接，减少阻力损失。

1）焊接变径管又称抽条焊变径管。制作变径管时只允许用大直径管做成渐缩口，不允许用小直径的管子渐渐扩大，以保证变径管强度。焊接变径管如图8-14。

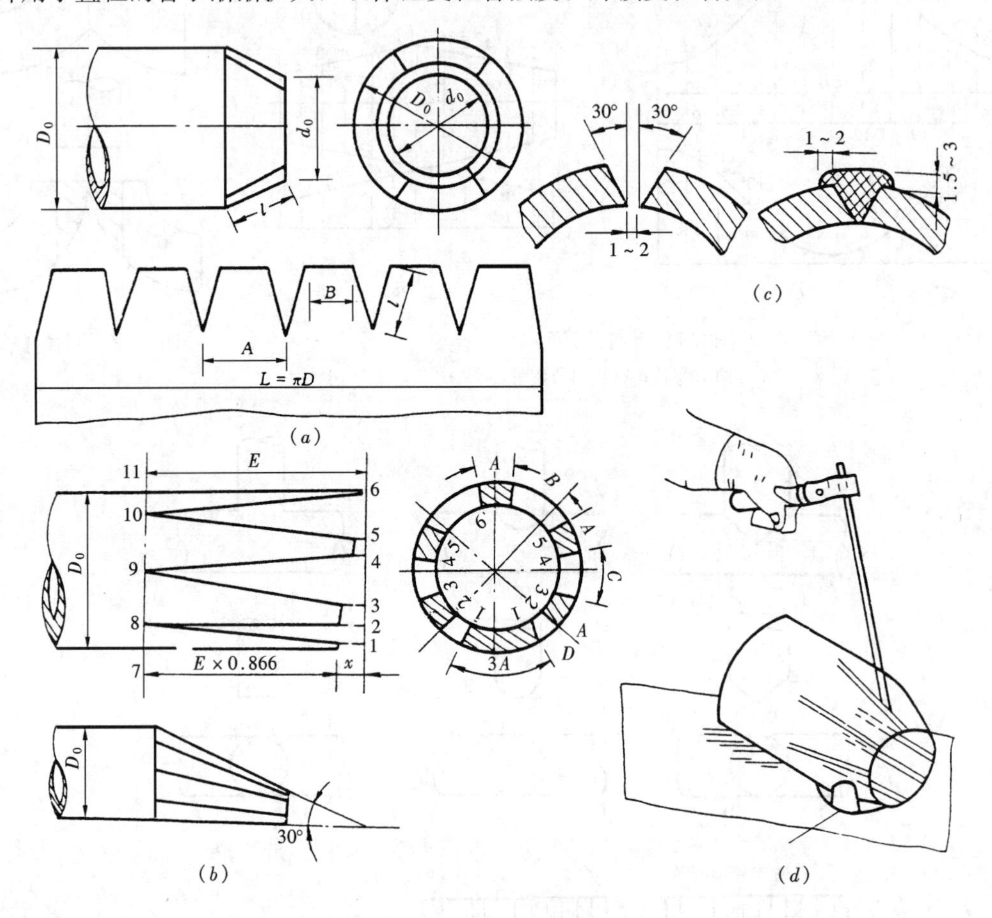

图8-14　焊接变径管

(a) 同心变径；(b) 偏心变径；(c) 焊接坡口；(d) 焊接操作

同心变径管：指变径管大头和小头的圆截面的圆心在同一管轴线上的变径管。图8-14(a)为同心变径管的下料展开图。其中A、B及l的尺寸按下式确定：

$$A=\frac{\pi D_0}{n};\ B=\frac{\pi d_0}{n};\ l=3\sim4(D_0-d_0)$$

式中　D_0——大管子外径；

d_0——小管子外径；

n——分瓣数，一般$DN50\sim100$mm的管子，$n=4\sim6$；

$DN125\sim400$mm的管子，$n=6\sim8$。

偏心变径管：指变径管大头和小头的圆截面的圆心不在同一管轴线上的变径管。图8-14（b）为偏心变径管的下料展开图。其中各部分的尺寸为：

$$A=\frac{\pi D_0}{8};B=\frac{3}{12}\delta;\ C=\frac{2}{12}\delta;\ D=\frac{1}{12}\delta;\ E=2\sim3\ (D_0-d_0)$$

式中 δ——大小圆周长之差，$\delta=\pi(D_0-d_0)$。

抽条下料完毕后，加热余下部分，用手锤拍打成渐缩管。注意各片之间应符合图8-14（c）所示要求。最后将各片焊接起来即成。加工时应保证各截面呈圆形。

2）缩口变径管又称摵制变径管。适用于小口径变径管或变径不大的变径管制作。缩口需将管子加热，当加热变红后用手锤捻打而成（图8-15（a））。在特殊情况下允许将小管子扩口，但只能扩大一号管径（图8-15（b））。

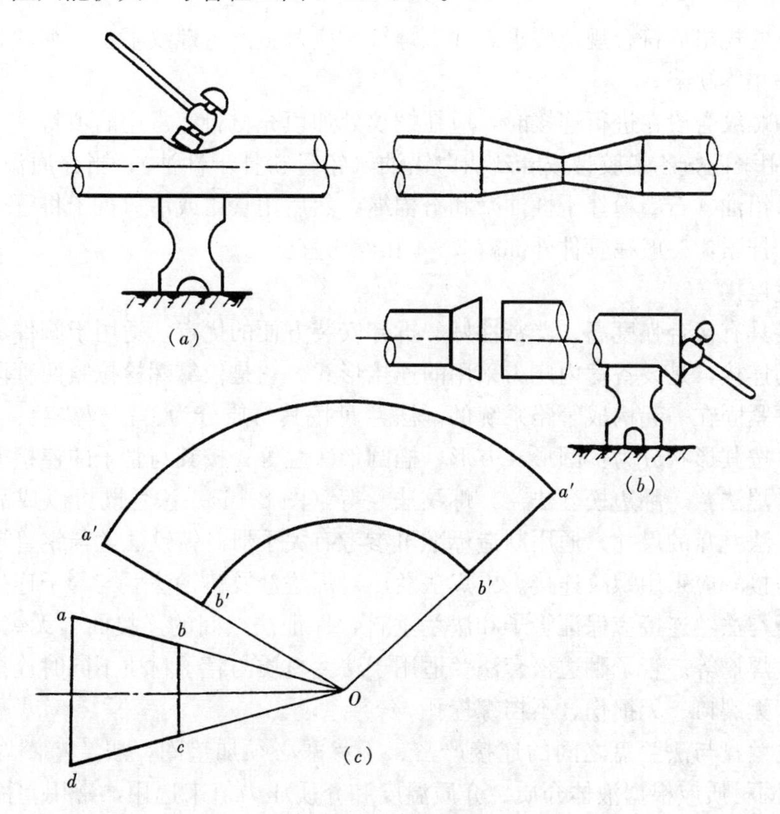

图8-15 变径管制作

（a）缩口变径；（b）扩口变径；（c）卷制

3）钢板卷制变径管。对于管径较大的变径管一般采用钢板卷制（图8-15(c)）。根据变径管的高度及两端管径画出展开图，制成样板后下料，将所下板料加热后摵制和焊接即成。

2. 钢管连接

对于钢管常采用焊接、螺纹连接、法兰连接、沟槽式卡箍连接等连接方法。

（1）钢管焊接

钢管焊接适用于各种口径的非镀锌钢管。钢管焊接是将管子接口处及焊条加热使金属呈熔化的状态后，把两个被焊件连接成一整体的过程。它具有接口牢固严密、速度快、维修量少、节约管件等优点。一般管道工程上最常用的是电弧焊及氧-乙炔气焊两种。前者常用于管径大于 65mm 和壁厚 4mm 以上或高压管路系统的管子，后者常用于管径在 50mm 以下和壁厚在 3.5mm 以内的管路。详见本书第 6 章。

（2）螺纹连接

螺纹连接适用于管径在 150mm 以下，尤其是 $DN \leqslant 80$ 的钢管。它是在管段端部加工螺纹，然后拧上带内螺纹的管子配件或阀件等，再和其他管段连接起来构成管路系统的。

管子螺纹有圆锥形和圆柱形。圆锥形管子螺纹可用电动套丝机或手工管子绞板（又称带丝）加工而成，这种螺纹接口严密性较好，常常采用。圆柱形管子螺纹加工方便，接口严密性较差。

管子螺纹的规格应符合规范要求。加工螺纹时应避免产生螺纹不正、细丝螺纹、螺纹不光、断丝缺扣等缺陷。

加工好的螺纹管段在进行连接时，应在螺纹处加填充材料。常用的填料：当介质温度≤100℃时，用聚四氟乙烯胶带或麻丝沾白铅油（铅丹粉拌干性油）；当介质温度＞100℃时，可采用黑铅油（石墨粉拌干性油）和石棉绳。然后用管钳或活口板子将管子配件、丝扣阀件或管子拧紧，一般在管件外部露 3～4 扣丝为宜。

（3）法兰连接

法兰连接具有接合强度高、严密性好、拆卸安装方便的优点。适用于阀件、管路附属设备与管子的连接，是设备房内广为采用的连接形式。它是依靠螺栓拉紧两管段、阀件等的法兰盘，并紧固在一起构成管路系统的。法兰盘按其材质分为：钢板法兰、铸钢法兰、铸铁法兰等；按其形状分为：圆形、方形、椭圆形法兰等；按其与管子的连接方式分：有平焊法兰、对焊法兰、翻边松套法兰、螺纹法兰等（图 8-16）。法兰既可以成品采购，也可现场加工。法兰盘的尺寸、通用制造标准可参考有关手册。铸铁法兰与钢管连接，镀锌钢管与法兰连接，应采用螺纹连接。平焊法兰、对焊法兰及铸钢法兰与管子连接，采用焊接连接。管子与法兰连接应保证管子和法兰垂直，保证法兰间的连接面上无突出的管头、焊肉、焊渣、焊瘤等。管子翻边松套法兰适用于法兰材质与管子材质不同时连接，翻边要平正成直角、无裂口、无损伤、不挡螺栓孔。

为了使法兰盘与法兰盘之间的连接严密、不渗漏必须加垫圈，法兰垫圈厚度一般为 3～5mm，垫圈材质应根据液体介质、介质温度和介质压力值来选用，常用垫圈材料见表 8-3。垫圈的内径不得小于法兰的内径，外径不得大于法兰相对应的两个螺栓孔内边缘的距离，使垫圈不遮挡螺栓孔，边宽应一致（图 8-17）。一个接口中只能加一个垫圈，否则接口易渗漏。

法兰连接时，两个法兰盘的连接面应平正、互相平行，螺栓孔对正，法兰的密封面应符合标准，无损伤、无渣滓，先穿几根螺栓后插入垫圈，再穿好余下的螺栓，调整好垫圈，即可用扳手拧紧螺栓。拧螺栓时应对称拧紧，分 2～3 次紧到底，这样可使法兰受力均匀，严密性好，法兰也不易损坏。螺栓的材料和外径应符合技术要求，螺栓长度要适当。螺栓拧紧后，一般以露在外面的长度为螺栓直径的一半为宜。

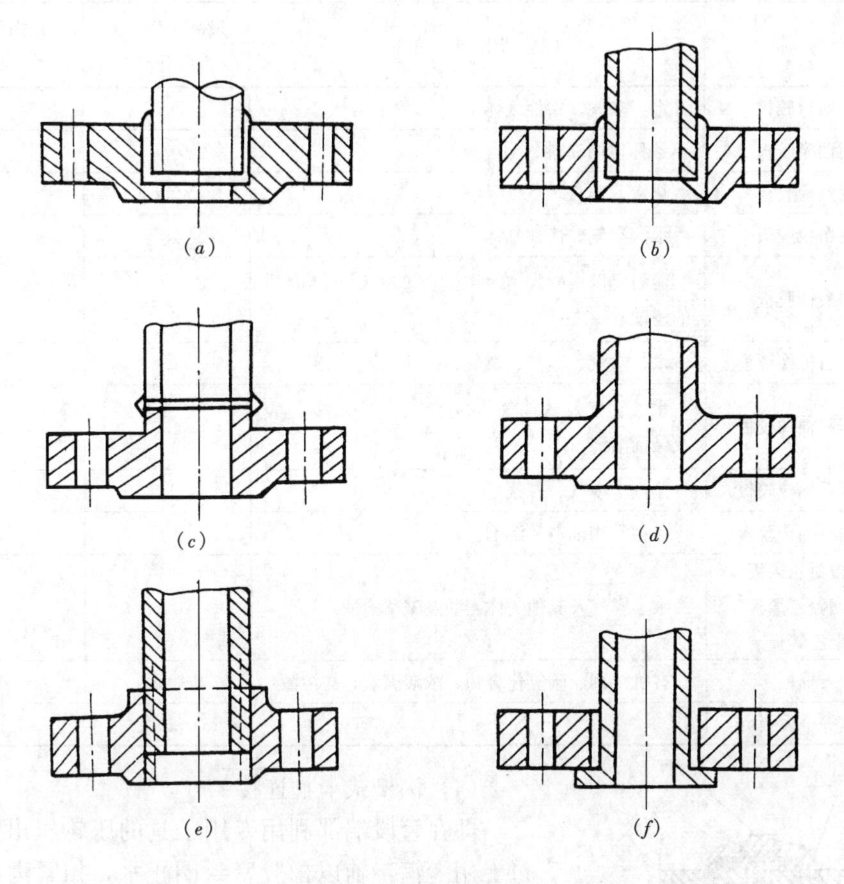

图 8-16 法兰的几种形式

(a)、(b) 平焊法兰；(c) 对焊法兰；(d) 铸钢法兰；(e) 铸铁螺纹法兰；(f) 翻边松套法兰

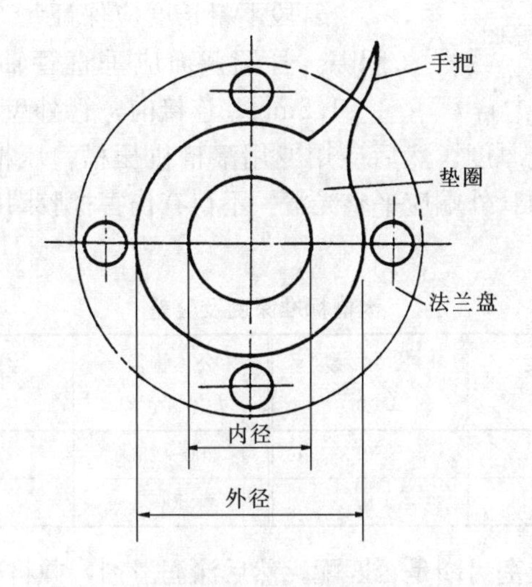

图 8-17 法兰垫圈

法兰垫圈材料选用表　　　　表 8-3

材料名称		适用介质	最高工作压力（MPa）	最高工作温度（℃）
橡胶板	普通橡胶板	水、空气、惰性气体	0.6	60
	耐油橡胶板	各种常用油料	0.6	60
	耐热橡胶板	热水、蒸汽、空气	0.6	120
	夹布橡胶板	水、空气、惰性气体	1.0	60
	耐酸橡胶板	能耐温度≤60°，浓度≤20%的酸碱液体介质的浸蚀	0.6	60
石棉橡胶板	低压石棉橡胶板	水、空气、蒸汽、燃气、惰性气体	1.6	200
	中压石棉橡胶板	水、空气及其他气体、蒸汽、燃气、氨、酸及碱稀溶液	4.0	350
	高压石棉橡胶板	蒸汽、空气、燃气	10	450
	耐油石棉橡胶板	各种常用油料，溶剂	4.0	350
塑料板	软聚氯乙烯板 聚四氟乙烯板 聚乙烯板	水、空气及其他气体、酸及碱稀溶液	0.6	50
耐酸石棉板		有机溶剂、碳氢化合物、浓酸碱液、盐溶液	0.6	300
铜、铝等金属板			20	600

(4) 沟槽式卡箍连接

即在管段端部利用专用工具的压轮压出凹槽，通过专用卡箍，辅以橡胶密封圈止水，扣紧沟槽而连接管段的方法（图 8-18）。具有接合强度、严密性好、有一定柔性、拆卸安装方便的优点。适用 $DN \geqslant 65$mm 的镀锌钢管、内衬塑料复合钢管等管道的连接。

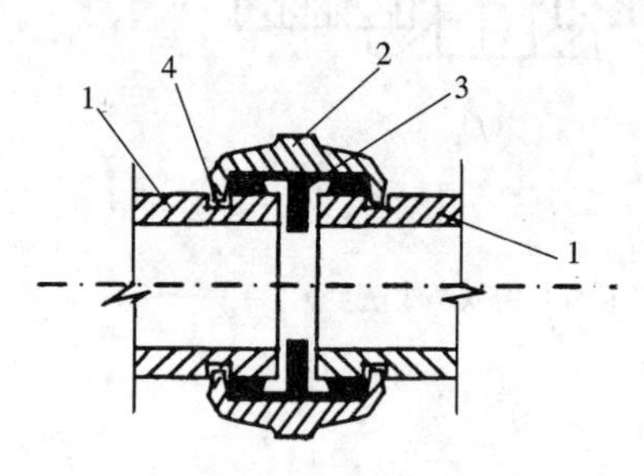

图 8-18　连接部位示意图

1—连接钢管；2—卡箍；3—橡胶密封圈；4—管道凹槽

管段下料长度应保证每个接口之间应有 3～4mm 间隙。管端截面应垂直管轴心，允许偏差不得超过 1～1.5mm。连接前，管外壁端面应用机械加工成圆角，圆角半径为 1/2 管壁厚度。然后应用专用滚槽机压槽，压槽深度应符合表 8-4 的要求。与橡胶密封圈接触的管外端应平整光滑，不得有伤害橡胶圈的或影响密封的毛刺、凸瘤等。

沟槽标准深度及公差　　　　表 8-4

公称管径 DN（mm）	沟槽深度（mm）	公　差（mm）	公称管径 DN（mm）	沟槽深度（mm）	公　差（mm）
≤80	2.20	+0.3	200～250	2.50	+0.3
100～150	2.20	+0.3	300	3.00	+0.5

连接时，应检查橡胶密封圈是否匹配，然后涂润滑剂，并将密封圈套在一根管段的末端；将对接的另一根管段套上后，调整密封圈位置保证居中。接着将卡箍套在胶圈外，保

证卡箍边缘卡入沟槽中。最后用锁紧螺栓锁紧卡箍，锁紧时应对称交替旋紧螺母，防止胶圈起皱。

8.1.3　铸铁管

1. 管道加工

铸铁管的加工主要是把一整根管子进行切断。由于铸铁管质硬而脆，切断方法与钢管不同。常用的方法有人力錾切断管、液压断管机断管、砂轮切割机断管、电弧切割断管等。

2. 管道连接

给水铸铁管连接方法见本书第6章。排水承插铸铁管常采用承插连接，排水平口铸铁管常采用不锈钢带套接。

(1) 承插连接

承插连接常用的密封填料及接口方式如下：

按嵌缝填料-敛缝填料分为刚性填料方式，常用的有油麻-石棉水泥、油麻-普通水泥、油麻-膨胀水泥砂浆；柔性填料方式，橡胶圈-法兰螺栓压盖；对于严密性和耐久性要求高的地方也有用麻-铅等填料接口方式的。

承插连接的操作顺序为：管子检查-管口清理-打填嵌缝填料-打填敛缝填料-养护-检验。

1) 管子检查：可用手锤轻轻敲击被支起的管子，如果发出清脆的声音，表示管子完好，破裂声说明管子有裂缝。再通水检查有无砂眼等。

2) 管口清理：用钢丝刷刷去尘埃污垢，使直管口及承口的内外面均光洁、平滑。

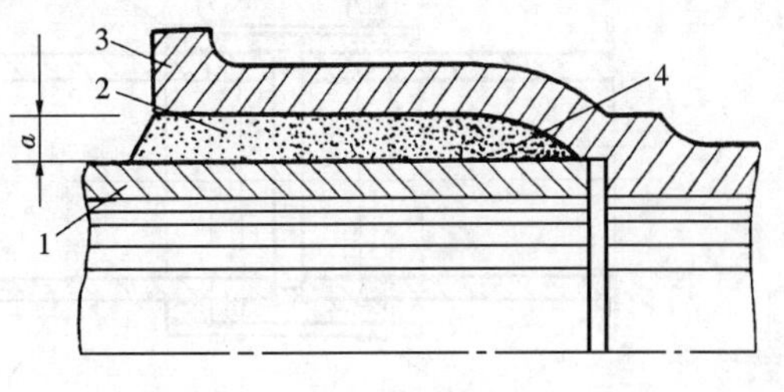

图8-19　排水铸铁管刚性承插接口

1—直管端；2—敛缝填料；3—承口端；4—嵌缝填料

3) 打填嵌缝填料：对于油麻（线麻在5%的3号或4号石油沥青和95%的2号汽油的混合液体里浸透晾干即成）类填料，应拧成比管口间隙大1.5倍的结实麻股，打入承口与插口间间隙中，并塞满承口深的2/3，如图8-19所示，打填时应防止油麻自管端缝隙落到管中而阻塞水流。对于橡胶圈不得有气孔、裂缝、重皮等，填塞时应平正、不产生扭曲。

4) 打填敛缝填料：水泥应采用强度等级不低于40.0的普通硅酸盐水泥。石棉水泥中的石棉绒应为4级，其填料中石棉：水泥＝3：7（质量比），然后用10%～15%的水均匀拌合即成。膨胀水泥砂浆是以砂：膨胀水泥：水＝2：1：0.28～0.32拌合即成，砂子粒径为0.2～0.5mm且洁净。所有拌合好的填料应在1小时内用完。将敛缝填料填入已塞好嵌缝填料的承插口间隙内，并用捻凿及手锤将填料捣实，填满承插口。这个过程亦称为捻口。

对于法兰螺栓压盖其操作同法兰连接（图8-20）。

5) 养护：对水泥类接口的捻口完成后，应用水进行湿养护，冬季应注意保温。养护时间一般不低于3天。

6) 检验：外观上应保证敛缝材料饱满，与管壁粘结良好，无缝隙等。并进行通水试验。

（2）不锈钢带套接：适用于与之配合的排水平口铸铁管。它具有承插柔性接口的抗振动性能好的优点，又克服了承插接口不易拆换的缺点，是目前比较先进的连接方法。

不锈钢带套接是通过锁紧不锈钢带（图8-21）来达到止水的目的。操作时，必须将管口清理干净，管口平整无毛刺、泥砂等，然后将橡胶套分别套入两管子的管口，使管口靠近橡胶套的分隔墩处，调整连接管段使连接管中心线重合，用套筒小扳手平行拧紧不锈钢带上的螺栓。拧时应保证不锈钢带与橡胶套对齐、无偏差，并应防止螺栓滑丝。

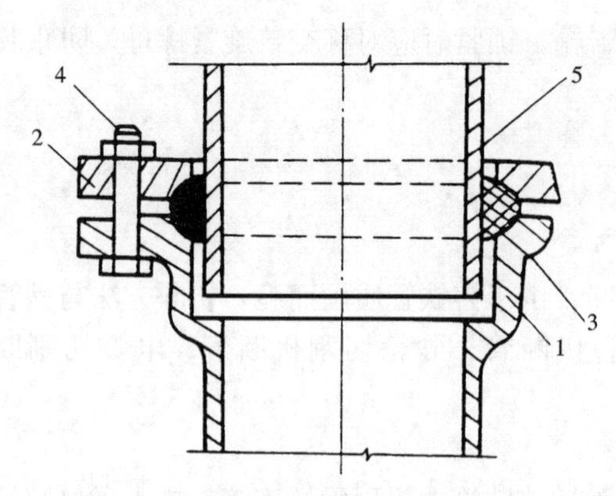

图8-20　橡胶圈-法兰螺栓连接

1—法兰承口端；2—法兰压盖；3—密封橡胶圈；4—紧固螺栓；5—插口端

8.1.4　铜管

铜管按材质不同分为紫铜管和黄铜管；按管材供应状态分为硬、半硬、软三类铜管；按生产方法分为拉制铜管和挤制铜管。建筑用铜管主要是拉制薄壁紫铜管，与它配合的管件种类较多，应用时应根据实际情况正确选用。

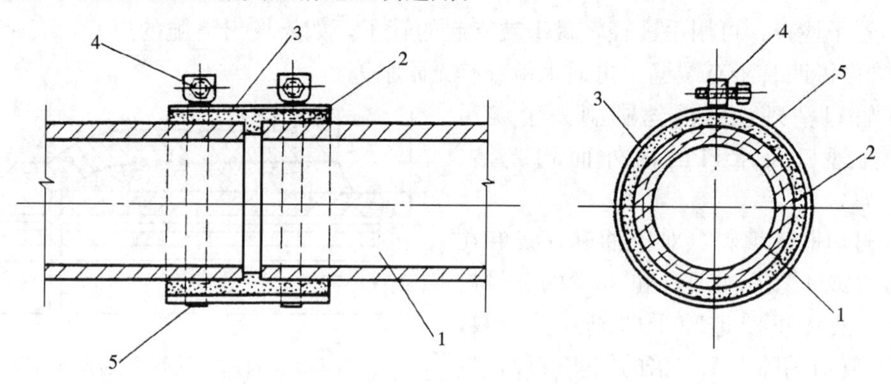

图8-21　锁紧不锈钢带连接

1—平口管；2—橡胶圈；3—不锈钢带；4—锁紧螺栓；5—不锈钢锁紧带

1. 管道加工

（1）铜管切断：管子切口要求平整不影响管子与管件的连接、无毛刺、切口不产生断面收缩。一般对于小口径管子采用手工钢锯锯切，锯条应选用细牙锯条。对于壁厚较厚的铜管可用切割机或气割枪割管。

（2）铜管调直：铜管供应除了直管外，还有圆盘管。安装施工前应进行调直。对于紫铜管一般采用冷调直，黄铜管采用热调直。厚壁管可以直接调直，薄壁管应在管内灌砂或管内衬金属软管后在固定模具下调直，以避免管子变形。

（3）弯管加工：铜管的弯管加工可参照钢管。但铜管的管壁较薄时，往往采用成品管件连接来形成所需角度的弯管。

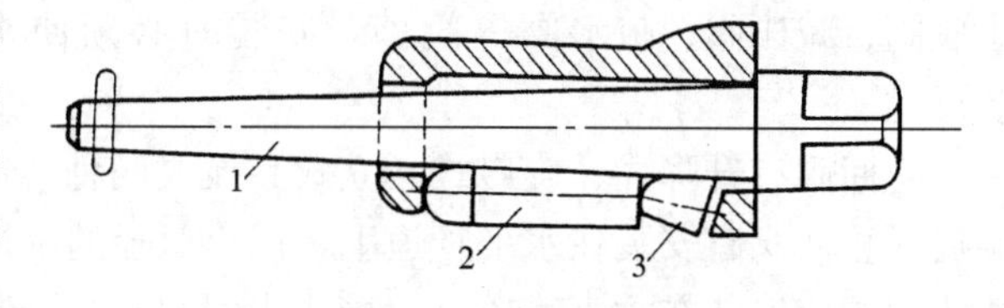

图 8-22 翻边式扩管器
1—胀杆；2—胀珠；3—翻边胀珠

(4) 铜管翻边：当管道采用锁母连接阀件、卫生器具或设备时，常需将管口进行翻边加工。翻边加工是管子处于冷态下进行扩张。对于紫铜管可以直接扩张，对于黄铜管应先行退火后扩张。一般采用扩管器（图 8-22）进行扩张。扩管器的胀珠在旋转着的芯轴（锥形胀杆）的作用下，对管壁产生径向压力，使管口发生永久变形，形成翻边喇叭状，然后松开并取出扩管器。翻边应均匀、光滑、无裂缝、边宽一致。翻边管口直径应与连接件协调。

2. 管道连接

铜管的连接常用的有氧气-乙炔气铜焊焊接、承插口钎焊连接，法兰连接、管件螺纹连接等。

氧气-乙炔气焊接方法同钢管，焊接管口应平正、无毛刺、表面清洁、无油污。一般用砂布或不锈钢丝绒、钢丝刷打光、除污。焊条应用铜焊条，并在接口处涂抹硼砂、氯化钠或硼酸混合物等溶剂。

钎焊是指用熔化的填充金属把不熔化的基本金属连接在一起的焊接方法，适用于小口径铜管。承插口钎焊连接是将专用钎剂（溶剂）加水拌成糊状，均匀涂抹在铜管接头承口和铜管接头部分，并连接好，用氧气-乙炔气焊炬均匀加热被焊件至650～750℃时，将粘有钎剂的钎料（焊料）均匀抹于缝隙处（切勿将火焰直接加热钎料），待钎料熔化填满缝隙后，停止加热，用湿布拭揩并冷却连接部分即成。焊接时要求钎料填满缝隙、表面光滑、平整。焊炬规格应视管径而定。

8.1.5 不锈钢管

不锈钢管具有材料强度高、性能稳定、抗冲击力强、耐腐蚀性强、管内壁光滑以及管外观美观等优点。目前建筑用不锈钢管主要是薄壁焊缝管，其工作压力≤1.6MPa、工作温度为－20～110℃，与它配合的管件种类较多，应用时应根据实际情况正确选用。同时，应根据使用环境的不同选用不同材质的不锈钢管及管件。

不锈钢管道的加工方法可参考铜管。其连接形式常用的有焊接、法兰连接、管件卡压式变形紧固连接、管件螺纹连接等。

8.2 阀门与仪表安装

8.2.1 阀门的安装

阀门的连接方式一般可分为法兰连接和螺纹连接。对于蝶阀一般采用法兰对夹连接。阀门连接时应使法兰与阀门对正并平行。特别是蝶阀，应防止阀门受力不均和受力过猛而损坏；应尽量避免操作手轮位于阀体下方。蝶阀往往带有衬垫，一般不需另加法兰垫圈。

安装闸阀、蝶阀、旋塞阀、球阀等阀门时不考虑安装方向；而对截止阀、止回阀、吸水底阀、减压阀、疏水阀等阀门，安装时必须使水流方向与阀门标注方向一致，切勿装反。

止回阀有升降式、旋启式、立式和梭式四种。升降式止回阀只能安装在水平管道上；旋启式止回阀宜安装在水平管道上，但小口径的旋启式止回阀亦可安装在垂直管道上；立式止回阀应安装在垂直管道上；梭式止回阀不受限制，而且密闭性较好。吸水底阀是立式止回阀的特殊形式，应安装在水泵的吸水管上。

安全阀一般分为弹簧式和杠杆式两种。安全阀安装在管道或设备留出的管头上。安全阀上必须安装介质排出管到设计规定的位置。安装连接完毕后，要用压力表参照设计压力值定压。

常用的减压阀有活塞式、波纹管式、薄膜式等几种，属可调式减压阀。另有一种叫活塞比例式减压阀在建筑给水系统已得到广泛应用，它是阀前阀后压力呈比例设定、属不可调式减压阀。减压阀的进水端往往串接有检修隔离用阀门和过滤器，出水端也接有隔离用阀门，且都设有压力显示装置。安装及运行时不得有任何杂质掉入阀内，以防止阻塞造成减压阀失灵。

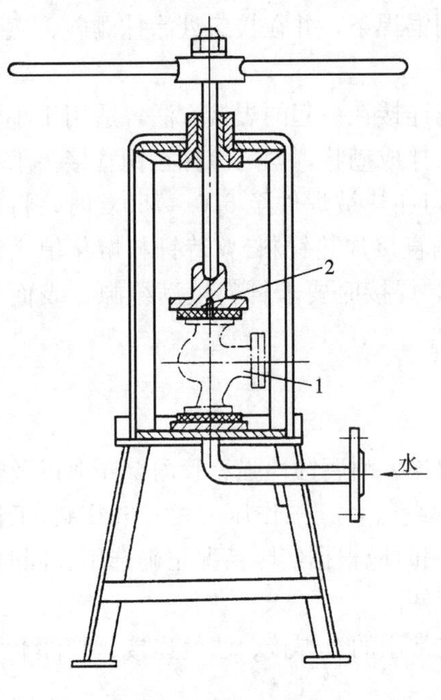

图 8-23　阀门试验台
1—阀门；2—放气孔

排气阀分为自动排气阀和手动排气阀。安装时应伴装一个隔离用阀门，一定要安装在管道的顶部，以保证正常使用。

疏水阀安装在蒸汽管路中，排出蒸汽凝结水、防止蒸汽流失，属自动作用阀门。它的种类有浮筒式、倒吊筒式、热动力式以及脉冲式等数种。安装时应伴装过滤器和管道伸缩器，并且整个装置不应高于蒸汽管。

螺纹连接安装的阀门一般应伴装一个活接头，法兰连接、对夹连接等安装的阀门宜伴装一个伸缩接头，以利于阀门的拆、装。阀门安装位置应符合设计要求。

阀门应在安装前作强度和严密性试验。在每一批（同牌号、同型号、同规格）数量中抽查10%，且不少于1个。主干管上起切断作用的闭路阀门应逐个试验。

阀件试验在图 8-23 所示的试验台上进行。试验时，缓慢升压至试验压力值。在表 8-5 所列出的试验持续时间内，压力应保持不变且不发生渗漏为合格。强度试验所用的试验压力值一般为阀件公称压力的 1.5 倍。严密性试验所用的试验压力值一般为阀件的公称压力值的 1.1 倍。

8.2.2　仪表的安装

1. 水表

水表应安装在 2℃以上的环境中，并应便于管理检修，不被曝晒、不受污染、不致冻结和损坏地方，还应尽量避免被水淹没。水表的连接方式有螺纹连接（DN≤50mm）、法兰连接（DN≥80mm）。

阀件试压持续时间　　**表 8-5**

公称通径 DN（mm）	最短试验持续时间（min）		
	严密性试验		强度试验
	金属密封	非金属密封	
≤50	15	15	15
65～200	30	15	60
250～450	60	30	180

安装水表时应注意水表上箭头所示方向，应与水流方向相同。旋翼式和垂直螺翼式水表应水平安装；水平螺翼式水表可按设计要求确定水平、倾斜或垂直安装，但水流方向必须由下而上。

安装水表时，应保证水表前后有一定长度的直管段。螺翼式水表：表上游侧应有 8～10 倍水表直径；其他水表的表前表后应不小于 300mm。对于不允许停水的建筑还应绕水表安装旁通管。当水表可能发生反转而影响计量和损坏水表时，应在水表下游侧安装止回阀。水表外壳距墙面净距为 10～30mm；水表进水口中心标高按设计要求，允许偏差为±10mm。

2. 压力表

压力表安装如图 8-24 所示，安装时压力表应符合设计要求，安装在便于吹洗和便于观察的地方，并应防止压力表受辐射热、冰冻和振动；如果管道是保温的，其保温厚度＞100mm 时，

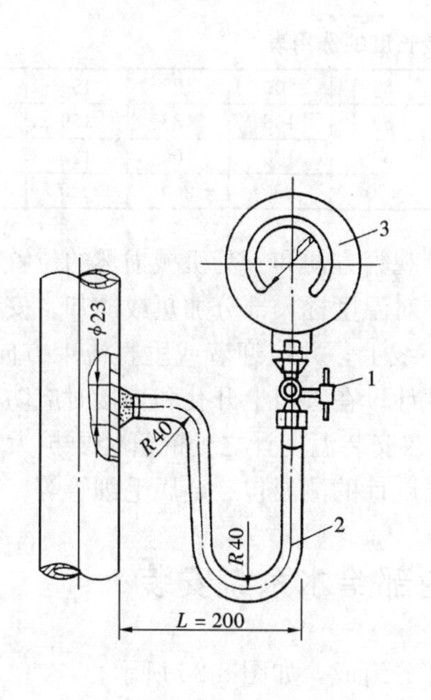

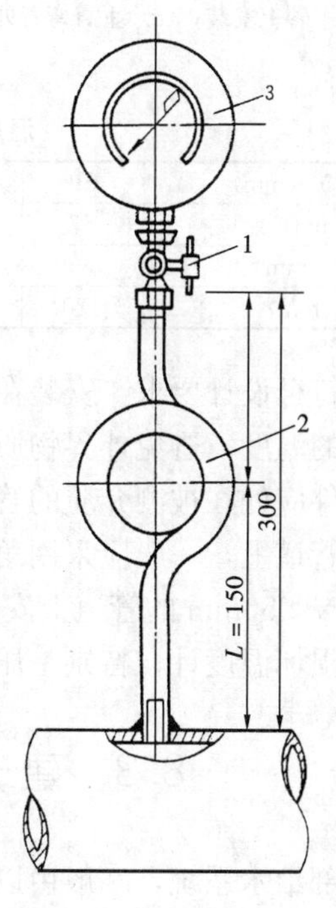

图 8-24　压力表安装

1—三通旋塞阀；2—表弯；3—压力表

压力表安装尺寸 L 应相应加大；若压力表与旋塞阀的连接螺纹规格不同时，可在中间加配丝扣接头；旋塞阀宜采用三通旋塞阀；压力表存水弯又称为表弯是保护压力表传动机构免受损坏，防止压力表指示值产生误差的装置，分蛇形、O形、U形、S形，它是由无缝钢管等管道热揻弯而成。

3. 温度计

温度计安装如图8-25所示，温度计安装长度可按表8-6选用。

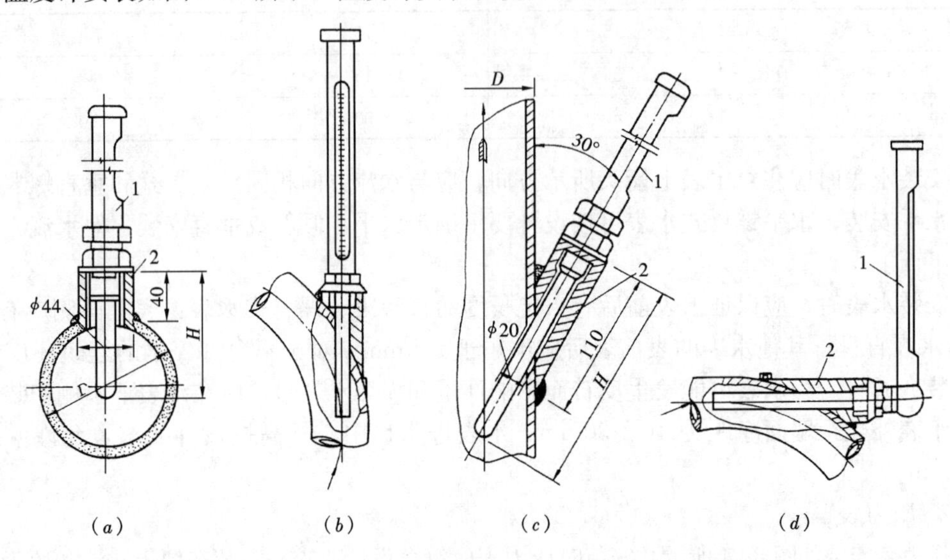

图8-25 温度计安装

(*a*) 水平管上安装；(*b*) 垂直弯管处安装；(*c*) 立管上安装；(*d*) 水平弯管处安装角式温度计

1—温度计；2—套管

温度计安装长度的选用表 **表8-6**

公称管径 DN (mm)	50	70	80	100	125	150	200	250
外径 (mm)	57	76	89	108	133	159	219	273
水平管 H (mm)	60	80	80	100	100	120	160	160
立管 H (mm)	120	160	160	200	200	200	320	320

温度计应符合设计要求，安装在检修、观察方便和不受机械损坏的位置，并能正确地代表被测介质的温度，避免外界物质或气体对温度标尺部分加热或冷却。安装时应保证温度计的敏感元件应处在被测介质的管道中心线上；并应迎着或垂直流束方向。在箱、槽、塔壁上和垂直管道上，一般应采用角式温度计；在管道上开孔和焊接时应防止金属渣掉入管内。当在 $DN<50$mm 的管道上安装时，在安装温度计之处的管径要扩大加长；安装时应小心，不得损坏温度计，特别是压力式温度计的测温包、金属毛细管等。

8.3 建筑物内部给水系统安装

建筑物内部给水系统，一般由以下几部分组成，如图8-26所示。

此外，根据建筑物的性质、高度、消防设施和生产工艺上的要求及外网压力大小，外网水量多少等因素，建筑物内部室内给水系统还设有一些其他设备。如水泵等升压设备；

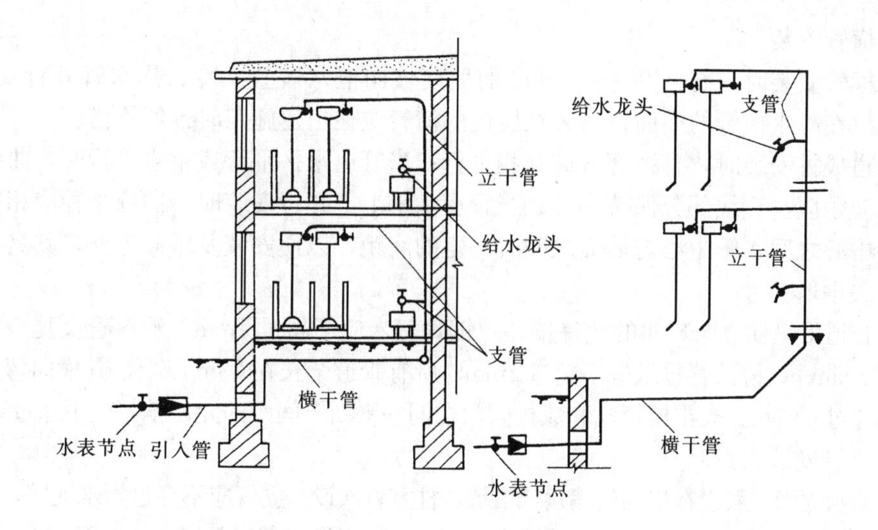

图8-26　给水系统的组成

水池、水箱、水塔等贮水设备；消火栓、水泵接合器等消防设备等等。

8.3.1　建筑物内部给水管道系统安装

1. 引入管安装

引入管的位置及埋深应满足设计要求。引入管穿越承重墙或基础时应预留孔洞，孔洞大小为管径加200mm，敷设时应保证管顶上部距洞壁净空不得小于建筑物的最大沉降量，且不小于100mm。引入管与孔洞之间的空隙用黏土填实。引入管穿越地下室或地下构筑物外墙时，应采取防水措施，一般可用刚性防水套管，对于有严格防水要求或可能出现沉降时，应用柔性防水套管。引入管的敷设应有不小于0.003mm的坡度，坡向室外给水管网或阀门井、水表井，以便检修时排放存水，井内应设管道泄水龙头。

2. 建筑内部管道安装

建筑物内部给水管道的敷设，根据建筑对卫生、美观方面的要求，一般可分为明装和暗装两种方式。明装管道就是在建筑物内部沿墙、梁、柱、天花板下、地板上等明露敷设。暗装管道就是把管道敷设在管井、管槽、管沟中或墙内、板内、吊顶内等隐蔽地方。

建筑物内部给水管道的安装位置、高程应符合设计要求，管道变径要在分支管后进行，距分支管不应小于大管直径且不应小于100mm。

管道安装时若遇到多种管道交叉，应按照小管道让大管道、压力流管道让重力流管道、冷水管让热水管、生活用水管道让工业、消防用水管道、气管让水管、阀件少的管道让阀件多的管道，压力流管道让电缆等原则进行避让。在连接有3个或3个以上配水点的支管始端应安装可拆卸接头。当阀门或可拆卸接头安装在墙内时，应在阀门或可拆卸接头安装处设活动门检修孔。

给水管道不宜穿过伸缩缝、沉降缝和抗震缝，若必须穿过时应使管道不受拉伸与挤压。穿过伸缩缝、沉降缝和抗震缝的管道可用伸缩接头、可曲挠橡胶接头，金属波纹管等来补偿管道变形。管道穿过墙、梁、板时应加套管，并应在土建施工时预留套管，根据管材情况安装阻火圈。

（1）横管安装

给水横管安装时应有0.002～0.005的坡度坡向泄水装置。冷、热水管并行安装时，热水横管应在冷水横管的上面；暗装在墙内的横管应在土建施工时预留管槽。

当管道成排安装时，直线部分应互相平行；当管道水平平行或垂直平行时，曲线部分的管子间间距应与直线部分保持一致；当管道水平上下并行安装时，曲率半径应相等。管中心与管中心之间，管中心与墙面之间有一定的间距，以便安装及维修方便，其具体尺寸可参考有关手册。

水平管道沿纵横方向弯曲的允许偏差：钢管每米应不超过1mm，塑料管及复合管每米应不超过1.5mm，铸铁管每米应不超过2mm。所有管道全长在25m以上，其横向弯曲允许偏差应不超过25mm。成排横管段和成排阀门在同一平面上间距的允许偏差应不超过3mm。

（2）立管安装

明装给水立管一般设在房间的墙角或沿墙、柱垂直敷设。立管应不穿过污水池壁，不得靠近小便槽、大便槽敷设。立管一般在始端应设阀门，阀门设置高度距楼（地）面150mm为宜，并应安装可拆卸接头。冷、热水立管并行安装时，宜将热水管敷设在冷水管左侧。

立管安装应垂直。垂直度允许偏差：钢管每米不应超过3mm，5m以上的垂直度允许偏差不应超过8mm；塑料管及复合管每米不应超过2mm，5m以上的垂直度允许偏差不应超过8mm；铸铁管每米应不超过3mm，5m以上应不超过10mm。成排立管段和成排阀门在同一平面上间距的允许偏差应不超过3mm。

（3）连接卫生器具、设备的管道安装

凡连接卫生器具或设备的管道，安装时要求平正、美观。应按照卫生器具或设备的位置预留好管口，不得错位，并应加临时管堵。

（4）热水管道及附件安装

热水管道应按设计要求安装管道补偿装置，以弥补管道的热胀冷缩。

方形伸缩器水平安装应与管道坡度一致，垂直安装应在方形伸缩器附近安装有排气装置。方形伸缩器宜用整根管道弯制，弯曲半径应等于管子外径的4倍，其他应符合设计要求或标准图规定。

安装前应对伸缩器进行预拉。预拉长度应符合设计要求或按规范要求进行。预拉长度允许偏差：套管式伸缩器为＋5mm；方形伸缩器为＋10mm。

（5）采暖管道及附件安装

采暖管道应按设计要求安装管道补偿装置，以弥补管道的热胀冷缩。

当设计未注明时，管道安装坡度为：气（汽）、水同向流动的热水采暖管、蒸汽管道和凝结水管道，坡度应为3‰，不得小于2‰。气（汽）、水逆向流动的热水采暖管、蒸汽管道，坡度不应小于5‰。散热器支管的坡度应为1%，坡向应利于排气和泄水。

散热器支管长度超过1.5m时，应在支管上安装管卡。上供下回式系统的热水干管变径时，应采用顶平偏心连接；上供下回式系统的蒸汽干管变径，应采用底平偏心连接。膨胀水箱的膨胀管及循环管上不得安装阀门。管道转弯一般情况下应采用摵弯弯头或管道直接弯曲。

3. 水压试验、冲洗及消毒

（1）试验压力

建筑物内部给水管道安装完毕后，并在未隐蔽之前进行管道水压试验。各种材质管道试验压力应为工作压力的 1.5 倍，且不应小于 0.6MPa。

建筑物内部热水供应系统安装完毕后，并在管道保温之前进行水压试验。热水供应系统水压试验压力应为系统顶点的工作压力加 0.1MPa，同时在系统顶点的试验压力不小于 0.3MPa。

建筑物内部采暖系统安装完毕后，并在管道保温之前进行水压试验。水压试验压力：蒸汽、热水采暖系统应为系统顶点的工作压力加 0.1MPa，同时在系统顶点的试验压力不小于 0.3MPa。高温热水采暖系统应为系统顶点的工作压力加 0.4MPa。使用塑料管及复合管的热水采暖系统应为系统顶点的工作压力加 0.2MPa，同时在系统顶点的试验压力不小于 0.4MPa。

（2）试验要求

金属及复合管道系统水压试验：试验压力下观察 10 分钟，压力降不大于 0.02MPa，然后将试验压力降至工作压力作外观检查，以不渗不漏为合格。

塑料管道系统水压试验：试验压力下稳压 1 小时，压力降不大于 0.05MPa，然后将试验压力降至工作压力的 1.15 倍状态下稳压 2 小时，压力降不大于 0.03MPa，同时检查各连接处不得渗漏为合格。

（3）冲洗及消毒

建筑物内部冷、热水供应系统及采暖系统试压后必须进行冲洗。

建筑物内部生活给水管道系统在使用前应用每升水中含 20～30mg 的游离氯灌满管道进行消毒。含氯水在管道中应留置 24 小时以上。消毒完后，再用饮用水冲洗，并经有关部门取样检验水质未被污染，方可使用。

8.3.2　消防设施安装

1. 室内消火栓箱

室内消火栓的组成及安装如图 8-27 所示。消火栓一般采用丝扣连接在消防管道上，

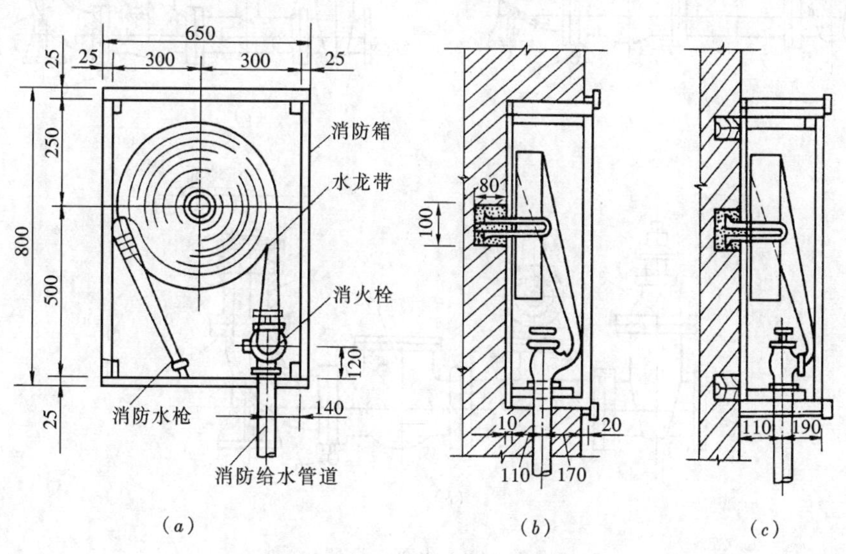

图 8-27　室内消火栓箱

（*a*）立面；（*b*）暗装侧面；（*c*）明装侧面

并将消火栓装入消防箱内，安装时栓口应朝外，并不应安装在门轴侧。栓口中心距地面为1.1m，允许偏差±20mm。阀门中心距箱侧面、后面的允许偏差±5mm。有时消防箱内还安装有 $DN25$ 的自救式小口径消火栓及消防卷盘。消防箱由铝合金、碳钢或木质材料制做，其尺寸应符合国家标准图要求。安装应牢固、平正，箱体安装的垂直度允许偏差为3mm。

2. 室外消火栓

室外消火栓安装分地上式和地下式安装，其连接方式一般为承插连接或法兰连接。消火栓规格及位置应符合设计要求。在室外消火栓来水端应安装一个阀门，阀门距消火栓不小于700mm，且不大于2200mm，阀门应设阀门井保护。地下消火栓的顶部出水口与井盖底面距离不得大于400mm，如超过应加短管。地下消火栓及阀门井盖应与其他井盖有明显区别，重型与轻型井盖不得混用。地上式消火栓应垂直于地面安装，顶部距地面高应为640mm。消火栓底部应用混凝土支墩固定牢固。连接管道埋深应符合设计要求，并在冰冻线以下。

3. 水泵接合器

水泵接合器分地上式、地下式和墙壁式三种安装形式，一般采用法兰连接，如图8-28所示。地上式水泵接合器应垂直于地面安装，其消防接口距地面高度 H_1 一般为

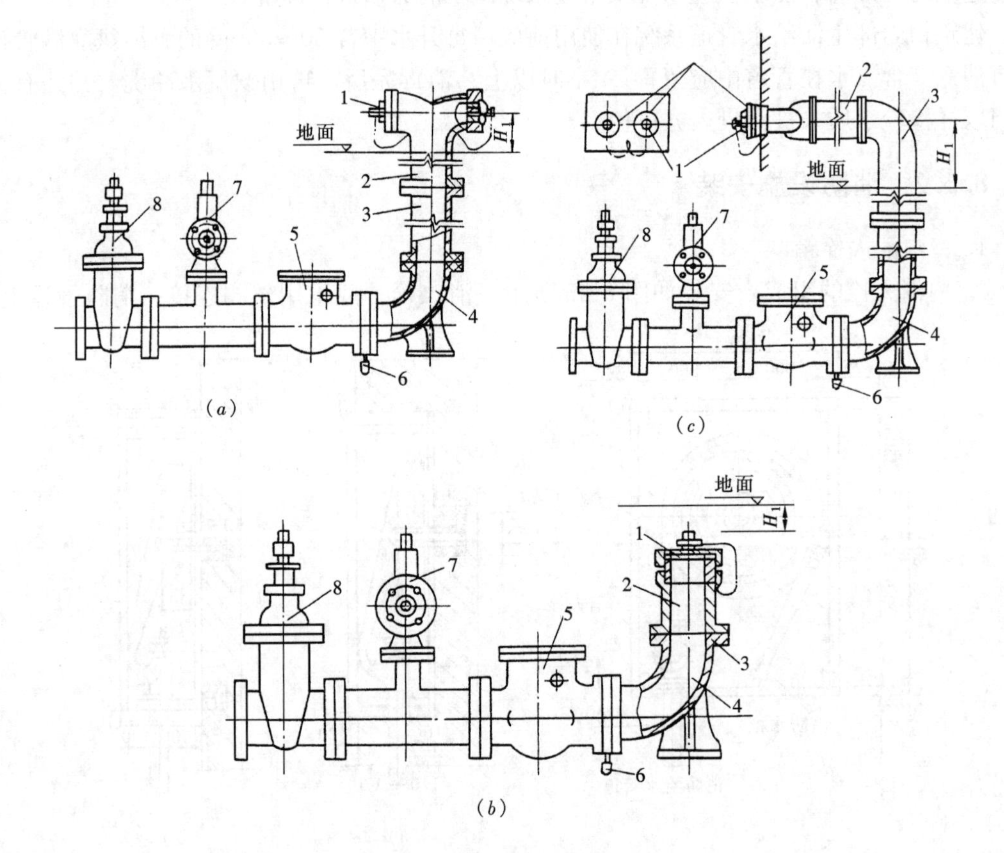

图8-28　水泵接合器

(a) 地上式；(b) 地下式；(c) 墙壁式

1—消防接口；2—本体；3—法兰接管；4—弯管；5—止回阀；6—放水阀；7—安全阀；8—闸阀

600或900mm；地下式水泵接合器顶部距地面 H_1 一般应为200mm；墙壁式水泵接合器消防接口距地面高度 H_1 一般为900mm。水泵接合器井盖或阀门井盖应与其他井盖有明显区别，重型与轻型井盖不得混用。

4. 自动喷水灭火设施安装

自动喷水灭火设施（图8-29）配水管道应采用内外壁热镀锌钢管，其连接应符合设计要求，若设计无要求则可采用螺纹连接、沟槽式卡箍连接或法兰连接。

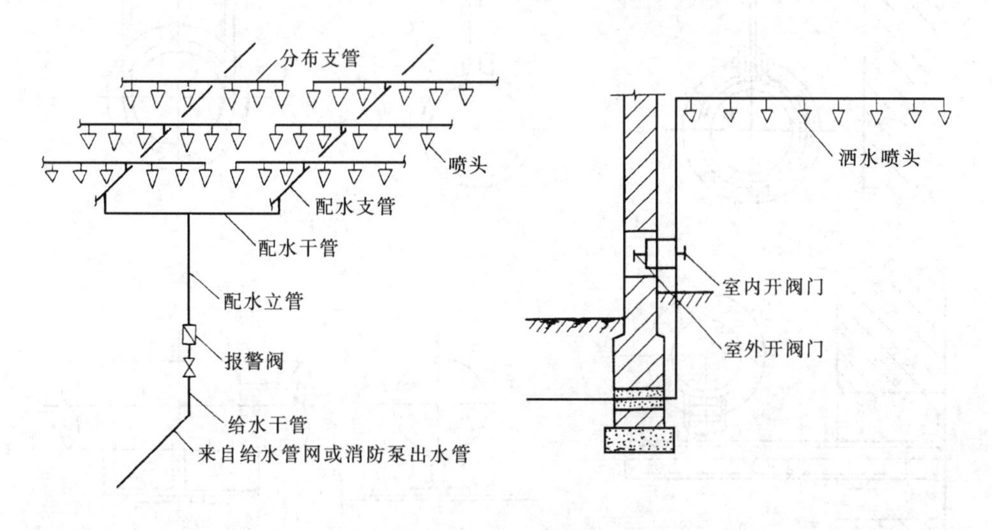

图8-29　自动喷水灭火设施

自动喷水灭火设施管道安装应有一定的坡度坡向立管或泄水装置。充水系统坡度应不小于0.002；充气系统和分支管的坡度应不小于0.004。

自动喷水灭火系统的控制信号阀（如报警阀、水流指示器）前应安装阀门，阀门应有明显的启闭显示。在报警阀后的自动喷水管道上不应安装其他用水设备（如消火栓、水龙头等）。

8.3.3　管架制作安装

管架分活动管架和固定管架两大类，按支承方式又分支架（座）、托架（座）、吊架三种形式。活动管架支承的管道不允许横向位移，但可以纵向或竖向位移，以接受管道的伸缩或管道位移，如图8-30所示，一般用于水温高、管径大或穿过变形缝的管道敷设；固定管架支承的管道不允许横向、纵向及竖向位移，用于室内一般管道的敷设，如图8-31所示。安装有伸缩器管道，在靠近伸缩器两侧的管道应安装导向管架，使管道在伸缩时不至于偏移中心线。

管架安装时位置应正确、埋设应平整牢固。水平管道安装的管架最大间距应符合有关规定。给水立管管卡安装，层高小于或等于5m时，每层应安装1个；层高大于5m每层不得少于2个。管卡安装高度距地面1.5～1.8mm，2个以上管卡可匀称安装。自动喷水消防系统中吊架与喷头的距离应不小于300mm；距末端喷头的距离不大于750mm，以防止吊架距喷头太近影响喷水的效果。相邻喷头间距不大于3.6m时，可在相邻喷头间的管段上设1个吊架；当小于1.8m时，允许隔段设置。

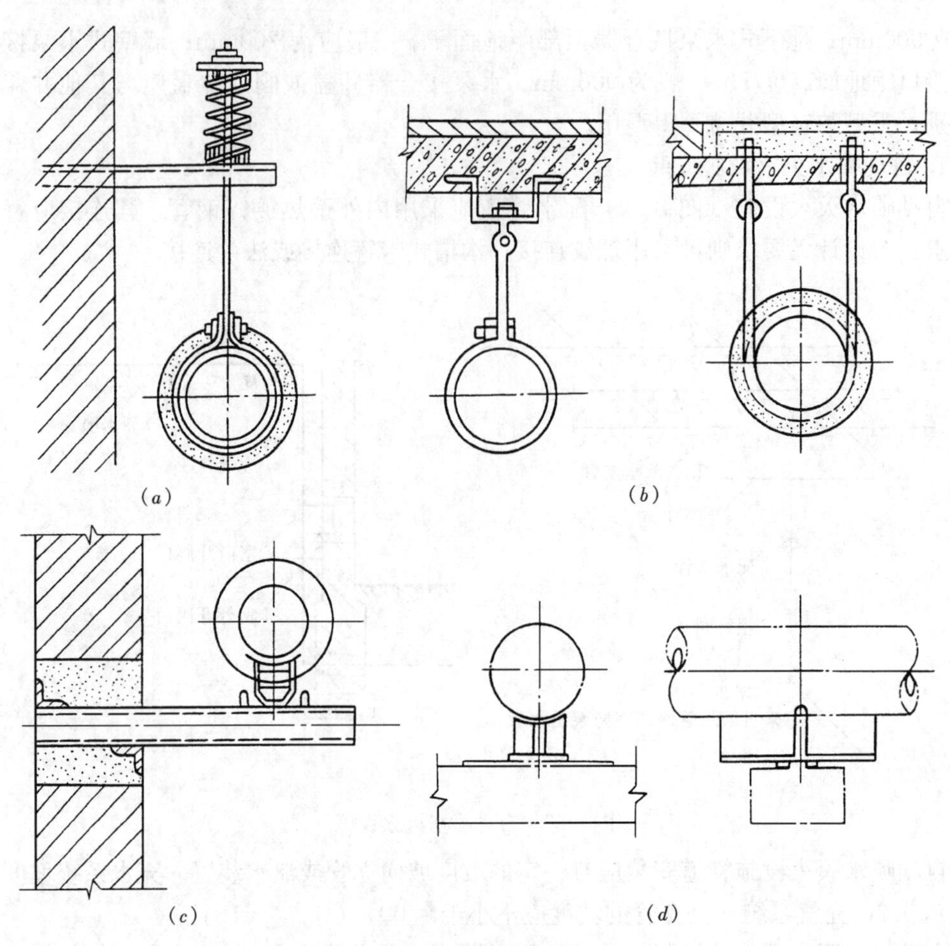

图 8-30 活动管架

(a) 弹簧吊架；(b) 活动吊架；(c)、(d) 滑动支座

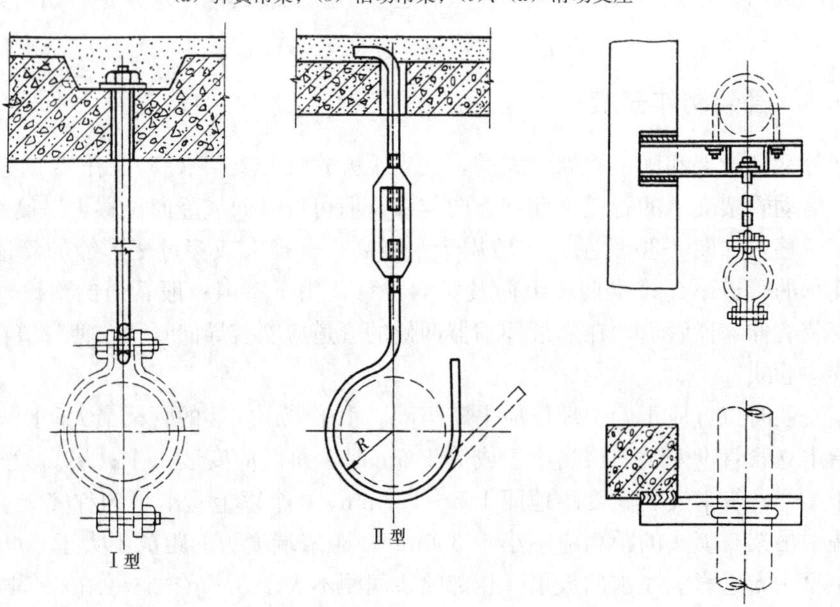

图 8-31 固定管架

固定管架安装应保证管架与管道接触面紧密、固定应牢固。滑动支架应灵活，滑托与滑槽两侧应留有 3～5mm 的间隙，并留有一定偏移量。无热伸长的管道的吊架上的吊杆应垂直安装；有热伸长的管道，其吊架上的吊杆应向热膨胀的反向偏移。

管架固定在板、梁、柱上时可用膨胀螺栓固定或采用预埋，预埋深度不小于 150mm。埋部端头应开为燕尾形或其他锚固形式。打洞埋设时，在埋设前洞内先用水浇湿，再用 1∶2水泥砂浆填塞固定，严禁用木块填洞固定。对于管架上的孔应用电钻或冲床加工，孔径应比螺栓或吊杆直径大 1～2mm。管道大于 100mm 的悬臂支架，其下部应焊横向金属构件或斜撑。管架受力部件如横梁、吊杆及螺栓等的规格应符合设计或有关标准图的规定。固定在建筑物结构上的管架，不得影响建筑物的结构安全。

8.3.4　防腐及保温

1. 防腐

埋地管道的防腐方法可参见第 6 章。室内明设管道通常采用油漆防腐，油漆防腐就是靠漆膜将空气、水分、腐蚀介质等隔离起来，以保护金属材料表面不受腐蚀。

油漆的品种繁多，性能各不相同。按施工顺序主要分为底层漆和面层漆。底层漆打底，应采用附着力强并且有良好防腐性能的油漆，如红丹油性防锈漆、锌酯胶防锈漆等。面层漆罩面用来保护底层漆不受损伤，并使金属材料表面颜色符合设计和规范规定，如：铁黑、锌灰油性防锈漆、铅红、硼钡酚醛防锈漆等。一般情况下，选择油漆材料应考虑被涂物周围腐蚀介质的种类、温度和浓度，被涂物表面的材料性质以及经济效果。

金属材料表面除污：油漆防腐施工首先应对金属材料表面除污，常用的除污方法有：人工除污、喷砂除污。

金属材料表面涂油漆：涂刷底层漆或面层漆应根据需要决定每层涂膜厚度。一般可涂刷一遍或多遍。多遍涂刷时必须在前一遍油漆干燥后进行。油漆涂刷的厚度应均匀，不得有脱皮、起泡、流淌和漏涂现象。涂刷的方法有手工涂刷、喷枪（图8-32）喷涂、滚涂、浸涂、高压喷涂等。不管采用什么方法均要求被涂物表面清洁干燥，并避免在低温和潮湿环境下工作，才能保证涂刷质量。

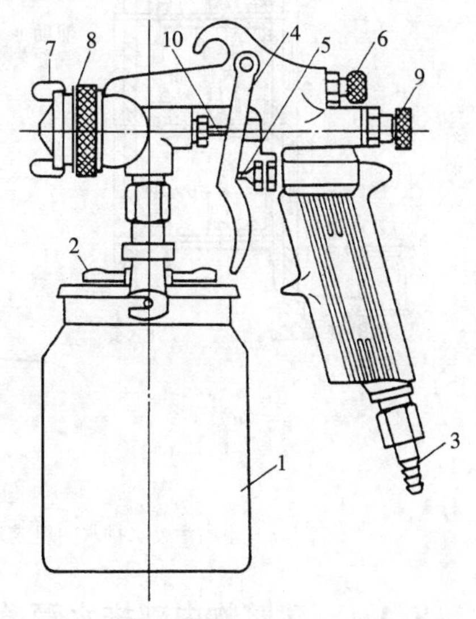

图 8-32　喷枪

1—漆罐；2—轧篮螺丝；3—空气接头；4—扳机；5—空气阀杆；6—控制阀；7—空气喷嘴；8—螺母；9—螺栓；10—针塞

2. 保温

保温又称绝热。是减少系统热量向外传递和外部热量传入系统而采取的一种工艺措施，在建筑物内部给水排水系统中常常涉及保温。

保温结构一般由防锈层、保温层、防潮层（对保冷结构而言）、保护层、防腐层及识别标志等构成。对于保温结构的组成，防锈层、保温层、保护层施工等方法可参见第 6 章。

对于保冷结构和敷设于室外的保温管道，需设置防潮层。常用的材料有沥青类防潮材料（如沥青油毡）、聚乙烯薄膜等。施工时应将防潮材料用胶粘剂粘贴在保温层面上，对于沥青类材料保证接缝处有不小于30～50mm的搭接宽度，对于聚乙烯薄膜搭接宽度应不小于10～20mm。完成后应用镀锌铁丝绑扎紧。

管道、设备和容器的保温应在防锈层及水压试验合格后进行。如需先保温或预先做保温层，应将管道连接处和环形焊缝留出，等水压试验合格后，再将连接处保温。

管道及设备保温层的厚度和平整度的允许偏差应符合表8-7的规定。

管道及设备保温的允许偏差和检验方法　　表8-7

项次	项目		允许偏差（mm）	检验方法
1	厚度		+0.1保温层厚度 −0.05保温层厚度	用钢针刺入
2	表面平整度	卷材	5	用2m靠尺和楔形塞尺检查
		涂抹	10	

8.4　建筑物内部排水系统安装

建筑物内部排水系统的组成如图8-33所示。

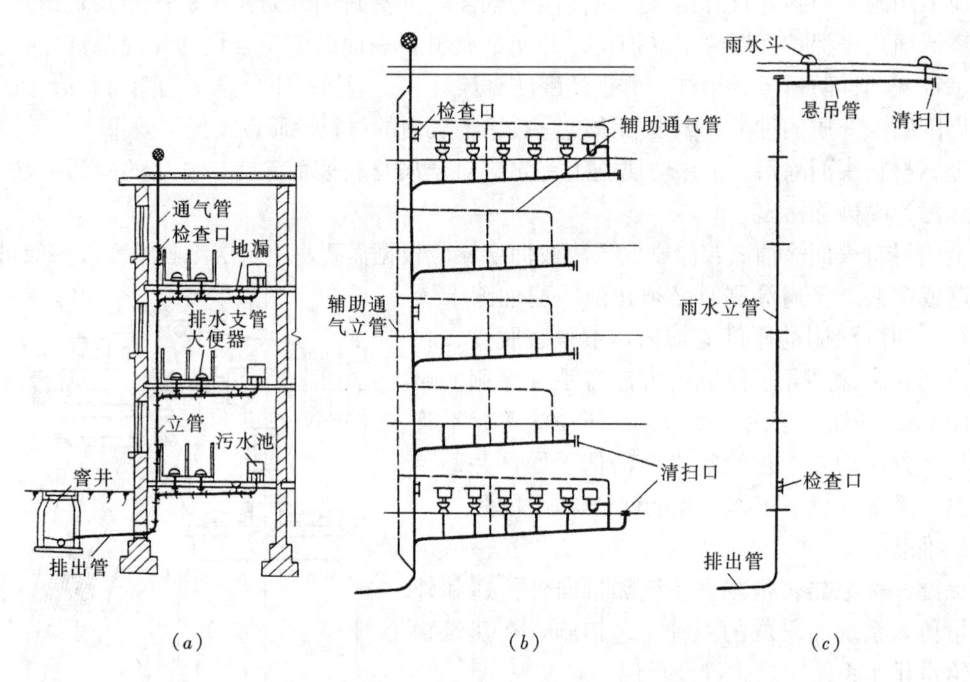

图8-33　排水系统组成

(*a*) 室内污废水排水的组成；(*b*) 辅助通气管连接示意；(*c*) 雨水排水的组成

8.4.1　建筑物内部排水管道系统安装

建筑物内部排水管道系统安装的施工顺序一般是先做地下管线，即安装排出管，然后安装立管和支管或悬吊管，最后安装卫生器具或雨水斗。

建筑物内部排水管道一般采用塑料排水管承插粘结连接，也可采用机制铸铁排水管柔性承插连接、不锈钢带套连接等。而这些管道及管件多为较脆的定型产品，所以在连接前应进行质量检查，实物排列和核实尺寸、坡度，以便准确下料。

排水管道安装应使管道承口朝来水方向，坡度大小应符合设计要求或有关规定的要求，坡度均匀、不要产生突变现象。塑料排水应安装伸缩节头，伸缩节宜靠近汇合配件处安装。塑料排水管穿越楼层、防火墙、管道井井壁时应安装阻火装置。

1. 排出管安装

排出管的埋深取决于室外排水管道标高并符合设计要求，排出管与室外排水管道一般采用管顶平接，其水流转角不大于90°；采用排出管跌水连接且跌落差大于0.3m，其水流转角不受限制。

埋地管道的覆土厚度应保证管道不受破坏，排水管覆土厚度不得小于0.3m，且不得高于土壤冰冻线以上0.15m。在道路下的排水管覆土厚度不得小于0.7m。

排出管穿过房屋基础或地下室墙壁时应预留孔洞或防水套管，并应做好防水处理。管道埋地敷设时，应注意管道基础土情况，保证埋设后的管道不会因为局部沉陷而使管道断裂。

排出管与立管的连接，宜采用两个45°弯头或弯曲半径不小于4倍管径的90°弯头。

2. 排水立管安装

排水立管的位置应符合设计要求。排水立管与排水横管的连接应采用45°三通（Y形三通）或45°四通和90°斜三通（TY形三通）或90°斜四通。

排水立管安装应用线锤找直，三通口应找正。现场施工时，可采用先预制，然后分层组装。立管穿过现浇楼板时，应预留孔洞。

排水立管应用卡箍固定，卡箍的间距不得大于3m，层高小于或等于4m时，可安装一个卡箍，卡箍宜设在立管接头处。并在排水立管底部的弯管处应设支墩。

3. 排水支管安装

排水支管应按设计规定的位置安装，安装时不仅要满足设计要求的坡度，而且应保证坡度均匀。排水横管与横管的连接应采用45°三通或45°四通和90°斜三通或90°斜四通。排水横管与卫生器具排水管垂直连接应采用90°斜三通。

排水横支管安装时，支架间距应根据管材情况确定，支架宜设在承口之后。

4. 卫生器具及生产设备排水管安装

卫生器具排水管应设不小于50mm的水封装置，卫生器具本身有水封装置者除外。排水管管径应与卫生器具排水口相配合，安装位置应准确，以便与卫生器具连接。在进行卫生器具安装前，管口应临时封闭以免施工垃圾掉入，堵塞管道。

生产设备排水一般不进入生活污水管道，若需接入，必须在接入前通过空气隔断，然后再进入设有水封装置的生活污水管道。

5. 通气管系安装

通气管穿出屋面时，应与屋面工程配合好，特别应处理好屋面和管道接触处的防水。通气管的支架安装间距同排水管。

伸顶通气管应高出屋面0.30m以上，并且必须大于积雪厚度。管口应加风帽或铅丝球。在经常有人停留的屋面上，伸顶通气管应高出屋面2m，并根据防雷要求设防雷装置。通气管可采用塑料管、铸铁管、钢管及石棉水泥管。

辅助通气管和污水管的连接，应符合设计或有关规范的规定。

（1）器具通气管应设在存水弯出口端。环形通气管应在排水横支管上最始端的两个卫生器具之间接出，并应在排水支管中心线以上与排水支管呈垂直或45°连接。

（2）器具通气管及环形通气管的横通气管，应在卫生器具的上边缘以上不少于0.15m处，按不小于0.01的上升坡度与通气立管相连。

（3）专用通气立管和主通气立管的上端可在最高层卫生器具上边缘或检查口以上与伸顶通气立管以斜三通连接。下端应在最低污水横支管以下与污水立管以斜三通连接。

（4）结合通气管下端宜在污水横支管以下与污水立管以斜三通连接；上端可在卫生器具上边缘以上不小于0.15m处与通气立管以斜三通连接。

6. 检查清堵装置安装

建筑物内排水管道的检查清堵装置主要有检查口和清扫口。检查口和清扫口的安装位置应符合设计要求，并应满足使用的需要。

（1）检查口：立管检查口安装高度由地面至检查口中心一般为1m，允许偏差±20mm，并应高于该层卫生器具上边缘0.15m。安装检查口时其朝向应便于检修。暗装立管的检查口处，应设检修门。污水横管上安装检查口时应使盲板在排水管中心线以上部位。

（2）清扫口：是连接在污水横管上作清堵或检查用的装置。一般将清扫口安装在地面上，并使清扫口与地面相平（图8-34），这种清扫口叫地面清扫口。地面清扫口距与管道相垂直的墙面，不得小于200mm；当污水管在楼板下悬吊敷设时，也可在污水管起点的管端设置堵头代替清扫口，堵头距与管道相垂直的墙面距离不得小于400mm。

7. 雨、雪水排水管道安装

（1）雨水斗安装：雨水斗规格、型号及位置应符合设计要求，雨水斗与屋面连接处必须做好防水，如图8-35所示。

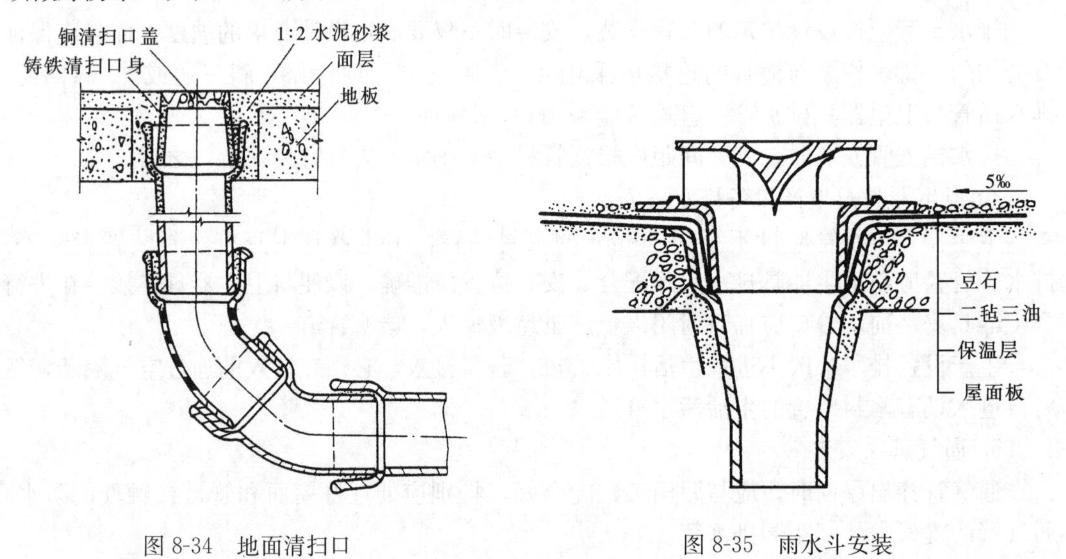

图 8-34　地面清扫口　　图 8-35　雨水斗安装

（2）悬吊管安装：悬吊管应沿墙、梁或柱悬吊安装，并应用管架固定牢，管架间距同排水管道。悬吊管敷设坡度应符合设计要求且不得小于0.005。悬吊管长度超过15m应安装检查口，检查口间距不得大于15～20m，位置宜靠近墙或柱。悬吊管与立管连接宜用两个45°弯头或90°斜三通。悬吊管一般为明装，若暗装在吊顶、阁楼内时应有防结露措施。

(3) 立管安装：立管常沿墙、柱明装或暗装于墙槽、管井中。立管上应安装检查口，检查口距地面高度应为1.0m。立管下端宜用两个45°弯头或大曲率半径的90°弯头接入排出管。管架间距同排水立管。

(4) 排出管安装：雨水排出管上不能有其他任何排水管接入，排出管穿越基础，地下室外墙应预留孔洞或防水套管，安装要求同生活污水排出管。埋地管的覆土厚度同生活排水管，敷设坡度应符合设计要求或有关规范的要求。

8.4.2 质量检查

建筑内部排水管道安装完毕后必须进行质量检查，检查合格后可进行隐蔽或油漆等工作。质量检查包括外观检查、位置及坡度检查和灌水试验。

1. 外观检查

排水管道要求接口严密、接口填料密实饱满、均匀、平整。排水管道的管件、附件等选用恰当。排水管的防腐层应完整。管架安装应牢固、平正，间距应符合规范要求。塑料管伸缩节位置、数量应符合设计及规范要求，其间距不得大于4m。明设排水塑料管应按设计要求设置阻火圈或防火套管。

2. 位置、坡度检查

排水横管的坡度应均匀，并必须符合设计要求。建筑内部排水管道安装的允许偏差应符合表8-8的规定。

室内排水和雨水管道安装的允许偏差和检验方法　　表8-8

<table>
<tr><th>项次</th><th colspan="4">项目</th><th>允许偏差(mm)</th><th>检验方法</th></tr>
<tr><td>1</td><td colspan="4">坐标</td><td>15</td><td rowspan="12">用水准仪(水平尺)、直尺、拉线和尺量检查</td></tr>
<tr><td>2</td><td colspan="4">标高</td><td>±15</td></tr>
<tr><td rowspan="10">3</td><td rowspan="10">横管纵横方向弯曲</td><td rowspan="2">铸铁管</td><td colspan="2">每1m</td><td>≤1</td></tr>
<tr><td colspan="2">全长(25m以上)</td><td>≤25</td></tr>
<tr><td rowspan="4">钢管</td><td rowspan="2">每1m</td><td>管径≤100mm</td><td>1</td></tr>
<tr><td>管径>100mm</td><td>1.5</td></tr>
<tr><td rowspan="2">全长(25m以上)</td><td>管径≤100mm</td><td>≤25</td></tr>
<tr><td>管径>100mm</td><td>≤38</td></tr>
<tr><td rowspan="2">塑料管</td><td colspan="2">每1m</td><td>1.5</td></tr>
<tr><td colspan="2">全长(25m以上)</td><td>≤38</td></tr>
<tr><td rowspan="2">钢筋混凝土管、混凝土管</td><td colspan="2">每1m</td><td>3</td></tr>
<tr><td colspan="2">全长(25m以上)</td><td>≤75</td></tr>
<tr><td rowspan="6">4</td><td rowspan="6">立管垂直度</td><td rowspan="2">铸铁管</td><td colspan="2">每1m</td><td>3</td><td rowspan="6">吊线锤和尺量检查</td></tr>
<tr><td colspan="2">全长(5m以上)</td><td>≤15</td></tr>
<tr><td rowspan="2">钢管</td><td colspan="2">每1m</td><td>3</td></tr>
<tr><td colspan="2">全长(5m以上)</td><td>≤10</td></tr>
<tr><td rowspan="2">塑料管</td><td colspan="2">每1m</td><td>3</td></tr>
<tr><td colspan="2">全长(5m以上)</td><td>≤15</td></tr>
</table>

3. 灌水试验

对于隐蔽或埋地的排水管道，在隐蔽以前必须做灌水试验。

埋地排水管道灌水试验的灌水高度不应低于底层卫生器具的上边缘或底层地面高度。

在满水15min水面下降后，再灌满观察5min，液面不降，管道及接口无渗漏为合格。

隐蔽排水管灌水试验的灌水高度不应低于服务层卫生器具的上边缘或该层地面高度。接口不渗不漏为合格。具体做法可打开立管上的检查口，用球胆充气作为塞子，分层进行灌水试验，以检查管道是否渗漏。

排水主立管及水平干管为保证畅通均应做通球试验。通球球径不小于排水管道管径的2/3，通球率必须达到100%才算合格。

对雨、雪水管道，其灌水高度必须到每根立管最上部的雨水斗，灌水完成后，观察1小时，以不渗不漏为合格。

8.5　卫生器具安装

8.5.1　卫生器具安装

卫生器具多采用陶瓷、搪瓷生铁、塑料、水磨石等不透水、无气孔材料制成，以保证其坚固、表面光滑、易于清洗、不透水、耐腐蚀、耐冷热等特性。

1. 卫生器具安装

(1) 卫生器具的安装一般应在室内装饰工程施工之后进行。在这以前应检查给水管和排水管的留口位置、留口形式是否正确，检查其他预埋件的位置、尺寸及数量是否符合卫生器具安装要求。

(2) 根据被安装的卫生器具，按照施工图要求的尺寸划线定位。若采用木螺钉固定的话，应将做好防腐处理的木砖预埋入墙内，并应使木砖表面凹进墙面抹灰层3～5mm。

(3) 预装配卫生器具的铜活。预装时应按铜活配件组装要求连接好，并应保护铜活表面的光洁、不损伤铜活配件，预装完成后应根据需要进行试水。

(4) 将卫生器具用木螺钉或膨胀螺栓稳固在墙上或地面上。木螺钉和膨胀螺栓上紧贴卫生器具的垫圈应用橡胶垫圈。若卫生器具采用支、托架安装时，其支、托架的固定须平整、牢固，与器具接触紧密。

(5) 连接卫生器具的给水接口和排水接口。连接时应考虑美观和不影响使用，接口应紧密不得有渗漏现象出现。成排卫生器具连接管应均匀一致、弯曲形状相同，不得有凹凸等缺陷，连接管应统一。给水管应横平竖直，排水管应符合设计或规范规定的坡度和其他要求。

(6) 卫生器具固定及连接完成后应进行试水。采用保护措施，防止卫生器具损坏或脏物掉入造成堵塞等现象。交工前应做满水和通水试验，保证各连接件不渗漏，给水、排水畅通。

(7) 固定卫生器具时应保证位置正确，单独卫生器具的允许偏差为10mm，成排卫生器具允许偏差为5mm；固定卫生器具时应保证安装高度符合设计要求或符合有关的规定，其允许偏差为：单独器具±15mm，成排器具±10mm。固定卫生器具时应平正、垂直，其水平度的允许偏差不得超过2mm，垂直度的允许偏差不得超过3mm。

2. 常用卫生器具安装

(1) 洗脸盆安装：如图8-36所示，其中排水栓应加橡胶垫，用根母紧夹在脸盆的下

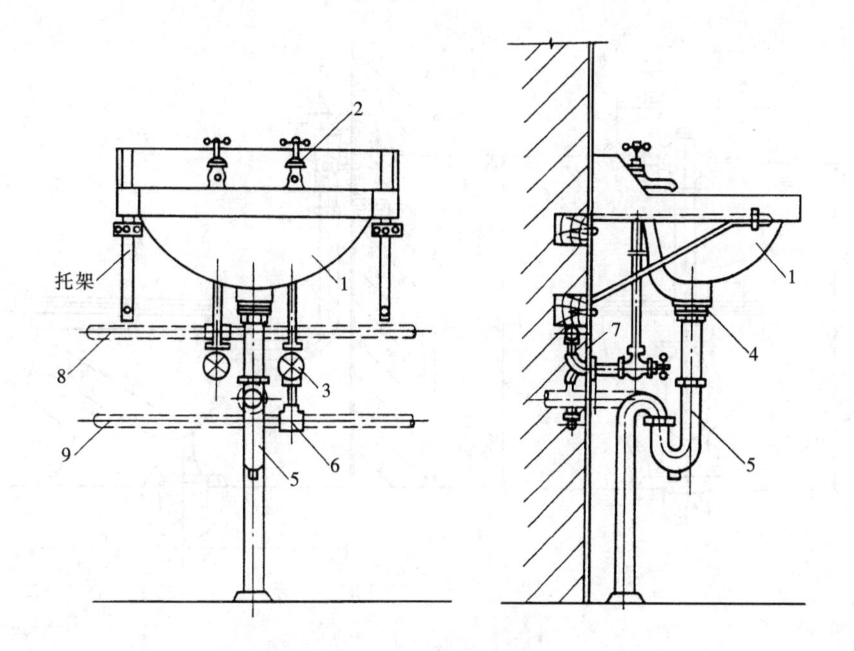

图 8-36　洗脸盆安装

1—洗脸盆；2—龙头；3—角式截止阀；4—排水栓；5—存水弯；6—三通；
7—弯头；8—热水管；9—冷水管

水口上，注意排水栓的保险口应与脸盆的溢水口对正。存水弯的连接先将锁母卸开，上端拧在缠上聚四氟乙烯密封带的排水栓上，下端套上护口盘插入预留的排水管管口内，封口，然后加垫锁紧锁母，找正存水弯后试水。

(2) 大便器的安装：如图 8-37、图 8-38 所示。

冲洗水箱安装时，应固定牢固，水箱内排水塞阀安装应平正、不漏水、不堵塞、不损坏水箱，拉杆及扳手应灵活。浮球阀安装应牢固，防止堵塞，水箱水位应调整合适。

延时自闭式冲洗阀可与大便器冲洗管直接相连，安装时特别应防止堵塞和漏水，手柄应灵活、松紧合适，冲洗时间及冲洗水量应调整得合适。

蹲式大便器稳装时应将麻丝白灰（或油灰）抹在预留的大便器存水弯管的承口内壁，然后将大便器的排水口插入承口内。稳装应严密，找平摆正大便器后，抹光挤出的白灰(或油灰)。用胶皮碗将冲洗管与大便器进水口用 14 号铜丝绑扎牢固，然后将冲洗管另一端用锁母与水箱排水塞阀或延时自闭式冲洗阀锁紧。

坐式大便器稳装时，可采用膨胀螺栓或木螺钉固定，冲洗管与大便器进水口采用锁母连接，连接时应仔细、切不可损坏锁口。其他同蹲式大便器。

(3) 带淋浴器浴盆安装：如图 8-39 所示，浴盆安装时应用砖砌垛等材料将浴盆垫高垫牢，直到符合设计或标准图要求高度为止。将预装配好的浴盆排水配件固定在浴盆排水孔和溢流孔上，试水合格后连接到存水弯或存水盒中。安装冷、热水龙头及淋浴器配件。

(4) 地漏安装：如图 8-40 所示，安装时须使地漏箅子比地平面最低点低 5～10mm。做好地漏与楼板间的防水，一般用 1∶2 水泥砂浆或细石混凝土分 2～3 次填实地漏四周，然后在混凝土面上浇灌热沥青。

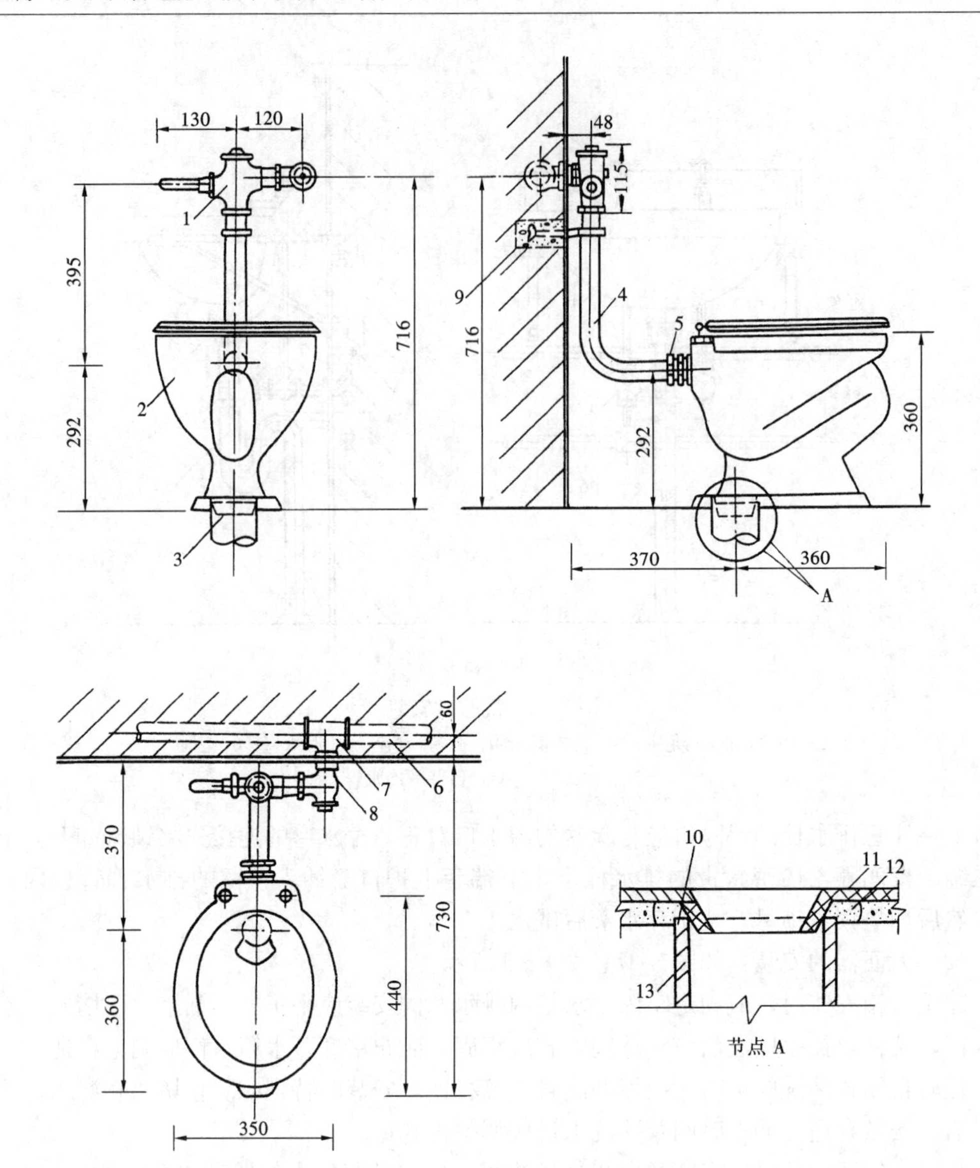

图 8-37　坐式大便器安装

1—自闭式冲洗阀；2—大便器；3—排水管；4—冲洗管；5—锁紧螺母；6—给水管；7—三通；8—短管；9—螺栓；10—排水管口高出地面 10mm；11—大便器底；12—油灰；13—*DN*100mm 排水管

8.5.2　使用中常见问题处理

1. 无水、少水、溢水

卫生器具使用中出现无水、少水现象，往往是由于卫生器具给水阀件进水眼被渣滓堵塞所致。可卸开阀件用细铁丝疏通进水眼取出渣滓后装回即可。冲洗水箱贮水少还可能是浮球杆定位太低，重新定位浮球杆即可。

冲洗水箱的浮球阀失灵始终向水箱补水，常导致水箱向外溢水或通过冲洗管向大便池流水。浮球阀失灵往往有以下几种情况：阀体与浮球杆脱开；浮球杆锈断；浮球与浮球杆

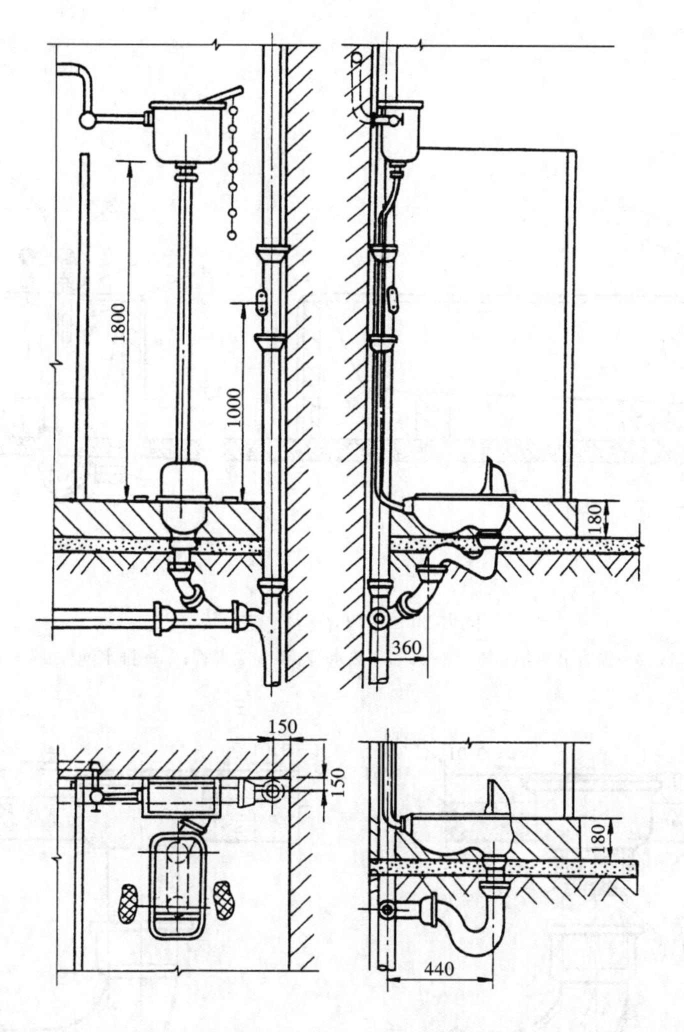

图 8-38　蹲式大便器安装

之间连接部位折断；浮球阀与浮球之间连接不协调造成浮球浸没水中失灵；浮球杆定位太高；浮球阀的内门芯胶皮蚀坏等。处理方法可采取重新调整或更换损坏的零件即可。

2. 漏水

卫生器具使用中，漏水大多数出现在安装时给水管和排水管与卫生器具连接不严密，或连接时胶皮垫圈与卫生器具之间有泥砂等异物，处理方法是重新安装连接；也可能因卫生器具、卫生器具连接件等安装时较劲，用力过大或其他因素造成损坏而出现漏水，这类漏水处理时只能更换卫生器具和卫生器具连接件，重新安装。

水龙头、阀门等出现漏水往往是密封填料太少或过度磨损造成盖母漏水；阀门内芯胶皮损坏、阀座划伤，渣滓部分堵塞也会造成关闭不严漏水。可采用更换填料、胶皮，磨平阀座划伤部位，取出渣滓后重新安装即可。

3. 排水不畅、堵塞

为避免卫生器具排水不畅或堵塞，首先在施工安装时应防止建筑垃圾，特别是水泥砂浆、水磨石浆等水硬性材料掉入卫生器具或排水管中。使用时应避免布条、菜渣、硬纸等杂物掉入卫生器具或排水管中。出现堵塞时应尽早处理，首先用橡皮揣子揣卫生器具排水

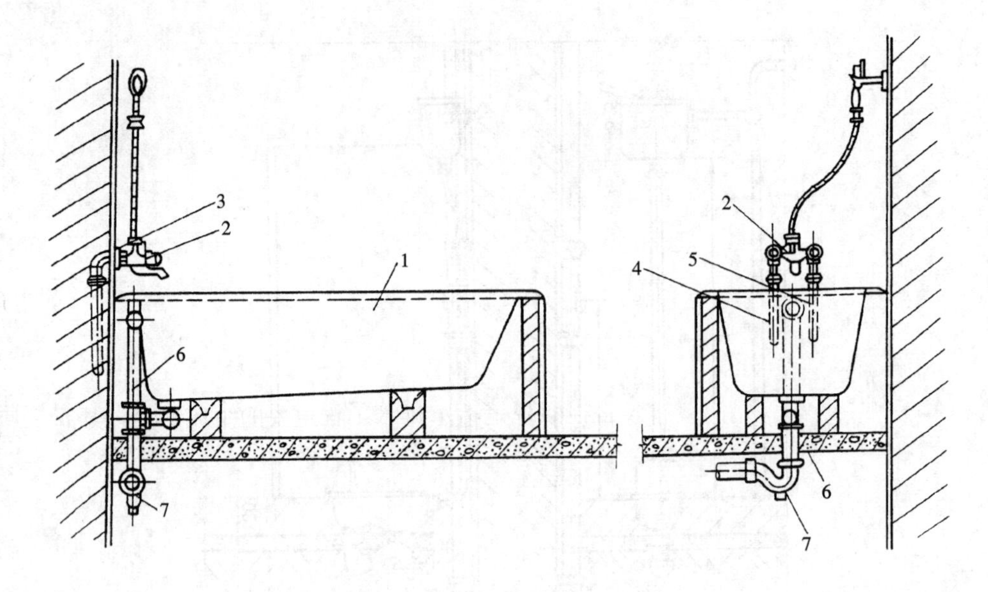

图 8-39　带淋浴器浴盆安装

1—浴盆；2—软管淋浴器；3—弯头；4—热水管；5—冷水管；6—排水配件；7—存水弯

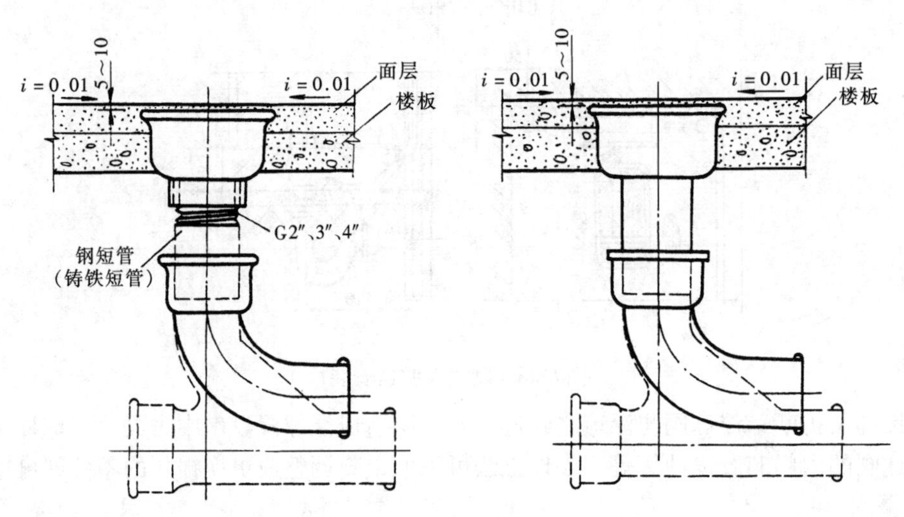

图 8-40　地漏安装

口处，若不见效可用竹条、钢丝等工具清通，也可用管道疏通机进行清堵。在作业时应防止损坏卫生器具。

第9章　常用设备及自控系统安装

9.1　概　　述

给水排水工程所采用的设备及自控系统是给水排水工程重要的组成部分，其安装质量好坏对整个系统的运行、设备的寿命、管理及维护等诸多方面起着举足轻重的作用。所以不能忽视设备及自控系统的安装。

给水排水工程所采用的设备很多，专用性强，根据各自用途，大致可分为以下几类：

（1）加压设备：用来增加输送介质的动能和势能的通用设备。它是给水排水工程中不可缺少的设备。如水泵、气压给水装置、鼓风机、空气压缩机等设备。

（2）搅拌设备：使多种介质充分混合均匀的机械设备。常用在水处理工程中，如：机械混合搅拌设备等。

（3）投药设备：用来投加混凝剂等药剂的设备。如：水射器等设备。

（4）消毒设备：用来投加消毒剂的设备。如：加氯设备等。

（5）换热设备：用于热交换的热设备。如：锅炉、热交换器等设备。

（6）过滤设备：用来截留水中固体物质的设备。如：压滤器等设备。

（7）曝气设备：用来增加液体中氧含量的设备。如：曝气机等设备。

本章仅对常用的几种设备安装进行介绍。其他设备安装均可参考进行。不管哪种设备安装，在安装前必须按照设计图或设备安装技术说明书，配合土建施工做好预留孔洞及预埋铁件等工作，以便顺利地进行设备安装。还必须根据说明书了解设备的技术性能、运输、贮存、安装和维护要求，使设备发挥最大效益。

9.2　水　泵　安　装

水泵的形式种类很多，在给水排水工程中常用的有单级（多级）离心泵、深井泵、潜水泵、污水泵、杂质泵、轴流泵等。本节重点介绍离心式水泵安装。

水泵安装的流程为：水泵基础施工、安装前准备、水泵安装、动力机安装、试运转。安装前应对主要设备及附件进行清点，检查质量是否符合规定，数量是否正确；准备好安装工具、吊装设备及消耗材料等；按图纸明确水泵型号、机组布置特点、吸、压水管路布置特点，泵轴高程及坐标等。

9.2.1　基础施工

水泵基础大多采用混凝土块体基础。

1. 基础尺寸及放样

基础尺寸必须符合设计图的要求。若设计未注明时，基础平面尺寸的长和宽应比水泵底座相应尺寸加大100～150mm。基础厚度通常为地脚螺栓在基础内的长度（见表9-1）再增加150～200mm，并且不小于水泵、电机和底座质量之和的3～4倍，能承受机组荷载及振动荷载，防止基础位移。

水泵地脚螺栓选用表　　表9-1

地脚螺栓孔直径（mm）	12～13	14～17	18～22	23～27	28～33	34～40	41～48	49～55
地脚螺栓直径（mm）	10	12	16	20	24	30	36	42
地脚螺栓埋入基础内的长度（mm）	200～400				500		600～700	

基础放线应根据设计图纸，用经纬仪或拉线定出水泵进口和出口的中心线、水泵轴线位置及高程。然后按基础尺寸放好开挖线，开挖深度应保证基础面比泵房地面高100～150mm，基础底有100～150mm的碎石或砂垫层。

2. 基础支模及浇筑

支模前应确定水泵机组地脚螺栓固定方法。固定方法有一次灌浆法和二次灌浆法两种。

一次灌浆法是将水泵机组的地脚螺栓固定在基础模板上，然后，将地脚螺栓直接浇筑在基础混凝土中。要求基础模板尺寸、位置及地脚螺栓的尺寸、位置必须符合设计及水泵机组安装要求，不能有偏差，并应调整好螺栓标高及螺栓垂直度，如图9-1所示。

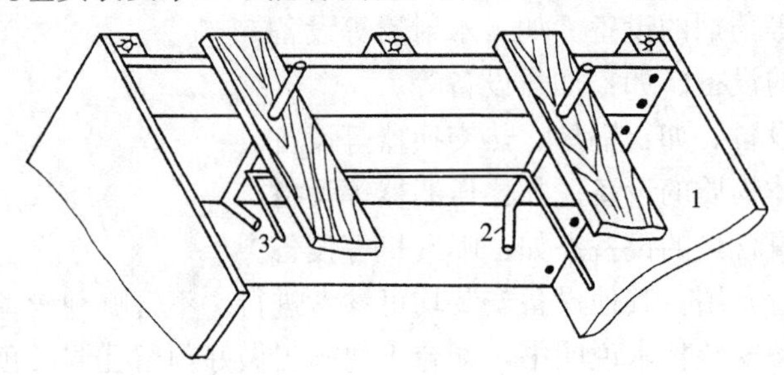

图9-1　一次灌浆法立模

1—模板；2—地脚螺栓；3—固定钢筋

二次灌浆法是施工基础时，预留好水泵机组的地脚螺丝孔洞，然后浇灌基础混凝土。预留孔洞尺寸一般比直地脚螺栓直径大50mm，比弯钩地脚螺栓的弯钩允许最大尺寸大50mm，洞深应比地脚螺栓埋入深度大50～100mm。待水泵机组安装时，第二次灌混凝土固定水泵机组的地脚螺栓。

基础混凝土浇筑时必须一次浇成，捣实，并应防止地脚螺栓或其预留孔模板歪斜、位移及上浮等现象发生。基础混凝土浇筑完成后应做好养护工作，养护期通常为21～28d。

9.2.2 安装前的准备

1. 水泵检查

水泵名称、型号和规格应符合设计要求，不得混淆。水泵不应有缺件、损坏和锈蚀等情况，管口保护物和堵盖应完好，否则应做水泵解体检查。解体检查应与生产厂家共同进行。水泵机组盘车应灵活、无阻滞、卡住现象，无异常声音。除此之外，还应清洗填料函、轴承，给滚珠轴承加新黄油，进行减漏环检查等。

2. 电动机检查

水泵的动力主要来源于电动机、柴油机、汽油机等。传动方式有直接传动（一般采用联轴器等）和间接传动（一般采用皮带等）。在电动机安装前对电动机进行检查。即：电动机转子在盘动时不得有碰卡现象；轴承润滑脂应无杂质、无变色、无变质及硬化现象；电动机引出线的铜接头焊接或压接良好，且编号齐全。

3. 管路检查

在管道安装前，应当检查管子与附件的安装质量、管径、长度、规格、数量等是否满足要求。特别应检查已预留的吸水及压水管内有无渣滓；位置尺寸是否正确；法兰盘是否对眼；螺栓是否齐全。

4. 混凝土基础检查

在水泵基础安装前，应对基础进行复查。混凝土基础的强度必须符合要求，基础表面平整，不得有凹陷、蜂窝、麻面、空鼓等缺陷。基础的大小、位置、标高应符合设计要求。地脚螺栓的规格、位置、露头应符合设计或水泵机组安装要求，不得有偏差，否则应重新施工基础。对于有减振要求的基础，应符合设计要求。

9.2.3　机泵安装

1. 离心泵安装

(1) 安装底座

1) 将底座置于基础上，套上地脚螺栓，调整底座的纵横中心位置与设计位置一致。然后进行地脚螺栓二次灌浆，养护一段时间后再进行后续操作。

2) 底座与基础之间一般应加垫铁，如图9-2所示。垫铁的作用是：一方面增加机组在基础上的稳定性，另一方面便于调整底座的水平与标高。

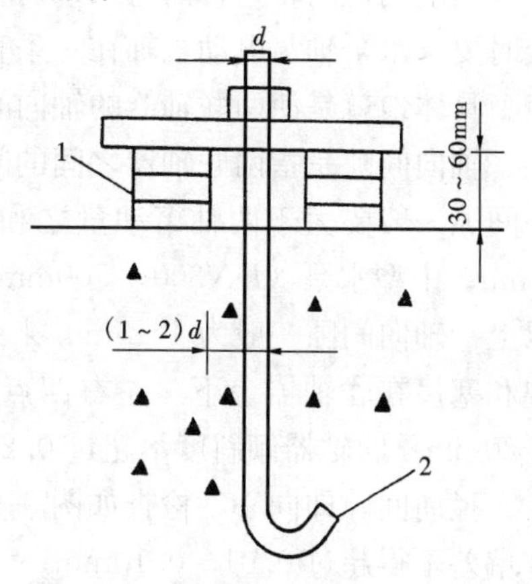

图9-2　垫铁示意图

1—垫铁；2—地脚螺栓

在安装垫铁时，应保证每个地脚螺栓近旁至少应有一组垫铁（每组垫铁控制在3块以内，且把最厚的放在下面，最薄的放在中间）；垫铁组的间距一般应为500～1000mm；每一组垫铁的面积应能足够承受设备的负荷；垫铁组的放置应整齐、平稳、接触良好。

3) 测定底座水平度。纵向（轴向）允许误差：整体安装的水泵≤0.10/1000；解体安装的水泵≤0.05/1000。横向（水泵进出口方向）允许误差：整体安装的水泵≤0.20/1000；解体安装的水泵≤0.05/1000。可用精度为0.01mm/m的方形水平尺在水泵进出口法兰面或底座的加工面等多方位进行测量。调整垫铁符合水平要求后，将地脚螺栓拧紧。垫铁组伸入设备底座底面的长度应超过地脚螺栓孔；要求每一垫铁组均应被压紧，然后将每一垫铁组的各垫铁相互焊接成整体。

若水泵机组应进行减振安装时，必须按照设计要求安置减振器或减振垫。

(2) 安装水泵

1) 水泵起吊的方法根据水泵质量大小，可采用泵房内设置的永久起重设备（手动单梁起重机等）或临时设置的起重设备（三角架葫芦等）；起吊水泵时，起吊钢丝绳应系在水泵的泵体上，不能系在轴承及轴承座上，以免损坏水泵。

2) 水泵的找正包括中心线找正、水平找正及标高找正。以便水泵与进水、出水管，水泵与原动机很好地连接。

中心线找正是校正水泵的纵中心线（水泵轴的中心线）和横中心线（出水管的中心线），使水泵的中心线位置符合设计要求。一般采用吊线法。水泵找正允许误差：纵向平行误差≤0.5mm，交叉误差≤0.1/1000。

水平找正是校正轴向水平和径向水平。可采用水平尺或专用水准仪进行施测。轴向水平是要求水泵两端的轴必须水平；径向水平是要求进口、出口法兰必须垂直。允许误差≤0.1/1000。

标高找正是校正水泵轴心线高程，一般用水准仪测量。水泵标高允许误差：单机组在±10mm范围内，多机组在±5mm范围内。

在进行调整时，可用垫片（方法同底座安装）反复调整直至符合要求为止。最后拧紧水泵与底座（或基础）的螺栓。然后再用水平尺检查水平是否有变动，如无变动便可进行电动机安装。

（3）安装电动机

电动机的安装是以已经安装好的水泵为标准，由于传动方式不同，对电动机安装的要求也不一样。

1）直接传动

当电动机的转速转向与水泵的转速转向一致时，采用联轴器直接连接传动。电动机安装时要求水泵轴与电动机轴在一条直线上（即同心），同时两联轴器之间应保持一定的间隙。具体地就是使两联轴器的轴向间隙和径向间隙符合要求。

轴向间隙是指两联轴器之间的间隙。用来防止水泵轴或电动机轴窜动时互相影响。这个间隙一般要大于两轴窜动量之和。小型水泵（*DN*300mm以下）轴向间隙一般为2～4mm；中型水泵（*DN*300～500mm）轴向间隙一般为4～6mm；大型水泵（*DN*500mm以上）轴向间隙一般为4～8mm来进行调整。一般采用直角尺来初校、找正，再用平面规和塞尺在联轴器上下、左右四点测量，如图9-3所示。四周间隙允许公差为：0.01～0.20mm。联轴器倾斜度不超过0.2/1000。

径向间隙即同心度检查如图9-4所示。对称检查联轴器上下、左右四点。径向间隙允许偏差不得超过0.01～0.10mm。

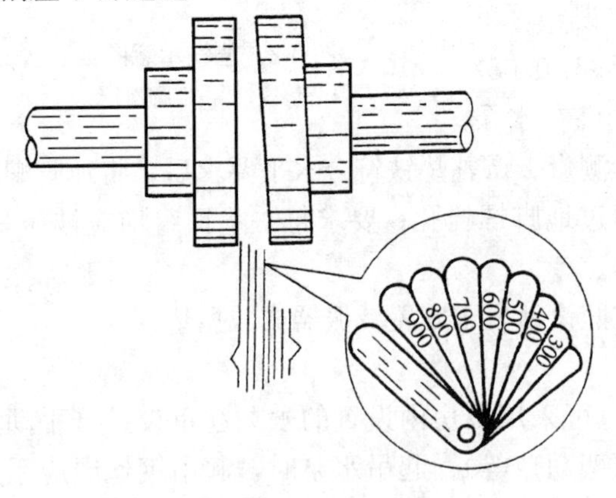

图9-3 轴向间隙

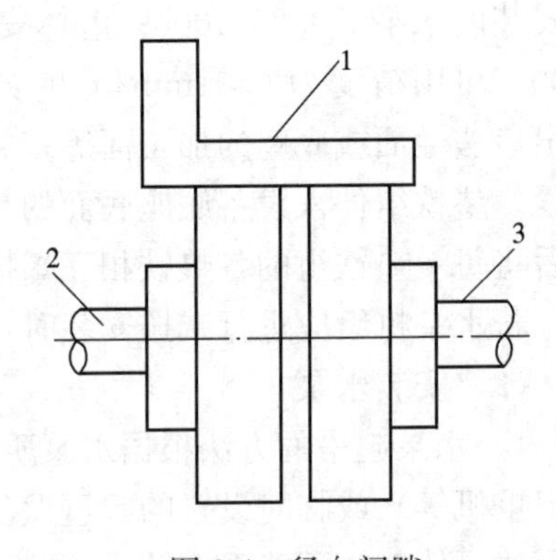

图9-4 径向间隙

1—直角尺；2—水泵轴；3—电机轴

在保证上述要求基础上，对电动机进行安装，安装方法同水泵。

2）间接传动

电动机与水泵间接传动方式，一般采用皮带传动。

电动机安装除了要求水平外，主要是电动机与水泵的轴线要互相平行，两皮带轮的宽度中心线在一条直线上。高程等其他安装要求也应符合规定。

2. 轴流泵安装

轴流泵属中、大流量，中、小扬程的水泵。其外形很像一根水管，泵壳直径与吸水口直径差不多大，如图 9-5 所示。它可垂直安装（立式）、水平安装（卧式）、也可倾斜安装（斜式）。卧式轴流泵安装同卧式泵安装基本一致。下面仅就立式轴流泵安装方法作简要介绍。

（1）安装前的准备工作

立式轴流泵一般是安装在水泵梁上，电机却安装在泵上面地上电机梁上，如图 9-6 所示。安装前应对照水泵样本，对水泵梁与电机梁的标高，各自的地脚螺丝孔的间距尺寸它们之间的相对位置关系予以较全面检查。并检查泵轴、传动轴（不应弯曲）、橡胶轴承（不应沾染油脂）。

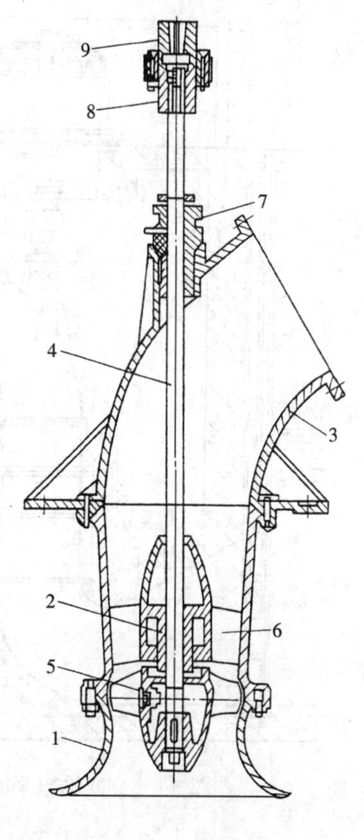

图 9-5　轴流泵

1—吸水喇叭口；2—导叶座；3—出水弯管；4—泵轴；5—叶轮；6—导叶；7—填料盒；8—泵联轴器；9—电机联轴器

（2）安装程序

1）水泵部件就位：将吸水喇叭管、导叶座吊入进水室内；将出水弯管吊到水泵梁上就位，使其地脚螺栓孔与梁上的预留螺栓孔对准，垫上校正垫铁，使弯管出水口方向符合要求，穿上地脚螺栓，螺母暂不拧紧。

2）电机座就位：将电机座吊到电机梁上，使电机机座地脚螺栓与预留孔对准，垫上校正垫铁，穿上地脚螺栓、螺母暂不拧紧。

3）校准水平：电动机、水泵调平时，应在其底座及其他加工面作为校准面进行测量。用水平尺或方形水平仪置于校准面上调整垫铁，使其水平度符合技术说明书上的规定。具有单层基础的泵，其安装水平偏差≤0.2/1000；具有双层基础的泵，其安装水平偏差均≤0.05/1000，且倾斜方向应一致。

4）校正传动轴孔与泵轴孔的同心度：先在电机机座上找出传动轴孔中心点及水泵弯管上泵轴孔的中心点，然后调整使两中心点在同一垂直线上。在找正的同时还要进行校平，直到水平与同心完全符合规定后，即可对称拧紧地脚螺栓。

5）泵体安装：将导叶座、泵轴、叶轮、喇叭口、填料函等依次装好，各部件的轴线均应与泵座轴线重合；泵座法兰面的安装水平偏差≤0.05/1000；各法兰连接面的接触应严密，无渗漏现象。安装时还应防止泵轴下掉。

6）传动轴安装：传动轴安装必须使传动轴与泵轴的垂直度与刚性联轴器的同心度符合要 求，垂直度≤0.2mm/m。各联轴器端面之间应无间隙，接触应严密，螺栓应均匀拧

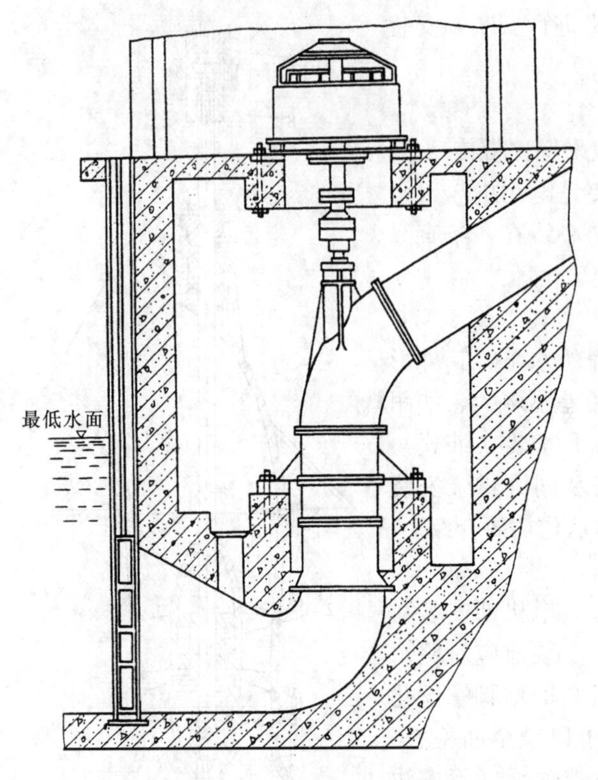

图 9-6 立式轴流泵的安装

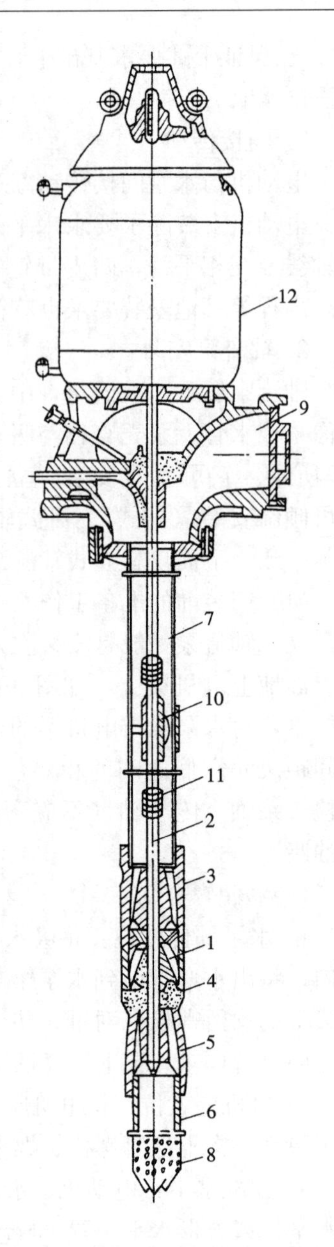

图 9-7 深井泵

1—叶轮；2—传动轴；3—上导流壳；4—中导流壳；5—下导流壳；6—吸水管；7—扬水管；8—滤水网；9—泵底座弯管；10—轴承；11—联轴器；12—电动机

紧，安装水平偏差均≤0.05/1000。应保证叶轮与叶轮外壳间隙满足要求。

7）灌填水泥砂浆：当泵体与电机座安装结束后，须用水泥砂浆或细石混凝土将地脚螺栓孔以及底座与梁之间的空隙灌填密实，养护直至强度达到要求为止。

8）电动机安装：将电机吊装在电机机座上，装好联轴器，拧紧地脚螺栓。

3. 深井泵安装

用来抽升深井地下水的井泵称为深井泵。其构造如图 9-7 所示。由叶轮、泵轴、导流壳等组成泵体，它与吸水管和滤水网一齐位于深井下部，浸没于水中。泵体上部是扬水管（泵管）其管节长一般为 2m 或 2.5m，采用螺栓连接，管间为固定橡胶轴承的承托轮。泵管的中间为传动轴，传动轴采用左螺纹联轴器连接。泵管的上部连接泵座的出水管。泵座上安装立式电机。

（1）安装前的准备工作

1）检查井孔内径及井管垂直度，测量井的深度等使之满足设计及安装要求，然后清除井内杂物。

2）井泵基础表面的水平、地脚螺栓孔距及孔径应符合安装要求。基础不允许不均匀沉陷，并有足够的强度。井壁管与泵基之间不应牢固结合，以防止沉降而相互影响。井壁管管口应高出井泵基础的相应平面不小于25mm。

3）检查设备：要求叶轮轴转动灵活，传动轴应呈垂直线（弯曲度不超过0.2～0.4mm，其他零件部件应无锈斑、毛刺、伤痕。电机转动应灵活、绝缘值不小于0.5MΩ。

4）准备起吊设备并配备三脚架、滑轮、钢丝绳、轴承支架扳手、两副钢夹板等安装工具，如图9-8所示。在泵基上放置0.6m×0.15m×0.10m的硬质横木两根，供作垫钢夹板用。

（2）深井泵安装

1）用钢夹板夹紧泵体上端，采用起质量为3～5t的起重设备将其吊起，安装吸水管及滤网，然后将它们一起下到井内，再将钢夹板置于基础上垫好的横木上，让泵体、吸水管及滤网悬于井内。特别应防止泵体从钢夹板内滑脱而掉入井底。

2）用另一副钢夹板夹紧一根穿好泵轴的泵管，将其吊起用联轴器将上、下两节轴连接起来，再用管钳上紧，而后用螺栓将泵管连接起来。连接时应防止泵轴弯曲。并务必保证泵轴置于泵管中心。

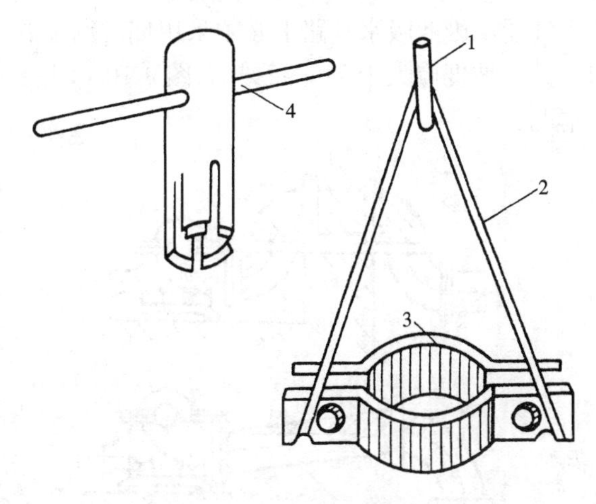

图9-8 深井泵安装用工具

1—吊钩；2—钢丝绳；3—夹板；4—轴承支架扳手

3）将泵管及井内的泵体等全部吊起，卸下底部钢夹板，慢慢地将泵管及泵体等下到井中。循环安装，直至全部安装结束为止，参见图9-9。

4）安装泵座与电机的方法是将泵底座与泵管安装好后吊起，取下横木、钢夹板，让泵座地脚螺栓孔对准基础地脚螺栓缓缓下落。待调整泵座水平之后，方可安装立式电机。

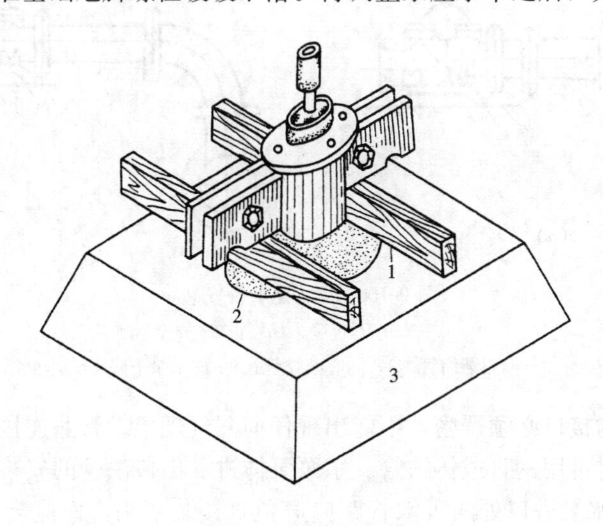

图9-9 深井泵安装

1—垫木；2—井孔；3—基础

5）将电机吊起，保持电机平直下降，避免使泵轴受到扭伤。电机安装完毕，应用电机上端调整螺母来调整叶轮与壳体之间的间隙，而后用手在上部转动泵轴，如觉得不甚费劲，即符合安装要求。

9.2.4　进、出口管道及附属设备安装

1. 进水（吸水）管道安装

离心水泵的安装位置高于吸入液面时，水平吸水管的安装，应保证在任何情况下不能产生气囊。因此吸水管路上必须采用偏心渐缩管；管路的水平方向的中心线必须向水泵方向上升，坡度应大于5‰～20‰。图9-10示出了吸水管与水泵连接的正确安装和不正确安装情况。

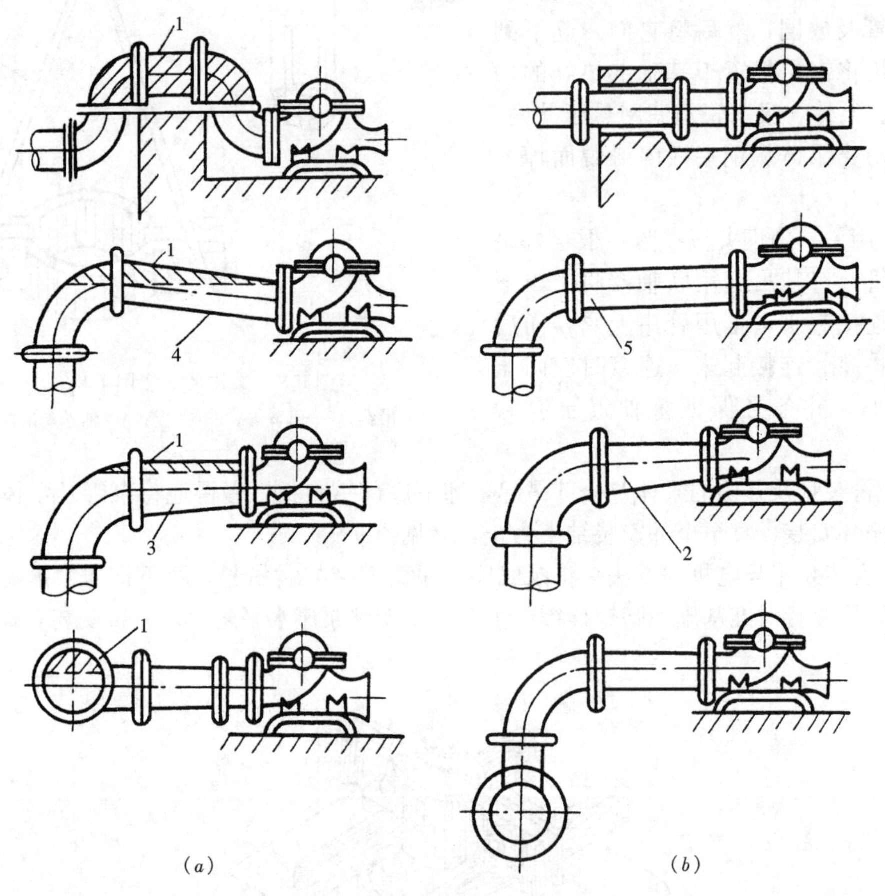

图9-10　水泵吸水管安装

(a) 不正确；(b) 正确

1—空气团；2—偏心渐缩管；3—同心渐缩管；4—向水泵下降；5—向水泵上升

水泵吸水管路的接口必须严密，不能出现任何漏气现象。管路连接一般应采用法兰连接或焊接连接，管材可用钢管或铸铁管。水泵泵体进、出口法兰的安装，其中心线允许偏差为5mm。在靠近水泵进口处的吸水管路应避免直接装弯头，而应装一段约为3倍直径长的直管段。以保证水流在进口处的流速分布均匀，不影响水泵的效率。

为保证水泵正常运行，吸水管路一定要设置支承，以避免将管路质量传到泵体上。吸水管在吸水井（槽）内的安装应满足图 9-11 所示的基本要求。

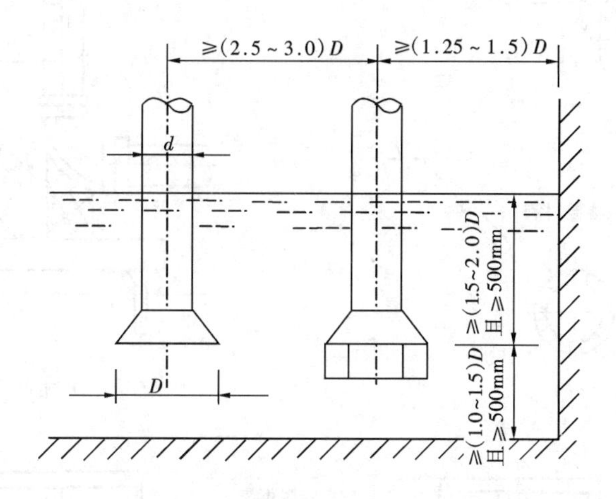

图 9-11 吸水管在吸水井中的安装要求

$D=(1.25\sim1.5)d$

2. 出水（压水）管道安装

压水管路安装，应做到定线准确，管坡满足设计要求。管路连接一般采用法兰连接以便装拆、维修，管材可用钢管或铸铁管。铺设在地沟内的管道，法兰外缘距沟壁与顶盖不得小于 0.3m。

在压水管路的转弯与分支处应采用支墩或管架固定。以承受管路上的内压力所造成的推力。

3. 水泵附属设备

（1）引水系统安装

引水箱及连接管道应严密，保证在 0.1MPa 的负压时不漏气。水泵泵轴的填料函处应保证不能产生较多的漏气。

真空系统的管道安装应平直、严密、不得漏气，不得出现上下方向的S形存水弯。真空系统的循环水箱出流管标高应与水环式真空泵中心标高一致。

（2）其他设备安装

在水泵壳的顶部应安装放气阀，供水泵启动前充水时排气用。

在水泵压水管上应安装止回阀、闸阀、压力表等。止回阀一般在水泵与闸阀之间安装，压力表安装在水泵压水管的连接短管上。在水泵吸水管上按设计要求可安装真空表，闸阀等。

（3）水泵的隔振、减振安装

1）当水泵机组安装采用减振措施时，在水泵的吸、压水管上应安装可曲挠橡胶接头等，以隔绝水泵机组通过管道而传递振动，防止管路上的应力传至水泵。一般可曲挠橡胶接头等应分别安装在渐缩管与阀件之间，法兰连接。

2）当水泵机组有减振要求时，还应在管道上安装弹性管架，如图 9-12 所示。

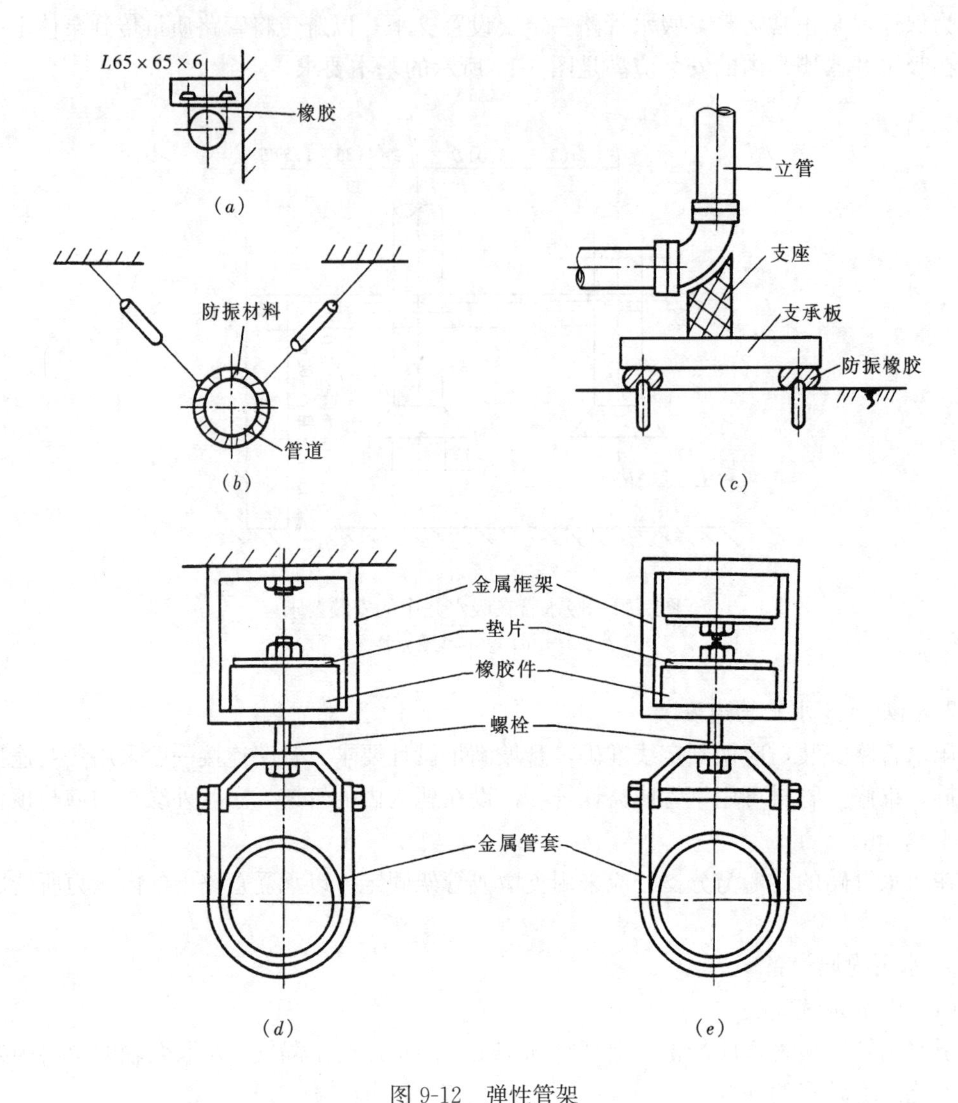

图 9-12　弹性管架

(a) 隔振支架；(b) 隔振吊架；(c) 隔振托架；(d) J×D—（Ⅰ）型；(e) J×D—（Ⅱ）型

9.2.5　水泵运行调试及故障处理

1. 水泵运行调试

在水泵机组安装完毕后，在运行前应检查所有与水泵运行有关的仪表、开关，应完好、灵活；检查原动机的转向是否符合水泵的转向要求；各紧固连接部位不应松动，按照水泵机组的设备技术文件要求，对润滑部位进行润滑。水泵机组的安全保护装置应灵敏、可靠。盘车应灵活、正常。水泵启动前进水阀门应全开，离心泵及混流泵真空引水时出水阀门应全闭，其余水泵的出口阀门全开。然后，根据设计的引水方式进行引水。若引水困难，则应查明原因，排除故障。

按设计方式进行水泵机组的启动，同时观察机组的电流、真空、压力、噪声等情况。若不能启动，则应从电气设备、水泵、吸水管路、引水系统等方面逐个查找，排除故障。

机组启动时，周围不要站人。

水泵机组在设计负荷下连续运转不应少于2h，在此期间，附属系统运行应正常，真空、压力、流量、温度、电机电流、功率消耗、电机温度等要求应符合设备技术文件要求；运转中不应有不正常声音，无较大振动，各连接部分不得松动或泄漏；泵的安全保护装置应灵敏、可靠。除此之外，还应符合设备技术文件及有关规范的规定。

试运转结束后，关闭泵的进、出口阀门和附属系统的阀门。离心泵停泵前应先将压水管阀门关闭，然后停泵；按要求放净泵内积存的介质，防止泵锈蚀、冻裂、堵塞。若长时间停泵放置，应防止设备沾污、锈蚀和损坏。

2. 水泵运行常见故障处理

(1) 启动困难

大多属于底阀、吸水管泄漏，真空系统出故障或排气阀孔未打开造成吸水管及水泵灌不满引水。

(2) 不出水或水量过少

不出水或出水量过少的故障原因主要有引水不满，泵壳中存有空气；水泵转动方向不对；水泵转速太低；吸水管及填料函漏气；吸水扬程过高发生气蚀；水泵扬程低于实际扬程；管路、叶轮等出现堵塞或漏水；水面产生漩涡，空气带入水泵；出水阀门或止回阀未开等。

(3) 振动或噪声过大

其故障原因主要有基础螺栓松动，隔振装置不够或损坏；泵与电机安装不同心；吸水扬程太高发生气蚀；轴承损坏或磨损等。

(4) 水泵运行中突然出现停止出水

其故障原因主要有进水管路突然被杂物堵塞；叶轮被吸入杂物打坏；进水管口吸入大量空气等。

水泵运行中出现故障后一般应停止水泵运行，找出故障原因，排除故障后再行运转。防止故障首先应按照设计及设备技术书的要求安装施工，保证管路连接紧密，保证有足够的水量，保证水泵安装高度符合要求，保证管路阀件等不出现堵塞等。

9.3 其他设备安装

9.3.1 通风机安装

风机安装前应根据设备清单核对其规格、型号是否与设计相符，零配件是否齐全。再观察外表有无损坏、变形和锈蚀现象。对小型风机可用手拨动风机叶轮，检查是否灵活。旋转后每次都不应停留在同一位置上，并不能碰壳。对大型风机需现场组装，应检查各叶片尺寸、叶片角度、传动轴等使之符合设计要求。

1. 安装要点

冷却塔上风机安装，由于叶片尺寸大，往往采用现场组装。传动方式有直接传动和间接传动。

(1) 组装时搬运和吊装的绳索捆缚不得损伤机械表面，转子齿轮轴两端中心孔、轴瓦的推力面和推力盘的端面、机壳水平中分面的连接螺栓孔、转子轴颈和轴封处均不得作为捆缚位置。不应将转子和齿轮轴直接放在地上滚动或移动。

（2）组装时应保证叶片安装角度符合设计要求，固定应牢固，旋转方向正确；保证叶片传动轴与电机轴应同心连接，并且偏心不超过0.01mm；保证减速器轴、传动轴中心和电机轴在同一轴心上，其径向振幅不大于0.05mm；叶片外缘与风筒内壁之间间隙误差不大于±5mm，用手推动叶片能灵活转动；组装时轮间间隙不超过1mm；机械各部螺栓应牢固、齐全。

（3）风机的润滑、油冷却和密封系统的管路的受压部分应做强度试验，水压试验压力应为最高工作压力的1.25～1.5倍。减速箱内应注入50号机油在规定红线以上；减速箱油温等自动控制设备准确好用。电源接线应正确牢固。

一般中、小型风机都是整机安装，电机与风机之间有直接传动和间接传动。

（1）整机风机安装时搬运和吊装的绳索不得捆缚在转子和机壳或承轴盖的吊环上。

（2）风机一般安装在墙洞内、支架上或混凝土基础上，预留地脚螺栓孔尺寸应准确。安装时应使底座水平，对风机和电机应找平找正，轴心偏差应在规定范围内，叶轮与机壳不得相碰。

（3）拧紧风机地脚螺栓，必要时可用橡胶减振垫或橡胶板来减小风机振动噪声。

（4）风机安装允许偏差应符合设备技术文件及有关规定要求。

2. 试运转要点

（1）风机试运转时间应不小于2小时，试运转应平稳，转子与定子、叶片与机壳无摩擦。

（2）油路、水路应正常，不得漏油、漏水；滑动轴承、滚动轴承以及润滑油的温升、最高温度等指标应符合设备技术文件及有关规定要求。

（3）风机运转时的径向振幅应符合设备技术文件及有关规定。

9.3.2　空气压缩机安装

1. 安装要点

（1）空气压缩机整机安装时，应按机组的大小选用成对斜垫铁，对超过3000r/min的机组，各块垫铁之间，垫铁与基础、底座之间的接触面积不应小于接合面的70%，局部间隙不应大于0.05mm。每组垫铁选配后应成组放好，防止错乱。机组的水平偏差≤0.10/1000。

（2）底座上导向键（水平平键或垂直平键）与机体间的配合间隙应均匀，并应符合设备技术文件的规定。

（3）安装允许偏差应符合表9-2规定。

安装允许偏差　　**表9-2**

项　　目	允许偏差	检 验 方 法
设备中心的标高和位置	±2mm	水平仪、经纬仪检查
设备纵向安装水平	≤0.05/1000	在主轴上用水平仪检查
设备横向安装水平	≤0.10/1000	在机壳中分面上用水平仪检查
轴承座与底座或机壳锚爪与底座间的局部间隙	≤0.05mm	卡尺或塞尺检查
上下机壳结合面未拧紧螺栓前的局部间隙	≤0.10mm	塞尺和专用工具检查

2. 试运转要点

(1) 试运转前应将润滑系统、密封系统和液压控制系统清洗洁净并应做循环清洗，保证完好。盘动主机转子应无卡阻和碰剐现象；机组各辅助设备、仪表运转正常，各项安全措施符合要求。

(2) 小负荷试运转4～8h。要求各运动部件声音正常，无较大的振动；各连接部件、紧固件不得松动；润滑油系统正常、无泄漏。

(3) 空气负荷试运转。开始时，排气压力每5min升压不得大于0.1MPa，并逐步达到设计工况。连续负荷试运转的时间不应小于24h。运转中，每隔一定时间应检查油温、油压等运行参数。应满足各油、气、水系统应无泄漏的要求；各级排气温度和压力必须符合设备技术文件的要求；安全阀灵敏可靠等要求。

9.3.3　常用容器的安装

给水排水工程中的容器有压力容器和非压力容器，如：给水压力滤罐、离子交换软化水处理罐等。按照材料不同又有金属容器、非金属容器之分，非金属容器常用热塑性塑料、玻璃钢等。

压力金属容器的一般构造如图9-13所示。由罐身、封头（上封头）和罐底（下封头）3个主要部分组成。图9-14是两种封头示意。压力金属容器的一般制作方法为：先分别制作罐身、封头、罐底及和接管法兰，然后将各部件焊接拼装。常用的金属材料有碳钢、低合金钢和不锈钢等。制作用钢材的化学成分和机械性能应符合有关规范的规定。

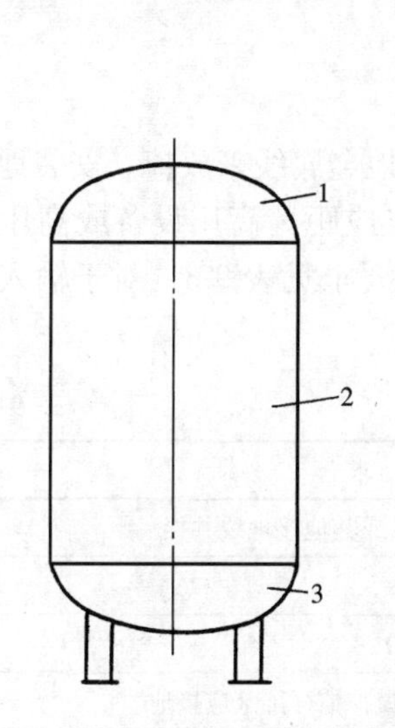

图9-13　压力金属容器的构造

1—封头；2—罐身；3—罐底

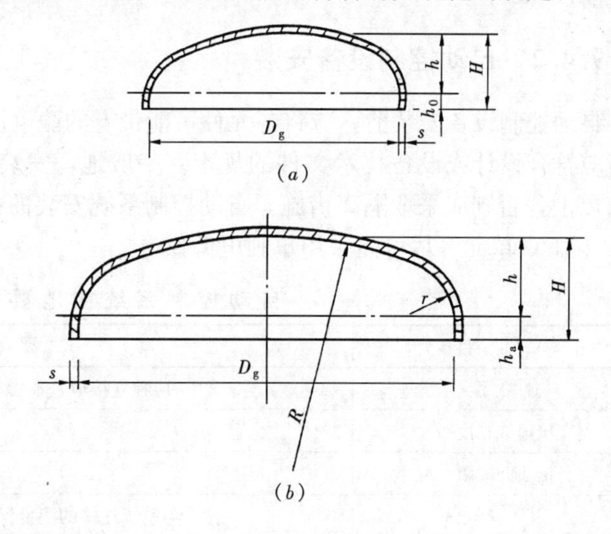

图9-14　封头

(a) 椭圆形；(b) 碟形

对于容器制作的要求应符合相应的规程和规范规定。

金属容器必须按照设计要求安装。安装时其水平度：纵向允许偏差不大于容器总长度的1/1000，且不大于10mm；横向允许偏差不大于容器直径的1/1000，且不大于3mm。垂直度不大于容器高度的1/1000。标高允许偏差不超过±15mm。中心线位移不大于

5mm。一般采用水准仪、水平尺（直形或U形）检查。

非金属低压容器的安装应按设计要求放置在混凝土等材料制成的支墩上。安装标高允许偏差±5mm，水平度偏差应不大于容器长度的1‰，但不得大于10mm，中心线位移不得超过5mm。

9.4　自动控制系统安装

9.4.1　仪表安装

给水排水工程常用的探测器和传感器往往都结合组装成取源仪表。常用的取源仪表有流量计、液位计、压力计、温度计、浊度仪、余氯仪等。

取源仪表的取源部件安装可与工艺设备制造、工艺管道预制或管道安装同时进行；需开孔与焊接时，必须在管道或设备的防腐、衬里、吹扫和压力试验之前进行；开孔孔径应与取源仪表相配合，开孔后必须清除毛刺、锉圆、磨光。

取源仪表安装位置、规格型号应符合设计或设备技术文件的要求。一般安装在测量准确、具有代表性、操作维修方便、不易受机械损伤的位置上。需观察时安装高度宜在地面上1.2～1.5m处，传感器应尽可能靠近取样点附近垂直安装。室外安装时应有保护措施，防止雨淋、日晒等。

取源仪表的接线端子及电器元件等应有保护措施，防止腐蚀、浸水；连接应严密，不能疏漏。

9.4.2　自动控制设备安装

自动控制设备安装前，应将各元件可能带有的静电用接地金属线来放掉。安装地点及环境应符合设计或设备技术文件的规定。一般地，安装地点应距离高压设备或高压线路20m以上，否则应采取隔离措施。自动控制系统安装的接地要求见表9-3。对于输入负载CPU和I/C单元等尽可能采用单独电源供电。

自动控制系统接地要求　　表9-3

项目	要求
独立性	应独立接地，不能与零线或其他接地线共接
接地线长度	≤20m
接地电阻	<100Ω
其他	与系统连接的测量仪表的模拟信号屏蔽应接地

9.4.3　控制电缆的铺设

控制电缆铺设前应按设计要求选用电缆的规格、型号，必要时应进行控制电缆质量检验，以防输送信号减弱或外界干扰。

控制电缆配线应输入、输出电缆分开，数字信号电缆与模拟信号电缆分开，不能合用一根电缆；为了避免接线错误对控制设备造成损坏，对于电压等级不同的信号输送不应合用一根电缆；多芯电缆的芯数不应全部用完，应留有20%左右的余地以满足增加信号或更换个别线芯用。控制电缆应与电源电缆分开，且电源电缆应单独设置。

控制电缆铺设时，每一段电缆的两端必须装有统一编制的电缆号的号卡，以利于安装接线和维护识别。每一电缆号在整个系统的电缆号中应是唯一的。控制电缆应单独铺设在有盖板、能屏蔽的电缆桥架内。电缆长度应留有余量，以保证多次重新接线有足够的长度来补充。根据自动控制系统设计要求和现场仪表等设置的位置按接线图一一对应接线。接线应牢固，不允许出现假接现象。

9.4.4　自动控制系统的调试

1. 自动控制设备调试

调试前应对照自动控制设计和设备要求检查安装是否正确；检查各控制点至控制单元的接线是否正确；检查电源接线、电压等是否符合要求。

上述检查完毕后进行通电测试。模拟各控制点、测量点输入信号，独立检查控制单元是否有正确指示；然后在各控制点、测量点处模拟输入的信号，检查控制单元是否有正确指示。模拟发出的控制信号，检查各控制点、执行器的状态是否正常；然后从控制单元发出控制信号，进行输出信号和测试软件的检查。

2. 自动控制系统软件的调试

调试前应充分熟悉自动控制系统的控制方案及实现的功能要求，以便在调试的过程中作出正确判断和进行问题的处理。还应熟悉软件结构，确定软件调试方案。系统软件调试必须在所有硬件设备调试完毕的基础上进行。

首先进行子系统调试，它是指单个控制站的软件或几个相关控制站的软件调试。单个控制站的软件调试只需将各输入信号根据控制方案送入，检测控制器输出结果，调试至正确输出即可；几个相关控制站调试必须在单个控制站的软件调试完成后进行，将相关控制站相联，按单个控制站的调试方法进行调试，直到结果正确为止。

最后进行总体调试，它是在所有子系统调试完成的基础上进行。先开通所有子控制站，在控制中心按总体控制方案和要求逐项进行调试。对于那些在正常状态下不允许出现的情况下自动控制方案的调试，应重新编制调试软件进行辅助模拟调试。总体控制方案全部进行调试，并达到了要求，总体软件调试才算完成。

第3篇
水工程施工组织与管理

第10章　工程项目管理总述

项目是指为达到符合规定要求的目标，按限定时间、限定资源和限定质量标准等级等约束条件完成的，由一系列相互协调的受控活动组成的特定过程。工程项目是项目中数量最大的一类。工程项目管理是工程建设者运用系统工程的观点、理论和方法，对工程建设进行全过程和全方位的管理，实现生产要素在工程项目上的优化配置，为用户提供优质产品。

工程项目管理是一门综合学科，具有高度的系统性和很强的应用性，涉及许多学科的相关知识。现代项目管理理论是在现代科学技术知识，特别是信息论、控制论、系统论、计算机技术和运筹学等基础上产生和发展起来的，并在现代工程项目的实践中取得了巨大的成果，在未来的项目实践中也将会起到越来越重要的作用。

10.1　水工程项目管理概述

10.1.1　工程项目管理的分类

由于工程项目可分为建设项目、设计项目、工程咨询项目和施工项目，故工程项目管理亦可据此分类，分成为建设项目管理、设计项目管理、工程咨询项目管理和施工企业项目管理（简称施工项目管理），它们的管理者分别是业主单位、设计单位、咨询（监理）单位和施工单位。

1. 建设项目管理

建设项目管理是站在投资主体的立场对项目建设进行的综合性管理工作，其管理主体是建设单位或受其委托的咨询（监理）单位，管理任务是取得符合要求的、能发挥应有效益的固定资产，管理的内容是涉及投资周转和建设的全过程的管理，管理的范围是一个建设项目，是由可行性研究报告确定的所有工程。建设项目管理是通过一定的组织形式，采取各种措施、方法，对投资建设的一个项目的所有工作的系统运动过程进行计划、协调、监督、控制和总结评价，以达到保证建设项目质量、缩短工期、提高投资效益的目的。广义的建设项目管理包括投资决策的有关管理工作；狭义的建设项目管理只包括项目立项以后，对项目建设实施全过程的管理。

2. 设计项目管理

设计项目管理是由设计单位自身对参与的建设项目设计阶段的工作进行自我管理。设计单位通过设计项目管理，同样进行质量控制、进度控制、投资控制，对拟建工程的实施在技术上和经济上进行全面而详尽地安排，引进先进技术和科研成果，形成设计图纸和说明书提供实施，并在实施的过程中进行监督和验收。所以设计项目管理包括以下阶段：设计投标、签订设计合同、设计条件准备、设计计划、设计实施阶段的目标控制、设计文件验收与归档、设计工作总结、建设实施中的设计控制与监督、竣工验收。由此可见，设计项目管理不仅仅局限于设计阶段，而是延伸到了施工阶段和竣工验收阶段。

3. 施工项目管理

施工项目的管理主体是施工企业；施工项目管理的对象是施工项目；施工项目管理的周期也就是施工项目的生命周期，包括工程投标、签订工程项目承包合同、施工准备、施工、交工验收及工程保修等。施工项目管理要求强化组织协调工作，主要强化方法是优选项目经理，建立调度机构，配备称职的调度人员，努力使调度工作科学化、信息化，建立起动态的控制体系。

4. 咨询（监理）项目管理

咨询项目是由咨询单位进行中介服务的工程项目。咨询单位是中介组织，它具有相应的专业服务知识与能力，可以受业主方或承包方的委托进行工程项目管理。通过咨询单位的智能服务，提高工程项目管理水平，并作为政府、市场和企业之间的联系纽带。在市场经济体制中，由咨询单位进行工程项目管理已经形成了一种国际惯例。

监理项目是由监理单位进行管理的项目。一般是监理单位受业主单位的委托、签订监理委托合同，为业主单位进行建设项目管理。监理单位也是中介组织，是依法成立的专业化的、高智能型的组织，它具有服务性、科学性与公正性，按照有关监理法规进行项目管理。建设监理单位是一种特殊的工程咨询机构。它的工作本质就是咨询。监理单位受业主单位的委托，对设计和施工单位在承包活动中的行为和责权利，进行必要的协调与约束，对建设项目进行投资控制、进度控制、质量控制、合同管理、信息管理与组织协调。

10.1.2　水工程项目划分

1. 建设项目

建设项目是基本建设单位的简称，一般是指具有计划任务书和总体设计、经济上实行独立核算、管理上具有独立组织形式的基本建设单位。在给水排水工程中通常是指城市与工业区的一项给水工程或一项排水工程。一个建设项目中，可以有几个主要工程项目（或称枢纽工程项目），也可能只有一个主要工程项目。

2. 主要工程项目（或称枢纽工程项目、单项工程）

主要工程项目是指一个建设项目中具有独立的设计文件，竣工后可以独立发挥生产能力或工程效益的工程项目，它是建设项目的组成部分。

例如：给水工程中的取水工程、输水工程、净水厂工程、配水管网等；排水工程中的雨水、污水管网，截流干管，污水处理厂，污水排放工程等。

主要（枢纽）工程项目又是具有独立存在意义的复杂的综合体，它是由下列许多单位工程综合组成的。

3. 单位工程

单位工程是指具有单独设计，可以独立组织施工的工程。一个单位工程，按照其构成，可以分解为土建工程、设备及其安装工程、配管工程等。

在给水工程项目划分中，单位工程包括：

（1）取水工程中的管井、取水口、取水泵房等；

（2）输水工程中的不同断面或不同范围的输水管、输水渠道及其附属构筑物；

(3) 净水厂工程中的混合絮凝池、沉淀池、澄清池、滤池、清水池、投药间、送水泵房、变配电间等都作为一个单位工程项目。其中每个单位工程的技术构成，可分为土建工程、配管、设备及安装工程等组成部分；

(4) 净水厂的厂前区建筑工程如办公楼、化验室、药库、宿舍、车库以及厂区道路、上下水道、围墙与大门、绿化等。

在排水工程项目划分中，单位工程包括：

(1) 雨水污水管网中不同范围的排水管道、排水泵房等；

(2) 截流干管中的不同断面或不同范围截流管、污水提升泵站以及截流井、溢流口设施等；

(3) 污水处理厂中的污水泵房、沉砂池、初次沉淀池、曝气池、二次沉淀池、投药间、消化池与控制室、污泥脱水干化机房等。

每一个单位工程仍然是较大的组成部分，它本身由许多单元结构或更小的分部工程组成。

4. 分部工程

分部工程单位工程的组成部分，它是按工程部位、设备种类和型号、使用的材料和工种等的不同所作出的分类。

给水排水工程中的土建工程，其分部工程项目与一般建筑工程类同。如：土石方工程、桩基础工程、砖石工程、混凝土及钢筋混凝土工程、木结构工程、金属结构工程、混凝土及钢结构安装和运输工程、楼地面工程、屋面工程、耐酸防腐工程、装饰工程、构筑物工程等等。

在管道工程的沟槽挖填土、施工排水、管道基础、管道制作、管道铺设、阀门井、检查井以及其他小型附属构筑物等也可属于分部工程。

5. 分项工程

通过较为简单的施工过程就可以生产出来并可用适当计量单位进行计算的土建或安装工程称为分项工程。如每立方米砖基础工程、每立方米钢筋混凝土（不同强度等级）工程、每10米或每100米某种口径和不同接口形式的铸铁管铺设等等。

6. 工序

工序是指在施工技术和劳动组织上相对独立的活动。工序的主要特征是：工作人员、工作地点、施工工具和材料均不发生变化。如果其中有一个条件发生变化，就意味着从一个工序转入另一个工序。例如，备钢筋时，工人将钢筋调直这是一个工序，然后进行除锈工作，便进入另一个工序。

从施工操作和组织的观点看，工序是最简单的施工过程。任何一个大的建设项目的完成，最终必须落实到每个具体工序的操作上。对于任一个工序，我们可以根据施工图计算工序的工程量，用工程量除以产量定额，再除以队组人数，则得出该工序的作业时间，将每个工序的作业时间用一定的方式表示出来，如横道图或网络图，则得到了该项目的施工进度计划。

在工程项目管理实践中，以上分类概念绝不能孤立地看待，必须将其看成是一个系统。

10.1.3　建设程序

任何项目建设都是在一定的时间和空间范围内展开的。项目的系统性不仅表现为项目自身的逻辑构成及其组织管理的整体性，而且突出表现为项目建设时间和空间上的阶段性、连续性和节奏性。这就要求项目建设要按一定的阶段、步骤和程序展开，研究和遵循这一规律是项目管理的重要职责，也是项目建设成功的基本保证。

按照项目的时间顺序，项目可划分为下列 5 个阶段：投资决策阶段，勘察设计阶段，施工阶段，竣工验收阶段和回访保修阶段，如图 10-1 所示。

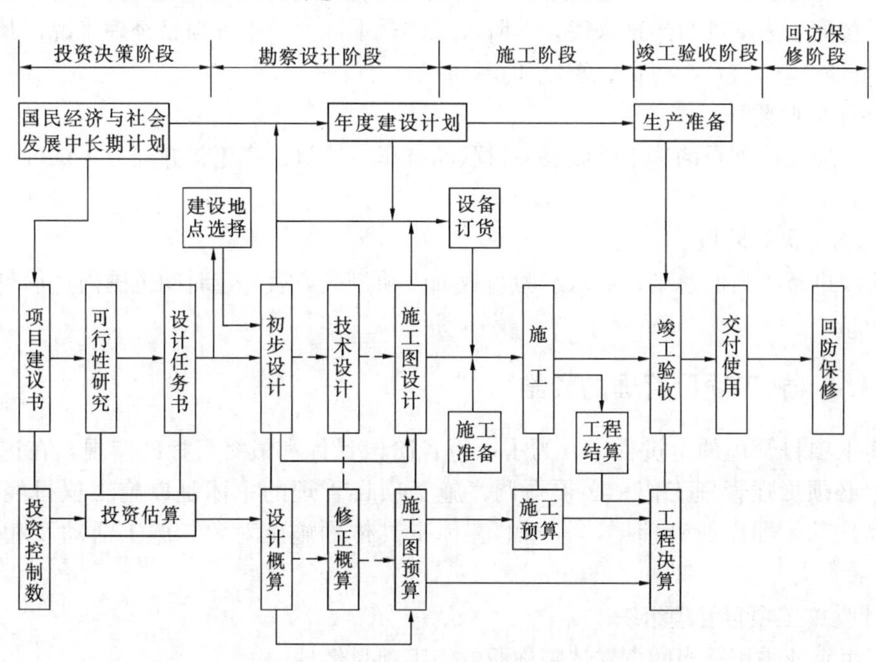

图 10-1　项目阶段划分及各阶段主要工作

1. 投资决策阶段

本阶段的主要目标，是通过投资机会的选择、可行性研究、项目评估和报请主管部门审批等，对项目上马的必要性、可能性以及为什么要上、何时上、怎么上等重大战略目标，从技术和经济、宏观与微观的角度，进行科学论证和多方案比较。如果项目研究结论是肯定的，经主管部门批准并列入计划后，则下达计划任务书。

本阶段工作量不大，但在整个项目周期中最为重要，对项目长远经济效益和战略方向起决定性作用。

2. 勘察设计阶段

本阶段是项目战役性决策阶段。它对项目实施的成败起着决定性作用，其重要性仅次于第一阶段。可以说，项目实施能否高效率地达到预期目标，在很大程度上取决于这一阶段的工作。本阶段的主要工作包括：

(1) 项目初步设计和施工图设计，必要时在两者之间还有技术设计（扩大初步设计）；

(2) 项目经理的选配和项目管理班子的组织；

（3）项目总体计划的制订；

（4）项目征地及建设条件的准备。

对于受业主委托的甲方项目经理或进行“交钥匙”总包的承包商项目经理来说，本阶段的工作最为重要，只有集中全部精力抓好本阶段的工作，项目实施才可能顺利进行。

3. 施工阶段

本阶段的主要任务是将蓝图变成项目实体。通过施工，在规定的工期、质量、造价范围内按设计要求高效率地实现项目目标。本阶段在整个项目周期中工作量最大，投入的人财物最多，管理协调配合难度也最大。

对承包商一方的项目经理来说，本阶段工作最艰巨。对甲方项目经理来说，其主要职责是项目实施中的监督、协调、控制和指挥。

4. 竣工验收阶段

本阶段应完成项目的竣工验收及项目联动试车。项目试产正常并经业主认可后，项目即告结束。

5. 总结与保修阶段

本阶段进行项目的总结，寻求经验与教训。项目投产后一定时间范围内，承包商实施保修维护。

10.1.4　施工项目管理的实施

在施工项目管理的全过程中，为了取得各阶段目标和最终目标的实现，在进行各项活动中，必须加强管理工作。必须强调，施工项目管理的主体是以施工项目经理为首的项目经理部，即作业管理层，管理的客体是具体的施工对象、施工活动及相关生产要素。

1. 建立施工项目管理组织

（1）由企业采用适当的方式选聘称职的施工项目经理。

（2）根据施工项目组织原则，选用适当的组织形式，组建施工项目管理机构，明确责任、权限和义务。

（3）在遵守企业规章制度的前提下，根据施工项目管理的需要，制订施工项目管理制度。

2. 进行施工项目管理规划

施工项目管理规划是对施工项目管理目标、组织、内容、方法、步骤、重点进行预测和决策，做出具体安排的纲领性文件。施工项目管理规划的内容主要有：

（1）进行工程项目分解，形成施工对象分解体系，以便确定阶段控制目标，从局部到整体地进行施工活动和进行施工项目管理。

（2）建立施工项目管理工作体系，绘制施工项目管理工作体系图和施工项目管理工作信息流程图。

（3）编制施工管理规划，确定管理点，形成文件，以利执行。现阶段这个文件便于施工组织设计代替。

3. 进行施工项目的目标控制

施工项目的目标有阶段性目标和最终目标。实现各项目标是施工项目管理的目的所在。因此应当坚持以控制论原理和理论为指导，进行全过程的科学控制。施工项目的控制目标分为：进度控制目标；质量控制目标；成本控制目标；安全控制目标；施工现场控制目标。

由于在施工项目目标的控制过程中，会不断受到各种客观因素的干扰，各种风险因素有随时发生的可能性，故应通过组织协调和风险管理，对施工项目目标进行动态控制。

4. 对施工项目的生产要素进行优化配置和动态管理

施工项目的生产要素是施工项目目标得以实现的保证，主要包括：劳动力、材料、设备、资金和技术（即 5M）。生产要素管理的三项内容包括：

（1）分析各生产要素的特点。

（2）按照一定原则、方法对施工项目生产要素进行优化配置，并对配置状况进行评价。

（3）对施工项目的各生产要素进行动态管理。

5. 施工项目的合同管理

由于施工项目管理是在市场条件下进行的特殊交易活动的管理，这种交易活动从投标开始，并持续于项目管理的全过程，因此必须依法签订合同，进行履约经营。合同管理的好坏直接涉及项目管理及工程施工的技术经济效果和目标实现。因此要从招投标开始，加强工程承包合同的签订、履行管理。合同管理是一项执法、守法活动，涉及国内市场和国际市场，因此合同管理势必遵守国内和国际上有关法规和合同文本、合同条件，这一点在合同管理中应予高度重视。为了取得经济效益，还必须注意讲究方法和技巧，提供充分的证据来搞好索赔。

6. 施工项目的信息管理

现代化管理要依靠信息。施工项目管理是一项复杂的现代化的管理活动，更要依靠大量信息及对大量信息的管理。而信息管理又要依靠计算机进行辅助。所以，进行施工项目管理和施工项目目标控制、动态管理，必须依靠信息管理，并应用计算机进行辅助。需要特别注意信息的收集与储存，使本项目的经验和教训得到记录和保留，为以后的项目管理服务，故认真记录总结，建立档案及保管制度是非常重要的。

10.2　工程施工招标投标与施工合同

10.2.1　招标投标基本概念

工程招标投标是国际上广泛采用的达成工程建设交易的主要方式。实行招标投标的目的，在招标（发包）方，是为计划兴建的工程项目选择适当的承包单位，将全部工程或其中某一部分委托这个（些）单位负责完成，并且取得工程质量、工期、造价以及环境保护都令人满意的效果。在投标（承包）方，则是通过投标竞争，确定自己的生产任务和销售对象，使其本身的生产活动得到社会的承认，并从中获得利润。

招标投标的原则是鼓励竞争，防止垄断。《中华人民共和国招标投标法》规定：招标投标活动应当遵循公开、公平、公正和诚实信用的原则。

1. 工程招标范围

《中华人民共和国招标投标法》对工程建设项目招标总的范围有如下规定：

在中华人民共和国境内进行下列工程建设项目包括项目的勘察、设计、施工、监理以及与工程建设有关的重要设备、材料等的采购，必须进行招标：

(1) 大型基础设施、公用事业等关系社会公共利益、公众安全的项目；

(2) 全部或者部分使用国有资金投资或者国家融资的项目；

(3) 使用国际组织或者外国政府贷款、援助资金的项目。

前款所列项目的具体范围和规模标准，由国务院发展计划部门会同国务院有关部门制订，报国务院批准。

法律或者国务院对必须招标的其他项目的范围有规定的，依照其规定。

《工程建设项目施工招标投标办法》规定："在中华人民共和国境内进行工程施工招标投标活动，适用本办法。工程建设项目符合《工程建设项目招标范围和规模标准规定》(国家计委令第3号) 规定的范围和标准的，必须通过招标选择施工单位。任何单位和个人不得将依法必须进行招标的项目化整为零或者以其他任何方式规避招标。"在《工程建设项目招标范围和规模标准规定》规定，关系社会公共利益、公众安全的公用事业项目的范围包括：

(1) 供水、供电、供气、供热等市政工程项目；(2) 科技、教育、文化等项目；(3) 体育、旅游等项目；(4) 卫生、社会福利等项目；(5) 商品住宅，包括经济适用住房；(6) 其他公用事业项目。并且规定，达到下列标准之一的，必须进行招标：(1) 施工单项合同估算价在200万元人民币以上的；(2) 重要设备、材料等货物的采购，单项合同估算价在100万元人民币以上的；(3) 勘察、设计、监理等服务的采购，单项合同估算价在50万元人民币以上的；(4) 单项合同估算价低于第 (1)、(2)、(3) 项规定的标准，但项目总投资额在3000万元人民币以上的。

省、自治区、直辖市人民政府建设行政主管部门报经同级人民政府批准，可以根据实际情况，规定本地区必须进行工程施工招标的具体范围和规模标准，但不得缩小本办法确定的必须进行施工招标的范围。

2. 承包方式与分类

承包方式指工程发包方（一般即招标方）与承包方（一般即投标中标方）二者之间经济关系的形式。承包方式有多种多样，受承包内容和具体环境条件的制约，主要分类如图10-2所示。

10.2.2 工程招标

1. 招标程序

在中国，依法必须进行施工招标的工程，一般应遵循下列程序：

(1) 招标单位自行办理招标事宜的，应当建立专门的招标工作机构。该机构应当具有编制招标文件和组织评标的能力，有与工程规模、复杂程度相适应并具有同类工程施工招标经验、熟悉有关工程施工招标法律法规的工程技术、概预算及工程管理的专业人员。不具备这些条件的，应当委托具有相应资格的工程招标代理机构代理招标。

(2) 招标单位在发布招标公告或发出投标邀请书的5日前，向工程所在地县级以上地方人民政府建设行政主管部门备案，并报送下列材料：

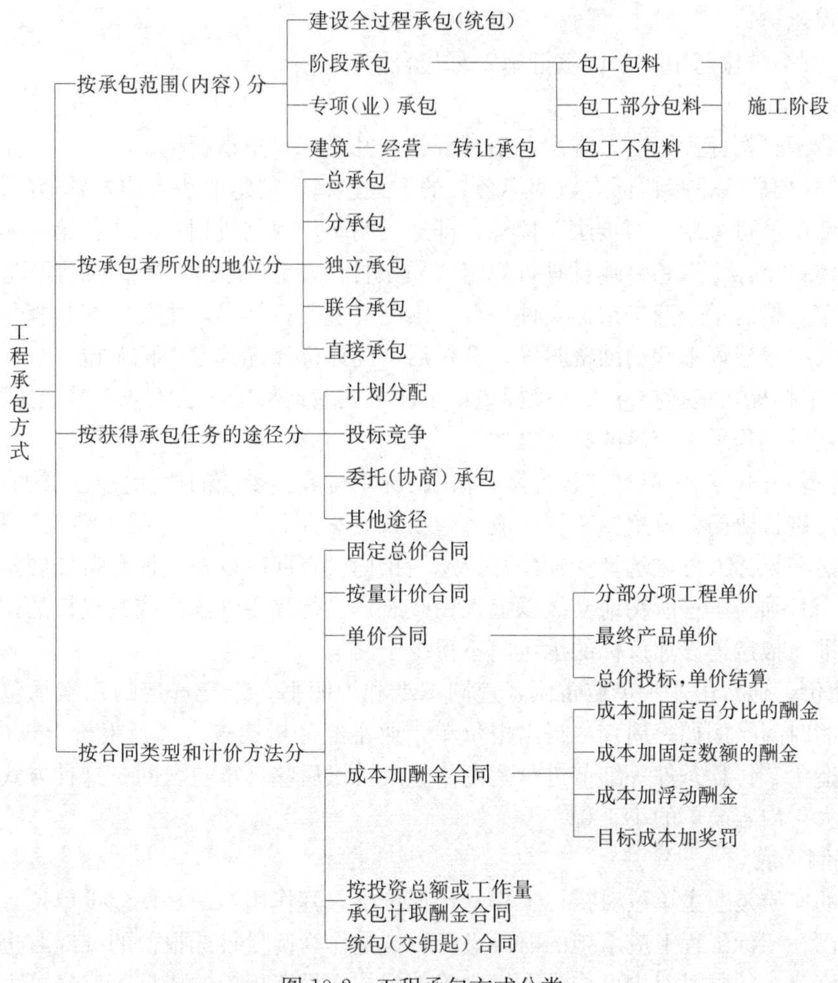

图 10-2　工程承包方式分类

1）按照国家有关规定办理审批手续的各项批准文件；

2）前条所列包括专业技术人员名单、职称证书或者执业资格证书及其工作经历等的证明材料；

3）法律、法规、规章规定的其他材料。

(3) 准备招标文件和标底，报建设行政主管部门审核或备案。

(4) 发布招标公告或发出投标邀请书。

(5) 投标单位申请投标。

(6) 招标单位审查申请投标单位的资格，并将审查结果通知申请投标单位。

(7) 向合格的投标单位分发招标文件。

(8) 组织投标单位踏勘现场，召开答疑会，解答投标单位就招标文件提出的问题。

(9) 建立评标组织，制订评标、定标办法。

(10) 召开开标会，当场开标。

(11) 组织评标，决定中标单位。

(12) 发出中标和未中标通知书，收回发给未中标单位的图纸和技术资料，退还投标保证金或保函。

（13）招标单位与中标单位签订施工承包合同。

2. 招标方式

（1）我国《招标投标法》规定，招标分为公开招标和邀请招标。

1）公开招标，是指招标人以招标公告的方式邀请不特定的法人或者其他组织投标。

在实践中，可采用“两步法”招标，即通过两个步骤完成招标工作：第一步，招标单位公开招请对招标工程感兴趣且具备规定资质条件的承包商报名参加资格预审；第二步，由资格预审合格的承包商按招标文件的要求编制并递交投标书，主要内容是报价和商务条件建议以及技术建议书和辅助资料等。开标后，经评标择优选定中标单位。

2）邀请招标，是指招标人以投标邀请书的方式邀请特定的法人或者其他组织投标。

（2）达成工程承包交易的其他方式

1）邀请协商。我国俗称“议标”，即由招标单位或其委托的招标代理机构直接邀请特定的承包商进行协商，就招标工程达成承包协议。采用议标方式，限于涉及专利权保护、仅有少数潜在投标人可供选择、经公开或邀请招标没有回应以及其他有特殊要求的少数工程项目，而且须经工程所在地县级以上人民政府建设行政主管部门或其授权的招标投标管理机构批准。被邀请参加议标的承包商不得少于两家。

2）比价。通常由业主单位备函，连同图纸和说明书，送交选定的几家承包商，请他们在约定的时间（例如一周）内提出报价单，业主经分析比较，选择报价合理的承包商，就工期、造价、付款条件等细节进行磋商，达成协议后签订承包合同。这种方式一般适用于规模不大、内容简单的小工程。

3. 编制标底

标底的实质是业主单位对招标工程的预期价格，其作用，一是使建设单位（业主）预先明确自己在招标工程上应承担的财务义务；二是作为衡量投标报价的准绳，也就是评标的主要尺度之一；同时，也可作为上级主管部门核实投资规模的依据。标底可由招标单位自行编制，也可委托招标代理机构或造价咨询机构编制。

（1）标底的编制原则

1）根据国家规定的工程项目划分、统一计量单位、统一计算规则以及施工图纸、招标文件、并参照国家编制的基础定额和国家、行业、地方规定的技术标准、规范，以及生产要素市场的价格，确定工程量和计算标底价格。

2）标底的计价内容、计算依据应与招标文件的规定完全一致。

3）标底价格应充分考虑各种措施费用，应力求与市场的实际变化吻合，要有利于竞争和保证工程质量。

4）招标人不得因投资原因故意压低标底价格。

5）一个工程只能编制一个标底，并在开标前保密。

（2）标底价格的确定

标底可按价格的类型区分，应根据招标图纸的深度、工程复杂程度、招标文件对投标报价的要求等进行选择。

1）如果招标图是施工图，标底应按施工图以及施工图预算为基础进行编制。

2）如果招标图是技术设计或扩大初步设计，标底应以概算为基础或以扩大综合定额为基础来编制。

3）如果招标时只有方案图或初步设计，标底可用概算指标或投资估算指标进行编制。

4）招标文件规定采用定额计价的，招标标底价根据拟建工程所在地的建设工程单位估价表或定额、工程项目计算类别、取费标准、人工、材料、机械台班的预算价格、政府的市场指导价等进行编制。

5）招标文件规定采用综合单价的（即单价中包括了所有费用），标底应采用综合单价计算。

6）国内项目，如果招标文件没有对工程量计算规则做出具体规定或部分未作具体规定的，可根据建设行政主管部门规定的工程量计算规则进行计算。定额中没有包含的项目，可根据建设工程造价管理部门定期颁布的市场指导价进行计算。

4. 开标、评标和决标

（1）开标

开标的方式通常有公开开标和秘密开标两种方式。前者是向所有投标者和公众保证其投标程序公平合理的最佳方式，而后者常见于有限招标。

按我国现行规定：开标应当在招标文件确定的提交投标文件截止时间的同一时间进行；开标地点应当为招标文件中预先确定的地点。开标由招标人主持，邀请所有投标人参加。

开标应按下列程序进行：由招标人或其推选的代表检查投标文件的密封情况，也可由招标人委托的公证机构进行检查并公证。经确认无误后，由有关工作人员当众拆封，宣读投标人名称、投标价格和投标文件的其他主要内容。招标人在招标文件要求提交投标文件的截止时间前收到的所有投标文件，开标时都应当当众予以拆封、宣读。

在开标时，投标文件出现下列情形之一的，应当作为无效投标文件，不得进入评标：1）投标文件未按照招标文件的要求予以密封的；2）投标文件中的投标函未加盖投标人的企业及企业法定代表人印章的，或者企业法定代表人委托代理人没有合法、有效的委托书（原件）及委托代理人印章的；3）投标文件的关键内容字迹模糊、无法辨认的；4）投标人未按照招标文件的要求提供投标保函或者投标保证金的；5）组成联合体投标的，投标文件未附联合体各方共同投标协议的。

开标过程应当记录，并存档备查。

（2）评标和决标

评标、决标是招标的决策阶段，是招标单位经过综合分析评比，确定最理想承包单位的过程。为此，评标、决标应遵循以下原则：

1）在评标、决标过程中应坚持客观性、真实性、掌握规律性，以克服主观性、片面性及盲目性。

2）应按评标、决标程序办事，如确定决标原则，对投标企业进行定量分析，按定量分析结果决标。以减少或避免评标、决标失误。

3）评标、决标必须做到真正不偏不倚，以平等原则对待各投标企业。排除行政干预、托人说情等各种干扰，坚持按评标、决标原则办事。

4）招标的核心是标价和工期。因此，在对投标标书的分析研究时，不但应看其是否符合招标要求，还要充分注意在标价与工期及合同主要条款承诺等方面是否合理，对中标后完成任务有无合理安排。

评标、决标通常有以下两种方法：

1）评分法。一般以工程报价、工期、保证质量措施、主要材料消耗量和企业信誉进行综合评分。在各项分数分配比例中，定量分应当相对大一些，如工程报价、工期分数应占总分数的60%以上。在各项分数分配基础上进行评议，达到招标文件规定的要求与条件者为满分，超出或达不到要求与条件者分别增分或减分。对各投标单位的评分应分别进行，计算各自得分后予以比较，综合得分最高者即为最后中标企业。

2）评议法。采用评标法评标、决标必须规定以下评标条件：

① 标价合理。不过高过低，接近标底为宜。

② 工期适当。满足招标文件中合理工期的要求。

③ 有保证质量与安全生产的措施。

④ 重要项目和技术复杂的构筑物的施工方案，大中型工程的施工组织设计先进合理，切实可行。

⑤ 投标企业有较好的社会信誉，如工程质量好，履约率高，施工管理水平高等，尤其对具国家或地方颁发过施工信誉、质量、管理等方面荣誉证书的投标企业可优先考虑。

（3）议标前谈判

业主根据评标报告所推荐的中标人名单，约请被推荐者进行决标前谈判，业主谈判的主要目的如下：

1）标书通过评审，虽然从总体上可以接受投标人的报价，但仍可能发现有某些不够合理之处，希望通过谈判压低报价额而成为正式合同价格；

2）发现标书中某些建议（包括技术建议或商务建议）是可以采纳的，有些可能是其他投标人的建议，业主希望备选的中标人也能接受，需要与其讨论这些建议的实施方案，并确定由于采纳建议而导致的价格变更；

3）进一步了解和审查备选中标人的施工规划和各项技术措施是否能保证工程质量和工期要求。

业主经过与几家备选中标人谈判后，最后确定中标人，并在报请有关主管部门批准后，向其发出中标通知书。

（4）授标

中标人接到授标通知书后，即成为该招标工程的施工承包商，应在规定时间内与业主签订施工合同。此时，业主和中标人还要进行议标后的谈判，将双方以前谈判过程中达成的协议具体落实到合同内，并最后签署合同。在决标后的谈判中，如果中标人拒签合同，业主有权没收其投标保证金，再与其他人签订合同。

业主与中标人签署施工合同后，对未中标的投标人也应当发出落标通知书，并退还其投标保证金。

10.2.3　工程投标

工程投标是承包企业按照招标条件与要求，编制投标书，交付招标单位，并等待开标，确定是否中标的行为。

1. 投标程序

工程施工投标的一般程序如图 10-3 所示。

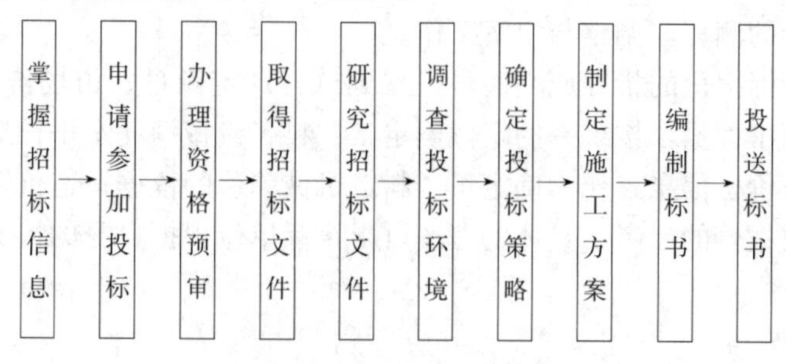

图 10-3　施工投标的一般程序

2. 调查投标环境与参加工程交底与答疑

工程项目施工的自然、经济和社会等条件往往是工程施工的制约因素，因此投标企业参加投标时，需要对投标环境进行充分的调查，其目的是为投标企业编制施工组织设计和报价的确定收集有关资料和提供决策依据。

调查的主要内容包括施工现场条件、当地气象条件、生产生活供应条件、专业分包能力等，对国际工程还应了解工程项目所在国的政治情况、经济条件、社会情况以及有关法律规定和市场情况。

调查的途径包括查阅各种报告资料、现场踏勘、参加工程交底和答疑等。

3. 编制投标工程施工组织设计

投标工程的施工组织设计是编制投标书的主要依据，也是计算投标报价的一个先决条件。编制施工组织设计的依据是，招标单位提供的招标文件及工程施工图纸和相应的技术资料；现场踏勘资料及有关的规范和有关施工管理的各项法规。

投标工程施工组织设计作为投标书的组成部分，在较短时间内不可能编制得很详细，但要讲究科学性，抓住重点，特别在保证工程质量和工期方面应对招标单位有吸引力，以利中标。

4. 投标报价

报价是投标全过程的核心，不仅是能否中标的关键，而且对中标后履行合同能否盈利和盈利多少，也在很大程度上起着决定性的作用。

报价范围为投标人在投标文件中提出要求支付的各项金额的总和。住房城乡建设部规定以工程量清单计价方式进行投标报价的，可以按照《建设工程工程量清单计价规范》GB 50500—2013 进行编制。报价的内容是建筑安装工程费的全部内容，即直接工程费、间接费、利润、税金及其政策性文件规定的费用等，但安全文明施工费、税金及规费不作为竞争性费用。

报价应做到如下几点基础工作：

（1）熟悉招标文件的内容和要求，对施工现场、市场进行认真的调查研究，了解本单位在投标项目上的工期和进度安排、准备采用的施工方法、主要的机械设备和现场临时设施等，编制切合实际的施工方案。

（2）精心核算各分部分项的工程量。

（3）认真做好各分部分项工程单价的分析。

(4) 确定现场经费、间接费率和预期利润率。

(5) 进行报价的测算，调整与定案工作。

目前，我国投标报价的指导原则逐步发展到试行“定额量、市场价、竞争费”，即按统一计算方法计算工程量，按统一的定额确定工、料、机械消耗水平；造价管理部门根据市场变化情况发布价格信息，作为确定工、料、机械单价的依据；造价管理部门发布的费率则作为投标单位报价的参考，具体的费率可由投标单位根据自身的情况自主确定，以提高竞争力。

5. 编制投标书

编制投标书是投标的关键性工作，标书质量对能否中标起着决定性的作用。

(1) 编制投标书主要依据

1) 招标文件，尤其是文件中的工程综合说明、技术要求、质量要求及工期要求等。

2) 工程设计图纸及有关技术资料。

3) 施工组织设计。

4) 有关报价定额。

5) 人工工日价格、材料价格、机械台班单价。

6) 各项取费标准。

7) 工期定额。

8) 有关施工及验收规范。

(2) 投标书主要内容

1) 投标书综合说明。

2) 按工程量写明单价、单项费用、工程总费用、主材的用量等。

3) 确保工程质量与安全的技术条件。

4) 施工组织与进度计划。

5) 计划开工与竣工日期及总工期的安排。

6) 施工方案与主要施工机具。

7) 合同主要条款的承诺等。

标书应按规定的格式填写，其内容应当齐全、字迹应清楚，数字要工整、准确、填妥后应详加复核，加盖投标单位与法人代表的印章后密封。标书必须在招标单位截止接受投标书日期之前送达招标单位。

投标企业除按招标文件等要求编制投标书外，还可以提出附加的建议方案（含修改设计、合同条款等），并做出相应报价与标书，同时密封送达招标单位，供招标单位参考。

投标企业在开标之前，如对已投出标书有修改补充，可以书面密封提交招标单位。这些修改补充，征得招标单位同意，即可供作标书的组成部分。

10.2.4 工程施工合同

签订工程施工合同是将招标确定的各项原则、任务和内容依据经济合同法及建筑安装工程承包合同条例，以合同的形式落实招标单位和中标的施工企业双方对完成拟建工程应负的责任和应享受的权利。

在签订合同时，如因不可预见的客观因素必须调整或改变中标内容时，应报经定标单位审查同意，并通知建设银行。当改变过多而不能协商解决的，可重新组织招标。

施工合同是由主体、客体与内容三部分组成。签订合同的主体即施工合同的当事人，是与施工合同有直接关系的人，也即合同的权利与义务的承担者。施工合同的当事人是指在民事活动中具有平等地位的工程发包人和承包人，在施工合同内必须按照发包人和承包人的法定名称写于合同首端。

施工合同的客体即工程内容和范围，是合同的标的物，亦即签订合同当事人权利和义务所指向的对象，作为水工程施工合同也就是工程对象。施工合同内的工程内容与范围，应按不同类别工程书写清楚。如城市供水管道工程，应写明管道材质，分段管径起点与终点所在位置，管道总长度，分段长度，覆土深度，是否包括闸门井、水表井等管道附属构筑物及穿越何种障碍物等。

施工合同的具体条款，即签订合同的当事人之间的具体权利和义务。根据工程大小，结构繁简，内容多少，合同具体条款也有多有少。

我国现行工程施工合同由协议书、通用条款、专用条款三部分和承包人承揽工程项目一览表、发包人供应材料设备一览表、工程质量保修书等附件组成，参见有关合同的规定。

国际工程承包市场则广泛采用国际咨询工程师联合会（FIDIC）制定的《土木工程施工合同条件》，其特点是合同涉及业主、承包商和工程师三方。业主和承包商之间签订施工合同；工程师（在我国称监理工程师）受业主委托，根据合同条件监督承包商在承包项目上的活动，对工程质量、进度和拨款实行控制。

10.3　施工项目目标控制

10.3.1　施工项目目标控制的任务和措施

施工项目控制的目的是排除干扰，实现合同目标。因此，可以说施工项目控制是实现施工目标的手段。

施工项目控制的任务是进行进度控制、质量控制、成本控制、安全控制和现场控制，这就是五大目标控制。这五项目标，是施工项目的约束条件，也是施工效益的象征。目标控制的任务和方法见表 10-1。

施工项目目标控制的任务　　**表 10-1**

控制目标	主要控制任务
进度控制	使施工顺序合理，衔接关系适当，均衡、有节奏施工，实现计划工期，提前完成合同工期
质量控制	使分部分项工程达到质量检验评定标准的要求，实现施工组织中保证施工质量的技术组织措施和质量等级，保证合同质量目标等级的实现
成本控制	实现施工组织设计的降低成本措施，降低每个分项工程的直接成本，实现项目经理部成本目标，实现公司利润目标及合同造价
安全控制	实现施工组织设计的安全设计和措施，控制劳动者、劳动手段和劳动对象，控制环境，实现安全目标，使人的行为安全，物的状态安全，断绝环境危险源
施工现场控制	科学组织施工，使场容场貌、料具堆放与管理、消防保卫、环境保护及职工生活均符合规定要求

施工项目目标控制的全过程也就是施工项目管理的全过程，它包括事先控制、事中控制和事后控制。

施工项目的控制措施有合同措施、组织措施、经济措施和技术措施等。

（1）合同措施：施工项目的控制目标根据工程承包合同产生，又用责任承包合同落实到项目经理部。项目经理部通过签订劳务承包合同落实到作业班组。因此，合同措施在施工项目事前控制中发挥着重要作用。在事中控制时，施工项目目标的控制全部按合同办事，当发现某种行为偏离合同这个“标准”时，便立即会受到约束，使之恢复正常。

（2）组织措施：组织是项目管理的载体，是目标控制的依托，是控制力的源泉。组织措施在制定目标、协调目标的实现、目标检查等环节都可发挥十分活跃的能动作用。

（3）经济措施：经济是施工项目管理的保证，是目标控制的基础。目标控制中的资源配置和动态管理，劳动分配和物质激励，都对目标控制产生作用。说到底，经济措施就是节约措施。

（4）技术措施：施工项目目标控制中所用的技术措施有两类；一类是硬技术，即工艺（作业）技术；一类是软技术，即管理技术。

10.3.2　进度控制

1. 施工进度计划形式的选择

施工项目实施阶段的进度控制的“标准”是施工进度计划。施工进度计划是表示施工项目中各个单位工程或各分项工程的施工顺序、开竣工时间以及相互衔接关系的计划。编制施工进度计划的关键之一是计划形式的选择。即根据工程项目管理的要求和特点进行选择。施工进度计划的形式主要有横道计划和网络计划（详见第12章）。

2. 施工进度计划的实施

实施施工进度计划，要做好三项工作，即编制月（旬）作业计划和施工任务书；做好记录掌握现场施工实际情况；做好调度工作。现分述如下。

（1）编制月（旬）作业计划和施工任务书

施工组织设计中编制的施工进度计划，是按整个项目（或单位工程）编制的，也带有一定的控制性，但还不能满足施工作业的要求。实际作业时是按月（旬）作业计划和施工任务书执行的，故应进行认真编制。

月（旬）作业计划除依据施工进度计划编制外，还应依据现场情况及月（旬）的具体要求编制。月（旬）计划以贯彻施工进度计划、明确当期任务及满足作业要求为前提。

施工任务书既是一份计划文件，也是一份核算文件，又是原始记录。它把作业计划下达到班组进行责任承包，并将计划执行与技术管理、质量管理、成本核算、原始记录、资源管理等融合为一体，是计划与作业的连接纽带。

（2）做好记录，掌握现场施工实际情况

在施工中，如实记载每项工作的开始日期、工作进程和结束日期，可为计划实施的检查、分析、调整、总结提供原始资料。要求跟踪记录，如实记录，并借助图表形成记录文件。

（3）做好调度工作

调度工作主要对进度控制起协调作用。调度工作的内容包括：检查作业计划执行中的问题，找出原因，并采取措施解决；督促供应单位按进度要求供应资源；控制施工现场临时设施的使用；按计划进行作业条件准备；传达决策人员的决策意图；发布调度令等。要求调度工作做得及时、灵活、准确、果断。

3. 施工进度的检查

施工进度的检查与进度计划的执行是融汇在一起的。计划检查是计划执行信息的主要来源，是施工进度调整和分析的依据，是进度控制的关键步骤。

进度计划的检查方法主要是对比法，即实际进度与计划进度进行对比，从而发现偏差，以便调整或修改计划。最好是在图上对比。故计划图形的不同便产生了多种检查方法，包括：横道计划检查法、网络计划检查法、实际进度前锋线法、切割线法和“S”形曲线法等。

4. 进度计划的调整

（1）进度计划调整的最有效方法是利用网络计划。调整的内容包括：关键线路长度的调整、非关键工作时差的调整、增减工作项目、调整逻辑关系、重新估计某些工作的持续时间、对资源的投入做局部调整等。

（2）当关键线路的实际进度比计划进度提前时，若不宜缩短工期，应选择资源占用量大、或直接费用高的后续关键工作，适当延长其持续时间以降低资源强度或费用；若要提前完成计划，则应将计划的未完成部分作为一个新计划，重新调整，按新计划实施。

（3）当关键线路的实际进度比计划进度落后时，应在未完成线路中选择资源强度小或费用率低的关键工作，缩短其持续时间，并把计划的未完部分作为一个新计划，按工期优化方法进行调整。

（4）非关键工作时差的调整，应在时差长度范围内进行。途径有三：一是延长工作持续时间以降低资源强度；二是缩短工作持续时间以填充资源低谷；三是移动工作的始末时间以使资源均衡。

（5）增减工作项目应不打乱原网络计划的逻辑关系，并重新计算时间参数，分析其对原网络计划的影响。

（6）只有当实际情况要求改变施工方法或组织方法时，才可进行逻辑关系调整，且不应影响原计划工期。

（7）当发现某些工作的原计划持续时间有误或实现条件不充分时，可重新估算持续时间，并计算时间参数。

（8）当资源供应发生异常时，应采取资源优化方法对计划进行调整或采取应急措施，使其对工期影响最小。

10.3.3　质量控制

1. 施工项目质量目标控制的依据

施工项目质量目标控制的依据包括技术标准和管理标准。技术标准包括：工程设计图纸及说明书，工程施工及验收规范，本地区及企业自身的技术标准和规程，施工合同中规定采用的有关技术标准。管理标准有：企业主管部门有关质量工作的规定，本企业的质量管理制度及有关质量工作的规定，项目经理部与企业签订的责任状及企业与业主签订的合同，施工组织设计等等。

进行质量控制，必须按GB/T 19000或ISO 9000系列标准建立质量体系，为质量控制提供组织保证。应积极创造条件，通过质量体系认证。

2. 施工质量控制的程序

施工质量控制程序如图10-4所示。可见施工质量控制每前进一步，都要经过检查，检查活动相当于一个测量器，不合格的必须重做，或返工，或修补，完成后再检查，直至通过（合格）。每次反馈的具体位置，要看问题的性质而定。

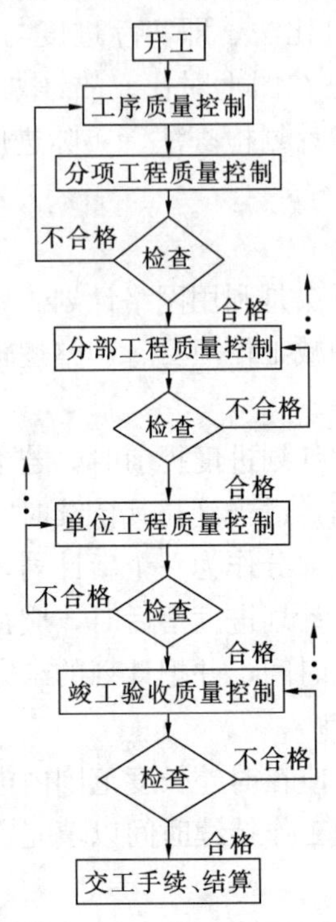

图10-4　施工质量控制程序

施工全过程的质量控制是一个系统，包括投入生产要素的质量控制、施工及安装工艺过程的质量控制和最终产品的质量控制。图10-5表示，工程施工是一个物质生产过程，施工阶段的质量控制范围，包括影响工程质量5个方面的要素，即4M1E，指人、材料、机械、方法和环境，它们形成一个系统，要进行全面的质量控制。

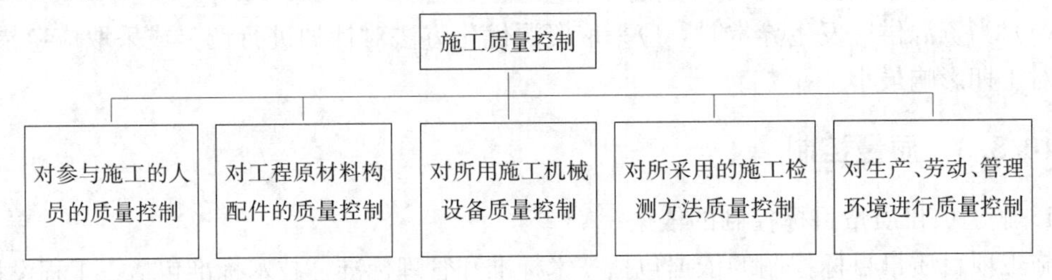

图10-5　质量因素的全面控制

3. 施工质量控制方法

施工质量控制方法非常丰富。主要方法如图10-6所示。

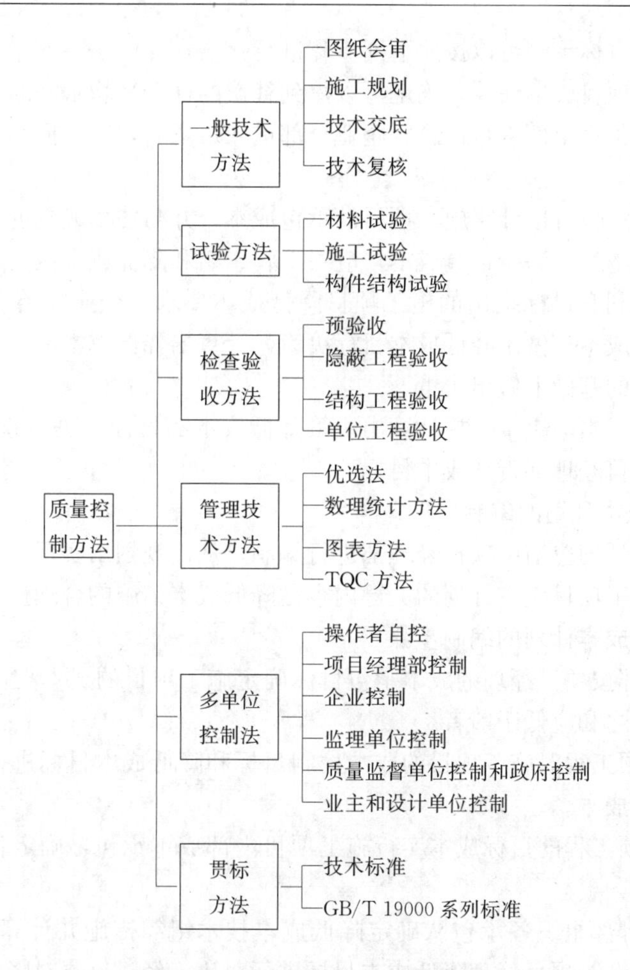

图 10-6　质量控制方法系统图

10.3.4　成本控制

1. 施工项目成本控制的概念

施工项目成本是施工企业为完成施工项目的建筑安装工程任务所耗费的各项生产费用的总和，它包括施工过程中所消耗的生产资料转移价值及以工资补偿费形式分配给劳动者个人消费的那部分活劳动消耗所创造的价值。

施工项目成本控制，就是在其施工过程中，运用必要的技术与管理手段对物化劳动和活劳动消耗进行严格组织和监督的一个系统过程。施工企业应以施工项目成本控制为中心进行成本控制。

施工项目成本控制的全过程包括施工项目成本预测、成本计划的编制、成本计划实施、成本核算和成本分析等主要环节，而以成本计划的实施为关键环节。

2. 施工项目成本控制目标的预测

施工项目成本目标预测的依据包括：施工企业的利润目标对企业降低工程成本的要求；施工项目的合同价格；施工项目成本估算（概算或预算）；施工企业同类施工项目的降低成本水平等。

施工项目成本目标预测可以按照下列步骤进行：

(1) 进行施工项目成本估算，确定可以得到补偿的社会平均水平的成本。目前，主要是根据概算定额或预算定额进行计算。企业全部进入市场后，应根据实物估价法进行科学计算。

(2) 根据合同承包价格计算施工项目的承包成本，并与估算成本进行比较。一般承包成本应低于估算成本。如高于估算成本，应对工程索赔和降低成本做出可行性分析。

(3) 根据企业利润目标提出的施工项目降低成本要求，企业同类工程的降低成本水平，以及合同承包成本，做出降低成本目标决策，计算出降低成本率，对降低成本率水平进行评估，在评估的基础上做出决策。

(4) 根据降低成本率决策目标计算出决策降低成本额目标和决策施工项目成本目标，在此基础上走出项目经理部责任成本目标。

3. 施工项目成本计划的编制

施工项目成本计划应当由项目经理部进行编制，从而规划出实现项目经理成本承包目标的实施方案。施工项目成本计划的关键内容是降低成本措施的合理设计。

(1) 施工项目成本计划的编制步骤

1) 项目经理部按项目经理的成本承包目标确定施工项目的成本控制目标和降低成本控制目标，后两者之和应低于前者。

2) 按分部分项工程对施工项目的成本控制目标和降低成本目标进行分解，确定各分部分项工程的目标成本。

3) 按分部分项工程的目标成本实行施工项目内部成本承包，确定各承包队的成本承包责任。

4) 由项目经理部组织各承包队确定降低成本技术组织措施并计算其降低成本效果，编制降低成本计划，与项目经理降低成本目标进行对比，经过反复对降低成本措施进行修改而最终确定降低成本计划。

5) 编制降低成本技术组织措施计划表，降低成本计划表和施工项目成本计划表。

(2) 降低施工项目成本的技术组织措施设计

1) 降低成本的措施要从技术方面和组织方面进行全面设计。技术措施要从施工作业所涉及的生产要素方面进行设计，以降低生产消耗为宗旨。组织措施要从经营管理方面，尤其是施工管理方面进行筹划，以降低固定成本，消灭非生产性损失，提高生产效率和组织管理效果为宗旨。降低成本是一个综合性指标，不能从单方面考虑，而应当从企业运行机制的全方位着眼。

2) 从费用构成的要素方面考虑，首先应降低材料费用。因为材料费用占工程成本的大部分，其降低成本的潜力最大。而降低材料费用首先应抓住关键性的A类材料，因为它们的品种少，而所占费用比例大，故不但容易抓住重点，而且易见成效。降低材料费用最有效的措施是改进设计或采用代用材料，它比改进施工工艺更有效，潜力更大。而在降低材料成本措施的设计中，ABC分类法和价值分析法的应用，可以提供有效的科学手段。

3) 降低机械使用费的主要途径是制订提高机械利用率和机械效率，以充分发挥机械生产能力的措施。因此，科学的机械使用计划和完好的机械状态是必须重视的。随着施工机械化程度的不断提高，降低机械使用费的潜力也越来越大。因此，必须做好施工机械使用的技术经济分析。

4）降低人工费用的根本途径是提高劳动生产率。提高劳动生产率必须通过提高生产工人的劳动积极性实现。提高工人劳动积极性则与适当的分配制度、激励办法、责任制及思想工作有关，要正确应用行为科学的理论。

5）降低间接成本的途径一是由各业务部门进行费用节约承包；二是缩短工期。

6）必须重视降低质量成本的措施计划。施工项目质量成本包括内部质量损失成本、外部质量损失成本、质量预防成本与质量鉴定成本。降低质量成本的关键是内部质量损失成本，而其根本途径是提高工程质量，避免返工和修补。

（3）降低成本计划的编制必须以施工项目管理规划为基础

在施工项目管理规划中，必须有降低成本措施设计。其施工进度计划所设计的工期，必须与成本优化相结合。施工总平面图无论对施工准备费用支出或施工中的经济性都有重大影响。因此，施工项目管理规划既要做出技术规划，也要做出成本规划。只有在施工项目管理规划基础上编制的成本计划，才是有可靠基础的、可操作的成本计划，也是考虑缜密的成本计划。

4. 施工项目成本的动态控制

施工项目成本计划执行中的控制环节包括：施工项目计划成本责任制的落实，施工项目成本计划执行情况的检查与协调，施工项目成本核算等。

（1）落实施工项目计划成本责任制

成本计划确定以后，就要按计划的要求，采用目标分解的办法，由项目经理部分配到各职能人员、单位工程承包班子和承包班组，签订成本承包责任状（或合同）。然后由各承包者提出保证成本计划完成的具体措施。确保成本承包目标的实现。

（2）加强成本计划执行情况的检查与协调

项目经理部应定期检查成本计划的执行情况，并在检查后及时分析，采取措施，控制成本支出，保证成本计划的实现。

1）项目经理部应根据承包成本和计划成本，绘制月度成本折线（图 10-7）。在成本计划实施过程中，按月在同一图上打点，形成实际成本折线，如图 10-7 所示。该图不但可以看出成本发展动态，还可用以分析成本偏差。成本偏差有三种：

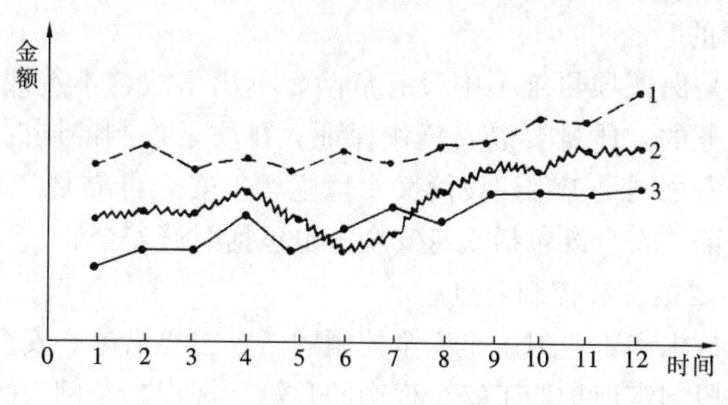

图 10-7　成本控制折线图

1—承包成本；2—计划成本；3—实际成本

实际偏差=实际成本−承包成本

计划偏差=承包成本−计划成本

目标偏差=实际成本−计划成本

应尽量减少目标偏差，目标偏差越小，说明控制效果越好。目标偏差为计划偏差与实际偏差之和。

2）根据成本偏差，用因果分析图分析产生的原因，然后设计纠偏措施，制定对策，协调成本计划。对策要列成对策表，落实执行责任，见表10-2。对责任的执行情况应进行考核。

成本控制纠偏对策表　　表10-2

计划成本	实际成本	目标偏差	解决对策	责任人	最终解决时间
⋮	⋮	⋮	⋮	⋮	⋮

5. 加强施工项目成本核算

建立施工项目成本核算制是当前施工项目管理的中心课题。用制度规定成本核算的内容并按规定程序进行核算，是成本控制取得良好效果的基础和手段。成本核算的信息关系如图10-8所示。

6. 施工项目成本分析

施工项目成本分析的目的是找出成本升降的原因，总结项目管理经验，制订切实可行的改进措施，不断提高成本管理水平。成本分析既要贯穿于施工的全过程，服务于成本形成的过程，又要在施工后进行一次性分析，做出成本控制效果的判断，为以后的成本控制提供经验，这就是成本的事后控制。施工项目竣工后的成本分析包括：施工项目成本综合分析、单位工程成本分析和单项费用分析。成本分析的方法有比较法、差额分析法、连环替代法等。

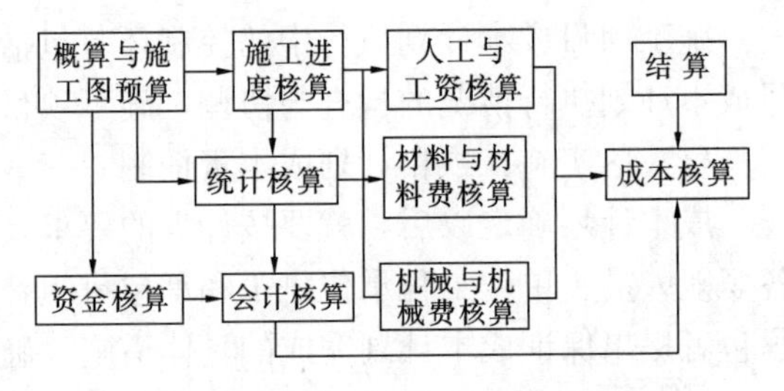

图10-8　成本核算信息关系图

10.3.5　安全控制

1. 安全控制的目的

安全控制的目的是保证项目施工中没有危险、不出事故、不造成人身伤亡和财产损失。安全是为质量服务的，质量要以安全作保证。在质量控制的同时，必须加强安全控制。工程质量和施工安全同是工程建设两大永恒主题。安全可靠是产品质量的重要特性。质量和安全要相互保证。安全既包括人身安全，也包括财产安全。

2. 安全控制的主要措施和控制要点

安全法规、安全技术和工业卫生是安全控制的三大主要措施。安全法规也称劳动保护法规，是用立法的手段制定保护职工安全生产的政策、规程、条例、制度。安全技术指在施工过程中为防止和消除伤亡事故或减轻繁重劳动所采取的措施。工业卫生是在施工过程中为防止高温、严寒、粉尘、噪声、振动、毒气、废液、污染等对劳动者身体健康的危害采取的防护和医疗措施。该三大措施与控制对象和控制内容的关系是：安全法规侧重于对劳动者的管理、约束劳动者的不安全行为，因此其主要控制内容是安全生产责任制、安全教育、安全事故的调查与处理。安全技术侧重于劳动对象和劳动手段的管理，消除、减弱物的不安全状态，其主要控制内容是安全检查和安全技术管理。工业卫生侧重于环境的管理，以形成良好的劳动条件，主要控制内容也是安全检查和安全技术管理。上述的控制对象（人、物、环境），构成了安全施工体系，安全控制管人、管物、管环境。

安全控制要点包括：

（1）进行安全立法、执法和守法；

（2）建立施工项目安全组织系统；

（3）广泛深入地进行安全教育，提高安全意识和安全操作技能；

（4）采用安全技术组织措施，其中包括技术措施和组织措施；

（5）积极开展安全防护和安全施工的研究，开发劳动保护和事故预防的新途径；

（6）加强安全检查和考核，及时推广经验和解决问题，提高安全施工水平；

（7）实行项目经理安全责任制，严格遵守安全纪律等。

10.3.6　施工现场控制

施工项目现场指从事工程施工活动经批准占用的施工场地。该场地既包括红线以内占用的建筑用地和施工用地，又包括红线以外现场附近经批准占用的临时施工用地。它的控制是指对这些场地如何科学安排，合理使用，并与各种环境保持协调关系。

1. 工程施工现场控制的内容

（1）合理规划施工用地

首先要保证场内占地的合理使用。当场内空间不充分时，应会同建设单位按规定向规划部门和公安交通部门申请，经批准后才能获得并使用场外临时施工用地。

（2）在施工组织设计中，科学地进行施工总平面设计

施工组织设计是工程施工现场管理的重要内容和依据，尤其是施工总平面设计，目的就是对施工场地进行科学规划，以合理利用空间。在施工总平面图上，临时设施、大型机械；材料堆场、物资仓库、构件堆场、消防设施、道路及进出口、加工场地、水电管线、周转使用场地等，都应各得其所，关系合理合法，从而呈现出现场文明，有利于安全和环境保护，有利于节约，方便于工程施工。

（3）根据施工进展的具体需要，按阶段调整施工现场的平面布置

不同的施工阶段，施工的需要不同，现场的平面布置亦应进行调整。当然，施工内容变化是主要原因；另外分包单位也随之变化，他们也对施工现场提出新的要求。因此，不应当把施工现场当成一个固定不变的空间组合，而应当对它进行动态的管理和控制，但是调整也不能太频繁，以免造成浪费。一些重大设施应基本固定，调整的对象应是耗费不大的规模小的设施，或功能失去作用的设施，代之以满足新需要的设施。

（4）加强对施工现场使用的检查

现场管理人员应经常检查现场布置是否按平面布置图进行，是否符合各项规定，是否满足施工需要，还有哪些薄弱环节，从而为调整施工现场布置提供有用的信息，也使施工现场保持相对稳定，不被复杂的施工过程打乱或破坏。

（5）建立文明的施工现场

文明施工现场即指按照有关法规的要求，使施工现场和临时占地范围内秩序井然，文明安全，环境得到保持，绿地树木不被破坏，交通畅达，文物得以保存，防火设施完备，居民不受干扰，场容和环境卫生均符合要求。建立文明施工现场有利于提高工程质量和工作质量，提高企业信誉。为此，应当做到主管挂帅，系统把关，普遍检查，建章建制，责任到人，落实整改，严明奖惩。

2. 施工项目现场控制的方法

各种管理方法都可以根据综合管理的需要在现场管理中选用。有三类方法应特别引起重视：一是标准化管理方法，即按标准和制度进行现场管理，使管理程序标准化、管理方法标准化、管理效果标准化、场容场貌标准化、考核方法标准化等。二是核算方法，即搞好施工现场的业务核算、统计核算和会计核算，实行三种核算的统一，使完成的工程量、工作量和工程成本三者统一。三是检查和考核方法，即在施工现场的全生命周期内，不断检查实际情况，与计划或标准进行对比，找出差距，改进管理工作。根据实际情况进行评价，考核管理情况，表扬先进，推动后进，促进管理水平的不断提高。

10.4 施工项目生产要素管理

施工项目的生产要素是指生产力作用于施工项目的有关要素，主要包括劳动力、材料、机械设备、技术和资金等。加强施工项目管理，必须对施工项目的生产要素认真研究，强化其管理。施工项目的生产要素管理的根本意义在于节约活化劳动和物化劳动。

10.4.1 施工项目劳动管理

施工项目劳动管理是项目经理部把参加施工项目生产活动的人员作为生产要素，对其所进行的劳动、劳动计划、组织、控制、协调、教育、激励等项工作的总称。其核心是按照施工项目的特点和目标要求，合理地组织、使用和管理劳动力，培养提高劳动者素质，激发劳动者的积极性与创造性，提高劳动生产率，全面完成工程合同，获取更大效益。

施工项目劳动组织管理的内容见表10-3。

施工项目劳动组织管理的内容　　表10-3

管理方式	内容
对外包、分包劳务的管理	·认真签订和执行合同，并纳入整个施工项目管理控制系统，及时发现并协商解决问题，保证项目总体目标实现 ·对其保留一定的直接管理权，对违纪不适宜工作的工人，项目管理部门拥有辞退权，对贡献突出者有特别奖励权 ·间接影响劳务单位对劳务的组织管理工作，如工资奖励制度、劳务调配等 ·对劳务人员进行上岗前培训并全面进行项目目标和技术交底工作
由项目管理部门直接组织的管理	·严格项目内部经济责任制的执行，按内部合同进行管理 ·实施先进的劳动定额、定员，提高管理水平 ·组织与开展劳动竞赛，调动职工的积极性和创造性 ·严格职工的培训、考核、奖惩 ·加强劳动保护和安全卫生工作，改善劳动条件，保证职工健康与安全生产 ·抓好班组管理，加强劳动纪律

续表

管理方式	内　　容
与企业劳务管理部门共同管理	·企业劳务管理部门与项目经理部通过签订劳务承包合同承包劳务，派遣作业队完成承包任务 ·合同中应明确作业任务及应提供的计划工日数和劳动力人数、施工进度要求及劳务进退场时间、双方的管理责任、劳务费计取及结算方式、奖励与罚款等 ·企业劳务部门的管理责任是：包任务量完成，包进度、质量、安全、节约、文明施工和劳务费用 ·项目经理部的管理责任是：在作业队进场后，保施工任务饱满和生产的连续性、均衡性；保物资供应、机械配套；保各项质量、安全防护措施落实；保及时供应技术资料；保文明施工所需的一切费用及设施 ·企业劳务管理部门向作业队下达劳务承包责任状 ·承包责任状根据已签订的承包合同建立，其内容主要有： （1）作业队承包的任务及计划安排 （2）对作业队施工进度、质量、安全、节约、协作和文明施工的要求 （3）对作业队的考核标准、应得的报酬及上缴任务 （4）对作业队的奖罚规定

10.4.2　施工项目材料管理

施工项目材料管理是项目经理部为顺利完成工程项目施工任务，合理使用和节约材料，努力降低材料成本所进行的材料计划、订货采购、运输、库存保管、供应、加工、使用、回收等一系列的组织和管理工作。

施工项目现场材料管理的内容见表 10-4。

施工项目现场材料管理的内容　　表 10-4

材料管理环节	内　　容
材料消耗定额	·应以材料施工定额为基础，向基层施工队、班组发放材料，进行材料核算 ·要经常考核和分析材料消耗定额的执行情况，着重于定额与实际用料的差异，非工艺损耗的构成等，及时反映定额达到的水平和节约用料的先进经验，不断提高定额管理水平 ·应根据实际执行情况积累和提供修订和补充材料定额的数据
材料进场验收	·根据现场平面布置图，认真做好材料的堆放和临时仓库的搭设。要求做到方便施工、避免或减少场内二次运输 ·在材料进场时，根据进料计划、送料凭证、质量保证书或产品合格证，进行数量、质量的把关验收 ·材料的验收工作，要按质量验收规范和计量检测规定进行 ·验收要求严格，实行验品种、验规格、验质量、验数量的“四验”制度 ·验收时要做好记录，办理验收手续 ·对不符合计划要求或质量不合格的材料，应拒绝验收
材料储存与保管	·进库的材料领验收后入库，并建立台账 ·现场堆放的材料，必须有必要的防火、防盗、防雨、防变质、防损坏措施 ·现场材料要按平面布置图定位放置、保管处置得当、合乎堆放保管制度 ·对材料要做到日清、月结、定期盘点、账物相符

续表

材料管理环节	内容
材料领发	·严格限额领发料制度，坚持节约预扣，余料退库。收发料具要及时入账上卡，手续齐全 ·施工设施用料，以设施用料计划进行总控制，实行限额发料 ·超限额用料时，须事先办理手续，填限额领料单，注明超耗原因，经批准后，方可领发材料 ·建立领发料台账，记录领发状况和节用状况
材料使用监督	·组织原材料集中加工，扩大成品供应。要求根据现场条件，将混凝土、钢筋、木材、石灰、玻璃、油漆、砂、石等不同程度地集中加工处理 ·坚持按分部工程或按层数分阶段进行材料使用分析和核算，以便及时发现问题，防止材料超用 ·现场材料管理责任者应对现场材料使用进行分工监督、检查 ·是否认真执行领发料手续，记录好材料使用台账 ·是否按施工场地平面图堆料，按要求的防护措施保护材料 ·是否按规定进行用料交底和工序交接 ·是否严格执行材料配合比，合理用料 ·是否做到工完场清，要求“谁做谁清，随做随清，操作环境清，工完场地清” ·每次检查都要做到情况有记录，原因有分析，明确责任，及时处理
材料回收	·回收和利用废旧材料，要求实行变旧（废）领新、包装回收、修旧利废 ·施工班组必须回收余料，及时办理退料手续，在领料单中登记扣除 ·余料要造表上报，按供应部门的安排办理调拨和退料 ·设施用料、包装物及容器等，在使用周期结束后组织回收 ·建立回收台账，处理好经济关系
周转材料现场管理	·按工程量、施工方案编报需用计划 ·各种周转材料均应按规格分别整齐码放，垛间留有通道 ·露天堆放的周转材料应有规定限制高度，并有防水等防护措施 ·零配件要装入容器保管，按合同发放，按退库验收标准回收，作好记录 ·建立维修制度 ·周转材料需报废时，应按规定进行报废处理

10.4.3 施工项目机械设备管理

施工项目机械设备管理是指项目经理部针对所承担施工项目的具体情况，运用科学方法优化选择和配备施工机械设备，并在生产过程中合理使用，进行维修保养等各项管理工作。

施工项目机械设备选择的依据是：施工项目的施工条件、工程特点、工程量多少和工期要求等。选择的原则主要是：要适用于项目施工的要求，使用安全可靠、技术先进、经济合理。选择的方法有：综合评分法、单位工程量成本比较法、折算费用法（等值成本法）等。

10.4.4 施工项目技术管理

施工项目技术管理是项目经理部在项目施工过程中对各项技术活动过程和技术工作的

各种要素进行科学管理的总称。

施工项目技术管理的主要工作见表 10-5。

施工项目技术管理的主要工作　　表 10-5

主要技术工作	摘　　要
图纸会审	·会审图纸有建设单位或其委托的监理单位、设计单位和施工单位三方代表参加 ·由监理单位（或建设单位）主持，先由设计单位介绍设计意图和图纸、设计特点、对施工的要求。然后，由施工单位提出图纸中存在的问题和对设计单位的要求，通过三方讨论与协商，解决存在的问题，写出会议纪要，交给设计人员，设计人员将纪要中提出的问题通过书面的形式进行解释或提交设计变更通知书 ·图纸审查的内容包括： （1）是否是无证设计或越级设计，图纸是否经设计单位正式签署 （2）地质勘探资料是否齐全 （3）设计图纸与说明是否齐全 （4）设计地震烈度是否符合当地要求 （5）几个单位共同设计的，相互之间有无矛盾；专业之间平、立、剖面图和工艺图之间是否有矛盾；标高是否有遗漏 （6）总平面与施工图的几何尺寸、平面位置、标高等是否一致 （7）防火要求是否满足 （8）各专业图纸是否有差错及矛盾；表示方法是否清楚，是否符合制图标准；预埋件是否表示清楚；是否有钢筋明细表，钢筋锚固长度与抗震要求等 （9）施工图中所列各种标准图册施工单位是否具备，如无，如何取得 （10）建筑材料来源是否有保证 （11）地基处理方法是否合理，是否存在不能施工、不便于施工，容易导致质量、安全或经费等方面的问题 （12）工艺管道、电气线路、运输道路与各筑物之间有无矛盾，管线之间的关系是否合理 （13）施工安全是否有保证
施工组织设计	详见第 13 章
技术交底	·技术交底必须满足施工规范、规程、工艺标准、质量检验评定标准和建设单位的合理要求 ·整个工程施工、各分部分项工程、特殊和隐蔽工程、易发生质量事故与工伤事故的工程部位均须认真作技术交底 ·技术交底必须以书面形式进行，经过检查与审核，有签发人、审核人、接受人的签字 ·所有的技术交底资料，都要列入工程技术档案 ·由设计单位的设计人员向施工项目技术负责人交底的内容： （1）设计文件依据：上级批文、规划准备条件、人防要求、建设单位的具体要求及合同 （2）建设项目所处规划位置、地形、地貌、气象、水文地质、工程地质、地震烈度等 （3）施工图设计依据：包括初步设计文件，市政、规划、公用部门和其他有关部门（如绿化、环卫、环保等）的要求，主要设计规范，甲方供应及市场上供应的材料、设备情况等 （4）设计意图：包括设计思想，设计方案比较情况等 （5）施工时应注意事项：包括基础施工要求、主体结构设计采用新结构、新工艺和新材料等对施工提出的要求

续表

主要技术工作	摘　　要
技术交底	·施工项目技术负责人向下级技术负责人交底的内容： (1) 工程概况一般性交底 (2) 工程特点及设计意图 (3) 施工方案 (4) 施工准备要求 (5) 施工注意事项，包括地基处理、主体结构施工、设备和工艺管道安装工程的注意事项及工期、质量、安全等 ·应按工程分部、分项进行交底，内容包括：设计图纸具体要求；施工方案实施的具体技术措施及施工方法；土建与其他专业交叉作业的协作关系及注意事项；各工种之间协作与工序交接质量检查；设计要求；规范、规程、工艺标准；施工质量标准及检验方法；隐藏工程记录、验收时间及标准；成品保护项目、办法与制度、施工安全技术措施 ·工长向班组长交底，主要利用下达施工任务书的时候进行分项工程操作交底
技术措施计划	·依据施工组织设计和施工方案编制，总公司编制年度技术措施纲要、分公司编制年度和季度技术措施计划，项目经理部编制月度技术措施作业计划，并计算其经济效果 ·技术措施计划与施工计划同时下达至工长及有关班组执行 ·项目技术负责人应汇总当月的技术措施计划执行情况上报 技术措施计划的主要内容： (1) 加快施工进度方面的技术措施 (2) 保证和提高工程质量的技术措施 (3) 节约劳动力、原材料、动力、燃料的措施 (4) 推广新技术、新工艺、新结构、新材料的措施 (5) 提高机械化水平、改进机械设备的管理以提高完好率和利用率的措施 (6) 改进施工工艺和操作技术以提高劳动生产率的措施 (7) 保证安全施工的措施
技术复核制度	·为避免发生重大差错，在分项工程正式施工前，应按标准规定对重要项目进行复查、校核，主要复查项目内容如下： (1) 构筑物位置　测量定位的标准轴线桩、水平桩、轴线标高 (2) 基础（含设备基础）、土质、位置、标高、尺寸 (3) 模板尺寸、位置、标高、预埋件、预留孔、牢固程度、模板内部的清理工作、湿润情况 (4) 钢筋混凝土　现浇混凝土的配合比，现场材料的质量和水泥品种、等级，预制构件的安装位置、标高、型号、搭接长度、焊缝长度、吊装构件的强度 (5) 砖砌体　墙身轴线、皮数杆、砂浆配合比 (6) 大样图　钢筋混凝土柱、屋架、吊车梁及特殊屋面等大样图的形状、尺寸、预制和安装位置 (7) 管道、管材、直径、配件、轴线位置、标高和坡度 (8) 电气、变电、配电位置、高低压进出口方向、电缆沟位置、标高、送电方向 (9) 设备、仪器仪表的完好程度、数量规格以及根据工程需要指定的复核项目
其　他	安全技术公害防治等

10.4.5　施工项目资金管理

施工项目资金管理是指施工项目经理部根据工程项目施工过程中资金运动的规律，进行的资金收支预测、编制资金计划、筹集投入资金（施工项目经理部收入）、资金使用（支出）、资金核算与分析等一系列资金管理工作。

施工项目资金管理要点：

（1）施工项目的资金归该施工项目经理部支配和使用。

（2）项目经理部应在公司内部银行中申请开设独立账户，由内部银行按照"有偿使用"、"存贷计息"、"定额考核"，定额内低利率，定额外高利率的内部贷款办法，办理项目资金的收、支、划、转，由项目经理签字确认。

（3）项目资金不足时，通过内部银行解决，不搞平调。

（4）项目经理部在资金收支预测的基础上按月编制资金收支计划，公司工程部签订供款合同，公司总会计师批准，内部银行监督实施，月终提出执行情况分析报告。

（5）项目经理部应及时向发包方收取工程预付备料款，做好分期结算、预算增减账、竣工结算等工作，定期进行资金使用情况和效果分析，不断提高资金管理水平和效益。

（6）项目经理部对于由建设单位提交的"三材"和设备应设立台账，根据收料凭证及时入账，作为项目资金的重要组成部分，按月份分析收入及耗用情况。定期与交料单位核对，保证数据资料完整、正确，为竣工结算创造条件。

（7）项目经理部每月定期召开业主代表、分包、供应、加工各单位代表碰头会，协调工程进度、配合关系、资金及甲方供料等事项。

10.5　工程建设监理

10.5.1　工程建设监理的基本概念

工程建设监理，是指具有相应资质的监理单位受工程项目建设单位的委托，依据国家有关工程建设的法律、法规，经建设主管部门批准的工程项目建设文件、建设工程委托监理合同及其他建设工程合同，对工程建设实施的专业化监督管理。实行建设工程监理制，目的在于提高工程建设的投资效益和社会效益。这项制度已经纳入《中华人民共和国建筑法》的范畴。

从事建设工程监理活动，应当遵循"守法、诚信、公正、科学"的准则。

我国的工程建设监理包括两个层次，即建设监理的管理及社会建设监理。

1. 建设监理规定

《建设工程质量管理条例》规定，凡在中华人民共和国境内从事建设工程的新建、扩建、改建等有关活动及实施对建设工程质量监督管理的，必须遵守本条例。建设工程是指土木工程、建筑工程、线路管道和设备安装工程及装修工程。建设单位、勘察单位、设计单位、施工单位、工程监理单位依法对建设工程质量负责。县级以上人民政府建设行政主管部门和其他有关部门应当加强对建设工程质量的监督管理。从事建设工程活动，必须严格执行基本建设程序，坚持先勘察、后设计、再施工的原则。

实行监理的建设工程，建设单位应当委托具有相应资质等级的工程监理单位进行监理，也可以委托具有工程监理相应资质等级并与被监理工程的施工承包单位没有隶属关系或者其他利害关系的该工程的设计单位进行监理。

2. 社会建设监理

社会建设监理，是指由社会上建立的专业化的工程建设监理公司、监理事务所等单位，受业主的委托和授权，依照法规对工程建设实施的监督管理。设立监理单位须报工程建设监理主管机关进行资质审查合格后，向工商行政管理机关申请企业法人登记。监理单位应当按照核准的经营范围承接工程建设监理业务。

建设监理单位是建筑市场的主体之一，项目法人一般通过招标投标方式择优选定监理单位。监理单位与项目法人是平等主体之间的关系，在工程建设上是委托与被委托的合同关系。监理单位与被监理单位（如设计、施工承建单位）同属企业性质，是平等的主体，在工程项目建设上，是监理与被监理的关系。

3. 建设工程监理的范围

(1) 大、中型工程项目；

(2) 市政、公用工程项目；

(3) 政府投资兴建和开发建设的办公楼、社会发展事业项目和住宅工程项目；

(4) 外资、中外合资、国外贷款、赠款、捐款建设的工程项目。

4. 工程项目建设监理的委托

《建设工程监理规范》GB/T 50319—2013 规定：实施建设工程监理前，建设单位应委托具有相应资质的工程监理单位，并以书面形式与工程监理单位订立建设工程监理合同，合同中应包括监理工作的范围、内容、服务期限和酬金，双方的义务、违约责任等相关条款。在订立建设工程监理合同时，建设单位将勘察、设计、保修阶段等相关服务一并委托的，应在合同中明确相关服务的工作范围、内容、服务期限和酬金等相关条款。

5. 监理机构的组织

监理机构是指由监理单位按所承担的工程项目的监理任务所组建的组织，它由总监理工程师、监理工程师及其他有关的监理人员组成，实行总监理工程师负责制。组建监理机构应有合理的专业结构及合理的技术职务、职称结构；要与所承担的监理任务相适应的专业人员，明确各职能部门的职责分工和各类监理人员的职责分工。

图 10-9 所示的组织形式，适用于监理项目能划分为若干相对独立子项的大中型建设项目。这种组织形式一般是由项目监理部和子项（现场）监理组所构成的两级监理组织的模式。

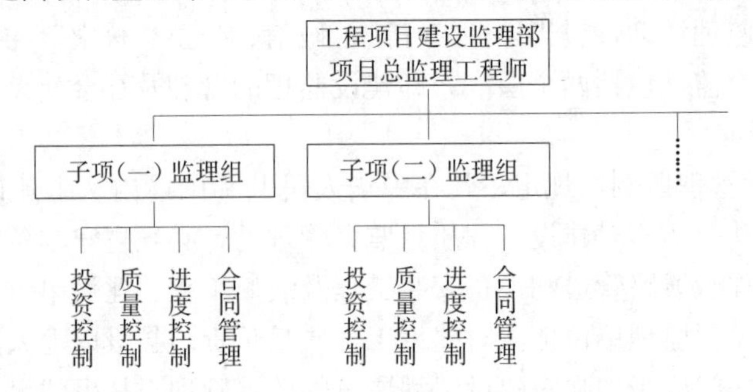

图 10-9　按子项分解的工程项目监理组织形式示例

对于中小型或单位工程建设项目，一般可按职能分解的监理组织形式组建监理机构。

监理机构应建立必要的内部工作制度，主要有：监理组织工作日志制度；对外行文审批来文登记处理制度；监理工作日志制度；监理周（月）报制度；技术经济资料及档案管理制度；监理项目与外部环境间及监理组织内部的信息管理制度；监理费用预算制度等。同时，应重视计算机管理信息系统的建立。

10.5.2　工程项目施工阶段的监理

工程项目建设监理的内容，根据工程建设程序，可按阶段划分为设计阶段、施工准备阶段、施工阶段和工程保修阶段等，其各阶段的具体内容可按要求确定。下面重点介绍工程施工阶段监理的有关知识。

1. 监理程序

（1）总程序

1）参加投标，取得工程项目建设监理任务；

2）监理单位与项目法人签订工程项目建设监理合同；

3）编制工程项目建设监理规划；

4）按工程建设进度，分专业编制工程项目建设监理实施细则；

5）按监理实施细则进行建设监理；

6）参与竣工验收，签署建设监理单位意见；

7）向项目法人提交工程建设监理档案。

（2）签订工程项目建设监理合同的程序

项目法人提供工程的有关资料→监理单位编制工程项目监理规划大纲→项目法人选定监理单位→监理单位与项目法人拟订合同细节→正式签订监理委托合同或先签订委托协议。

（3）招标阶段的咨询程序

协助项目法人编制工程招标文件及标底；协助项目法人对投标单位进行资格审查；协助项目法人召开招标会议和进行现场勘察；协助项目法人开标评标；协助项目法人发出中标通知；协助项目法人签订工程承包合同。

（4）工程施工阶段的监理程序

建立监理实施组织进驻施工现场；编制监理规划和实施细则；组织工程交底会及监理交底会、配合项目法人召开各方协调会；实施工程监理；积累监理资料、及时整理归档；组织工程初验；组织竣工验收交付使用；监理工作总结。

其中“实施工程监理”阶段进行以下监理工作：工程施工组织设计审批；工程材料、构配件及设备审批；分包单位资审；单位工程开工审批；分项、分部工程质量控制；工程进度控制；工程投资控制；定期召开工地会议及技术会议；单位工程的验收；积累管理资料等。

（5）工程保修阶段（即缺陷责任期）的监理程序

定期对工程回访；督促维修，确定缺陷责任；责任期结束时的检验；协助项目法人与承包单位办理终止合同手续。

（6）结束监理合同的程序

结束监理合同的程序是：承包合同已终止；监理单位与项目法人商签合同结束事宜；签署协议，终止监理委托合同。

2. 开工前期的监理工作内容

（1）签订工程项目建设监理合同。

（2）成立项目监理组织。

（3）编制监理规划和监理实施细则，送交监理单位技术负责人批准后执行，批准后的监理规划应分送项目法人和施工单位。

（4）项目总监理工程师下达开工令，在下达开工令之前应完成下列工作：明确工程有关各方的组织机构、人员及职责分工；协商确定联络方式和渠道；确定行政例会程序，如经常性工地会议的周期、地点、每日工地协调会议制度等；落实项目法人和驻地监理人员双方的授权情况；检查施工单位的动员情况。

（5）组织设计图纸交底。由设计单位按照施工图向施工单位、监理单位、项目法人进行交底。规模大、施工周期长的工程，可根据实际需要分阶段进行。

（6）监理单位和施工单位在施工图设计交底前，应组织有关人员熟悉施工图纸，了解工程特点及工程关键部位的质量要求，并对施工图进行会审。施工单位应将图纸中影响施工及影响质量的问题及图纸差错等汇总填写图纸会审记录，提交设计单位，在设计交底时，协商出统一意见。施工图交底和会审应有文字记录，交底后由施工单位整理会议纪要，经设计单位、监理单位、建设单位各方会签后，作为施工依据。

（7）施工组织设计审批。在施工单位自审手续齐全的基础上，由施工单位填写施工组织设计报审表报监理单位，由监理工程师进行审查，总监理工程师批准后返回施工单位。涉及增加工程措施费的项目要征得项目法人同意，并将已审批的施工组织设计送项目法人备案。施工组织设计实施完毕后要由监理单位作出评价。

3. 质量控制

（1）原材料、构配件及设备的定货与认定

工程所需的主要原材料、构配件及设备，应由监理单位进行质量认定。对工程所需原材料、半成品的质量控制要点如下：

1）审核工程所用原材料、构配件及设备的出厂证明、技术合格证或质量保证书；

2）对工程原材料、构配件及设备在使用前需进行抽检或试验，某试验的范围，按有关规定的要求确定；

3）凡采用新材料、新型制品，应检查技术鉴定文件；

4）对重要原材料、构配件及设备的生产工艺、质量控制、检测手段必要时应到生产厂家实地考察，以确定订货单位；

5）所有设备，在安装前应按相应技术说明书的要求进行质量检查。必要时，还应由法定检测部门进行检测。

（2）分项、分部工程的检查和竣工验收

1）主要的分项工程施工前，施工单位应将施工工艺、原材料使用、劳动力配置、质量保证措施等基本情况填写，施工条件准备情况表报监理单位。监理单位应调查核实，经同意后方可开工。

2）分项工程施工过程中，应对关键部位随时进行抽检，抽检不合格的应通知施工单位整改，并要作好复查和记录。

3）所有分项工程施工，施工单位应在自检合格后，填写分项工程报验申请表，并附上分项工程评定表。属隐蔽工程的还有隐检单报监理单位，监理工程师必须严格对每道工序进行检查。经检查合格的，签发分项工程认可书。不合格的，下达监理通知，给施工单位指明整改项目。

4）基础和主体结构分部工程，施工单位要填写相应的验收申请表，并附上有关技术资料，报监理单位审查，监理单位审查合格后和建设单位及施工单位履行正式验收手续。

5）单位工程竣工，在施工单位自检合格的基础上，监理单位应组织建设单位、施工单位和设计单位对工程进行验收检查。检查合格后由监理单位签发竣工移交证书，并按有关规定由质量监督部门核定合格后工程进入保修阶段，期满及时办理终止监理合同手续。

4. 进度控制

(1) 审核施工单位编制的工程项目实施总进度计划。

(2) 审核施工单位提交的施工进度计划。

主要审核是否符合总工期控制目标的要求；审核施工进度计划与施工方案的协调性和合理性等。

(3) 审核施工单位提交的施工总平面图。

(4) 审定材料、构配件及设备的采供计划。

(5) 工程进度的检查：

1) 计划进度与实际进度的差异；

2) 形象进度，实物工程量与工作量指标完成情况的一致性。

(6) 组织现场协调会。

5. 投资控制

(1) 审核施工单位编制的工程项目各阶段及各年、季、月度资金使用计划，并控制其执行；

(2) 熟悉设计图纸、招标文件、标底（合同造价），分析合同价构成因素，找出工程费用最易突破的部分，从而明确投资控制的重点；

(3) 预测工程风险及可能发生索赔的诱因，制定防范性对策；

(4) 严格执行付款审核签认制度，及时进行工程投资实际值与计划值的比较、分析；

(5) 严格履行计量与支付程序：

1) 及时对质量合格工程进行计量；

2) 及时审核签发付款证书。

(6) 工程洽商。未经监理工程师签认的工程洽商不得施工。设计单位的设计变更通知，应通知监理单位，监理工程师应核定费用及工期的增减，列入工程结算；

(7) 严格审核施工单位提交的工程结算书；

(8) 公正地处理施工单位提出的索赔；

(9) 支付签认。根据施工合同拟定的工程价款结算方式由施工单位按已完工程进度填制工程价款有关账单报送监理单位，由项目总监理工程师对已完工程的数量、质量核实签认后，经建设单位同意，送开户银行作为支付价款的依据，按合同规定时间向施工单位支付工程进度款。

6. 组织协调

工程项目施工阶段建设监理的组织协调工作按下列方式进行：

(1) 召开第一次工地会议

第一次工地会议是项目尚未全面展开前，履约各方相互认识，确定联络方式的会议，也是检查开工前各项准备工作是否就绪，并且明确监理程序的会议。第一次工地会议应在项目总监理工程师下达开工令之前举行。第一次工地会议由监理工程师和建设单位联合主持召开，总承包单位的授权代表参加，也可邀请分包单位参加，必要时邀请有关设计人员参加。

(2) 监理例会

1) 监理例会是由驻地监理工程师组织与主持，按一定程序召开的，以研究工地出现的计划、进度、质量及工程款支付等许多问题的工地会议。监理工程师将会议讨论的问题和决定记录下来，形成会议纪要，供与会者确认和落实。

2) 监理例会应当定期召开，宜每周召开一次。

3) 参加人包括：项目总监理工程师（一般为驻地监理工程师代表），其他有关监理人员，工程项目经理，承包单位其他有关人员，法人单位代表。需要时，还可邀请其他有关单位代表参加。

4) 会议的主要议题包括：对上次会议存在问题的解决和纪要的执行情况进行检查；工程进展情况；对下月（或下周）的进度预测；施工单位投入人力设备情况；施工质量、加工订货、材料的质量与供应情况；有关技术问题；索赔工程款支付；建设单位对施工单位提出的违约罚款要求。

5) 会议记录（或会议纪要）

会议记录由监理工程师形成纪要，经与会各方认可，然后分发给有关单位。会议纪录内容包括：会议地点及时间；出席者姓名、职务及他们代表的单位；会议中发言者的姓名及所发表的主要内容；决定事项；诸事项分别由何人何时执行。

(3) 专业性监理会议

除定期召开工地监理例会以外，还应根据需要组织召开一些专业性协调会议，例如加工订货会、建设单位直接分包的项目与总承包单位之间的专项会、专业性较强的分包单位进场协调会等，均由监理工程师主持会议。

第11章 工程概算及预算

11.1 概 述

11.1.1 概算及预算的意义

概算及预算是控制和确定工程造价的文件，是工程项目建设各个阶段文件的重要组成部分，也是基本建设经济管理工作的重要组成部分。认真地做好建设项目概算及预算工作，对于合理确定与控制工程造价，保证工程质量，发挥工程效益，节约建设资金以及提高企业经营管理水平，具有十分重要的意义。

目前，我国国民经济已进入一个持续发展的新阶段，随着改革开放的深入发展，经济体制的改革，使项目建设投资主体由单一化走向多元化，及时提出符合实际的工程概算及预算的可靠数据，将是十分重要的。

11.1.2 概算及预算的作用

工程概算及预算不仅是计算建设项目的全部费用，而且是对全部工程建设投资进行分配、管理、监督的重要手段。其作用如下：

1. 作为编制项目建设计划的依据

国家、各省市和各企业投资主体编制项目建设计划，确定和控制投资限额，筹措建设资金都以建设项目的概算及预算文件为重要依据。建设项目概算及预算文件编制得准确及时，可使固定资产形成的规模、方向、内容、进度、效益的计划及其所确定的资金投入，落到实处，使投资者做到心中有底，便于项目建设计划的执行和按计划进度完成建设项目各个阶段工作。

2. 作为设计方案及施工方案比较的依据

一个建设项目或单项工程，其技术上是否先进适用，经济上是否合理，不但要在各设计阶段而且要在施工阶段进行多方案和不同层次的经济分析、评价，经过综合论证后方能选定。在方案对比中，都离不开概算及预算所反映的各种技术经济指标和有关数据。

3. 作为控制工程计量，确定工程招标的标底及分析工程造价的尺度。

概算及预算中的工程量清单和材料、设备明细表是招标文件的重要内容，概算及预算对建设项目各组成部分与综合，既是各建设单位进行统计分析和监理的依据，也是各施工单位进行统计、分析和上报的依据。

4. 作为工程项目签订工程合同的依据

建设工程项目的实施涉及设计、施工等方方面面，随着改革开放的不断深入和市场经济的不断扩大，在签订工程合同时都必须涉及工程项目的费用，而这些费用的确定都离不开工程的概算及预算。

5. 作为工程项目投资拨款的依据

工程项目的各投资主体，根据工程项目的概算及预算来掌握建设投资的最高限额，并作为分期付款额度的依据。对于设计变更、设备材料重大价差，须报经济投资主管部门的批准，否则一般均按概算及预算拨款。

6. 作为施工企业加强经济核算的依据

工程项目的概算及预算指导施工企业编制施工方案及施工计划，具体计算出工程所需要的材料、人工、施工机械台班数量等，并据此进行施工备料以及对劳动力和施工机械的组织和调度。工程项目的概算及预算还是促进施工承包企业内部经济核算、实施财务监督的依据。

11.1.3　工程量清单计价

工程量清单报价是指在建设工程投标时，招标人依据工程施工图纸，按照招标文件的要求，按现行的工程量计算规则为投标人提供实物工程量项目和技术措施项目的数量清单，供投标单位逐项填写单价，并计算出总价，再通过评标，最后确定合同价。工程量清单计价有以下特点：

(1) 工程量清单反映了工程的实物消耗和有关费用，容易结合工程的具体情况进行计价，更能反映工程的个别成本和实际造价。

(2) 工程量清单计价实现了计价依据的改革和定额管理方式的转变。工程量清单计价模式，量、价分离，并由企业自主报价。从过去的管理定额价格标准、解释定额构成内容及执行范围等，转到现在制订计价规则和计价办法、提供定额消耗量指标上来。使企业摆脱了原来按定额标准价格和量、价合一的计价现象，真正实现了量、价分离，企业自主报价。使建筑市场有序竞争形成价格。特别是施工企业通过采用工程量清单和综合单价计价，有利于施工企业编制自己的企业定额，从而改变过去企业过分依赖国家发布定额、现有定额束缚企业自主报价的状况，为企业充分发挥自身优势提供了广阔空间。

(3) 工程量清单计价方法可以加强工程实施阶段结算与合同价的管理。工程量清单作为工程结算的主要依据之一，对工程变更、工程款支付与结算工作的规范化管理，有重要的作用。

(4) 工程量清单计价符合国际通行计价原则。纵观世界各国的工程计价方法，绝大多数国家均采用最具竞争性的工程量清单计价方法。国内的一些国际贷款工程项目，招标投标也是实行工程量清单计价。

11.2　工　程　定　额

定额是一种标准，是指在一定生产条件下，生产质量合格的单位产品所需要消耗的人工、材料、机械台班和资金的数量标准。实行定额的目的，是力求用最少的人力、物力和财力，生产出更多、更好、更符合社会需要的产品。无论是计划、设计、施工、生产分配、预结算、统计核算等工作，都必须以定额作为尺度来衡量其经济效果。

工程定额是用于建筑、市政、设备安装等工程的一类定额。它不仅规定了数据，还规定了工作内容、质量和安全要求。工程定额具有科学性、法令性和群众性。其科学性体现在定额数据项目的确定有可靠的科学依据，并且经实践证明是成功的、有效的和先进的。其法令性体现在定额必须是建设部或授权机关编制、修订和颁发，是具有法令性的，不能任意修改，并且任何单位都必须严格执行。其群众性体现在定额的编制和执行过程中都是在群众直接参与下进行的。定额的水平反映了一定时期内的建筑安装技术水平、机械化和工厂化的程度，新材料和新工艺的采用情况，也是衡量企业水平的一个方面。

定额的种类很多，可按生产要素、定额编制程序和用途、主编单位及执行范围等几种情况划分。不同的定额有不同的用途。

11.2.1　基础定额

基础定额是以生产要素（人工、材料和机械）为基础编制的定额。它可分为：

1. 劳动定额

劳动定额也称作人工定额，是指在合理的劳动组织和施工技术的条件下，完成单位合格产品所必须消耗的工作时间（时间定额）或在一定的劳动时间内所生产的合格产品数量（产量定额）的标准。它包括施工准备与结束时间、基本生产时间（基本用工）、辅助生产时间（辅助用工）、机械操作时间（机械用工）、其他操作时间（其他用工）、不可避免的中断时间及工人必须的休息时间。时间定额与产量定额之间的关系：

$$单位产品时间定额（工日）=\frac{1}{每工产量定额（m、m^2、m^2、组、个……）}$$

施工过程中，某些工作需要工人去完成，但又不能以完成某种产品的数量来表示，例如现场的二次搬运，混凝土的养护等，则劳动定额按实际需要用工日数来表示。

劳动定额用于施工企业考核劳动生产率，编制施工作业计划，签发施工任务书，定额计件承包等；还是编制概算、预算定额及施工定额的基础。

2. 材料消耗定额

材料消耗定额是指在正常施工条件和合理使用材料的条件下，生产单位合格产品所必须消耗的一定规格材料的数量标准。它包括材料的净用量和必要的施工操作损耗量。

材料损耗量与材料的净用量之比为材料的损耗率。通常材料消耗量用下式表示：

材料消耗量=（1+材料损耗率）×材料净用量。

材料消耗量是以单位数量 m、m^2、m^3、kg、个……表示。

材料消耗定额用于施工企业编制材料用量计划，签发定额（限额）领料单，实行定额承包等；还是编制概算、预算定额及施工定额的基础。

3. 施工机械使用定额

施工机械使用定额是指在合理的劳动组织和正常施工条件下，规定由熟悉机械性能有熟练技术的工人或工人小组，操作某种机械设备完成单位合格产品所必须消耗的机械“台班”、“台时”数量（时间定额），或该机械设备在单位时间内所生产的合格产品数量（产量定额）的标准。它包括准备与结束时间、运转时间、不可避免的中断时间。时间定额与产量定额的关系：

$$单位产品时间定额（台班）=\frac{1}{台班产量定额（m^2、m^3、块……）}$$

施工机械使用定额用于施工企业考核机械设备生产效率，编制施工作业计划，按定额施行承包等；还是编制概算、预算定额及施工定额的基础。

基础定额中包括规定的工作内容、工程质量要求、安全施工要求、劳动组织和技术等级、现行标准规定的材料以及机械设备型号等内容。在使用基础定额时，应特别注意定额中的内容，当施工内容与定额规定有出入时，应考虑定额的修正。执行定额时必须以质量、安全为前提，不得为单纯追求施工数量而忽视施工质量和施工安全。

11.2.2　工程定额

工程定额是用于工程项目的预算、概算、确定工程造价、进行工程管理、编制各种业务计划及施工的定额。它是在基础定额的基础上综合编制而成的。

（1）施工定额

施工定额是确定施工单项单位产品所需合理的人工、材料、机械台班数量的标准。它是由劳动定额、材料消耗定额、施工机械使用定额三部分组成，以单位综合（包括人工、材料、机械台班数量）计量，以 m、m^2、m^3、组、个……表示。

施工定额直接用于建筑施工企业内部施工管理等工作，具有基础定额的作用，是编制施工预算的依据，是制定预算定额的基础资料。

（2）预算定额

预算定额是确定建筑安装工程产品价格的依据，也是确定建筑安装工程中某一计量单位的分部分项工程或构件的人工、材料和机械台班社会平均消耗量的标准。它是以单位综合人工、材料和机械台班数量计量，以 m、m^2、m^3、t、件、组……表示。

预算定额是在施工定额的基础上，按照国家方针政策编制的。经过国家或授权机关批准后具有法令性的一种指标。预算定额的作用如下：

1）预算定额是编制建筑安装工程施工图预算的依据。在建设项目实施的各阶段，设计部门及施工企业要编制施工图预算，在编制施工图预算时必须有一个统一的标准，以便进行统一管理，避免各行其是；建设单位及施工单位正确确定和控制投资，进行工程拨款及竣工决算，都须依据预算定额。

2）预算定额是建筑安装企业施工管理及经济核算的依据。施工企业编制施工组织计划、确定劳动力、材料、施工机械台班等需用量，统计完成工程量、工作量等，达到合理组织施工，加强企业管理和加强经济核算都离不开预算定额。

3）预算定额是设计单位进行设计图技术经济分析比较的依据，是施工单位进行施工方案技术经济分析比较的依据。

4）预算定额是编制概算定额和概算指标的基础，是编定地区“单位基价表”或“计价定额”的依据。单位基价表或“计价定额”是指将定额中对每个分项工程所消耗的人工、材料、机械的规定数量，套上某一时期的人工工日单价、材料和机械台班单价后所形成的该时期分项工程的工程单价。各个地区的人工、材料、机械台班的单价都不同，各地区就必须编制“地区单位基价表”或“地区计价定额”。

5）预算定额是建筑业对招标承包工程计算投标标价和对经济活动最佳方案进行科学决策的依据。

如上所述，预算定额在项目建设的各个部门中都具有重要的作用。制定预算定额是国家一项政策性、技术性、经济性都很强的工作，要求严肃、认真、细致、慎重地来进行。

(3) 概算定额

概算定额是估算建设项目投资的依据，是预算定额的扩大与综合，即预算定额的几个项目合并为一个项目。它是将单位综合人工、材料和机械台班数量计量扩大，以 m、m^2、m^3、t……表示。

概算定额是编制初步设计概算或扩大初步设计（技术设计）修正概算、进行设计方案比较的依据；是确定建设项目投资控制数，编制建设年度计划的依据；是实行招标、投标工程编制标底、报价的依据，也是编制建筑安装工程主要材料、设备申请计划和施工企业的施工计划、备料计划的依据。

(4) 概算指标

概算指标是以实物量或货币为计量单位，确定某一构（建）筑物或设备、生产装置的人工、材料及机械消耗数量的标准。对于土建工程常以每米、每平方米、每立方米、座等用量或每万元投资消耗量表示；对于设备安装工程常以每台、吨、座设备或生产装置用量或占设备价格的比率，一定计量单位生产能力的装置消耗量表示。概算指标是比概算定额更加综合扩大的指标，根据不同的需要可分为：综合经济指标、万元实物指标及技术经济指标。概算指标综合扩大后可形成估算指标。

概算指标用于编制可行性研究报告书或项目建议书的投资估算，编制建设计划，建设项目方案的经济比较及财务评价或用于物资分配、供应及编制计划；也是建筑安装企业施工准备期间编制施工组织总设计或总规划劳动力、机械和材料需要计划的依据。

(5) 投标单价

投标单价是以工程的某一分项目，确定一个合理的人工、材料、机械消耗数量，与地区材料价格组成投标单价。它是以单位单价货币表示，用于工程项目的招标投标。

11.2.3　其他定额

1. 费用定额

工程费用定额由直接费、间接费、利润、税金等部分组成。

直接费用是指人工、材料、机械等直接消耗于工程的费用。

间接费用是指工程施工与安装所需的组织、管理费用，财务费用和其他管理费用等未直接用于工程的费用。

费用定额以货币形式表现。它用于工程项目概算、预算书、招投标技术文件的编制，拨付工程款，进行工程结算的依据；也是编制工程建设投资概算、估算指标的依据。

2. 时间消耗定额

时间消耗定额是指固定资产投资建设项目形成的周期定额，包括设计前期时间、设计时间、施工准备时间、施工时间、投资回收时间等。

显然，上述各项时间消耗愈短，则建设项目形成时间愈短、建设速度愈快，固定资产投资周转愈短，效益愈好。规定时间消耗定额有利于建设项目的进度安排。各阶段时间定额值与各单位、各部门管理水平、人员素质、技术水平、行政效率有关，也是衡量企业的劳动生产水平的一项指标。

除上所述定额外，按主编单位及执行范围，定额还分为：全国统一定额、专业专用定额、专业通用定额、地方统一定额、企业补充定额、临时定额等。

11.3　概、预算费用

工程概算和预算是建筑工程造价的一种表达方式。建设工程作为一种产品或作为一种商品，工程概算和预算是产品成本的表达方式，也是据以确定商品价格成本的根据。

工程项目建设过程中，按不同阶段一般应进行投资估算、设计概算、施工图预算、施工预算、工程结算（包括竣工结算）。它们都涉及费用定额（或取费标准），因此费用项目及计取标准应执行编制地区的规定。

11.3.1　预算费用组成

建筑安装工程施工图预算造价是由直接费、间接费、利润、税金等组成，见表11-1。

1. 直接费

直接费是指直接用于建筑安装工程上的有关费用。它是由人工费、材料费、施工机械使用费和其他直接费组成，有的地方还包括临时设施费、现场管理费。

（1）人工费

指列入预算定额的，直接从事建筑安装工程施工的生产工人（包括现场的水平和垂直运输等辅助工人）和附属辅助生产单位（非独立经济核算单位）工人的工日数和相应的基本工资、工资性补贴（按规定标准发放的物价补贴，煤、燃气补贴，交通补贴，住房补贴，流动施工津贴等）、流动施工津贴（补偿职工在流动施工时的劳动消耗及生活费额外支出的工资补充形式）、生产工人辅助工资（生产工人年有效施工天数以外非作业天数的工资，包括职工学习、培训期间的工资，调动工作、探亲、休假期间的工资，因气候影响的停工工资，女工哺乳时间的工资，病假在六个月以内的工资及产、婚、丧假假期的工资）、职工福利费、劳动保护费（确因工作需要为雇员配备或提供工作服、手套、安全保护用品等所发生支出，劳动保护费的范围包括：工作服、手套、洗衣粉等劳保用品，解毒剂等安全保护用品，清凉饮料等防暑降温用品，以及按照原劳动部等部门规定的范围对接触有毒物质、矽尘作业、放射线作业和潜水、沉箱作业、高温作业等几类工种所享受的由劳动保护费开支的保健食品待遇），但不包括材料管理、采购及保管人员，驾驶机械、运输工具的工人工资以及材料达到工地仓库或堆放点以前的搬运、装卸工人和由管理费支付工资的其他人员工资。

（2）材料费

指列入预算定额的材料、构件、设备、仪表、零件和半成品的用量，周转材料的摊销量和相应的材料预算价格计算的费用。

材料费分为主材费和辅材费，或分为计价材料费和未计价材料费。材料费不包括施工机械使用和修理中所耗燃料和辅助材料费。材料预算价格由材料原价（出厂）或销售价格、供销部门手续费（包括物资承包公司的劳务费）、包装费（减去回收值、不包括押金）、材料运杂费和采购保管费五部分组成。其中材料运杂费表示从来源地到工地仓库全部运输过程的运输、装卸及合理的运输损耗等费用。采购保管费包括组织材料的采购、供应及保管工作所支付的一切费用，含材料采购及保管人员的工资、职工福利费、办公费、差旅及交通费等。

建筑安装工程造价（费用）组成表　　　　**表 11-1**

<table>
<tr><td rowspan="15">建筑安装工程造价</td><td rowspan="10">直接费</td><td rowspan="3">定额直接费
（基价直接费）</td><td>人工费</td><td rowspan="8">工程预算成本</td></tr>
<tr><td>材料费</td></tr>
<tr><td>施工机械使用费</td></tr>
<tr><td rowspan="5">其他直接费</td><td>冬、雨期施工增加费</td></tr>
<tr><td>夜间施工增加费</td></tr>
<tr><td>材料、成品、半成品二次或多次搬运费</td></tr>
<tr><td>生产工具用具使用费</td></tr>
<tr><td>其他</td></tr>
<tr><td rowspan="2">现场经费</td><td>临时设施费</td><td rowspan="5">专项基金支出</td></tr>
<tr><td>现场管理费</td></tr>
<tr><td rowspan="3">间接费</td><td colspan="2">企业管理费</td></tr>
<tr><td colspan="2">财务费用</td></tr>
<tr><td colspan="2">其他费用</td></tr>
<tr><td colspan="3">利润</td><td>利　润</td></tr>
<tr><td colspan="3">税金</td><td>税　金</td></tr>
</table>

(3) 机械台班使用费

机械台班使用费指列入预算定额的施工机械台班用量和相应的台班费用单价计算的施工机械使用费，施工机械进出场费，施工机械安拆费及定额所列其他机械费。

台班使用费由基本折旧费、大修理费、经常修理费、替换设备及工具附件费、润滑擦拭材料费、安装拆卸辅助设施费、机械管理费、驾驶人员及辅助人员的基本工资和附加工资以及工资性津贴、动力费和燃料费、牌照税和施工运输机械的养路费等组成。

(4) 其他直接费

其他直接费指预算定额直接费和间接费定额规定以外施工过程中发生的其他费用。它包括冬雨期施工增加费，夜间施工增加费，材料、成本、半成品的二次或多次搬运费，生产工具用具使用费，检验试验费，冬期施工蒸汽养护费，特殊工种技术培训费，工程定位复测、工程点校、场地清理费，工程预算包干费等。其中生产工具使用费是指施工生产所需不属于固定资产的生产工具及检验试验用具等的购置、摊销、消耗材料和维修费以及交付给工人的自备工具补贴费。工程预算包干费是包括计价材料价差，计价材料代用价差，因临时停水停电造成一天以内的施工现场停工费，材料理论质量与实际质量差等所造成的费用。

其他直接费按定额直接费乘以费率或按定额人工费乘以费率计取。

(5) 临时设施费

临时设施费是指施工企业为进行工程建设所必需的生活和生产用的临时建筑物、构筑物和其他临时设施的搭设、维修和摊销费。临时设施包括职工临时宿舍、办公室、文化福利及公用事业房屋与构筑物；生产用库房、加工车间（场、站）、检修车间；规定范围内的临时道路、水、电、管线等。

(6) 现场管理费

现场管理费是指施工企业在现场（施工项目经理部）组织施工过程中发生的费用。其内容包括现场管理人员工资，现场管理办公费，现场职工差旅交通费，现场管理使用的固定资产、工具用具使用费，施工管理用财产、车辆保险及特殊工种安全保险费，工程保修费等。

临时设施费、现场管理费合称现场经费，是指为施工准备、组织施工生产和管理所需费用。该费用按定额直接费乘以费率或按定额人工费乘以费率计取。

2. 间接费

间接费指不是直接消耗于工程修建，而是为了保证工程施工正常进行所需要的费用。

(1) 企业管理费

施工企业管理费是指施工企业（非现场）为组织施工生产、经营活动所发生的管理费。它包括施工企业工作人员（干部、勤杂人员、试验、质检、警卫、消防、炊事人员，非生产用各种交通工具的司机等人员）的基本工资、工资性补贴、职工福利，办公费，职工差旅交通费，固定资产、工具用具使用费，工会经费，职工教育经费，劳动保护费，劳动保险费等。

施工企业管理费按定额直接费乘以费率或定额人工费乘以费率计取。

(2) 财务费用

财务费用指企业为筹集资金而发生的各项费用。它包括企业经营期间发生的短期贷款利息净支出，汇兑净损失，调剂外汇手续费，金融机构手续费以及企业筹集资金发生的其他财务费用。

施工财务费按定额直接费乘以费率或定额人工费乘以费率计取。

(3) 其他费用

其他费用是指支付工程造价（定额）管理部门的定额编制管理费及劳动定额管理部门的定额测定费。

3. 利润

利润是指按规定计入建筑安装工程造价的利润。一般按不同类别实行差别利润率。

4. 税金

指按国家税法规定应计入建筑安装工程造价内的营业税、城市维护建设税和教育费附加、交通建设费附加等。一般按工程所在地区不同实行差别利润率。

5. 其他

直接费、间接费、利润及税金四部分是工程预算的基本费用。各地区根据国家规定和本地区实际情况还补充规定了一些取费内容。

(1) 材料价差调整费

由于编制基价表时的价格基准时间与实际使用定额的时间的不同，使定额预算价格与实际价格的不同而出现价格差。在编制概、预算时，对规定调价部分的材料、成品、半成品的价差应进行调整，纳入工程造价内。材料价差调整应严格按照各地区的规定处理。

(2) 允许按实计算的费用

允许按实计算的费用包括各类构件、加工件等的增值税，构件、拌合物、土石方运输等实际发生的过路费、过桥费、弃渣费、排污费，机械台班单价中允许按实计算的养路费、车船使用税、大型机械进出场费等等。

除上述外还有特殊环境（高原、高寒地区，有害身体健康的环境，洞库工程等）施工增加费，安装与生产同时进行的降效增加费等，应按当地建设主管部门规定执行。

11.3.2　概算费用组成

概算是确定建设项目工程建设费用的文件。按照概算范围分为总概算、单项工程综合概算及单位工程概算。

总概算是确定一个建设项目，从筹建到建成投入使用的全部建设费用的文件。它是由综合概算费用、工程建设其他费用及预备费等组成。

单项工程综合概算是确定某一个单项工程建设费用的文件。它是按某个完整的单项工程来编制的。它是总概算的组成部分。假如不编制总概算的话，在单位工程概算费用基础上，还应将工程建设其他费用列入综合概算内。

单位工程概算是具体确定单位工程设计建设费用的文件。它是综合概算的组成部分。

概算是初步设计文件的重要组成部分。批准后的设计概算是编制固定资产投资计划，签订建设项目总包合同和贷款总合同，实行建设项目投资包干或确定招标投标标价的依据，也是控制基本建设拨款和施工图预算，以及考核设计经济合理性的依据。

设计概算由工程费用、工程建设其他费用、预备费、固定资产投资方向调节税、建设期借款利息、铺底流动资金六部分组成，见表11-2。

总概算费用组成表　　**表11-2**

<table>
<tr><td rowspan="22">项目总投资</td><td rowspan="4">工程费用</td><td rowspan="2">建筑安装工程费（单项工程概算）</td><td>建筑工程费用（单位工程概算）</td><td rowspan="2">由直接费、间接费、利润及税金等组成</td></tr>
<tr><td>安装工程费用（单位工程概算）</td></tr>
<tr><td rowspan="2">设备、工具器具购置费</td><td>设备购置费</td><td>设备原价乘以费率计取</td></tr>
<tr><td>工具、器具及生产家具购置费</td><td>设备购置费乘以费率计取</td></tr>
<tr><td rowspan="13">工程建设其他费用</td><td colspan="2">建设场地准备费</td><td>按国家有关规定执行计取</td></tr>
<tr><td colspan="2">建设单位管理费</td><td>第一部分费用乘以费率计取</td></tr>
<tr><td colspan="2">工程建设监理费</td><td>第一部分费用乘以费率计取</td></tr>
<tr><td colspan="2">研究试验费</td><td>按实计取</td></tr>
<tr><td colspan="2">生产准备费</td><td>按规定计取</td></tr>
<tr><td colspan="2">办公和生活家具购置费</td><td>设计定员乘以单位综合费</td></tr>
<tr><td colspan="2">勘察设计费（含前期工作费）</td><td>按国家有关规定执行计取</td></tr>
<tr><td colspan="2">工程保险费</td><td>按保险公司有关规定计取</td></tr>
<tr><td colspan="2">联合试运转费</td><td>设备购置费乘以费率计取</td></tr>
<tr><td colspan="2">公用事业增容补贴费</td><td>按有关规定计取</td></tr>
<tr><td colspan="2">施工机构迁移费</td><td>建安工程费乘以费率计取</td></tr>
<tr><td colspan="2">引进技术和进口设备项目的其他费用</td><td>分项按实计算</td></tr>
<tr><td colspan="2">其他</td><td>按有关规定计取</td></tr>
<tr><td rowspan="2">预备费</td><td colspan="2">工程预备费</td><td>按有关规定计取</td></tr>
<tr><td colspan="2">涨价预备费</td><td>按有关规定计取</td></tr>
<tr><td colspan="3">固定资产投资方向调节税</td><td>总投资额乘以适用税率</td></tr>
<tr><td colspan="3">建设期借款利息</td><td>按规定计算</td></tr>
<tr><td colspan="3">铺底流动资金</td><td></td></tr>
</table>

1. 第一部分费用——工程费用

工程费用是指由各个单项工程的建筑工程费用、安装工程费用、设备购置费用、工器具及生产家具购置费用（指新建项目为保证初期正常生产所必须购置的工器具、生产家具等的费用，不包括备品备件的购置费）等部分构成的费用。单项工程的建筑工程费用、安装工程费用由直接费、间接费、利润及税金组成；设备购置费由设备原价乘以费率计取；

工具、器具及生产家具购置费由设备购置费乘以费率计取。

2. 第二部分费用——工程建设其他费用

工程建设其他费用系指根据有关规定，除工程费用以外的建设项目必须支出的费用。其项目及内容应结合工程项目的实际予以确定。

(1) 建设场地准备费：它由土地使用、借地补偿费，青苗、果树、树木补偿费，房屋、水井等补偿费，坟墓、电杆等拆迁费，人员安置补偿费，土地征收管理费，建设场地平整费等构成。按国家有关规定执行计取。

(2) 建设单位管理费：指建设单位为进行建设项目筹建、建设、联合运转、验收总结等工作所发生的管理费用。按第一部分费用乘以费率计算。

(3) 工程建设监理费：为保证建设工程质量、工期和控制投资，建设单位委托专业的工程监理公司代替建设单位履行对建设工程实施的监督管理所产生的费用。按第一部分费用乘以费率计算。

(4) 研究试验费：指为本建设项目提供或验证数据、资料进行必要的研究试验的费用，按照设计规定在施工过程中必须进行试验所需的费用以及支付科技成果、先进技术的一次性技术转让费。按设计提出的研究试验内容和要求编制。

(5) 生产准备费：包括生产职工培训及提前进厂费，指新建企业或新增生产能力的扩建企业，在交工验收前自行培训或委托其他厂矿培训技术人员、工人和管理人员所支出的费用，以及生产单位为熟悉工艺流程、机器性能等需要提前进厂参加施工、设备安装、调试等人员所支出的费用。按提前进厂人数、培训方法、时间和职工培训费定额计算。

(6) 办公和生活家具购置费：指为保证新建、改建、扩建项目初期正常生产、使用和管理所必需购置的办公和生活家具、用具的费用。按设计定员乘以单位综合费计算。

(7) 勘察设计费：指向外委托或自行进行的项目前期工作、工程勘察及工程设计等内容所发生的费用。按国家有关规定计取。

(8) 工程保险费：指建设项目在建设期间根据需要，对在建工程实施保险所需费用。按保险公司有关规定计取。

(9) 联合试运转费：指新建企业或新增加生产工艺过程的扩建企业，在竣工验收前按照设计规定的工程质量标准，进行的负荷或无负荷联合试运转费用。不包括应由设备安装费用开支的试车费用。按第一部分费用中设备购置费总值乘以费率计取。

(10) 公用事业增容补贴费：是指国家、地方对建设项目用电、水、燃气以及污、废水排放等内容规定收取的增容补贴费。其数值应按有关规定计算。

(11) 施工机构迁移费：指因建设任务需要经有关部门决定，施工机构成建制（公司或工程处）地由原驻地迁移到另一地区所发生的一次性搬迁费。按建筑安装工程费乘以费率计取。

(12) 引进技术和进口设备项目的其他费用：指应聘来华的外国工程技术人员的工资和生活费；派员到国外培训和进行设计联络、设备材料检验所需的旅费、生活费和服装费等；引进设备材料、技术资料费、专利费、保密费、国内检验费、银行担保费、海关监管手续费等；引进设备投产前建设单位向保险公司投保工程险应缴付的保险费。

(13) 其他：包括建设项目环境评价、地质灾害评价等各类评价费；城市基础设施（水厂、煤气厂、供热厂、污水处理厂）建设费，工程质量监督费，编制竣工图费，营业税和建筑税等等。

3. 第三部分费用——预备费

预备费包括基本预备费和涨价预备费两部分。基本预备费是指在进行在初步设计和概算中难以预料的工程费用；涨价预备费是指项目筹建和建设期间由于价格可能发生上涨而预留的费用。

4. 固定资产投资方向调节税

为了贯彻国家的产业政策、控制投资规模、引导投资方向、调整投资结构、加强重点，促进国民经济持续、稳定、协调的发展。国家对单位和个人用于固定资产投资的各种资金征收的一种税。按总投资额乘以税率计取。

5. 建设期借款利息

建设项目因为资金的原因，一般都会向银行等金融部门借款。要求借款利息必须每年偿还，因此规定建设期内的借款利息计入建设项目总投资中。建设期借款利息应根据资金来源、建设期年限和借款利率分别计算。同时，借款的其他费用（管理费、代理费、承诺费等）按借贷条件如实计算。

6. 铺底流动资金计算

铺底流动资金又称自有流动资金，为保证项目投产、正常生产经营所准备的可供企业周转使用的部分资金。

11.4 工程概算、预算文件

11.4.1 投资估算书

投资估算一般由建设单位向国家或主管部门申请基本建设投资而编制的。它常常是在建设项目建议书或可行性研究阶段对各个方案的投资进行估算或作经济技术比较时采用。有时，设计单位在草图或方案设计阶段，由于设计深度不够也采取估算的方法来估算建设项目的投资。投资估算的文件称为投资估算书。

投资估算书是建设项目建议书或可行性研究报告的重要组成部分，也是国家审批确定建设项目投资计划的重要文件。它的编制依据主要是：拟建项目内容及项目工程量估计资料，概算指标、综合经济指标、万元实物指标、投资估算指标、估算手册及费用定额资料，或类似工程的预（决）算资料等。估算出建设项目的总投资。

11.4.2 设计概算书

设计概算书是设计文件的重要部分，是确定建设项目投资实行基本建设大包干的重要文件。它是编制年度基本建设计划，控制建设项目拨款和施工图预算，考核基本建设成本的依据，也是衡量设计是否经济合理的基本文件。

设计概算书是设计部门在初步设计阶段或扩大初步设计阶段根据设计图纸、设计说明书、概算定额、经济指标、取费标准等资料进行编制的。

1. 设计概算书的内容

主要是由编制说明、概算书、主要材料及设备清单等内容组成。必要时可增加技术经济指标内容，以反映该项工程的特点和与同类工程进行比较的结果。

（1）编制说明

编制说明应包括下述内容：工程概况、编制范围、编制依据、投资分析、其他有关问题及费用的必要说明。

（2）概算费用组成

分别将列表计算出来的工程费用、工程建设其他费用、预备费等部分总计起来。

（3）主要材料设备清单

根据设计图纸进行材料分析，列出主要机械设备、电气设备及建筑安装材料（钢材、木材、水泥等）的数量。

（4）技术经济指标

技术经济指标是反映整个建设项目及其各个组成部分（设备、设施、构筑物、建筑物等）的经济合理的计量单位，是评价设计项目投资效果的重要经济数据。技术经济指标按应用时限可分为建设阶段的指标和投产后指标。比如：建设项目的总投资、单位生产能力经济指标、单位工程造价指标以及单位产品成本指标等。

2. 设计概算书编制

设计概算书编制一般按下述步骤进行。

（1）收集编制概算资料

收集工程建设项目的设计任务书和其他有关规定文件；收集设计文件（包括设计图纸、设计说明书等）；收集编制地区现行的概算定额、指标、预算价格以及费用标准；收集建设地点的地质情况、土壤类别、地下水位、一般气象资料；收集当地的施工条件及习惯做法等资料。

（2）计算工程量

根据概算定额或指标要求，按照设计图纸计算工程量。计算时应准确，不得有重算、漏算发生。

（3）计算工程费用

套用概算定额时，应准确，不得重复。利用定额基价（调整为当地规定的预算价格）计算直接费，然后计算间接费、利润和税金等，最后得到工程费用。

（4）计算工程建设其他费用、预备费用等费用

按规定的费率标准和计算方法计算工程建设其他费用、预备费用、固定资产投资方向调节税、建设期贷款利息、铺底流动资金。

（5）整理汇总

按设计概算书的组成，编制说明书和主要材料设备表，填写概算费用表；列出建设项目的投资，必要时作技术经济指标比较，最后整理成册。

11.4.3 施工图预算书

施工图预算书是计算单位工程或分部分项工程的工程费用文件。一般是由施工单位编制，经建设单位和有关部门审定。批准后的施工图预算书是建设单位向施工单位拨款的依据，是施工单位进行工程结算和工程竣工结算的依据，是施工单位与建设单位实行经济核算、考核工程成本、考核人工、材料和施工机械台班消耗数量的依据，

也是施工单位编制施工计划和进行统计工作的依据。

施工图预算书的编制依据主要包括施工图纸、预算定额、地区材料预算价格、费用定额（取费标准）、施工及验收规范、标准图集、施工组织设计或施工方案等。

1. 施工图预算书的编制

施工图预算书主要由预算书封面、编制说明、施工图预算表、各项费用计算表等内容组成。因此施工图预算书编制可按下述步骤进行。

（1）熟悉各编制依据

首先应熟悉审查施工图纸，了解设计者的设计意图，特别是材料要求、施工安装标准；熟悉预算定额、估价表、地区材料预算价格及规定；熟悉当地建委规定执行的取费标准（费用定额）和有关文件。

（2）熟悉施工组织设计及施工方案

编制施工图预算书必须遵守批准的施工组织设计及施工方案，以便在分解工程项目名称时符合预算定额内容。比如地下管道铺设有开槽施工和不开槽施工两种施工方案，不同的施工方案所套用的预算定额内容是不同的。

（3）了解施工现场情况

编制施工图预算书前必须深入了解施工现场情况，如地质条件、地质情况、原地面标高、设计标高、道路运输条件和周围环境及设备材料堆置条件等。所有这些对正确计算工程量和套用预算定额的项目内容是必需的。

（4）了解施工及验收规范

编制施工图预算书必须充分了解现行的施工及验收规范，工程质量标准，对照设计图纸确定施工过程中有无特殊要求，预算中有无特殊收费及施工安装等级标准等。

（5）工程量计算

1）室内外管道界线划分：对于给水管道室内外界线以建筑物外墙皮 1.5m 处为界或以引入管阀门为界（阀门属室外管道），室外管道与市政管道以引入管的水表井为界，无水表井时以与市政管道碰头点为界；对于排水管道室内外界线以出户第一个检查井为界（检查井属室外管道），室外管道与市政管道界线以室外管道与市政管道碰头点为界。

2）工程计算办法及有关规定：工程量计量单位、项目划分及计算范围等应按预算定额执行，计算过程中采用的尺寸均应与图纸所注尺寸和预算定额规定相符合；应按预算定额，规定哪些材料属定额预算价，哪些属于预算定额中未计价材料；对于检查井、水池、水槽等构筑物在定额中有项目者按定额规定计算，若无定额者则应按建筑工程量分解计算。

3）工程量计算顺序：施工图工程量通常采用顺时针计算法，它是指从图纸左上角开始，按顺时针方向逐步计算，绕一周后回到左上角为止，适用于平面图；横竖计算法，指从图上横竖方向分别从左到右或从上到下计算，适用于平面图等；编号计算法，指按照图纸上说明的编号顺序计算或按系统编号顺序计算；轴线顺序计算法，指先纵向后横向，以轴线范围逐步计算。

4）按预算定额项目名称及定额序号逐个填到预算表。工程量应保留小数点后两位。填写时应防止重项或漏项，注意计量单位一致性，书写应工整、计算要准确。

（6）计算直接费

1）套单价：单价一般从预算定额或单位基价表查出，也可结合当地实际条件换算得出。在套单价时，应保证各分项工程名称、规格、单位同预算定额或单位基价表中所列内容相一致。若不一致或与设计图纸要求不符合时，应根据定额进行单价换算，进行单价换算的项目应注明。在备注栏内，单价换算公式为：

应换算单价＝预算定额单价－（应换出材料数量×应换出材料单价）＋（应换入材料数量×应换入材料单价）

2）计算合价、求出工程直接费：一般应按人工费、材料费、机械台班消耗费三部分分别计算，然后合计得预算定额直接费，再按费用定额规定计算其他直接费，即可得到工程直接费。

（7）计算间接费、利润、税金等

应按费用定额及有关文件进行计算。

（8）计算工程总造价

将直接费、间接费、利润、税金等合计起来即得。

（9）编制说明、填写封面

编制说明中，应说明工程概况、预算编制的范围、预算采用的施工图纸及编号，应说明采用的预算定额、单价表（单位基价表）、地区材料预算价格以及采用的取费标准和有关文件，应说明采用的施工方法，已考虑的设计变更，存在的问题及处理意见和其他未尽事项等。封面应包括施工单位名称、单位工程名称、工程总造价等。

（10）装订成册。

2. 施工图预算编制实例（摘要）

（1）预算书封面。（略）

（2）编制说明。

1）本施工图预算为某建筑给水排水工程，采用的施工图编号（略）。

2）本施工图预算是根据2000年《全国统一安装工程预算定额》、《全国统一安装工程预算定额××省基价表》和工程材料价格参照《××地区工程造价信息》（2004年3月）进行编制。

3）本施工图预算费用是根据《××省安装工程费用标准》，本实例仅计算了“直接费”、“间接费”、“利润”、“税金”等，未计算“材料价差”、“允许按实计算的费用”。

（3）施工图预算表，见表11-3。

（4）各项费用计算表，见表11-4。该安装工程是以基价人工费为取费基础。

11.4.4　施工预算书

施工预算书是施工企业确定单位工程或分部、分项工程人工、材料、施工机械台班消耗数量和直接费标准的文件。是施工单位基层的成本计划文件，也是施工企业有计划的控制工程成本的一项重要措施和制度。

做好施工预算有利于施工计划部门安排施工作业计划和组织施工，有利于劳动工资部门安排各工种的劳动力人数和进场时间，有利于材料供应部门进行备料和按时组织材料进场，有利于施工工长、队长向施工班组签发施工任务单或承包合同和限额领料单，有利于开展经济活动分析，进行“两算”（施工图预算和施工预算）对比，控制消耗、降低工程成本。

安装工程施工图预算表

表 11-3

单位工程名称：某建筑给水排水工程　　　　年　月　日

定额编号	工程项目名称	单位	工程量	定额单价			定额总价			主材（未计价材料）					
				合价	人工	机械	合价	人工	机械	主材名称	单位	定额消耗	数量	单价	总价
…	……	…	…	…	…	…	…	…	…	……	…	…	…	…	…
08-0157	室内承插塑料排水管（零件粘接）*DN*100内	10m	2.83	73.80	51.23	0.53	208.85	144.98	1.50	承插塑料排水管*DN*100 承插塑料排水管件*DN*100	m 个	8.52 11.38	24.11 32.21	24.80 22.00	597.97 708.52
08-0152	室内承插塑料排水管（零件粘接）*DN*50内	10m	1.50	46.10	33.78	0.53	69.15	50.67	0.80	承插塑料排水管*DN*50 承插塑料排水管件*DN*50	m 个	9.67 9.02	14.51 13.53	7.80 10.00	113.14 135.30
08-0413	挂斗式普通式小便器	10套	0.2	446.30	74.19		89.26	14.84		挂式小便器	个	10.10	2.02	180.00	363.60
08-0407	蹲式大便器自闭式冲洗20mm内	10套	0.6	439.18	149.70		263.51	89.82		瓷蹲式大便器 自闭式冲洗阀*DN*20	个 个	10.10 10.00	6.06 6.00	160.00 65.00	969.60 390.00
08-0377	洗脸盆钢管组成普通冷水嘴	10组	0.4	443.78	104.22		177.51	41.68		瓷洗脸盆 全铜磨光水嘴*DN*15	个 个	10.10 10.00	4.04 4.00	260.00 12.00	1050.4 48.00
08-0442	地漏安装50mm内	10个	0.4	55.15	35.33		22.06	14.13		地漏	个	10.00	4.00	12.40	49.60
…	……	…	…	…	…	…	…	…	…	……	…	…	…	…	…
	合计						16662.6	4463.7	1571.1						91675.5

施工任务单是施工班组施工作业计划的凭证，也是统计完成任务情况，进行工人工资、资金结算的凭证。限额领料单是施工班组完成施工任务单规定工程任务所允许材料消耗的最高限额量。它们都是根据施工预算签发下达的。

施工图预算费用汇总表　　　　**表11-4**

单位工程名称：某建筑给水排水工程　　　　年　月　日

序号	费用名称	计算公式	费率（%）	金额（元）
1	直接费	（1.1+1.2+1.3+1.4）		20484.9
1.1	基价直接费	预算表合计		16662.6
1.1.1	基价人工费	预算表合计		4463.7
1.2	其他直接费	定额人工费×费率	43.86	1957.8
1.3	临时设施费	定额人工费×费率	23.70	1057.9
1.4	现场管理费	定额人工费×费率	19.28	806.6
2	间接费	（2.1+2.2+2.3）		2729.5
2.1	企业管理费	定额人工费×费率	35.61	1589.5
2.2	财务费用	定额人工费×费率	5.56	248.2
2.3	劳动保险费	定额人工费×费率	19.98	891.8
3	利润	定额人工费×费率	52.16	2328.3
4	允许按实计算的费用及材料价差	（4.1+4.2+4.3）		91675.5
4.1	未计价材料	预算表合计		91675.5
4.2	材料价差			未考虑
4.3	允许按实计算的费用			未考虑
5	定额编制管理费和劳动定额测定费	（1+2+3+4）×费率	0.14	164.1
6	税金	（1+2+3+4+5）×费率	3.56	4178.8
7	造价	（1+2+3+4+5+6）		121561.1

施工预算书是在施工之前，根据会审后的施工图纸（包括说明书、图纸会审、记录、标准图等）、施工定额（劳动定额、材料消耗定额及机械台班使用定额）、施工及验收规范、施工组织设计和施工方案、当地主管部门颁布的预算价格（人工单价、材料单价及机械台班单价）等进行编制的。

1. 施工预算书的内容

施工预算书主要是由编制说明、工程量汇总表、材料及加工件计划表、劳动力计划表、施工机械台班计划表、“两算”对比表等组成。

（1）编制说明

编制说明应包括下述内容：

1）本施工预算书采用的图纸及编号，采用的施工定额可采用全国统一劳动定额、材料消耗定额和机械台班使用定额，也可采用地方编制的施工定额或预算定额乘以规定系数而得。

2）采用的施工组织设计或施工方案要点。

3）是否考虑设计变更或图纸会审。

4）预算中遗留问题及暂估项目内容并说明其原因。

5）存在问题及待处理的办法。

（2）工程量汇总表（表 11-5）

工程量（汇总）表　　**表 11-5**

单位工程名称________　　根据第______号图纸　第______页　共______页

序号	名称	规格及型号	单位	数量	备注

（3）材料、加工件、施工机械台班计划表（表 11-6）

____________计划表　　**表 11-6**

单位工程名称________　　第______页　共______页

序号	名称	规格	单位	数量	单价（元）	合价（元）	备注

（4）劳动力计划表（表 11-7）

劳动力计划表　　**表 11-7**

单位工程名称________　　第______页　共______页

序号	工种名称	需用工日数	单价（元）	金额（元）	备注

（5）“两算”对比表（表 11-8）

“两算”对比表　　**表 11-8**

单位工程名称________　　分部工程名称________

施工图预算（元）		施工预算（元）		“两算”对比（+、-）
人工费		人工费		
材料费		材料费		
施工机械费		施工机械费		
合计		合计		
预算降低率	$\frac{\text{施工图预算价值}-\text{施工预算价值}}{\text{施工图预算价值}}\times 100\%$			
说明				

2. 施工预算书编制

施工预算书的编制和施工图预算书的编制大致一样，其步骤如下：

（1）熟悉基础资料

熟悉经过会审的施工图纸，施工组织设计或施工方案，施工定额等基础资料。

(2) 列工程项目、计算工程量及工程量汇总

将施工图纸的内容按照施工定额划分工程项目，再按工程项目计算工程量。在计算时，工程项目名称和单位一定要符合施工定额，应保证工程量准确（不重复、不漏、不错）。

(3) 套施工定额

套用的施工定额内容必须与施工图纸要求的内容相符合，防止重复、漏算。对于缺项可套用相应定额或补充定额（经上级有关单位批准的）。

(4) 工料分析和汇总

按照工程项目从施工定额中套出工程项目的单位定额用工、用料数量，然后再分别乘上该工程项目的工程量进行计算。按分部工程汇总各工种工日数和综合工日数、各种材料的消耗总数量以及施工机械的台班数量，填入计划表内。

(5) 计算工料费和汇总

人工费＝当地工资标准×工日数量

材料费＝当地材料预算单价×材料数量

机械台班费＝当地机械台班标准×机械台班数量

(6) 进行“两算”对比

“两算”对比是采用分项对比，就是将施工预算中的人工工日、材料数量、机械台班数量、人工费、材料费、机械费分别与施工图预算进行比较。

(7) 施工预算修正

通过“两算”对比后，检查直接费的降低率是否能达到降低成本计划指标要求。否则须重新研究，改进施工方法、技术组织措施，以此修正施工预算，降低工料消耗。

(8) 编制说明、校核、装订成册

11.5　工程施工结算

工程施工结算是指在建筑安装工程施工期间，建设单位与施工单位围绕建筑安装工程价款的计算、拨付和收付事宜而发生的经济往来行为。

施工单位在工程竣工时，应向建设单位提出有关技术资料、竣工图，办理交工验收。此时应同时编制工程竣工结算书，办理财务结算。而建设单位则要在工程竣工、交付使用后编制工程竣工决算书，做出建设费用投资决算。

工程竣工结算是建设工程项目或单位工程竣工验收后，根据施工过程中实际发生的设计变更、材料代用、经济签证等情况对原施工图预算进行修改后最后确定工程实际造价的文件。它是由施工单位编制，送建设单位审批后，通过建设银行办理结算手续。

11.5.1　工程竣工结算的作用及文件组成

工程竣工结算是施工单位与建设单位结算清楚工程费用的依据，是施工单位统计完成工作量、核算成本的依据，也是建设单位落实投资完成额、编制竣工决算书的依据。

工程竣工结算书的组成与施工图预算一致。包括编制说明、结算表、各项费用计算表

等组成。若工程费用变化不大时，可在原施工图预算基础上调整即可。如果设计变更较大，导致整个工程量全部或大部分变更，采用局部调整增减费用的办法则比较繁琐，而且往往容易搞错、弄混，这时竣工结算就要按照施工图预算的编制方法重新进行编制。最后填写结算汇总表（表 11-9）。

工程结算汇总表　　**表 11-9**

序　号	工程名称	原预算价（元）	调增预算价（元）	调减预算价（元）	结算价（元）

11.5.2　竣工结算书的编制

1. 编制依据

竣工结算书的编制依据包括下述内容：

（1）由建设单位批准的施工图预算书。

（2）设计变更单、材料代用单、技术核定单、经济签证等。

设计变更单：是设计单位因各种原因而发出的工程设计变更通知。它必须有设计单位、设计人员的签章才有效。

材料代用单：是建设单位或施工单位因无法采购到设计要求的材料而提出的材料代用清单。材料代用单需经设计单位及建设单位批准才有效。

技术核定单：是建设单位或施工单位对施工图提出的局部修改，新技术的使用等具体问题向设计单位提交的施工技术核定单。它必须有设计单位、建设单位的签章才有效。

经济签证：是指施工单位在施工过程中完成了施工图预算中未包括的施工项目、施工范围和工作内容等，而向建设单位提出的费用要求。它是以表格形式反映。经济签证的内容包括材料代用、设计变更引起的增减工程费用，设计变更造成的损失费用，由设计单位或建设单位的责任造成的停工、窝工等费用。经济签证应及时、实事求是，而且只有建设单位签字盖章后才生效。

（3）钢筋配料单、金属结构及铁件加工单等配料单。

（4）混凝土配合比通知单及各种试验报告单。

（5）各种工程验收资料。如：隐蔽工程检查验收记录单、中间交工验收证明单、交工验收证明书、竣工图等。

（6）预算定额、地区材料预算价格、费用定额以及在施工中出现由甲、乙双方同意的费用证明等。

2. 竣工结算书的编制

竣工结算书的编制是一项细致的工作。在编制过程中既要正确的反映建筑安装工人创造的工程价值，又要正确地贯彻执行国家有关规定。坚持实事求是的原则，正确计算出工程竣工结算的费用。

竣工结算书一般是在原施工图预算基础上进行调整、修改而得。

（1）工程量增减

工程量增减是施工图预算工程量与实际完成的工程数量不符而出现的增减，也就是量差。量差主要有以下几个方面：

1）设计修改和漏项而需增减的工程量。这部分应根据设计变更进行调整。

2）现场工程更改：包括在施工中预见不到的工程和建设单位提出的变更。应根据建设单位和施工单位双方签证的现场记录，按合同和协议的规定进行调整。

3）施工图预算错误：在编制工程竣工结算前，应结合工程验收、点交核对实际完成工程量。若施工图预算有错误应作相应调整，按实际完成工程量结算。

（2）材料价差

工程结算应按预算定额或地区单位估价表的单价编制。当发生材料代用或材料预算价与实际材料价格发生差异时，可在工程结算中进行调整。对于前者应根据工程材料代用通知单计算材料价差来调整；对于后者应按照当地规定办理，允许调整的才能进行调整，不允许调整的不能进行调整。

（3）取费调整

一般地，属于工程量的增减变化，要相应调整建筑安装工程费用。属于材料价差变化一般不调整建筑安装工程费用。其他费用是否调整应按当地建设主管部门规定执行。

第 12 章　施工组织计划技术

12.1 流水作业法

在建筑安装和市政工程施工中，当需要组织多个工程对象施工时，可有三种形式，即顺序施工、平行施工和流水施工，它们的特点和效果是不同的。

1. 顺序施工

顺序施工是施工对象一个接一个依次进行施工的方法。各工作队按顺序依次在各施工对象上工作，如图 12-1（a）所示。这种方法组织较简单，同时投入的劳动力和物资资源量较小，但各专业工作队不能连续工作，物资资源的消耗也有间断性，施工工期长。此法仅用于规模较小，工作面有限的工程。

2. 平行施工

平行施工是所有施工对象同时开工，齐头并进，同时完工的组织施工方法（图 12-1

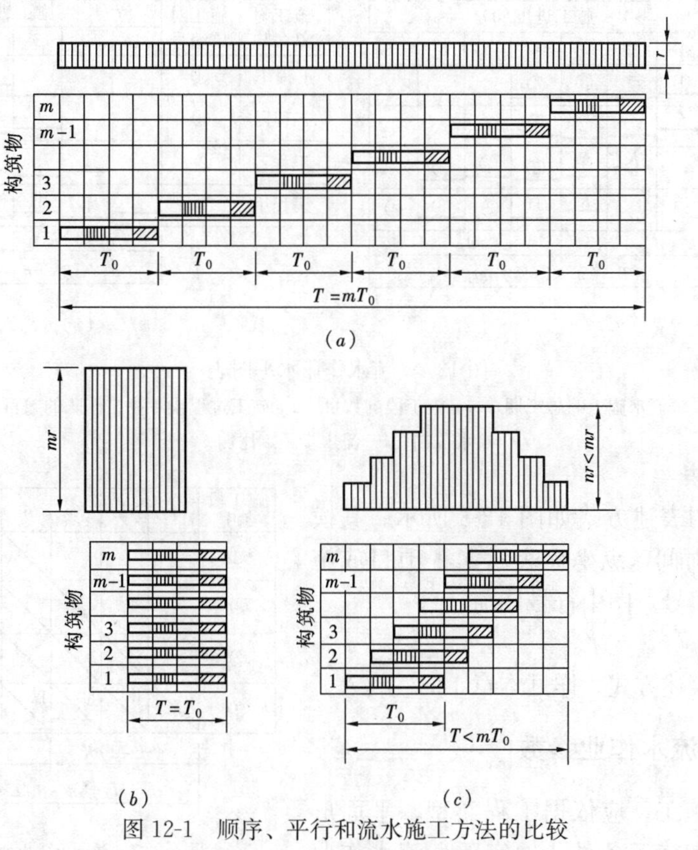

图 12-1　顺序、平行和流水施工方法的比较

（a）顺序施工；（b）平行施工；（c）流水施工

(*b*))。采用平行施工方法可以缩短工期，但劳动力和资源需要量集中，施工组织管理复杂，且费用高，此法仅用于工期要求紧，需要突击的工程。

3. 流水施工

流水施工是将拟建工程按工程特点和结构部位划分为若干施工段，各工作队按一定的顺序和时间间隔依次连续地在各施工对象上工作（图 12-1（*c*））。流水施工综合了顺序施工和平行施工的优点，消除了它们的缺点，即保证了各工作队的工作和物资资源的消耗具有连续性和均衡性。

流水施工作业根据使用对象的不同，可分为分项工程流水、分部工程流水、单位工程流水和群体工程流水。

流水作业法是组织生产的一种高级形式。它的产生是由于劳动的分工与协作。长期以来，流水作业法在建筑行业已得到了普遍重视。此法运用流水作业原理，对于保持施工作业的连续性、均衡性，充分利用时间和空间，进行专业化施工，保证工程质量，提高工效和降低成本，有着显著的作用。

12.1.1　流水作业法的表述形式

1. 水平图表

水平图表的表述方式如图 12-2 所示。其横坐标表示持续时间，纵坐标表示施工过程或施工对象的名称或编号。

施工过程名称	专业工作队编号	施工进度(d)						
		1	2	3	4	5	6	7
挖土方	Ⅰ	①	②	③	④			
做垫层	Ⅱ	*K*	①	②	③	④		
砌基础	Ⅲ		*K*	①	②	③	④	
回填土	Ⅳ			*K*	①	②	③	④

$(n-1)K$　　mt_i

$T=(n-1)K+mt_i$

(*a*)

施工对象名称	施工对象编号	施工进度(d)						
		1	2	3	4	5	6	7
工程丁	④				Ⅰ	Ⅱ	Ⅲ	Ⅳ
工程丙	③			Ⅰ	Ⅱ	Ⅲ	Ⅳ	
工程乙	②		Ⅰ	Ⅱ	Ⅲ	Ⅳ		
工程甲	①	Ⅰ	Ⅱ	Ⅲ	Ⅳ			

$(n-1)K$　　mt_i

$T=(n-1)K+mt_i$

(*b*)

图 12-2　流水作业水平图表

T—流水施工的总工期；*m*—施工段的数目；*n*—施工过程或专业工作队的数目；

t_i—流水节拍；*k*—流水步距，比例 $k=t_i$

2. 垂直图表

垂直图表的表述方式如图 12-3 所示。其横坐标表示持续时间，纵坐标表示工程项目或施工段的名称或编号，图中符号同前。

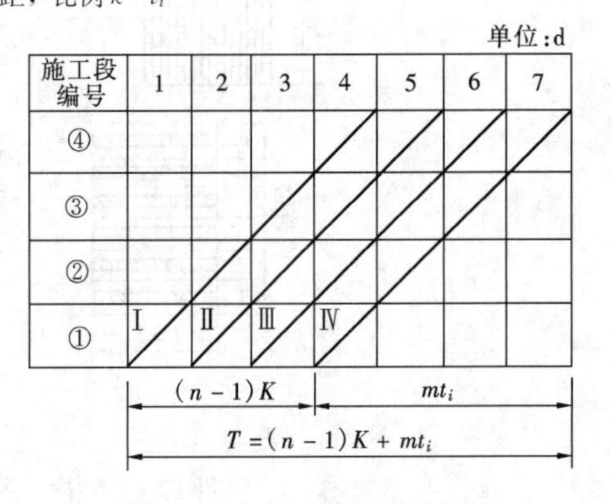

图 12-3　流水作业垂直图表

3. 网络图

网络图的表述方式，详见本章 12.2 节。

12.1.2　流水作业参数

组织流水施工，应依据工程类型、平面形式，结构特点和施工条件，确定下列流水作业参数。

1. 施工过程数（n）

施工过程是指用以表达流水施工在工艺上开展层次的有关过程，施工过程的数目，通常以 n 表示。

施工过程数与构（建）筑物的复杂程度、施工方法等有关。确定施工过程数要适当。应突出主导施工过程或主要专业工种。若取得太多太细，会给计算增添麻烦，在施工进度计划上也会带来主次不分的缺点；但若取的太少，又会使计划过于笼统，失去指导施工的作用。

2. 施工段数（m）

把拟建工程在平面上划分为若干个劳动量大致相等的施工段落，即为施工段。段数一般以 m 表示。

在划分施工段时，应遵循以下原则：

（1）主要专业工程在各个施工段上所消耗的劳动量大致相等。相差幅度不宜超过10%～15%；

（2）每个段应满足专业工种对工作面的要求；

（3）施工段数目应根据各工序在施工过程中工艺周期的长短来确定，能满足连续作业，不出现停歇的合理流水施工要求；

（4）施工段分界线应尽可能与工程的自然界限相吻合，如伸缩缝、沉降缝等，对于管道工程可考虑划在检查井或阀门井等处；

（5）各层房屋的竖向分段一般与结构层一致，并应使各施工过程能连续施工。即各施工过程的工作队作完第一段，能立即转入第二段；做完第一层的最后一段，能立即转入第二层的第一段。因而每层的最少施工段数目 m_0 应满足：

$$m_0 \geqslant n \tag{12-1}$$

式中　m_0——每层最少施工段数；

　　n——施工过程数。

此外，施工段的划分还应考虑垂直运输方式和进料的影响。

3. 流水节拍（t_i）

流水节拍是指各个专业工作队在各个施工段完成各自施工过程所需的持续时间，通常以 t_i 表示。

流水节拍决定施工的速度和施工的节奏性。因此，各专业工作队的流水节拍一般应成倍数，以满足均衡施工的要求。

流水节拍的确定，应考虑劳动力、材料和施工机械供应的可能性，以及劳动组织和工作面使用的合理性。通常按下式计算：

$$t_i = \frac{Q_i}{S_i R_i N} = \frac{P_i}{R_i N} \tag{12-2}$$

式中　t_i——某施工过程在某施工段上的流水节拍；

　　Q_i——某施工过程在某施工段上的工程量；

　　S_i——某专业工种或机械的产量定额；

R_i——某专业工作队人数或机械台数；

N——某专业工作队或机械的工作班次；

P_i——某施工过程在某施工段上的劳动量。

4. 流水步距（$K_{i,i+1}$）

在流水施工过程中，相邻两个专业工作队先后进入第一施工段开始施工的时间间隔，称为流水步距，通常以 $K_{i,i+1}$ 表示。

正确的流水步距应与流水节拍保持一定的关系。确定流水步距的原则：

（1）要保证每个专业工作队，在各个施工段上都能连续作业；

（2）要使相邻专业工作队，在开工时间上实现最大限度地、合理地搭接；

（3）要满足均衡生产和安全施工的要求。

5. 技术间歇时间（S）

技术间歇有两种：工艺间歇和组织间歇。

工艺间歇是指在流水施工中，由于施工工艺的要求，某施工过程在某施工段上除流水步距以外必须停歇的时间间隔。如清水池基础混凝土浇筑以后，必须经过一定的养护时间，才能继续下面的工序——池壁和立柱的模板支设等。

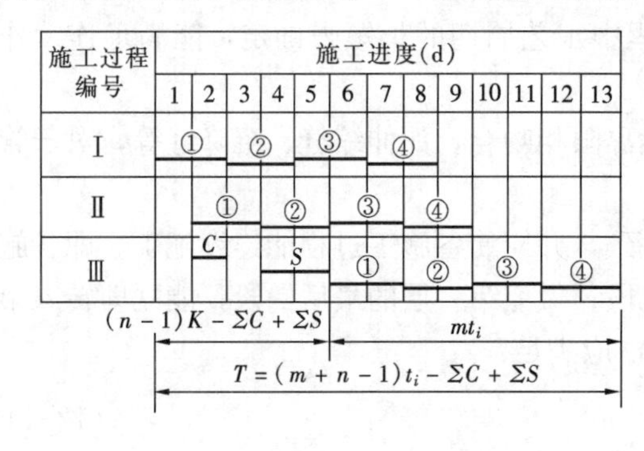

图 12-4　有技术间歇和平行搭接时间的固定节拍水平图表

组织间歇是指施工中由于考虑组织技术的因素，某施工过程在某施工段上除流水步距以外增加的必要时间间隔。如泵房混凝土基础浇筑并经养护以后，必须先进行弹线，然后才能进行设备安装，回填土以前必须对埋设的地下管道检查验收等。

这些由工艺和组织原因引起的等待时间，称为技术间歇时间。有时对两类不同的间歇时间可以分别考虑。

6. 平行搭接时间（C）

在组织流水施工时，在工作面允许的条件下，某施工过程可以与其紧前施工过程平行搭接施工，其平行搭接时间，以 C 表示。图 12-4 是一有技术间歇和平行搭接时间的固定节拍水平图表示例。

12.1.3　流水施工基本方式

流水施工有流水段法和流水线法。可以根据构（建）筑物的结构特点进行选用。根据各施工过程时间参数的不同特点，流水段法又可分为固定节拍专业流水，成倍节拍专业流水和分别流水法等几种形式。

1. 固定节拍专业流水

固定节拍专业流水是指在所组织的流水范围内各施工过程的流水节拍均彼此相等，并且等于流水步距，即 $t_i = K =$ 常数，如图 12-2 和图 12-3 所示。

专业流水的工期，一般计算公式是：

$$T = \sum_{i=1}^{n-1} K_{i,i+1} + T_n - \Sigma C + \Sigma S \tag{12-3}$$

式中　$\sum_{i=1}^{n-1} K_{i,i+1}$——流水步距总和；

T_n——最后一个施工过程在各施工段上的持续时间之和；

$\sum C$——所有平行搭接时间的总和；

$\sum S$——所有技术间歇时间的总和。

在固定节拍专业流水中，由于有上述特点，所以：

$$\sum_{i=1}^{n-1} K_{i,i+1} = (n-1)K \tag{12-4}$$

且

$$T_{\mathrm{n}} = mK = mt_i \tag{12-5}$$

因此，固定节拍流水施工工期可由下式计算：

$$\begin{aligned} T &= (n-1)K + mt_i - \sum C + \sum S = (m+n-1)K - \sum C + \sum S \\ &= (m+n-1)t_i - \sum C + \sum S \end{aligned} \tag{12-6}$$

2. 成倍节拍专业流水

在组织流水施工时，通常会遇到不同施工过程之间，由于劳动量的不等以及技术或组织上的原因，其流水节拍互成倍数，从而形成成倍节拍专业流水。

例如，某给水厂配水泵房四台清水泵的安装工程，施工过程分为：(1) 基础浇灌；(2) 泵机安装；(3) 进出水管道和其他附属设施安装；(4) 单机调试。每台泵作为一个施工段，且每一施工过程都安排一个工作队来完成，各施工过程的流水节拍分别为 5d、10d、10d、5d，当组织流水施工时，根据工期的不同要求，可以按一般成倍节拍流水和加快成倍节拍流水组织施工。

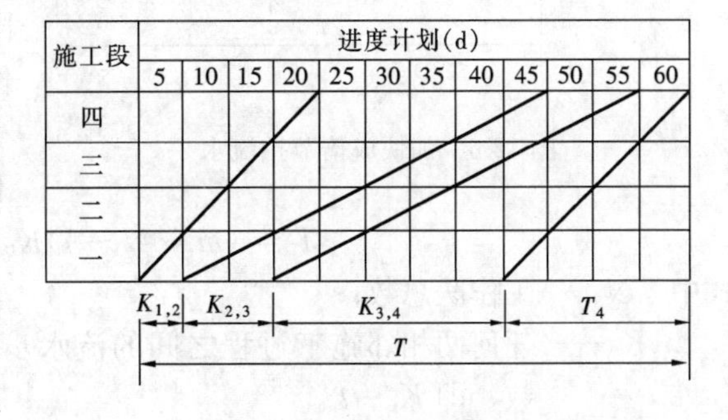

图 12-5　成倍节拍专业流水

(1) 一般成倍节拍流水

上例中，如果工期满足要求，而且各施工过程在工艺上和组织上都是合理的，显然如图 12-5 所示的图表提供了一个可行的进度计划方案。在成倍节拍专业流水中，由于流水节拍的不同，各施工过程的进展速度不同。为了保证它们之间的工艺顺序和连续施工，流水步距也不一样。

一般成倍节拍流水的施工工期仍采用式 (12-3) 计算，关键在于求出各施工过程的流水步距：

$$K_{i,i+1} = \begin{cases} t_i & (\text{当 } t_i \leqslant t_{i+1}) \\ mt_i - (m-1)t_{i+1} & (\text{当 } t_i > t_{i+1}) \end{cases} \tag{12-7}$$

此例中各施工过程之间的流水步距：

$\because t_1 < t_2$　　$\therefore K_{1,2} = t_1 = 5\mathrm{d}$

$t_2 = t_3$　　$K_{2,3} = t_2 = 10\mathrm{d}$

$t_3 > t_4$　　$K_{3,4} = mt_3 - (m-1)t_4 = 4 \times 10 - (4-1) \times 5 = 25\mathrm{d}$

从而可由式 (12-3) 求出该工程的流水工期为：

$$T=\sum_{1}^{3}K_{i,i+1}+T_4-\Sigma C+\Sigma S$$

$$=(5+10+25)+4\times5-0+0=60\text{d}$$

（2）加快成倍节拍流水

分析图 12-5 的施工组织方案可知，如果要缩短这项工程的工期，可以各增加一个泵机安装和管道安装的工作队，从而使它们的生产能力增加一倍。但必须注意到，两个工作队同时安排在同一水泵的作业上，可能会受场地的限制，互相干扰降低效率，因此，在组织施工时，这些工作队应以交叉的方式安排在不同的施工段上。假设本例安排两个泵机安装和两个管道安装工作队，此时应做这样的组织：

泵机安装甲：一段→三段

泵机安装乙：二段→四段

管道安装 A：一段→三段

管道安装 B：二段→四段

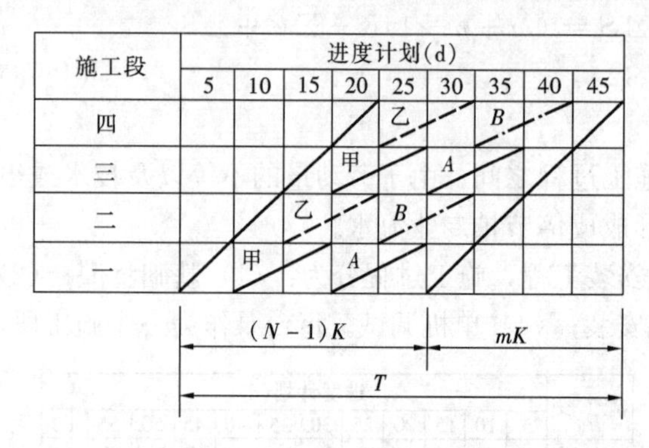

图 12-6　加快成倍节拍流水

加快后的施工进度计划如图 12-6 所示，可以看见，该专业流水转化成类似于 N 个施工过程的固定节拍专业流水，所不同的仅是安排上有所差异，这里，N 为工作队总数。

因此，加快成倍节拍流水的工期可按下式计算：

$$T=(m+N-1)K_0-\Sigma C+\Sigma S \tag{12-8}$$

式中　N——工作队总数；

K_0——任何两相邻施工过程之间的流水步距，它均等于所有流水节拍的最大公约数，即 $K_0=t_{\min}$。

此例中，完整的加快成倍节拍流水的建立步骤如下：

1）确定流水步距

$$K_0=t_{\min}=[t_i](i=1,2,\cdots,n)=[5,10,10,5]=5\text{d}$$

2）确定各施工过程的工作队数

$$n_i=\frac{t_i}{t_{\min}}(i=1,2,\cdots,n)$$

式中　n_i——某施工过程所需专业工作队数目；

t_i——某施工过程的流水节拍；

$t_{\min}$——所有流水节拍的最大公约数。

本例

$$n_1=\frac{5}{5}=1$$

$$n_2=\frac{10}{5}=2$$

$$n_3=\frac{10}{5}=2$$

$$n_4 = \frac{5}{5} = 1$$

(3) 求工作队总数 N

$$N = \sum_{1}^{n} n_i = 1 + 2 + 2 + 1 = 6$$

(4) 确定流水施工工期

$$T = (m + N - 1)K_0 - \Sigma C + \Sigma S = (4 + 6 - 1) \times 5 - 0 - 0 = 45\text{d}$$

3. 分别流水法

当各施工段的工程量不等，各队（组）的生产效率互有差异，并且也不可能组织固定节拍或成倍节拍流水时，则可组织分别流水。它的特点是各施工过程的流水节拍随施工段的不同而改变。不同施工过程之间流水节拍的变化又有很大差异。

例如，某污水处理厂一座矩形曝气池土建立体结构施工划分为六仓（施工段），由三个施工过程组成专业流水，即 $m=6$，$n=3$，各施工过程的持续时间见表 12-1，相应的流水作业计划水平图表如图 12-7 所示。

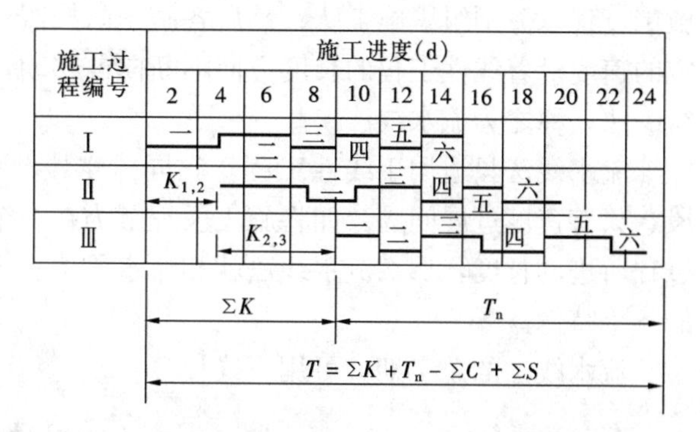

图 12-7　分别流水法水平图表

施工过程的持续时间（单位：月）　　**表 12-1**

施工过程 \ 施工段	一	二	三	四	五	六
Ⅰ（A）	3	3	2	2	2	2
Ⅱ（B）	4	2	3	2	2	3
Ⅲ（C）	2	2	3	3	3	2

分别流水作业的施工工期仍由式（12-3）计算，其中：

$$T_n = \sum_{i=1}^{m} t_i \tag{12-9}$$

因此，分别流水作业的工期计算，主要是确定各施工过程之间的流水步距。最简单的办法是用“相邻队组每段作业时间累加数列错位相减取大差”的办法，即先分别将两相邻工作每段作业时间（流水节拍）逐项累加，得出两个数列，然后将后工作的累加数列向后错一位对齐，逐个相减，最后可得到第三个数列（仅取正值），从中取大值，即为两工作施工队（组）间的流水步距。据此分别确定施工过程 1、2 和 2、3 之间的流水步距为 3d 和 5d：

$K_{1,2}$

	3	6	8	10	12	14
−）		4	6	9	11	13	16
	<u>3</u>	2	2	1	1	1	−

$K_{3,4}$

	4	6	9	11	13	16	
−）		2	4	7	10	13	15
	4	2	<u>5</u>	4	3	3	−

从图 12-7 也可看出，分别流水法各施工队（组）依次在各施工段上尽可能连续施工，但各施工段并不经常都有工作队在工作，由于分别流水法中，各工序之间不像组织节拍流水那样有一定的时间约束，所以在进度安排上比较灵活，此法实际应用比较广泛。

4. 流水线法

在工程中常会遇到延伸很长的构筑物，如管道、道路工程等，它们的长度往往可达数十米甚至数百公里，这样的工程称为线性工程，对于线性工程，由于其工程数量是沿着长度方向均匀分布的，且结构情况一致，所以在组织流水作业时，只需将线性工程分为若干施工过程，分别组织施工队；然后各施工队按照一定的工艺顺序相继投入施工，各队以固定的速度沿着线性工程的长度方向不断向前移动，每天完成同样长度的工作任务。这样的组织法，称之为流水线法。

流水线法只适用于线性工程，它同流水段法的区别就在于流水线法没有明确的施工段，只有速度进展问题。如将施工段理解为在一个工作班内，在线性工程上完成某一施工过程所进的长度，那么流水线法就和流水段法一样了，因此，流水线法实际上是流水段法的一个特例。

流水线法的总工期，可用下式计算：

$$T=(n-1)K+\frac{L}{V} \tag{12-10}$$

式中　T——线性工程的总工期；

L——线性工程的总长度；

V——工作队移动的速度（km/班或 m/班）；

K——流水步距；

n——施工过程数或工作队数。

例如图 12-8 所示为某管道铺设工程的流水线法水平图表。

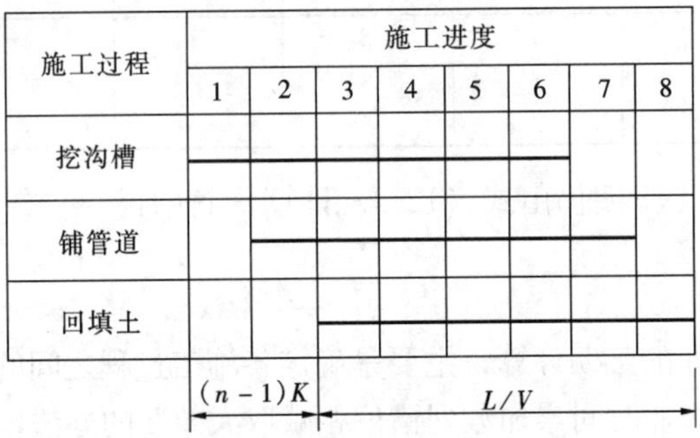

施工过程	施工进度							
	1	2	3	4	5	6	7	8
挖沟槽								
铺管道								
回填土								

$(n-1)K$　　L/V

图 12-8　流水线法水平图表

12.2　网络计划技术

网络计划技术是用网络图解模型表达计划管理的一种方法。其基本原理是应用网络图描述一项计划中各个工作（任务、活动、过程、工序）的先后顺序和相互关系；估计每个工作的持续时间和资源需要量；通过计算找出计划中的关键工作和关键线路；再通过不断改变各项工作所依据的数据和参数，选择出最合理的方案并付诸实施；然后在计划执行过程中还要进行有效地控制和监督，保证最合理地使用人力、物力以及财力和时间，顺利完成规定的任务。

这种方法产生于 20 世纪 50 年代中后期，主要以关键线路法（Gritical Path Method，简称 CPM）和计划评审技术（Program Evaluation and Review Technique，简称 PERT）为代表，60 年代中期由华罗庚教授介绍到我国，命名为“统筹法”。

网络计划技术一经产生，就在工业、农业、国防、关系复杂的科研计划和管理中得到应用。由于这种方法所具有的特点，在工程建设中，已广泛用于工程施工计划和组织管理。在缩短建设周期，提高工效，降低造价及提高企业管理水平等方面取得了明显效果。随着应用的不断扩展，这种方法也已用于资源和成本优化；工程投标、签订合同和拨款业务；工程建设监理等多方面。

网络模型种类很多，根据绘图表达方式的不同，分为双代号表示法和单代号表示法；根据表达的逻辑关系和时间参数肯定与否，又可分为肯定型和非肯定型两大类，根据计划目标的多少，可分为单目标网络和多目标网络模型，根据内容涉及的范围大小和项目划分程度的粗细，又可分为总体网络、子网络（或局部辅助网络）。此外，还分无时间坐标和有时间坐标的网络图等。

12.2.1　网络图的基本概念

网络图是以网状图形表示某项计划或工程开展顺序的工作流程图。构成网络图的基本组成部分有：箭线、节点和线路。根据箭线和节点所表示的内容不同，网络图有双代号和单代号两种表示方法，如图 12-9 和图 12-10 所示。现以双代号网络图为例来说明各组成部分的含义：

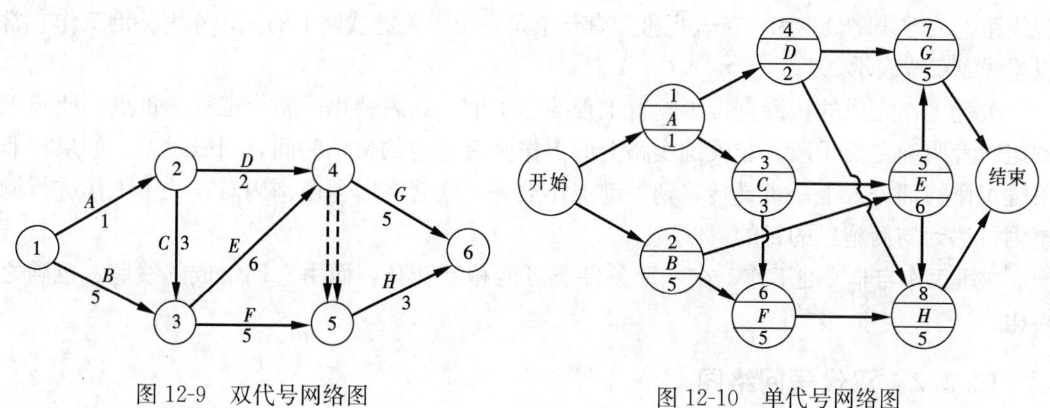

图 12-9　双代号网络图　　　图 12-10　单代号网络图

1. 箭线

在双代号网络图中，箭线表示工作。通常将工作的名称或代号写在箭线上方，完成该项工作所需的时间写在箭线下方。箭尾表示工作的开始，箭头表示工作的结束，箭线的长短和曲折对网络图没有影响（时标网络图除外）。

根据计划的编制范围不同，工作可以是分项、分部、单位工程或工程项目；其划分的粗细程度，主要取决于计划的类型、工程性质和规模。控制性计划，可分解到单位工程或分部工程，实施性计划，应分解到分项工程。

一般来讲，工作需要占用时间和消耗资源，如挖基坑、绑扎钢筋、浇筑混凝土等。有些技术问题，如混凝土的养护，满水试验观测等，也应作为一项工作，不过它只占用时间而不消耗资源。因此，凡是占用时间的过程都应作为一项工作看待，即在网络图中有一条相应的箭线。

为了正确表示各项工作之间的逻辑关系，常引入所谓“虚工作”，它既不占用时间，也不消耗资源，以虚箭线表示，如图 12-9 中的工作 4-5。

2. 节点

用圆圈或其他封闭图形表示的箭线之间的连接点称为节点。它表示工作的开始、结束或衔接等关系，因此，节点也称为事件。

网络图中的第一个节点叫起始节点，最后一个节点叫终结节点，它们分别表示一项任务的开始或完成。其他节点叫中间节点。

为了使网络图便于检查和计算，所有节点均应统一编号，若某工作的箭尾和箭头节点分别是 i 和 j，则 $i-j$ 即表示该工作的代号。节点编号不应重复。为计算方便和更直观起，箭尾节点的号码应小于箭头节点的号码，即 $i<j$。编号方法可以沿水平方向，也可沿垂直方向，由前到后顺序进行。可按自然数连续编号。但有时由于网络图需要调整，因此也可不连续编号，以便增添。

一项工作完整的表示方法如图 12-11 所示。

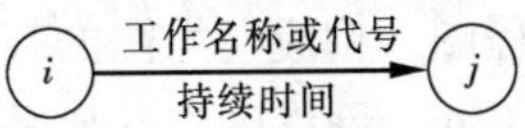

i —工作名称或代号 / 持续时间→ j

图 12-11　工作的双代号表示法

3. 线路

从起始节点沿箭线方向顺序通过一系列箭线与节点，最后到达终结节点的若干条“通路”称为线路，显然，线路有很多条，通过计算可以找到需用工作时间最长的线路，这样的线路称为关键线路。关键线路最少为一条，也可能有若干条。位于关键线路上的工作称为关键工作。常以粗线或双线表示。

关键工作完成的快慢直接影响着工程的总工期，这就突出了整个工程的重点，使施工的组织者明确主要矛盾。非关键线路上的工作则有一定的机动时间，叫做时差。如果将非关键工作的部分人工、机具转移到关键工作上去，或者在时差范围内对非关键工作进行调整则可达到均衡施工的目的。

关键工作与非关键工作，在一定条件下可能相互转化，而由它们组成的线路，也随之转化。

12.2.2　双代号网络图

1. 双代号网络图的绘制

（1）正确表达各项工作间的逻辑关系

逻辑关系是指工作进行的客观上存在的一种先后顺序关系。这里既包括客观上的先后顺序关系，也包括施工组织要求的相互制约，相互依赖的关系，前者称为工艺逻辑，后者称为组织逻辑。逻辑关系的正确与否是网络图能否反映工程实际情况的关键。

某项工作和其他工作的相互关系可以分为三类：紧前工作、紧后工作、平行工作，如图 12-12 所示。

表 12-2 所列是网络图中常见的一些逻辑关系及其表示方法。

五种基本逻辑关系单、双代号表达方式对照表　　　　**表 12-2**

序号	描　　述	单代号表达方法	双代号表达方法
1	*A* 工作完成后，*B* 工作才能开始		
2	*A* 工作完成后，*B*、*C* 工作才能开始		
3	*A*、*B* 工作完成后，*C* 工作才能开始		
4	*A*、*B* 工作完成后，*C*、*D* 工作才能开始		
5	*A*、*B* 工作完成后，*C* 工作才能开始，且 *B* 工作完成后，*D* 工作才能开始		

（2）绘图规则

1）网络图中不允许出现循环线路，如图 12-13 中的 2→3→5→2，组成闭合回路，导致工作之间的逻辑关系混乱。

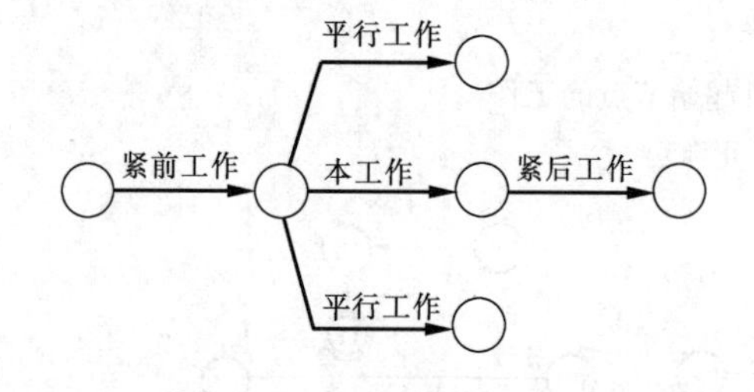

图 12-12　工作的逻辑关系

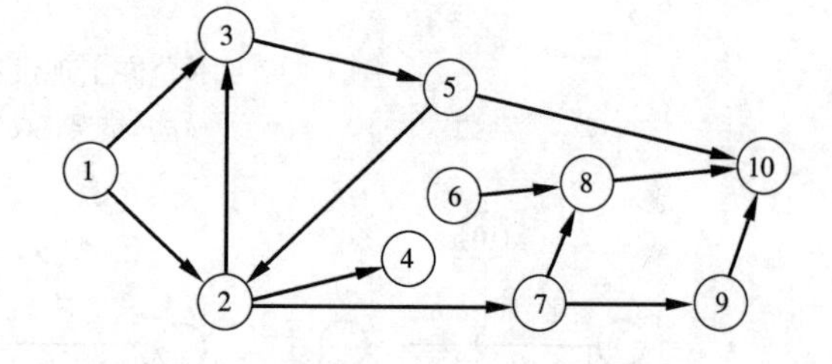

图 12-13　错误的网络图

2）在一个网络图中只能有一个起始节点和一个终结节点（多目标网络图除外）。如有几项工作同时开始或同时结束，通常可分别用图 12-14（*a*）、（*b*）的形式表示。图 12-13 中的节点 4 和节点 6 都是错误的表示法。

3）在网络图中不允许出现代号相同的箭线，图 12-15（*a*）中的两项工作都用 1-2 表示是错误的，正确的表示方法应如图 12-15（*b*）所示。

4）在网络图中不允许出现有双向箭头或无箭头的线段，如图 12-16 所示。

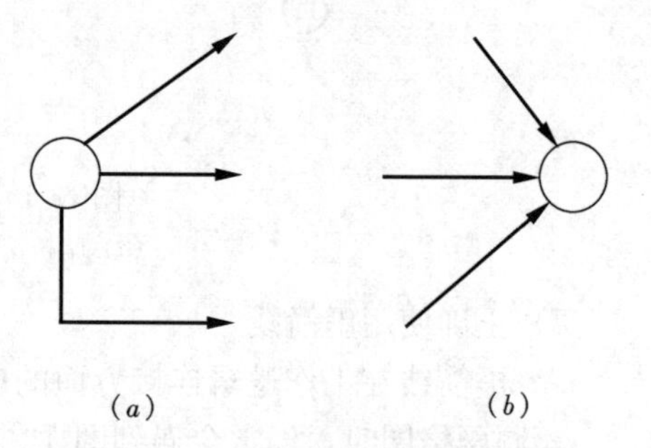
（*a*）　　（*b*）

图 12-14　几项工作同时进行的网络起始节点和网络终结节点

（*a*）网络起始节点；（*b*）网络终结节点

5）不允许出现没有起始节点的工作，如图12-17所示，应将工作A分为A_1与A_2两部分，由中间节点②将其连接起来。

6）表示两项工作的箭线发生交叉时，可采用图12-18所示的“暗桥法”，“断线法”，或“指向法”等来处理。

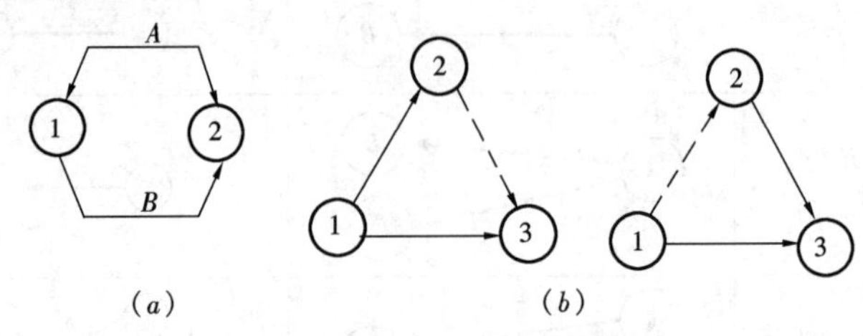

图12-15　不允许出现重复编号的箭线

（a）错误；（b）正确

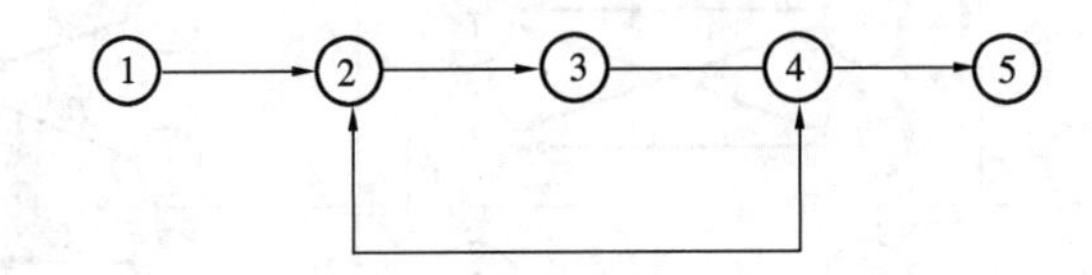

图12-16　双向箭头和无箭头的错误

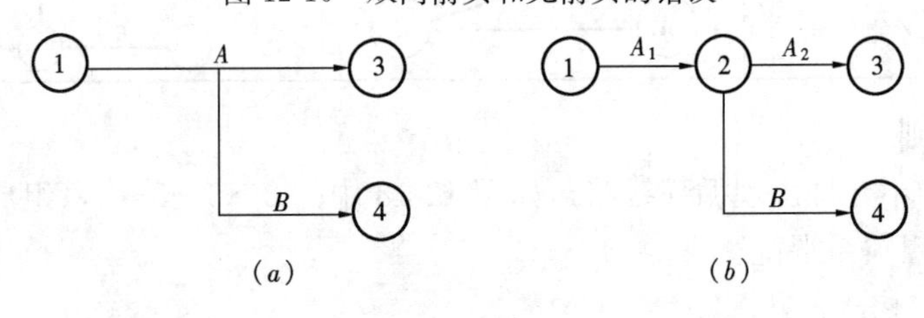

图12-17　不允许出现没有起始节点的工作

（a）错误；（b）正确

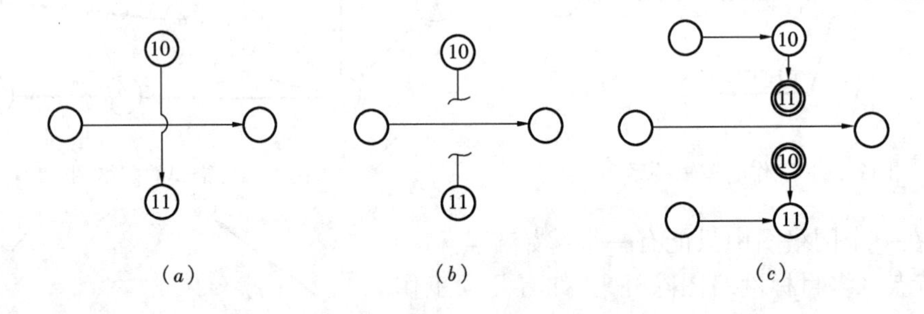

图12-18　箭线交叉的处理方法

（a）暗桥法；（b）断线法；（c）指向法

7）正确使用虚箭线

A. 虚箭线在工作逻辑连接方面的应用

绘制网络图时，经常会遇到图12-19中的情况，这里A工作不仅制约B工作，而且制约D工作，C工作仅制约D工作，而不制约B工作，这时必须在节点②和⑤之间引入虚箭线。

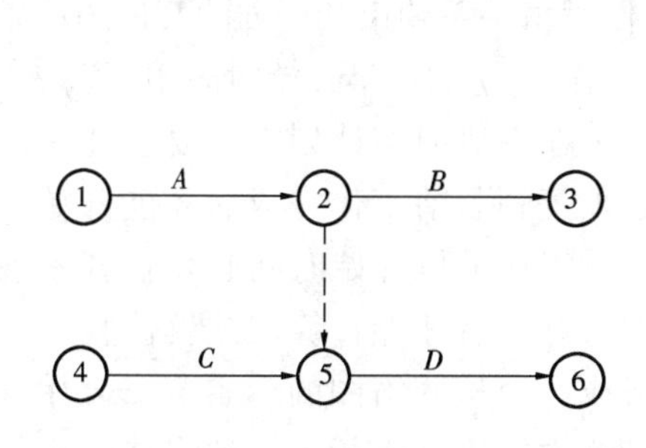

图 12-19　虚箭线的应用之一

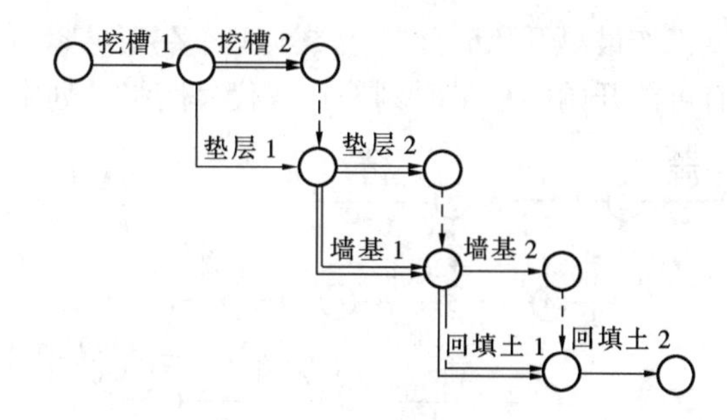

图 12-20　逻辑关系的错误

B. 虚箭线在工作的逻辑"断路"方面的应用

例如，某基础工程施工由挖槽，垫层，墙基，回填四项工作组成，分两段施工，如绘制成图 12-20 所示的网络图那就错了。因为第二施工段的挖槽（即挖槽 2）与第一施工段的墙基（即墙基 1）没有逻辑上的关系（图中用粗线表示），同样，垫层 2 与回填土，也不存在逻辑上的关系（图中用双线表示）。要避免上述情况，必须增加虚箭线来加以分隔。正确的网络图如图 12-21 所示。

这种用虚箭线隔断网络图中无逻辑关系的各项工作的方法称为"断路法"，这种方法在组织分段流水作业的网络图中使用很多，十分重要。但是虚箭线的数量应以必不可少为限度，多余的必须全部删除。

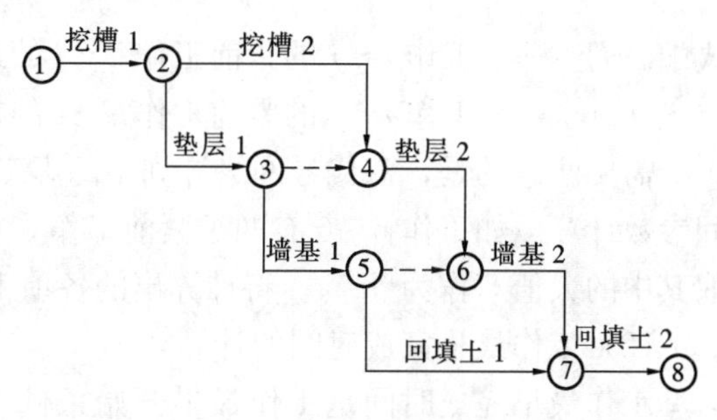

图 12-21　虚箭线的应用之二

8）在网络图中，应尽量避免使用反向箭线，如图 12-22 中的虚箭线。因为反向箭线容易发生错误，可能会造成循环线路。在时标网络图中更是绝不允许的。

2. 双代号网络计划时间参数的计算

网络计划的时间参数是确定关键工作、关键线路和计划工期的基础，也是判定非关键工作机动程度和进行计划优化、调整与动态管理的依据。网络计划的时间参数包括各项工作的最早开始时间、最迟开始时间、最早完成时间、最迟完成时间及工作的时差。这些时间参数可直接按工作计算，计算过程比较直观，常在手算中使用；在双代号网络计划中，也可先按节点算出节点时间参数，再进行推算，多用于计算机计算中。

本章将结合计算公式简述直接在网络图上的计算方法，称为图上计算法，此外还有表上计算法，矩阵法和电算法等方法，由于原理相同而不重复。

计算时间参数要先确定各项工作的持续时间。这里首先设每项工作已确定了持续时间，此外，还规定无论是工作的开始时间或完成时间，都一律以时间单位的终了时刻为准，如果工作开始时间为第 4 天，则指第 4 天终了（下班）时有可能开始，而实际上是在次一天，即第 5 天上班时方开始。

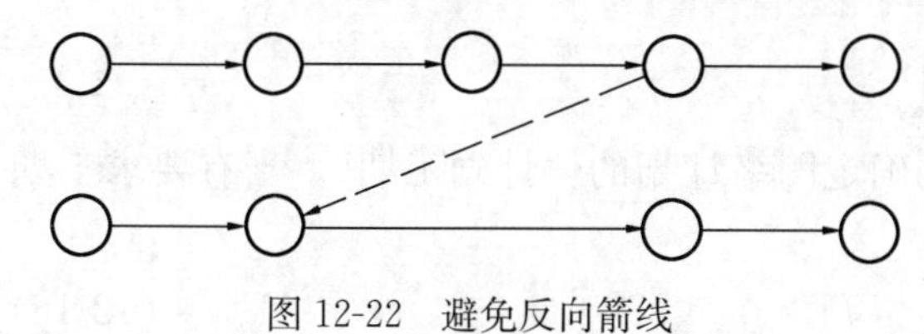

图 12-22　避免反向箭线

现结合图 12-23 为例说明其计算过程。

（1）工作最早开始时间的计算

工作最早开始时间是指一项工作在满足紧前工作逻辑关系约束和计划的其他约束条件下有可能开始的最早时刻，在双代号网络计划中，工作 $i-j$ 的最早开始时间用 T_{i-j}^{ES} 表示。

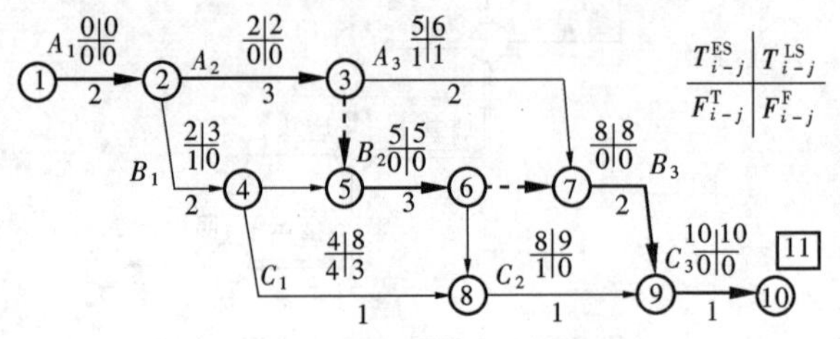

图 12-23　用工作计算法计算双代号网络计划的时间参数

在一般网络计划中，要求任一工作必须等到紧前工作完成后才能开始。因此，工作最早开始时间必须在各紧前工作都计算后才能计算。这就使整个计算形成一个从网络图的起始节点开始，顺箭线方向逐项进行，直到终结为止的加法过程。

凡与起始节点相连系的工作都是计划的起始工作。它们的最早开始时间可按规定日历天数确定，一般可定为零。如本例中：

$$T_{1-2}^{ES}=0 \tag{12-11}$$

所有其他工作的最早开始时间的计算方法是：将其所有紧前工作 $h-i$ 的最早开始时间 T_{h-i}^{ES} 分别与各该工作的持续时间 D_{h-i} 相加，取和数中的最大值。如下式：

$$T_{i-j}^{ES}=\max_{h}\{T_{h-i}^{ES}+D_{h-i}\} \tag{12-12}$$

式中　T_{h-i}^{ES}——工作 $i-j$ 的紧前工作 $h-i$ 的最早开始时间；

D_{h-i}——工作 $i-j$ 的紧前工作 $h-i$ 的持续时间。

需要注意的是，双代号网络计划中的虚工作既然是网络图中的组成部分，也应进行时间参数计算。如工作 5～6 有两个紧前工作 3～5 和 4～5 须分别算出 5+0=5 和 4+0=4，取其中的大值 5 作为 T_{5-6}^{ES}。将计算出的各项工作的 T_{i-j}^{ES} 值填在图 12-23 中。

（2）工作最早完成时间的计算

工作最早完成时间是工作最早开始条件下有可能完成的最早时刻。双代号网络计划中，它用 T_{i-j}^{EF} 表示，其值等于该工作最早开始时间与其持续时间之和，即：

$$T_{i-j}^{EF}=T_{i-j}^{ES}+D_{i-j} \tag{12-13}$$

将上式与式（12-12）对照，可以看出工作最早完成时间是紧后工作最早开始时间的决定因素，因此，式（12-12）又可改写为：

$$T_{i-j}^{ES}=\max_{h}\{T_{h-i}^{EF}\} \tag{12-14}$$

（3）确定网络计划的工期

根据结束工作的最早开始时间或最早完成时间，可以计算网络计划的“计算工期” T_c；如下：

$$T_c=\max_{i}\{T_{i-n}^{ES}+D_{i-n}\}=\max_{i}\{T_{i-n}^{EF}\} \tag{12-15}$$

式中　T_{i-n}^{ES}——网络计划结束工作 $i-n$（即以终点节点 n 为箭头节点的工作）的最早开始时间；

D_{i-n}——结束工作的持续时间；

T_{i-n}^{EF}——结束工作的最早完成时间。

有了计算工期，还须根据不同情况分别确定网络计划的“计划工期”。当有要求工期时计划工期 T_p 应满足：

$$T_p\leqslant T_r \tag{12-16}$$

式中　T_r——网络计划的要求工期。

当无要求工期时，计划工期 T_p 可按计算工期确定，即：

$$T_p = T_c \tag{12-17}$$

本例只有一项结束工作 9～10，故计算工期 T_c 为 $T_{9-10}^{ES}+D_{9-10}=10+1=11$。又由于本例事先没有规定要求工期，所以计划工期 $T_p=T_c=11$。将它填在终结节点⑩旁的方框中，如图 12-23 所示。

(4) 工作最迟完成时间和最迟开始时间的计算

工作最迟完成时间是指一项工作在不影响任务按期完成并满足计划的各种约束条件下必须完成的最迟时刻。双代号网络计划中，它用 T_{i-j}^{LF} 表示。

工作最迟完成时间必须在各紧后工作都计算后才能计算，因此使整个计算过程形成从网络图的终结节点开始，逆箭线方向依次计算至网络图的起始节点止的减法过程。

$$\begin{cases} T_{i-n}^{LF} = T_p & (12\text{-}18) \\ T_{i-j}^{LF} = \min\limits_{k} \{T_{j-k}^{LF} - D_{j-k}\} & (12\text{-}19) \end{cases}$$

式中　T_{i-n}^{LF}——结束工作的最迟完成时间；

T_p——计划工期；

T_{i-j}^{LF}——其他工作的最迟完成时间；

T_{j-k}^{LF}——工作 $i-j$ 的紧后工作 $j-k$ 的最迟完成时间；

D_{j-k}——工作 $i-j$ 的紧后工作 $j-k$ 的持续时间。

工作的最迟开始时间是工作按最迟完成的条件下必须开始的最迟时刻。双代号网络图中用 T_{i-j}^{LS} 表示，用下式计算：

$$T_{i-j}^{LS} = T_{i-j}^{LF} - D_{i-j} = \min_{k} \{T_{j-k}^{LS}\} - D_{i-j} \tag{12-20}$$

式中　T_{j-k}^{LS}——工作 $i-j$ 的紧后工作 $j-k$ 的最迟开始时间。

(5) 工作时差的计算

工作总时差是在不影响工期的前提下，工作所具有的机动时间。双代号网络计划中用 F_{i-j}^{T} 表示。其值等于工作最早开始时间到最迟完成时间这段极限活动范围内扣除工作本身必须的持续时间所剩余的差值。即：

$$F_{i-j}^{T} = T_{i-j}^{LF} - T_{i-j}^{ES} - D_{i-j} \tag{12-21}$$

稍加变换可得：

$$F_{i-j}^{T} = T_{i-j}^{LF} - (T_{i-j}^{ES} + D_{i-j}) = T_{i-j}^{LF} - T_{i-j}^{EF} \tag{12-22}$$

或

$$F_{i-j}^{T} = (T_{i-j}^{LF} - D_{i-j}) - T_{i-j}^{ES} = T_{i-j}^{LS} - T_{i-j}^{ES} \tag{12-23}$$

工作的自由时差是在不影响紧后工作最早开始的前提下，工作所具有的机动时间。双代号网络图中用 F_{i-j}^{F} 表示。其值等于工作最早开始时间到紧后工作最早开始时间这段极限活动范围内扣除工作本身必需的持续时间所剩余的差值。即：

$$F_{i-j}^{F} = T_{j-k}^{ES} - T_{i-j}^{ES} - D_{i-j} \tag{12-24}$$

稍加变换可得：

$$F_{i-j}^{F} = T_{j-\mathrm{k}}^{ES} - (T_{i-j}^{ES} + D_{i-j}) = T_{j-\mathrm{k}}^{ES} - T_{i-j}^{EF} \tag{12-25}$$

式中　$T_{j-\mathrm{k}}^{ES}$——工作 $i-j$ 的紧后工作 $j-k$ 的最早开始时间。

本例中

$$F_{2-4}^{T} = T_{2-4}^{LS} - T_{2-4}^{ES} = 3-2=1$$

$$F_{2-4}^{F}=T_{4-5}^{ES}\text{（或}T_{4-8}^{ES}\text{）}-T_{2-4}^{ES}-D_{2-4}$$
$$=4-2-2=0$$

自由时差比总时差的条件严格，所以同一工作的自由时差值必然等于或小于该工作总时差。

总时差和自由时差是性质完全不同的两种时差概念，前者以不影响总工期为限度，因此它是一种线路时差，为该线路上的各工作所共有；后者则以不影响后续工作最早开始为限度，带有局部性。掌握时差和合理应用时差，对于作业管理和生产调度，保证网络计划的贯彻实施具有十分重要的意义。

（6）判别关键工作

凡总时差最小的工作即为关键工作，大多数情况下，计划工期与计算工期相等，这时关键工作的总时差等于零。当计划工期小于计算工期时，某些工作的总时差出现负值，在这种情况下，负时差绝对值最大的工作为关键工作。在网络图中，所有关键工作将形成一条或多条关键线路。

本例中，线路①—②—③—⑤—⑥—⑦—⑨—⑩是关键线路。

3. 双代号网络计划的调整

网络计划初始方案确定以后，最常遇到的问题是计算工期不满足要求。这时就需要进行调整。调整的方法有两类：第一类需要改变网络图的结构。第二类是网络图结构不变，只改变工作的持续时间。

（1）网络图结构调整

调整网络图结构的方法有两种：

一种是改变施工方法，如某矩形曝气池池壁施工由拼装模板改成拉模，某沉井工程由排水下沉改成不排水下沉等，这时网络图一般应重新绘制和计算。

另一种是在施工方法没有改变的情况下，调整工作的逻辑关系，这里的逻辑关系调整，主要指组织逻辑关系的调整，因为此时的工艺逻辑关系一般不变。逻辑关系调整以后，应对网络图进行修正，并重新计算时间参数。

（2）关键工作持续时间的调整

通过增加劳动力或机械设备，缩短关键工作的持续时间可以使计算工期满足要求。还可以通过某些非关键工作向关键工作的资源转移来实现。

上述调整方法，应针对实际情况分别选用，但要注意工期不应过分压缩。否则，资源强度过大，网络不易实现。此外，还要注意资源和费用限制，不满足时，也应进行调整。

12.2.3 单代号网络图

1. 单代号网络图的绘制

单代号网络图具有容易画，无虚工作，便于修改等优点，近年来国外对单代号网络图逐渐重视起来，特别是西欧一些国家正不断扩大单代号网络图的应用。

单代号网络图也是由许多节点和箭线组成，但是其含义同双代号不同。单代号网络图的节点表示工作，通常将一项工作的工作名称，持续时间，连同编号等一起写在圆圈或方框里，而箭线只表示工作之间的逻辑关系，如图 12-24（*a*）所示，其他常用的绘图符号还有下列几种，如图 12-24（*b*）所示。

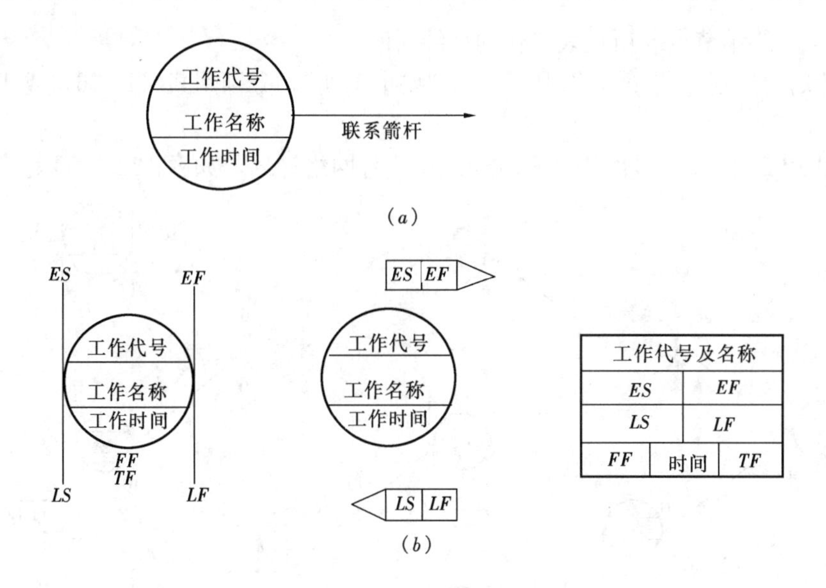

图 12-24　工作的单代号表示法

有关箭线前后节点的关系如图 12-25 所示。用单代号网络图表示的基本逻辑关系见表 12-2。

绘制单代号网络图的逻辑规则与双代号基本相同，但要注意，如果单代号网络图在开始和结束时的一些工作缺少必要的逻辑联系时，必须在开始和结束处增加虚拟的起始节点和终结节点。

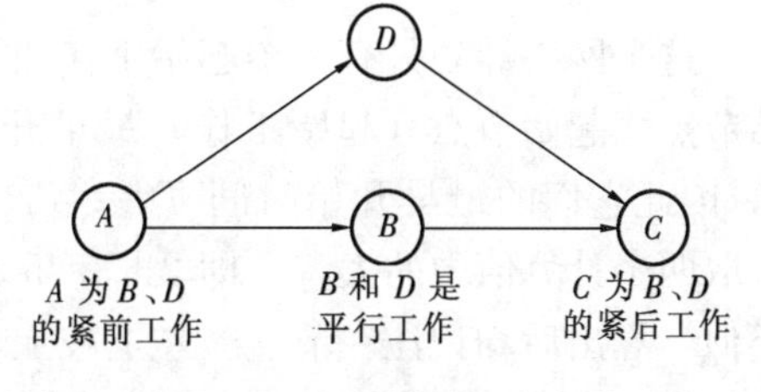

图 12-25　节点所表示的工作关系

2. 单代号网络计划时间参数的计算

单代号网络计划与双代号网络计划只是表现形式和参数符号不同，其表达内容是完全一样的。所以，计算时除时差外，只需将双代号计算式中的符号加以改变即可适用。

(1) 工作最早开始、最早完成时间计算和工期的确定。

起始节点所代表的起始工作的最早开始时间都定为零，即 $T_1^{ES}=0$，其他工作的最早开始时间 T_i^{ES} 按下式计算：

$$T_i^{ES}=\max_h \{T_h^{ES}+D_h\} \tag{12-26}$$

式中　T_h^{ES}——工作 i 的紧前工作 h 的最早开始时间；

D_h——工作 i 的紧前工作 h 的持续时间。

所有工作的最早完成时间 T_i^{EF} 按下式计算：

$$T_i^{EF}=T_i^{ES}+D_i \tag{12-27}$$

网络计划的计算工期 T_c 按下式计算：

$$T_c=T_n^{EF} \tag{12-28}$$

或

$$T_c=T_n^{ES}+D_n \tag{12-29}$$

式中　T_n^{EF}——终结节点 n 的最早完成时间；

T_n^{ES}——终结节点 n 的最早开始时间；

D_n——终结节点 n 所代表工作的持续时间。

网络计划的计划工期 T_p，仍根据有无“要求工期”，分别用式（12-16）或式（12-17）计算确定。

现将图 12-23 的双代号网络计划改绘成单代号网络计划，如图 12-26 所示。

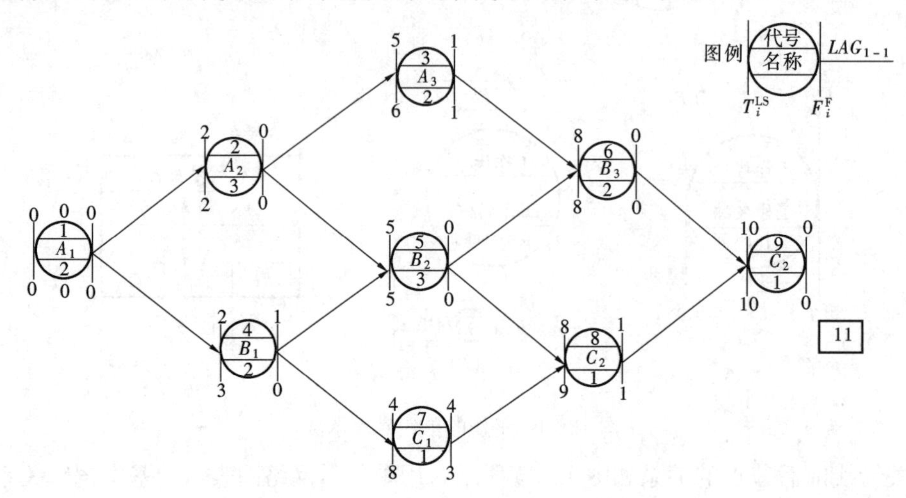

图 12-26　单代号网络计划时间参数的计算

这个网络计划只有一个起始工作和一个结束工作，所以不必另加虚拟的起始节点和终结节点。起始节点（起始工作）最早开始时间定为零。工作 2 和 4 有一共同的紧前工作 1，因此它们的最早开始时间 $T_2^{ES}=T_4^{ES}=T_1^{ES}+D_1=D+2=2$；工作 5 有两个紧前工作，应取两个计算值中的大者，即 2＋3＝5 和 2＋2＝4 中的 5。其他工作的最早开始时间与此类似，算出后均记注在节点旁左上枝上，如图 12-26 所示。各项工作的最早完成时间按式（12-27）计算。

（2）工作之间时间间隔与工作的时差计算

相邻两项工作之间的时间间隔指工作 i 的最早完成时间 T_i^{EF} 与其紧后工作 j 最早开始时间 T_j^{ES} 之差，用 T_{i-j}^{LAG} 表示，算式如下：

$$T_{i-j}^{LAG}=T_j^{ES}-T_i^{EF} \tag{12-30}$$

工作的自由时差可按下式之一计算：

$$F_i^F=\min_j\ \{T_{i-j}^{LAG}\} \tag{12-31}$$

或

$$F_i^F=\min_j\ \{T_j^{ES}-T_i^{EF}\} \tag{12-32}$$

或

$$F_i^F=\min_j\ \{T_j^{ES}-T_i^{ES}-D_i\} \tag{12-33}$$

工作的总时差从网络计划的结束工作开始逆箭线方向逐个计算。当部分工作分期完成时有关工作的总时差要从分期完成的工作开始逆向逐个计算。

结束工作 n 的总时差 F_n^T 值定为零，即 $F_n^T=0$，其他工作的总时差 F_i^T 按下式计算：

$$F_i^T=\min_j\ \{T_{i-j}^{LAG}+F_j^T\} \tag{12-34}$$

可以看出，某一工作的总时差要以紧后工作总时差为计算基础，所以计算总时差是一个逆推过程。但若已知工作最迟开始或最迟完成时间，则仍可用最迟时间与相应最早时间之差求出工作的总时差，与式（12-22）和式（12-23）类似。

（3）工作最迟完成、最迟开始时间计算

终结节点 n 所代表的工作 n 的最迟完成时间 T_n^{LF} 按网络计划的“计划工期”确定，即：

$$T_n^{LF}=T_p \tag{12-35}$$

其他工作 i 的最迟完成时间 T_i^{LF} 按下式计算：

$$T_i^{LF}=\min_j \{T_j^{LF}-D_j\} \tag{12-36}$$

所有工作 i 的最迟开始时间 T_i^{LS} 按下式计算：

$$T_i^{LS}=T_i^{LF}-D_i \tag{12-37}$$

显然，T_i^{LS} 和 T_i^{LF} 还可分别根据 T_i^{ES} 和 T_i^{EF} 利用已有的 F_i^T 来推算。

本例只有一个终结节点 9，所以 $T_{9-9}^{LAG}=0$，$F_9^F=0$，$F_9^T=0$；相应地 $T_9^{LF}=11$，$T_9^{LS}=11-1=10$；$T_{8-9}^{LAG}=9-8=1$，$F_8^F=1$，$F^T=1+0=1$；相应地 $T_8^{LF}=11-1=10$，$T_8^{LS}=10-1=9$。

$T_{6-9}^{LAG}=10-10=0$，所以 $T_6^F=F_6^T=0$，相应地 $T_6^{LF}=11-1=10$，$T_6^{LS}=10-2=8$，$T_{5-8}^{LAG}=8-8=0$，$T_{5-6}^{LAG}=8-8=0$，所以 $F_6^F=F_6^T-0=0$，……

12.2.4　时标网络计划

时标网络计划是以时间坐标为尺度表示工作时间的网络计划。它吸取了横道图直观易懂的优点，使用方便。

1. 双代号时标网络计划

双代号时标网络计划可按最早时间也可按最迟时间绘制。绘制方法是先计算无时标网络计划的时间参数，再在时标表上进行绘制，也可不经计算直接绘制。

下面以图 12-27 为例说明不经计算直接按最早时间绘制双代号时标网络计划的步骤：

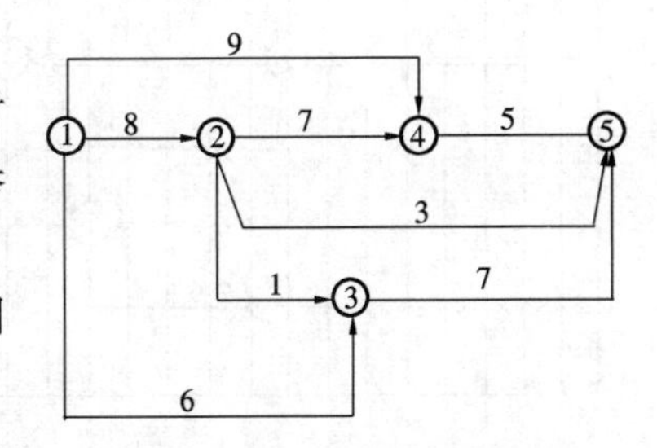

图 12-27　双代号无时标网络计划

（1）绘制时标表。

（2）将起始节点定位在时标表的起始刻度线上，见图 12-28 中的节点①。

（3）按工作持续时间在时标表上绘制起始节点的外向箭线，见图 12-28 中的 1～2，1～3，1～4。

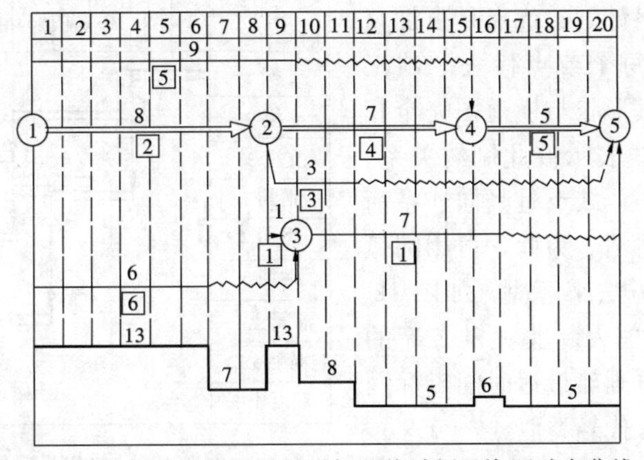

图 12-28　双代号最早时间时标网络计划及资源动态曲线

（4）工作的箭头节点，必须在其所有内向箭线绘出以后，定位在这些内向箭线中最晚完成的实箭线箭头处，如图12-28中的节点③，④，⑤。

（5）某些内向实箭线长度不足以达到该箭头节点时，水平部分用波形线补足，其末端有垂直部分时用实线绘制，如图12-28中的1-3，1-4，2-5，3-5。

如果虚箭线的开始节点和结束节点之间有水平距离时，也以波形线补足，垂直部分用虚线绘制。

无论是上述哪种情况，水平波形线的长度就表示该工作的自由时差。

（6）用上述方法自左至右依次确定其他节点的位置，直至终结节点定位，绘制完成。如图12-28所示。

注意确定节点位置时，尽量与无时标网络图的节点位置相当，保持布局基本不变。

工作的总时差可自右至左逐个推算，公式如下：

$$F_{i-j}^{\mathrm{T}}=\min_{k}\ \{F_{j-\mathrm{k}}^{\mathrm{T}}\}\ +F_{i-j}^{\mathrm{F}} \tag{12-38}$$

式中　$F_{j-\mathrm{k}}^{\mathrm{T}}$——工作 $i-j$ 的紧后工作的总时差；

F_{i-j}^{F}——工作 $i-j$ 的自由时差。

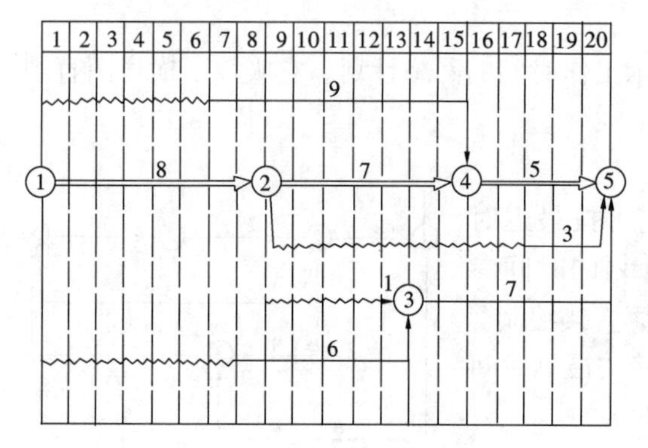

图12-29　双代号最迟时间时标网络计划

关键线路可依据下述方法判定：自终结节点至起始节点逆箭头方向观察，凡自始至终不出现波形线路的通路，即为关键线路，如图12-28中的1→2→4→5线路。

双代号最迟时间时标网络的绘制步骤与上述相似。与图12-27相应的双代号最迟时间时标网络如图12-29所示。但此图中的波形线长度不代表工作的自由时差，它代表已动用过的总时差。

图12-28下方的资源动态曲线是把每天的资源需要量逐天累加绘制的，对施工中资源使用很有用途。它也是网络调整与成本控制的分析依据。

2. 单代号时标网络计划

单代号时标网络计划的优点是更加与横道图相似。由于每个节点代表一项工作，把节点拉长，其形状与横道图完全相同，但又有竖向箭线表示彼此制约关系。还可表示出关键线路；缺点是竖向连系箭线时常重叠，不易看清。为此，可用圆弧过桥和平行竖箭线方法来解决，如图12-30所示。图中虚方框表示非关键工序的最迟位置，据之也可画出最迟时间时标网络，其绘制方法与双代号类似。

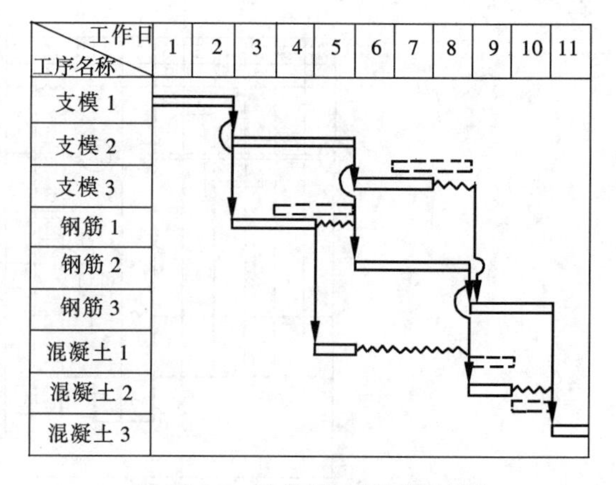

图12-30　单代号时标网络计划

12.2.5　施工网络计划的编制与应用实例

1. 单位工程施工网络计划的编制与应用

（1）编制方法

单位工程施工网络计划，是以单位工程为对象而编制的能在从开工到竣工投产的整个施工过程中指导施工的网络计划，是单位工程施工组织设计的一个组成部分。因此单位工程施工网络计划必须具有作业性，即要求能够用以指导施工队（组）进行作业，在组织关系和工艺关系上有明确的反映。

单位工程施工网络计划的编制程序如图 12-31 所示。

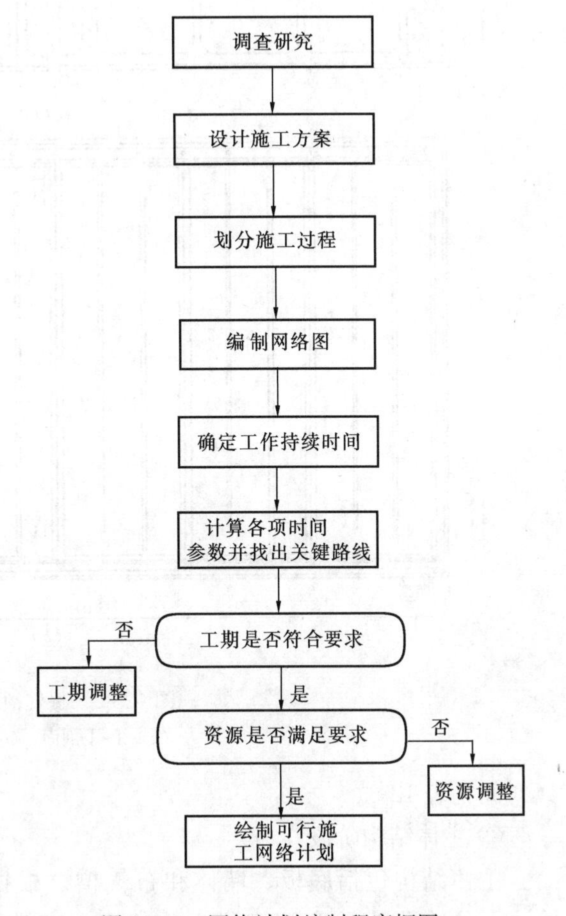

图 12-31　网络计划编制程序框图

经过调整后的初始方案绘制成正式的网络计划，就成为一个可行的计划，并在执行中，针对情况变化随时进行网络计划的修改、补充和调整。此外，要想得到一个令人满意的网络计划，还必须进行工期、资源、成本等方面的优化。本书不再讨论。

（2）应用实例

华北某污水处理厂曝气池工程。

1）工程概况

该污水处理厂单系列曝气池为一座矩形池体，结构尺寸 186.2m×110.9m×7.7m，其中地面以下 4.5m。现浇钢筋混凝土结构，共设有六组 18 个廊道的单元池组。结构剖面图如图 12-32 所示。

曝气池南北两侧分别设有管廊，回流污泥渠和出水渠，在南侧两端还设有出水井，所以必须同时施工。

由于曝气池池体宽大，设置了结构伸缩缝和沉降缝：东西方向 4 道，南北方向 11 道。

2）施工条件及施工方案

曝气池施工可分成土方、基础、主体结构和机电设备安装与调试四个阶段。

① 土方阶段和基础阶段

土方阶段和基础阶段均将单系列曝气池作为一个整体进行安排。土方阶段包括平整场地、开挖土方和验槽钎探三个工序。平整场地和开挖土方均以机械为主，人工配合，开槽见底后组织有关单位验槽钎探。

基础阶段包括换填级配砂石、垫层混凝土浇筑及养护等。换填级配砂石以机械为主，人工配合，垫层混凝土使用集中搅拌混凝土，泵送浇筑，连续作业。各工作的工程量和持

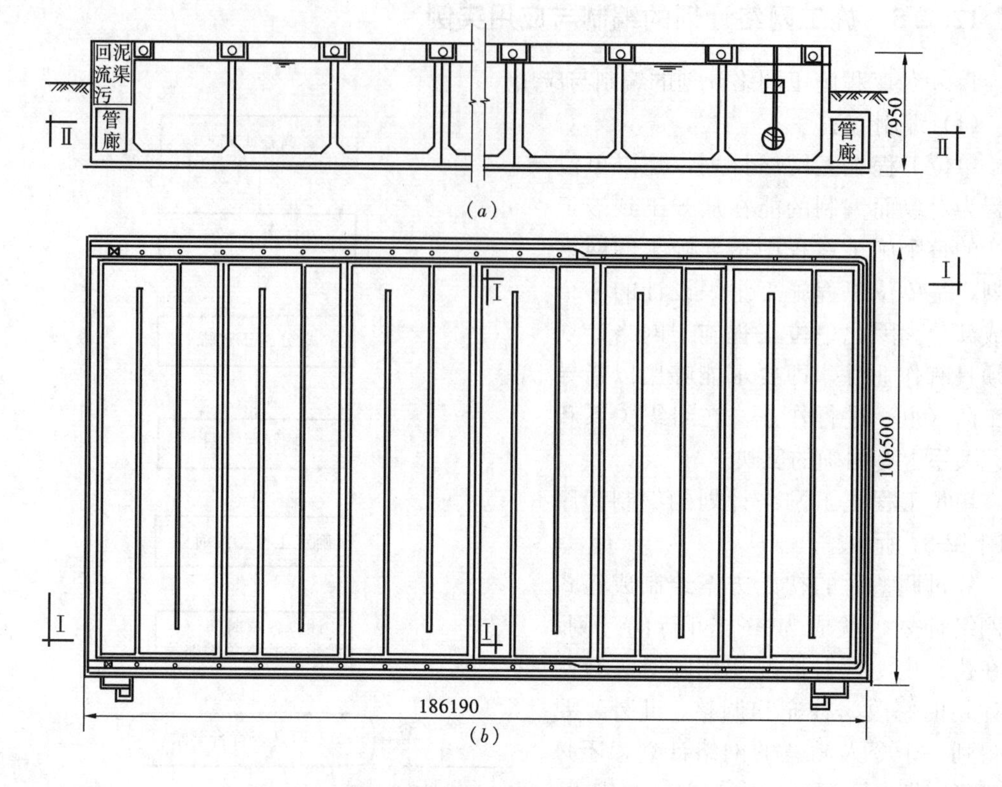

图 12-32　曝气池结构剖面图
(a) Ⅰ-Ⅰ剖面；(b) Ⅱ-Ⅱ剖面

续时间见表 12-3。

② 主体结构阶段

主体结构包括底板、墙体和布气槽。根据结构伸缩缝和沉降缝将主体分成六十仓，每六仓作为一个施工段，共加工六套模板，六个专业工作组同时作业，组织十段流水。流水段编号及每仓底板和墙体的混凝土量如图 12-33 所示。浇筑顺序主要考虑道路的影响。

曝气池主要工作工程量及持续时间　　表 12-3

	工序名称	工程量		时间（产量）定额	劳动量（台班）		需用机械		工作持续时间	每班人数	每天班数	备注
		单位	数量		定额数	采用数	名称	数量				
1	2	3	4	5	6	7	8	9	10	11	12	13
土方	平整场地	m^2	40681	4347.8/台班	9.4	10	推土机	2	5		1	单系列全部
	土方开挖	m^3	121220	518/台班	234	236	$1m^3$ 反铲	4	59		1	
	验槽钎探	m^3	20002	0.0162	324	324			18	18	1	
基础	级配砂石	m^3	6002	0.367	2203	2264				41	54	
	素混凝土垫层	m^3	2536				17m 泵车	1	6		3	
	养　护								4		3	

续表

	工序名称	工程量		时间（产量）定额	劳动量（台班）		需用机械		工作持续时间	每班人数	每天班数	备注
		单位	数量		定额数	采用数	名称	数量				
单仓底板	模　板	m^2	95.6	0.316	30	32			4	8	1	标准仓单仓
	钢　筋	t	14.6	8.189	119	119			8	15	1	
	预埋、验收								2	6	1	
	混凝土浇筑	m^3	245		2	2	17m 泵车	1	1	25	3	
	养　护								7		3	
	拆　模	m^2	95.6	0.072	7	7			1	7	1	
单仓墙体	脚手架	m^2	215.7	0.084	18	18			3	6	1	
	钢　筋	t	21.51	8.395	181	184			8	23	1	
	模　板	m^2	865.6	0.209	181	180			10	18	1	
	预埋、验收								1	6	1	
	混凝土浇筑	m^3	129		1	1	17m 泵车	1	1		3	
	养　护								14		3	
	拆　模	m^2	865.6	0.039	34	34			2	17	1	
其他	布气槽安装	m	1827.8				吊车	2	64	30	1	单系列全部
	清理、堵缝								31		1	
	其余零星工程											

底板和墙体接近完工时，开始安装布气槽。

③ 机电设备安装及调试阶段

主体结构完工后，就进入了机电设备安装及调试阶段。为了加快进度，将六组曝气池分成六个施工段，满水试验、各种管线及闸阀安装、曝气头安装三个工作队流水作业，其余工序整体安排。

3）划分施工过程并绘制网络图

为了使网络计划重点突出，划分施工过程时，根据具体情况可以将主要施工过程分解得细一些，将一些次要的零星工程合并。

例如，本工程主体结构中的底板和墙体是两个主要过程，可以将其进行细分。它们的施工顺序分别为：

④ 280 367	② 251 295	⑥ 251 294	⑨ 251 295	④ 251 294	② 251 295	⑥ 251 294	⑨ 251 295	④ 251 294	② 251 295	⑥ 251 294	⑨ 366 356
③ 167 305	① 129 245	⑤ 129 245	⑧ 129 245	③ 129 245	① 129 245	⑤ 129 245	⑧ 129 245	③ 129 245	① 129 245	⑤ 129 245	⑧ 207 299
④ 187 305	② 129 245	⑥129 245	⑦129 245	④129 245	②129 245	⑥ 129 245	⑦ 129 245	④ 129 245	② 129 245	⑥ 129 245	⑦ 207 299
③ 187 305	① 129 245	⑤ 129 245	⑧ 129 245	③ 129 245	① 129 245	⑤ 129 245	⑧ 129 245	③ 129 245	① 129 245	⑤ 129 245	⑧ 207 299
⑩ 316 369	⑦ 245 296	⑩ 245 294	⑨ 245 296	⑩ 245 294	⑦ 245 296	⑩ 239 294	⑨ 245 296	⑩ 239 294	⑦ 245 296	⑩ 239 294	⑨ 339 314

注：④280 / 367 中④—流水段编号；280—墙体混凝土量（m^3）；367—底板混凝土量（m^3）。

图 12-33　曝气池结构分仓图

底板：支模板——绑钢筋——浇筑混凝土——养护——拆模

墙体：支一侧模板——绑钢筋——支另一侧模板——浇筑混凝土——养护——拆模

在此基础上，我们建立了标准仓单仓底板和单仓墙体的细分网络（分部工程网络），求出了它们的分部网络计划工期分别为22d（0.9月，每月按有效工作日25.5d计）和38d（1.5月），如图12-34和图12-35所示。

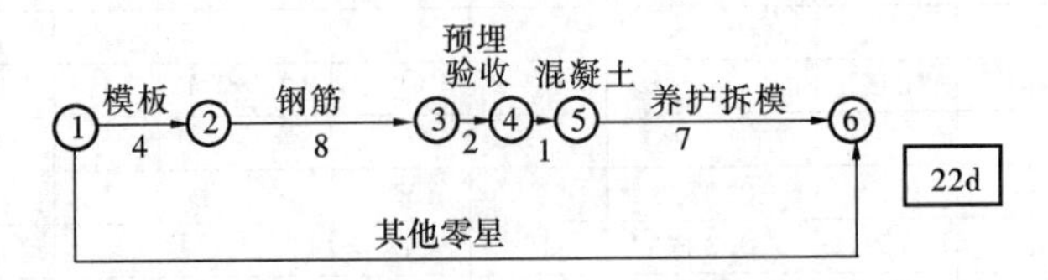

图12-34 曝气池标准仓单仓底板细分网络

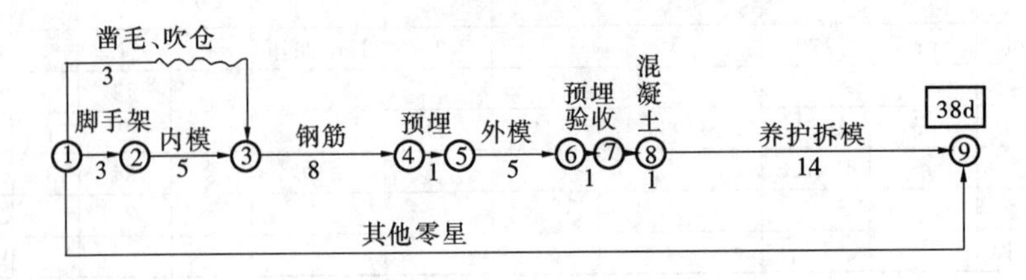

图12-35 曝气池标准仓单仓墙体细分网络

各施工过程划分完成以后，根据它们之间的组织逻辑和工艺逻辑关系绘制出初始网络图，并根据确定出的持续时间求出各项时间参数，找出关键线路。本例中，在分部网络的基础上和总体网络的控制下，绘出了单位工程网络计划，如图12-36所示。

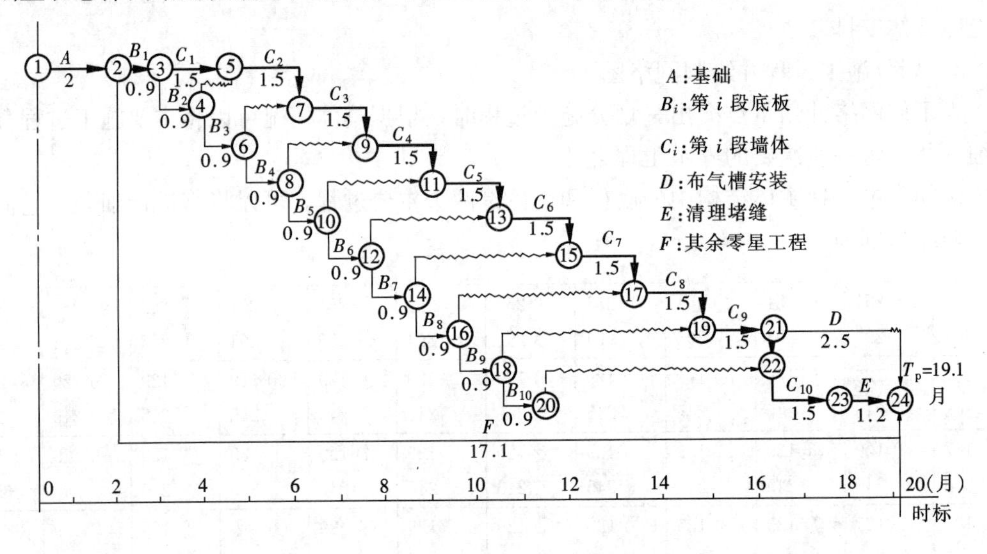

图12-36 曝气池主体结构工程网络计划图

为了简化计算，单仓底板和单仓墙体各段的工程量虽不尽相同，但可以通过适当调整人力资源等措施使各施工段持续时间（流水节拍）相同。实践证明这样近似是可行的。由于六仓同时施工，所以0.9月和1.5月在单位工程网络中分别是两个大“工作”的持续时间。经过计算，该网络计划中关键线路为①—②—③—⑤—⑦—⑨—⑪—⑬—⑮—⑰—

⑲—㉑—㉒—㉓—㉔，工期为19.1月。通过审查，该网络计划符合工期和资源要求，可以为施工单位领导决策和指导施工所适用。

2. 群体工程施工网络计划的编制与应用

（1）编制原则和主要程序

群体工程是由若干单位工程组成的建筑群体，如水处理厂、站工程。群体工程具有项目类型多、整体性强、施工周期长等特点，施工单位多，专业配合复杂，所以在编制群体工程网络计划时要本着以下原则进行编制。

1）从整体和系统观点出发统筹安排

群体工程网络计划，必须从总体建设规划出发，统一筹划安排，做到总体网络计划与各局部的单位工程网络计划相结合，使总体最优。总体网络计划起控制作用，是指导全局的。单位工程网络计划应在总体网络计划的要求下进行具体的分项安排，以保证总体网络计划的实现。

2）组织大流水施工

群体工程应尽量划分施工区与流水区，组成施工区之间的大流水，使整体上达到连续和均衡。对施工区内的多个单位工程应组织同类型结构的项目进行相互流水，项目本身组织分层分段的专业工种的流水施工。

也应做到主要工程与附属、辅助工程进行流水施工，系统和单位工程内部组织流水施工，以便充分利用劳动力、机械设备及工作面，实现均衡施工。

3）分级编制

群体工程应结合规模及施工管理体制等特点，分级编制网络计划。级数划分应视工程规模、工期长短、难易程度和组织管理体制等条件而定。一般可分为三级或四级。通常是由粗到细，也可以是由细到粗，逐级进行编制。

编制程序如下：

1）对工程进行系统分析，确定计划的分级和各级计划的施工项目（箭线所代表的施工内容）。

2）确定各级网络计划施工项目的持续时间。可以采用定额计算法或经验估算法，也可参考工期定额进行确定。

3）编制各级网络计划初始方案。

4）计算时间参数并确定关键线路。

5）进行工期、资源等优化。

6）编制各级施工网络计划。

7）网络计划的执行、修改和调整。

（2）应用实例

华北某二级污水处理厂工程。

1）工程概况

某二级污水厂一期工程两个系列，日处理污水50万m^3/d。由进出水系统、污水处理系统、污泥处理系统、厂平面工程和附属设施工程共数十座单位工程组成。

2）总体施工网络计划的编制

总体施工网络计划包括该工程全部项目。为使编制容易进行，首先将全部项目分解成污水处理Ⅰ、污水处理Ⅱ、污泥处理三个分部网络和其他四部分，分别编制分部网络计划。分解图如图12-37所示。然后将它们汇总在一起即是其总体施工网络。该网络共有实箭线66个，虚箭线12个，关键工作11项，如图12-38所示。

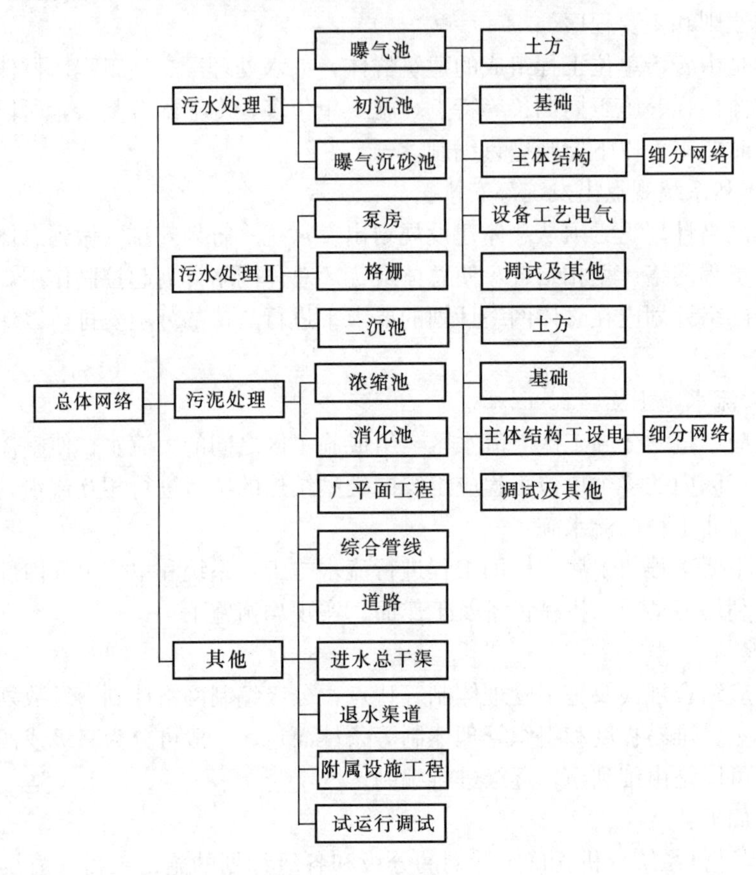

图12-37　污水处理厂一期工程分部网络分解图

3）二级施工网络计划的编制

二级施工网络计划是一级网络计划的分解和具体化，粗细程度要适合施工单位领导部门使用，并且具有作业性。一般可以是单位工程或部分单位工程网络计划。图12-36即是二级网络。图12-39亦是总体网络中箭线“二沉池结构与工艺设备电气”所对应的二级网络。

4）三级施工网络计划的编制

三级施工网络计划是具体指导施工的网络计划，是在二级网络计划的基础上再作进一步的分解与具体化，应有更强的作业性。如图12-40是将二级网络（图12-39）中的箭线1-20进一步细分而绘制的三级网络。

5）网络计划的优化与执行

以上的三级网络是在当时的施工定额水平上和施工企业的生产能力条件下绘制的，属正常网络。实际施工时，由于指令工期仅37个月，所以在此基础上进行了资源和成本优化。并在执行中对各级网络进行了多次调整。

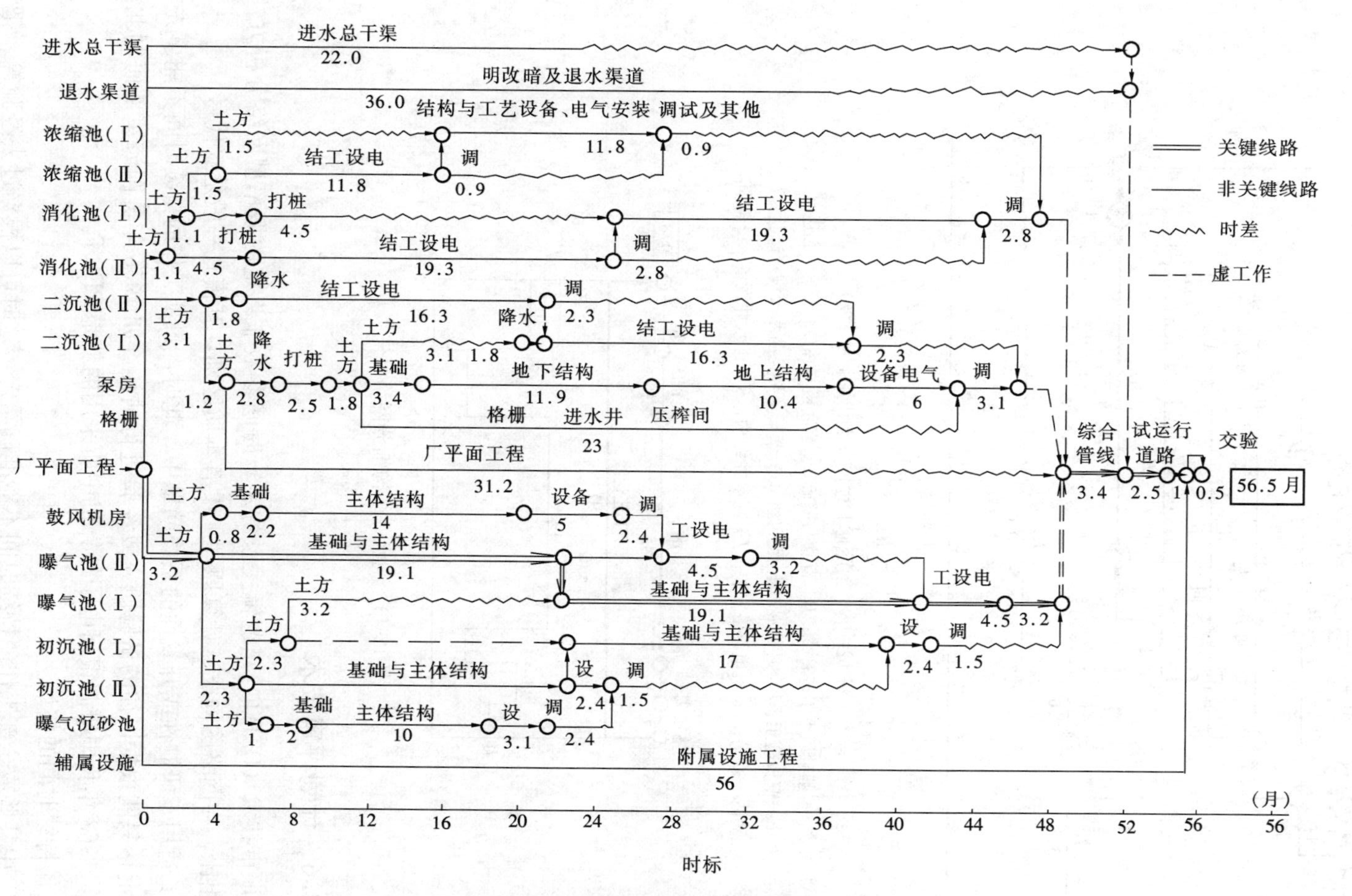

图 12-38　某污水处理厂总体施工网络计划图

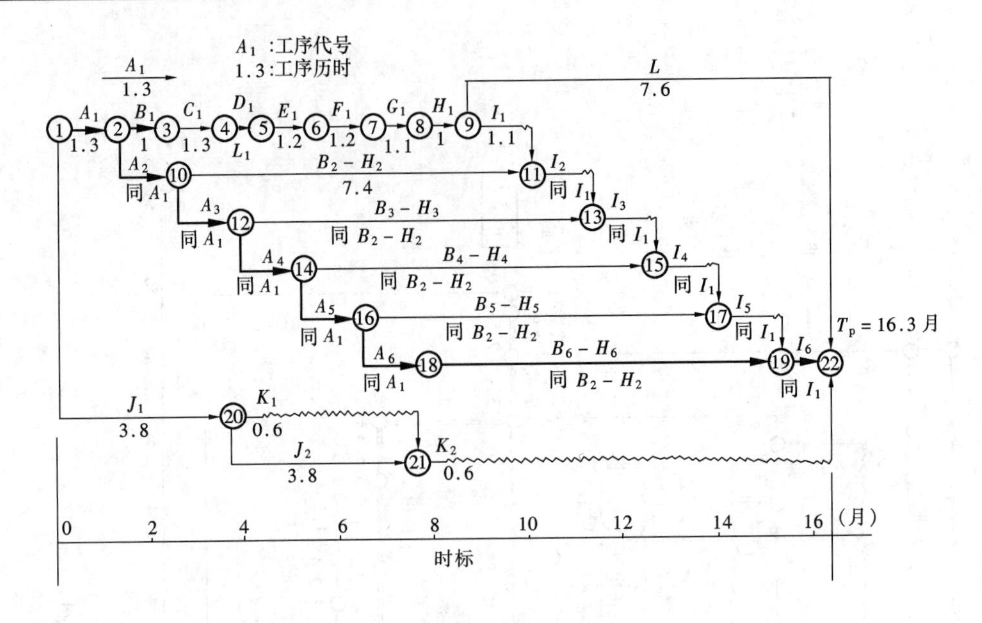

图 12-39　二沉池工程网络计划图（二级）

A—基础以下工艺管线；B—盲管与基础；C—底板与杯口；D—中心进水筒；E—壁板施工；F—环梁混凝土及缠丝；G—壁板、杯口防水及满水试验；H—壁柱、挑梁；I—机电设备安装；J—配水井结构；K—配水井设备；L—回填土

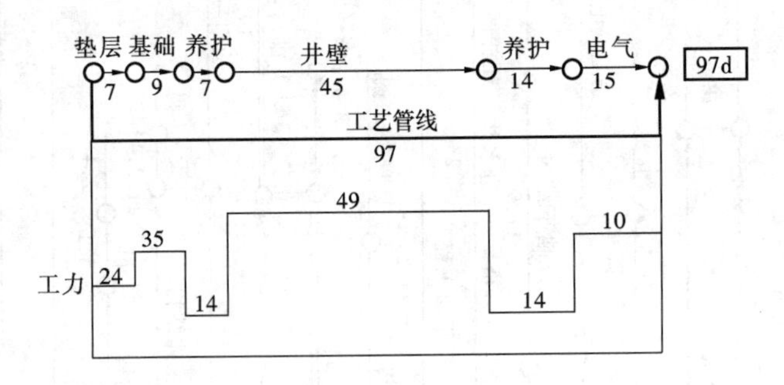

图 12-40　配水井结构细分网络（三级）

12.2.6　计划评审技术

计划评审技术（PERT）是逻辑关系肯定、时间参数非肯定的概率型网络分析方法。与 CPM 相比，在网络图构成、计算原理上没有本质区别，其模式一般是双代号。

PERT 适用于研制性或开发性的系统问题中，此时，每项工作的持续时间不能事先非常准确给定，只能根据以往的试验研究或经验进行估计。如 1958 年美国海军部研制北极星导弹时，1963 年我国研制银河电子计算机中所采用的就是 PERT。

1. 工作持续时间的估计

PERT 中某些或全部工作的持续时间不能准确给定。这时可以根据过去经验等，把工作的持续时间作为随机变量，应用概率统计理论，估计出下面三种完成时间，即：

（1）最短工作时间 a——即在最有利的工作条件下完成该工作的最短必要时间。

（2）最可能时间 m——是在正常工作条件下需要用的时间。它是在同样条件下，多次进行某一工作时，完成机会最多的估计时间。

(3) 最长工作时间 b——它出现于最不利的工作条件下，但一般不包括地震、火灾等非常事故造成的停工时间。

以上三种时间估计值，是一随机过程出现频率（次数）分布的三个有代表性的数值，如图 12-41 所示。

这种频率分布的特点是：其他所有的不能估计值均位于 a 和 b 两边界之间，一般可以把 PERT 的工作持续时间看作是服从 β 分布的随机变量。

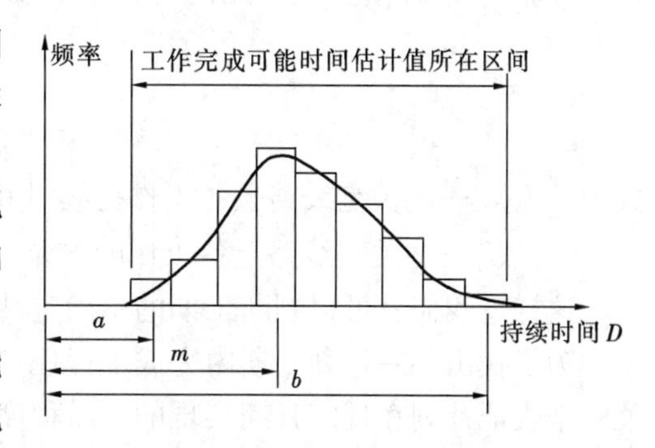

图 12-41　时间估计值的频率分布

由图 12-41 可知，出现 m 的概率最大，但不能用它作为该工作的持续时间。而应用完成一项工作的期望（平均）时间 T_E 来计算，T_E 可按以下经验公式求出。

$$T_E=\frac{a+4m+b}{6} \tag{12-39}$$

计算出 T_E 后，就可如肯定型的双代号网络计划，进行时间参数的计算。

但是仅有 T_E 仍不能说明问题，例如，有三组估计值：3－5－13，2－6－10 和 4－6－8，它们有相同的 T_E 值，却有不同的离散程度。这种差异可以用方差或均方差来衡量。

方差
$$\sigma^2=\left(\frac{b-a}{6}\right)^2 \tag{12-40}$$

均方差
$$\sigma=\frac{b-a}{6} \tag{12-41}$$

如上例中，均方差 σ 分别为

$$\sigma_1=\frac{13-3}{6}=1.67$$

$$\sigma_2=\frac{10-2}{6}=1.33$$

$$\sigma_3=\frac{8-4}{6}=0.67$$

σ（或 σ^2）的数值愈大，表明工作持续时间概率分布的离散程度愈大，期望（平均）值 T_E 的代表性就愈小；σ（或 σ^2）的数值愈小，表明工作持续时间概率分布的离散程度愈小，T_E 的代表性就愈大。

因此，T_E 和 σ（或 σ^2）是起决定作用的两个参数。

2. 工期预测或评估

由于工作持续时间是采用上述三点估计法来求出平均作业时间，所以整个时间参数的计算结果也存在着不确定的因素。因此要分析预测由于这些不确定因素所引起的能否按期实现的问题。

根据概率论中的“中心极限定理”，凡是由许多微小的相互独立的随机变量所组成的随机变量，可以当作正态分布处理。可以认为，任何事项（节点）的完工时间是符合正态分布的。这样，我们可以借助于正态分布概率表，求出各个节点按期完工的概率，就能对整个计划是否能按期完成给予概率评价，并对计划的执行做出预测。

计算工期 T_c 和关键线路的均方差 σ_{cp} 分别为：

$$T_c = \sum_{cp} T_{Ei-j} \tag{12-42}$$

$$\sigma_{cp} = \sqrt{\sum_{cp} \sigma_{ij}^2} \tag{12-43}$$

式中 T_{Ei-j}——关键线路上各工作持续时间期望值；

σ_{ij}^2——关键线路上各工作的方差。

这样，我们就可以判断工期的不确定性程度，即均方差大表示工期的不确定程度高。

为了找出某一计划工期内完成工程任务的概率值，我们用概率系数 Z（或称计算中间值）来表征计划在规定日期实现的难易程度。

$$Z = \frac{T_p - T_c}{\sigma_{cp}} \tag{12-44}$$

式中 Z——概率系数；

T_p——计划工期；

T_c——计算工期；

σ_{cp}——关键线路的均方差。

Z 及 P 值对照表 表 12-4

Z	P	Z	P	Z	P	Z	P
0.0	0.5000	−1.6	0.0548	+0.1	0.5398	+1.7	0.9554
−0.1	0.4602	−1.7	0.0446	+0.2	0.5793	+1.8	0.9641
−0.2	0.4207	−1.8	0.0359	+0.3	0.6179	+1.9	0.9713
−0.3	0.3821	−1.9	0.0287	+0.4	0.6554	+2.0	0.9770
−0.4	0.3446	−2.0	0.0228	+0.5	0.6915	+2.1	0.9821
−0.5	0.3085	−2.1	0.0179	+0.6	0.7257	+2.2	0.9861
−0.6	0.2743	−2.2	0.0139	+0.7	0.7580	+2.3	0.9893
−0.7	0.2420	−2.3	0.0107	+0.8	0.7881	+2.4	0.9918
−0.8	0.2119	−2.4	0.0082	+0.9	0.8159	+2.5	0.9938
−0.9	0.1841	−2.5	0.0062	+1.0	0.8413	+2.6	0.9953
−1.0	0.1587	−2.6	0.0047	+1.1	0.8643	+2.7	0.9965
−1.1	0.1357	−2.7	0.0035	+1.2	0.8849	+2.8	0.9974
−1.2	0.1151	−2.8	0.0026	+1.3	0.9032	+2.9	0.9981
−1.3	0.0968	−2.9	0.0019	+1.4	0.9192	+3.0	0.9987
−1.4	0.0808	−3.0	0.0014	+1.5	0.9332		
−1.5	0.0668	0.0	0.5000	+1.6	0.9452		

由 Z 值，查标准正态分布表或 Z 及 P 值对照表（见表 12-4），可求出完工的概率 P。

3. 应用示例

实际应用时，PERT 工期预测或评估包括以下两方面的问题：

（1）计算计划工期 T_p 前完工的概率；

（2）已知要求完工的概率，计算所需工期。

现以实例说明。

例如，某工程网络及各工作三点估计值如图 12-42 所示（作业时间单位为周）。试分析：（1）该项计划按期完工的概率有多大？（2）若指令工期 35 周，问完工的可能性有多大？（3）若要求完工的概率为 75%，问需要多少周？

求解过程如下：

（1）求各工作 T_E、σ 值，并计算时间参数

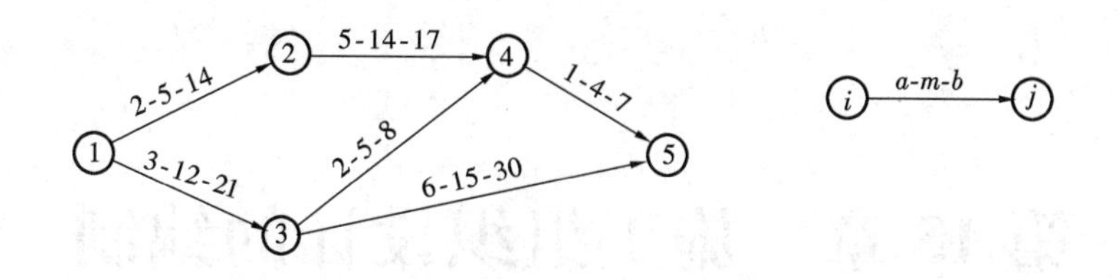

图 12-42　PERT 网络及各工作三点估计值

将问题由非肯定型转化为肯定型，计算结果如图 12-43 所示。

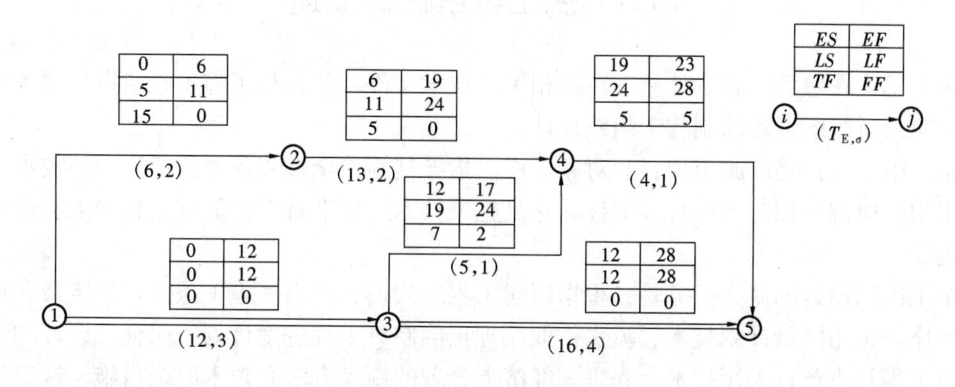

图 12-43　PERT 网络计划计算图

（2）找出关键线路，计算 T_c 和 σ_{cp}

关键线路：1-3-5，

$$T_c=12+16=28\text{ 周}$$

$$\sigma_{cp}=\sqrt{3^2+4^2}=5$$

（3）预测评估

1）按期完工的概率

此时，$T_p=28$ 周，则

$$Z=\frac{28-28}{5}=0$$

查正态分布表 12-4 得 $P=50\%$，则该项计划按期完工的概率是 50%。

2）计划 35 周完工的可能性

$$Z=\frac{35-28}{5}=1.4$$

查表 12-4 得 $P=0.919$，则 35 周完工的可能性是 91.9%。

3）要求完工概率是 75%的工期

$P=0.75$，查表得 $Z=0.67$

$$T_p=T_c+Z\sigma_{cp}=28+0.67\times5=31\text{（周）}$$

任务在规定日期完工的概率 $P=0$，表明不可能在此规定日期内完工，应重新编制网络计划或改变规定日期；若 $P=1$，则表明该规定日期是保守的，余地留得过大。应根据具体情况确定 P 值，使计划定得既先进又留有充分余地。

第13章 施工组织设计的编制

13.1 施工组织设计概述

施工单位在熟悉审查设计施工图及相关的技术文件，并进行了施工原始资料调查分析之后，应及时组织力量编制施工组织设计。

施工组织设计是以施工项目为对象，用以指导其施工全过程各项施工活动的技术、经济、组织、协调和控制的综合性文件。它是施工技术组织准备工作的重点和加强管理的重要措施。

施工组织设计的主要任务是：根据拟建工程的规模、特点和施工条件，规定最合理的施工程序，运用网络计划技术、流水作业原理正确制订工程进度计划，保证在合理的工期内建成工程及投产；采用技术上先进、经济上合理的施工方法和技术组织措施；选定最有效的施工机械和劳动组织，计算人力、物力需用量，确定先后使用顺序，尽量做到均衡施工；对施工现场的总平面和空间进行合理布置；拟订保证工程质量、降低成本、确保施工安全和防火的各项措施等。

13.1.1 施工组织设计的分类

施工组织设计，通常根据设计阶段，拟建工程规模、特点及技术复杂程度，以及编制的广度、深度和具体作用等不同，分为施工组织总设计、单位工程组织设计及分部（项）工程施工方案三类。

1. 施工组织总设计

它是以一个建设项目或群体工程（如大型城市污水处理厂或给水处理厂等）作为施工组织对象而编制的，是对整个工程项目的总的战略部署，并作为修建全工地性大型暂设工程和编制施工企业年（季）度施工计划的依据。施工组织总设计是用以指导全工地的施工准备和组织施工的技术经济文件。

2. 单项（位）工程施工组织设计

它是以单项或其一个单位工程（如一座取水或净水构筑物等）作为施工组织对象编制的。它是合理组织单项（位）工程施工及加强管理的重要措施，也是编制季、月、旬施工计划的依据。

3. 分部（项）工程施工方案

对于规模大、技术复杂或施工难度大的工程项目，在编制单项（位）工程施工组织设计后，还需编制某些主要分部（项）的施工方案。如采用围堰法修建泵站；绕丝法修建预应力装配式水池；不开槽顶管法建造地下管道，以及工业装配式厂房预制构件吊装和设备安装工程等。分部（项）工程施工方案是直接指导现场施工及编制月、旬作业计划的依据。

13.1.2　施工组织设计的基本内容

根据施工组织设计的任务，编制上述各类施工组织设计，其基本内容包括：

(1) 工程概况和特点分析。主要有：对拟建工程的建设地点、内容、结构形式、建筑总面积、占地面积、地质概况、概（预）算价格等的说明；对拟建工程的总工期，分期分批交付使用或投产的期限，承建方式，建设单位要求，主要建筑材料供应和运输，施工条件等这些已定因素的分析。

(2) 施工方案选择。根据上述分析，结合人力、机械、资金及施工方法等可变因素，在时间、空间上的安排，对拟建工程采用的几个施工方案进行技术经济评价，从中选定最适宜的施工方案。

(3) 施工进度计划及各种资源需要量计划的编制。应用网络计划技术、流水作业原理，根据实际施工条件合理安排工程进度。按照进度计划及工程量，提出人力、材料、施工机具、构（配）件等的需用量计划，以及与之相关的施工准备工作计划。

(4) 施工（总）平面图。依据上述安排，结合施工现场条件，设计全工地性施工总平面图或单位工程、分部（项）工程施工平面布置图。

(5) 其他。主要包括：工程质量措施；降低工程成本措施；保证施工进度措施；安全技术措施；冬雨期施工措施以及文明施工措施等。

13.1.3　施工组织设计编制原则

(1) 严格执行工程建设程序，采用合理的施工程序、施工顺序和施工工艺。

(2) 采用流水施工方法和网络计划技术，组织有节奏、均衡和连续地施工。

(3) 优先选用先进施工技术，推广应用新材料和新设备；认真编制各项实施计划，严格控制工程质量、工程进度、工程成本和安全施工。

(4) 充分利用施工机械和设备，提高施工机械化、自动化程度，改善劳动条件，提高生产率。

(5) 扩大预制装配范围，提高建筑工业化程度；科学安排冬期和雨期施工，保证全年施工均衡性和连续性。

(6) 坚持“安全第一，预防为主”原则，确保安全生产和文明施工；认真做好生态环境和历史文物保护，严防建筑振动、噪声、粉尘和垃圾污染。

(7) 尽可能利用永久性设施和组装式施工设施，努力减少施工暂设设施建造量；科学地规划施工平面，减少施工用地。

(8) 优化现场物资储存量，合理确定物资储存方式，尽量减少库存量和物资损耗。

(9) 采取技术和质量措施，推广建筑节能和绿色施工。

13.1.4　施工组织设计的贯彻、检查与调整

施工组织设计的编制，应由总工程师负责，先由领导、技术人员及参与组织施工的各有关部门提出总体设想，再与建设、设计和施工分包单位共同协商提出具体方案，编制出符合要求、深度和广度相宜的、切实可行的施工组织设计。在执行前，应召开各级生产、

技术会议，逐级进行交底。由生产计划部门编制具体的实施计划，技术部门拟订实施的技术细则。同时，还须制订有关贯彻施工组织设计的规章制度，推行技术经济承包制。

施工活动是动态过程，且经常要受众多因素的影响，对施工组织设计，特别是施工进度计划的执行产生干扰。因此，施工过程的不平衡性是客观存在的，如不能及时纠正，最终将影响工程施工总目标的实现。在执行中，必须加强施工管理，采取系统检查和控制协调措施，分析影响施工组织设计贯彻的障碍。针对执行中存在的问题及其产生的原因，对其相关部分及其指标，逐项进行调整、修改及补充完善，使施工组织设计能不断适应变化的需要，在新的基础上实现新的平衡。

13.2 施工现场的暂设工程

在工程开工之前，须按照施工组织设计及施工准备工作计划的安排及时完成各项大型暂设工程，以保证工程施工顺利地展开。

大型暂设工程一般包括的主要内容有：生产性临时设施、仓库、行政和生活建筑、水电、通信临时设备和交通运输等。

13.2.1 生产性临时设施组织

施工现场生产性临时设施的组织，主要是确定各种加工厂（站）的面积及结构类型。

加工厂（站）的规模、类型，要根据建设地区的具体条件及工程对各类产品需要加工的数量和规格确定。

工地常用的几种加工厂（站），如钢筋混凝土预制厂、木加工厂、模板加工间、钢筋加工间等的建筑面积 F，可用下式确定：

$$F=\frac{K \cdot Q}{T \cdot S \cdot \alpha} \tag{13-1}$$

式中 Q——加工总量（m^2、t、……）；

K——不均衡系数，取1.3～1.5；

T——加工总工期（月）；

S——每 m^2 场地月平均产量；

α——场地或建筑面积利用系数，取0.6～0.7。

混凝土搅拌站的建筑面积 F，由下式确定：

$$F=N \cdot A \tag{13-2}$$

$$N=\frac{Q \cdot K}{T \cdot R} \tag{13-3}$$

式中 N——搅拌机台数（台）；

A——每台搅拌机所需建筑面积（m^2）；

Q——混凝土总需要量（m^2）；

K——不均衡系数，取1.5；

T——混凝土工程施工总工作日数；

R——混凝土搅拌机台班产量。

加工厂（站）临时建筑的结构形式，应根据使用期限及当地条件而定。使用年限较短时，一般可采用竹木结构简易建筑；使用年限较长常采用砖木结构或装拆式活动房屋。

13.2.2　工地临时仓库设施

工地现场仓库组织包括：确定材料的储备量；确定仓库面积；进行仓库设计及选择仓库位置等。

1. 仓库材料储备量的确定

材料储备既要保证工程连续施工的需要，但也不应储存过多使仓库面积扩大，积压资金。一般应根据现场条件、供应方式及运输条件来确定。

全工地（建筑群）的材料储备，常按年、季组织储备，按下式计算：

$$q_1 = K_1 \cdot Q_1 \tag{13-4}$$

式中　q_1——总储备量（m^3、t、……）；

K_1——储备系数。一般情况下，对于水泥、砖瓦、管材、块石、石灰、沥青等材料，可取 0.2～0.3；对于型钢、木材、砂石及用量小，不经常使用的材料，取 0.3～0.4；在特殊条件下，要按具体情况确定；

Q_1——该项材料最高年、季需用量。

单位工程的材料储备量，应保证工程连续施工的需要，同时应与全场材料的储备综合考虑，做到减少仓库面积，节约资金。其储备量可按下式计算：

$$q_2 = \frac{n \cdot Q_2}{T} \tag{13-5}$$

式中　q_2——单位工程材料储备量（m^3、t、……）；

n——储备天数；

Q_2——计划期间内需用的材料数量；

T——需用该项材料的施工天数，其值应大于 n。

2. 仓库面积的确定

当施工单位缺少资料时，常可参考有关施工手册资料选用，或按材料储备期计算。当用于施工规划时，可采用系数进行估算。

（1）按材料储备期计算

$$F = \frac{q}{P} \tag{13-6}$$

式中　F——仓库面积（含通道面积）（m^2）；

q——材料储备量。用于建筑群时为 q_1，用于单位工程时为 q_2；

P——每 m^2 仓库面积上存放材料数量。

（2）按系数计算（适用于施工规划估算）

$$F = \varphi \cdot m \tag{13-7}$$

式中　F——所需仓库面积（m^2）；

φ——系数，见表 13-1；

m——计算基数，见表 13-1。

按系数计算仓库面积表　　　　表 13-1

序号	名　　称	计算基数（m）	单　　位	系数（φ）
1	仓库（综合）	按全员（工地）	m^2/人	0.7～0.8
2	水泥库	按当年水泥用量的40%～50%	m^2/t	0.7
3	其他仓库	按当年工作量	m^2/万元	1～1.5
4	五金杂品库	按年建筑安装工作量计算 按在建建筑面积计算	m^2/万元 m^2/百 m^2	0.2～0.3 0.5～1
5	土建工具库	按高峰年（季）平均人数	m^2/人	0.1～0.20
6	水暖器材库	按年在建建筑面积	m^2/百 m^2	0.2～0.4
7	电器器材库	按年在建建筑面积	m^2/百 m^2	0.3～0.5
8	化工油漆危险品库	按年建筑安装工作量	m^2/万元	0.05～0.1
9	三大工具库 （脚手、跳板、模板）	按在建建筑面积 按年建筑安装工作量	m^2/百 m^2 m^2/万元	1～2 0.3～0.5

最后按材料性质、种类、当地气候等条件确定材料存放方式及仓库结构形式。

仓库的位置，应根据施工组织设计中施工总平面图设计统筹布置。

13.2.3　行政、生活用临时建筑

确定这类临时建筑，应尽量利用施工现场及其附近的原有房屋，或提前修建可资利用的永久性工程为施工生产服务，不足部分再修建临时房屋。修建临时建筑的面积主要取决于建设工程的施工人数，并参照有关资料合理确定。

按照实际使用人数确定建筑面积，可由下列公式计算：

$$S=N\cdot p \tag{13-8}$$

式中　S——所需建筑面积（m^2）；

N——实际使用的人数；

p——建筑面积指标，可参考有关规定或企业要求。

临时建筑的设计，应遵守节约、适用和装拆方便的原则，按照当地气候条件，工程施工工期的长短确定结构形式。

13.2.4　工地临时供水

工地临时供水设施，主要包括：确定需水量；水源的选择及临时给水系统等。

1. 施工现场需水量计算

施工现场需水量，应考虑施工生产用水，生活用水，以及消防用水。

（1）施工生产用水量，一般按下式计算：

$$q_1=K_1\cdot\Sigma\frac{Q_1\cdot N_1}{T_1\cdot b}\cdot\frac{K_2}{8\cdot 3600} \tag{13-9}$$

式中　q_1——施工生产用水量（L/s）；

K_1——未预见的施工用水系数（1.05～1.15）；

Q_1——年（季）度工程量（以实物计量单位表示）；

N_1——施工用水定额，见表 13-2；

T_1——年（季）度有效作业日；

b——每天工作班数（班）；

K_2——用水不均衡系数，见表 13-3。

（2）施工机械用水量，按下式计算：

$$q_2 = K_1 \cdot \sum Q_2 \cdot N_2 \cdot \frac{K_3}{8 \cdot 3600} \tag{13-10}$$

施工用水参考定额　　**表 13-2**

序　号	用 水 对 象	单　位	耗水量（N_1）	备　注
1	浇筑混凝土全部用水	L/m³	1700～2400	
2	搅拌普通混凝土	L/m³	250	
3	混凝土自然养护	L/m³	200～400	
4	搅拌机清洗	L/台班	600	
5	冲洗模板	L/m²	5	
6	人工冲洗石子	L/m³	1000	
7	砌砖工程全部用水	L/m³	150～250	
8	砌石工程全部用水	L/m³	50～80	
9	抹灰工程全部用水	L/m²	30	
10	搅拌砂浆	L/m³	300	
11	石灰消化	L/t	3000	
12	上水管道工程	L/m	98	
13	下水管道工程	L/m	1130	

施工用水不均匀系数　　**表 13-3**

编　号	用　水　名　称	系　　数
K_2	现场施工用水	1.50
	附属生产企业用水	1.25
K_3	施工机械、运输机械	2.00
	动力设备	1.05～1.10
K_4	施工现场生活用水	1.30～1.50
K_5	生活区用水	2.00～2.50

式中　q_2——施工机械用水量（L/s）；

K_1——未预见的施工用水系数（1.05～1.15）；

Q_2——同一种机械台数（台）；

N_2——施工机械台班用水定额；

K_3——施工机械用水不均匀系数，表 13-3。

（3）施工现场生活用水，按下式计算：

$$q_3 = \frac{P_1 \cdot N_3 \cdot K_4}{b \cdot 8 \cdot 3600} \tag{13-11}$$

式中 q_3——施工现场生活用水量（L/s）；

P_1——施工现场高峰昼夜人数（人）；

N_3——施工现场生活用水定额，表 13-4；

K_4——用水不均匀系数，表 13-3；

b——每日工作班数。

分项生活用水量参考定额 **表 13-4**

序 号	用 水 对 象	单 位	耗 水 量
1	生活用水（盥洗、饮用）	L/（人·d）	20～40
2	食堂	L/（人·次）	10～15
3	浴室（沐浴）	L/（人·次）	40～60
4	沐浴带大池	L/（人·次）	30～50
5	洗衣房	L/kg 干衣	40～60
6	理发室	L/（人·次）	10～25

（4）生活区生活用水量，可按下式计算：

$$q_4 = \frac{P_2 \cdot N_4 \cdot K_5}{24 \cdot 3600} \tag{13-12}$$

式中 q_4——生活区生活用水量（L/s）；

P_2——生活区居民人数；

N_4——生活区生活用水定额，表 13-4；

K_5——生活区用水不均匀系数，表 13-3；

（5）消防用水量 q_5，见表 13-5。

消 防 用 水 量 **表 13-5**

序号	用水名称	火灾同时发生次数	单位	用水量
1	居民区消防用水			
	5000 人以内	一次	L/s	10
	10000 人以内	二次	L/s	10～15
	25000 人以内	二次	L/s	15～20
2	施工现场消防用水			
	施工现场在 25 公顷内	一次	L/s	10～15
	每增加 25 公顷	一次	L/s	5

（6）总用水量 Q 的计算

施工现场总用水量的确定，一般可按下述三种情况来选用：

1）当 $(q_1+q_2+q_3+q_4) \leqslant q_5$ 时，则总用水量 Q 选用：

$$Q = q_5 + 1/2\,(q_1+q_2+q_3+q_4) \tag{13-13}$$

2）当 $(q_1+q_2+q_3+q_4) > q_5$ 时，则总用水量 Q 为：

$$Q=q_1+q_2+q_3+q_4 \tag{13-14}$$

3）当工地面积小于 5hm²，而且（$q_1+q_2+q_3+q_4$）$<q_5$ 时，则总用水量 Q 为：

$$Q=q_5 \tag{13-15}$$

为了补偿不可避免的水管漏水损失，计算出的总用水量，还应增加 10%。

2. 水源选择及确定临时给水系统

（1）水源选择

施工现场临时供水水源，应尽量利用附近的现有给水管网，仅当施工现场附近缺少现成的给水管线，或无法利用时，才另选天然水源。

天然水源可选用地表水（如江河、湖泊、人工蓄水库等）；地下水（如井水）。选择水源须考虑下列因素：水量充沛可靠，能满足施工现场最大需水量的要求；水质应符合生产、生活饮用水的水质要求；取水、输水、净水设施安全可靠；施工、运转、管理和维护方便。

（2）临时给水系统

施工临时给水系统由取水净水设施、储水构筑物（水塔及蓄水池）、输水管和配水管组成。通常，应尽量先修建厂区拟建永久性给水系统，只有当工期紧迫、修建永久性供水系统难应急需时，才修建临时给水系统。

临时给水系统所用水泵，一般采用离心泵，水泵扬程按下式计算：

当需将水送至水塔时，其扬程为：

$$H_p=(Z_t-Z_p)+H_t+a+\sum h'+h_s \tag{13-16}$$

式中　H_p——水泵所需的扬程（m）；

Z_t——水塔处的地面标高（m）；

Z_p——水泵轴中心线的标高（m）；

H_t——水塔高度（m）；

a——水塔的水箱高度（m）；

$\sum h'$——从泵站到水塔间的水头损失（m）；

h_s——水泵的吸水高度（m）。

当将水直接送至用户处时，其扬程为：

$$H_p=(Z_m-Z_p)+H_m+\sum h'+h_s \tag{13-17}$$

式中　H_p——水泵所需的扬程（m）；

Z_m——供水对象（用户）最不利处标高（m）；

H_m——供水对象最不利处的自由水头，一般采用 8～10m；

$\sum h'$——供水网路中的水头损失（m）。

当水泵不能连续昼夜工作的临时供水系统，可考虑设置储水构筑物（水池、水箱、水塔等）。储水构筑物的容量按每小时消防用水量确定，但最小容量一般不宜小于 10～20m³。其高度与供水范围、供水对象的位置、构筑物本身的位置有关。可按下式计算：

$$H_t=(Z_m-Z_t)+H_m+\sum h' \tag{13-18}$$

（3）管径的选择与配水管网布置

供水管径的计算，一般按下式求得：

$$DN=\sqrt{\frac{4 \cdot Q}{\pi \cdot v \cdot 1000}} \tag{13-19}$$

式中 DN——配水管公称直径（m）；

Q——耗水量（L/s）；

v——管网中水流速度（m/s），见表13-6。

当已知流量后，亦可使用有关手册，直接查表选出管径。

临时水管经济流速参考表 **表13-6**

序号	管径（mm）	流速（m/s）	
		正常时间	消防时间
1	$DN<100$	0.5～1.2	—
2	$DN=100～300$	1.0～1.6	2.5～3.0
3	$DN>300$	1.5～2.5	2.5～3.0

临时给水管道，根据管径尺寸和压力大小选择管材。一般干管可用铸铁管或钢管，支管为钢管。

配水管网的布置，可分环形管网、枝状管网及混合式管网。其布置原则是应在保证不间断供水情况下，使管道铺设最短，同时还应考虑在施工期间各段管网具有移动的可能性。

临时管道的铺设，可用明管或暗管。在严寒地区，暗管须埋在冰冻线以下，明管应加保温。

13.2.5 工地临时供电

施工现场临时供电组织，一般包括：计算用电量；选择电源；确定变压器；布置配电线路及决定导线断面等。

1. 工地总用电量计算

工地临时供电包括动力用电和照明用电两类。计算工地用电量时，须考虑如下各项：

（1）全工地所使用的机械动力设备、其他电气工具及照明用电数量；

（2）施工总进度计划中，施工高峰阶段同时用电的机械设备最高数量；

（3）各种机械设备在工作中需用的情况。

总用电量可按下式计算：

$$P=1.05\sim1.10\left(K_1\frac{\Sigma P_1}{\cos\varphi}+K_2\Sigma P_2+K_3\Sigma P_3+K_4\Sigma P_4\right) \tag{13-20}$$

式中 P——供电设备总需要容量（kVA）；

P_1——电动机额定功率（kW）；

P_2——电焊机额定容量（kVA）；

P_3——室内照明容量（kW）；

P_4——室外照明容量（kW）；

$\cos\varphi$——电动机的平均功率（在施工现场最高为0.75～0.78，一般为0.65～0.75）；

K_1、K_2、K_3、K_4——需要系数，见表 13-7。

需　要　系　数　　　　**表 13-7**

用电名称	数　量	需　要　系　数		备　注
		K	数　值	
电动机	3～10 台	K_1	0.7	如施工中需要电热时，应将其用电量计算扣除
	11～30 台		0.6	
	30 台以上		0.5	
加工厂动力设备			0.5	
电焊机	3～10 台	K_2	0.6	
	10 台以上		0.5	
室内照明		K_3	0.8	
室外照明		K_4	1.0	

各种机械设备和室内外照明用电定额，可参考有关手册资料选定，或采用企业本身积累的资料。当每日为单班施工时，用电量计算可不考虑照明用电。

鉴于施工现场的照明用电量所占比重较动力用电量要少得多，所以在估算总用电时，可以简化，只需在动力用电量［即公式（13-20）括号中的第一、二两项］之外再加 10% 作为照明用电即可。

2. 选择电源及确定变压器

工地临时供电电源的选择，须考虑的因素有：土建工程与设备安装工程的工程量、施工进度中最高负荷；各个施工阶段的电力需要量；用电设备在施工现场上的分布情况及距离电源的远近，接入电力是否经济；施工现场大小，现有电气设备容量；电源位置的布置，应尽量设在用电设备集中、负荷最大、输电距离最短的地方等。

工地临时用电电源，通常有以下几种情况：

(1) 全部由工地附近电力系统供给，包括在全面开工前，把永久性供电外线工程做好，设置变电站；

(2) 工地附近的电力系统只能供给部分电力，工地尚需增设临时电力系统以补不足；

(3) 当条件允许时，利用附近高压电力网，申请临时配电变压器；

(4) 工地位于边远地区，没有电力系统时，电力全部由工地临时电站供给。

电力系统的方案选择，须根据上述几种情况，并结合建设工程具体条件进行比较后确定。

当工地由附近高压电力网输电时，须在施工现场设置降压变电所，使电能从 110kV 或 35kV 降到 10kV（或 6kV），再由工地分变电所降至 380/220V。变电所的有效供电半径为 400～500m。

工地变压器可按照额定容量、额定电压，从常用变压器产品目录或参考有关手册选用。工地变电所的网路，对于 10kV（或 6kV）的高压线路，可用架空裸线，其电杆距离为 40～60m。室外 380/220V 低压线路亦可采用裸线，但对与建筑物或脚手架等不能保持必要安全距离的地方应采用绝缘导线，其电杆距离常用 25～40m。分支线及引入线均应由电杆处接出。不允许由两杆之间接出。

配电线路须设在道路一侧，不得妨碍交通和施工机械的运转，并应避开堆料、挖槽及修建临时工棚用地，其布置依施工平面图确定。

3. 配电导线截面选择

选择导线截面须满足电流、电压降及机械强度等基本要求：

(1) 按机械强度选择

导线必须保证不因一般机械损伤而折断。在不同架设方式下，导线按机械强度所允许的最小截面可参照有关手册资料选择。

(2) 按允许电流选择

导线必须能承受负载电流长时间通过所引起的温升。

三相四线制线路上的电流，可按下式计算：

$$I=\frac{K\cdot P}{\sqrt{3}U_{线}\cos\varphi} \tag{13-21}$$

二相制线路上的电流，可按下式计算：

$$I=\frac{P}{U_{线}\cdot\cos\varphi} \tag{13-22}$$

式中　I——电流值（A）；

K、P——同公式（13-20）；

$U_{线}$——电压（V）；

$\cos\varphi$——功率因数，临时网路取0.7～0.75。

各类导线在不同架设条件下的持续容许电流值，可由产品目录或有关资料查得。

(3) 按容许电压降选择

导线的截面选择，须使导线上引起的电压降在一定限度之内。

配电导线的截面，可按下式计算：

$$S=\frac{\Sigma P\cdot L}{c\cdot\varepsilon} \tag{13-23}$$

式中　S——配电导线截面面积（mm^2）；

P——负载的电功率或线路输送的电功率（kW）；

L——送电线路的距离（m）；

ε——容许的相对电压降（即线路电压损失，%）。电动机电压降不超过±5%，照明电路中允许电压降为2.5%～5%；

c——系数，视导线材料、线路电压及配电方式而定。

选用的导线截面，应能同时满足以上三项要求，即应以求得的三个截面中的最大者为准。一般在给水排水工程中，管道工程施工作业线较长，导线截面由电压降选定；在厂（站）工程施工现场配电线路较短，导线截面可按容许电流选定；在小负荷的架空线路上，通常以机械强度选定。

13.2.6　工地运输组织与临时道路

建设工程的施工过程，所需运输的物资是多种多样的，诸如大宗建筑材料，构（配）

件，加工的成品、半成品，施工用的机械设备，以及职工生活福利用物品等，对于像管道、道路建设等线性工程，由于流动性大，施工运输组织尤显突出。这些施工所需物资，多数由外地运来，一般均由专业运输单位按施工进度计划安排承运。工程所在地区内的物资运输，通常由施工单位负责。工地范围内的运输均由施工单位自行组织。

工地运输组织主要包括：确定运输量；选择运输方式；计算运输工具需要量等。

1. 确定运输量

货运量的计算，可用下式：

$$q=\frac{\sum Q_i \cdot L_i}{T} \cdot K \tag{13-24}$$

式中　q——日货运量（t·km/d）；

Q_i——各种货物年度需用量，或全部工程的货物用量（t）；

L_i——各种货物从发货地点到储存地点的距离（km）；

T——工程年度运输工作日数（对单位工程，取该工程的运输日数）；

K——运输工作不均匀系数，铁路运输取 1.5；汽车运输取 1.2；水路运输取 1.3。

2. 选择运输方式

选择运输方式时，须考虑各种因素，诸如：运输量大小、运距及货物的性质和品种；现有运输设备条件；利用现有航运、铁路、道路的可能性；当地地形、地质、气象等自然条件；铺设临时运输道路、装卸、运输费用等。当有数种可行运输方案时，应经比较确定。

工地运输方式，通常多利用公路运输。当施工现场距铁路较近，货运量较大时，可采用铁路运输；沿江河修建给水工程时，多数采用水路运输。工地内部加工厂（站）和原料之间的运输，可采用窄轨铁路。

3. 运输工具需要量计算

在采用公路以汽车运输时，计算汽车需用数量，一般可采用下式：

$$N=\frac{Q \cdot K_1}{q \cdot T \cdot c \cdot K_2} \tag{13-25}$$

式中　N——汽车所需数量（辆）；

Q——全年（季）度最大运输量（t）；

K_1——货物运输不均匀系数，场外运输一般为 1.2；场内运输取 1.1；

q——汽车台班产量（t/台班）；

T——全年（季）的工作天数（d）；

c——日工作班数；

K_2——汽车供应系数，可采用 0.9。

4. 工地临时道路

工地临时道路，通常是指在施工现场内部及工地附近修建的短距离道路。大量的运输通道应尽量利用现有的和拟建工程永久性道路为施工服务。

工地修建临时道路的路面种类和厚度，对道路的技术要求，须根据使用条件和路基土层不同而定。修建临时道路的有关资料，见表 13-8、表 13-9。

简易公路技术要求表 表13-8

指标名称	单位	技术标准
设计车速	km/h	≤20
路基宽度	m	双车道6～6.5；单车道4.4～5；困难地段3.5
路面宽度	m	双车道5～5.5；单车道3～3.5
平面曲线最小半径	m	平原、丘陵地区20；山区15；回头弯道12
最大纵坡	%	平原地区6；丘陵地区8；山区9
纵坡最短长度	m	平原地区100；山区50

临时道路路面种类和厚度 表13-9

路面种类	特点及其使用条件	路基土	路面厚度（cm）	材料配合比
级配砾石路面	可通行较多车辆，雨天照常通车，对材料级配要求严格	砂质土	10～15	体积比：黏土：砂：石子＝1：0.7：3.5 质量比： 1. 面层：黏土13%～15%，砂石85%～87% 2. 底层：黏土10%，砂石混合料90%
		黏质土或黄土	14～18	
碎（砾）石路面	雨天照常通车，碎（砾）石含土较多，不加砂	砂质土	10～18	碎（砾）石65%，当地土含量≤35%
		砂质土或黄土	15～20	
碎砖路面	雨天可通车，通行车辆较少	砂质土	13～15	垫层：砂或炉渣4～5cm 底层：碎砖7～10cm 面层：碎砖2～5cm
		黏质土或黄土	15～18	
炉渣或矿渣路面	雨天可通车，通行车辆较少，工地附近有此类材料可以利用	一般土	10～15	炉渣或矿渣75%，当地土25%
		较松软土	15～30	
砂土路面	雨天停车，通行车辆较少，就近可取材	砂质土	15～20	粗砂50%，细砂、粉砂和黏质土50%
		黏质土	15～30	
石灰土路面	雨天停车，通行车辆较少，就近取材	一般土壤	10～13	石灰10%，当地土90%

13.2.7 施工通信设施

施工通信设施包括有线通信和无线通信两种（表13-10）。有条件的，工期较长的大型工地，可配备电信、计算机、电视，成为三网并设的信息化工地。

通信设施比较 表13-10

序号	通信名称	优点	缺点	适用范围
有线通信	有线电话	方便，快捷，经济	受线路限制	线路方便
	闭路电视	清晰	设备复杂费用高	工期长、大型工程
	计算机网络	有信息留存功能	复杂费用高	工期长、大型工程

续表

序号	通信名称	优　点	缺　点	适用范围
无线通信	手机	快捷	受网络影响	城市型工程
	对讲机	方便、经济	受干扰	一般工程、大型工程

13.3　施工组织总设计

编制施工组织总设计，应密切结合工程项目的类型、规模、特点、阶段及建设周期等因素，制订适宜的设计内容和深度。其内容一般应包括：工程概况；施工部署；施工准备工作计划；施工总（综合）进度计划；资源需用量计划；大型暂设工程建设计划；施工总平面图；技术经济指标等部分。

施工组织总设计的编制程序如图 13-1 所示。

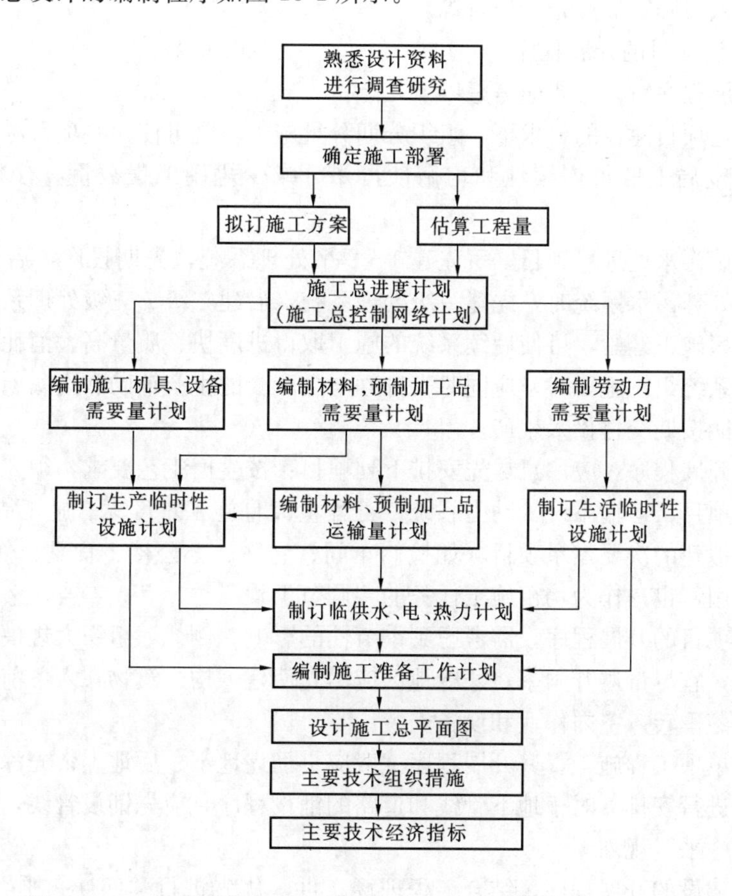

图 13-1　施工组织总设计编制程序

施工组织总设计的编制依据主要包括：

（1）计划文件，如批准的建设计划文件，单位工程项目一览表，分期分批投产的期限要求，投资指标和工程所需设备材料的订货指标；建设地点所在地区主管部门的批件；施工单位主管上级下达的施工任务等。

(2) 设计文件，如批准的初步设计（或技术设计），设计说明书，总概算（或修正总概算）及已批准的计划任务书。

(3) 有关上级的指示，国家现行的规定、规范，合同协议和议定事项等。

(4) 建设地区的调查资料。

(5) 类型相近项目的经验资料等。

现将主要内容结合编制程序介绍如下：

13.3.1 施工部署和施工方案的拟定

施工部署是对整个建设项目进行的全面安排，其内容一般应包括：

1. 明确任务分工及组织安排

明确建设项目的施工机构，划分各参与施工的各单位任务，建立施工现场统一的组织领导部门及其职能部门，确定综合的、专业化的施工组织，划分施工阶段，明确各单位分期分批的主攻项目和穿插配合的项目等。

2. 确定建设项目的开展程序

在确定开展程序时，主要应考虑以下几点：

(1) 在满足项目建设的要求下，组织分期分批施工，既可使一些项目尽快建成，又能使组织施工在全局上取得连续性和均衡性，并可减少暂设工程数量，有利于降低工程成本。

例如，建设污水处理厂项目，可先建1～2个处理系统，先期投产，后建其余处理系统；在有多级处理污水系统时，先建一级处理系统，后建二级、三级处理系统。通过先期建设的系统积累施工经验，可使后续系统的施工取得进度快、质量高、消耗省的效果。

在按交工系统组织施工时，应同时安排好与之配套的生产辅助和附属项目的施工，以保证生产系统能按期交付投入生产。

(2) 确定开展程序，应注意尽先安排下列项目：按生产工艺要求，须先期投产或起主导作用的工程项目；运输系统、动力系统；工程量大且施工难度大、施工周期长的项目；适当安排部分拟建的次要零星项目（如检修车间、仓库、办公楼、食堂、住宅等），既可供施工期间使用，也是作为均衡施工任务的“调节工程”。

(3) 安排项目的开展程序，需考虑到季节性的影响。例如，组织大规模土方工程和深基础开挖施工，宜尽量避开雨季；寒冷地区应尽先使建（构）筑物在入冬前完成主体结构和围护工程，冬季转入室内作业和设备安装。

(4) 组织单项工程施工，其开展程序一般应贯彻先地下、后地上；先深后浅；先干线后支线的原则进行安排。对于地下管线和道路的铺设程序，应先铺设管线，后筑路。

3. “四通一平”规划

按照工程建设的开展程序，结合工程现场条件，优先进行“四通一平”，即水、电管线接通，道路畅通，通信畅通及场地平整规划。确定规划的全部和分期的施工规模、进度期限及落实任务分工。

13.3.2 施工准备工作计划

根据施工部署和施工方案要求，编制全工地性主要施工准备工作计划。常用表格编制见表13-11。

主要施工准备工作计划　　表13-11

序号	项目	准备工作内容	负责单位	有关单位	要求完成日期	备注

13.3.3　施工总进度计划（施工总控制网络计划）

施工总进度计划是按照施工部署组织全工地施工活动在时间上的体现。施工总进度计划的编制，要合理确定各个单位工程的控制工期（包括总包、分包、协作单位的施工项目）；各项单位工程之间的相互衔接、搭接关系及开竣工的日期；确定准备工作和全工地性工程的施工期限及其开竣工的日期。它是以进度图表（或网络图）的方式表达工程建设的开展程序和控制施工进度的指导文件。同时由此可得出：劳动力、材料、成品和半成品及主要施工机械需要量和调配进度计划表。

1. 施工总进度计划的编制方法

施工总进度计划可采用表格形式、横道图或网络图等形式来编制。

施工总进度计划的编制要点如下：

(1) 计算拟建工程全部项目的工程量

根据批准的总承建工程项目一览表，计算主要实物工程量。计算工程量的目的是为了选择施工方案、主要施工和运输机械；主要分部（项）流水施工的初步规划；计算劳动力及技术物资的需要量。项目划分不宜过多。工程量只需粗略计算，应突出主要项目，一些附属、辅助工程可适当合并。

(2) 确定各个单位工程的施工期限

影响各单位工程施工期限的因素很多，诸如：构（建）筑物类型和功能，结构形式与特征，工程地质与地形条件，施工方法与装配化、机械化程度，施工技术和管理水平等。确定工期虽可参照有关的工期定额（或指标），但需根据具体条件，并结合类似工程的资料进行综合分析后予以确定。

(3) 确定各单位工程的开竣工时间和相互搭接关系

根据施工部署确定的开展程序和各单位工程施工期限，结合下列因素统筹安排：

1) 合理划分分期分批施工的项目，并明确每个施工阶段的主要施工项目和开竣工时间；

2) 同一时期进行的施工项目不应过多，避免人力、物力分散。对工程规模大、施工难度较大、施工周期较长的项目，应尽先安排施工；

3) 合理调配材料、构（配）件、设备的到货期限，使每个单位工程的土建施工、设备安装和试运转的时间尽量衔接或相互搭接进行；

4) 确定一些附属工程作为机动项目（办公楼、辅助车间、宿舍楼），既可实现均衡施工，也能保证重点工程；

5) 合理组织上建工程中的主要分部（项）工程（土方、基础、现浇混凝土、构件预制、结构吊装、砌筑等）和设备安装实行流水作业，连续均衡施工，尽量使劳动力、施工机械、材料和构件的综合平衡。

（4）绘制总进度图表，确定建设总工期

按照上述编制要点，并以横道图或网络图的形式绘制初步的总进度控制计划图表。检查总工期，进行调整和综合平衡，力求做到组织连续、均衡施工，最后确定建设总工期。编制出施工总进度计划和主要分部（项）工程施工流水进度计划横道图表，或网络计划。

2. 编制劳动力和主要技术物资需用量计划

按照编制的施工总进度计划、主要分部（项）工程流水进度计划和施工准备工作计划，套用概算定额和类似工程的资料编制劳动力需用量计划；主要材料和预制加工品需用量计划；主要施工机械和设备需用量计划；主要物资、加工品的运输量计划等。

13.3.4　编制大型暂设工程计划

根据施工部署、施工准备工作计划，按照上述劳动力和技术物资需要量计划，编制建设项目组织施工的大型暂设工程计划。确定暂设工程的内容、规模、面积及建设进度安排等（可参见本章13.2节所述）。

13.3.5　全工地性施工总平面图

设计施工总平面图，是用以正确处理全工地施工期间所需各项设施和永久性建筑（拟建的和已有的项目）相互之间的空间关系。须按照施工部署、施工方案、总进度计划和暂设工程计划，将组织施工所需的各项生产、生活设施，材料仓库和堆场，交通道路和临时水、电管线等在施工现场平面上做出合理规划。它是指导现场文明施工的重要凭据，也是建设项目施工部署在空间方面的体现。

对于大型建设项目，因施工期限较长或受场地所限，需要多次周转使用场地时，应按不同施工阶段布置施工总平面图。

绘制施工总平面图的比例尺一般为1：2000或1：1000。

1. 设计施工总平面图所需的资料

（1）设计资料：包括总平面图、竖向设计图、地貌地形图、区域规划图、建设项目范围内已有和拟建的地下管线位置和交通道路。

（2）建设地区调查资料：当地自然条件和技术经济条件，用以确定各项暂设工程及利用当地资源供施工服务的可能性。

（3）施工资料：建设项目的施工方案、总进度计划、暂设工程及劳动力、技术物资需用量计划，测量基准点、钻井和探坑，施工用地范围及施工取土、弃土位置等，以便合理规划施工场地，布置各项暂设工程。

2. 全工地性施工总平面的设计原则与步骤

设计施工总平面图时，应遵守下列基本原则：在满足施工条件下，应尽量布置紧凑，不占或少占农田；合理规划工地内的路线，缩短运输距离，尽可能减少二次搬运；尽量利用已有或拟建的房屋和各种管线、道路为施工服务，减少临时设施工程量，以利降低临时工程费用；施工总平面图的设计须符合劳动保护、技术安全和防火的要求。

施工总平面图设计的步骤是：

（1）场外交通的引入

设计全工地性施工总平面图时，首先应从大宗材料、半成品、成品等物资进入工地的运输方式入手。

在采用公路运输时，道路应与加工厂（站）、仓库和堆场的布置相结合，并需考虑道路与场外公路的连接。当采用铁路运输时，要考虑铁路的转弯半径和坡度的限制，并确定专用线的起点和进场位置，应将中心仓库和周转仓库沿专用线布置。若大宗材料由水路运输时，卸货码头不应少于两个，宽度不应小于 25m。当江河距离工地较近时，可在码头附近设置中心仓库和转运仓库，布置主要加工厂（站）。

（2）仓库布置

布置仓库时，应考虑如下因素：尽量利用现有建筑和提前建设永久性仓库为施工服务；仓库和材料堆场应接近使用地点（如水泥库、砂、石堆场布置在混凝土搅拌站附近；钢筋、木材靠近加工厂附近）；布置仓库和堆场应选择地面平坦、宽敞、交通方便、且有一定的装卸面积；遵守技术安全和防火规定（如油库、氧气库、电石库及易爆库等须布置在人少边远安全地点，易燃材料库、生石灰熟化、沥青熬制等应设在远离拟建工程的下风向处等）。

（3）加工厂（站）的布置

加工厂（站）一般应安排在平坦、交通便利且与工程施工互不干扰的地方。通常把生产联系较为密切的加工厂（站）集中在一个地区（如金属结构、锻工、机修等），管理方便，可统一布置动力、给水排水管线和道路铺设以降低费用。

临时混凝土预制构件厂，应利用空闲的地带（材料堆场、场外附近或铁路专用线转弯扇形地带）。钢筋加工厂可设置在预制构件厂或主要施工对象的附近。一般原木、锯木堆场应靠近公路、水路或铁路沿线并设在木材加工厂的附近。

（4）场内临时道路、临时水电管线布置

可参照本章 13.2 节暂设工程设计内容进行布置。

（5）临时房屋的布置

施工用临时房屋包括行政管理、生活福利等建筑。大中型建设项目，通常施工期都较长，应尽量利用拟建永久性建筑或现有建筑为施工服务，不足时再建临时房屋。

全工地性的行政管理用房，一般宜设在现场出入口处；职工居住房屋，一般在场外集中设置工人村，并布置商店、俱乐部、职工食堂、浴室，可按工地具体条件，集中或分散布置在工地，或现场外部，或工人居住村处。

全工地性施工总平面图的设计，需要统筹兼顾，综合考虑。例如：近期与远期；土建工程与设备安装；地上与地下；运输与材料堆置和加工；施工生产与生活福利等。设计时须和参与施工生产的各有关单位进行协调，反复修改后确定，以便工程建设顺利展开和讲究文明施工。当设计中有几种布置方案时，应进行方案比较。由于组织施工的阶段性和施工过程的动态性，在执行中除应加强施工总平面图的管理外，应根据实际情况及时调整和补充，以适应条件的变化。

13.3.6　拟订主要的技术组织措施

在编制施工组织总设计中，须拟订的主要技术组织措施包括：保证工程质量措施及施工安全措施；保证施工进度措施和冬雨期施工措施；防洪和防汛措施（在山区和沿江河建设时）；降低成本措施；节约材料措施；施工总平面图管理措施。

13.3.7 主要技术经济指标

计算时要根据参与工程建设的各施工单位当前执行各项指标的情况，结合拟建工程的特点对指标的影响和采取技术组织措施后的效果，来编制拟建工程的各项主要技术经济指标，作为考核的依据。主要的指标包括：

（1）项目施工工期：包括建设项目总工期；独立交工系统工期；以及独立承包项目和单项工程工期；

（2）项目施工质量：包括分部工程质量标准；单位工程质量标准；以及单项和建设项目质量水平；

（3）项目施工成本：包括建设项目总造价和利润；每个独立交工系统总造价、总成本和利润；独立承包项目造价成本和利润；以及每个单项工程、单位工程造价、成本和利润；及其产值（总造价）利润率和成本降低率；

（4）项目施工消耗：包括建设项目总用工量；独立交工系统用工量；每个单项工程用工量；以及它们各自平均人数、高峰人数和劳动力不均衡系数，劳动生产率；主要材料消耗量和节约量；主要大型机械使用数量、台班量和利用率；

（5）项目施工安全：包括施工人员伤亡率、重伤率、轻伤率和经济损失四项；

（6）项目施工其他指标：包括施工设施建造费比例、综合机械化程度、工厂化程度和装配化程度，以及流水施工系数和施工现场利用系数等。

13.4 单位工程施工组织设计

13.4.1 单位工程施工组织设计的编制依据和编制程序

单位工程施工组织设计的编制依据，主要包括如下内容：

（1）施工图纸及有关技术文件和要求。

（2）预算文件。提供预算成本和工程量数据。应有详细的分部、分项工程量，必要时应有分层、分段或分部位的工程量。

（3）企业的年度施工计划。对该工程开竣工时间的规定、工期要求及规定的各项施工指标，以及与其他项目交叉施工的安排等。

（4）施工组织总设计。当该单位工程为建筑群的一个组成部分时，要根据施工组织总设计确定的条件及要求作为编制的依据。

（5）原始资料调查结果的数据及相应情况资料、地形图测量控制网等。

（6）主要施工机械、劳力、材料、构件及加工品等供应条件。

（7）国家和地方的有关规定、规范、规程及预算定额等。

（8）建设单位提供可为施工服务或利用的有关条件等。

单位工程施工组织设计的编制程序，如图 13-2 所示。

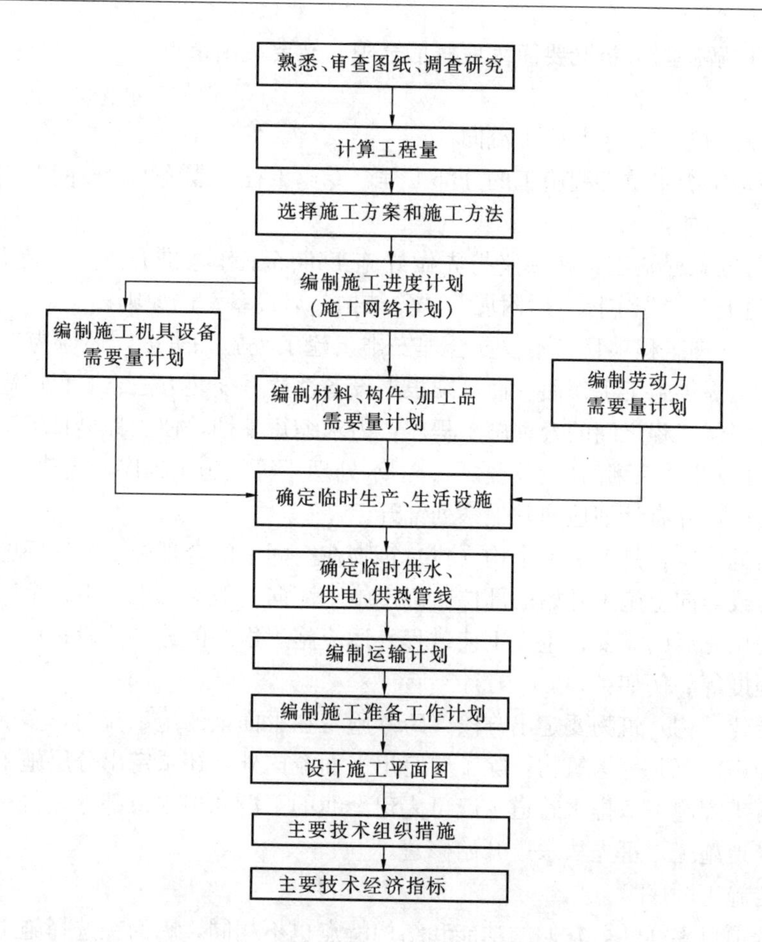

图 13-2　单位工程施工组织设计编制程序

13.4.2　单位工程施工组织设计的内容和编制方法

单位工程施工组织设计的内容，一般应包括工程概况，施工安排和施工方法，施工进度计划，施工准备工作计划，施工平面图及技术经济指标等部分。对于较简单或一般常见的给水排水工程，可依据具体情况简化编制的内容，只包括工程特点、主要施工方法、施工进度计划、主要材料及配件需要量、施工平面简图等。

1. 工程概况

应结合原始资料的调查结果，对工程概况及其特点进行综合分析。它是选择施工方案、编制进度计划和设计施工平面图的前提。其内容通常包括：

工程特点：平面组合，高度，结构特征，层数，建筑面积，构筑物容积，抗震，防渗、抗冻要求，工作量，主要工程实物量及交付使用期限等。

施工现场特征：位置，地形及地貌，工程与水文地质条件，土壤分析，地下水水位，气象、冬雨期和汛期时间，主导风向、风力、地震烈度等。

施工条件："四通一平"情况，物资来源及供应情况；施工机械、劳动力，以及施工技术和管理水平等。

通过上述分析，应指出该工程的施工特点和施工中的关键问题，并从施工方法和措施方面给予合理地解决。分析既要简练地概括全貌，又要突出重点。

2. 施工安排

(1) 确定总的施工程序及施工流向

施工程序是组织单位工程施工的分部工程、专业工程，或施工阶段间的相互连接、相互制约的关系。诸如：

1) 组织单位工程施工，必须坚持先做好施工准备工作才准开工；工程开工应遵守："先地下、后地上"，"先主体、后附属"，"先结构，后设备" 的原则；

2) 对于水处理工程项目，不仅要合理安排土建工程施工进度，还应为工艺设备及管道等的安装施工提供施工工作面。而且须根据设备性质、安装方法、工程用途等因素，安排土建与设备安装工程之间的合理施工程序，力求缩短工期，使工程早日竣工投产；

3) 对于分成几个系列的净、配水厂、污水处理厂等，施工程序可先建一个处理系统，确保其先行投产，并有计划地向其他系列铺开。

施工流向的确定，是解决单个构（建）筑物在空间上的合理施工顺序问题，即确定单位工程在平面或竖向上施工开始的部位。确定施工流向一般应考虑如下几个因素：建设单位对生产和使用先后的需要；生产工艺过程；适应施工组织的分区分段；单位工程各部分施工的复杂程度等。例如：

对于单层建（构）筑物要定出分段（跨）施工在平面上的施工流向，多层建筑或高大的水塔、冷却塔、沉井等构筑物，除了要定出平面流向外，还须定出分层施工的流向。

组织管道工程施工，排水管道一般可先建全线的下游和出水口部分，再从下游向上游推进，给水管道施工，可先从水厂开始修建。

(2) 确定施工顺序

由于工程项目多样性，它们的功能和结构特点也不相同，因而在选择施工方案时，就须结合施工条件、施工方法确定施工顺序。施工顺序即是为了按照客观的施工规律组织施工，也是为了确定分项工程或工序之间、工种之间在时间上的顺序和相互搭接的关系。

通常，可以先按构（建）筑物结构部分不同的施工特点，分为基础工程，主体结构工程及其他工程（如设备安装）多个阶段，并确定各个阶段各分项工程的施工顺序。

例如，钢筋混凝土基础工程的施工顺序，依次为：开挖基槽（坑）、铺筑垫层、安装基础模板、绑扎钢筋，浇筑混凝土、养护、拆模及回填土方等分项工程。当遇到软弱地基、古墓穴、坑时，则需先经处理才能进行基础施工；当在地表水或地下水位较高地区施工时，又需先行排除再行开挖基础土方等。在确定各分项工程施工顺序后，再按一定方向分段进行流水作业。

再如，装配式钢筋混凝土主体结构工程的施工，可分为预制工程阶段和结构安装工程阶段。预制工程的施工顺序，又须考虑构件的预制方式，如工厂预制，现场集中预制或吊装位置就地预制等的不同，结合吊装方法和吊装机械的选择确定施工顺序。

吊装工程的施工顺序，依次为各类构件的吊装、校正及固定。吊装流向和顺序，既取决于吊装前的准备工作和构件预制的流向，也与吊装方法，如分件安装法、综合吊装法等密切相关。

至于其他工程的施工顺序，可以组织平行、交叉作业，尽量利用工作面零星安排施工。

（3）主要分部分项工程施工方法选择

单位工程施工组织设计中的施工方法，应着重考虑影响整个工程施工的主要分部（项）工程通常称主导工程。对于按照常规做法和十分熟练的分部（项）工程，只需提出应注意的一些特殊问题，无需详细拟订。但对下列项目，应详细而具体，必要时尚应编制单独的分部（项）工程作业设计，诸如：

1）工程量大、在单位工程中占重要地位的分部（项）工程；

2）施工技术复杂或采用新技术，新工艺及对工程质量起关键作用的分部（项）工程；

3）不熟悉的特殊结构工程或由专业施工单位施工的特殊专业工程等。

例如：在管道施工中，重点应选择土方工程（含地下水、地表水的排除，土石方爆破，软弱地基处理和沟槽支撑）、管道铺设（开槽或不开槽、水下敷设）及回填夯实的施工方法。而在储水构筑物施工中，重点应选择土方工程和基础底板工程、构件预制、结构安装工程及预应力钢筋张拉工艺等的施工方法。不同的施工方法，它们包括的工序、技术设备、施工顺序及施工条件将各不相同（具体选择可参考施工技术篇的有关章节内容）。

在施工方法的拟定中，选择施工机械是中心环节。合理地选择施工机械，应注意的问题有：

1）首先应选择主导工程的机械，并须根据工程特点决定其最适宜的类型。例如，对于工程量大而又相当分散的管道工程施工机械选择，采用无轨自行式起重机就较为经济且施工移动也方便；对于高度和工程量较大而又集中的构筑物和建筑物，通常采用生产率较高的塔式或桅杆式起重机则较为适宜。

2）为了充分发挥主导机械的效率，必须使与之配套的各种辅助机械或运输工具在生产能力上相互协调一致，且能保证充分利用主导机械的生产率。例如，大型土方工程施工，当采用汽车运土时，汽车的容量应为挖土机斗容量的整倍数，汽车数量应保证挖土机的连续作业。

3）在一个建筑工地上，应力求减少不同类型和型号的机械。当工程量不大且较分散时，尽量采用能适应不同分部（项）工程的多用途机械。例如，给水排水厂（站）和管道工程施工中，挖土机既可用于挖土，又可用于装卸、起重或打桩。这样，既便于工地上的维护和管理，又可减少机械进场和转移时的工时消耗和费用。

在拟订施工方法时，不仅要确定进行这一项目的工艺操作过程和方法，而且需提出质量要求，以及达到这些质量要求的技术措施，同时提出必要的安全措施及节约材料措施等，并要预见实施中可能发生的问题和提出预防措施。

3. 施工进度、施工准备和各项资源需要量计划

（1）施工进度计划（施工网络计划）

编制单位工程施工进度计划，是根据拟定的施工方案，在时间和顺序上对各分部（项）工程之间相互衔接与穿插配合的关系做出合理安排，以最少的劳力、机械和技术物资消耗，保证在规定的工期内完成全部施工任劳。施工进度计划既是控制单位工程的施工进度，也是为计划部门提供编制季度、月份施工计划的基础，以及确定劳动力、物资资源需用量和机械进场的依据。编制进度计划所需基本项目见表13-12。

编制施工进度计划的一般步骤包括：

1）确定施工项目及划分流水施工段

确定施工项目（工序），须根据单位工程结构特点，拟订的施工方法、施工程序与顺序、劳动组织与施工机械，以及施工条件等因素确定。施工项目划分的粗细，应按照进度计划的需要及便于组织管理而定。对于主要的分部分项工程和需要穿插配合，施工又较复杂的项目要细分不能漏项；而次要的项目可划分粗些，或合并列项；零星项目可合并为“其他工程”一项，可不必细分，但须列出项目名称，由各专业队单独安排。此外，施工项目划分，尽量与预算项目对口，以便于劳动量和机械台班数的计算，也方便成本控制与核算。

对采用流水作业法组织现浇钢筋混凝土工程或管道工程施工时，应根据结构特点和部位合理划分流水作业施工段。

施工进度计划基本项目一览表　　　　表 13-12

序号	分部分项工程名称	工程量		定额	劳动量		需要的机械		每天工作班	每班工作人数	工作日	紧前工作	进度安排					
		单位	数量		工种	数量工日	机械名称	台班数					月			月		

2）计算工程量

一般可采用施工图预算的数据，或按施工图纸和有关工程量计算规则进行计算。但应按照采用的施工方法取用实际数据（如土方开挖的放坡、支撑、回填等的要求）。为了便于组织施工，还需按施工流水段的划分计算分段、分层的工程量。

3）确定劳动量和机械台班数

劳动量和机械班数的确定，要根据分项（工序）的工程量、施工方法和应用现行的相应定额手册，按下式求得：

$$P=Q/S \tag{13-26}$$

或

$$P=Q\cdot H \tag{13-27}$$

$$P_1=Q/S_1 \tag{13-28}$$

或

$$P_1=Q\cdot H_1 \tag{13-29}$$

式中 P——某分项（工序）工程所需劳动量（工日）；

P_1——某分项（工序）工程所需机械台班（台班）；

Q——某分项（工序）工程量（m^3、m^2、t、……）；

S——产量定额（m^3/工日、m^2/工日、t/工日……）；

S_1——机械产量定额（m^3/台班、m^2/台班、t/台班……）；

H——时间定额（工日/m^3、工日/m^2、工日/t……）；

H_1——机械时间定额（台班/m^3、台班/m^2、台班/t、……）。

对于零星工作合并列项的“其他工程”，可根据其内容和数量，结合工地实际情况，以总劳动量的一定百分比计算。

由专业单位组织施工的设备安装，自控系统安装等工程，在施工进度计划中，可不计算劳动量和机械台班量，仅安排与土建工程衔接、穿插配合的进度。

4）确定各分部（项）工程的作业时间

在确定了各分部（项）工程的劳动量和机械台班量后，根据拟订的施工方法、劳动组织、机械数量，并考虑施工工作面的大小，以及施工单位计划配备在各分部（项）工程上每天出勤人数和机械数量，确定各分部（项）工程的作业时间。其计算式为：

$$T = P / (n \cdot b) \tag{13-30}$$

式中 T——完成某分部（项）工程的作业时间；

P——某分部（项）工程所需劳动量（工日），或机械台班数量（台班）；

n——每班安排在某分部（项）工程上施工机械台数或劳动人数；

b——每天工作班数。

对于采用新工艺、新技术或特殊施工方法的分部（项）工程，当难于确定其作业时间时，可采用计划评审技术（RERT）的三种时间估计法加以确定。

5）安排进度计划，绘制施工网络图表

按照已填入表 13-12 中各项基本资料和数据，根据拟订的各分部（项）工程总的施工程序、流向及施工顺序，组织各分部（项）工程间的先后、平行、流水和搭接作业关系，绘制施工网络图表（具体方法可参见第 12 章内容）。

6）施工进度计划的检查与调整

施工进度计划在初步安排后，应依下列内容进行全面检查：安排的总工期是否满足规定的工期；在合理的施工顺序下，劳动力、材料、机械需用量是否存在较大的不均衡消耗；施工机械是否充分利用；平行搭接和技术间歇是否合理等。

经过检查，对存在的问题，须采取有效的技术措施和组织措施进行调整和修改。

根据施工组织管理工作的需要，网络计划技术及计算机的推广应用，我国目前除用于编制进度计划和在执行中跟踪检查调整外，还可用于确定主要资源—工期优化、工程成本—工期优化等方面。

（2）施工准备工作计划

施工准备工作是单位工程施工组织设计的重要内容。编制施工准备工作计划，应根据施工具体需要和进度计划的要求进行。其常用的表格形式，见表 13-11。

（3）各项资源需用量计划

根据单位工程施工进度计划的要求，编制劳动力、施工机械、材料、构件、加工品等的需要量计划。用以确定施工工地的临时设施；按照进度安排的施工先后顺序，组织运输供应；调配劳力和机械，以保证施工按计划组织正常地进行。

1）劳动力需用量计划：主要用于安排劳动力的平衡、调配和衡量劳动力耗用指标的依据，以及安排施工现场临时生活设施的建设。编制办法，是将进度计划所列各施工项目每天（或每旬、月）所需工人数，按工种、专业汇总，求得每日（旬、月）所需的各工种人数。计划格式见表 13-13。

××工程劳动力需用量计划 **表 13-13**

序号	工种名称	需要总工日数	需用人数及时间							备注
			×月			×月			……	
			上旬	中旬	下旬	上旬	中旬	下旬		

2）材料需要量计划：主要用于备料、供应及确定仓库、堆场面积与组织运输，可根据进度计划、工程预算和预算定额编制。计划格式见表13-14。

××工程材料需要量计划　　表13-14

<table>
<tr><th rowspan="3">序号</th><th rowspan="3">材料名称</th><th rowspan="3">规格</th><th colspan="2">需要量</th><th colspan="7">需用数量及时间</th><th rowspan="3">备注</th></tr>
<tr><th rowspan="2">单位</th><th rowspan="2">数量</th><th colspan="3">×月</th><th colspan="3">×月</th><th rowspan="2">……</th></tr>
<tr><th>上旬</th><th>中旬</th><th>下旬</th><th>上旬</th><th>中旬</th><th>下旬</th></tr>
<tr><td></td><td></td><td></td><td></td><td></td><td></td><td></td><td></td><td></td><td></td><td></td><td></td><td></td></tr>
</table>

3）构件和加工半成品需要量计划：用于落实加工单位、组织货源进场，可按施工进度计划编制。计划格式见表13-15。

××工程××构件和加工半成品需用计划　　表13-15

序号	构件、加工半成品名称	图号及型号	规格尺寸（mm）	单位	数量	要求供应起止日期	备注

4）施工机具需用量计划：提出机具型号、规格及组织机具进场。可根据施工方法及进度计划编制，表格形式见表13-16。

××工程施工机具设备需用量计划　　表13-16

序号	机具名称型号	规格	单位	需要数量	使用起止时间	备注

4. 施工平面图设计

单位工程施工平面图是组织一幢构（建）筑物工程施工的现场布置图，是实现有组织有计划地进行文明施工的先决条件。对于施工工期较长、工艺设备安装量大，或施工现场狭小的工程项目，可分阶段布置施工平面图。对于管道错综复杂的工程项目还应单独绘制管道施工综合平面图，并须注明其位置及标高。

当单位工程是拟建大中型工程项目的组成部分时，其施工平面图属于全工地性施工总平面图的一部分，它的设计应根据施工总平面图所规定的条件和要求来进行。

绘制单位工程施工平面图的比例尺一般为1∶200～1∶500。

单位工程施工平面图的内容包括：

1）总平面图上的已建和拟建地上、地下建筑物、构筑物和管线的位置、尺寸；

2）测量放线标桩、地形等高线及土方取弃场地；

3）垂直运输井架位置，塔式起重机开行路线；必要时应绘出预制构件布置位置；

4）施工用临时设施布置；

5）一切安全及防火设施的布置等。

（1）单位工程施工平面图的设计

1）原始资料

根据自然条件的调查资料，布置地表水、地下水的排水管沟；雨季防洪、防汛及冬期施工所需设备的位置；根据气象确定易燃、易爆及有碍人体健康设施的位置等。依据技术经济条件的调查资料，布置水、电线路、道路及生产、生活可资利用的房屋和设施等。

2）施工图设计资料

根据平面图确定布置临时设施的位置，避免将临时设施布置在拟建的管线上；根据建筑平面、高度合理确定垂直井架位置及塔吊开行轨道线路；根据建筑区域的竖向设计和土方平衡图，合理布置水、电、道路、安排立方的挖填及确定取、弃土地点；对平面图中标明的已有的房屋、构筑物，根据施工需要确定利用或拆除等。

3）施工资料

按照施工进度计划确定分阶段布置施工场地；依据施工方案和施工方法布置起重机械及其他施工机具，规划场地；根据各种资源需用量计划和暂设工程合理确定加工厂（站），仓库，堆场，行政生活福利设施，以及管线、道路的位置及其相互关系等。

（2）施工平面图的设计原则与步骤

施工平面图的设计原则与全工地施工组织总平面图的设计原则相同。

单位工程施工平面图设计的一般步骤为：

1）确定起重机械、垂直运输机具的位置

起重机械的布置直接影响材料、构件、混凝土砂浆搅拌站及仓库的位置，以及道路和水电线路的布置，一般应首先考虑。

按照拟订的施工方案，考虑构（建）筑物平面、高度及材料、构件质量，机械负荷和服务范围，布置固定垂直运输机具（井架、桅杆、门架）；布置有轨起重机的轨道铺设方式，无轨自行式起重机的开行路线，布置塔吊位置。

2）确定仓库、材料、构件、堆场及加工厂（站）位置

按照施工进度计划和临时设施确定的各项内容、规模、面积和形式，它们的布置应尽量靠近使用地点或布置在起重机工作范围内。

石灰及淋灰池、砂料要接近灰浆搅拌站布置；沥青和熬制地点要离开易燃易爆品仓库，并应布置在下风方向。

仓库、堆场应能适应各个施工阶段（如地下工程、主体结构、设备安装、装修工程）的需要，能按使用先后，供多种材料堆放。

3）布置运输道路

运输道路应沿仓库、堆场、加工厂（站）布置，且宜采用环行线，并结合地形沿道路两侧设置排水沟。现场主要道路应尽量利用永久性道路，或先修筑路基，待工程施工后期再铺路面。

4）布置门卫、收发、办公及生活等临时用房

根据暂设工程所确定的规模、面积进行布置。

5）布置水电管网

临时供水、供电线路尽量利用现有的水电源接到使用地点，力求线路最短。其具体计算和布置，应按临设工程设计确定。

6）为确保施工现场安全，应有统一的消防设施；火车通过的道口应设防护落杆；悬崖陡坡应设标志，现场井、坑、孔洞等设围栏；工地变压站四周应围护，钢制井架、脚手架、桅杆在雨期应有避雷装置；沿江河修建构筑物工程时，应考虑汛期防洪防汛设施等。

7）在设计工业项目施工平面图时，为了考虑土建施工与各专业工程施工的配合，通常是以土建施工单位为主，会同各专业施工单位共同协商绘制综合施工平面图。在不同施工阶段中，根据各专业工程的要求，合理划分现场平面。

设计施工平面图，常可有多个方案，须进行方案比较。比较时主要采用的指标是：施工用地面积；场地利用率；临时设施面积；临时道路和各种管线长度，以及场内运输等。

5. 主要技术组织措施

在编制单位工程施工组织设计中，须根据工程特点、结构特征和施工条件，具体制订以下措施：保证工程质量措施；保证施工进度措施；降低工程成本措施；保证施工安全措施；提高劳动生产率措施；节约材料措施；冬雨期施工措施等。

6. 技术经济指标及结语

技术经济指标是反映本工程施工组织设计的编制，在技术上的先进性和经济上的合理性。

技术经济指标应在所制订的技术组织措施基础上进行计算。其主要指标包括：工期指标（与相应的工期定额或与类似工程对比）；劳动生产率指标；质量与安全指标；降低成本率；主要工种工程机械化施工程度；施工环保与施工效率主要材料节约指标等。

最后，应简明扼要地说明依据的工程建设方针政策、规范规程和规定；本设计贯彻实施及修改执行的负责单位和负责人等。另外，尚应概括说明本设计仍存在的问题及有关建议。

主 要 参 考 文 献

[1] 郑达谦编. 给水排水工程施工. 第3版. 北京：中国建筑工业出版社，1998.

[2] 徐鼎文，常志续编. 给水排水工程施工. 第2版. 北京：中国建筑工业出版社，1993.

[3] 徐鼎文等编. 给水排水工程施工. 第1版. 北京：中国建筑工业出版社，1983.

[4] 《建筑施工手册》(第五版)编委会. 建筑施工手册(缩印本). 北京：中国建筑工业出版社，2013.

[5] 张勤，李俊奇主编. 水工程施工，北京：中国建筑工业出版社，2005.

[6] 施惠生. 土木工程材料. 重庆：重庆大学出版社，2011.

[7] 刘灿生. 给水排水工程施工手册(第二版). 北京：中国建筑工业出版社，2002.

[8] 许其昌. 给水排水管道工程施工及验收规范实施手册. 北京：中国建筑工业出版社，1998.

[9] 许其昌. 给水排水塑料管道设计施工手册. 北京：中国建筑工业出版社，2002.

[10] 叶建良，蒋国盛，窦斌. 非开挖铺设地下管线施工技术与实践. 北京：中国地质大学出版社，2000.

[11] 丁士昭. 工程项目管理(第二版). 北京：中国建筑工业出版社，2014.

[12] 危道军. 建筑施工组织(第三版). 北京：中国建筑工业出版社，2014.

[13] 王春梅，王健，黄渊. 建筑施工组织与管理. 北京：清华大学出版社，2014.

[14] 黄明. 混凝土结构及砌体结构. 重庆：重庆大学出版社，2005.

[15] 东南大学，同济大学，天津大学. 混凝土结构. 北京：中国建筑工业出版社，2008.

[16] 陈守兰. 建筑施工技术(第四版). 北京：科学出版社，2011.

[17] 北京市政建设集团有限责任公司. 企业标准，给水排水构筑物工程施工技术规程. 北京：中国建筑工业出版社，2013，2014.

[18] 中国冶金建设协会等. 管井技术规范 GB 50296. 北京：中国计划出版社，2014.

[19] 北京市政建设集团有限责任公司等. 给水排水构筑物工程施工及验收规范 GB 50141. 北京：中国建筑工业出版社，2009.

[20] 北京市政建设集团有限责任公司等. 给水排水管道工程施工及验收规范 GB 50268. 北京：中国建筑工业出版社，2009.

[21] 总参工程兵科研三所等. 地下工程防水技术规范 GB 50108. 北京：中国计划出版社，2008.

[22] 山西建筑工程(集团)公司等. 地下防水工程质量验收规范 GB 50208. 北京：中国建筑工业出版社，2011.

[23] 长江水利委员会长江科学院. 水工混凝土配合比设计规程. 北京：中国电力出版社，2005.

[24] 中国市政工程中南设计研究总院有限公司. 供水水文地质钻探与管井施工操作规程. 北京：中国建筑工业出版社，2013.

[25] 上海市政工程设计研究总院(集团)有限公司. 给水排水设计手册(第三版)，技术经济. 北京：中国建筑工业出版社，2012.

[26] 张国珍. 给排水安装工程概预算. 北京：中国建筑工业出版社，2014.

[27] 张国栋. 给排水、采暖、燃气工程概预算手册. 北京：中国建筑工业出版社，2014.

[28] 全国一级建造师执业资格考试用书编写委员会. 市政公用工程管理与实务. 北京：中国建筑工业出版社，2011.

高等学校给排水科学与工程学科专业指导委员会规划推荐教材

征订号	书　名	作　者	定价（元）	备　注
40573	高等学校给排水科学与工程本科专业指南	教育部高等学校给排水科学与工程专业教学指导分委员会	25.00	
39521	有机化学(第五版)(送课件)	蔡素德等	59.00	住建部“十四五”规划教材
41921	物理化学(第四版)(送课件)	孙少瑞、何洪	39.00	住建部“十四五”规划教材
27559	城市垃圾处理(送课件)	何品晶等	42.00	土建学科“十三五”规划教材
31821	水工程法规(第二版)(送课件)	张智等	46.00	土建学科“十三五”规划教材
31223	给排水科学与工程概论(第三版)(送课件)	李圭白等	26.00	土建学科“十三五”规划教材
32242	水处理生物学(第六版)(送课件)	顾夏声、胡洪营等	49.00	土建学科“十三五”规划教材
35065	水资源利用与保护(第四版)(送课件)	李广贺等	58.00	土建学科“十三五”规划教材
35780	水力学(第三版)(送课件)	吴玮、张维佳	38.00	土建学科“十三五”规划教材
36037	水文学(第六版)(送课件)	黄廷林	40.00	土建学科“十三五”规划教材
36442	给水排水管网系统(第四版)(送课件)	刘遂庆	45.00	土建学科“十三五”规划教材
36535	水质工程学（第三版)(上册)(送课件)	李圭白、张杰	58.00	土建学科“十三五”规划教材
36536	水质工程学（第三版)(下册)(送课件)	李圭白、张杰	52.00	土建学科“十三五”规划教材
37017	城镇防洪与雨水利用(第三版)(送课件)	张智等	60.00	土建学科“十三五”规划教材
37018	供水水文地质(第五版)	李广贺等	49.00	土建学科“十三五”规划教材
37679	土建工程基础(第四版)(送课件)	唐兴荣等	69.00	土建学科“十三五”规划教材
37789	泵与泵站(第七版)(送课件)	许仕荣等	49.00	土建学科“十三五”规划教材
37788	水处理实验设计与技术(第五版)	吴俊奇等	58.00	土建学科“十三五”规划教材
37766	建筑给水排水工程(第八版)(送课件)	王增长、岳秀萍	72.00	土建学科“十三五”规划教材
38567	水工艺设备基础(第四版)(送课件)	黄廷林等	58.00	土建学科“十三五”规划教材
32208	水工程施工(第二版)(送课件)	张勤等	59.00	土建学科“十二五”规划教材
39200	水分析化学(第四版)(送课件)	黄君礼	68.00	土建学科“十二五”规划教材
33014	水工程经济(第二版)(送课件)	张勤等	56.00	土建学科“十二五”规划教材
29784	给排水工程仪表与控制(第三版)(含光盘)	崔福义等	47.00	国家级“十二五”规划教材
16933	水健康循环导论(送课件)	李冬、张杰	20.00	
37420	城市河湖水生态与水环境(送课件)	王超、陈卫	40.00	国家级“十一五”规划教材
37419	城市水系统运营与管理(第二版)(送课件)	陈卫、张金松	65.00	土建学科“十五”规划教材
33609	给水排水工程建设监理(第二版)(送课件)	王季震等	38.00	土建学科“十五”规划教材
20098	水工艺与工程的计算与模拟	李志华等	28.00	
32934	建筑概论(第四版)(送课件)	杨永祥等	20.00	
24964	给排水安装工程概预算(送课件)	张国珍等	37.00	
24128	给排水科学与工程专业本科生优秀毕业设计(论文)汇编(含光盘)	本书编委会	54.00	
31241	给排水科学与工程专业优秀教改论文汇编	本书编委会	18.00	

以上为已出版的指导委员会规划推荐教材。欲了解更多信息，请登录中国建筑工业出版社网站：www. cabp. com. cn 查询。在使用本套教材的过程中，若有任何意见或建议，可发 Email 至：wangmeilingbj@126. com。